首届地下储库科技创新与智能发展
国际会议掠影大会盛况

中国石油和化工自动化应用协会会长
陈明海致辞

中国石油勘探开发研究院原廊坊分院院长
邹才能致辞

国际天然气联盟储气库委员会主席
Nikita Barsuk 致辞

国家能源局油气司油气处
王晓伟致辞

与会代表合影

中外专家共聚一堂
协力同谋储库发展

戴金星院士大会发言

郭尚平院士出席会议

陈永武教授大会发言

李文阳教授大会发言

中国石油西南油气田公司副总经理
康建国出席会议

中石油钻井院副院长刘岩生出席会议

中外专家共聚一堂
协力同谋储库发展

法国 GEOSTOCK 公司技术总监
Louis LONDE 出席会议

法国电力集团（EDF）天然气与电力
资产经理 Fabien FAVRET 出席会议

法国 GEOSTOCK 公司部门主管
Cyril BREHERET 出席会议

Gazprom 地下储气库部首席专家
Denis Korolev 出席会议

法国苏伊士环能集团（STORENGY）
高级业务经理 Marc FAUVEAU 出席会议

GEOSTOCK 亚洲分公司总经理
Yan Jintang 出席会议

《首届地下储库科技创新与智能发展国际会议论文集》

编 委 会

主　任：邹才能　陈明海

副主任：魏国齐

成　员：郑得文　邱华云　赵堂玉　王起京　申瑞臣

　　　　杨海军　付太森　陈建军　丁国生　罗金恒

　　　　郭　凯　熊　波　袁光杰　夏永江　王皆明

　　　　李建君　朱华银　李　隽　张刚雄　胥洪成

　　　　完颜祺琪　王　嫔

主　编：郑得文

副主编：丁国生　王皆明

前　　言

从 2000 年大张坨地下储气库投入运营以来,中国地下储气库在供暖季提供的天然气调峰量不断增加,从当年的 $5.2 \times 10^8 m^3$ 上升到 2015—2016 年度的 $50 \times 10^8 m^3$,在调峰保供中发挥了重要作用。目前,中国储气库工作气量仅占天然气消费量的 3% 左右,远低于世界平均 11.38%(2010 年)的水平。为了推进和加快中国地下储库的建设速度,进一步发挥地下储库在能源安全与调峰保供中的作用,2016 年 10 月 14 日至 15 日,由中国石油和化工自动化应用协会和中国石油勘探开发研究院廊坊分院主办的"首届地下储库科技创新与智能发展国际会议"在河北省廊坊市召开。

这次会议是迄今在中国举办的规模最大、层次最高、参会人数最多、内容最丰富最全面的储气库国际会议,来自俄罗斯、法国及国内 60 余家单位 270 余名专家学者参会交流,戴金星院士、郭尚平院士、陈永武教授、李文阳教授等专家出席了会议。

"首届地下储库科技创新与智能发展国际会议"以"创新驱动发展、智能引领未来"为主题,交流内容涵盖了储气库地质、钻完井、注采工艺、地面工程、完整性及运营管理等全业务链条。

"首届地下储库科技创新与智能发展国际会议"通过交流取得了四点共识:

第一,从世界储气库百年发展历史来看,储气库是天然气产业链中不可或缺的重要组成部分,储气库独特的作用和地位将日益凸显;

第二,储气库数字化、信息化、智能化发展及新功能拓展将成为主要发展趋势和方向;

第三,国际国内合作,助推了中国储气库业务稳步发展;

第四,与会学者都有定期召开地下储气库科技创新与智能发展国际会议的愿望,以交流国内外储气库研究、建设、运营、管理经验,把中国储气库建设的大好局面推向高潮。

本论文集共收集主办单位领导致辞、专家发言 6 篇,收集论文 65 篇。全书 80 余万字,内容涵盖储气库业务各个环节,分为发展现状与趋势、建库工程技术、运行优化与安全管理、智能发展四部分。论文探讨范围包括基础理论、工艺技术、现场应用、科学决策等,具有较高的理论价值和应用价值,必将为未来中国储库业务的大发展发挥积极的作用,助推中国储库业务绿色、健康、有效益、可持续发展。

本书主编郑得文设计了全书的框架与结构,并与副主编共同审定和筛选了入选论文。邹才能、陈明海、魏国齐等对本书的框架与结构提出了宝贵的意见和建议,收入本书论文的作者在百忙之中精心修改论文,在此一并感谢。

由于本书收集论文内容涵盖储气库全业务链条,受编者水平所限,书中难免存在不尽如人意之处,敬请读者批评指正。

目　录

发展现状与趋势

建库工程技术

中国石油勘探开发研究院副院长、原廊坊分院院长邹才能教授在开幕式上的致辞

（2016 年 10 月 14 日）

尊敬的戴金星院士、郭尚平院士，各位领导、各位专家，以及来自世界各地的同行们、朋友们：

大家上午好！

廊坊，恰好坐落在京津两大城市之间，素有"北京街坊、天津走廊"美称，自古就是战略要塞，拱卫京师的"护城河"，当下更是国家"京津冀一体化"发展战略的重要一环。今天，我们欢聚在这个战略要地，共同研讨"创新驱动发展、智能引领未来"这个战略话题，时空映衬，相得益彰，希望汇集众智，共同推进我国储库建设，为国家能源安全和民用调峰保供建言献策。

世界第一座储气库已诞生 100 多年，在百年发展历程中，北美、欧盟、俄罗斯已建成储气容量大、调峰能力强的储气库系统；已形成"评价、筛选、建设、管理"一体化配套体系；多元化管理、市场化运营的管理模式，保证了储气库调节作用的高效发挥。作为天然气快速发展的中国，储气库建设从 20 世纪末以来正在加速推进，目前已建成投产 12 座（群），相应的管理和运行机制也在逐步形成和完善，在调峰保供中发挥着重要作用。单就中国石油而言，勘探与管道两大板块统领储气库建设与运行业务，地区公司具体承建与运营，中国石油勘探开发研究院、中国石油集团钻井工程技术研究院、中国石油集团石油管工程技术研究院、中国石油规划总院、中国石油集团经济技术研究院以及对口的高等院校提供技术支撑。中国石油勘探开发研究院廊坊分院建设有地下储库中心，是公司唯一专门从事储气库研究的科研机构。这些年来，在总部的大力支持下，从 20 世纪 90 年代初期就开始筛选陕京管道配套储气库，有力地支持了大港储气库的建设与运营，为北京及环渤海地区调峰保供发挥了重要作用；2000 年开始牵头我国第一座盐穴储气库建库方案设计，目前已经在西气东输大通道沿线发挥了重要的调节功能。"十二五"以来已建成公司级油气地下储库工程重点实验室，配套储库选区、气藏工程、盐穴工程、安全运行等 4 个专业实验室，已经形成多夹层盐岩、枯竭油气藏及含水层建库与评价等特色技术，为总部和各油田公司建库提供了智力支持。

经过 10 多年的发展，尽管我们取得了长足进步，但仍属于起步阶段，面临诸多难题和挑战。比如，中东部及沿海等主要天然气消费区的建库地质条件十分复杂，优质建库目标严重不足，工程实施难度大；已建成投产的储气库存在达容速度慢、运行效率低等问题；随着建库、投产、运行的快速推进，如何高效管理亟待解决。我们期待，通过本次国际会议，学得经验，明确方向，找到答案。

为了达到这个预期目的，大会邀请到国际天然气联盟储气库委员会主席 Nikita Barsuk（尼基塔巴尔苏克）先生及法国电力集团（EDF）、GEOSTOCK 公司、苏伊士环能集团 Storengy 的专

家,他们不远万里为我们传经送宝,介绍俄罗斯、美国、法国和欧洲在储气库运营管理方面的成功经验;戴金星院士、郭尚平院士、陈永武和李文阳等老专家、国家能源局油气司油气处高级主管王晓伟、西南油气田公司副总经理康建国、中石油钻井院副院长刘岩生等领导亲临指导;大会还邀请到了各油田公司、中国燃气协会、清华大学、石油大学、四川大学、山东大学、重庆大学、哈尔滨理工大学、太原理工大学等知名学府的专家进行交流研讨。我相信,你们的真知灼见必将对我国储气库事业产生重要影响。

"创新、合作"成为世界发展的主旋律。我们愿意与俄罗斯、法国和美国等国家的地下储气库机构合作,学习国外先进的建库技术和管理经验;我们也愿意与国内同行合作,共同携手,矢志创新,相互支持,协力推进我国储库事业发展。

最后,我谨代表中国石油勘探开发研究院廊坊分院,衷心感谢中国石油和化工自动化应用协会,感谢陈明海会长,为我们搭建这个交流平台;再次感谢各位领导和专家拨冗参会。

祝愿"首届地下储库科技创新与智能发展国际会议"取得圆满成功!

谢谢大家!

中国石油和化工自动化应用协会会长
陈明海教授在开幕式上的致辞

（2016 年 10 月 14 日）

尊敬的郭尚平院士、戴金星院士，尊敬的各位领导、各位专家，女士们、先生们：

大家上午好！

金秋十月，我们相聚在廊坊，隆重举行"首届地下储库科技创新与智能发展国际会议"，首先请允许我代表中国石油和化工自动化应用协会（以下简称协会）对各位领导、各位专家和外国朋友的莅临表示热烈欢迎和衷心感谢。

地下储气库是天然气供应链的重要组成部分，是保障安全平稳供气的主要手段之一。截至 2015 年，全球范围内在运行储气库 715 座，总工作气量 $3930 \times 10^8 \mathrm{m}^3$，总日采气能力 $66.56 \times 10^8 \mathrm{m}^3$。北美、欧洲和独联体等地区储气库发展成熟，亚洲、南美和中东等新兴市场储气库发展迅猛。作为天然气市场快速发展的中国，地下储气库经历了 40 多年的发展，截至 2015 年，已建成地下储气库（群）12 座，设计工作气量 $180 \times 10^8 \mathrm{m}^3$，形成工作气量 $54 \times 10^8 \mathrm{m}^3$，占天然气消费量比例仅为 3%，远低于北美洲及欧洲地区 20% 左右的比例。

未来中国地下储气库发展面临诸多挑战：国内储气库建设明显滞后于天然气需求，调峰能力严重不足；中东部及沿海等主要天然气消费区的建库地质条件复杂，优质建库源匮乏，工程实施难度大，建库成本高；已建成投产的储气库达容速度慢、运行效率低，安全、科学运行管理经验不足；储气库建、管、用、市场主体相对分离，难以最大限度地发挥作用；国内储气库未实行单独的核算，难以体现储气库的经济效益等。

为应对这些难题和挑战，在调查研究的基础上，中国石油和化工自动化应用协会决定联合中国石油勘探开发研究院廊坊分院共同举办"首届地下储库科技创新与智能发展国际会议"，会议主题为"创新驱动发展、智能引领未来"。旨在交流科技创新成果，分享经验教训，讨论行业热点、难点及共性问题，搭建行业合作平台，共同应对挑战，共商行业发展大计；提升中国地下储气库领域科技创新能力，推动中国地下储气库领域科学、安全、绿色、智能发展。

会议约请了 40 余个学术报告、行业发展报告和专题技术报告，充分反映了国内外技术水平及发展方向；会议编纂了《首届地下储库科技创新与智能发展国际会议论文集》，这些论文是行业学术、技术、工程、应用等方面知识、经验的结晶，对行业科技工作者和管理者都有广泛的参考价值和借鉴意义；会议邀请了来自俄罗斯、法国和美国等国外知名企业的专家为大会做专题报告；会议还邀请了国家能源局、中国石油总部相关部门领导、知名院士和权威专家以及行业骨干企业和科研院所的主要领导出席会议并做重要讲话或专题报告。会议内容系统丰富、权威前瞻,将有利于与会代表开阔视野并在最短的时间内获取更多更有价值的信息,及时了解国内外形势、掌握最新动态。

另外,针对我国地下储库领域广大科技人员对科技成果的总结提炼、科学技术奖申报存在的主要问题,会议安排了科技创新与科技奖励工作座谈会,我将为大家做专题报告,全面系统地阐述我国科技奖励体系、省部级科技奖和国家科技奖评审指标体系、对支撑材料的实质要求、如何总结提炼成果和科技创新点、申报渠道和注意事项、典型问题解析等,并安排问题答疑和交流座谈。

本届会议与会的国内外专家、学者和工程技术人员达270余人,将成为中国地下储库领域规模最大、层次最高、最具权威性的行业盛会,也是一次有影响力的国际盛会。

我相信,本届国际会议将对我国地下储库领域的科技创新与智能发展起到巨大的推动作用。

中国石油和化工自动化应用协会是由国务院批准设立,在民政部登记注册的国家一级协会,由国务院国有资产监督管理委员会主管。其会员主要来自石油、石化、化工和海洋石油系统的大型骨干企业、科研院所、设计院和工程公司,还有部分来自知名大学和有影响力的供应商。协会的宗旨是:为会员、为政府、为行业服务;推动行业科技进步;促进行业科学发展。我会将始终秉承协会宗旨,为行业搭建国内外交流合作平台,为广大科技工作者展示才能实现自我价值提供舞台,促进行业科技创新与绿色智能发展。

最后,我谨代表协会,衷心感谢中国石油勘探开发研究院廊坊分院,感谢邹才能院长,他们为筹备这次会议付出了巨大的努力和大量的心血;同时,也要感谢本届会议的各协办单位、支持单位和承办单位,他们对本届国际会议也做出了很大贡献,给予了大力的支持。

预祝"首届地下储库科技创新与智能发展国际会议"取得圆满成功!谢谢大家!

中国科学院戴金星院士在闭幕式上的发言

（2016 年 10 月 15 日）

主席、各位同仁、各位来宾，

下午好！

十分感谢中国石油和化工自动化应用协会和中国石油勘探开发研究院廊坊分院邀请我来参加此次会议。在这次会议期间，学习和聆听了 41 个大会报告，翻阅了论文集的一些文章，受益良多，对我来说是进行了一次全方位储库知识培训。

我觉得首届地下储库科技创新与智能发展国际会议开得很好，开得非常成功。来自国内外的专家从储库工程、地质、基础理论等方面进行了讨论和介绍，可以说会议内容是一部储库百科全书。

我们可以把天然气的储库称为天然气的银行。在人类经济自给自足的时候没有银行，只有到了人类经济自给有余的时候才出现了银行，这说明储库的出现标志着天然气工业发展到了一定的高度。据专家介绍，北京冬天一天的用气量与夏天一天的用气量差了 16 倍。仅靠建设大管线满足冬季用气需求则太浪费了。储气库具有夏天消谷、冬天调峰的作用。夏天的时候把富余的气存在天然气银行，冬天在天然气供应紧张的时候再取出来，具有非常重要的意义。

参加此次会议使我回忆起 35 年前，也就是 20 世纪 80 年代初，为了贯彻落实时任国务委员、中国石油工业决策人之一的康世恩部长关于川气出川的指示，就是把四川的天然气送到上海去的指示，我带领一帮年轻同志，从万县一直到长江三角洲去调查，主要任务是收集具备改建储气库的油气田地质资料。当时我们国家的探明天然气地质储量只有 2000 多亿立方米，确实属于超前的工作。

而现今，我国天然气工业已发展到一个新阶段，2015 年我国天然气产量 $1372 \times 10^{8} \mathrm{m}^{3}$，说明储库大有作为的条件已经出现。

为什么说储库大有作为的条件已经出现，通过参加这次会议，我自己的体会有这么 4 点：

第一点，因为目前中国已成为天然气储量和产量的大国，2015 年底我国探明天然气地质储量已经超过 $10 \times 10^{12} \mathrm{m}^{3}$，可采储量已经达到 $3.5 \times 10^{12} \mathrm{m}^{3}$。从储量和产量来看，中国目前是世界第 6 产气大国，完全具备发展储气库业务的基础。

第二点，中国和世界相比，第一座储气库的建成时间相差了整整 60 载。从 1915 年加拿大在安大略省 Wellland 气田建成世界第一座储气库到中国 1975 年在大庆喇嘛甸建成第一座储气库，整整相差了 60 年，说明中国储气库的建设和起步与国外的差距很大。虽然有差距，但中国的天然气储量和产量仍在上升，中国的储气库大有用武之地。2015 年底世界有 715 座储气库,中国仅有 25 座,仅占世界储气库的 3.5%,这个比例太低了,说明了我国有大规模建库的必要性。

第三点,我国地下储气库目前的工作气量占天然气消费量的 3%,远远低于北美、欧洲的 20%,说明我们必须大幅度提高储气库工作气量,才能适应中国天然气工业发展的需要。

第四点,世界储气库工作气量大,中国工作气量太少。2015 年世界产气量大约是 $3.5 \times 10^{12} m^3$,世界储库的工作气量是 $3930 \times 10^8 m^3$,工作气量是当年产量的 11.2%。中国 2015 年产气量为 $1372 \times 10^8 m^3$,工作气量为 $47.8 \times 10^8 m^3$,工作气量是当年产量的 3.48%。按照世界的比例,中国应当有 $150 \times 10^8 m^3$ 的工作气量才行。

从天然气储产量看,我们具备发展储气库业务的资源基础,但目前中国储气库业务和世界的差距还很大。正因为差异的存在,我国储气库事业发展方兴未艾,将进入黄金发展时期,目前从事储气库地质、工程及基础研究的同志,可以大显身手。

下面提 3 条建议:

第一条建议,可以考虑筹备举办世界地下储气库会议,大致每 3~4 年开一次。本次会议的发起和组织单位可以尽早筹划,早日确定下一次会议的时间。

第二条建议,应该出台一个能够体现储气库经济效益的储气库管理机制,激发天然气供应商、燃气企业等建库的积极性。

第三条建议,筹备设立一个储库的奖项,用于奖励在储气库地质选区、工程建设、安全运行、基础理论方面有创新的成果,鼓励年轻人为储气库事业做出更大的贡献。

谢谢大家!

（根据录音整理,未经本人审阅）

国土资源部油气储量评审办公室原主任
陈永武教授在闭幕式上的发言

（2016 年 10 月 15 日）

各位来宾，

　　下午好！

　　感谢会议主办单位邀请我参加这次会议。15 年前我在中国石油天然气与管道分公司工作时开始参与地下储气库建设管理工作，当时只有中国石油勘探开发研究院廊坊分院进行储气库相关的研究工作，尽管目前我国的储气库建设技术水平、管理水平与国外相比还有很大的差距，但与 15 年前相比，确实有了长足的进步。

　　参加本次会议的代表不仅包括来自国内与储气库业务相关的企业、事业单位及高校，Gazprom、法国电力集团（EDF）、GEOSTOCK、Storengy 等机构的代表也出席了本次会议。大家共聚一堂共同讨论储气库的建设和运行管理技术，可以说，这次会议基本能体现国内现有的储气库研究与建设水平。

　　通过参加本次会议，我有两点体会：

　　第一点体会，我认为这次会议是一次很重要、很有必要的会议，会议开的非常成功。由中国石油和化工自动化应用协会和中国石油勘探开发研究院廊坊分院主办、中国石油天然气管道分公司和中国石油集团钻井工程技术研究院等诸多单位协办的本次会议在中国天然气业务大发展的今天召开不仅非常重要，也很有必要。去年我国的天然气消费量达到 1900 多亿立方米，而目前的工作气量仅 50 多亿立方米，调峰压力很大，尤其是京津冀地区。每到冬季调峰的时候，天然气供应商和燃气企业压力都非常大，保供成了这些单位领导的第一要务。当年我在中国石油天然气管道分公司工作的时候对此深有体会。2020 年规划全国的用气量大概 $3500 \times 10^8 \sim 4000 \times 10^8 \mathrm{m}^3$，到 2030 年可能达到 $6000 \times 10^8 \mathrm{m}^3$ 甚至更多，届时储气库的建设及工作气量压力很大，如果按照消费量 10% 调峰量考虑，需要 $500 \times 10^8 \sim 600 \times 10^8 \mathrm{m}^3$ 的储气库的工作气量，我们现在只有 $50 \times 10^8 \sim 60 \times 10^8 \mathrm{m}^3$ 的工作气量，需要增加 10 倍的工作气量，所以储气库建设的压力非常大。我们希望这样的会议每过一两年召开一次，大家通过互相交流储气库建设的经验和技术，促进中国储气库、储油库业务快速发展。

　　第二点体会，在本次会议上发言的国内外代表、专家交流和探讨了国内外储气库的发展现状以及中国与世界的差距，可以看出，无论是废弃油气藏型储气库、盐穴储气库、含水层储气库，我们和国外差距还是很大的，我们需要不断向国外同行学习他们在储气库建设和运营方面的经验。目前，我们已经在废弃油气藏上改建了一批储气库，也建成了金坛盐穴储气库，但与国外相比，在建设和运营管理水平上尚存在一定的差距。目前，我国含水层型储气库尚在论证阶段，据 Gazprom 和 GEOSTOCK 的专家介绍，国外含水层型储气库建设和运营技术相当成熟，值得我们好好学习和借鉴。与会专家与学者还在盐穴储气库注采井设计、造腔技术、施工、稳定性评价、运行管理、扩容达产、优化设计、安全管理方面做了广泛的交流，为盐穴储气库建设和运营献计献策。中国石油勘探开发研究院廊坊分院、中国石油集团钻井工程技术研究院、中国石油西气东输管道公司、西南油气田公司、新疆油田公司、大港油田公司、中原油田公司等单位的代表就利用废弃油气藏改建储气库做了各具特色的报告，为今后废弃油气藏改建储气库提供了值得借鉴的经验。Gazprom 和 GEOSTOCK 的专家重点介绍了储气库运行管理和经营管理方面的经验，给我们很多启示，储气库运营管理方面的问题解决了，才能调动天然气供应商、燃气企业和其他投资方对储气库建设的积极性。清华大学、重庆大学、中国石油大学（北京）、中国石油大学（华东）、山东大学、西南石油大学、四川大学、辽宁工程技术大学、太原理工大学、东北石油大学、燕山大学等院校的代表，做出了很好的基础理论研究报告，对今后优化储气库设计、建设和运营提供了重要的理论依据。

下面我提 4 条建议：

第一条建议，国家政府部门要做好资源规划。我国建库资源不是很富余，而且建库资源的地质条件不是很好。以盐穴储气库为例，美国、德国和法国的盐腔都建在盐丘里，盐腔的高度最高能达到 1750ft，而我国金坛盐穴储气库盐腔高度仅 100 多米；我国的含盐地层中夹层厚度能达到十几米，墨西哥的盐丘里就没有夹层，施工条件比我们要好得多。云应、平顶山的含盐层还是泥岩和盐层的薄互层，建库难度很大。所以国家政府部门要针对中国建库资源的特点做好资源规划，充分发挥资源的效益。

第二条建议，政府主管部门要加强对储气库的监管并制订相关标准。我们需要主动配合政府有关部门制订储气库安全和技术标准。建库企业要严格执行安全标准，接受国家监管，就会避免和减少事故的发生，最大限度保证库区的人民的财产和生命安全。技术标准应包括井筒技术、造腔技术等一系列标准，建库企业严格执行技术标准，将有利于提高建库质量、提高建库速度。

第三条建议，规划和研究部门要积极组织和开展工程技术攻关。重点开展圈闭密封性、注采井井型、注采工程技术、管柱技术、完井方式、腔穴及储气库的完整性评价、风险管理、稳定性评价、运行维护、经营管理研究。通过研究不断取得新的成果和认识，让新技术、新认识指导和推进储气库业务的健康发展。

第四条建议，建议各大院校有关研究人员在研究过程当中结合储气库建设中的有关问题开展针对性研究，并且给出解决问题的方案和意见。所提出的方案和意见需要以大量的模拟实验和研究工作为基础，通过不断地完善，更具有针对性。这次会议上多位老师就封闭性研究、稳定性研究、矿柱大小、容腔大小、运行压力上下限、安全措施、腔穴的寿命等问题作了很好的报告。希望通过你们的进一步研究能给出我们更多比较直观的一些依据，理论研究成果能更好地用于生产实践。

上述意见仅供参考。

谢谢大家！

（根据录音整理，未经本人审阅）

中国石油天然气集团公司咨询中心
李文阳教授在闭幕式上的发言

（2016 年 10 月 15 日）

各位来宾，

　　下午好！

　　这次会议上，专家、学者所作的 41 个报告，信息量非常大。我为我国地下储气库和储油库工程在短短几年内得到迅速发展感到非常振奋。

　　天然气工业包括气藏工程、地面集输、管道、地下储气库、天然气利用等，地下储气库是天然气工业一个重要的组成部分，但目前我国将地下储气库仅作为管线的配套设施，在一定程度上制约了地下储气库的快速发展。按照目前的运行机制，储气库的效益体现在管输费中，建库企业和储气库运行企业得不到相应的回报，在一定程度上影响了储气库发展的速度。

　　目前，中国环境保护压力大，G20 峰会上，中国承诺将遵守巴黎会议上关于温室气体排放的协议。从保护环境的角度，我国天然气的需求量极大，但是目前中国天然气市场是夏季过剩，冬季短缺。西南油气田公司老总昨天告诉我，淡季的时候，光西南油气田公司一天要压减 $1000 \times 10^4 m^3$ 气，中国石油今年天然气被动减产将近 $30 \times 10^8 m^3$。目前，我国地下储气库的工作气量仅占天然气消费量的 3% 左右，由于储气库调峰能力严重不足，部分企业在淡季天然气供应不存在问题，一到供暖季天然气供应无法保证，只好停供。

　　地下储气库这几年发展非常迅速，如果从 1981 年大庆油田喇嘛甸储气库注伴生气算起，中国储气库运营已有 35 年的历史；如果从大港油田大张坨储气库开始运营算起，中国储气库运营已有 18 年的历史。在这短短十几年，我国地下储气库的工程技术和建设规模得到了迅速发展。目前，国内已建成储气库 13 座，大约 300 口井，现在工作气量达到 $52 \times 10^8 m^3$，相当于 2005 年的 10 倍。在建库技术上也有了长足的进步，已建成的油气藏型储气库从储层岩性上看，既有砂岩，也有碳酸盐岩；从储层物性上看，既有中孔中渗储层，也有低孔低渗储层，并且在含酸性气体气藏中也成功建库；从井型上看，直井、定向井、丛式井和水平井均在储气库中应用，最大井深已达到了 5300m。

　　在盐穴储气库利用采盐的老腔改建储气库，史无前例。启动这项工程时，咨询了很多国外专家，他们对此均不清楚。我们利用金坛采盐的老腔、废腔改建了 5 个储气库。我们已解决了隔夹层厚度达 16m 建腔的技术问题，厚夹层对腔体形态、造腔进度等均有影响，在含厚夹层的含盐地层中建设储气库技术难度相当大。

　　10 多年来，在储气库建设过程中完善和发展了钻完井技术、老井封堵技术、盐岩层的气密封试压评价技术等，满足了储气库建设的需要。这些成绩的取得，来之不易，也令人振奋。

2003 年,中国石油勘探开发研究院廊坊分院也曾召开了一次地下储气库技术研讨会,参会人员 30 多人,大会报告 7 个;今天的大会参会人员 250 多人,大会报告 41 个,还有 10 多位国外公司的专家和代表参会。中国储气库业务的快速发展凝聚了在座的工程技术人员、领导、专家付出的辛勤劳动。

在看到成绩的同时,也要客观冷静地分析我们存在的问题。为加快地下储气库的建设,解决地下储气库建设的瓶颈问题,提出几点建议,供领导和技术人员参考。

(1)合理利用建库资源。

我国建库地质资源比较缺乏,特别是主要天然气市场周边建库资源尤为缺乏,我国油气田主要分布在西部和中部,环渤海湾地区可用的建库资源利用程度高,而长三角、珠三角地区油气藏型建库资源缺乏,长三角仅建成工作气量 $2.6 \times 10^8 m^3$ 的刘庄储气库。我们东部地区地下盐矿丰富,但具良好建库条件的高品位资源并不多。

① 枯竭油气藏储气库如何快速达容达标,扩容达容。板桥储气库群设计工作气量 $30 \times 10^8 m^3$,目前工作气量仅 $20 \times 10^8 m^3$ 。已运行十几个周期,达容率仅为设计的 62.5% ,且今后再增长的潜力和幅度并不大。我们已建成的油气藏型储气库,多为边水、底水油气藏,只有相国寺为无水枯竭型气藏。有水气藏储气库如何实现达容,把有效的地下体积充分利用起来,这是我们当前必须面对的问题。据中国石油勘探开发研究院地下储库研究所王皆明所长测算,气驱排水的效率要损失地下储气度的 26% 。目前已建的枯竭油气藏储气库多处在扩容建库中,到底能够达容多少,目前尚无明确的答案;我们只说注进去了 $153 \times 10^8 m^3$,采出了 $39 \times 10^8 m^3$,但库容量到底是多少,工作气能达到多少均无确切的答案,这些问题必须进一步研究,争取早日给出一个科学合理的结论。

② 盐穴储气库建库资源利用需要新思路。我国的盐穴储气库建库资源地质条件最好的当属金坛含盐地层,但是受到地形地物的限制,许多地方不能打井,建库资源利用率很低。江苏省国土资源厅领导每次开会发言均提到金坛建库资源利用率太低。近期金坛盐业和港华合作地下储气库建设,采取丛式井的方法,在原来只能建 10 个腔的面积上可以打 20 口井,原来预计库容 $2.5 \times 10^8 m^3$,现在可以实现库容 $5 \times 10^8 m^3$ 。

在建库资源有限的条件下,如何提高建库资源利用率,今后我们应该在这方面多下功夫。

(2)如何提高地下储气库的效率。

一个气藏型储气库的工作气量是我们追求的目标,工作气量大小取决于地下的储气体积和工作压力区间。现在我国储气库运行压力设计的基本原则就是上限不超过原始地层压力,而国外很多枯竭油气藏储气库的工作压力上限超过了原始地层压力,达到原始地层压力的 1.2 倍甚至 1.4 倍。

相国寺储气库的专家讲到,确保安全有两条线,一个是原始地层压力红线,另一个是保险线,工作压力不超过这两条线是绝对安全的。相国寺储气库原始地层压力应该不是它的最高破裂压力。根据地层压力、地应力的研究成果确定合理的工作压力应该成为今后储气库运行压力设计的主要依据。土耳其的储气库有 12 口井,其中 4 口测了地应力,通过分析最小主应力,求得破裂压力,计算工作压力。我国储气库井超过 300 口,大概只有金坛盐业和金坛储气库有 2 口井测了地应力。没有获取破裂压力,将原始地层压力作为储气库上限压力有其合理性,但可能过于保守。在中俄管线储气库论证时,大庆油田的同志算过,升深火成岩气藏改建储气库,如果工作压力提高 1MPa,可以多储工作气 $4.8 \times 10^8 \, m^3$,但是大家不敢提高工作压力上限,要是工作压力超过原始压力,漏了怎么办,最终采取最保险的方案。如何提高地下储气库的效率是今后我们需要重点研究的一个课题。

(3)地下储气库建设和运行中如何实现节能。

俄罗斯、美国和法国等基本都将压缩机的工作曲线同地面管线、不同的井、注采管柱、气藏和气水界面作为一个系统来制订气库的运行方案。根据地下气水界面推进的情况决定压缩机的工况,实现最大的能效。假如要注 $100 \times 10^4 \, m^3$ 气,是往 5 口井里注,还是往 1 口井里注,哪个井压力高,哪个井压力低,到底注多少,注进去的气对下面气推水的界面能起什么作用,已经是一体化了。节能在储气库工业发达的地区,已经引起了高度重视。在盐穴储气库溶腔过程中,适当降低循环压力可以达到节能的目的。国外在盐穴储气库建库中推行大口径井、双井,可以有效降低循环压力,通常可以降低 5MPa,甚至在深井情况下循环压力可降低 10MPa,达到节能的目的。

(4)关注气库的安全运行。

目前,国内气库带压已经是一个基本普遍的现象,大家对于气库带压司空见惯。但气藏采气与储气库采气绝对不一样,气藏压力越采越低,带压通常不会出事,随着压力的下降越来越安全;但储气库要经过几十年的交变载荷的大强度注采,对气库带压必须引起高度重视。美国储气库运行管理水平处于世界领先水平,2015 年仍发生了储气库泄漏事故,向受害者赔了 5亿美元。所以我们要注重储气库的井口完整性评价,要建立完善的评价方法体系,要对已建成的储气库进行全面评价,按不同评价级别,采用不同的处理办法,确保地下储气库平稳安全运行。

(5)尽快理顺储气库的运行机制。

为了保障地下储气库和储油库的建设顺利开展,请国家有关部门尽快解决储气库运行机制。目前,储气库的效益不能得到直接的体现,储气库投资回收尚无渠道,上游企业建设储气库的积极性受到影响,制约了储气库业务的快速发展。

最后,强调一下近期需要进一步关注的技术:

(1)盐穴储气库建库复式井和双井技术,应加大应用力度。

(2)浅层井的焊接套管技术的应用,若此技术得到应用,就不用关注螺纹的密封等问题,如果油管和套管都使用焊接套管,既可提高注采气能力,还可提高安全性能并降低成本。

(3)加大地应力测试和微地震监测,及时分析地下工况状态,确保储气库安全运行。

(4)加快开展造腔过程中气体阻溶试验,既有利于环保,又利于降低成本。

谢谢大家!

(根据录音整理,未经本人审阅)

中国石油勘探开发研究院原廊坊分院常务副院长 魏国齐教授在闭幕式上的致辞

（2016 年 10 月 15 日）

尊敬的戴金星院士，各位领导、各位专家，以及来自世界各地的同行们、朋友们、女士们、先生们：

大家晚上好！

以"创新驱动发展、智能引领未来"为主题的首届地下储库科技创新与智能发展国际会议圆满完成了各项议程，即将落下帷幕。这是目前为止在中国举办的规模最大、层次最高、参会人数最多、内容最丰富最全面的储气库国际会议。国家能源局油气储备主管领导王晓伟、自动化协会陈明海会长、国际天然气联盟巴尔苏克主席，中国石油德高望重的戴金星院士、郭尚平院士、李文阳教授、陈永武教授，以及中国石油勘探与生产分公司储气库处处长何刚等领导和专家出席了本次会议并对储气库的下一步发展提出了许多真知灼见的意见和建议。这些真知灼见将进一步助推我国储气库事业的健康发展。同时，来自俄罗斯、法国及中国的 62 家单位共计 273 名专家学者参会交流。在此，我谨代表大会组委会向出席本次大会的各位领导、专家和国际友人，向给予本次会议大力支持的单位和工作人员表示真诚的感谢。

女士们、先生们，两天以来，紧紧围绕会议主题，41 名国内外专家作了大会报告，内容涵盖了储气库地质、钻完井、注采工艺、地面工程、完整性及运营管理等全业务链条，分享了经验，交流了技术，增进了友谊，经过与会专家共同的努力，会议取得了以下方面的收获和共识：

首先，从国外储气库百年发展历史来看，储气库是天然气产业链中不可或缺的重要组成部分。近年来，我国天然气利用逐步成熟、长输天然气管网基本配套、国家低碳智慧型城市建设理念的提出，都对天然气安全、平稳供应提出了更高要求，储气库独特的作用和地位将日益凸显。

其次，储气库数字化、信息化、智能化发展及新功能拓展将成为主要发展趋势和方向。在当前低油价、经济下行总体形势下，降本增效将成为主旋律。为此需研发新技术、新装备、新工艺，提高运行效率、缩短建库周期、增强调峰能力；同时开发新功能，如非烃垫气置换、CO_2 埋存、储能发电等，降低建设成本、减少碳排放、改善环境、提升效益。

第三，国际国内合作，助推了我国储气库业务发展。"十二五"期间，中国石油与俄罗斯 Gazprom、法国 Storengy 和 Geostock 等全球知名公司在储气库资源、工程建设、运营维护等方面开展了卓有成效的合作，有力支撑了储气库建设，大大提升建库总体技术水平。如 4000m 以上超深碳酸盐岩底水气藏、超大型厚层状水侵砂岩气藏以及多夹层低品位盐岩建库。另外，世界罕见的火山岩气藏建库已在我国东北地区提上日程，在华北和长三角地区含水层前期评价已经启动,建库类型多元化、地质条件复杂化,为今后广泛深入的储气库国际合作创造了无限的机遇和空间。

第四,大家都有定期召开地下储气库科技创新与智能发展国际会议的愿望,以交流储气库国内外建设研究、技术经验,不断推动我国储气库建设研究水平。

总之,本次会议取得丰硕的成果,相信通过本次国际会议,将进一步提升我国储气库技术水平,助推我国储气库绿色、健康、有效益、可持续发展。

最后,再次对出席本次会议的各单位领导、专家和国际友人表示衷心的感谢!对为本次会议提供热情、周到服务的全体工作人员表示衷心的感谢!对为本次会议提供优质会务服务的廊坊国际饭店表示衷心感谢!欢迎各位领导和专家莅临廊坊分院指导工作,祝大家返程顺利,谢谢大家!

发展现状与趋势

中国储气库建设现状及发展策略

郑得文[1,2]　赵堂玉[3]　张刚雄[1,2]　魏　欢[1,2]　李东旭[1,2]

(1. 中国石油勘探开发研究院地下储库研究所；2. 中国石油天然气集团公司
油气地下储库工程重点实验室；3. 中国石油生产经营管理部天然气处)

摘　要：截至 2016 年，世界上已建成储气库 715 座，工作气量 $3930 \times 10^8 m^3$，占天然气年消费量的 11.3%。国外储气库发展已历经百年，北美、欧洲、独联体等天然气市场成熟的国家拥有完善的管网、结构合理的消费市场及能够有效调峰的储气库，市场化运营格局基本形成，其成熟的经验对中国储气库业务的发展有借鉴意义。与国外相比，中国储气库业务起步较晚，总体处于初期发展阶段。中国储气库建设全面启动始于 20 世纪 90 年代末，目前储气库业务已初具规模，储气库建设与运行技术逐渐完善。随着天然气消费的持续增长，中国储气库业务发展存在两大机遇、四大挑战。为了推进中国储气库业务的健康发展，提出近期中国储气库业务的发展策略及建议。

关键词：储气库；建设现状；关键技术；机遇；挑战，发展策略；建议

地下储气库作为天然气产业链重要一环，既是调峰保供的重要设施，也是国家能源安全保障的重要组成部分。我国储气库建设处于初期发展阶段，基础理论相对薄弱、技术体系不完善，储气库建设运行面临诸多重大技术难题与挑战。借鉴欧美地区等天然气市场发展成熟区的储气库建设经验，分析中国地下储气库业务发展现状、机遇及面临的挑战，提出近期中国地下储气库发展策略及建议。

1　国外储气库发展现状及经验

1.1　国外储气库发展现状

（1）储气库业务发展一般经历 3 个阶段。

从 1915 年加拿大在 Wellland 气田开展首次储气实验，世界储气库发展已历经百年。截至 2016 年底，全球已建成 715 座地下储气库，在役采气井 23007 口，总工作气量 $3930 \times 10^8 m^3$，平均每小时从地下储气库中采出天然气 $2.35 \times 10^8 m^{3[1]}$。2015 年全球天然气消费量 34681×10^8 m^3，储气库工作气量约为全年消费量的 11.3%。纵观世界储气库发展历程，大致经历了初期、快速和平稳发展 3 个阶段。初期发展阶段，储气库数量和工作气量虽逐年增加，但增长速度较慢；快速发展阶段，储气库座数和工作气量增长较快，且增长速度也较快；平稳发展阶段，储气库数量和工作气量增速减缓，但工作气量增速快于储气库数量的增加（图 1）。

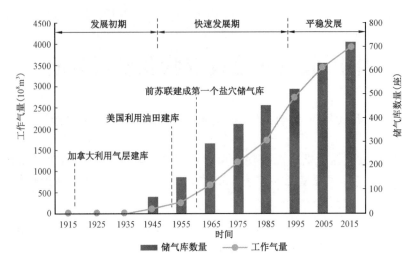

图 1　世界储气库建设历程及规模

（2）储气库主要分布欧美经济发达地区。

北美、欧洲和独联体等天然气市场成熟的地区拥有完善的管网、结构合理的消费市场及能够有效调峰的储气库。

据国际天然气联盟组织（IGU）2016 年资料统计，北美、欧洲和独联体拥有储气库 679 座，占全球储气库总座数的 95%；北美、欧洲和独联体储气库工作气量 $3779 \times 10^8 m^3$，占全球储气库工作气量的 96%（表 1）。

表 1　全球储气库分布及储采能力

地区	储气库数量（座）	总工作气量（$10^8 m^3$）	储气库平均工作气量（$10^8 m^3$/座）	总日采气能力（$10^8 m^3$/d）
欧洲	149	1103.1	7.40	21.94
北美	480	1486.5	3.10	31.22
独联体	50	1189.5	23.79	11.5
亚洲	21	47.8	2.28	1.35
亚太	12	43.3	3.61	0.23
中东	2	60	30.00	0.29
南美	1	1.5	1.50	0.02
合计	715	3931.7	5.50	66.55

资料来源：据 IGU2016 年资料统计。

从地理分布看，储气库集中分布在北半球，南半球仅建成 8 座储气库，工作气量仅 $33.3 \times 10^8 m^3$，工作气量不足全球的 1%。

（3）储气库工作气量规模差异大。

从图 2 和表 1 可知，全球储气库平均工作气量约 $5.5 \times 10^8 m^3$，各地区差异较大，其中独联体、中东地区储气库平均工作气量较大，而欧洲和北美地区储气库平均工作气量相对较小。单个储气库工作气量规模最大当属俄罗斯斯塔夫罗波尔边疆区的 Severo – Stavropolskoye 储气库（工作气量 $241.7 \times 10^8 \mathrm{m}^3$）[2]，最小的储气库工作气量不足 $50 \times 10^4 \mathrm{m}^3$。

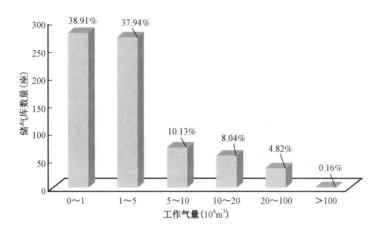

图 2　储气库不同工作气量规模

（4）气藏型储气库占绝对优势。

目前，世界上已建成的储气库类型包括气藏型、含水层型、盐穴型、油藏型和其他型（岩洞型 2 座、废弃矿坑型 1 座）。因其他型储气库工作气量小（$0.87 \times 10^8 \mathrm{m}^3$），故图 3 中将其略去。

从图 3 和图 4 中可以看出，气藏型储气库工作气量占总工作气量的 75%，数量占总数量的 67%，都占绝对优势，但储气库数量占总比明显低于工作量占总比，说明与油藏型、盐穴型和含水层型储气库相比，平均单个气藏型储气库工作气量较高。

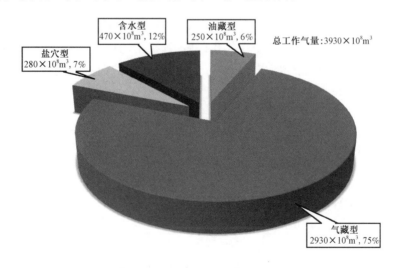

图 3　全球不同类型储气库工作气量

（5）储气库市场化运营格局基本形成。

国外储气库运营管理的基本模式是公司化运营，随着天然气产业的不断发展，储气库运营已经发展为完全市场化的独立运营模式，目前，天然气市场成熟的国家储气库公司有 200 多

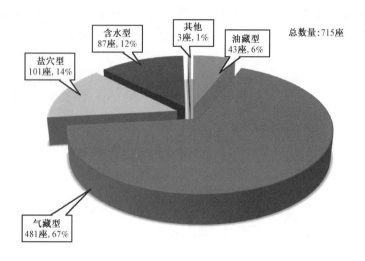

图4　全球不同类型储气库数量

个。其中储气库建库管理主要有"四种模式":一是由天然气供应商承建和管理;二是由城市燃气分销商建设和管理;三是由独立第三方建设和管理;四是由多方合资建设和管理。运营销售有"三种机制":一是"捆绑销售型",储气库与管道捆绑,通过管输费回收投资成本;二是"独立仓储型",由独立经营商经营,收取存储费;三是"市场价差型",类似于期货买卖,低买高卖,赚取差价[3-5]。美国419座储气库隶属于150多个不同公司,其中燃气公司占35%、管道公司占65%,早期由天然气供应商建设管理,中后期与管输业务分离,以租赁方式使用,燃气公司是最大的用户。欧盟143座储气库隶属于50多个不同公司,20世纪90年代以前,采取普遍垂直一体化管理模式,作为管道的附属;90年代以后,进行市场化改革,实行天然气产业链的分离,独立运营。俄罗斯23座储气库属Gazprom公司,2007年以前按地区所属原则附属于相应的天然气运输子公司;2007年以后整合储气库,成立独立子公司,所有权与经营权分离,独立核算。

1.2　国外储气库业务发展的经验

(1)综合考虑天然气工业发展、管网完善程度、储气库建设以及后期达容调峰能力存在时间差,储气库建设应早规划、早研究、早建设、早运行。

(2)地下储气库工作气比例应达到消费量的10%以上,才能有效保障调峰和安全平稳供气的需要。

(3)首选枯竭油气藏改建地下储气库,其次是盐穴和含水层,当管网成熟和完善时,中小型气藏型(小于$5 \times 10^8 m^3$)储气库目标是建设主体。

(4)对外依存度越高,调峰保供能力要求越高。

(5)专业化建设、规范化操作、市场化运营的基本做法,是储气库建设与经营管理的主要模式。

2 中国储气库业务现状和挑战

　　尽管在新常态和当前低油价背景下,能源行业尤其是天然气行业面临供需宽松、效益下滑、市场化改革等多方面的挑战,而储气库业务作为天然气产业链的重要组成部分,新形势下也面临着调峰储备能力有限、发展动力不足、投资效益下滑等问题。但中国政府高度重视生态环境建设和能源体制改革,制定了一系列制度与政策,为天然气产业发展提供了新动力,对于中国储气库业务而言,挑战与机遇并存,机遇大于挑战。

2.1 中国储气库业务现状

　　(1)已建成库(群)12 座。

　　中国地下储气库业务全面启动始于 20 世纪 90 代末,经过十多年的发展,已建成储气库(群)12 座(图 5),2016 年调峰能力达到 $63 \times 10^8 m^3$。已建成的地下储气库在平衡天然气管网的压力和输气量、调节区域平衡供气方面发挥了重要作用。

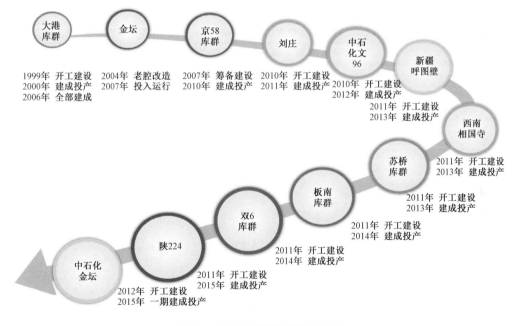

图 5　中国地下储气库建设历程

　　(2)天然气供应商为储气库承建和管理的主体。

　　目前中国储气库业务发展沿袭欧美国家的早期模式,储气库作为长输管道的配套工程,主要由天然气供应商承建和管理。

　　中国石油天然气集团公司作为中国最大的天然气供应商,投资建设了大港板桥库群、京58 库群、刘庄、金坛等储气库,主要作为西气东输、陕京线等管网季节性调峰、应急供气气源,日常管理由管道公司负责;承建了由国家投资的呼图壁、相国寺、苏桥、板南、双 6、陕 224 等储气库(群),主要作为中国各大天然气消费区等管网季节性调峰、管线事故应急供气和国家战略储备气源,建设与运营由油田公司负责。

中国石油化工集团公司作为中国第二大的天然气供应商也投资建设了文96、金坛等储气库,日常管理由相关管道公司负责。

除了大型石油公司建设储气库以外,城市燃气企业和地方燃气企业也在积极自行筹建,如港华金坛、江西燃气、云南能投等。

(3)调峰保供作用凸显。

储气库在中国天然气消费大区的调峰保供作用非常明显,北京市冬季调峰保供的重要气源来自中石油储气库群,相国寺储气库与呼图壁储气库分别为西南天然气消费市场和新疆管网平稳供气发挥了关键作用。2016—2017 年冬季供气期间,中亚管道气源上游下载气量过大,日供气量缺口达 $4000 \times 10^4 m^3$,储气库临时调气缓解了冬季供气压力,并保证了管网平稳安全供气,储气库在冬季调峰保供中发挥了不可替代的作用。

(4)储气库建设与运行技术逐渐完善。

中国储气库经过十多年的建设与发展,储气库建库及运行技术取得长足的进步,已经形成建库地质评价、工程建设、优化运行、风险管控、运行保障 4 个系列 13 项主体配套技术以及 5 项关键技术(表2)。这些技术为中国储气库建设、安全运行提供有力的技术支撑。

表2 储气库建设与运行技术系列及关键技术

技术系列	配套技术	关键技术
建库地质评价	库址筛选评价技术	圈闭动态密封性评价与库容高效利用技术
	地质综合评价技术	
	储气库注采渗流机理	
	储气库库容参数设计技术	
工程建设	储气库钻完井设计技术	超深低压气藏建库钻完井设计与施工技术
	储气库钻完井施工技术	
	储气库地面工程设计技术	超高压大流量地面工程智能优化设计技术
优化运行	储气库投产方案设计技术	储气库高效扩容达产与调峰优化技术
	储气库扩容达产滚动优化技术	
	储气库调峰保供预测技术	
风险管控	圈闭动态密封性评价技术	储气库全生命周期安全运行保障技术
	储气库井安全检测评价技术	
	地面设施安全运行保障技术	

2.2 中国储气库业务发展机遇

(1)未来调峰需求大,储气库发展前景广阔。

尽管当前新形势下天然气需求增速放缓,供应宽松,但随着大气治理的迫切需要、城镇化加快、碳减排与碳交易市场的建立,中长远天然气需求将有巨大增长。2016 年底国家能源局发布的《能源生产和消费革命战略》指出,2030 年中国能源消费总量控制在 $60 \times 10^8 t$ 标准煤以内,天然气消费达到 15% 左右。若按 2030 年中国能源消费总量 $52 \times 10^8 \sim 58 \times 10^8$ t,天然气消费占 12% 估算,2030 年全国天然气消费量将达到 $5100 \times 10^8 \sim 5700 \times 10^8$ m³。按照全球储气库调峰能力为天然气消费量 11% 的水平测算,储气库调峰需求将达到 $560 \times 10^8 \sim 630 \times 10^8$ m³,发展前景广阔。

(2)天然气管网体制改革将促进储气库业务市场化步伐加快。

欧美地区储气库在天然气产业发展过程中,经历从垂直一体化管理到独立市场化运营的过程。当前国内天然气市场化程度较低、天然气价格机制不完善、政府监督管理机构不健全。随着天然气市场发展不断成熟,天然气基础设施建设不断完善,政府对天然气产业的法律法规和监管政策不断健全,储气业务逐渐从管道公司中分离出来,成为自负盈亏的市场主体,成为天然气产业链中的独立环节,独立运营,这是市场规律发展的必然[6]。近年来,国家加大对天然气市场化改革推进力度,已相继出台一系列配套政策(图6),储气库业务与天然气管输分离,未来市场化运作是必然趋势。

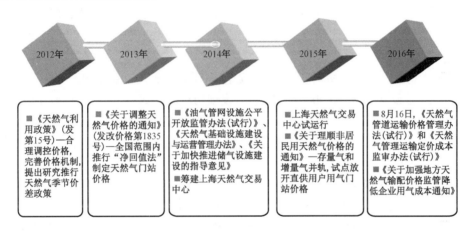

图 6　2012—2016 年油气改革出台相关配套政策

2.3　中国储气库发展面临的挑战

(1)现有储气库调峰能力严重不足,未来储气库调峰保供压力大。

中国储气库业务一般作为管道项目配套工程,但受储气库选址难度大等影响,储气库建设明显滞后于管道建设。近年来,中国天然气管道建设发展迅速,建成投运天然气管网已达 7.3×10^4 km,而现有储气库调峰能力仅 63×10^8 m³,与快速发展的天然气业务不匹配,同世界平均储气库调峰能力占消费量 10% 的水平相比也存在很大差距。目前冬季除了储气库开足马力外,需要通过气田放大压差、压减用户、LNG 调峰等多种手段满足调峰保供的需求。

近年国家有关部门相继发布了《能源发展战略行动计划(2014—2020 年)》《能源发展"十三五"规划》《能源生产和消费革命战略》,提出 2020 年天然气消费比重达到 10% 左右,2030 年天然气消费比重达到 15%;提出加快储气库和其他调峰设施的建设,提高储气规模和应急调峰能力。可见,逐渐提高天然气消费比重和加快储气调峰设施的建设均属于国家能源发展战略目标。

《能源发展"十三五"规划》指出,以京津冀及周边地区、长三角、珠三角、东北地区为重点,推进重点城市"煤改气"工程,增加用气 $450 \times 10^8 \text{m}^3$。而煤改气主要领域是燃煤锅炉和散煤燃烧,其无疑大大增加了冬季调峰气量。

天然气消费量的不断增长,对国家能源战略储备与消费市场调峰保供提出了更高要求,事关国家能源安全及百姓利益,加大储气库的建设力度刻不容缓。

(2)主力消费市场缺乏优质库源,建库地质条件复杂,建库成本高。

中国天然气主产区远离主力消费市场。天然气主产区位于西北(塔里木盆地、柴达木盆地)、西南(四川盆地)和中西部(鄂尔多斯盆地)地区,而天然气主要用户市场在中国东部和东南部地区。作为天然气主要消费市场的珠三角、长三角油气资源贫乏,可作为优质建库资源的枯竭气藏缺乏;作为天然气主要消费市场的环渤海湾地区虽然油气资源丰富,但可作为建库资源的枯竭气藏多已改建成储气库。重点消费市场优质建库目标十分稀缺。

受中国复杂地质条件的制约,作为主要建库资源的枯竭气藏多具有构造复杂、储层物性差、埋藏深等特点;作为重要建库资源的盐岩主要以陆相盐湖沉积盐层为主,多具有夹层多、夹层厚、品位低的特点。由于地质条件复杂,导致钻完井工程事故问题时有发生、工程建设难度大、建库成本高。

(3)我国储气库建设处于初期发展阶段,安全、科学运行管理经验不足。

中国储气库建设从 20 世纪 90 年代末起步,发展历史不足 20 年。尽管目前在储气库动态监测、跟踪评价、优化预测积累一定经验,但仍然面临着很多问题和挑战,如建库理念转变、库容参数优化技术等。当前投运的储气库(群)基于地质、井筒和地面三位一体的完整性管理处于早期阶段;数字化储气库建设与注采运行管理智能化水平不高;安全运行压力大,风险识别控制难度高。未来如何保障储气库安全、科学运行尚存风险。

(4)储气库调峰气价未落实,储气库的经济效益难以体现。

欧美地区多实行天然气峰谷价。美国天然气价格冬季高、夏季低,一般相差 50% 以上;法国实行冬夏价差,冬季气价是夏季的 1.2~1.5 倍。中国目前没有实施冬夏气价峰谷差和调峰气价的政策,价格形式单一,未能真实反映不同用户的用气特征和用气需求,无差别价格不利于调节天然气需求的峰谷差。储气库作为长输管网配套基础设施,现有政策将储气库天然气纳入管道气气价管理,没有单独进行储气库核算,投资通过管道管输费进行回收,其效益主要体现在管道整体运行效益上,不利于储气库持续建设和运营[7],直接影响天然气供应商、燃气企业等建设储气库的积极性。

3 发展策略与建议

随着天然气管网运输能力对外发布与允许第三方准入制度的建立,国家能源管理部门应统一管理天然气的有效利用、管网综合调配、LNG 接收站优化布局以及天然气消费市场,统一规划与部署调峰设施,充分利用企业、地方政府、民间资本和国外公司等综合资源与技术,构建国家天然气安全保供与战略储备综合体系,促进我国经济与世界经济绿色、健康、可持续发展。

(1)构建国家天然气调峰保供与战略储备体系,确保能源供给安全。

以管网建设为基础、消费市场为导向、效益运营为前提、能源安全为根本,瞄准调峰和储备两大目标,兼顾国家与公司两方利益,统筹规划与建设。

坚持"总体规划,分步实施,突出重点"原则,做到"筛选一批、评价一批、建设一批",优先在环渤海、中西部、东北等地区筛选和建设储气库,满足重点地区调峰保供和经济发展需要。

燃气管网建设有待加快,满足城镇化、煤改气等生态建设需要;统一规划布局储气设施,构建国家综合调峰保供体系;加强监管,统一调度,市场运营,协调发展。

高效利用国内、国外两个资源市场,整合天然气运输一张网,合理布局储运设施一个平台,构建市场化战略调峰保供体系。

(2)重视中国储气设施规划布局与战略研究,科学有序稳步发展。

按照"以储气库为主,气田和LNG调峰为辅,调整用户、管网及区域调运等手段作为补充"的原则,采用多种调峰手段互为补充,建立综合调峰体系,满足调峰需求。

在上述原则的基础上,需根据中国储气库建库资源的分布特点,结合LNG调峰设施建设条件和气田调峰能力,开展储气设施规划布局与战略研究,合理优化布局不同地区调峰设施的建设,确保储气调峰设施科学有序稳步发展。

(3)加大储气库基础超前技术攻关力度,提高建库与有效利用水平。

加强技术攻关:借鉴国外储气库建设管理经验,加大制约储气库高效安全运营瓶颈技术攻关,如含水层选址评价与建库工程技术、薄盐层水平井高效建腔技术、长生命周期钻完井配套技术以及安全监测评价技术等,为我国储气库建设快速发展提供技术支持。

做好技术储备:利用综合性大学的人才资源,超前开展储气库配套系列技术探索,扩展储气库的新功能,如储气库储能技术的开发与利用、储气库压缩能的有效转换技术、废料储存与埋存技术等,为储库的高效利用提供新途径。

制定国家标准:在现有储气库建库与运行经验与成果基础上,补充和完善地下储气库技术标准和技术管理规范,制定储气库建设与管理的国家标准。

(4)强化储气库安全风险监测体系建设,确保储气库安全运行。

储气库高速强注强采下管柱失效、圈闭密封性破坏等风险严重威胁气库安全运行,国外运行经验表明密封性破坏事故占85%以上。目前国内储气库重点部位进行监测井仅占注采井20%～30%,远低于国外50%的水平,应建立健全储气库(群)监测体系,补充完善储气库监测井网体系以及其他辅助监测体系,提高安全监测水平。

(5)健全天然气储备管理机构,实现储气库业务责权利统一。

管理模式设想:采取"国家天然气储备办公室—国家天然气储备管理委员会—储气库建设运营公司"三级管理模式。

业务职能归属:储备办审批备案,制订相关政策;管委会组织协调,督促检查;储气库公司按照市场化机制建设运营。

参 考 文 献

[1] Ladislav Goryl, 2012 – 2015 Triennium work reports – working committee2 underground gas storage [C]// IGU WOC 2 annual Meeting, 27 June 2015, Xi'an, China. DOI: http://ugs.igu.org/2015_WOC2_.Final_Report.

[2] 梁萌,陈欢,袁海云,等.2000—2015年俄罗斯天然气工业情况[J].国际石油经济,2017,25(3):57 – 73.

[3] 李博.欧盟天然气市场化进程及启示[J].天然气工业,2015,35(5).125 – 129.

[4] 洪波,丛威,付定华,等. 欧美储气库的运营管理及定价对我国的借鉴[J]. 国际石油经济,2014,20(4):23-26.

[5] 郑得文,赵堂玉,张刚雄,等. 欧美地下储气库运营管理模式的启示[J]. 天然气工业,2015,35(11):97-99.

[6] 李伟,张园园. 中国天然气管道行业改革动向及发展趋势[J]. 国际石油经济,2015,23(9):57-61.

[7] 胡奥林,董清. 中国天然气价格改革刍议[J]. 天然气工业,2015,35(4):99-106.

作者简介:郑得文,博士,高级工程师,长期从事天然气地质研究、储量研究管理及储气库评价工作。联系电话:010-69213616;E-mail:zdw69@ petrochina. com. cn。

储气库地面工程技术分析与展望

刘科慧　王东军　卫　晓　李　彦

（中国石油管道局工程有限公司天津设计院）

摘　要： 地下储气库是解决天然气长输管道季节调峰的重要手段及管道安全供气的有力保障，对我国社会的稳定和经济发展起到不可估量的作用。结合国内外地下储气库建库特点及技术现状，对地面各项配套工艺技术进行了分析及展望，为后续地下储气库地面工程建设提供思路与指导。

关键词： 地下储气库；地面工程；调峰

1　我国输气管道及储气库业务现状

近年来，随着我国天然气产销量的持续快速增长，天然气工业发展迅速，国内天然气管网建设已初具规模。截至 2012 年底，我国天然气主干管道总里程约 $5.5 \times 10^4 km$，逐步构建了中亚、中俄、中缅及海上四大油气进口通道的战略格局，形成了以陕京线、西气东输为干线遍及全国的天然气管道网络。为保障下游用户的稳定供气，长输管道必须配套建设储气调峰设施，以解决日益增大的调峰需求，同时地下储气库在保障供气安全上也具有不可替代的作用。因而，地下储气库的建设受到全球许多国家的重视，天然气生产和消费大国都把地下储气库的建设及运行作为天然气产销一体化工程的重要组成部分进行总体规划。

地下储气库建设与使用在国外已有百年的历史，而我国尚处于初级阶段。2000 年，我国第一座大型城市调峰用地下储气库大张坨地下储气库的建成投产，开启了我国地下储气库建设的新篇章。此后，我国陆续建设了毗邻天然气消费区域的陕京输气管道大港及华北储气库群、西气东输管道刘庄及金坛储气库，毗邻产气区的呼图壁、相国寺储气库等。2014 年，我国天然气表观消费量达到 $1830 \times 10^8 m^3$，已建成调峰能力 $28.6 \times 10^8 m^3$，占天然气消费量不足 2%，该数据的全球平均指标为 11.7%，我国储气库的建设仍任重道远。

2　地下储气库地面建设技术及特点

2.1　储气库分类及特点

地下储气库按地质条件分类，分为油气藏型、盐穴型、含水层型和废弃矿坑型，已建成的储气库主要为前 3 种类型。按功能分类，通常分为调峰型、战略储备型及商业储备型。

地下储气库建设是一个系统工程，其运行受产气区、储气区及用户的多重影响，建造、运行工况复杂,达容周期长,储气库压力、流量周期性变化,注、采介质多样化。同时,鉴于地下储气库的功能定位,其安全性和可靠性也至关重要,上述差异使地下储气库区别于油气田地面建设,具有鲜明的特点和独特的技术难点。

2.2 国内储气库地面工艺技术

我国天然气地下储气库经过近 20 年的建设发展已初具规模,形成了较为成熟的地面工艺技术,尤其对于油气藏型储气库,通过大港库群及华北库群、刘庄储气库的设计、建设及运行,已取得了丰硕的成果和宝贵的经验。对于盐穴型储气库,通过江苏金坛盐穴储气库的建成投产也积累了一定的经验。

地下储气库地面关键工艺技术主要包括:井口防冻(防凝)工艺、采气(烃、水)露点控制工艺、采出液(油、水)处理工艺、注气压缩机选型匹配技术。随着对地下储气库地面工艺技术研究的细化和深入,集输管道选材技术、放空系统设计技术等单点技术也成为地下储气库地面设计中需要详细论证的内容。

2.2.1 采气井口防冻(防凝)工艺

储气库采气期井口发生冻堵的特点是间歇性、短时性和不确定性,且随采气时间推移,井口参数、物流组成不断变化。近年来,储气库采气井口均采用了间歇注醇技术来解决井口防冻问题,大张坨储气库实践证明该技术具有操作简便、运行可靠、成本低等优点,适合地下储气库采气调峰工况[1]。对于井流物中含有原油的油气藏型储气库,可在井口采用加热的方法防止黑油凝固或析蜡堵塞管道。

2.2.2 井口集输工艺及计量技术

储气库井口注采管道已由早期的独立设置方式演变为根据井流物参数进行技术经济性对比分析后选择,有独立设置和合一设置两种方式。当采出井流物为油、气、水三相时,尤其当油品重组分含量高或含蜡时,优先考虑注采管道独立设置方案,以防重烃低温凝管或结蜡的发生,同时避免注气期管壁附着物再次伤害地层,井口设置单井计量装置进行采气井流物倒井计量。对于采出井流物主要为天然气和水,不含液态烃时,优先考虑采用注采管道合一设置方案,井口设置双向流量计用于注气期干气计量及采气期井流物两相计量,移动式计量分离器标定。

2.2.3 采出气处理工艺

储气库采出气处理以控制采出气烃、水露点达到 GB 17820《天然气》要求的气质指标为目标。储气库类型和具体参数不同,采出天然气的处理工艺也有差别。

对于采出气以饱和含水天然气为主的储气库,其采出气处理工艺以控制水露点为主要目的,通常采用溶剂吸收法脱水,目前国内外常用的是三甘醇脱水工艺。

对于采出气以天然气、凝析油和游离水为主的储气库,其采出气处理工艺通常采用浅冷分离脱烃 + 低温法脱水工艺,当储气库采气期有富余压力能可利用时,可通过 J - T 阀节流降温,使井流物中重烃组分液化,从而通过简单的重力分离方式达到控制烃露点的目的。当井口压力能不足以满足外输压力需求时,可采用外加冷源制冷或利用注气压缩机对外输天然气增压。

与脱烃配套的脱水工艺通常选择注乙二醇工艺,乙二醇再生后循环使用。实践证明,储气库采气装置采用节流+注乙二醇防冻剂的水、烃露点控制工艺,流程简单、操作简便、投资省、能耗低,完全满足储气库采气装置的压力、流量大幅度波动的工况。

对于采出气介质以天然气、原油和游离水为主的储气库,为避免原油在浅冷工段堵塞设备及管道,采出气进站还需设置有效的分离设施,以便对天然气中携带、夹带的黑油进行控制,防止黑油进入下游系统,对后续露点控制装置的运行造成影响。

目前,国内已建储气库单套三甘醇脱水装置最大处理规模为 $400 \times 10^4 \text{m}^3/\text{d}$,单套 J-T 阀+乙二醇防冻装置最大处理规模为 $750 \times 10^4 \text{m}^3/\text{d}$。

2.2.4 注气工艺及注气压缩机组选型

注气工艺主要取决于储层压力与输气管道压力,分管压注气和增压注气。对于增压注气,注气压缩机的选型与匹配是注气工艺设计的关键。

机组设计参数选取包括入口压力范围、入口流量范围以及出口压力范围等。压缩机入口压力及流量范围的确定需根据长输管线注气期供气量、用户用气量以及长输管道配套的其他地下储气库的注气量进行平衡分析。压缩机出口压力一般是根据储气库库容参数、注气周期和储气库工作压力区间确定,同时还需要考虑注气井井身结构、注气井深度等造成的注气沿程摩阻[2]。

压缩机型式选择考虑机组能适应高出口压力、高压比、高流量及压缩机出口压力波动大的特点,目前国内储气库注气压缩机组全部选用的往复式压缩机,单机驱动功率最大 35MW,单机排量约 $90 \times 10^4 \text{m}^3/\text{d}$。

2.3 国内储气库地面设计规范

目前,关于储气库地面工程设计的标准规范尚未形成完善的体系,储气库地面工程设计除须满足国家法律法规外,主要遵循通用设计规范,如《石油天然气工程设计防火规范》(GB 50183)、《输气管道设计规范》(GB 50251)、《油气集输设计规范》(GB 50350)等。行业标准中关于储气库设计规范有《地下储气库设计规范》(SY/T 6848)、《天然气输送管道和地下储气库工程设计节能技术规范》(SY/T 6638)、《油气藏型地下储气库安全技术规程》(SY 6805)和《盐穴地下储气库安全技术规程》(SY 6806)。此外,中国石油发布了储气库地面工程相关的企业标准,也需要在设计过程中遵照执行。

3 国外储气库地面建设技术概略

3.1 建库类型多样

当今,全球 35 个国家和地区建成 600 余座地下储气库,其中油气藏型占 83%,含水层型占 12%,盐穴型占 5%,废弃矿坑型占 0.2%。在缺乏油气藏地质条件区域,盐穴库和水层库被广泛建设。储气库均为商业运行,以季节调峰为主。

3.2 高效设备及注采装置大型化

地面设施面向高效及大型化发展。如荷兰 Norg 凝析气藏储气库,通过气藏模拟认为注入气与原凝析气不会混相,地面集输系统采用注采合一建设,采气装置采用三塔硅胶脱水工艺,处理能力达到 $2500 \times 10^4 m^3/d$,简化地面处理流程,大大降低了装置投资及占地。

国外储气库已有采用电驱大排量离心式压缩机的成功案例,机组功率 38MW,单机排量 $1250 \times 10^4 m^3/d$,不设置备用。采用大排量离心式压缩机大幅减少了机组数量,从而降低了设备投资和占地。

3.3 自动控制水平高

自动化系统及建设过程管理水平高,通过自动化系统确保安全,尽量减少现场人员。如 TIGF 和 Norg UGS 采用少人值守的方式,Norg UGS 白天 8 人上班,晚上 1~2 人。Haidach UGS 采用远程操作(与储气库间距约 7km),夜间无人值守,总定员为 13 人。

4 启示与建议

本研究结合多年储气库设计经验,针对各类型储气库地面工艺技术进行了深入探讨,对于缩短地下储气库的建设周期、降低建库投资、完善建库技术、提高建库效率将具有一定的指导价值。但鉴于储气库运行工况的多样性,不同类型地下储气库的地面关键工艺技术及设备选型应根据储气库自身类型特点及建设需求,结合地下运行参数、井流物特性、地面设施状况等诸多因素综合考虑,具体情况具体分析确定适宜的处理工艺。

参 考 文 献

[1] 孟凡彬. 板桥凝析气田地下储气库建造技术[J]. 石油规划设计,2006(2):20-27.
[2] 周学深. 有效的天然气调峰储气技术—地下储气库[J]. 天然气工业,2013,33(10):95-99.

作者简介:刘科慧,学士,总工程师,高级工程师,主要从事油气加工和油气储运的设计工作。联系电话:022-60901659;E-mail:liukehui@cppetj.com。

盐岩溶腔造腔关键技术及综合利用概述*

姜德义[1,2]　陈结[1,2]　刘伟[1,2]　任松[1,2]　李林[1,2]　吴斐[1,2]

（1. 重庆大学煤矿灾害动力与控制国家重点实验室；2. 重庆大学资源及环境科学学院）

摘　要：我国目前已有 $2 \times 10^8 m^3$ 的废弃盐腔，每年仍以 $2000 \times 10^4 m^3$ 的速度递增，这已成为了严重的地质隐患；同时我国油气战略储备、可再生能源储存以及废弃物处置所需的地下空间又十分巨大。这就驱使我们获取可储性良好的溶腔并将其综合用于能源储备、废弃物处置以及消除地质隐患的系统研究。根据多年来的研究成果及国内外研究进展，简述了造腔/采卤的关键技术及重要突破，综合分析了盐腔综合利用的关键技术、覆盖领域。就造腔/采卤而言，依地层条件选取合适的造腔方法、有效控制溶腔形态扩展是关键；就石油储备而言，综合条件最佳的溶腔可用于储存天然气，储油的条件可以适当放松；就可再生能源领域而言，盐岩溶腔可用作压气蓄能电站的压缩空气储存库、高压氢气储存库；环境治理方面，密闭性及稳定性良好的可用于处置有毒有害废弃物，密闭性及稳定性较差的腔体可用于储存无毒害废弃物。

关键词：废弃盐腔；造腔关键技术；能源储备；废弃物处置；稳定性；密闭性

1　概述

盐是十分重要的生活必需品和工业原料，我国是世界上有名的产盐大国。就盐（NaCl）的来源而言，我国的井矿盐占56%左右、湖盐占33%、海盐占11%[1]。截至2014年底，我国井矿盐产量已接近 $5000 \times 10^4 t$。井矿盐主要通过钻井水溶开采法开采，通过井眼与目标盐层连通，注入淡水溶蚀目标层盐岩，而后置换出卤水。这种开采工艺施工快、开采易、成本低，因而在全球范围使用也非常广泛。

采盐也是一种特殊的采矿作业，水溶开采将在地下形成巨大的、呈群落分布的腔体（采空区）。这些腔体废弃后，井眼用水泥固封、腔体内充满卤水。若围岩密闭性好、腔体顶板稳定、套管系统稳定、井眼密封，卤水的静水压力可在很大程度上维持腔体稳定，使腔体缓慢收缩但不发生垮塌[2]。由于盐岩蠕变腔体会处于缓慢收缩状态，在盐岩纯度高、地质条件好的情况下，腔体完全收缩耗时长达上千年。但现实中这种理想状态是极难实现的，我国的盐岩属于层状结构，开采段含有众多不溶或难溶夹层，开采后很难保证腔体轮廓规则，加剧了围岩应力集中；夹层本身孔隙度和渗透率均比盐岩高，也是卤水易于渗流的部位，将导致腔体内压下降从而加速腔体收缩；纯采盐作业很少采用油垫保护层，顶板泥岩常常大面积暴露，后期受卤水侵蚀也容易造成顶板垮落等后果[3,4]。由此可见，对于层状盐岩地层中的盐腔，必须评估其可能发生的地质灾害、必须移除卤水以防止后续可能的灾害发生[5]。

─────────────

*基金项目：国家自然科学基金基金项目（51574048；41672292；51604044）。

从一个方面而言,只要盐腔形状规则、层段选取得当,又是重要的地下储备空间资源。由于盐岩良好的物理力学特性在能源储备与废物处置等多个领域早已得到广泛应用。盐岩的结构非常致密、渗透率($\leqslant 10^{-20} \text{m}^2$)和孔隙度($\leqslant 1\%$)都非常低,能确保储存介质不发生泄漏;盐岩具有损伤自修复性能,能促使围岩中的裂纹愈合;盐岩主要成分为 NaCl,化学性能极其稳定不易与储存介质反应[6]。早在 20 世纪 50 年代,加拿大、荷兰和美国等国家就利用盐穴来储存石油、天然气;到了 20 世纪七八十年代,盐穴进一步被用来储存氢气、高压空气等;部分盐腔也被用于储存油田废弃物、碱渣甚至低放核废料。可以说,盐岩腔体对于油气资源与可再生能源储存、废弃物处置等方面都有很重要的价值。

我国盐穴综合利用起步较晚,但发展迅速。2007 年亚洲第一座盐穴式储气库——金坛储气库正式投运,就是利用的金坛盐矿的 6 口废弃盐穴[7,8]。近年来,四川省长山盐矿也利用盐穴充填废水及废弃物;江苏井神集团 2011 年开始利用一口水平井充填碱渣。杨华等开展了盐腔用作 CAES 电站的可行性研究[9]。陈结等建议利用水平盐穴老腔实施国家石油战略储备,并探讨了当前实施的关键技术和研究重点[10]。目前,国内在能源储备方面主要靠新建盐腔实施,而老腔处置废弃物也仅有个别案例。然而在国外,被用于储存的盐腔中,废弃老腔高达98%,而专门用于存储而新建的盐腔仅有 2%。这也充分说明,综合利用盐穴老腔是一个国际大趋势,理应成为本领域的重要发展方向。

我国盐岩在区域上属断堑式湖相沉积构造,一般形成于该断堑凹陷中,沉积边界受周边断层控制,具有规模小、厚度薄、区域构造复杂的特性[8]。湖相沉积的物源来源、气候变化等决定了盐矿的层状结构特征。因此,我国盐矿的地质条件相对国外盐丘更为复杂和多变,溶腔治理的迫切性也更高,同时溶腔利用的难度也更大。然而,我国能源储备体系尚不完备、可再生能源发展滞后但进步迅猛、废弃物处置对空间需求巨大。这就迫使我们必须将废弃溶腔合理整治并转换为具备良好存储功能的地下空间,同时消除潜在的地质灾害。本文首先分析了我国层状盐岩的地质特征、开采现状及造腔的关键工艺;然后对溶腔在各个方面的利用进行了探索;最后对治理盐矿潜在地质灾害与溶腔利用提出了有关建议。

2 层状盐岩地质特征及开采关键技术

2.1 我国盐岩基本地质特征

正如前文所言,我国盐岩属于典型的滨湖相层状结构,具有夹层多、杂质高、盐层薄的特点。不论厚度与展布均无法与品质均一的国外的盐丘地层媲美。这就决定了我国盐矿的开采方法和开采特点。

目前,主要开采中的井矿盐位于江苏金坛、淮安,安徽定远,湖北云应,河南平顶山等地区。这些地区也是目前的主要的战略油气储备备选基地。从宏观上而言,这些盐矿都属于平面凹陷构造,即由于断陷而形成的一个低洼地带而后形成湖泊,由于蒸发作用不断形成盐类结晶蒸发,在经过一系列的固结成岩,最终形成层状盐矿。该类型的盐矿的构造特点是:盐层整体厚度薄,一般不足 200m,宏观展布小,一般 10 ~ 20km²,空间上呈中间厚边缘薄的透镜体状,这就决定了我国采矿形成的腔体只能是体积小、分布密的群腔;盐岩中难溶夹层众多、单盐层厚度薄,这就导致了我国盐岩造腔技术难度高、井下事故多。

2.2 层状盐岩造腔关键技术

一般而言,层状盐岩地层中采卤造腔若工艺不当,易造成井下事故频发、腔体形状畸形及开采寿命短等不良影响[11]。就溶腔利用而言,只有容积越大、形状越规则、所处地层段越合理的腔体,其可储性能才越好。因此,采卤造腔中如何控制溶腔形状,建造出可储性能优良的腔体是溶腔综合利用的重要前提。造腔速度、腔体的好坏主要取决于3个因素:(1)流场、浓度场特征及调控技术;(2)夹层垮塌及滞后垮塌的有效控制;(3)管柱组合关系、井口排量等指标的合理选取。盐矿开采属于隐蔽工程,仅通过一跟细小井眼与地面连通,开采中难以进行有效监测。姜德义等创造性地开展了利用大尺寸型盐和可视化室内模拟装置研究流场、浓度场的研究工作,主要体现在以下几个方面:

(1)水溶开采物理模拟方面。图1为所搭建的盐砖模拟装置及可视化模拟结果,对不同排量、不同造腔阶段的腔体内部的流场、浓度场给出了合理预测,进而有助于选取最佳的设计参数。

(a)压制设备与压制的大尺寸型盐

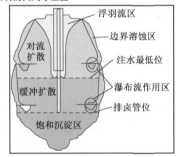

(b)可视化造腔物理模拟设备及腔体内部流场分区

图1 大尺寸型盐及可视化造腔模拟装置

(2)水溶开采数值仿真方面。图2给出了为了控制夹层垮塌、模拟造腔全过程的仿真软件,通过该软件可以提前预测腔体形状、事故发生类型、最佳参数匹配等,做到了造腔有序化、可控化和高效化。

(3)造腔工艺及技术研究方面。提出了大面积连通井组工作数据库及关键开采技术;系统研究了盐岩各种应力条件下的物理力学特征及理论模型;研制了盐岩三轴高温高压溶蚀试验机,揭示了盐岩溶解的因素影响及规律;对不同造腔工艺(单井、水平井、小间距双井)及其

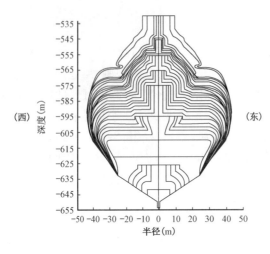

图 2　采卤造腔仿真软件及仿真结果

地质适应性等进行了研究,并已在现场得到广泛应用;提出了溶腔分类使用时的稳定性及密闭性评价标准。这些成果对于有效推进我国井矿盐及盐穴能源储备的顺利实施奠定了重要基础。

3　溶腔在油气储备的应用

3.1　储存天然气

天然气是一种洁净环保的优质能源,燃烧后产生的二氧化碳远少于其他化石燃料,几乎不含硫、氮、粉尘及其他有害物质,对于改善环境质量具有重要意义。天然气的使用在我国呈快速上升势头,预计到 2020 年我国天然气消费量将超过 $2340 \times 10^8 m^3/a$,占能源比重的 10%。天然气输送管道输送能力全年相对均衡,而天然气的消费具有典型的季节性和时段性,一般冬季大于夏季,晚上大于白天。我国天然气生产主要在西部、而使用主要在东部,依靠大输量、长距离的输送管道确保中东部天然气的消费稳定。中东部地区缺乏枯竭油气藏、含水层构造。采用地下储量丰富的盐岩建造天然气储库是我国天然气储备行业的必然选择。目前,正在规划和建设中的天然气储库有江苏金坛、江苏淮安、河南平顶山、湖北云应等盐矿。

姜德义等[12,13]通过研究,提出了盐穴储气库的选择一般应遵从以下原则:

(1)深度为 500~2000m,对其储气库而言储存量与地层压力成正比,深度越大储存量越大。因此选择越深的盐腔,其经济性越好,而且地层越深其地层封闭条件一般也越好。

(2)盐腔的体积在 $6 \times 10^4 \sim 8 \times 10^4 m^3$ 以上。

(3)盐腔的有效腔体在 60% 以上,杂质过多或夹层过多,则腔体间矿柱中的变形不协调越严重,腔体失稳和密闭性丧失的可能性越大。

(4)在运行范围内,以 30 年计算,腔体的年均体积收缩率不高于 1%。

(5)稳定性和密闭性满足要求,腔体运行中不出现较大变形、较大塑性区,矿柱及顶板安全;区域构造稳定,顶底板隔水条件较好,围岩的渗透率较低(建议夹层渗透率不高于 $10^{-2}mD$)。

(6)腔体无过渡畸形,相邻腔体未连通,主要是避免一个腔体对相邻腔体的影响;同时避免矿柱中损伤过大,造成矿柱失稳。

3.2 战略石油储备

截至 2014 年底,我国国家石油储备一期工程已经完成,在 4 个国家石油储备基地储备原油 $1243 \times 10^4 t$,大约相当于 $9100 \times 10^4 bbl$。4 个基地位于舟山、镇海、大连和黄岛,均以地面储罐的形式储存。其储油总量仅相当于我国 9 天的消费量。由于 4 个基地均处于中国东部沿海地区,其辐射能力和安全性能令人担忧。叙利亚的港口储油系统就曾遭受北约的导弹袭击从而报废。

国家战略储备二期工程从 2003 年开始选址规划,目前在建及规划中的第二批战略储备基地包括辽宁锦州、山东青岛、江苏金坛、浙江舟山、广东惠州、新疆独山子和甘肃兰州等,总储能预计将达到 $2670 \times 10^4 m^3$,可以储存原油的数量约为 $1.68 \times 10^8 bbl$,相当于中国 21 天原油净进口量。二期工程完成将使国家石油战略总库容比一期增加 163%。与一期储备基地相比,二期国家战略石油储备在新疆、甘肃布点,开始向中西部倾斜,一期战略石油储备基地布局在沿海,考虑其经济功能多一些,是为了保证我国能源供应的充足,确保经济发展之需。

第三期战略库存仍在规划中,规模略高于二期,预计总储能将达到 $3620 \times 10^4 m^3$,约 $2.32 \times 10^8 bbl$。三期全部工程完成后,将使中国战略总库存提升至 $5 \times 10^8 bbl$,达到 90 天原油净进口量。三期的选址目前仍在规划之中,但已经将盐穴纳入备选之中。虽然盐腔具有诸多优点,但其建造成本相对较高,$20 \times 10^4 m^3$ 的腔体造价达到 7000 万元;造腔时间长,单腔造腔需 4~5 年。若盐矿承担战略三期 30% 的原油储备量,其盐腔建造成本也将高达 48 亿元。且待腔体建成后,可能已经错过低油价期。针对盐矿已有大量废弃溶腔,开展研究和评估,用于国家战略储备是解决储备难题的重要出路。盐矿废弃溶腔改建储油库的腔体应满足以下 4 个条件:

(1)深度为 500~1000m;

(2)盐腔的体积在 $6 \times 10^4 \sim 8 \times 10^4 m^3$ 以上;

(3)稳定性满足储存要求;

(4)具有较好的密闭性能。

建议先考虑开展单腔研究,因为国内已有单腔用于储存天然气的成功案例,单腔利用的技术较为成熟。

就密闭性和稳定性而言,储油库的标准是低于储气库的,原油为高黏度、大分子的液体,在围岩中的扩散作用远低于天然气,因此密闭性要求远低于储气库。Liu 等[5]研究指出,原油储库夹层渗透率不大于 0.1mD 即可;原油一旦储存之后,很少动用,动用时也是采用更高压力的卤水进行驱替,腔体内压易控制且稳定,围岩处于更稳定的状态,稳定性也更高。

在建设成本方面,笔者建议与盐矿企业相互协调。江苏新源矿业公司每年产盐 $360 \times 10^4 t$,可增加溶腔 $140 \times 10^4 m^3$;江苏井神集团年产盐 $500 \times 10^4 t$,新增溶腔 $200 \times 10^4 m^3$。制盐行业低迷,除了关注盐产量外,企业更关注于具有储存价值的盐腔,只要对溶腔工艺略作调整,在略微降低盐产量的基础上,就可获得大量体积大、形状规则、可储性高的储油腔体。而对于已经存在的大量废弃盐腔,只需进行评估及修井作业,即可转换为储油腔体。

因此,只要合理协同老腔利用,盐矿企业有针对性的采盐作业,即可在较短时间内获得大量溶腔,为石油储备提供可靠的储库资源,而其成本也将远远低于专门造腔。

3.3　储存油气的比较

就储气库和储油库而言,在稳定性方面由于储油库的内压波动要远少于储气库,在稳定性方面的要求略低于储气库。同时,石油黏度高,在岩石中的扩散要比天然气慢得多,在密闭性方面也可以适当放低。因此,对于深度小于1500m的腔体,我们建议优先考虑储油;而对于深度大于1500m的腔体,则主要考虑储气。而针对个别条件不能满足储气的腔体,考虑到储油时的条件要略低一些,可以结合有关评价建议后将其用于储油。由于我国盐岩均含有夹层,即便储油,仍建议夹层的渗透率不高于0.1mD。

4　溶腔在可再生能源领域的应用

4.1　压缩空气蓄能电站地下储库

电力的使用也具有典型的时段性,而电力的供应则相对稳定。可再生能源发展快速,其在电力的比重越来越大,但可再生能源(如风能、太阳能)的生产也具有季节性和时段性。因此要确保电力供应稳定,一般会在上游或下游建造一定规模的电力储存设备。抽水蓄能电站和压气蓄能电站是世界上仅有的两种能实现大规模电能储存的储能技术。抽水蓄能电站在我国已有一定年限,并达到了一定规模,但受制于地质选址苛刻及对生态环境影响巨大,其负面效应正逐渐凸显;压气蓄能电站(CAES)由于更清洁、启动快、环境影响小等优点而越来越受到重视。这种技术发源于20世纪七八十年代的欧美,目前在很多国家都有较好的推广和发展。其基本原理如图3所示:利用富余电能将空气压缩进入地下储气腔,将电能转换为内能;用电高峰时,释放高压空气经适当预热后混合少量天然气燃烧,高温高压气流推动涡轮机转动发电,将内能再次转化为电能。启动迅速,运行万次依然稳定可靠,被誉为高效转换的储能装置。压气蓄能电站发展的主要受制于地质条件,必须有适合压缩空气储存的地下空间。而盐岩由于优良的密闭性和力学特性,被誉为储存压缩空气的最佳介质。我国电力供应的不稳定性已经很凸显,必须建造一批CAES电站,才能有效确保电力的安全性和可靠性。

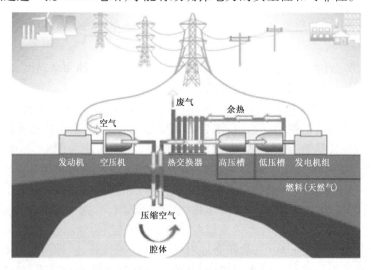

图3　压气蓄能电站工作示意图

江苏、湖北、河南、四川等地均为电力消耗大省,同时这些地区也具有丰富的地下盐矿资源,已经存在大量的废弃盐腔,为建造 CAES 电站提供了重要的条件。CAES 电站在国际上具有成熟的技术及安全运行的经验(图4);CAES 地下储气腔,也是一种特种的储气库,只是这种储气库压力波动更频繁(每天一个压力循环,而天然气储库几乎为一年一个循环)、但压力波动幅度很小。相当于围岩处于高频、低幅的循环荷载之下,这种特殊条件必然影响盐岩的寿命和储库的安全,建议开展进一步研究。

图4 美国 Hantorf CAES 电站地面设施

4.2 高压氢气储存库

我国是世界上最大的氢气生产和使用大国。2010 年我国氢气年产量已经达到 1100×10^4 t。氢气是高能、清洁的新型能源,随着化石能源枯竭、环境污染加剧,氢气的使用范围会越来越大。氢气的生产、运输和储存是氢能源的三大核心技术。单就氢气储存而言,目前主要为钢瓶、碳纳米材料等小型储备装置,在我国尚无大型储存氢气的技术和装置。盐岩以其独特的物理力学性质、良好的地质封闭结构且与氢气几乎无化学反应的特殊性能,成为氢气大规模地质储存的最佳介质。目前,美国等发达国家已经实现了氢气在盐丘型盐腔中储存氢气的技术,已有 3 口储氢盐腔在使用之中[14]。氢气的储存分为纯氢气储存和混合氢气储存。纯氢气储存由于氢气极性太强,常常与管柱及地层矿物反应,纯氢气储存反而少见;混合氢气储存是将氢气和甲烷通过一定的比例混合,进行储存,降低其活性。

盐腔中储存天然气在我国已经有一定的经验,这些技术和方法对以后储存氢气都具有指导意义。更有研究者指出,以后可将天然气管道和储存直接转变为氢气传输管道和储库。相对而言,氢气比天然气轻,密度远低于后者,分子比后者小,在围岩中的扩散性也更强。因此,对于储存氢气的盐腔其稳定性和密闭性的标准应该远高于天然气。

目前需要注意的问题:

(1)如何评估氢气在围岩中的渗透性,找出满足其稳定性的渗透性阀值,为密闭性评估提供科学依据;

(2)氢气与管柱发生原电池反应,如何找出规避这类反应的材料;

(3)腔体的优化设计,如何定量化,便于后期将天然气储库转换为氢气储库时有所选择。

5 溶腔用于废弃物处置

诸多行业都会产生大量的难以治理的固废物,这些废物流入地表生物圈将对生态造成极其严重的后果。盐腔恰好是这样的一种空间,能为这些废弃物的终极处置提供场所。例如,我国因制盐制碱所产生的碱渣废弃物累计已达 $700 \times 10^4 t$,目前主要采用地面堆积方式处理,不仅占用大量的土地资源,还造成地表水系严重污染、土地盐碱化等。若将碱渣配置成浆液充填进入废弃溶腔,待固体部分沉淀固结后继续充入碱液,直至腔体大部分空间被固体碱渣充填。这样一方面解决了碱渣地表堆积问题,一方面将腔体卤水置换用于生产盐,同时可以有效抑制盐腔收缩的地表沉降等灾害。图5为废弃物充填示意图。

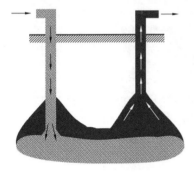

图5 废弃物充填示意图

不仅碱渣,还包括钙镁泥、油田废弃物、有毒有害物质,均可充填进入废弃盐腔。加拿大是油砂大国,就利用淡水携废弃油砂充填进入废弃盐腔,而油砂中的油分最终悬浮于顶部,还可得以回收。

在废弃物充填方面,我国积累了一些经验。密闭性、稳定性很好的腔体,我们建议用来做能源储备库用;腔体畸形,相邻腔体有连通,顶板暴露的腔体,夹层含量较多的腔体,有发生失稳及塌陷事故的潜在风险,但是当前的稳定性和密闭性较好,这类腔体可考虑用来充填碱渣、低毒性的废弃物,且利用的时候遵循固体部分置换卤水的原则。

对于高毒性的废弃物处置,需要慎重。虽然目前世界上已经有盐岩用于处置核废料,但仍然停留在中低放废弃物。而我国的井矿盐多位于经济发达、人口密集、地表水系密布的中东部地区,且盐层整体厚度不足($100 \sim 200m$),也难以满足长达万年的封闭要求。因此,目前不建议在层状盐岩地层中储存核废料。

6 结论及展望

(1)我国盐岩属于典型的层状结构,夹层的存在是影响成腔的重要因素;盐腔废弃后,由于腔体局部失稳、卤水侵蚀易于诱发围岩垮塌、地面沉陷等事故。

(2)造腔流场浓度场控制、夹层垮塌控制、造腔超前仿真预测等工艺技术手段是实现高效快速采卤造腔的重要支撑,可确保后期盐腔的可用性。

(3)可结合已有腔体及采卤中的腔体,分类评价进行综合利用,实现能源储备、环境保护及地质灾害治理的综合目的。

参 考 文 献

[1] 王清明. 石盐矿床与勘查[M]. 北京:化学工业出版社,2007.

[2] Berest P, Bergues J, Brouard B, et al. A Salt Cavern Abandonment Test[J]. Int. J. Rock Mech. Min. Sci., 2001, 38(3):357 – 368.

[3] Liu W, Wang B W, Li Y P, et al. The Collapse Mechanism of Water Solution Salt Mine Caverns and the Comprehensive Measures of Protection, Treatment and Application[J]. Int. J. Earth Sci. Eng., 2014, 7(4):1295 – 1304.

[4] 杨长来,孔君凤,刘伟. 盐矿水溶开采地表塌陷发生机理及防治措施[J]. 土工基础,2014(3):128 - 131.

[5] Liu W, Chen Jie, Jiang Deyi, et al. Tightness and Suitability Evaluation of Abandoned Salt Caverns Served as Hydrocarbon Energies Storage under Adverse Geological Conditions (AGC). App Energy, 2016, 178: 703 - 720.

[6] 陈结,姜德义,刘春,等. 盐穴建造期夹层与卤水运移相互作用机理分析[J]. 重庆大学学报:自然科学版,2012,35(7):107 - 113.

[7] 任松,吴建勋,陈结,等. 层状盐岩造腔仿真软件开发及其实用性验证[J]. 岩土力学,2014(9): 2725 - 2731.

[8] 杨春和,李银平,陈锋. 层状盐岩力学理论与工程[M]. 北京:科学出版社,2009.

[9] 任松,李小勇,姜德义,等. 盐岩储气库运营期稳定性评价研究[J]. 岩土力学,2011,32(5):1465 - 1472.

[10] 杨华. 压气蓄能过程中地下盐岩储气库稳定性研究[D]. 武汉:中国科学院武汉岩土学研究所,2009.

[11] 陈结,刘伟,任松,等. 利用双井盐穴溶腔建立国家战略石油储备体系[J]. 大科技,2016(16): 285 - 286.

[12] 李银平,施锡林,杨春和,等. 深部盐矿油气储库水溶造腔控制的几个关键问题[J]. 岩石力学与工程学报,2012,31(9):1785 - 1796.

[13] 杨春和,周宏伟,李银平. 大型盐穴储气库群灾变机理与防护[M]. 北京:科学出版社,2013.

[14] 任松,姜德义,杨春和,等. 岩盐水溶开采沉陷及溶腔稳定性[M]. 重庆:重庆大学出版社,2012.

[15] Lord A S,Kobos P H,Borns D J. Geologic Storage of Hydrogen:Scaling up to Meet City Transportation Demands[J]. Int. J. Hydrogen Energy, 2014, 39(28): 15570 - 15582.

作者简介:姜德义,博士,教授,主要从事盐矿开采及溶腔利用方面的研究工作。

枯竭油气藏型储气库数值模拟技术研究现状与展望*

胡书勇　李勇凯

（西南石油大学"油气藏地质及开发工程国家重点实验室"）

摘　要:地下储气库已成为全球天然气生产调峰和战略储备的最佳选择,现有储气库大多是在枯竭油气藏上建成的。数值模拟技术是储气库建设论证过程中必不可少的手段。通过数值模拟研究,能够对储气库的库容量、调峰能力和应急能力作出正确的评价,为储气库设计和最优运行控制提供科学依据。基于文献调研,对国内外储气库建库现状,枯竭油气藏型储气库数值模拟研究现状进行了总结,并对其发展前景作了展望。提出了今后研究的重点、难点在于:储气库地质模型与数值模型建立的准确性的提高;数值化储气库的建立与发展;含垫层气储气库流固耦合模型的仿真技术的提高。

关键词:枯竭油气藏型储气库;数值模拟;渗流模型;数学模型

　　地下储气库已成为全球天然气生产调峰和战略储备的最佳选择。目前,地下储气库主要包括枯竭油气藏型、含水层型、盐穴型和废弃矿坑型地下储气库等。其中枯竭油气田具有如下优点:其地质情况已经经过勘探开发而变得较为明晰,构造较为清楚,部分基础设施可以直接使用,部分油气田残留油气,可以直接用作垫层气,建库周期短,投资费用少。因此,枯竭油气藏成了建库的首选。世界上的地下储气库大多是在枯竭油气藏上建成的,是世界上使用最广泛、运行最久的一种储气库[1]。美国和加拿大等发达国家的地下储气库相关技术已经比较成熟,而我国正处于大力发展的阶段,各类相关技术亟待深入的研究。

　　地下储气库与大型地上储气库相比,具有储气量大、受气候影响小、维护管理简单、安全可靠、能合理调节用气不平衡等优点。然而,地下储气库的建设,投资多、工程量大、周期长,需预先设计、研究开发方案,预测生产动态和制订最佳生产方案,因此数值模拟技术就成为必不可少的手段。通过数值模拟研究,能够对储气库的库容量、调峰能力和应急能力作出正确的评价,为储气库设计和最优运行控制提供科学依据。

1　国内外储气库建库现状

　　全球第一个储气库于1915年在加拿大 Wellland 气田建成,而加拿大和美国也成为建库较早、较多、调峰量较大、储气库相关技术较先进的代表性国家。全世界各地区已建成的地下储气库中,以枯竭油气藏型储气库为主[1](图1)。目前全球建成715座储气库,形成工作气量 $3930 \times 10^8 \text{m}^3$,保障着管道平稳运行和市场安全供气[2]。

* 基金项目:国家自然科学基金资助项目"CO_2 作垫层气的枯竭气藏型储气库混气机理及最优运行控制研究",编号:51574199。

相比加拿大和美国等发达国家而言,我国地下储气库发展较晚,建库量也相对较少。1975年,喇嘛甸储气库的投产成为我国储气库建设的开端。截至2014年底,我国已建成储气库25座,其中枯竭油气藏型储气库24座,盐穴储气库1座,调峰能力达到$30 \times 10^8 m^3$(表1)。预计2020年我国储气库工作气量将达到$197 \times 10^8 m^3$,储气库将成为天然气调峰的主力。

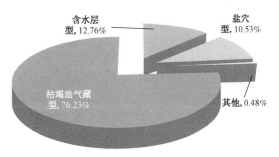

图1 全球储气库类型分布图[1]

表1 中国储气库建库现状[3]

地区	储气库(群)	储气库类型	投产时间	数量(座)
环渤海	大港	枯竭油气藏	1999	6
	京58	枯竭油气藏	2007	3
	板南	枯竭油气藏	2014	3
	苏桥	枯竭油气藏	2013	5
长江三角洲	金坛	盐穴	2012	1
	刘庄	枯竭油气藏	2011	1
东北部	喇嘛甸	枯竭油气藏	1975	1
	双6	枯竭油气藏	2013	1
西南部	相国寺	枯竭油气藏	2013	1
西北部	呼图壁	枯竭油气藏	2013	1
中西部	陕224	枯竭油气藏	2014	1
中南部	文96	枯竭油气藏	2012	1
合计				25

2 枯竭油气藏型储气库数值模拟技术研究现状

地下储气库技术涉及地质、气藏工程、采气、天然气集输与净化、天然气管道输送和城市配气方面的相关理论知识,而地下储气库数值模拟技术是地下储气库动态模拟的核心。目前,数值模拟技术已经成为指导天然气地下储气库整个注采动态运行的重要手段,数值模拟技术的发展,主要体现在对储气库渗流机理的描述与刻画、建模及其求解。国内外关于地下储气库数值模拟模型的研究已取得一定的成果。而枯竭油气藏型储气库数值模型先后发展了三维单相渗流模型、三维气水两相渗流模型、用惰性气体作垫层气的三维混气模型及考虑应力场和渗流场相互耦合的流固耦合数学模型。

2.1 三维单相气体渗流模型

由于枯竭油气藏型储气库是发展最早,建设最多的天然气地下储气库,应运而生的三维单相气体渗流模型便成为发展最早的一种模型。该模型可模拟气库中单相气体的流动,反映单相气流压力随时间的变化,可较准确地模拟无水驱封闭型枯竭油气藏型储气库的注采动态。其模型的基本结构如下[3]:

质量守恒定律

$$- \left\{ \left[\frac{\partial}{\partial x}(\rho v_x) + \frac{\partial}{\partial y}(\rho v_y) + \frac{\partial}{\partial z}(\rho v_z) \right] + \delta_a q \right\} = \frac{\partial(\rho \phi)}{\partial t} \tag{1}$$

考虑惯性力影响的达西定律

$$\frac{\mu v}{K} + \beta \rho v v = - \text{grad} p \tag{2}$$

气体状态方程

$$\rho = \frac{p}{RTZ(p)} \tag{3}$$

式中 v_x, v_y, v_z——x, y, z 方向上的体积流速分量,m/s;

q——注采体积流量,m³;

δ_a——井点函数,井点处为 1,其余为 0;

ρ——气体密度,kg/m³;

ϕ——岩石孔隙度,小数;

t——时间;

v——气体体积流速,m³/s;

Z——气体偏差系数;

μ——气体黏度,m²/s;

K——储层渗透率,mD;

β——非达西流动系数;

p——流体流动压力,MPa;

R——普适气体常量,J/(mol·K);

T——储层温度,K。

20 世纪 80 年代到 21 世纪初,三维单相气体渗流模型被广泛应用于枯竭油气藏型储气库。1978 年,意大利在利用明勒比奥枯竭气田建造地下储气库时,采用三维单相气体渗流数学模型,模拟了注采动态变化,为实际生产过程提供了理论依据,这是最早的储气库数值模拟应用。1999 年,谭羽飞等建立了枯竭气藏型地下储气库的注采动态数学模型,以储气库上下限压力为约束条件,以天然气连续性方程为基础,通过有限差分的方法求解储气库的数学模型,最后通过数值模拟技术,采用"冻结方法"分别对产量、注气速度和井间分布等影响储气库库容的因素进行了分析,这是国内最早的储气库数值模拟研究[4]。

三维单相气流模型的建立可以为纯气驱枯竭气藏型储气库的运作提供理论依据。其认为储气库中气体的流动是符合达西定律的,而不考虑气流的其他作用。而实际上在某些时候或区域,尤其在井筒附近,气流速度很快,气体流动已不符合达西线性流规律,此时采用达西定律就可能使准确度降低[5]。

2.2　三维气水两相渗流模型

　　建造地下储气库应首先考虑利用枯竭油气藏,但对一些不具备这种地质条件的地区来说,利用地下含水层来建造地下储气库就不失为一种好的选择。随着天然气工业以及储气库的不断发展,美国和加拿大等国家开始选择水驱气藏和含水层作为储气库建库目标。随后,三维气水两相渗流模型也开始广泛应用到储气库的相关研究中[4]。20 世纪 80 年代,法国一家公司在利用含水层建立卢萨尼地下储气库时,采用三维气水置换模型,模拟了在该含水层各点上储库压力的变化情况,根据给定的生产方案,以最少的井数布井,并确定储气库允许的最大注入和回采量,成为了数值模拟指导建造地下含水层型及水驱枯竭油气藏型储气库的一个典范。该模型迄今的求解方法大都是采用隐压显饱法来求解的,因为该模型不仅考虑了岩石本身的压缩对气体的吸收作用,而且还考虑了毛细管力和重力等力学因素,这使得其必须在简化的情况下才能得到较为精确的数值解[5]。其基本结构如下:

　　气水相质量守恒方程

$$\frac{\partial(\phi\rho_g S_g)}{\partial t} + \nabla\cdot(\rho_g v_g) = q \tag{4}$$

$$\frac{\partial(\phi\rho_w S_w)}{\partial t} + \nabla\cdot(\rho_w v_w) = q \tag{5}$$

　　达西定律

$$v_g = -\frac{\rho_g K K_{rg}}{\mu_c}(\nabla p_g - \rho_g g \nabla D) \tag{6}$$

$$v_w = -\frac{\rho_w K K_{rw}}{\mu_c}(\nabla p_w - \rho_w g \nabla D) \tag{7}$$

　　气体状态方程

$$\rho = \frac{p}{RTZ(p)} \tag{8}$$

式中　S_g,S_w——分别为气、水两相饱和度。

　　其余符号含义与前文同(下标 g 指气相,w 指水相)。

2.3　三维混气模型

　　相对于前两种储气库数学模型,三维混气模型则发展得较晚,此模型是在储气库数值模拟及其他相关技术不断完善的基础上产生的。20 世纪 80 年代末,美国和德国等发达国家从经济角度出发,试着在储气库中注入少量惰性气体来充当储气库垫层气。为保障采出气的质量,就不得不研究垫层气与工作气的混气问题。该模型正是在这些前提下建立、发展并不断完善的。其考虑气体渗流及相互扩散的数学模型基本结构如下[6]:

混气质量守恒方程

$$\mathrm{div}\,(\rho\boldsymbol{v})_1 + \phi S_g \frac{\partial \rho_1}{\partial t} + q_1 = 0 \tag{9}$$

$$\mathrm{div}\,(\rho\boldsymbol{v})_2 + \phi S_g \frac{\partial \rho_2}{\partial t} + q_2 = 0 \tag{10}$$

达西定律方程

$$\boldsymbol{v} = -\frac{K}{\mu}\mathrm{grad}\boldsymbol{p} \tag{11}$$

气体扩散方程

$$J = -\rho D\,\nabla C \tag{12}$$

气体状态方程

$$\rho = \frac{p}{RTZ(p)} \tag{13}$$

式中　J——单一组分气体扩散通量;

　　　D——单一组分扩散系数;

　　　C——单一组分浓度。

其余符号含义与前文同。

20 世纪 90 年代,丹麦、德国、法国和美国试用惰性气体来代替天然气作为储气库的垫层气,由于存在工作气和垫层气的混合问题,在工程实施之前,为保证采出天然气的质量,就需要用数值模拟的方法用三维气体混合模型来分析混气现象[7-10],这些是早期的关于垫层气与工作气混合机理的研究。

2005 年,谭羽非等对 CO_2 作垫层气的混气机理及运行控制方面进行了研究,解释了 CO_2 在不同工况下与天然气的混合特性,提出可以用混沌理论来研究工作气与 CO_2 的混合机理[11]。并证明了采用混沌学理论来描述孔隙介质内多种因素作用下导致的内部不确定性变化规律,研究其微观混合驱替机理是可行的[4]。这是国内最早的关于储气库混气模型的研究。

2007 年,在要求储气库采气结束时 CO_2 的浓度达到管道输送要求的前提下,为了解决 CO_2 和天然气的混气问题,李果等研究并建立了三维气相渗流模型,描述了注采过程压力随时间的变化,建立了对流扩散模型,模拟了 CO_2 和天然气的混合问题,并用此模型对永 21 块储气库进行了模拟分析[12],对我国开展 CO_2 作垫层气提供了宝贵的理论建议[4]。

2008 年,谭羽非建立了考虑压力场、速度场和密度场耦合的三维气体扩散模型,分析了分形多孔介质中天然气与 CO_2 垫层气的混合状态变化情况。

以上研究便是气体混合模型在储气库中的应用典范,展现了该数学模型在储气库中应用的发展历程,为地下储气库的高效及经济运行提供了科学依据。

2.4　流固耦合数学模型

天然气地下储气库拥有强注强采的运行特点,储层压力随天然气储气库的注采运行发生周期性变化,致使储层发生应力敏感,储层孔隙度和渗透率发生不可逆变化。当储气库技术发展到该阶段,就不可不考虑储层介质的不可逆变化。因此,考虑储层应力敏感的储气库流固耦合数学模型也就应运而生。1996年,Fredrich率先建立了可预测储气库最大运行压力的流固耦合数学模型,但其也仅在一维的情况下有一定的准确性,扩展到二维及三维,模型的预测准确性较差。随着岩石力学和数值模拟技术的飞速发展,该模型也不断派生且被国内外学者不断完善。此模型在我国发展较晚,2013年,王保辉考虑注采交变载荷作用下地下储气库储层的弹塑性变形特性,建立了地下储气库多组分气体动态运移的流固耦合数学模型。基于该模型分析了地下储气库注采动态运行过程中回采气中氮气浓度随时间的变化规律,在此基础上讨论了惰性气体作为垫层气替代比、储层渗透率、孔隙度和地应力等参数对回采气中氮气浓度的影响,为惰性气体作为垫层气的可行性进行了有益的尝试[13]。2014年,王保辉改进此模型建立了含水层型地下储气库天然气注采运行的流固耦合数学模型,增强了流固耦合模型在天然气地下储气库中的适用度。现阶段,考虑流固耦合作用的模型主要包括:应力场控制方程、渗流场控制方程(多组分气体耦合控制方程)、储层动态参数模型(损伤耦合模型)。其中应力场控制方程遵循Terzaghi有效应力原理,损伤耦合方程采用Mohr-Coulomb准则、最大拉伸强度准则等。

3 储气库数值模拟技术展望

随着数值模拟技术的不断发展,已经实现了地质力学模型与经济分析模型的结合,这种技术上的新突破不但可以在不增加储气成本的情况下提高储库的注采应变能力以及储存能力,还能通过建立储气库优化运行模式提高经济效益。虽然数值模拟技术在储气库中的应用理论研究日趋成熟,但由于大多模型均是简化后建立的,与实际储气库有不可忽略的差异,在指导实际储气库运行上却始终存在精度上的欠缺。纵观国内外研究现状,今后储气库数值模拟技术研究的重点与难点主要有以下几点:

(1)储气库地质模型与数值模型的建立是准确模拟储气库运行动态的基础。由于断层、尖灭、高低渗透带边界等构造的存在,气、液、固混合流动体系的存在,相间耦合现象的产生,致使描述储气库地质和流体属性的参数带有不同程度的不确定性。采用高灵活度的非结构网格,由粗化的几何形态动态逼近储气库真实地质体,变传统的单一流程到集成协同化流程,并采用高效、自适应的数值计算方法来处理、模拟地下储气库将有效解决模拟的准确度问题。

(2)相比那些在储气库建库方面具有优势的国家,我国天然气储气库地质情况复杂。在学习国外先进技术的同时,加强具有中国地质特点的储气库核心技术攻关,建立能够反映地下—井筒—地面渗流特征的数字化储气库,实现储气库地下—井筒—地面一体化设计、运行管理,提高储气库运行效率,科学指导储气库运行显得尤为重要[3]。

(3)考虑应力场及对流扩散的流固耦合模型开始提出,现有的模型与储气库实际运行状况还存在不小的差异,其仿真性较差,其扩散系数和有效压力的表示公式的准确度与适应性研究将成为未来几年的研究重点。

4 结束语

地下储气库在天然气生产调峰方面发挥着巨大的作用。美国和加拿大等发达国家不仅大力开展调峰型储气库的建设,而且也在酝酿建立天然气战略储备,以防海外天然气供应的中断[14]。我国储气库的建设起步较晚,目前开展的是调峰型储气库的研究。着眼于国家能源安全战略,建立天然气战略储备库也日渐提上日程。然而,由于我国储气库的地质情况更为复杂,渗流机理复杂,储气库的建设难度相对较大,因此应充分利用储气库数值模拟技术,在气库建设过程中深化地质认识、论证气库库容量、调峰能力及注采运行方案,为储气库设计和最优运行控制提供科学依据。

参 考 文 献

[1] 王保辉. 衰竭油气藏型地下储气库天然气注采运移及库存量动态预测研究[D]. 中国石油大学(华东),2012:5-6.

[2] 唐立根,王皆明,丁国生,等. 基于开发资料预测气藏改建储气库后井底流入动态[J]. 石油勘探与开发,2016,43(1):127-130.

[3] 魏欢,田静,李建中,等. 中国天然气地下储气库现状及发展趋势[J]. 国际石油经济,2015,23(6):57-62.

[4] 胡书勇,李勇凯,王梓蔚,等. 枯竭油枯竭油气藏型储气库用CO_2作垫层气的研究现状与展望[J]. 油气储运. 2016,35(2):130-139.

[5] 赵刚. 地下储气库围岩的稳定性分析与研究[D]. 西南石油大学,2010:26-28.

[6] Biot M A. General Solutions of the Equations of Elasticity and Consolidation for a Porous Material[J]. Journal of Applied Mechanics, ASME, 1956, (78):91-96.

[7] Perkins T K, Johnston O C. A Review of Diffusion and Dispersion in Porous Media[J]. Society of Petroleum Engineers Journal, 1963,3(1):70-84.

[8] De Moegen H, Giouse H. Long-term Study of Cushion Gas Replacement by Inert Gas[C]. SPE Annual Technical Conference and Exhibition, SPE 19754, 1989.

[9] Shaw D C. Numerical Simulation of Miscible Displacement Processes in Gas Storage Reservoirs[C]. Underground Storage of Natural Gas. Springer Netherlands, 1989:347-370.

[10] Koide H, Tazaki Y, Noguchi Y, et al. Underground Storage of Carbon Dioxide in Depleted Natural Gas Reservoirs and in Useless Aquifers[J]. Engineering Geology, 1993, 34(3): 175-179.

[11] 谭羽非,展长虹,曹琳,等. 用CO_2作垫层气的混气机理及运行控制的可行性[J]. 天然气工业,2005,25(12):105-107.

[12] 李果. 储气库库容计算及CO_2垫层气混气扩散模型与模拟研究[D]. 成都:西南石油大学,2007:5-11.

[13] 王保辉,闫相祯,杨秀娟. 惰性气体作为垫层气的天然气地下储气库注采动态运移规律研究[J]. 科学技术与工程,2013,13(31):9184-9189.

[14] 尹虎琛,陈军斌,兰义飞,等. 北美典型储气库的技术发展现状与启示[J]. 油气储运,2013,32(8):814-817.

作者简介:胡书勇,副教授,主要从事油气藏数值模拟、油气藏工程、特殊油气田开发(如致密气、页岩气、储气库)等领域的基础理论及应用技术研究工作。联系电话:13348891508;E-mail:hushuyong@swpu.edu.cn。

盐穴地下储气库的相关地质力学问题的回顾与展望

王成虎　黄禄渊　贾　晋

(中国地震局地壳应力研究所(地壳动力学实验室))

摘　要:地下储气库建设与运营对保障我国能源战略安全具有举足轻重的作用,盐穴地下储气库是其中的重要类型。盐岩蠕变特性是盐穴储气库所面临的最大地质力学问题。首先回顾了地质力学在储气库研究中的应用,从岩石实验、地质力学相似实验、解析方法、数值模拟等方面叙述目前地下储气库地质力学研究进展。提出金坛盐穴储气库长期稳定性评价的地质力学研究思路和方法,采用工程类比、地质力学解析和数值模拟的方法展开研究工作。我国天然气工业飞速发展,将有大量地下储气库投入建设和运营,地质力学将在未来储气库研究中发挥重要作用。

关键词:储气库;地质力学;稳定性;回顾;展望

1　概述

目前,天然气在我国一次能源消费中占比仅为4%,远低于全球天然气23.8%的消费比例。根据国家发展和改革委员会2013年公布的数据,我国是美国和俄罗斯之后的世界第三大天然气消费国,对外依存度达到30.5%,按照2013年后每年10%的需求增长比例,"十三五"期间我国对外依存度可达35%。地下储气库已经成为天然气进口和供销链中非常重要的一环,在调节天然气市场季节性供需矛盾和保障供气安全上具有不可代替的作用。自1915年加拿大利用衰竭气藏建成世界上第一个地下储气库以来,地下储气库已经经历了100多年发展历程。北美和欧洲都是储气库建设较早的地区,截至2006年底,全世界建成储气库634座[1]。我国地下储气库建设起步较晚,1999年开始筹建国内第一座地下储气库——大张坨储气库,2007年建成国内第一座盐穴天然气储气库——金坛储气库,目前全国已建成地下储气库25座[2],储气量占比不足0.5%。

目前,世界上的主要天然气地下储气库类型包括4种:枯竭油气藏储气库、含水层储气库、盐穴储气库和废弃矿坑储气库。我国地下储气库的研究随着上述几类储气库的建设或可行性研究取得了一定进展:气藏改建地下储气库技术基本成熟[1],在库址选址、工程建设配套、管理和维护技术、工程安全风险与预防控制措施等方面都取得了进展[3-5];枯竭油藏改建地下储气库技术仍处于摸索阶段,2001年开始针对陕京输气管线、忠武线的油藏改建地下储气库在注排机理、渗流机理、建库方式、建库周期、井网部署和方案设计等方面进行了一系列研究[1,6];含水层储气库和废弃矿坑储气库的研究刚刚起步,展长虹等[7]对含水层建设储气库进行了理论探讨;盐穴储气库的研究取得了长足进步,伴随着金坛、定远盐穴地下储气库的建设,在地址选区、溶腔设计、造腔控制、稳定性分析、注采方案设计、钻完井工艺等多方面取得了一批研究成果[8-11]。对于枯竭油气藏和含水层储气库,主要地质力学问题包括注采作业过程中的地层破裂、局域断层失稳和诱发地震等问题;对于盐穴和废弃矿坑储气库而言,主要风险在于地下空间失稳或者内缩导致库容损失或者地表沉陷等问题。

由于盐穴储气库长期维护和运营的复杂性,而我国的盐穴储气库建设运营都不足10年,有些潜在地质力学问题可能会影响这些储气库的使用寿命,故本文主要回顾地质力学问题研究在盐穴储气库中的现状,重点介绍江苏金坛盐穴储气库的地质力学问题研究思路与方法,展望此类地质力学方法未来在地下储气库研究中能发挥的作用。

2 盐穴储气库地质力学问题的研究现状

盐穴储气库最明显的优势是盐穴的气密性非常好,但是盐岩蠕变也会带来盐穴储气库稳定的潜在地质力学问题。盐岩长期蠕变特性会导致盐穴储气空间缩小,地表发生沉降,对盐穴储气库工程区的长期稳定性产生深远影响。例如美国Eminence、德国Kiel、法国Tersanne盐穴储气库均出现了很严重的库容损失,而美国Mont Belvieu、法国Tersanne盐穴储气库区域均出现了显著的地表沉陷。因此,需要从岩石力学实验、地质力学相似实验、解析方法和数值模拟等4个方面开展盐穴储气库的长期稳定性研究。

2.1 岩石实验

关于盐岩的力学特性,不同研究者从盐岩的短期强度和长期强度分别进行了研究,刘江等[12,13],梁卫国和赵阳升[14]进行了盐岩短期强度和变形特征的试验研究。杨春和等[15]通过盐岩蠕变实验及损伤理论,得到盐岩的蠕变损伤因子与变形的关系,并提出能较好反映盐岩损伤全过程的本构关系。陈卫忠等[16]采用含软弱夹层的渗流力学模型与数值计算方法评估储气库气体渗透范围。Carter和Hansen[17],Cristescu[18]通过盐岩的力学试验及分析,归纳岩盐蠕变规律,建立了盐岩的瞬态和稳态蠕变本构方程。盐岩及夹层的物理力学特征的差异研究,以及据此确定运行压力的研究目前不多,梁卫国等[19]对盐岩及其夹层的单轴、三轴力学特性、长期蠕变性进行实验研究与理论分析,在力学特征研究的基础上,进行了储气库极限运行压力分析,提出层状盐岩储气库极限运行压力确定原则,包括顶板稳定、蠕变控制、腔体致密及裸井致密等。

2.2 地质力学相似实验

戴永浩等[20]采用地质力学相似模拟试验技术,将地质力学模型试验技术应用于盐岩储气库腔体变形随内压变化规律的研究。刘耀儒等将地质力学模型试验应用在多洞室储库群的整体稳定和连锁破坏,模拟四洞室储库群在不同压强下的注采循环过程,为四洞室储库群的安全稳定运行方案提供依据。张强勇等[21]采用盐岩储气库介质相似材料对江苏金坛深部层状盐岩地下储库群的运营稳定进行三维流变地质模型试验,讨论了不同采气速率、注气速率、运行低压、运行高压、储库失压、储气压差以及储库间距等极端风险因素对盐岩地下储气库群运营安全稳定的影响。任松等[22]对盐腔成腔过程中上覆岩层损伤演化过程和层面效应开展了相似材料模拟试验,获得了上覆岩层在盐腔形成过程中的损伤演化方程和分层特性。

2.3　解析方法

王武等[23]通过接触面上不同岩层相对滑移与实际状态相等的方法,建立考虑夹层影响的力学特性等效计算模型,推导含夹层盐岩圆柱形储库力学特性的理论解。李书兴[24]根据弹性力学空间轴对称原理,设定力学模型及边界条件,采用 Love 位移函数,结合使用 Maple 计算软件,分析储库洞室内壁应力及位移的连续性。罗云川等推导了卧式椭球盐岩储气库上关键点处以椭球形状比(水平半轴与竖直半轴之比)、材料泊松比、腔体内压和远场应力为函数的应力解。李银平等[25]从盐岩腔体体积蠕变收缩的角度出发,引入火山地震学中用于预测地表变形的 Mogi 模型,将盐岩储气库地表沉降近似为弹性半无限空间内球形空洞体积收缩引起的边界位移问题,利用弹性体积变形代替蠕变体积收缩,求得在一定埋深、一定体积收缩量情况下的地表沉降及变形。施锡林等[26]建立了水溶造腔过程中夹层垮塌分析的力学模型,并应用弹性板壳理论进行了求解,论述了对夹层因局部破损及整体失稳引起垮塌的力学机制。

2.4　数值模拟

戴永浩等[20]根据试验结果,采用盐岩非线性蠕变损伤本构,通过数值模拟分析储气库围岩在循环加卸载下的力学响应特点与盐岩溶腔的长期运营稳定性。任松等[27]开发了盐穴储气库破坏后地表沉陷数值模拟软件,分别研究了地表沉陷层理效应、地表沉陷的岩层倾斜效应、地表沉陷的断层效应和多盐穴地表沉陷规律。尹雪英等[28]利用有限差分方法,对金坛盐矿某区的腔体稳定性及蠕变规律进行了讨论。张耀平等[29]建立双重介质固气耦合微分控制方程,对含夹层盐穴储气库的天然气渗漏规律进行数值研究。王同涛等[30]利用尖点位移突变模型和有限元强度折减法研究埋深、内压、矿柱宽度、蠕变时间等因素对多夹层盐穴储气库群间矿柱稳定性的影响。

3　金坛盐穴储气库稳定性研究中的地质力学思路与方法

江苏金坛储气库紧邻西气东输、川气东送线路,是建立江浙沪经济圈油气传输调峰的最佳地理位置。由于盐岩的蠕变特性,需要对盐岩溶腔长期稳定性及变形进行评估,我们提出地质力学思路,采用工程类比、地质力学解析和数值模拟的方法展开研究工作,具体路线如图 1 所示。

国内开展盐穴储气库的研究工作相对国外起步较晚,缺乏长时间的监测数据,研究案例也相对较少。国外关于盐岩的研究已经达到了近半个多世纪,关于盐穴变形的研究也已经达到了 30 多年,积累了丰富的研究资料和成果,特别是针对盐穴长期蠕变变形导致地表沉陷和盐穴内缩的专门性研究,一些研究案例有长期的监测数据,这些长期的监测数据对于我们预测金坛盐穴储气库的长期变形和稳定性具有重要的参考价值。与此同时,通过检索国外大量的研究成果可知,虽然没有理想的能完全解决工程实际问题的解析解岩石力学公式,但是基于特定条件和理想假设的地质力学解析公式仍然可以帮助我们正确理解和预测盐穴储气库的长期变形趋势和量级,目前国际上针对此科学问题已经发表了大量的研究成果,我们可以通过工程类比的方式,有选择地对部分研究成果进行修正使用。

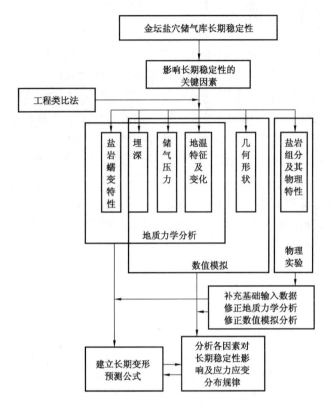

图 1　金坛盐穴储气库稳定性研究技术路线

解析方法主要依据弹性力学分析储库洞室内壁应力及位移,预测地表沉降,也有学者通过弹性体积代替蠕变体积的等效方法研究蠕变体积收缩下的地表沉降及变形。对于洞室形状简单、材料均一的情况,解析方法简洁、快速、有效。尽管储气库洞室形状多为梨形或者更为复杂的情况,但解析方法有助于我们理解盐穴储气库的长期变形特征,并为数值模拟提供一定约束。

数值模拟技术对目前岩石力学计算已经成为一种重要手段,国外也有使用边界元和有限元模拟软件预测盐穴长期变形的成果。数值模拟技术在考虑盐穴储气库复杂洞室形状、非均匀岩石材料、复杂岩石本构等方面具有天然优势,也是定量化讨论盐穴储气库长期稳定性不可缺少的环节。

4　我国地下储气库研究面临的挑战与展望

4.1　挑战

国内储气库建设受地质条件复杂性等因素影响,相关研究起步较晚,在储气库设计、建设、运行管理等方面仍处于探索阶段。在天然气需求激增的情况下,我国现有的储气库数量远远不够,并且面临着建库技术不完善,建库目标资源缺乏等问题[1]。已建成的地下储气库运行时间短,缺乏储气库运行的长期监测数据,研究案例集中于少数储气库。随着越来越多储气库投入运行和服务的时间增长,我国地下储气库的安全可靠性将会显现,目前针对地下储气库安全评价的研究储备还不够,储气库如何长期安全运行还有待进一步研究。

目前,国内储气库的地质力学研究很少,没有相应的标准或者规范可循,许多关键理论和技术问题亟待解决。在储气库建设中,不同的地质条件,不同的洞腔形状、盐腔埋深、融卤速度、开采工艺、顶板岩层扰动、初始地应力影响等各种因素都将对洞腔的稳定性产生很大的影响。在储库运营阶段中,注采气压变化因素、盐岩蠕变、夹层特性、盐腔介质特性、储气空间形状、储气深度、相邻储气库间距等关键因素也有待讨论。目前,地质力学理论在储气库研究中的应用往往局限于单一方法,未来综合应用工程类比、力学解析、数值模拟和地质力学模型试验开展储气库研究具有重要意义。

4.2 展望

中国的天然气正处在快速发展阶段,巨大的天然气需求将大大推动储气库的发展,根据天然气需求及具体地质条件推测[1],中国在未来的 10 年将需建设地下储气库 15 ~ 20 座,到 2020 年需要建设的地下储气库将达到 30 座以上。

我国地下储气库的地质条件与国外相比较差,对于油气藏和含水层储气库,深度大、储层物性条件差;对于盐穴储气库,盐层薄、夹层厚度大。这些不利因素对储气库的建库和长期稳定性提出了更高要求,也迎来了储气库研究中地质力学的发展契机。应在未来的储气库建设和运行中积极探索相关地质力学模型,发展和完善储气库地质力学,为储气库研究提供重要理论依据。

5 结语

我国天然气工业发展迅速,天然气需求日益增长,地下储气库作为天然气调峰的重要手段,受到更多重视。我国的储气库建设运行及相关研究刚刚起步,许多重大科学问题与理论基础有待进一步研究,地质力学研究作为地下储气库研究的重要技术储备,将在未来储气库研究中发挥重要作用。

参 考 文 献

[1] 丁国生,谢萍. 中国地下储气库现状与发展展望[J]. 天然气工业,2006,26(6):111 - 113.

[2] 魏欢,田静,李建中,等. 中国天然气地下储气库现状及发展趋势[J]. 国际石油经济,2015(6):57 - 62.

[3] 李建中,徐定宇,李春. 用枯竭油气藏建设地下储气库工程的配套技术[J]. 天然气工业,2009,9(9):97 - 99.

[4] 马小明,余贝贝,马东博,等. 砂岩枯竭型气藏改建地下储气库方案设计配套技术[J]. 天然气工业,2010,30(8):67 - 71.

[5] 杨琴,余清秀,银小兵,等. 枯竭气藏型地下储气库工程安全风险与预防控制措施探讨[J]. 石油与天然气化工,2011,40(4):410 - 412.

[6] 王皆明,张昱文,丁国生,等. 任 11 井潜山油藏改建地下储气库关键技术研究[J]. 天然气地球科学,2004,15(4):406 - 411.

[7] 展长虹,焦文玲,廉乐明,等. 利用含水层建造地下储气库[J]. 天然气工业,2001,21(4):88 - 91.

[8] 赵志成,朱维耀,单文文,等. 盐穴储气库水溶建腔机理研究[J]. 石油勘探与开发,2003,30(5):

107－109.
[9] 何爱国．盐穴储气库建库技术[J]．天然气工业,2004,24(9):122－125.
[10] 井文君,杨春和,李银平,等．基于层次分析法的盐穴储气库选址评价方法研究[J]．岩土力学,2012,33(9).
[11] 丁国生,张昱文.盐穴地下储气库[M]．北京:石油工业出版社,2010.
[12] 刘江,杨春和,吴文,等．盐岩短期强度和变形特性试验研究[J]．岩石力学与工程学报,2006,25(z1):3104－3109.
[13] 刘江,杨春和,吴文,等．盐岩蠕变特性和本构关系研究[J]．岩土力学,2006,27(8):1267－1271.
[14] 梁卫国,赵阳升．岩盐力学特性的试验研究[J]．岩石力学与工程学报,2004,23(3):391－394.
[15] 杨春和,陈锋,曾义金．盐岩蠕变损伤关系研究[J]．岩石力学与工程学报,2002,21(11).
[16] 陈卫忠,谭贤君,伍国军,等．含夹层盐岩储气库气体渗透规律研究[J]．岩石力学与工程学报,2009,28(7):1297－1304.
[17] Carter N L, Hansen F D. Creep of Rocksalt[J]. Tectonophysics, 1983, 92(4): 275－333.
[18] Cristescu N D. A General Constitutive Equation for Transient and Stationary Creep of Rock Salt[J]. International Journal of Rock Mechanics and Mining Sciences,1993,30(2):125－140.
[19] 梁卫国,杨春和,赵阳升．层状盐岩储气库物理力学特性与极限运行压力[J]．岩石力学与工程学报,2008,27(1):22－27.
[20] 戴永浩,陈卫忠,杨春和,等．金坛盐岩储气库运营模型试验研究[J]．岩土力学,2009,30(12):3574－3580.
[21] 张强勇,段抗,向文,等．极端风险因素影响的深部层状盐岩地下储气库群运营稳定三维流变模型试验研究[J]．岩石力学与工程学报,2012,31(9):1766－1775.
[22] 任松,姜德义,刘新荣．盐腔形成过程对覆岩影响的相似材料模拟实验研究[J]．岩土工程学报,2008,30(8):1178－1183.
[23] 王武,许宏发,佟佺．含夹层盐岩圆柱形储库力学特性的理论解析[J]．岩石力学与工程学报,2012,岩石力学与工程学报,2012,31(s2):3731－3739.
[24] 李书兴．含夹层盐岩储库洞室内壁连续性解析[J]．建筑与设备,2012(3):29－31.
[25] 李银平,孔君凤,徐玉龙,等．利用Mogi模型预测盐岩储气库地表沉降[J]．岩石力学与工程学报,2012,31(9):1737－1745.
[26] 施锡林,李银平,杨春和,等．盐穴储气库水溶造腔夹层垮塌力学机制研究[J]．岩土力学,2009,30(12):3615－3620.
[27] 任松,姜德义,杨春和．盐穴储气库破坏后地表沉陷规律数值模拟研究[J]．岩土力学,2009,30(12):3595－3601.
[28] 尹雪英,杨春和,陈剑文．金坛盐矿老腔储气库长期稳定性分析数值模拟[J]．岩土力学,2006,27(6):869－874.
[29] 张耀平,曹平,赵延林,等．双重介质固气耦合模型及含夹层盐穴储气库渗漏研究[J]．中南大学学报:自然科学版,2009,40(1):217－224.
[30] 王同涛,闫相祯,杨恒林,等．基于尖点位移突变模型的多夹层盐穴储气库群间矿柱稳定性分析[J]．中国科学:技术科学,2011(6):853－862.

作者简介:王成虎,研究员,从事地应力测试及其在地质科学中的应用研究。E－mail:huchengwang@163. com。

苏里格气田储气库建设的意义及目标优选

李进步[1]　冯　敏[1,2]　李浮萍[1]　王　龙[1,2]

(1. 中国石油长庆油田分公司苏里格气田研究中心；
2. 低渗透油气田勘探开发国家工程实验室)

摘　要： 从苏里格气田的地理位置、开发现状及调峰能力等方面论述了储气库建设的重要意义。同时，借鉴国内已建储气库目标优选经验，结合苏里格气田地质特征，建立气田储气库目标优选基本要素。通过地质评价，优选密封性较好的枯竭型马五$_5$气藏作为建库气藏，筛选两个有利目标区。

关键词： 苏里格气田；储气库；目标优选；马五$_5$气藏

天然气作为一种清洁、高效的优质能源，近年来，在我国一次能源消费量中的占比迅速增长。不断增长的天然气需求促使我国不断提升自身气田产能和引进国外天然气来解决能源供应问题。储气库作为天然气储备的一种新型手段，具有协调资源与市场供求关系、保证供气的可靠性和连续性、实现战略储备等作用，越来越受到世界各国重视[1-3]。中国是能源消费大国，能源对外依存度逐年增高，建设储气库，保证能源安全亦是必然发展趋势。

1　苏里格气田储气库建设的意义

(1)气田位于中国陆上天然气管网枢纽中心。

苏里格气田位于内蒙古自治区鄂尔多斯市鄂托克旗、鄂托克前旗和乌审旗境内。气区建成了陕京线、长乌临线、长蒙线及长宁线等10条外输管线，连同2条西气东输管线，成为中国陆上天然气管网枢纽中心，承担着向北京等40多个大中城市安全稳定供气的重任。因此，在苏里格气田建设储气库对保障供气安全、提高管网输气效率、保障供气连续性和可靠性有重要意义。

(2)气田规模巨大，需建设与之匹配的储气调峰应急系统。

苏里格气田勘探面积约 $5.5 \times 10^4 km^2$ ，截至2015年底，气田累计提交探明和基本探明储量 $4.46 \times 10^{12} m^3$ ，是目前我国储量规模最大的天然气田。从2006年，规模上产以来，产量持续攀升，至2014年，天然气年产量突破 $230 \times 10^8 m^3$ ，目前已进入稳产阶段。随着气田规模不断变大，建设与之匹配的储气调峰应急系统，对实现战略储备和应对季节用气调峰，缓解资源与市场供需矛盾有重要意义。参考全球储气库工作气量占消费量比例11.3%～27%，推算苏里格气田储气库工作气量规模应该为 24×10^8 ～ $60 \times 10^8 m^3$ 。

(3)气田"峰谷差"明显，调峰能力有待加强。

受下游冬夏季供气需求差异影响，苏里格气田生产气量波动明显，2010—2015年平均"峰谷差"为 $1300 \times 10^4 m^3/d$ ，占日产气能力的20%以上。目前，苏里格气田仍以调节气井产能来

"削峰",即通过备用产能增加产量或放大生产压差调峰,这种方式的优点是储备安全,但弊端也十分明显:① 苏里格气田属于典型的"三低"(低渗透、低压、低丰度)致密砂岩气藏,单井产量低且产量递减快,每年需要专门组织相当数量气井,提前关井恢复压力以保障冬季高峰供气,而气井在冬季容易产生冻堵,影响其产能发挥,产量贡献率降低,目前气田"调峰井"提产能力为$300 \times 10^4 \mathrm{m}^3/\mathrm{d}$,仅占总气量的4%;② 高产井放压生产导致地层能量消耗过快、边底水入侵,使其采收率下降,产能调峰不利于气田平稳生产;③ 苏里格气田单井产量递减快,低产井和产水井比例逐年增多,目前低产井和排水采气井分别占到总井数的58%和50%,使气田产能调峰能力减弱。

地下储气库具有储气容积大、占地面积小、受气候影响小、安全可靠、便于管理、能合理调节用气不均衡等特点,成为当今世界各国和地区最主要的季节调峰手段。在苏里格致密气田建设储气库,不但可以有效削减"峰谷差",还可以充分发挥低产气井的生产能力,从而提高气田采收率以及整体开发效益。

2 气库目标优选

2.1 气库类型选择

地下储气库通常划分为枯竭油气藏型、含水层构造、盐穴和矿坑4种类型[4]。

首先,苏里格气田储层构造简单,西倾单斜,断层不发育,且气水不受构造主控,无明显气水分异,气藏分布主要受储层展布和物性变化所控制,属于典型的岩性圈闭气藏;其次,苏里格气田综合递减率为23%,气藏衰减快,符合利用枯竭油气藏型改建储气库条件;再者,枯竭气藏型是利用原有的气田改建,相关参数可以在气藏开采过程中获得,地面具有相应的配套工程设施可供选择,建库周期短,且可利用残留气体作垫气,可大幅度节约成本,因此,枯竭气藏型是苏里格气田建库首选气库类型。

2.2 气库目标优选

2.2.1 优选基本要素

借鉴国内已建储气库目标优选经验[5,6],结合苏里格气田地质特征和开发现状,制订了本区库址地质评价技术路线(图1),进而确定了目标优选的基本要素:(1)建库位置与长输管线距离近、地形简单,便于地面施工和注采气;(2)储层物性特征好且分布稳定;(3)构造简单、无断层;(4)盖层、底板及侧向密封性好;(5)气藏具有一定规模,地质储量和动储量大,单井注采气能力强;(6)气组分含量中以CH_4为主,酸性气体和有毒有害气体含量低;(7)储层不产水或水气比低。

2.2.2 建库层位优选

苏里格气田发育上、下古生界两套含气层系,上古生界发育河流相致密砂岩气藏,主力层为二叠系石盒子组盒$_8$段和山西组山$_1$段;下古生界发育海相碳酸盐岩气藏,主力层为奥陶系马家沟组的马五$_{1+2}$段、马五$_4^1$段和马五$_5$段。苏里格气田各地层所处沉积体系的不同,导致储层特

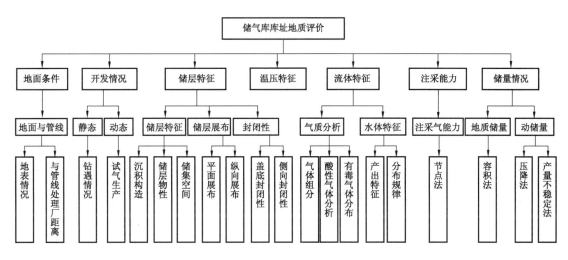

图 1　储气库库址地质评价技术路线图

征和流体特征有明显差异,因此,先对建库层位进行优选,会大大缩小库址目标优选范围。

通过对上、下古生界主力层的地质及动态生产特征对比分析(表1)认为:上古生界砂岩储层整体岩性致密、物性差,非均质性强,有效储层横向变化快,局部区块气水关系复杂;单井产量低,侧向不具备密封性,不满足建库基本地质条件;下古生界碳酸盐岩储层受岩溶古地貌和成岩作用主控,储集空间以溶孔、晶间溶孔及裂缝为主,物性相对较好;同时,动态特征反映下古生界气井试气无阻流量高,单井生产能力较强,储层地质条件明显优于上古生界储层。再通过对比下古生界马五$_{1+2}$段、马五$_4^1$段和马五$_5$段主力层系地质及动态特征,综合分析优选马五$_5$储层作为建库层位,该储层具有以下优势:(1)气藏厚度相对较大(局部达到25m厚),储层物性好;(2)试气平均无阻流量大,生产能力较强,累计产量高;(3)气藏在空间上呈透镜体状分布,上覆石炭系本溪组致密铝土质泥岩作为盖层,下伏马五$_6$段致密膏岩层作为底板,侧向上普遍发育致密泥晶灰岩形成岩性遮挡,气藏密封性好;(4)气体组分相对稳定,硫化氢含量整体较低,而马五$_{1+2}$和马五$_{41}$储层膏质岩发育,硫化氢含量相对较高,不利于气库安全运行。

表1　苏里格气田主力层地质与动态生产特征对比表

界	层位	地质特征								动态生产特征		
		沉积相	有利沉积微相	储层岩性	储集空间	储层物性	有效厚度(m)	储层展布特征	圈闭类型	单试无阻流量(10^4m^3/d)	生产情况(10^4m^3/d)	H$_2$S含量
上古生界	盒$_8$	河流相	心滩、边滩、河道	石英砂岩、岩屑石英砂岩	岩屑溶孔晶间孔	低孔、低渗透储层(K<1mD)	0.3~15.2,平均9.6	砂体发育,有效储层横向变化快,非均质性强	岩性圈闭	1~10,平均6.3	单井日产气量<1	微含硫
	山$_1$		边滩、河道				0.3~9.3,平均7.5	非均质性强,储层横向变化快	岩性圈闭	1~10,平均6.6		微含硫

续表

界	层位	地质特征								动态生产特征		
		沉积相	有利沉积微相	储层岩性	储集空间	储层物性	有效厚度（m）	储层展布特征	圈闭类型	单试无阻流量（$10^4 m^3/d$）	生产情况（$10^4 m^3/d$）	H_2S含量
下古生界	马五$_{1+2}$	潮坪相	云坪、膏云坪	含膏细粉晶白云岩	溶孔、晶间溶孔	储层物性较好，>6%，$K>2mD$	0.5～10.1，平均2.6	受沟槽侵蚀，分布不连续	地层~岩性复合圈闭	3.2～130，平均27.1	0.78～13，平均1.56	含量较高
	马五$_4^1$						0.5～5.8，平均2.4	分布稳定，连续性好	岩性圈闭	0.45～135，平均25.3	0.24～14，平均1.33	含量较高
	马五$_5$		云坪、颗粒滩	晶粒白云岩	晶间孔、裂缝	储层物性较好，裂缝区渗透率达到30mD	0.6～25.3，平均3.3	透镜体状，零星分布	岩性圈闭	1.28～450，平均41.9	1.45～80，平均8.71	微含硫

2.2.3 目标区优选

在建库层位优选基础上，对苏里格气田马五$_5$气藏进行了普查，以气藏规模、产气能力和封闭性作为优先考虑指标，初步筛选了两个建库目标井区，分别为 SX 井区和 SY 井区。这两个井区气藏具备一定规模，气层厚度较大，局部高产，硫化氢含量相对较低，且地面配套系统相对完善，长呼线、中燃管线等管线穿境而过，地表条件好，以沙漠为主，地形起伏不大，区块避开了人口密集区、大型工厂及建筑物等，易于建库施工，可作为下步储气库建设目标区块。

3 目标区评价

从启动储气库建设工作以来，苏里格气田克服储气库建设经验匮乏等困难，深化各项技术论证和研究，积极推进储气库库址前期评价工作。

3.1 SX 井区

该区含气面积21km^2，钻遇马五$_5$气井 14 口，平均气层厚度10.8m，平均无阻流量95.2×$10^4 m^3/d$，H_2S 平均含量4.28mg/m^3，CO_2平均含量1.511%，平均水气比0.45，容积法估算地质储量26.8×$10^8 m^3$，目前已累计产气14.74×$10^8 m^3$。

自启动该区储气库评价工作以来，已完成了2口评价井和84.86km^{2}三维地震解释的前期评价论证工作，通过前期的评价认为：(1)该区气藏厚度大、储层物性好，产量高；(2)单井动储量大，采出程度高，水气比和硫化氢含量较低；(3)地质宏观评价初步认为气藏封闭性好，具有建库有利地质条件；(4)利用气井生产动态资料，采用压降法及产量不稳定分析法概算气库动储量为19.88×$10^8 m^3$，库容量为17.9×$10^8 m^3$。目前该区正准备利用 3 口老井开展注采试验，设计进行两周期注气试验，最大日注气量130×$10^4 m^3$，累计注入量4.02×$10^8 m^3$，最大日采气

量 $105 \times 10^4 m^3$，累计采气量 $1.67 \times 10^8 m^3$，同时开展地层压力、流压、吸收及产出剖面、水质及气质全分析等测试，进一步论证单井注采能力、气藏封闭性和流体分布规律，为下一步编制储气库建设可行性方案提供依据。

3.2 SY 井区

该区含气面积 $337 km^2$，钻遇马五$_5$气井 118 口，平均气层厚度 4.9m，平均无阻流量 $44.1 \times 10^4 m^3/d$，H_2S 平均含量 $728 mg/m^3$，CO_2 平均含量 2.46%，平均水气比 14.2，容积法估算地质储量 $199.5 \times 10^8 m^3$，目前已累计产气 $13.41 \times 10^8 m^3$。

目前，该区已完成 $600 km^2$ 三维地震解释，完钻了 2 口评价井，1 区注采水平井，开展 12 口放压生产试验。通过前期评价和放压试验认为：(1)该含气面积大，储量高，但该区储层非均质性强，普遍致密、局部高渗透，存在多个压力系统，单井产能和硫化氢含量分布差异较大；(2)气水关系复杂，主要是局部高渗透区存在滞留水，出水井与小幅度构造关系不大；(3)气体组分及原始地层压力差别较大，库区边界确定难度大，有利区筛选难度大。依据 SY 井区储层特征、地层压力、流体分布等资料，初步将该区马五$_5$气藏划分为 6 个压力系统，根据后期研究成果，将进一步评价。

4 结论

(1)苏里格气田位于中国陆上天然气管网枢纽中心，具有储气库建设的地理优势；苏里格产气量大，但调峰能力有限，建设储气库对减小气田"峰谷差"，缓解资源与市场供需矛盾，保障供气的供气安全、提高管网输气效率等具有重要意义。

(2)苏里格气田地质及生产特征，适合利用枯竭油气藏型改建储气库；下古生界马五$_5$储层为苏里格气田建库的有利层位。

(3)通过库址地质评价，认为 SX 井区和 SY 井区具有储气库建设有利条件，但两井区的注采能力、封闭性及流体性质等还有待于进一步评价。

(4)苏里格气田岩性气藏具有渗透率低、储层非均质性强、无明显封闭边界、气水关系复杂、中低含硫化氢等特征，改建储气库制约因素多，选址困难。

参 考 文 献

[1] 李玥洋，田园媛，曹鹏，等．储气库建设条件筛选与优化[J]．西南石油大学学报，2013,35(5):123 - 127.
[2] 周学深．有效的天然气调峰储气技术[J]．天然气工业，2013,33(10):95 - 99.
[3] 吴忠鹤，贺宇．地下储气库的功能和作用[J]．天然气与石油，2004,22(2):1 - 4.
[4] 赵颖，魏秋菊，张华，等．论述储气库库址的选型方法[J]．石油工程建设，2003,29(2):4 - 9.
[5] 于东海．胜利油气区地下储气库库址选择研究[J]．天然气勘探与开发，2016,29(4):60 - 64.
[6] 张益炬．枯竭油气藏型地下储气库方案优选及安全性评价方法研究[D]．成都：西南石油大学，2014.

作者简介：李进步，硕士，高级工程师，现从事气田开发生产及研究工作。联系地址：(710018)西安市未央区文景路苏里格大厦；联系电话：029 - 86978692；E - mail：ljb2_cq@ petrochina. com. cn。

中国油气地下储库实验技术进展

朱华银[1,2]　郑得文[1,2]　武志德[1,2]　石　磊[1,2]　张　敏[1,2]

(1. 中国石油天然气集团公司油气地下储库工程重点实验室;
2. 中国石油勘探开发研究院地下储库研究所)

摘　要:相比于国外上百年的发展历史,我国油气地下储库处于建设发展的初期阶段,针对我国特殊地质条件下的诸多关键建库技术尚不成熟,需要加强实验与基础研究。针对气藏型和盐穴型两类地下储气库的建设与运行优化,梳理我国目前亟需解决的关键技术问题和研究方向,分析了在储气圈闭密封性评价、气藏型储气库注采渗流机理与物理模拟研究、储气库注采过程中的流体相态变化研究、盐岩溶蚀及造腔物理模拟、地下储库稳定性与安全性评价等几个方面的技术现状与发展方向。提出在多周期注采储层性质变化、储气损耗机理与密封性评价、盐穴储气库稳定性与安全性评价等方面需进一步加强研究,在含水地层建储气库、废弃矿坑改建油气储库、采用惰性气体做垫层气的驱替机理与技术方法等方面需进行先导性试验研究。这些研究的开展及其认识对我国油气地下储库的建设与运营具有重要的指导意义。

关键词:油气地下储库;实验;物理模拟;发展趋势;密封性;稳定性;安全;库容

1　概述

随着我国天然气工业的迅速发展,储气库作为调峰保供的配套设施也进入大规模发展的时期。然而,我国油气地下储库建设起步晚,目前处于建设发展的初期阶段,针对我国特殊地质条件下的许多关键建库技术尚不成熟,各种类型储库的建设运行仍处于探索之中,在建库工程设计、气库扩容达产、安全运行等方面的大量关键技术问题亟需实验研究解决[1-4]。

地下储库经过近百年的发展,国外发达国家拥有较完善的实验室和研究机构,针对不同类型的油气地下储库建设与运营开展研究,例如法国 GOSTOCK 公司实验室、德国克劳斯塔尔工业大学能源中心、俄罗斯天然气研究院实验室等具有很强的研究实力。我国目前主要针对盐穴和气藏两类地下储气库,依托相关高校和科研院所开展实验研究,其中像四川大学、中国科学院武汉岩土所等主要利用其盐矿开采和岩土工程方面的研究力量,转向对盐穴储气库的岩石力学特性和腔体稳定性等问题开展研究;而气藏型储气库的注采渗流机理、储层的有效动用等问题则依托油公司研究院实验室开展研究。总体上国内实验室专业设备少,研究力量较薄弱,近几年各大油公司认识到了这一问题的存在,增大了相关实验室建设和基础研究的投入,中国石油天然气集团公司建立了"油气地下储库工程重点实验室",加强实验技术研发与基础理论研究,逐步完善了我国在油气地下储库方面的实验研究技术体系。

本文在梳理我国储气库建设关键技术问题的基础上,分析了当前储库地质与气藏工程领域形成的实验技术及其发展状况,为储库基础理论研究和实验技术体系建设提供指导。

2 油气地下储库基础理论问题及研究方向

我国目前建设的储气库主要为气藏型和盐穴型两类,与国外相比,国内气藏受陆相沉积环境影响,以中低孔、中低渗透、特殊岩性储层为主,低渗透气藏占53%,中渗透气藏占41%,优质建库储层少,碳酸盐岩和火山岩等复杂储层也选为建库对象;储层埋藏较深,目前已建储气库60%埋深超过3000m,最深超过5000m;地层流体复杂,凝析气藏和部分带油环的气藏也纳入建库范围,存在油、气、水多相,加之非均质性强和地层水侵入以及尚未探索的油藏和含水层建储气库等,这些复杂的地质特点,造成储层内油、气、水分布及注采过程中的流体相态变化、地层渗流机理等更为复杂,使得建库储层孔隙空间动用效率评价和交变应力下圈闭动态密封性评价难度极大,库容参数和注采运行参数设计难于把握。盐穴储气库方面,与国外高品位巨厚盐丘建库不同,我国主要为层状盐岩,夹层多、品位低、水不溶物含量高、埋藏深、地层倾角大、盐岩蠕变性强,致使水溶造腔机理认识不清,水不溶物残渣成因及残渣堆积状态和孔隙空间不明,厚夹层垮塌机理、含夹层盐岩长期蠕变特征及腔体稳定性评价方法等尚未掌握。

针对以上问题及我国储气库建设生产现状,亟需解决复杂地质条件下气藏和盐穴两类储气库机理认识不清、优化运行技术体系不完善等关键技术瓶颈。在气藏型储气库方面需要重点研究:储气库圈闭动态密封性评价技术、储气库四维地质力学建模技术、储气库注采运行机理及物理模拟技术、复杂岩性储层注采渗流机理评价技术、储层孔隙空间有效动用与库容参数评价技术、气井高速注采地层不稳定流动分析方法、多周期注采地层流体相态变化实验研究技术、气库扩容达产运行指标优化设计方法等。盐穴储气库方面的重点研究方向是:储气库选址评价技术、快速造腔及形态控制技术、双井及水平溶腔造腔控制技术、不同工况水溶造腔与夹层垮塌机理、含夹层盐岩地层岩石力学及长期蠕变特性分析、腔底残渣堆积特征及其孔隙空间有效利用评价技术、盐穴储气库全周期运行监测及盐腔稳定性评价技术等。

3 主要实验技术现状及发展趋势

针对气藏型和盐穴型两类储气库的建设,除了常规的油气藏地质开发实验技术外,我国目前已初步发展了相应的特色实验技术,主要包括储气圈闭动态密封性评价技术、气藏型储气库注采渗流机理与物理模拟研究技术、复杂油气藏型储气库注采过程中的流体相态变化实验研究技术、盐岩溶蚀及造腔模拟实验技术、储库稳定性与安全性评价技术等。

3.1 储气圈闭密封性评价技术

储气库的反复注采决定了其地层压力的反复变化,进而引起地应力的交替变化,因此需要综合研究周期注采交变应力条件下储气圈闭的密封特征及其变化规律,为储气库选址及运行参数优化等提供依据。国外非常关注气藏开发及气库运行过程地应力改变对圈闭密封性的影响,形成了成熟的圈闭密封性动态评价技术体系。国内主要利用地质研究和微观岩心实验,借鉴原有的气藏圈闭密封性研究方法,采用常规静态方法评价圈闭密封性,目前开始考虑地应力改变诱发的密封性失效等问题。

盖层岩石封闭能力是储气库安全运行评价的重要指标之一，国内外主要采用矿藏监测、室内实验、数值模拟开展研究。Witherspoon P. A. 利用监测井对 UGS 含水层与盖层的液面变化进行观测，实现了盖层的渗透性评价；Bennion D. B. 等基于室内渗透率测试、气体侵入实验的方式研究建库盖层岩石的密封性；Wang Z. 等通过含水层储气均质模型研究盖层参数对储库注采效率的影响；将地应力控制与气体检测结合应用于盖层密封能力数值模拟[5-8]。其中实验分析法一直是最为直接的有效的评价方法，目前，国内外各实验室主要采用岩心分析、常规突破压力测试开展静态密封性研究，交变应力下的动态密封性测试较少。常规的静态分析可以通过岩石微观孔隙空间结构分布特征反映圈闭密封能力，但无法模拟气库注采过程，无法反映交变应力、地层温压条件等因素影响，无法反映气库多周期注采交变应力下圈闭岩石的密封能力。因此需要通过研究，建立交变应力下的动态突破压力测试方法，研究储气库多周期注采条件下的动态密封性。

对于断层封闭性问题，20 世纪 50—60 年代就进行过理论和模式方面的探讨，李四光教授也曾精辟论述断层封闭性与地下油、气、水运聚的关系。断层的封闭性能是一个与断层发展史、沉积史和成岩史有关的变量，同时，它又是一个与断层本身的几何学、运动学和动力学特征参数密切相关的变量。目前，对断层封闭性研究的主要方法可概括为两大类：一类是定性—半定量研究，根据断层力学性质及转化判识封闭性；根据断层走向与水平最大主压应力方向的关系判识封闭性；断面两侧岩性接触关系分析，即 Allan 图分析法；根据断层产状与地层产状组合样式或配置关系分析封闭性；据断层活动史与油气运聚史对比分析封闭性；从断层活动强度（生长指数和活动速率、断层变形带宽度等）及断层活动同生与否的角度分析封闭性；对比断层两侧地层压力系统、流体物理化学性质等来分析封闭性；以及断块圈闭封闭样式分析等。另一类是定量研究，有断面现今地应力大小与断面岩石抗压强度对比分析法，断面等值线图分析法，断层带及两侧岩层的排驱压力对比分析法，断层两侧储层接触概率或净毛比分析法，量化的 Allan 图的具体应用（包括岩性封堵量、泥（页）岩涂抹量、泥（页）岩涂抹系数和涂抹断层泥比率），现今和成藏期断层二维、三维应力场数值模拟计算分析法，断层封堵模糊综合评判法等。国内外许多地质学家从断面裂隙、断层运动方式、断层活动强度、断层变形面和变形带微观特征、断面两侧岩层对置关系、排驱压力对比、断层埋深、断层位移量、黏土涂抹量及黏土涂抹系数等方面，不同程度地阐述了断层封堵的可能性和封闭机制[8-19]。但研究多为方法探讨和个别或几方面的定性描述或半定量分析，缺乏较系统且定量化程度较高的综合性研究与应用性研究。

3.2 气藏型储气库注采渗流机理与物理模拟研究技术

储气库多周期高速注采的运行方式与气藏衰竭开发存在显著差异，对存在多相流体和边底水活动较强的气藏型储气库，其渗流机理更为复杂，库容参数难以准确预测，气库设计指标与实际出现偏差。因此，必须开展相关的岩心实验和物理模拟实验研究往复驱替机理，分析孔隙空间动用特征，为库容参数的确定和注采方案的优化提供科学依据。

枯竭气藏在改建储气库前经多年衰竭开采，存在一定规模边底水侵入，水体占据部分孔隙，受非均质性等因素影响储层气水关系复杂，导致可动含气孔隙体积减少，储气库气驱效率降低。研究表明枯竭油气藏改建储气库时储层物性、水体侵入以及气水渗流等是影响建库运行的主要因素,注采速度与气驱效果存在一定相关性,高速流对气水两相运移以及储层渗透率有重要影响,边底水能量对气藏建库机理和运行效果有影响[20-22]。

国内已建成的板桥、苏桥、呼图壁等地下储气库均为水侵气藏型储气库,水侵气藏改建储气库所需要解决的重点技术问题之一是如何在复杂的气水两相共流条件下,提高气体排驱的宏观与微观波及效率,这也是水侵气藏建库库容和有效工作气体积最优化设计的基本前提和理论基础。而解决这一重点技术问题的主要手段是多次循环注采相渗特征研究,目前国内在气藏开发方面,主要开展非稳态相对渗透率测试,对于针对储气库反复注采的相对渗透率测试研究很少,况且循环注采相渗实验的设计和流程都有其特殊性和复杂性[23-33]。因此,在这方面还需要进一步技术攻关,尤其需要加强研究多轮次气水互驱的相渗特征。

在反复注采物理模拟方面,目前主要利用天然岩心、微观模型、填砂模型等进行实验,以定性描述为主,缺乏量化评价认识。天然岩心注采模拟可以模拟气库实际注采过程,反映气库运行条件下微观孔隙空间动用效率,但无法反映储层非均质、地层倾角等因素影响。三维填砂模型可以模拟气库注采过程,通过三维饱和度场的方式反映储层非均质、地层倾角等因素影响,但针对不同类型储层的填砂模型制作方法、不同实验限制条件下流体分布运移测试技术还需进一步攻关提高。

不同类型储气库具有不同的建库与运行机理,通过物理模拟实验与数值模拟相结合,可针对不同类型储气库的运行特征,建立库存指标的计算方法和数学模型,进行储气库多周期运行库存指标分析,基本库存指标体系主要包括建库前基础库容量复核、库存量计算、可动用库存量与可动孔隙体积分析,总库容量、工作气量及垫气量等指标的定义与分析,多周期垫气量和工作气量变化率、周期注采气能力预测等[34-39]。加强分析储气库主要库存技术指标的变化规律,明确储气库多周期扩容特征,为准确预测储气库周期注采气能力、评价气库运行效率、降低运行成本提供科学依据。

3.3 储气库注采过程中的流体相态变化研究技术

针对含有复杂流体的油气藏(衰竭油藏、凝析气藏)改建储气库,地层流体性质及其变化规律需要重点研究,地层流体的复杂性对气库运行效率密切相关。除了开展常规油气藏流体性质与相态实验研究外,储气库反复注采的流体变化具有其特殊性。例如含水气藏储气库在高速采气过程中的焦耳—汤姆逊膨胀效应导致水化现象,致使气库产能降低,一部分注入气被自由水吸收造成天然气损耗;溶解和膨胀效应捕集烃对气库注采效率产生影响,气库一旦进入反凝析气系统,随着凝析液的积累不可移动的烃类被捕集,注入气溶解到液态烃中,液态烃体积增加,气相渗透率降低等。

常规油气藏流体性质与相态研究方式通常包括理论计算法、实验测试法和经验公式法。理论计算法是利用状态方程结合影响流体性质的相关参数进行理论推导,该方法运算量大,计算过程复杂。实验测试法需在油气藏条件下对原始地层油气样品进行测试,而经验公式法则是在大量测试数据的基础上回归得出的关系式。其中,实验测试法一直备受关注,也是最为直接有效的方法,主要包括细管测试法、界面张力测试法和PVT法。细管测试法测试可以模拟地层流体驱替实际过程,且模型内部的多孔介质符合油气藏内部特点,但细管实验模型标准化程度低,细管长度、细管直径、细管孔隙度大小及驱替速度对流体性质均有一定程度的影响,油气多次接触耗时长、成本高。界面张力测试法瞄准混相最终结果,从流体物性特征的实质出发,即混相界面张力消失或为零,实验耗时短,但该方法受周围环境影响较大,属于油气一次接触,混相界面张力消失、差异分离点不易测准。流体高压物性 PVT 实验测试实质介于细管测试法与界面张力测试法之间,该方法具有较符合储气库内部注采气吞吐过程,可模拟油气多次接触,耗时短,但气体凝析、与液体脱气受地层条件、气库实际运行方式影响。这些方法针对常规油气藏的研究已是较为成熟的技术,但针对储气库的反复注采特征,不论是实验研究方法,还是流体性质变化机理,都需要进一步加强研究[40-44]。

3.4 盐岩溶蚀及造腔物理模拟技术

我国含盐地层多为层状盐岩,埋深跨度大(500~2000m)、盐层薄、夹层多、水不溶杂质含量高。大量夹层的存在,增大了造腔难度,使腔体形态不规则;同时,盐腔底部残渣多(占 30%~50% 的盐腔空间),极大降低了盐腔的可利用空间。因此,必须针对不同地区和不同类型盐岩开展水溶机理和造腔物理模拟实验,研究提高溶腔效率的方法,形成良好盐腔形态和有效空间。

盐岩的化学分析,对了解盐岩矿物组分全貌,评价盐岩品质及其水溶性能,研究地质沉积阶段,都是极其重要和必不可少的手段。对于作为油气地下储库的盐岩溶蚀特性与造腔水溶控制研究,国外从 20 世纪 60 年代开始,就开展了大量实验研究工作,Durie 和 Jessen 等对盐岩的溶解特性及其影响因素开展了研究,给出了不同类型盐的溶蚀速度曲线,分析了温度、压力、溶液浓度、流速等对盐溶速率的影响[45-49]。国内王春荣、万玉金和杨欣等在调研国内外文献的基础上开展了大量实验研究,分析了影响盐岩溶蚀的因素,建立了相关的溶蚀模型;杨骏六、肖长富和梁卫国等研究了溶液流速对盐岩溶解速率的影响;徐素国和班凡生等研究了溶剂类型和盐岩品位对溶解特性的影响,通过物理模拟与数值模拟相结合,进行盐穴造腔优化设计;汤艳春和姜德义等开展了应力条件下的盐岩水溶实验研究,探讨就地应力条件下的溶蚀特征。在造腔物理模拟方面,中国石油勘探开发研究院研发了多夹层造腔物理模拟实验装置,可对造腔过程中腔体形态进行监测,研究两口距、造腔速度、正反循环对盐腔形态的影响,实现了层状盐岩造腔物理模拟;重庆大学利用人造盐岩和天然纯盐块进行了造腔模拟,实现了造腔过程中卤水浓度的测定,并采用 CT 方法进行盐腔形态的检测;此外,太原理工大学、中国科学院武汉岩土所也研发了相关的装置进行造腔模拟[50-66]。这些研究在盐岩水溶机理与盐穴造腔控制方面获得丰富的认识,为我国盐穴储气库溶腔方案设计和施工提供了指导。

但我国盐穴储气库的建设目前仍处于探索阶段,对不同地区不同类型的盐岩特征及其溶蚀造腔规律和技术尚未完全掌握,需要进一步针对我国盐岩地层的实际特征(夹层多,不溶物含量高)开展溶蚀机理与溶腔物理模拟实验研究,进行动态水溶实验,发展多井型大型化、造腔过程可视化、卤水浓度监测精确化的水溶造腔模拟。

3.5 油气地下储库稳定性与安全性评价技术

储气库受多场应力和周期注采交变荷载作用,泄漏与安全事故屡有发生,包括气藏型储气库的盖层和断层密封性失效产生泄漏,盐穴储气库腔体形态不良及运行压力和运行方式设计不合理等导致盐腔大幅度收缩、失稳、地表沉降等导致储气库密封失效。因此,对于油气地下储库稳定性与安全性的评价受到各方的高度关注。

自20世纪60年代以来,国外学者对盐岩的力学特性开展专项研究并取得了大量成果。Hunsche和Hansen等建立了以摩尔—库伦强度理论为基础的强度理论,并指出盐岩是一种强度较低、变形较大的软岩。Farmer等通过对盐岩进行三轴实验研究其应变特性[67-72]。Hunsche,Cristescu和Hampel等采用多种不同加载方式,对盐岩在多个蠕变阶段的特性进行了实验研究,Asanov研究了盐岩的剪切蠕变特性,Szczepanik通过对盐膏岩蠕变过程的声发射现象,从损伤力学的角度对其进行了研究,Guillope等通过对盐岩蠕变过程中的细观结构演化实验发现亚晶粒尺寸与应力成反比例关系,Munson等通过盐岩蠕变实验提出了盐岩变形机制[73-81]。国内学者针对江苏金坛等在建和拟建储气库的层状盐岩力学特性开展了单轴、不同条件下的三轴压缩及巴西劈裂实验,研究了盐岩的温度效应、大变形特性、疲劳条件下的强度特征以及夹层对盐岩强度的影响,认识了不同地区盐岩的短期力学特性,获得不同应力条件下的蠕变参数[82-91]。总的来说,盐岩短期力学特性测试技术已经非常成熟,未来发展将主要从盐岩的大变形测试技术方面进行扩展,同时借鉴CT、声发射等检测技术对变形过程中岩石的损伤效应及渗透性变化进行更深一步的研究。盐岩蠕变实验是开展盐岩力学特性研究的最基础工作之一,我国在这方面的研究实验较缺乏,尤其是盐岩的长期蠕变实验,国外测试时间往往持续1个月以上,有的甚至超过3年,而国内受制于实验条件的限制,实验时间较短(一般10天左右),获得的数据偏差较大,因此需加强盐岩的长周期蠕变实验研究。

针对盐穴储气库稳定性和安全性的评价,除采用常规的岩石力学研究外,常常还采用物理模拟与数值模拟相结合的方法。余海龙等开展了不同采深的盐岩洞腔稳定性相似模拟试验研究,探讨了盐岩水溶开采过程中洞腔围岩移动、破坏和应力重新分布特征;任松等利用相似模型研究了盐腔成腔过程中上覆岩层损伤演化过程及规律、上覆岩层的层面效应及分层特性和上覆岩层破碎岩体尺寸特性等内容。陈卫忠等以1/4储库的平面应力地质力学模型试验,获得了储气内压变化下的洞腔变形规律。张强勇等设计研制了三维梯度非均匀加载地质力学模型试验系统,通过对江苏金坛盐岩地下储气库注采气大型三维地质力学模型试验,获得了交变气压等风险因素对储库运营安全稳定的影响规律[92-94]。这些模拟大多基于理想盐腔形态和理想注采工况,忽略了实际盐腔形态的复杂性和注采的无序性。在我国尚无长期运营经验的情况下,需进一步开展复杂盐腔条件下,在不同风险因素影响下的运行安全稳定性地质力学模型试验研究,更真实地反映我国多层复杂盐腔注采过程中的变形情况。

利用数值模拟研究储气库稳定性已是较为成熟的技术,通过建立盐岩的本构模型,嵌入成熟的数值模拟软件或者开发专门的软件对储气库的稳定性进行模拟。目前,盐岩的本构模型主要有法国Lemaître本构模型、德国Lubby2模型、美国M-D模型以及广泛通用的Norton Power模型等,数值软件主要包括FLAC3D,ABSQUES和GEO1D等软件。国内外学者利用这些模型和软件已开展了大量的针对性研究,Adams建立考虑盐床特性、盐穴压力及围岩应力分布等参数在内的仿真模型,通过注采循环过程模拟,得到最大、最小压力随盐腔不同深度的变化情况;尹雪英等采用有限差分法对金坛储气库洞腔腔体稳定性以及腔体蠕变规律进行了数值模拟;陈锋通过三维数值模拟方法研究了金坛储气库群在不同采气速率下洞周的应力状态和体积变形规律;陈剑文等基于盐岩压缩扩容边界理论对盐岩储气库密闭性进行分析,提出扩容接近度的概念评判溶腔稳定性[94-98]。总的来看，不同学者采用不同的方法，可比性较差，尤其是针对我国层状盐岩的研究，在模拟中存在较大的局限性，特别是夹层对盐岩的变形和储气库稳定性的影响尚无法界定，因此需要发展层状盐岩蠕变理论和相应的模型和软件，保障研究的准确性。

4 结束语

中国地下储库正处于朝气蓬勃的发展期，不同类型地层建库运行技术尚处于探索阶段，大量的关键技术问题亟需攻关研究。除上述研究技术外，针对我国复杂地质特征，在以下几个方面还需进一步加强攻关研究：

（1）多周期注采储层性质变化研究。包括周期注采交变应力条件下的储层物性变化测试与分析，强注强采条件下的储层出砂研究，建库有效储集空间的分区量化评价等。

（2）储气损耗机理与密封性研究。包括地下储气耗损机理实验研究，隔夹层疲劳损伤与密封性失效研究，断层封堵性失效机制研究等。

（3）盐穴储气库稳定性与安全性研究需要进一步加强。我国现有储气库运行时间短，潜在风险尚未完全暴露，因此在储气库夹层损伤与密封性评价、盐穴储气库矿柱蠕变与盐腔稳定性研究、库区地面沉降监测与现场安全监测等方面需更加重视。

（4）在含水地层建储气库、废弃矿坑改建油气储库、以及采用惰性气体（N_2 和 CO_2）做垫层气的驱替机理与技术方法等方面需要进行先导性实验研究。

加强实验技术研发与基础理论创新，吸取国外先进经验，有机结合现代科技技术，将有力推动我国地下储库技术迅速发展，解决复杂地质条件下油气储库建设运营的关键性问题，为我国地下储库的快速建设与安全运行提供技术保障。

参 考 文 献

[1] 丁国生. 金坛盐穴地下储气库建库关键技术综述[J]. 天然气工业,2007,27(3):111-113.

[2] 丁国生,李春,王皆明等. 中国地下储气库现状及技术发展方向[J]. 天然气工业,2015,35(11):107-112.

[3] 丁国生,张昱文. 盐穴地下储气库[M]. 北京:石油工业出版社,2010.

[4] 万玉金. 盐层储气库溶腔形状控制模拟技术研究[D]. 北京:中国地质大学(北京),2005.

[5] Witherspoon P A,Neuman S P. Evaluating a Slightly Permeable Caprock in Aquifer Gas Storage Caprock of Infinite Thickness[J]. Journal of Petroleum Technology,1967,19(7):949-955.

[6] Bennion D B,Thomas F B,Ma T,et al. Detailed Protocol for the Screening and Selection of Gas Storage Reservoirs[C]. SPE 59738,2000.

[7] Wang Z,Holditch S A. A Correlation Analysis of the Effects of the Primary Reservoir Parameters on Aquifer Gas Storage Performance[C]. Canadian International Petroleum Conference,2005.

[8] Smith D A. Theoretical Consideration of Sealing and no Sealing Faults[J]. AAPG Bull.,1966,5(1):14-27.

[9] Allan U S. Model for Hydrocarbon Migration and Entrapment within Fault Structures[J]. AAPG,1989,73(7):803-811.

[10] Gibson R G. Fault-zone Seals in Siliciclastic of the Strata of the Columbus Basin,Offshore Trinidad[J]. AAPG,1994,78(9):1372-1385.

[11] Bouvier J D,et al. There-dimensional Seismicinterpretation and Fault Sealing Investigations,Nun Ricer Field,

Niggeria[J]. AAPG, 1989, 73(11):1397 – 1414.

[12] Harding T P,Tuminas A C. Interpretation of Footwall(lowside) Fault Traps Sealed by Reverse Faulted and Convergent Wrench Faults[J]. AAPG, 1988, 72:738 – 757.

[13] Harding T P,et al. Quantitative Fault Seal Prediction[J]. AAPG, 1997,81(6):987 – 997.

[14] Knott S D. Fault Seal Analysis in the North[J]. AAPG, 1993, 77(5):778 – 792.

[15] 邓俊国,刘泽容,等. 断块油藏中断层封闭性模糊综合评判[J]. 地质论评,1993,39(增刊):47 – 54.

[16] 傅广,曹成润,陈章明. 泥岩涂抹系数及其在断层侧向封闭性研究中的应用[J]. 石油勘探与开发, 1996,23(6):38 – 41.

[17] 陈发景,田世澄. 压实与油气运移[M]. 武汉:中国地质大学出版社,1989.

[18] 孙宝珊,周新桂,邵兆刚. 油田断层封闭性研究[J]. 地质力学学报,1995,1(2):21 – 27.

[19] 周新桂. 利用排驱压力研究断层封闭性及其在塔里木盆地北部地区的应用[J]. 地质力学学报,1997,3 (2):47 – 53.

[20] 王皆明,王丽娟,耿晶. 含水层储气库建库注气驱动机理数值模拟研究[J]. 天然气地球科学,2005,16 (5):673 – 676.

[21] AL – Hussainy R. The Flow of Real Gases through the Porous Media[J]. JPT, 1996, 48(6): 24 – 36.

[22] Zhu D T. Hydrodynamic Characteristics of a Single – row Pile Breakwater[J]. Coastal Engineering Elsevier, 2011, 58(4): 446 – 451.

[23] Billiotte J A. DeMoegen H, Oren P. Experimental Micro – modeling and Numerical Simulation of Gas/Water Injection/withdrawal Cycles as Applied to Underground Gas Storage[J]. SPE – 20765 – PA,1993,1(1): 133 – 139.

[24] 朱华银,周娟,万玉金,等. 多孔介质中气水渗流的微观机理研究[J]. 石油实验地质,2004,26(6): 571 – 573.

[25] 周克明,李宁,张清秀,等. 气水两相渗流及封闭气的形成机理实验研究[J]. 天然气工业,2002,5: 122 – 125.

[26] Costa A. Permeability – porosity Relationship:a Reexamination of the Kozeny – Carman Equation based on a Fractal Pore – space Geometry Assumption[J]. Geophysical Research Letters,2006,33(2):18 – 23.

[27] Rios R B, Bastos – Netom, Amora JR M R,et al. Experimental Analysis of the Efficiency on Charge/discharge Cycles in Natural Gas Storage by Adsorption[J]. Fuel,2011,90(1):113 – 119.

[28] 王皆明,郭平,姜凤光. 含水层储气库气驱多相渗流机理物理模拟研究[J]. 天然气地球科学,2006,17 (4):597 – 600.

[29] 何顺利,门成全,周家胜,等. 大张地储气库储层注采渗流特征研究[J]. 天然气工业,2006(5):90 – 92.

[30] MojtabaIzadi S. Reza Shadizadeh, SiyamakMoradi. Experimentally Measurements of Relative Permeability in Fractured Core[J]. International Journal of Science & Emerging Technologies,2012,3(2):46 – 51.

[31] Lian Peiqing,Cheng Linsong. The Characteristics of Relative Permeability Curves in Naturally Fractured Carbonate Reservoirs[J]. SPE – 154814 – PA, 2012,51(2):137 – 142.

[32] Alizadeh A H, Keshavarz A R,Haghighi M. Flow Rate Effect on Two – phase Relative Permeability in Iranian Carbonate Rocks[R]. SPE – 104828 – MS,2007.

[33] Saud M AI – Fattah, Hamad A. AI – Naim. Artificial – intelligence Technology Predicts Relative Permeability of Giant Carbonate Reservoirs[R]. SPE – 109018 – PA,2009,12(1):96 – 103.

[34] 王皆明,张昱文,丁国生,等. 任11井潜山油藏改建地下储气库关键技术研究[J]. 天然气地球科学, 2004,15(4):406 – 411.

[35] 唐立根,王皆明,白凤娟,等. 基于修正后的物质平衡方程预测储气库库存量[J]. 石油勘探与开发, 2014,41(4):480 – 484.

[36] 谭羽非,林涛. 凝析气藏地下储气库单井注采能力分析[J]. 油气储运,2008,27(3):27 – 29.

[37] 林刚,张剑锋,李朝曾,等. 气藏储气库运行过程中产能监测方法研究[J]. 油气井测试,2014,23(1):14 – 19.

[38] 汪会盟. 储气库注采能力研究[D]. 青岛:中国石油大学(华东),2011.

[39] 刘学. 刘庄地下储气库动态分析研究[D]. 成都:西南石油大学,2014.

[40] 安保林,段远源,谭龙山等. 定容法液相PVT实验系统的研制及初步测试[J]. 热科学与技术,2014,13(4):289 – 294.

[41] 余华杰,王星,谭先红,等. 高含CO_2凝析气相态测试及分析[J]. 石油钻探技术,2013,41(2):104 – 108.

[42] 宋洪才,靳烨. 凝析气藏相态参数实验研究[J]. 齐齐哈尔大学学报,2012,28(3):79 – 82.

[43] 潘毅,孙雷,罗丽琼,等. 凝析气藏油气水三相PVT相态特征测试及分析[J]. 西南石油学院学报,2006,28(2):48 – 51.

[44] 王伯军,吴永彬,蒋有伟,等. 泡沫油PVT性质实验[J]. 石油学报,2012,33(1):96 – 100.

[45] Durie R W, Jessen F W. Mechanism of the Dissolution of Salt in the Formation of Underground Salt Cavities [J]. SPE 478, 1964.

[46] Durie R W, Jessen F W. The Influence of Surface Features in the Salt Dissolution Process [J]. SPE 1004, 1964.

[47] Jessen F W. Salt Dissolution under Turbulent Flow Conditions [R]. Solution Mining Research Institute File 70 – 0004 – SMRI. 1970.

[48] Hans Ulrich Rohr. Rates of Dissolution of Salt Minerals Leaching Caverns in Salt – fundamentals and Practical Application[J]. Fifth International Symposium on Salt – Northern Ohio Geological Society,1979.

[49] Saberian A. The Effect of Water Ascent Velocity of Salt Dissolution Rate[R]. Solution Mining Research Institute file 76 –0001 – SMRI, 1976.

[50] 王春荣. 盐岩溶解速率的影响因素研究[D]. 重庆:重庆大学,2009.

[51] 万玉金. 在盐层中建设储气库的形状控制机理[J]. 天然气工业,2004,24(9):130 – 132.

[52] 杨欣. 盐岩静—动态溶蚀特性与水溶建腔流体输运机理研究[D]. 重庆:重庆大学,2015.

[53] 杨骏六,杨进春,邹玉书. 盐岩水溶特性的试验研究[J]. 四川联合大学学报,1997,1(2):74 – 80.

[54] 肖长富,阳友奎,吴刚,等. 岩盐溶解特性及其传质过程的研究[J]. 重庆大学学报,1993,16(2):51 – 57.

[55] 梁卫国,李志萍,赵阳升. 盐矿水溶开采试验的研究[J]. 辽宁工程技术大学学报,2003,22(1):54 – 57.

[56] 徐素国,梁卫国,赵阳升. 钙芒硝盐岩水溶特性的实验研究[J]. 辽宁工程技术大学学报,2005,24(1):5 – 7.

[57] 班凡生,高树生,单文文. 岩盐品位对岩盐储气库水溶建腔的影响[J]. 天然气工业,2006,26(4):115 – 118.

[58] 班凡生,高树生,单文文. 夹层对岩盐储气库水溶建腔的影响分析[J]. 辽宁工程技术大学学报,2006,25(suppl):114 – 116.

[59] 姜德义,宋书一,任松,等. 三轴应力作用下岩盐溶解速率影响因素分析[J]. 岩土力学,2013,34(4):1025 – 1030.

[60] 钱海涛,谭朝爽,等. 应力对岩盐溶蚀机制的影响分析[J]. 岩石力学与工程学报,2010,29(4):757 – 764.

[61] 任松,杨春和,等. 高温三轴溶解特性试验机研究与应用[J]. 岩石力学与工程学报,2011,30(2):289 – 295.

[62] 周辉,汤艳春,等. 盐岩裂隙渗流—溶解耦合模型及试验研究[J]. 岩石力学与工程学报,2006,25(5):946 – 950.

[63] 赵桂芳,杨杰. 湖北省应城市盐穴地下储气库盐岩溶解性能试验研究[J]. 资源环境与工程,2014,28(2):209 – 213.

[64]李银平,施锡林,等. 深部盐矿油气储库水溶造腔控制的几个关键问题[J]. 岩石力学与工程学报,2012, 31(9):1785 − 1796.

[65] 马洪岭,陈锋,杨春和,等. 深部盐岩溶解速率试验研究[J]. 矿业研究与开发,2010,30(5):9 − 13.

[66] 沈洵,徐素国. 盐岩溶解的溶液浓度与试件倾角效应试验研究[J]. 太原理工大学学报,2015,46(4): 410 − 413.

[67] Hansen F D,Mellegard K D,Senseny P E. Elasticity and Strength of the Natural Rock Salts[C]. Proc. First Conf. on the Mechanical Behavior of Salt,1984:71 − 83.

[68] Hunsche U. Fracture Experiments Behavior of Salt. Clausthal − Zellerfeld:on Cubic Rock Salt Samples[C]/The First Conference on the Mechanical Behavior of Salt. Clausthal − Zellerfeld:Trans. Tech. Publications,1984: 169 − 179.

[69] Hunsche U,Albrecht H. Results of True Tri − axial Strength Tests on Rock Salt[J]. Engineering Fracture Mechanics,1990. 35(4):867 − 877.

[70] Hunsche U,A Failure Criterion for Natural Polycrystalline Rock Salt[J]. Advances in Constitutive Laws for Engineering Materials Proc. ICCLEM,1989,2:1043 − 1046.

[71] Farmer I W,Gilbert M J. Dependent Strength Reduction of Rock Salt[J]. The First Conference on the Mechanical Behavior of Salt,Trans. Tech. Publications,1984:4 − 18.

[72] Werner Skrotzki. An Estimate of the Brittle to Ductile Transition in Salt[J]. The First Conference on the Mechanical Behavior of Salt,Trans. Tech. Publications,1984:381 − 388.

[73] Hunsche U. Result and Interpretation of Creep Experiments on Rock Salt[A]//Hardy Jr H R,Larger M. Proc. 1st Conference on the Mechanics Behavior of salt[C]. Traps. Tech. Publications, 1984: 159 − 167.

[74] Hunsche U, Schulze O. Effect of Humidity and Confining Pressure on Creep of Rock Salt[A]//The Mechanical Behavior of salt of the 3rd Conference[C]. Germans:Traps. Tech. Publications,1993: 237 − 248.

[75] Cristescu N D. A General Constitutive Equation for Transient and Stationary Creep of Rock Salt [J]. International Journal of Rock Mechanics, Mining Science & Geotechnical Abstracts, 1993,30(2): 125 − 140.

[76]Cristescu N D, Parasclliv I. Creep and Creep Damage around Large Rectangular − like Caverns[J]. Mechanics for Cohesive − Frictional Materials. 1996(1): 165 − 197.

[77] Hampel A, Hunsche U. Description of the Creep of Rock Salt with the Composite Model − stead, − state Creep [A]//Hardy Jr H R, Larger M. Proc. 4th Conference on the Mechanics Behavior of salt [C]. Germans: Traps. Tech. Publications, 1996: 287 − 299.

[78] Asanov V A. Deformation of Salt Rock Joints in Time[J]. Journal of Mining Science. 2004(40):154 − 169.

[79] Szczepanik S D. Time − dependent Acoustic Emission Studies on Potash[A]//Roegies D. Rock Mechanics as a Multidisciplinary Science[C]. Rotterdam:A. A. Balkma, 1991:471 − 479.

[80] Guillope M, Poirier J P. Dynamic Recrystallization during Creep of Single − recrystallinehalite: an Experimental Study[J]. Journal of Geophysical Research, 1979, 84: 5557 − 5567.

[81] Munson D E, Devries K L, Fossum A F, et al. Extension of the M − D Model for Treating Stressdrops in Salt [A]//Hardy Jr H R, Larger M. Proc. 3rd Conference on the Mechanical Behavior of salt[C]. Germans: Traps. Tech. Publications, 1993: 31 − 34.

[82] 刘江,杨春和,吴文,等. 盐岩短期强度和变形特性试验研究[J]. 岩土力学,2006. 25(1):3104 − 3109.

[83] 李银平,刘江,杨春和. 泥岩夹层对盐岩变形和破损特征的影响分析[J]. 岩石力学与工程学报, 2006. 25(12):2461 − 2466.

[84] 吴文. 盐岩的静、动力学特性实验研究与理论分析[D]. 武汉:中科院武汉岩土力学研究所,2002.

[85] 高小平,杨春和,吴文,等,温度效应对盐岩力学特性影响的试验研究[J]. 岩土力学,2005,26(11): 1775 − 1778.

[86] 梁卫国,赵阳升,徐素国. 240℃内盐岩物理力学特性的实验研究[J]. 岩石力学与工程学报,2004,23

(14):2365 - 2369.

[87] 李银平,蒋卫东,刘江,等. 湖北云应盐矿深部层状盐岩直剪试验研究[J]. 岩石力学与工程学报,2007,
    26(9):1767 - 1772.

[88] 杨春和,白世伟,吴益民. 应力水平及加载路径对盐岩时效的影响[J]. 岩石力学与工程学报,2000,19
    (3):270 - 275.

[89] 陈锋,李银平,杨春和,等. 云应盐矿盐岩蠕变特性试验研究[J]. 岩石力学与工程学报,2006,25(S1):
    3022 - 3027.

[90] 高小平,杨春和,吴文,等. 岩盐时效特性实验研究[J]. 岩土工程学报,2005,27(5):558 - 561.

[91] 刘江,杨春和,吴文,等. 盐岩蠕变特性和本构关系研究[J]. 岩土力学,2006,27(8):1267 - 1271.

[92] 余海龙,谭学术,等. 盐岩洞腔稳定性模拟试验研究[J]. 西安矿业学院学报,1994,14(4):311 - 317.

[93] 任松,姜德义,刘新荣. 盐腔形成过程对覆岩影响的相似材料模拟试验研究[J]. 岩土工程学报,2008,
    30(8):1178 - 1183.

[94] 张强勇,陈旭光,张宁,等. 交变气压风险条件下层状盐岩地下储气库注采气大型三维地质力学试验研
    究[J]. 岩石力学与工程学报,2010,29(12):2410 - 2419.

[95] Adams J B. Natural Gas Salt Cavern Storage Operating Pressure Determination[J]. Petroleum Abstracts,1997,
    38(25):97 - 107.

[96] 尹雪英,杨春和,陈剑文. 金坛盐矿老腔储气库长期稳定性分析数值模拟[J]. 岩土力学,2006,27(6):
    869 - 874.

[97] 陈锋,杨春和,白世伟. 盐岩储气库最佳采气速率数值模拟研究[J]. 岩土力学,2007,28(1):57 - 61.

[98] 陈剑文,杨春和,郭印同. 基于盐岩压缩扩容边界理论的盐岩储气库密闭性分析研究[J]. 岩石力学与
    工程学报,2009(S2):3302 - 3308.

作者简介:朱华银,博士,高级工程师,长期从事天然气开发及油气储库实验技术研究。联系电话:010 - 69213134;E - mail:zhy69@ petrochina. com. cn。

大庆喇嘛甸油田地下储气库注采气实践与认识

王　朋　凡文科　于复东

（中国石油大庆油田有限责任公司第六采油厂）

摘　要： 大庆喇嘛甸油田地下储气库是利用正在开发的气顶油田建设的，是我国投产最早的地下储气库。储气库冬采夏注，截至2015年底，累计注气 $16.99 \times 10^8 m^3$，累计采气 $18.48 \times 10^8 m^3$，在确保油气界面稳定、减少资源浪费、解决油田季节性用气不均衡矛盾等方面起到了不可替代的作用。通过40年的运行实践，摸索出一套保持油气界面稳定的地下储气库合理运行管理的关键技术，实现了油区正常的原油生产和储气库的平稳运行，对其他地下储气库的运行管理具有一定的指导作用。

关键词： 喇嘛甸油田；地下储气库；注气；采气；调峰

喇嘛甸油田位于大庆长垣北端，是一个受构造控制的层状砂岩气顶油田，油藏具有统一的水动力系统，开发的关键是防止油气互窜，保持油气界面稳定。开发初期，为保持油气界面稳定、减少油田开发和管理的复杂性，制订了"油气藏开发分两步走，先集中力量搞好油区开发，后期再根据国家需要开发利用气顶气资源"的总体开发原则。1973年，油藏部分全面投入开发，气藏部分分层保持油、气层压力平衡，维持油气界面稳定。1975年，为解决油田季节性用气量不均衡的矛盾、合理利用天然气资源，在油田北块设计建造了储气库，作为季节调峰、优化供气系统、事故应急和战略储备的一项重要保障措施。在运行过程中，针对储气库的地质特点，采取了针对性的监测及调整做法，同时建立了高效的运行及管理机制，既实现了储气库安全平稳运行，满足了市场调峰需求，同时防止了油侵气窜的发生，保障了油区的正常开发。

1　储气库基本情况

1.1　地质特征

喇嘛甸油田构造为一不对称的短轴背斜，被两组北西方向延伸的大断层切割成南、中、北3大块。油藏具有统一的水动力系统，油水界面海拔 $-1050m$，油气界面海拔 $-770m$ 左右。油田从下至上发育高台子、葡萄花和萨尔图3套油层，储层为砂岩和泥质粉砂岩组成的一套湖相—河流三角洲相沉积砂体。构造顶部存在气顶，气顶气主要集中在萨零1—萨Ⅲ4－7共11个砂岩组的25个小层中，平均气砂厚度41.7m。气顶面积32.3km²，天然气地质储量 $99.59 \times 10^8 m^3$。

萨一组和萨零组气层，均属下白垩统嫩江组沉积。萨一组厚度 $22 \sim 24m$，与下部萨二组有 $8 \sim 10m$ 的稳定泥岩隔层，最大承注压力可达12.08MPa。储层物性较好，平均空气渗透率

600mD,平均有效孔隙度 26.5%。萨零组气层,地层厚度 35~40m,上部发育 200~250m 全区稳定分布的嫩一段和嫩二段黑色泥岩。砂体分布面积较小,厚度较薄,平均空气渗透率 38mD,平均有效孔隙度 22.0%。

1.2 开发及建设情况

储气库始建于 1975 年,投产气井 10 口,储采层位为萨 I 1、萨 I 2 及萨零组下部,平均单井射开气砂厚度 5.9m,其中一类气砂厚度 3.9m;含气面积 18.1km^2,天然气地质储量 13.7 × 10^{8}m^3;配有 3 台国产压缩机,每台注气能力为 10 × 10^{4}m^3/d。初期为了倒出库容,气井只采不注,1983 年建成地面注气站后断断续续注入少量天然气。

结合大庆油田夏季多余的放空气量和冬季用气需求,于 1998 年和 2000 年分别对地下和地面系统进行了扩建。扩建后,储气库共有气井 14 口,其中正常生产井 11 口,另外 3 口井位于油气边界附近,为避免注采引起油气界面波动,由生产井转为监测井。储采层位为北块萨零组和萨一组气层,平均单井射开气砂厚度 19.6m,其中一类气砂厚度 7.9m;含气面积 27.6km^2,天然气地质储量 35.7 × 10^{8}m^3。

注气系统配有 5 台 VIP 型注气压缩机,每台注气能力 20 × 10^{4}m^3/d,全站最大注气能力 100 × 10^{4}m^3/d 左右,相应配套建设了注采气过滤分离、脱硫等净化工艺和单井管道电伴热、防冻堵及高压气体计量等配套设施。注气时,天然气管网来的深冷干气经计量、分离缓冲、脱硫后进入压缩机组增压,最后经净化后至分配器输送至井场注入地下;采气时,气井气进站经分离脱水、电加热后进入分配器混合,最后经净化、计量后输送至天然气管网。

截至 2015 年底,储气库累计注气 16.99 × 10^{8}m^3,累计采气 18.48 × 10^{8}m^3,地层压力 8.69MPa,总压差 -1.39MPa,油气区压差 -0.13MPa。

2 运行管理做法

喇嘛甸油田地下储气库在 40 年的运行实践过程中,在借鉴国内外地下储气库管理的有益经验基础上,结合日常生产管理维护,摸索出一套以油气界面监测调控为核心的储气库运行管理技术。

2.1 油气界面监测及调控

(1)建立油气运移缓冲区,平稳油气区压力。

在储气库建设过程中,制订了"三区、一平衡"的开发原则[1]。"三区"即油区、油气运移缓冲区、气顶区;"一平衡"即在整个开发过程中,通过油、水、气工作制度的调整,保持油气区压力平衡。具体做法:在气顶外 450~600m 的范围内,建立油气运移缓冲带(图1)。在射孔时,对气层、油气同层和距油气边界不足 300m 的油层一律不射孔。为有效防止油区和储气库储气层位之间的油气互窜起到了很好的缓冲和控制作用。

(2)部署监测系统,监测油气界面变化。

监测系统以保证油气界面稳定为基本原则,以连通好区域为重点,主要包括储气库密封性监测、压力监测、油气界面监测等内容。监测系统共有监测井 98 口,年安排测试 200 余井次,为观察油气界面运移、注采效果分析提供了大量资料。

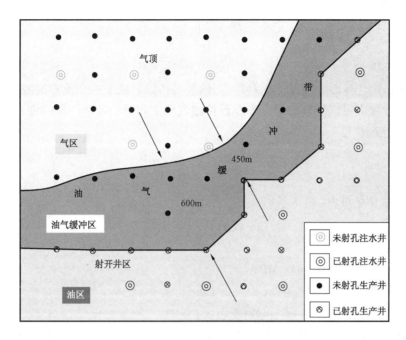

图1　油气缓冲区示意图

储气层压力、温度监测:在注采切换期每口气井录取一次地层压力和温度资料,在生产阶段录取一次井底流温、流压,掌握气井的生产状况及地层压力。

萨一组油气界面动态监测:在萨一组含气边界附近易窜流井区安排18口油气界面观察井,在每个注采切换期录取一次中子—中子测井资料,观察储气库在注采周期中油气界面的变化情况。

气顶外第一排油井地层压力和生产油气比监测:分别安排14口和32口,掌握注入气的保存率和注采气对油区的影响,并为下一步生产提供依据。

萨二组气顶压力及油气界面动态监测:储气库与萨二组气层存在窜通的可能性,利用萨二组3口气区测压井和18口油气界面观察井,进一步监测气顶状况和油气界面的移动情况,以便及时采取措施,保证油田正常开发与储气库的正常运行。

(3)完善调控技术,指导油气区压力调整。

根据油气区压力及油气界面监测情况,通过调整储气库及油气缓冲区附近对应气层的油水井工作制度,降低油气区压差,保持油气界面稳定。

在调整界限上,根据储气库的实际运行经验以及物理模拟和数值模拟研究结果,确定了保持油气界面稳定的合理压差界限为±0.5MPa,即当油气压差在±0.5MPa范围以内,油气区正常生产,超过该范围发生气窜或油浸。

调整做法:当油区压力接近或超过气区压力0.5MPa时,停注油气界面附近注水井的对应注水层段,提高油井生产参数,同时加大储气库注入量或减少采气量;当气区压力接近或超过油区压力0.5MPa时,加强油气界面附近注水井的对应层段注水量,降低油井生产参数,同时控制储气库注入量或提高采气量。

2.2 阶段调峰能力评价及注采气量安排

2.2.1 地下系统调峰能力

喇嘛甸油田油气界面一直保持相对稳定,储气库可以看成是一个没有油浸入的封闭气藏,根据物质平衡方程[2]可以推导出储气库在保持油气界面相对稳定条件下的理论调峰能力。

注气调峰能力 Q_i 可由(1)式求出:

$$Q_i = \frac{(p_{og\,max} + p_{og})Z_i G}{Z_{tj} p_i} \tag{1}$$

采气调峰能力 Q_j 可由(2)式求出:

$$Q_j = \frac{(p_{og\,max} - p_{og})Z_i G}{Z_{tj} p_i} \tag{2}$$

式中 $p_{og\,max}$ ——油气区极限压差,MPa;

p_{og} ——目前油气区压差,MPa;

Z_i, Z_{tj} ——原始状态和 t 时刻的偏差因子;

G ——动用地质储量,$10^8 m^3$;

p_i ——原始地层压力,MPa。

同时,根据储气库地层压力变化与注采气量之间动态变化规律,平均每注气 $2949 \times 10^4 m^3$,压力上升0.1MPa,平均每采气 $2581 \times 10^4 m^3$,压力下降0.1MPa(表1),结合储气库压力运行幅度,计算地下系统实际调峰能力。

表1 储气库压力变化与注采气量关系统计表

时间	采气末压力(MPa)	注气末压力(MPa)	注气期间			采气期间		
			阶段注气量($10^4 m^3$)	压力上升值(MPa)	上升0.1MPa注气量($10^4 m^3$)	阶段采气量($10^4 m^3$)	压力下降值(MPa)	下降0.1MPa采气量($10^4 m^3$)
2005	8.08	8.31	8252	0.23	3588	7924	-0.22	3602
2006	7.93	8.16	8237	0.23	3581	9397	-0.38	2473
2007	7.83	8.03	7154	0.20	3577	10324	-0.33	3128
2008	7.80	8.16	11862	0.36	3295	5709	-0.23	2482
2009	7.92	8.27	10367	0.35	2962	6914	-0.24	2881
2010	7.94	8.26	9492	0.32	2966	8236	-0.33	2496
2011	7.93	8.34	11146	0.41	2719	7491	-0.33	2270
2012	8.09	8.56	12013	0.47	2556	6387	-0.25	2555
2013	8.06	8.56	13050	0.50	2610	9725	-0.50	1945
2014	8.18	8.60	9878	0.42	2352	8982	-0.38	2364
2015	8.22	8.69	10486	0.47	2231	8338	-0.38	2194
平均	8.00	8.36	10176	0.36	2949	8130	-0.32	2581

2.2.2 地面系统调峰能力

地面系统调峰能力取决于压缩机运行台数及其运行时间。考虑5台机组联运存在电磁信号干扰,影响压缩机组正常运行;同时,为了应对机组突发事件,消除安全隐患,确保持续平稳注气,科学运行方式为4开1备。4台机组联合使用,流量可控制在 $10 \times 10^4 \sim 100 \times 10^4 \mathrm{m}^3/\mathrm{d}$ 范围内,注气能力按照 $90 \times 10^4 \mathrm{m}^3/\mathrm{d}$,注气时间按150天满负荷运行计算,地面系统调峰能力为 $1.35 \times 10^8 \mathrm{m}^3$。

2.2.3 气井调峰能力

根据气井二项式产能方程[3],推导出目前储气库气井产能公式为:

$$q = 22.1338 \times \left[\sqrt{0.0113 + 0.0904 \times (p_\mathrm{R}^2 - p_\mathrm{wf}^2)} - 0.1064 \right] \qquad (3)$$

式中 q——日产量,$10^4\mathrm{m}^3/\mathrm{d}$;

p_R——地层压力,MPa;

p_wf——流压,MPa。

根据式(3)计算,储气库气井平均绝对无阻流量为 $51.72 \times 10^4 \mathrm{m}^3/\mathrm{d}$。根据气藏工程研究成果[4],结合储气库运行经验,气井产气能力按绝对无阻流量的 1/4 计算,为 $12.93 \times 10^4 \mathrm{m}^3/\mathrm{d}$,气井注气能力按绝对无阻流量的 1/3 计算,为 $17.24 \times 10^4 \mathrm{m}^3/\mathrm{d}$。

同时,考虑多井同时开井生产存在井间干扰,根据数值模拟研究结果(图2),在目前气井800m注采井距情况下,多井同时开井的井间干扰系数为0.85,计算气井注采气能力分别为 $14.65 \times 10^4 \mathrm{m}^3/\mathrm{d}$ 和 $10.99 \times 10^4 \mathrm{m}^3/\mathrm{d}$。根据气井注采气能力、最大开井数以及气井生产天数,进行气井调峰能力计算。

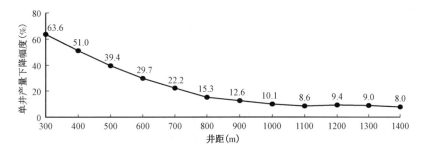

图2 不同井距下多井生产时产气能力数值模拟研究结果

综合地下系统、地面系统以及气井调峰能力分析结果,最终确定储气库调峰能力。同时,结合储气库运行安排,以及地层压力高低、气损耗大小,制订年度注采气计划。

2.3 注采气运行模式

2.3.1 注采气时间

结合大庆地区季节用气量需求大小,将储气库全年运行分为五个阶段,其中1—3月、11—12月为采气期,5—9月为注气期,4月和10月调峰需求较少,为注采切换期。安排一定的注采切换时间有两个目的:一是注采后关井平衡,取得可靠的地层压力资料;二是对地面压缩机等设备进行检修,转换单井及站内生产流程,保证储气库正常运行。

2.3.2 注采气原则

(1)严格执行相关操作流程、标准和要求,确保安全生产。

(2)在满足市场调峰需求的同时,尽量保证注采相对平衡。

(3)注采气工作必须以确保油气界面相对稳定为前提,油气区压差控制在 ±0.5MPa 以内。

(4)每口井连续开井时间为 10~15 天,确保压力平稳变化。

(5)注采气初期,要逐步增加开井数和压缩机数,防止地面系统压力上升过快,造成安全隐患。

(6)注采气过程中,把气井全开一遍,以清理井筒及附近地层杂质,保证气井注采气能力。

(7)采气高峰期,为确保持续平稳供气,防止冻井或气井产气能力下降过快,尽量留有 1~2 口备用井进行轮换开井。

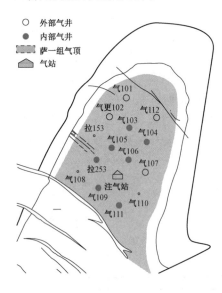

图 3　储气库气井井位分布图

2.3.3 气井运行方式

根据 11 口气井距油气边界距离及所处位置,确定了储气库内、外部井,其中内部井 7 口,外部井 4 口(图 3),并在生产过程中制订了严格的开井顺序。注气时先压力低井再压力高井,采气时先压力高井再压力低井,由内向外逐步开井,确保压力均匀分布。采气初期,根据注气末单井地层压力状况,间隔选取压力较高的内部井开井采气,以减少井间干扰,由内至外调换开井井号,直至 11 口气井全部开井至少一遍后,再重新循环开井。

同时,为提高注采气效率,结合储气库运行经验、气井注采气能力、生产压力及所处位置关系,制订了量化注采气运行模式,确定了不同日调峰气量大小对应的开井数及压缩机运行数(表 2)。

表 2　储气库量化注采气运行模式表

日调峰气量($10^4 m^3$)	采气开井数(口)	注气压缩机运行数(台)	注气开井数(口)
<30	1~3	1	2~3
30~50	3~5	2	4~6
50~70	5~7	3	7~8
70~90	7~9	4	9~10
90~100	9~10	4	11

2.4 运行管理做法

(1)建立了分工明确的组织机构。

建立了以厂领导把关,以管理部门、技术部门、矿小队生产部门和作业施工部门为核心的4级组织管理体系,强化储气库运行过程中的事故预防、分析与应急处理。其中管理部门负责生产及作业施工管理,应急人员组织;技术部门负责注采气方案、监测方案的编制及储气库动态分析、调控;矿小队生产部门负责生产井的巡查、设备维修保养、资料录取及事故上报;作业施工部门负责气井及事故井的作业施工。

(2)研制了地下储气库现代化管理系统。

在工作中采用了"TQC""PDCA"循环等现代化管理方法,结合储气库的自身特点,建成地下储气库管理系统,分为储气库状况分析、方案编制及实施、生产管理及跟踪调整和注采气效果评价等4个子系统,并在每个子系统中,采用与之相适应的管理方法,使整个系统能够协调管理、有序运行,提高工作质量和生产效益(图4)。

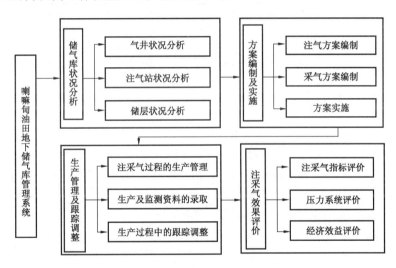

图4 储气库管理系统图

(3)制订了1项标准,规范了7项制度。

针对岗位危险系数大、管理难度大、技术标准高的实际,建立、健全了各项规章制度和操作标准,并运用到生产实际中,为确保安全生产、平稳运行奠定了坚实的基础。《喇嘛甸油田地下储气库地质资料管理标准》要求录取油管压力、套管压力、日产(注)气量、流压、静压、天然气气组分、天然气微量含水、防冻液浓度和用量、来气压力和温度、压缩机用电量等资料,并达到十全十准。7项制度包括岗位责任制、岗位安全生产制度、巡回检查制、设备维修保养制、质量责任制、技术培训制和交接班制。

(4)强化了方案实施监督及现场资料检查。

在管理部门、技术部门和矿小队生产部门之间建立了重点工作、方案执行上报机制,及时掌握前线工作进展。同时,制订了前线资料检查项目及规范,通过定期检查,及时改正,确保了方案有效执行、资料真实准确。

3 注采气效果

3.1 油气界面保持持续稳定

2006 年以来,依据监测结果,优化储气库气井及气顶周围油、水井调整 1487 井次,监测显示油气区压差始终控制在 ±0.5MPa 的合理范围之内(图5),不同时期井网气底深度保持在 920m 左右,中子—中子监测显示油气界面并未发生明显变化。

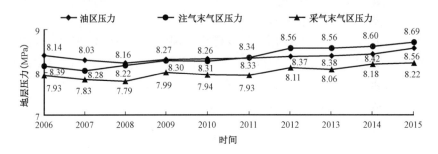

图5 储气库油气区压力变化曲线

3.2 调峰能力达到设计要求

储气库 2016 年注气调峰能力为 $1.35 \times 10^8 m^3$,采气调峰能力为 $1.05 \times 10^8 m^3$,超过方案设计确定的 $1.0 \times 10^8 m^3$ 调峰能力。近年来,储气库注采气量均保持在较高水平,2013 年注采调峰气量分别达到 $13050 \times 10^4 m^3$ 和 $10095 \times 10^4 m^3$,调峰能力得到了充分发挥(图6)。

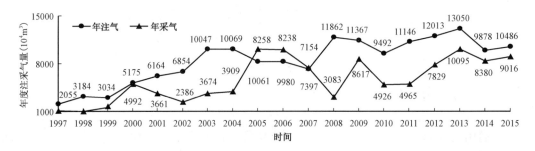

图6 储气库年度注采气量变化曲线

3.3 动用储量达到较高水平

应用物质平衡方程和非理想状态气体方程推导出压降与产量无因次关系式,对储气库生产数据进行拟合,1980 年、2000 年和 2015 年动用储量分别为 $16.0 \times 10^8 m^3$、$25.0 \times 10^8 m^3$ 和 $32.0 \times 10^8 m^3$,呈逐步上升趋势(图7),2015 年动用程度达到 89.6%。

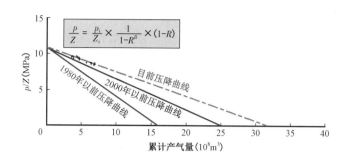

图 7　储气库实际生产数据拟合压降曲线

p, p_i—原始状态和某时刻的地层压力, MPa; Z, Z_i—原始状态和某时刻的偏差因子; R—采出程度; B—浸入指数

3.4　获得了较高的经济效益

2011 年以来,储气库单位操作成本 0.19 元/m³(表 3),单位注采气利润 0.71 元/m³,年均实现利润 8033 万元。注采气利润按照 0.71 元/m³ 计算,投产以来共创造利润 12.06×10^8 元。储气库井站总投资 31392 万元,年调峰气量按照 10000×10^4 m³ 计算,投资回收期为 4.4 年,投资收益率为 22.6%。

表 3　2011 年以来储气库运行成本情况表

分项	2011	2012	2013	2014	2015	平均
年注气量(10^4m³)	11146	12013	13050	9878	10486	11315
操作成本(万元)	2237	2920	1878	1814	1796	2129
单位操作成本(元/m³)	0.20	0.24	0.14	0.18	0.17	0.19

4　取得的认识

(1)通过建立油气运移缓冲区、监测油气界面变化、调控油气区压力的方式,能够确保油气界面稳定,实现油区正常的原油生产和储气库的平稳运行。

(2)通过优化运行模式、精细生产管理,储气库调峰能力超过方案设计要求,年调峰气量呈逐年上升趋势,调峰能力得到了充分发挥。

(3)通过地下、地面系统的扩建,储气库注采规模不断扩大,动用储量呈逐步增加的趋势,目前动用程度达到较高水平。

(4)储气库地层压力随着周期性注采,呈现规律性的升降,平均注气 2949×10^4 m³,压力上升 0.1MPa,平均采气 2581×10^4 m³,压力下降 0.1MPa,同时说明库容整体保持封闭稳定。

(5)储气库单位注采气利润 0.71 元/m³,投产以来共创造利润 12.06 亿元,实现了低成本投入、低成本控制,获得了较高的经济效益。

参 考 文 献

[1] 冀宝发,等. 层状气顶油田注水开发中油气窜流的控制及调整[J]. 石油勘探与开发,1987(14):32 – 35.
[2] 华爱刚,等. 天然气地下储气库[M]. 北京:石油工业出版社,1999:1 – 30.
[3] 王俊魁,许运新. 气井产量递减规律与动态预测. 天然气工业,1995(2):52 – 55.
[4] 周学厚,等. 天然气工程手册[M]. 北京:石油工业出版社,1982:44 – 48.

作者简介:王朋,学士,副总地质师,高级工程师,从事油气藏工程研究。通信地址:(163114)大庆市第六采油厂地质大队;电话:0459 – 5835981;E – mail:fanwenke1 @ petrochi-na. com. cn。

井神公司盐穴储气(油)库技术开发前期工作进展

刘 凯 刘正友 张文广

(江苏井神盐化股份有限公司)

摘 要:江苏井神盐化股份有限公司是我国大型盐及盐化工企业,依托得天独厚的区位优势、丰富优质的盐矿资源、充足的水资源和自身强大的卤水消化能力,正全力打造"采矿—制盐—溶腔储油、储气、储能"循环产业链,将淮安建设成为我国大型的盐穴石油、天然气地下储备基地。

关键词:井神公司;江苏淮安;盐穴储气(油)库;技术开发;前期工作

1 井神公司概况

1.1 井神公司基本情况

江苏井神盐化股份有限公司(简称"井神公司")成立于2009年12月,为江苏省盐业集团有限责任公司控股企业。2013年8月被认定国家高新技术企业,2015年12月在上海证券交易所成功上市。井神公司是集科研、生产、配送和销售于一体的大型盐及盐化工企业,下辖12个(分)子公司,本部及主要二级单位位于周恩来总理故乡—江苏省淮安市(图1)。井神公司在岗正式职工2800余人,注册资本55944万元,总资产45.58亿元。2012年以来连续3年获批"中国轻工业制盐行业十强企业",并荣登2012年、2014年十强企业榜首。2015年2月,井神公司主导研发的"基于岩盐溶腔地下装置化利用的盐碱钙联合循环生产新技术"荣获中国轻工业联合会科技进步一等奖,并被推荐参评2015年国家科技进步奖。2015年,井神公司盐及盐化工产品总产量为570×10^4t,营业收入20.47亿元,处国内盐化行业前列。

图1 江苏井神盐化股份有限公司地理区位图

1.2 井神公司产业链建设

多年来,井神公司围绕"全国井矿盐生产及研发龙头企业"的目标定位,立足对传统井矿盐生产的转型升级,采用自主研发"盐碱钙联合循环生产新技术",打造了行业内具有井神特色的"采矿—制盐、制碱、制钙—注井采矿"循环经济产业链。

近年来,井神公司充分发挥在盐穴综合开发利用方面的技术优势,以发展溶腔能源储备新兴产业作为企业转型升级的突破口,稳步推进盐穴储气(油)技术开发前期工作,推动国家油气战略储备库配套产业发展。依托得天独厚的区位优势、丰富优质的盐矿资源、充足的水资源和自身强大的卤水消化能力,井神公司正全力打造"采矿—制盐—溶腔储油、储气、储能"循环产业链,将淮安市建设成为我国大型的盐穴石油、天然气地下储备基地。

2 井神公司储气(油)库项目建设的优势条件

在盐穴储气(油)库建设方面,井神公司具有得天独厚的区位优势、丰富优质的盐矿资源、充足的水资源和自身强大的卤水消化能力,具有巨大的项目建设优势。

2.1 区位优势

在淮安市建设盐穴储气(油)库具有得天独厚的区位优势。淮安市背靠"长三角"巨大的能源消费市场。长三角经济圈是中国第一大经济区,GDP占全国的1/5以上,人口占全国1/10以上,对石油和天然气都有着巨大的需求。特别是随着"一路一带"国家战略的全面实施,位于丝绸之路经济带和21世纪海上丝绸之路交汇点的长三角地区又将产生新一轮的巨大能源需求。在淮安市建设盐穴储气(油)库,有利于满足长三角地区的能源市场需要。另外,"日照—仪征"输油管线、"中俄东线"输气管线都途经淮安市,这也为淮安盐穴储气(油)库建设提供了有利条件和良好契机。因此,在淮安地区建设盐穴储气(油)库具有得天独厚的区位优势。

2.2 盐矿资源

淮安市岩盐资源储量高达 1300×10^8 t,属世界特大型岩盐矿床。矿体为典型的巨厚层状,溶腔坚固,不易垮塌,矿床品位高,夹石及杂质含量少,水溶开采后的溶腔空间大,无断层和空间裂缝存在,上部有巨厚隔水层,封闭严密,地下岩盐埋深和品位、厚度等地质条件适合建设大型油气储备项目。而且,淮安的盐矿区地表附着物相对较少,核心区域是基本农田,有利于盐穴储油储气产业大规模发展。另外,淮安市设置了 $67km^2$ 盐资源预留区,其中淮安市淮安区的渠南地区盐资源展布面积约 $45km^2$,适合大型盐穴储油储气库项目建设。

井神公司拥有7个采矿矿区,保有资源储量矿石量 25.64×10^8 t,NaCl量 12.98×10^8 t,伴生 Na_2SO_4 量 2.68×10^8 t;其中,在淮安地区,井神公司拥有6个采矿矿区,保有资源储量矿石量约 23.4×10^8 t,NaCl量约 11.4×10^8 t,伴生 Na_2SO_4 量约 2.66×10^8 t,另外,还拥有2个探矿块段,井神公司在淮安地区的采矿矿区和探矿块段总面积约 $22km^2$。在淮安市淮安区,井神公司作为唯一一家制盐企业,已拥有渠南预留区周边的3个大型优质矿区(或块段),可以将这3个矿区(或块段)纳入到渠南地区盐穴储油储气库项目建设中,有利于实现渠南地区岩盐资源开采和油气储备统一规划、整装开发利用。

2.3 水资源

淮安市地处淮河中下游地区,境内有两大水系,即淮河水系和沂沭泗水系,以废黄河为界,以南属淮河水系,以北属沂沭泗水系。京杭大运河穿越淮安南北,我国5大淡水湖之一的洪泽湖位于淮安市西南部,上游近15.8km²的来水进洪泽湖后由淮河入江水道、苏北灌溉总渠、淮河入海水道、二河和淮沭河经淮安市东流入海。淮安市地区降雨较为丰沛,多年平均降雨量950~1000mm。淮安地区充足的水资源为井神公司大量采卤用水提供了保障,也保障了淮安盐穴储气(油)库建设的用水需要。

2.4 卤水消化能力

目前,井神公司具备年自身消化卤水 $1800 \times 10^4 m^3$、年长距离外输卤水 $600 \times 10^4 m^3$ 的能力。另外,井神公司拟在淮安盐化工园区建设与淮安盐穴储气(油)库工程相配套的卤水加工项目,即"盐碱一体化循环经济产业园",该项目年消化卤水能力约 $1200 \times 10^4 m^3$。因此,井神公司在淮安地区合计将形成年消化 $3600 \times 10^4 m^3$ 卤水的能力,可有效消化盐穴储油储气库建设中产生的卤水,将为淮安盐穴储气(油)库建设提供有力保障。

3 井神公司储气(油)库前期工作

近年来,井神公司联合了中国科学院武汉岩土力学研究所、中国石油天然气集团公司等单位,在淮安地区开展了大量的储气库前期工作,并在盐穴储油库、地下盐腔检测、造腔新技术研发等方面取得了丰硕的研究成果。

3.1 与中国科学院武汉岩土力学研究所合作

2011年3月,井神公司联合了中国科学院武汉岩土力学研究所,对淮安地区盐穴储气(油)库建设的地质可行性进行分析。研究表明,井神公司所属相关矿区具备建造盐穴储气(油)库的基本地质条件,确定了最优盐穴形态、矿柱宽度及运行压力等关键参数,并初步评估了盐穴储气(油)库的建设规模。

3.2 与中国石油天然气集团公司合作

自2011年11月开始,井神公司与中国石油天然气集团公司(以下简称"中国石油")就储气库合作建设进行了多次洽谈。几年来,井神公司配合中国石油在淮安地区开展了大量的储气库前期工作,配合完成了淮安地区二维地震、三维地震、3口资料井建设及相关预可研报告编写等工作。2015年4月,井神公司与中国石油西气东输管道分公司达成了合作意向,共同推进中俄东线储气库以及配套项目前期工作。

3.3 盐穴储油库前期工作

在盐穴储油库方面,井神公司开展了大量前期准备工作,积极争取将淮安地区纳入国家战略石油储备第三期库址。2015 年,井神公司联合了中国科学院武汉岩土力学研究所、中国石油天然气集团公司钻井工程技术研究院等单位,完成了淮安盐矿普查、储油规模、配套工程初设、运行参数初设及经济概算等相关工作,并形成了阶段性研究报告。

3.4 地下盐腔检测

自 2010 年 6 月以来,井神公司利用德国 SOCON、俄罗斯 POISK 的声呐测腔设备,在淮安地区相关矿区先后开展了 20 余次的盐腔检测工作,探明了相关盐井的盐腔形状和体积。根据声呐检测结果,发现可以在淮安地区建造出符合储油储气相关要求的大型盐腔。

3.5 造腔新技术研发

在总结多年采卤生产经验的基础上,井神公司首次提出了"双井不对称采卤快速建造盐穴储库工艺",并申报了国家发明专利。新工艺不需要注入隔离液或隔离气,就可以实现盐穴形状的人为控制;可在各种类型的井矿盐中建造盐穴储油储气库,尤其适合在超厚岩盐矿层中建造大型盐穴储油储气库。新工艺既可提高采卤流量($100 \sim 150 m^3/h$),也可增加卤水浓度(NaCl 含量约 300g/L),使得造腔卤水可以直接用于盐化工生产,能够将储气(油)库建造与盐化工生产更好地结合,实现盐穴储油储气库的快速建造。目前,井神公司联合中国石油西气东输管道分公司、中国科学院武汉岩土力学研究所等单位,正在开展双井造腔新工艺产业化研究。

3.6 下一步工作计划

在现有工作基础上,井神公司将继续开展淮安地区盐穴储气(油)库项目建设工作,主要包括以下几个方面:

(1)继续对已成腔的盐井进行检测、跟踪研究,以推演盐井的造腔控制技术,评估已成腔盐井的储气(油)可行性;

(2)开展 1 口单井采卤造腔先导性试验研究,并将单井造腔与水平井组造腔进行对比分析;

(3)对现有的 6 对水平井组进行技术改造,深化盐穴储气(油)库水平井造腔研究;

(4)按照"双井不对称采卤快速建造盐穴储库工艺",新建 4 对水平井组,开展井组布置、井神公司产业化造腔卤水消化平衡研究。

4 储气(油)库建设前景展望

在盐穴储气(油)库建设方面,井神公司将充分利用自身优势,联合中国石油西气东输管道分公司、中国科学院武汉岩土力学研究所等单位,加快盐穴储气(油)项目建设步伐,最终形成盐穴储气库库容 $35.6 \times 10^8 m^3$(工作气量 $20 \times 10^8 m^3$)、盐穴储油库体积 $5500 \times 10^4 m^3$(储油量 $4200 \times 10^4 t$),将淮安建设成为我国大型的盐穴石油、天然气储备基地,储油储气库目标区如图 2 所示。

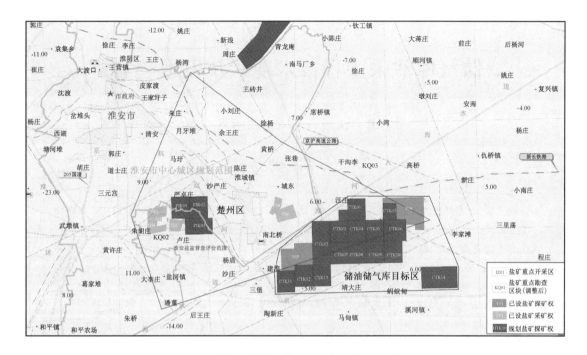

图 2 淮安盐穴储油储气库目标区位置示意图

4.1 储气库建设前景

井神公司将与中国石油西气东输管道分公司合作,在淮安地区选择两个矿区,用于盐穴储气库建设,总面积 $9.4 km^2$,共部署井位 60 口,设计库容量 $35.6 \times 10^8 m^3$,工作气量 $20 \times 10^8 m^3$ 。工程可规划为二期建设,其中:一期工程用于满足中俄东线调峰需求,建设 27 口新盐腔和 6 个老腔,设计库容量 $16.7 \times 10^8 m^3$ (工作气量 $9.5 \times 10^8 m^3$);二期工程建设 27 口盐腔,作为战略储备及后续管线调峰,设计库容量 $18.9 \times 10^8 m^3$ (工作气量 $10.5 \times 10^8 m^3$)。

4.2 储油库建设前景

在盐穴储油库建设方面,井神公司一方面将选择 2 个采矿区改建为盐穴储油库;另一方面,将在淮安渠南地区选择 2 个区块,用于新建盐穴储油库。盐穴储油库总占地面积约 $30 km^2$,形成地下储库空间 $5500 \times 10^4 m^3$ (储油约 $4200 \times 10^4 t$)。工程分两期建设,其中:一期工程,储库体积 $1500 \times 10^4 m^3$ (储油约 $1200 \times 10^4 t$);二期工程,储库体积 $4000 \times 10^4 m^3$ (储油约 $3000 \times 10^4 t$)。

作者简介:刘凯,硕士,工程师,主要从事岩盐溶腔综合利用研究。联系电话:0517 - 87038153;E - mail:kaildq@ sina. com。

储气库注采工程技术现状及发展趋势

李 隽 王 云 刘建东 刘 岩

（中国石油勘探开发研究院）

摘 要：与常规气井相比，储气库生产井大排量周期性注采，井筒工况复杂，给注采工程带来了更大的挑战。与国外相比，国内储气库地质条件更为复杂，注采工况更为恶劣，因此建库难度更大。合理的完井方式、注采管柱、完整性监测是注采工程的三大环节，通过分析其技术现状和最新进展，提出了注采工程的标准化，完井方式的有效化，注采管柱的经济化，动态监测的智能化是储气库注采工程的四大发展趋势。

关键词：储气库；注采工程；完井方式；注采管柱；完整性；现状；趋势

1 储气库注采工程的基本特点

1.1 储气库生产井大排量周期性注采

储气库一般选择靠近大城市的废弃油气藏或者含水构造作为库址，因此对安全生产要求严格。同时，为了达到大排量易注易采的要求，要求储层物性较好，国外储气库一般埋藏浅，深度在2000m以内，多数在500～1000m，孔隙度大于15%、渗透率大于0.1D。生产特征为生产井基本上是注采同用，大排量周期性的注采[1]。

1.2 注采工程难度大、要求高

储气库生产井大排量周期性注采，井筒工况复杂，给注采工程提出了更大的挑战。国内地质条件更为复杂，注采工况更为恶劣（表1），主要表现在以下3个方面：(1)生产压差交替变化幅度大，影响井壁稳定性，如苏桥储气库，其工作压力在19.0～48.5MPa之间变化；(2)长期承受交变载荷，温度压力变化剧烈，管柱伸缩变化大，对注采管柱可靠性要求高；(3)井筒完整性失效风险高（储气库安全事故中60%以上与井筒有关），动态监测要求高。

表1 中国石油已建储气库地层参数统计

储气库	储层深度（m）	工作压力（MPa）	井底温度（℃）
板桥	1800～3000	13.0～37.0	93
京58	2950～3400	7.0～31.4	84
双6	2250～2600	13.0～24.0	90
苏桥	3160～4700	19.0～48.5	110～157

储气库	储层深度(m)	工作压力(MPa)	井底温度(℃)
板南	2800~2900	13.0~31.0	101
呼图壁	3500	18.0~34.0	95
相国寺	2200~2600	11.7~28.0	60
陕224	3400		105

1.3 注采井安全至关重要

储气库安全至关重要,如果注采井发生事故,可能会造成巨额经济损失和严重人员伤亡。注采工程应从设计和管理着手,确保注采井安全。注采工程的三大环节直接影响储气库的安全运行:合理的完井方式是低压力系数条件下,确保长期井筒稳定性的有效手段;注采管柱直接关系到储气库的运行安全和效率;完整性监测是掌握运行动态的主要手段。

2 储气库注采工程技术三大环节的地位及技术优化

2.1 完井方式是基础,确保储气库稳定和有效

(1)注采井优先采用水平井或水平井、定向井组合,采用丛式井场设计。

水平井在储气库应用较晚,但发展较快,水平段长度原则上不小于500m。枯竭气藏储气库井主要采用丛式井场设计,便于集中管理,减少设备搬迁。德国Breitbrunn—Eggstatt储气库5口水平井最大水平位移为1514m,西班牙Yela储气库10口注采井均采用了丛式水平井或定向井[2]。相国寺储气库采用单井和丛式井组,丛式井场2~4口井,注采井为定向井。双6储气库23口新井中包括10口水平井和10口定向井。

(2)注重先期防砂完井。

国外砂岩储气库多采用绕丝筛管砾石充填或防砂筛管完井。苏联储气库是采用绕丝筛管砾石充填防砂,Geostock公司和Schlumberger公司认为裸眼或筛管完成更有利于注采,TIGF采用了防砂筛管[2],Storengy公司根据出砂粒径等给出了完井方式选择决策图板。

国内相国寺储气库采用了具有防砂功能的冲缝筛管防砂完井。国内碳酸盐岩储气库多采用裸眼和筛管完井方式。多层油气藏可以安装可膨胀封隔器进行选择性注入完井,优化注入,减少产水。

(3)盐穴储气库采用特殊完井方式。

不同于油气藏型储气库受到储层性质的限制,盐穴储气库在紧急情况下可以大排量注采,其新的完井方式有以下2种[3]:

采用ϕ339.7mm生产套管,ϕ244.5mm注采油管的大尺寸注采完井。无油管注采完井是在生产套管内有两个封隔器,封隔器之间没有生产油管。在套管鞋处安装一个底部封隔器带尾管,能够下入堵塞器;顶部封隔器安装在距井口约50m处,用于配合地面控制的井下安全阀。采用这种完井方式,生产套管必须采用焊接套管,要求焊接套管碳含量小于0.2%,钢级低于J55钢级,超声波检测,在德国是一个常规的做法。

双井筒完井是国外提出的一种完井概念设计,能够在一定条件下提供更大的产气量,减少所需盐穴的数量而满足运行上所需要的产气量。双井筒完井技术曾在美国 Avoca 盐穴储气库应用。

(4)结合交变载荷影响规律,完善完井设计方法。

储气库注采井生产初期一般不产砂,多周期大排量注采后,岩石胶结强度下降,出砂风险增大:法国 Germigy 和 Cerville 储气库几个注采周期后严重出砂,粒径从 $50\mu m$ 增加 $150\mu m$;匈牙利储气库注采运行 8 年后,大部分库出砂。

出砂对储气库生产和安全造成严重影响。首先是注采气量下降,影响达容;二是砂粒降低临界冲蚀流量,损坏设备,增加维护工作量和成本,三是给平稳运行带来安全隐患。

中国石油勘探开发研究院立足集团公司储气库重大专项,创新建立了考虑塑性变形和交变载荷的完井方式优化设计方法。

① 建立了交变载荷条件下井壁稳定性理论模型。

以常规出砂模型为基础,考虑塑性变形和交变载荷,建立了射孔井井壁力学稳定模型和裸眼井井壁稳定模型,分别得到相应的出砂临界压差公式。

对于裸眼井:

$$p_d^c = (1 - \nu_{fr})\left[(1 - D)C_0 - 2\sigma'_{is}\right] \tag{1}$$

对于射孔井:

$$p_d^c = A_1\left[s(1 - D)C_{TWD} - 2\sigma'_{is}\right] \tag{2}$$

式中 p_d^c——临界生产出砂压差;

  C_{TWD}——厚壁筒破坏强度;

  A_1——塑性常数;

  σ'_{is}——井壁的周向应力,直井和水平表达式不同;

  D——损伤量;

  s——塑性常数;

  ν_{fr}——泊松比;

  C_0——单轴抗压强度。

② 建立了交变载荷条件下三轴岩石损伤实验评价方法和出砂模拟实验方法。

实验流程如图 1 所示,交变载荷加载采用轴向应力三角波,循环 50 次,频率 0.1Hz。

实验获得呼图壁交变载荷条件下岩石损伤量在 9.6% ~ 12.3%。根据射孔井出砂模型计算呼图壁储气库临界出砂生产压差 7.1MPa,出砂模拟实验 3 个样品的临界出砂值分别为 6.54MPa,6.50MPa 和 6.74MPa,出砂模型计算与实验相比误差大约 7%。

2.2 注采管柱是核心,确保储气库安全和效率

2.2.1 注采井在许可条件下尽可能采取大尺寸

Shell 公司的 Norg 储气库是凝析气田储气库,渗透率 512 ~ 1508mD,采用 9⅝in 油管,单井注入量 $200 \times 10^4 \sim 400 \times 10^4 m^3/d$。Enagas 公司 Yela 储气库是含水层库,单井注入量 $100 \times 10^4 m^3/d$,采出量 $150 \times 10^4 m^3/d$,采用 7in 油管。

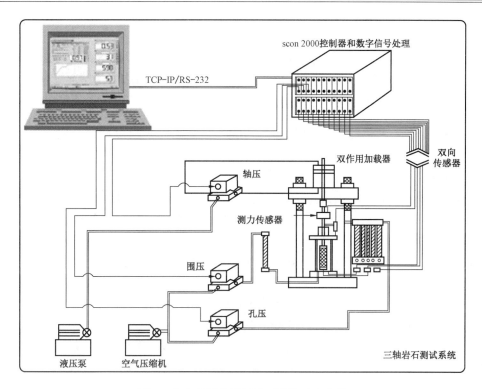

图 1　交变载荷条件下岩石损伤试验流程

国内气藏型储气库多采用 $4\frac{1}{2}$in 油管,相国寺储气库 2 口井采用了 7in 大尺寸油管注采;盐穴型储气库采用 7in 油管(表2)。

表 2　国内部分储气库注采气量和油管尺寸

储气库	油管尺寸(in)	单井注气量($10^4 m^3$/d)	单井采气量($10^4 m^3$/d)
相国寺	$4\frac{1}{2}$,7(部分)	10 ~ 100	40 ~ 150
苏桥	$4\frac{1}{2}$	23 ~ 70	30 ~ 116
大港	$4\frac{1}{2}$,$3\frac{1}{2}$,$2\frac{7}{8}$	20 左右	30 左右
金坛	7	25 左右	55 ~ 76

2.2.2　管柱结构基本相同,工具选型差异大

注采管柱一般都配备封隔器、井下安全阀、循环滑套等井下工具。法国 Storengy 公司采用可回收式封隔器、油管、安全系统,工具性能参考气井标准,安全系统包括地面控制井下安全阀、偏心工作筒和座落接头。采用偏心工作筒建立油管和环空的循环通道,实现替换保护液、压井作业。国内井下工具选型各库不尽相同,倾向于永久式封隔器、循环滑套。

2.2.3　多工况下应力计算和强度校核

注采管柱的强度校核要考虑多工况下的温度和压力变化,确定应力和安全系数,常用软件有 Wellcat 和 TDAS 等。材质选择考虑温度、压力和生产流体组分等选择材质,倾向于选择高等级材质防腐。国内油管材质选择等级偏高,欧洲和美洲普遍使用阴极保护预防套管外腐蚀。

2.2.4 井口采用单翼或双翼结构

法国 Storengy 公司采用的是单翼结构，一个手动翼阀，一个远程控制翼阀，配备两个主阀，上主阀是远程控制地面安全阀。国内采用双翼双阀结构，采用金属对金属密封。

2.2.5 优化注采管柱结构

通过对伸缩短节、封隔器和循环滑套的分析对比，针对不同井深、酸性介质含量等推荐两套注采管柱结构。

(1)含腐蚀性介质或井深大于3000m的井。

注采井：井下安全阀 + 永久式封隔器 + X 接头 + XN 接头 + 射孔枪。

储层监测井(进行注采)：井下安全阀 + 永久式封隔器 + X 接头 + XN 接头 + 永久式温度压力计(需穿越封隔器)。

储层监测井(不进行注采)：井下安全阀 + 可取式封隔器 + X 接头 + 永久式温度压力计(需穿越封隔器)。

盖层监测井/断层监测井：油管挂 + 油管 + 永久式温度压力计。

(2)微含腐蚀性介质且井深小于3000m的井。

注采井：井下安全阀 + 循环滑套 + 永久式封隔器 + X 接头 + XN 接头 + 射孔枪。

储层监测井(进行注采)：井下安全阀 + 循环滑套 + 永久式封隔器 + X 接头 + XN 接头 + 永久式温度压力计(需穿越封隔器)。

储层监测井(不进行注采)：井下安全阀 + 循环滑套 + 可取式封隔器 + X 接头 + 永久式温度压力计(需穿越封隔器)。

盖层监测井/断层监测井：油管挂 + 油管 + 永久式温度压力计。

2.2.6 油套环空加注氮气，缓解由温度造成环空压力激增

注采井油套环空一般在环空保护液上方加注一段氮气垫，缓解因交替注采引起的环空压力大幅变化，国外随管柱下监测控制设备，进行监测、控制氮气柱高度，国内大港储气库和相国寺储气库有环空氮气垫，但没有监测系统。

用 wellcat 软件进行加注不同高度氮气垫环空压力模拟计算结果表明(图2至图4)，大港储气库2800m深的注采井，没有氮气垫热致环间压力可达25MPa，加注100m氮气垫后降至0.9MPa；苏桥储气库4700m深的注采井，无氮气垫热致环间压力可达44MPa，加注200m氮气垫后压力降至2.5MPa。与水基环空保护液相比，油基保护液导致的热致环间压力更高。因此，针对国内井况，加注 100 ~ 200m 的氮气垫可以满足要求。

2.2.7 自修复环空保护液

针对大港储气库现场修井时油管外表面有腐蚀穿孔现象，检测分析认为是天然气中 CO_2 经螺纹端渗入油套环空，将保护液的 pH 值由碱性变为酸性，加快腐蚀速率甚至发生腐蚀穿孔，中国石油勘探开发研究院研发了能维持 pH 值的自动修复保护液。其对 $CaCO_3$ 的阻垢率为93.5%，热稳定性能在140℃下，无分层、无悬浮，杀菌率在99.97%以上。与在用保护液对比，CO_2 渗入时腐蚀速率降低62% ~ 72%，提高了管柱抗腐蚀能力，吨液成本降40%以上。

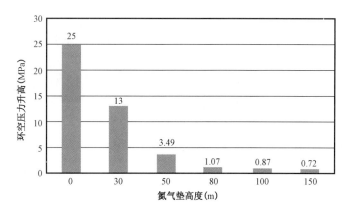

图 2   2800m 井加不同高度氮气垫环空压力模拟

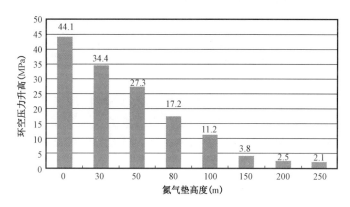

图 3   4700m 井加不同高度氮气垫环空压力模拟计算

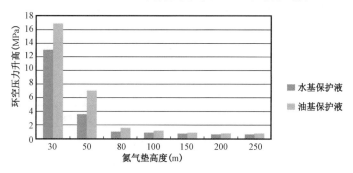

图 4   水基和油基环空保护液热致环空压力升高对比

2.3   完整性监测是保障，有效掌控储气库运行状态

2.3.1   井筒完整性监测的重要性

井筒是气库安全生产的薄弱环节，需要通过监测及时发现问题和隐患，做好预防和处理工作。据英国地质勘查局 2009 年统计，全世界发生的储气库安全事故中，60% 以上与储气库井井筒完整性有关[4]。为保证储气库的安全注采运行，必须持续监测注采井筒的完整性及生产动态。

井筒完整性监测主要包括以下几个方面：

（1）井口。每天巡检井口装置及采气树，每季度检测套管放空装置，每年测试地面控制系统及紧急截断阀。

（2）管柱完整性。应用多臂井径仪检测油管壁厚，联合使用多种测井方法，包括超声波成像测井、电磁探伤、光纤井筒温度剖面监测和微地震等方法，检测套管完整性。

（3）管外空间完整性。监测对象包括环空压力、环空保护液和水泥环。

2.3.2 国外储气库普遍重视井筒完整性，评价工作制度化

以俄罗斯和德国等为代表的储气库已形成一套从技术监测或检测到井筒完整性评价的流程。

（1）技术监测或检测。

内容主要包括：应用电磁探伤、井径测量和放射性测量等测井方法，监测或检测套管损坏情况，套管外空间应用声波水泥测井、井温噪声测井、气体动力学检测法等监测或检测套管外的窜流、气体聚集，水泥环与管柱之间及地层间的胶结质量等。井口装置通过日常目测或检测设备对井口装置进行完整性监测和检测。

（2）监测/检测结果评价。

主要包括以下工作：确定井下设备位置、揭示技术状况（损坏、壁厚、窜流等）及分析温压情况；分析套管间压力原因；揭示近井口部分及井口装置的技术状态，如气孔、裂缝、密封破坏及强度等；计算套管柱剩余强度，包括考虑制造缺陷、腐蚀、裂纹等缺陷的载荷分析；预测套管柱剩余使用寿命；确定储气库安全生产期限。

2.3.3 形成《环空压力处理措施》

中国石油勘探开发研究院总结国内储气库运行管理实践，并结合北美储气库经验[5]，形成了用于环空压力管理的处理措施，该措施主要由以下步骤组成：

第一步，确定环空压力安全界限值（最大允许环空压力）。

借鉴 API RP 90 的规定[6]和气井的经验，并考虑封隔器在注采期不同时段承受压差的变化，提出环空压力界限值计算法，见表3。

表3　储气库井最高允许环空压力确定表

推荐以下4个压力中的最小值，作为 A 环空的最高允许井口操作压力上限			
油管抗外挤值的75%	生产套管最小内压力屈服值的50%	外层套管最小内压力屈服值的80%	套管头工作压力的60%	封隔器工作压力的75%
推荐以下3个压力中的最小值，作为 B 环空的最高允许井口操作压力上限			
技术套管最小内压力屈服值的50%	生产套管抗外挤值的75%	套管头工作压力的60%

第二步，压力源判断。

（1）热致环间压力：如果环空压力在采气初期快速升高至一定值后保持稳定，停止采气环空压力下降，并按此规律反复出现，或者环空压力泄放后24h内不起压，则为热致环间压力。

（2）持续环间压力：为持续环空压力，持续环空压力通常因井筒组件泄漏引起。

第三步，泄漏途径判断。

（1）如果泄漏点在油管柱上，环空压力泄放时具有如下特征：

① 油管螺纹处渗漏。A 环空泄压(泄放至 0 或者某一值)后 48h 内缓慢恢复至某一低值(低于泄放前压力值);

② 油管本体、工具泄漏。A 环空压力无法泄放,或者泄放至 0 或者某一值后 48h 内恢复原值。

(2)如果泄漏点在套管柱上,A 环空泄压时 B 环空出现压力响应,环空压力泄放时具有如下特征[9]:

① 套管本体泄漏或套管头不密封:B 环空压力与 A 环空压力接近,A 环空泄压后几小时恢复至原值;

② 套管螺纹不密封:B 环空压力低于或接近 A 环空压力,A 环空泄压后几天恢复至原值;

③ 水泥石密封性受损:B 压力接近静压,B 环空泄压后较长时间波动恢复至原值。

(3)A 环空和 B 环空泄压时间间隔要超过 3 天,A 环空先泄放,B 环空后泄放,以观察环空间的连通性和判断泄漏途径。

第四步,环空流体组分分析。

套管流体排放时取样,进行物理化学检测,判断流体来自储气库或其他产层,帮助分析压力源。

第五步,根据不同压力源、环空压力界限值采取相应处理措施。

应用《环空压力处理措施》对大港储气库某井的带压原因进行了分析。2016 年库 14 修井作业时起出油管,证实了判断的正确性。

2.3.4　注采井套管损伤情况监测方法

通过分析各项监测技术的优缺点和应用情况,认为电磁探伤可过油管作业,不需动注采管柱,推荐用于套管腐蚀监测;微地震、光纤可实现对注采井的套管泄漏情况的监测;腐蚀探针/挂片方法简单、易行,可用于油管腐蚀监测(表4)。

表 4　储气库井注采井套管损伤监测技术

序号	监测技术	技术特点	应用情况
1	电磁探伤	需测试作业。过油管检测油套管的变形、损坏等,精确定量解释存在困难	大港初期普查腐蚀等造成的套管损坏情况
2	多臂井径仪	需测试作业。能精确描述套管变形、损坏情况	储气库井广泛应用
3	微地震	无须作业。监测井和地面布置的系列检波器接受套管破损产生或诱导的微地震波,通过反演求取套管破损位置、大小等参数	呼图壁储气库使用
4	光纤井筒温度剖面	光纤温度传感器随油管下入井中(或从油管中下入),光纤将井筒温度信息调制在反射光谱上,分析反射光谱得到温度变化情况,进而监测套管或油管损坏泄漏及位置等情况	相国寺储气库已安装,盐穴储气库即将试验
5	噪声测井	需测试作业。利用自然噪声变化精确确定油套管泄漏位置,通常与温度剖面测试联合使用	国外储气库常用温度剖面与噪声结合找漏
6	腐蚀探针/腐蚀挂片	探针是通过电阻变化计算出腐蚀速率,探针对腐蚀变化响应迅速,可直接在线测量腐蚀速率;腐蚀挂片是经典腐蚀监测方法,测量准确并可根据腐蚀产物分析腐蚀类型	含酸性油气田应用,国内部分储气库计划试验

3 发展趋势与技术对策

3.1 注采工程的标准化

国外发布的储气库相关标准系统全面,如 CSA Z 341—2010《地下碳氢库》是加拿大的储气库标准,为地下储库体系的设计、建设、操作、维护、废弃及安全制定的一个基本的要求和最低标准,内容全面、详细。还有 UNI EN 1918-1—2002《天然气供应系统—地下储气库—含水层储气库功能推荐》,API RP 1114—2013《溶矿地下储气库设计推荐做法》等。国内应建立适合国内复杂地质和井筒条件的储气库注采工程的标准体系,指导储气库的标准化建设和运行。

技术对策:组织编制完善注采工程系列标准,提高技术水平。首先,从设计和运行入手,从不同井型(注采井、监测井)的材质选择、完井设计、施工、修井、监测、完整性评价等方面分别建立指导规范。其次,推行标准化设计,模块化、橇装化施工,缩短建设周期。相国寺储气库井场标准化设计定型图共形成 6 种类型的模块。井场采用标准化设计、规模化采购、工厂化预制29 套,缩短了 20% 注采井场的设计周期和建设周期。

3.2 完井方式的有效化

选择有效的完井方式,保证长期注采条件下井壁稳定,不出砂,发挥生产井最大的注采能力。

技术对策:考虑交变载荷对井壁稳定性和储层物性的影响,开发适应不同岩性储层、不同井型的注采井完井方式选择软件。

3.3 注采管柱的经济化

国内储气库井含腐蚀性介质,油套管成本高,制约了储气库的建设步伐。在低油价形势下,降低建井成本是要考虑的重要因素。个别注采井发生腐蚀问题,采油管选材和施工运行管理仍需要研究。

技术对策:加强油套管的检测和研究,做好技术经济评价;按照相关标准要求开展套管普测和检测;综合考虑设计寿命、修井频率以及经济因素进行防腐方案设计;开展套管阴极保护技术适应性评价;确定适合中国的不同材质临界冲蚀流量计算方法,经济选择油管尺寸。

3.4 动态监测的智能化

新建储气库通常具备数据自动采集系统,建立储层、井筒、地面的一体化监测和控制体系,实时掌握气库运行状态,是保障气库安全运行的重要环节。

技术对策:建立完备的基础资料数据库和数字化系统,打造数字化储气库。相国寺和呼图壁储气库已经开展了相关工作。如相国寺储气库建立了气井基础资料数据库、项目建设基础资料数据库、隐蔽工程影像数据库,建立了数字化信息系统、自动控制系统、巡检系统和数值模拟系统。下一步应该继续完善,将储层、井筒、地面有机结合,实现全库的智能化控制。

参 考 文 献

[1] 冯明生,贾树海. 地下储气库防砂技术分析[J]. 世界石油工业,1999,6(7):46－49.

[2] 袁光杰,杨长来,王斌,等. 国内地下储气库钻完井技术现状分析[J]. 钻井工程,2013,33(2):61－64.

[3] 李国韬,郝国永,朱广海,等. 盐穴储气库完井设计考虑因素及技术发展[J]. 天然气与石油,2012,30(1):52－54.

[4] 谢丽华,张宏,李鹤林. 枯竭油气藏型地下储气库事故分析及风险识别[J]. 天然气工业,2009,29(11):1－2.

[5] CSA Z 341—2010 地下碳氢库[S].

[6] API RP 90 海上油气井环间压力管理[S].

[7] Q/SY 1486—2012 地下储气库套管柱安全评价方法[S].

作者简介:李隽,女,博士,高级工程师,现主要从事储气库注采工程和天然气排水采气工艺研究工作。通讯地址:(100083)北京市海淀区学院路20号采油采气工程研究所;联系电话:01083597431;E－mail:lij69@ petrochina. com. cn。

全球地下储气库发展现状及未来发展趋势

冉莉娜[1,2] 郭 凯[3] 王立献[4] 完颜祺琪[1,2] 垢艳侠[1,2]

(1. 中国石油勘探开发研究院地下储库研究所;2. 中国石油天然气集团公司油气地下储库工程重点实验室;3. 中国石油天然气与管道分公司油气调运处;4. 中国石油西气东输管道公司)

摘　要:地下储气库是天然气供应链中的重要组成部分,是保障安全平稳供气的主要手段之一。截至 2015 年底,全球正在运行的储气库共 715 座,总工作气量 $3930 \times 10^8 m^3$,总日采气能力 $66.56 \times 10^8 m^3/d$。受全球资源分布、经济发展以及市场需求等多种因素影响,不同地区地下储气库发展趋势不同。北美、欧洲和独联体等地区储气库发展成熟,亚洲、南美和中东等新兴市场储气库发展迅猛。地下储气库除发挥天然气调峰保供作用外,未来将适应不同需求,在多种领域发挥重要作用。

关键词:全球;地下储气库;发展;现状;趋势

1　全球地下储气库发展现状

地下储气库在天然气供应链中发挥着天然气调峰(季节、周、日、小时)、安全保供、管网平衡优化等重要作用。目前世界上共运行着 715 座地下储气库,总工作气量达 $3930 \times 10^8 m^3$,最大日采气量 $66.56 \times 10^8 m^3/d$。随着天然气市场的自由化,地下储气库已成为天然气贸易及应对价格波动的重要工具。

目前,全球地下储气库类型包括气藏型、含水层型、盐穴型、油藏型、岩洞型和废弃矿坑型储气库。因岩洞型(2 座)、废弃矿坑型(1 座)储气库数量少,工作气量小($0.87 \times 10^8 m^3$),下面仅对气藏型、含水层型、盐穴型和油藏型储气库进行分析对比。

按工作气量分析,气藏型储气库工作气量占总工作气量的 75%($2930 \times 10^8 m^3$);含水层型储气库工作气量占总工作气量 12%($470 \times 10^8 m^3$);盐穴型储气库工作气量占总工作气量的 7%($280 \times 10^8 m^3$),油藏型储气库工作气量占总工作气量的 6%($250 \times 10^8 m^3$)(图 1)。

按最大日采气能力分析,气藏型储气库日采气能力占总采气能力的 59%($38.93 \times 10^8 m^3/d$);含水层型储气库日采气能力占总采气能力的 12%($7.95 \times 10^8 m^3/d$);盐穴型储气库日采气能力占总采气能力的 23%($15.57 \times 10^8 m^3/d$);油藏型储气库日采气能力占总采气能力的 6%($4.04 \times 10^8 m^3/d$)(图 2)。

从以上数据可以看出,含水层型和油藏型储气库工作气量和最大日采气能力占比基本一致;气藏型储气库占据了 75% 的总工作气量,但其日采气能力仅占总采气能力的 59%,表明气藏型储气库采气能力相对较低;盐穴型储气库工作气量虽然只占总工作气量的 7%,但日采气能力占总日采气能力却高达 23%,彰显了盐穴型储气库具有灵活存储和短期吞吐量大的优势。

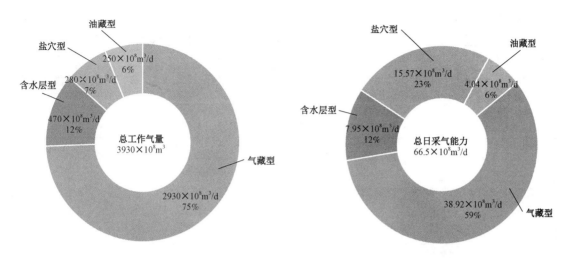

图 1 不同类型地下储气库工作气量   图 2 不同类型地下储气库日采气能力

从世界天然气联盟统计的地下储气库工作气量数据来看,近几年来不同类型地下储气库工作气量和采气能力均有所增长(图 3 和图 4)。其中盐穴储气库增长最快,2009—2015 年,工作气量增加了 $118 \times 10^8 m^3$,增长幅度达到了 72.8%,年增长率为 9.55%;2012—2015 年,采气能力增加了 $5.72 \times 10^8 m^3$,增长幅度达 58%,年增长率为 16.49%。

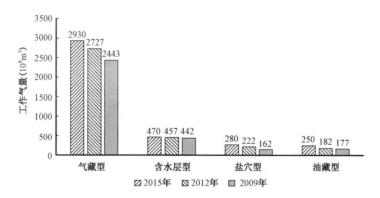

图 3 不同类型地下储气库工作气量增长对比图

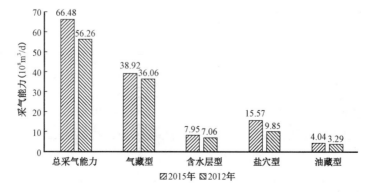

图 4 不同类型地下储气库采气能力增长对比图

地下储气库工作气量和采气能力的未来增长趋势是采气能力增长比工作气量增长更快，这一趋势已从近3年采气能力增长幅度（18%）大于工作气量的增长幅度（9.5%）中有所体现（图3和图4）。

美国是地下储气库大国，拥有419座储气库，总工作气量 $1280 \times 10^8 m^3$，其次是俄罗斯、乌克兰、德国和加拿大（表1）。

表1 世界各国地下储气库工作气量及日采气能力

序号	国家	储气库数量	总工作气（$10^8 m^3$）	总日采气能力（$10^8 m^3$）
1	美国	419	1280	28.91
2	俄罗斯	23	704	7.41
3	乌克兰	13	321.8	2.64
4	德国	51	229	6.63
5	加拿大	61	206.5	2.31
6	意大利	11	171.1	3.31
7	荷兰	5	128.1	2.63
8	法国	16	127.8	2.74
9	奥地利	9	82	0.94
10	伊朗	2	60	0.29
11	匈牙利	6	64.9	0.8
12	乌兹别克斯坦	3	62	0.56
13	英国	8	52.7	1.52
14	中国	21	47.8	1.35
15	塔吉克斯坦	3	46.5	0.34
16	阿塞拜疆	3	42	0.14
17	捷克	8	35.3	0.67
18	西班牙	4	33.7	0.31
19	斯洛伐克	3	33.2	0.39
20	罗马尼亚	8	31.1	0.34
21	澳大利亚	6	29.1	0.17
22	波兰	9	27.5	0.45
23	土耳其	1	26.6	0.2
24	拉脱维亚	1	23	0.3
25	日本	5	11.5	0.05
26	白俄罗斯	3	11.2	0.31
27	丹麦	2	10.2	0.25
28	比利时	1	7	0.15
29	克罗地亚	1	5.6	0.06
30	保加利亚	1	5	0.04

续表

序号	国家	储气库数量	总工作气(10^8m^3)	总日采气能力(10^8m^3)
31	塞尔维亚	1	4.5	0.1
32	新西兰	1	2.7	0.01
33	葡萄牙	1	2.4	0.07
34	爱尔兰	1	2.3	0.03
35	阿根廷	1	1.5	0.02
36	亚美尼亚	1	1.4	0.09
37	吉尔吉斯斯坦	1	0.6	0.01
38	瑞典	1	0.1	0.01
	合计	715	3930	66.56

资料来源:IGU。

2 全球不同区域储气库发展各异

自 1915 年世界上第一座地下储气库建成,地下储气库发展已过百年,由于全球资源分布不均,经济发展不同步,天然气需求各异,导致了不同地区地下储气库发展处于不同的阶段,面临的挑战及发展趋势也各有不同。

欧洲和北美等发达地区储气库发展历史悠久,已处于成熟阶段;俄罗斯等独联体国家资源丰富,储气库发展的资源优势突出;亚洲、南美和中东等新兴市场储气库发展潜力巨大,尤其是以中国为代表,其地下储气库的迅猛发展受到了全世界的关注(表2)。

表2　世界不同地区 2012、2015 年地下储气库工作气量对比

地区	2015 年		2012 年	
	工作气量(10^8m^3)	占世界总工作气量比例(%)	工作气量(10^8m^3)	占世界总工作气量比例(%)
北美地区	1490	37.90	1380	38.39
欧洲	1100	27.98	990	27.54
独联体	1190	30.27	1140	31.71
中东地区	60	1.53	14.3	0.40
亚洲	47	1.20	39.72	1.10
亚太地区	43	1.09	29.82	0.83
南美地区	1.5	0.04	1	0.03

2.1 北美地下储气库系统成熟,未来将灵活多样发展

北美地区(美国和加拿大)是世界上天然气市场最发达的地区,地下储气库发展已有百年历史,发展成熟。目前拥有 480 座地下储气库,总工作气量 $1490 \times 10^8m^3$,最大日采气能力达 $31.22 \times 10^8m^3/d$。受其地质条件、地理情况以及历史因素影响,北美地区单个储气库的工作气

量都相对较小。

页岩气的持续生产(2015 年产量达 $11 \times 10^8 m^3/d$)使得天然气出现过剩,本质上平衡了季节性用气差异,改变了储气库的利用率。地下储气库工作气量的增长相比十年前有所减缓。目前,地下储气库工作气量主要被用来满足长期客户的需求。从美国历年地下储气库工作气量发展情况可见,近年工作气增长速度有所降低(图 5)。

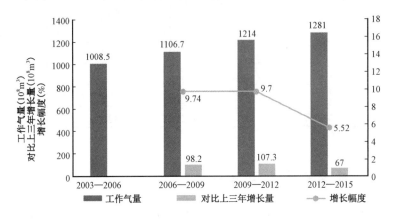

图 5　美国历年地下储气库工作气量发展情况表

页岩气的大力发展使得北美地区在未来将成为天然气出口区。地下储气库的使用也将发生显著变化,安全供气不再是唯一目的。随着价格的不断降低,天然气在能源市场的竞争力逐渐增强,天然气发电已经取代了部分其他燃料发电。虽然大部分储气库工作气还是用于天然气取暖,但已有资料证明地下储气库工作气已用于夏季高峰期发电。考虑到对储气库的实际需求情况,未来短期内地下储气库库容量将不会大幅度增加,但并不是废弃现有的储气库,未来趋势是取消或者推迟储气库新建项目。许多运营商目前更加重视已有储气库的改建及扩建,并增加储气库的灵活性,提高储气库效益,重点发展储气库最大供气能力、注气能力和多循环能力等。北美地下储气库历史悠久,系统完善,未来将以适应天然气市场需求为目标灵活多样发展。

2.2　俄罗斯天然气资源丰富,储气库发展基础雄厚

以俄罗斯为代表的独联体地区天然气资源丰富,地下储气库主要用于平衡管网和季节调峰。目前,俄罗斯境内共运营 22 座地下储气库,其中有两座储气库的工作气量大于 $50 \times 10^8 m^3$,同时有 6 座储气库在建,9 座储气库开展前期地质勘探(图 6)。

2014—2015 年度,俄罗斯地下储气库总工作气量为 $720 \times 10^8 m^3$,日注采能力为 $7.7 \times 10^8 m^3/d$,预计到 2025 年,工作气量将达到 $840 \times 10^8 m^3$,同时日注采气量也会增加到 $10.7 \times 10^8 m^3/d$(图 7)。

作为天然气资源大国,俄罗斯大量出口天然气到欧洲及亚洲地区。其中,出口欧洲的长输管道主要通过白俄罗斯及乌克兰过境。近年来,俄罗斯最大的天然气公司向欧洲出天然气都超过了 $1400 \times 10^8 m^3$,2013 年出口量更是超过了 $1700 \times 10^8 m^3$,2014 年由于冬季气候温暖,出口量有所下降。

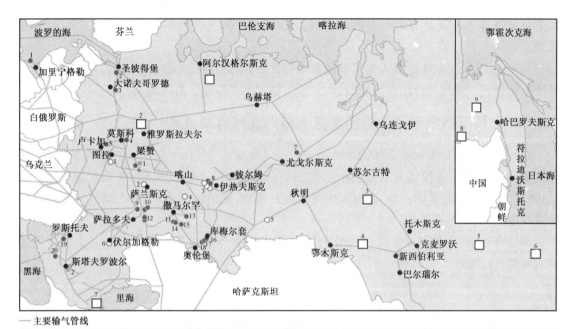

图6　俄罗斯地下储气库分布情况

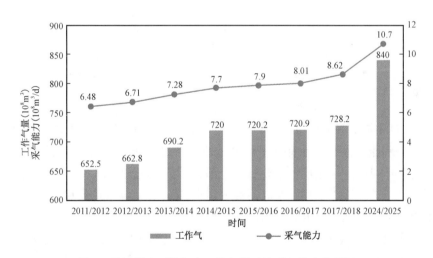

图7　俄罗斯地下储气库工作气量及注采气能力发展图

　　管道出口天然气具有一定的不稳定性,俄罗斯通过白俄罗斯过境出口欧洲的天然气量在一年中变化幅度很大,高峰出口量为低谷出口量3倍以上。如此巨大的变化幅度已经超过天然气管网的平衡能力,需要沿天然气出口管线建设储气库,保证天然气出口的稳定。这也是俄罗斯地下储气库发展的主要驱动力之一。

　　俄罗斯及独联体地区建库地质条件优越,孔隙型地下储气库拥有很高的工作气量,但与欧美相比,其单位采气能力较低。近几年,俄罗斯冬季寒流时期供气情况已说明需要更大的日采气能力来满足居民用气高峰。提高储气库日采气能力是俄罗斯面临的主要技术挑战之一。

与美国不同,独联体地区天然气市场并未开放,国家垂直管理天然气公司并掌控天然气管网及基础设施。储气库市场并无获利,未来地下储气库工作气量由国家或公司确定。

2.3 欧洲地下储气库受各种因素影响短期发展有所减缓

欧洲是仅次于北美和独联体的世界第三大储气库市场。其地下储气库工作气量占到了天然气消费量的 22%。2015 年,欧洲储气库工作气量达到了 $1100 \times 10^8 \mathrm{m}^3$,注采气能力达到了 $21.95 \times 10^8 \mathrm{m}^3/\mathrm{d}$。与美国一样,欧洲天然气市场开放,为满足市场需求,地下储气库有较高的日采气能力,灵活性较高。

2012 年后,地下储气库工作气量增加了 $110 \times 10^8 \mathrm{m}^3$,但与 2009—2012 年相比,其发展速度有所降低(图 8)。

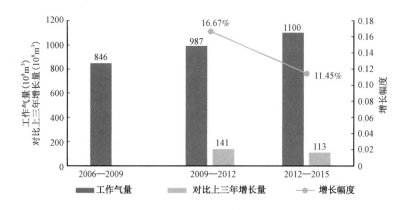

图 8 欧洲地下储气库工作气量发展图

自 2008—2009 年金融危机以来,由于天然气市场需求的降低以及天然气价的降低,欧洲地下储气库的盈利能力很低。目前,欧洲对地下储气库的需求短期出现下降趋势,与天然气对外依存度上升及产量减少正相反。主要有几个因素:第一是受进口 LNG 的影响,进口 LNG 的增加降低了对地下储气库库工作气及灵活性的需求;第二是页岩气的发展导致煤炭价格降低,利用煤炭发电降低了天然气发电的需求。

欧洲本土天然气产量逐年下降,进口管道天然气和 LNG 已经大于年消费量的 50% (2013 年)。但 LNG 的供给并不具有保障性,不交付的风险高,反而可能增加对储气库保障安全保供功能的需求。

目前,欧洲天然气管网发达,已经不存在管网瓶颈,使得欧洲各地下储气库之间的竞争逐渐激烈。从长期趋势来看,由于自身产量的下降,天然气进口依存度的增加影响了天然气供给的安全可靠性,这必将刺激天然气安全保供需求的增长,而地下储气库已经被证明是在天然气危机中发挥灵活调节作用的最好方式。

2.4　南美和中东地区储气库新兴市场发展前景良好

南美和中东地区储气库刚刚起步,天然气消费量的不断增加必将推动地下储气库的快速发展。

南美地区天然气产量已达 $6.52 \times 10^8 m^3/d$,天然气消费量达到 $2500 \times 10^8 m^3/a$。目前仅建成一座储气库,即阿根廷 Diadema 储气库,工作气量为 $1.5 \times 10^8 m^3$,下一步将扩容至 $2 \times 10^8 m^3$。但该地区拟建、在建储气库 10 座,储气库在未来调峰保供的作用将大幅度提高。墨西哥 Tuzandepetl 盐穴储气库已获能源委员会批准,设计工作气量(第一阶段)为 $4.5 \times 10^8 m^3$,Campo Brasil 枯竭气藏储气库设计工作气量 $14 \times 10^8 m^3$。巴西第一座地下储气库 Santana 枯竭气藏储气库设计工作气量 $1.3 \times 10^8 m^3$,将于 2016 年底开工建设,2018 年开始注气,2019 年投入运行。

伊朗是中东地区第一个建设运营地下储气库的国家,其第一座地下储气库是 2011 年开始建设的 Sarajeh 气藏储气库,2014 年 Shurijeh 气藏储气库投产。两座储气库总工作气量 $60 \times 10^8 m^3$,采气能力 $0.29 \times 10^8 m^3/d$。大型城市消费中心冬季供暖用气不断增长促进了中东地区地下储气库的发展。虽然伊朗天然气资源丰富,产量逐年增长,但在冬季产量还是低于消费量,为满足冬季天然气高峰需求,需进口天然气。相对于每年 $1600 \times 10^8 m^3$ 的天然气消费量,目前伊朗地下储气库工作气量还远远不能满足需求。

2.5　中国储气库需求巨大,发展面临多种挑战

我国天然气工业的快速发展给地下储气库带来了良好的发展机遇。预计 2025 年我国天然气消费量将达到 $3500 \times 10^8 m^3$,2030 年超过 $5000 \times 10^8 m^3$,巨大的天然气市场需要配套地下储气库保证供气的安全。

我国地下储气库发展经历了 3 个阶段:第一阶段为 1975—1999 年,大庆喇嘛甸储气库是中国第一座储气库,其建设目的是为了存储油田伴生气,库容量不足百万立方米。1999 年,配套陕京一线的大港储气库的建成,我国地下储气库的建设进入了第二阶段。在此期间,金坛、刘庄以及京 58 等储气库相继开展建设。2009 年,一场寒冬导致的严重气荒凸显了地下储气库的重要性,政府投资建设了部分地下储气库,如呼图壁、苏桥等气藏储气库,开启了我国地下储气库建设的第三阶段。

截至 2015 年底,我国共建成地下储气库 25 座,其中 1 座为盐穴储气库,其余 24 座均为气藏型储气库。设计工作气量 $180 \times 10^8 m^3$,2015 年底达到 $47.8 \times 10^8 m^3$,所有储气库都在建设扩容阶段。

目前,我国地下储气库工作气量占天然气消费量比例仅为 3%(2014 年),远远低于北美及欧洲地区(20% 左右)。2025 年对地下储气库工作气量的需求将达到 $320 \times 10^8 m^3$,未来我国地下储气库发展潜力巨大。但我国地质条件复杂,地下储气库的发展面临诸多挑战。不仅面临地下储气库工作气量需求巨大的压力,同时面临着天然气消费区与生产区域分离,消费市场寻求适宜建库条件难度大的问题;复杂的建库地质条件也带来了技术上的挑战以及高投资等问题。如何加快储气库的建设,是我国面临的巨大挑战。同时,需要建立一个全面的地下储气库价格管理机制以适应市场需求。

3 地下储气库未来呈多元化发展趋势

页岩气、LNG 以及可再生能源的发展带动了地下储气库的多元化发展,地下储气库将不仅仅用于天然气调峰供气。以美国为例,页岩气的快速发展改变了传统的天然气供给方向(图9)。传统的美国东部天然气消费地区成为天然气供给区域,这也将改变该区域地下储气库的功能。

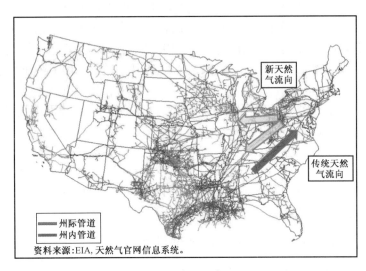

图9 页岩气的发展改变美国传统的天然气供给方向

可再生能源的发展,如风能、太阳能、水力发电和生物气等给地下储库发展带来了新的机遇,诞生了能源存储的新概念。由于市场需求是动态的,而可再生能源的供给也有不确定性,需要通过存储库从中进行平衡和调节。不同的存储技术(压缩空气蓄能、氢气储库等)可以解决不同的问题以适应电力、供热以及居民用气市场需求。油田伴生气的存储是储气库的另一个发展方向。世界许多地区大量油田伴生气采用燃烧方式处理,不仅造成浪费,也污染了环境。在油田附近选择适宜建库地质条件的废弃油气田改建成储气库用来储存油田伴生气,能够节约大量能源,减少环境污染,具有良好的经济效益。研究表明,LNG 也需要地下储气库的协调才能达到最佳运行模式。

总体来看,未来地下储气库未来将呈多元化发展趋势。

参 考 文 献

[1] IGU. 2012—2015 Triennium Work Report ;Committee 2 Storage[C]. 26th World Gas Conference,Paris,2015.

[2] IGU. 2009—2012 Triennium Work Report;Committee 2 Storage[C]. 25th World Gas Conference, Kualalumpur, 2012.

[3] IGU. 2006—2009 Triennium Work Report;Committee 2 Storage[C]. 24th World Gas Conference, Buenos Aires, 2009.

[4] 丁国生,李春,王皆明,等. 中国地下储气库现状及技术发展方向[J]. 天然气工业,2015,35(11): 107 – 112.

［5］ Sergey KHAN. UGS in Russia – 60 Years of Successful Development［C］. First Working Committee Meeting of WOC Storage 2015—2018 Triennium, Novy Urengoy,2015.

［6］ Juan José Rodríguez. Latest Development of UGS Activity in Latin America［C］. First Working Committee Meeting of WOC Storage 2015—2018 Triennium, Novy Urengoy,2015.

［7］ John Heer. Activity in United States Natural Gas Underground Storage［C］. First Working Committee Meeting of WOC Storage 2015—2018 Triennium, Novy Urengoy,2015.

［8］ Ran Lina. The Development and New Challenge of UGS in China ［C］. First Working Committee Meeting of WOC Storage 2015—2018 Triennium, Novy Urengoy,2015.

作者简介:冉莉娜,女,硕士研究生,工程师,从事盐穴地下储气库相关研究设计。通讯地址:(065007)河北省廊坊市 44 号信箱;联系电话:(010)69213241;E – mail:ranln@ petrochina. com. cn。

利用地下已有盐穴改建储油库的可行性研究

夏　焱　袁光杰　路立君　庄晓谦　班凡生　李景翠

（中国石油集团钻井工程技术研究院）

摘　要：我国现有石油储备主要以地面罐方式存储。盐穴型储油库与常规地面罐等储油方式相比，具有投资省、占地少、耗材少、易存储和安全性好等优势，是石油储备的更好选择。我国江苏、湖北和河南等多地有大量老腔资源，老腔改造利用可有效缩短建库时间、减少建设成本。在分析国外盐穴型储油库建设的经验，并结合金坛老腔改建储气库工程实践的基础上，开展了利用地下已有盐穴改建储油库的可行性进行研究，分析了老腔改建储油库工程的难点以及关键技术，提出了"全井套铣技术""封堵老井钻新井技术"和"老井利用+钻新井"3种可行性方案，并给出了不同方案的优缺点及适应性，为未来国内盐穴储油库建设提供借鉴。

关键词：已有盐穴；储油库；可行性

我国石油消费持续增长，石油对外依存度迅速提高，2015年进口原油 3.28×10^8 t，对外依存度高达 60.6%，国内石油战略储存意义重大。国际石油储备常用方式包括：地面罐装、地下储罐、盐穴、岩石洞穴和漂浮罐等。我国国家石油储备一期工程包括浙江镇海和岱山、山东黄岛和辽宁大连，共4个储备基地，均采用地面罐方式。我国盐矿资源丰富，四川、云南、江苏、山东、湖南和湖北等十几个省份拥有工业可开采盐矿，全国每年井盐矿产生新增有效空间近千万立方米。随着国内盐穴储气库业务的迅速发展，利用地下岩盐资源有目的的开发，造就能够满足储存天然气或石油等需要的盐穴成为盐穴利用的新方向。目前，我国石油储备仍以地上罐和地下水封岩洞为主，投资大，占地多，而如果采用盐穴建石油储库，无论是经济上，还是安全上都是更好的选择[1,2]。

1　国内外盐穴型储油库概况及优势分析

1.1　国内外盐穴储油库概况

目前，美国、德国和加拿大等国家均已实现盐穴储油，尤以美国的盐穴储油库规模最大。美国主要在墨西哥湾战略石油储备基地的4个地点进行战略石油储存，约合 1.03×10^8 t。德国在威廉港、法国在马诺斯克、加拿大在萨斯喀彻温堡等地也建立了盐穴储油库[3,4]。

国内尚无开建的盐穴储油库工程，国家能源储备中心正在推进金坛盐穴储油库建设，江苏淮安和湖北云应等盐穴储油库也在规划之中。

1.2　盐穴型储油库的优势

在调研国外盐穴型储油库相关资料的基础上，结合国内现状，总结出国内建设盐穴型储油库有如下优势：

（1）投资省。其投资只相当于地面库的 $1/3$；若是利用已有溶腔改建储油库，其投资则更少。

（2）占地少。一个 $1000 \times 10^4 m^3$ 地下盐穴储库的地面设施只占地 $2 \times 10^4 m^2$，而一个 $5 \times 10^4 m^3$ 的地面油库，不包括铁路专线即需占地 $16 \times 10^4 m^2$。

（3）耗材少。钢材、水泥的消耗大大减少，盐穴的构筑还可以控制实现。

（4）易存储。基本消除了油品的蒸发损耗，而且油品在盐穴中长期储存不易变质。

（5）安全性好。基本消除了盐穴内发生火灾和爆炸的可能性，更适合于战略存储。

1.3 盐穴储油库技术现状

国外的盐穴储油库一般类似于盐穴储气库建设，主要以新建溶腔做储存空间。在盐穴储油库注采方面通常有两种方式，单井注采和双井注采，如图1所示。设计双井的注采井往往具有更多优势，能够实现较大注采能力。基本流程是：采油时注入饱和卤水至盐穴中，置换出所存储的石油或成品油等物质；反之，注入存储的液态物质，将卤水替换出。盐穴型储油库运行过程中压力波动小、套管尺寸大、注采流量大。

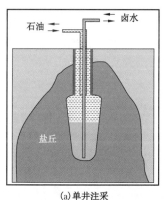
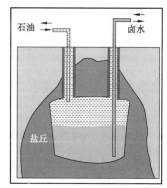

图1　盐穴型储油库运行示意图

法国在马诺斯克的盐丘中采用双井建库技术，完成两个储存柴油的盐穴建设，两口井间距 7m，生产套管尺寸 $13\frac{3}{8}$ in，均采用 MWD 定向钻进，溶腔时仅用 1 口井，运行时用两口井。在波兰第一座原油和燃料油储库（Gora 储库）建造过程中，对 G－14 和 G－15 两口已有采卤溶腔进行了改造，采用了双井改造模式，即在原井眼附近再打一口井。

2 已有溶腔改建储气库情况

金坛盐穴储气库是西气东输管线的重要配套工程，是保证整个长输管道平稳运行的关键手段。2004 年，西气东输管道商业供气后对储气库建设要求更加迫切。为了尽快建成储气库，启动了金坛老腔改建储气库工程，老腔改造利用可有效缩短建库时间、减少建设成本，尽早提供应急供气。

2.1 老腔改造利用工程难点

（1）已有井筒及腔体情况复杂。已有井筒套管腐蚀严重、固井质量差，不仅处理困难，且不能保证长期工作寿命。另外，在采卤过程中，管柱变形情况时有发生（图2），也给工程建设带来风险。

图2　井筒管柱变形断裂情况

（2）国内外无类似工程先例。目前尚无指导性或经验性资料作参考，这在一定程度上也增加了老井老腔修复与利用的难度。

（3）气库寿命及安全性要求高。地下腔体流体流出无阻力，如出现密封问题，会在短期内出现大量溢漏，且无法压井。

2.2 盐穴老腔改建储气库关键技术

（1）定量评价老腔改造的程序与标准。首先，建立了以腔体经济性、密封性及稳定性为基础的老腔预选标准。其中单腔容积应达到 $8 \times 10^4 m^3$ 以上。独立腔体，井距应尽量大；连通腔体，井口间距需要优选。结合储气库工程技术特点，建立了以影响程度和权重系数为序的老腔筛选程序。

（2）老腔修复改造技术。结合老井腔状况和储气库运行要求，考虑国内外技术水平，提出了全井套铣老井筒然后扩眼的改造方案。该方案整合了全井套管套铣、无井底固井、饱和盐水钻井液、盐水水泥浆等工艺技术。原有井筒为 $\phi 244.5mm + \phi 139.7mm$ 套管组合，通过套铣方式将2层套管分别取出，该作业过程中卡、断钻具情况发生频繁，导致改造修复时间较长。套铣完成后进行扩眼作业，最终下入 $\phi 244.5mm$ 生产套管固井，气密封检测合格后即具备注气投产条件。

（3）井筒及腔体密封性评价技术。该技术是定量评定井筒及腔体密封完整性是否满足储气要求的一项关键技术，是评价老腔改造工程是否合格的重要手段。核心是以氮气为介质，以界面测井为手段，定量评价气体泄漏速率。

3　已有溶腔改建储油库关键技术

金坛老腔改建储气库工程为我国盐穴型储油库的建立积累了一定的工程和技术经验，但由于储存介质性质的不同，形成的老腔改建气库的井筒及腔体筛选标准不适合改建储油库的技术需求，应从盐穴储油库基本需求出发研发适应的技术。

3.1 老腔改建储油库工程难点分析

（1）已有井筒及腔体评价筛选及改造利用标准。需要根据建库需求对老腔的腔体形态、矿柱距离、顶板预留厚度、套管腐蚀变形情况、固井质量等现状进行评价筛选，并制定相应的改造利用标准。该项研究重点考察的内容应包括：选择多大安全矿柱距离，实际中有的矿柱近10多米，有的甚至发生腔体连通；有的溶腔顶板几乎被溶穿，如果没有盐顶还能否用于建储油库。

（2）改建储油库的地下工程技术。首先需要考虑的因素包括：原油中含有一些腐蚀性杂质对注采管柱造成的腐蚀，如无机盐、硫化物、二氧化硫和水分等，且卤水中大量氯离子的存在也会加速腐蚀的问题；储存介质对泥岩夹层或盖层长期浸泡可能产生稳定性影响，制订怎样的措施、怎样的井身结构可满足储油库功能等需求。

鉴于上述需求，老腔改建储油库需要配套相应地下工程技术，包括井筒利用与处理、井筒管材选择、盐穴腔体形态的修复等技术。

（3）储油库运行中的腔体稳定性及复杂情况。与存储高压天然气不同，盐穴储油库要面临如何保证低压运行下盐穴腔体的稳定性、确定注采速度的合理区间、解决注采过程中排卤管结晶等问题。

3.2 老腔改建储油库工程方案探讨

（1）全井套铣技术方案。通过已有盐穴改建储气库工程实施中可以发现，该方案适合对老井井筒密封完整性要求高、井筒套管尺寸较小的情况，同时具有套管套铣工具强度要求高、施工工序多、发生卡钻事故处理风险高、套铣套管尺寸大、深度大、作业周期较长、老井筒的完整性较有保障等特点。实施过程中需要配套通井、全井段测井、切割腔内多余套管、建立人工井底、全井套管套铣、扩眼作业、下套管固井、完整性测试等技术措施。金坛地区已经利用全井套铣技术方案完成6口老腔改造，但对于套管尺寸较大的井来说，作业风险很高。

（2）封堵老井钻新井技术方案。该方案适合老井生产套管腐蚀严重、变形严重、固井质量很差等情况，其核心是把老井进行有效封堵，再优选井距和井型新钻一口井连同原有腔体，该方案示意图如图3所示。

老井封堵需要配套通井、固井质量检测、切割腔内多余套管、下桥塞建人工井底、套管锻铣、扩眼、冲洗、注水泥封堵、井筒封堵效果测试等技术措施。钻新井过程中配套老井井眼轨迹复测、新井井位选择、新井井眼质量控制设计、随钻监测、钻穿腔顶盐层、溶腔进一步改造、完整性测试等技术措施。在实施过程中，老井封堵质量一定要保证、新井钻井要控制好井眼轨迹，同时该方案也存在牺牲一部分有效空间的风险。

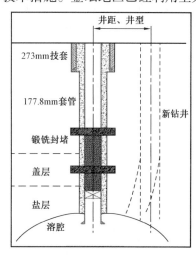

图3　老腔改造封老井钻新井方案示意图

（3）老井利用＋钻新井方案。该方案适合老井井筒生产套管质量好、固井质量好、尺寸满足要求的井。实施过程中需要配套通井、全井段测井、井筒修复处理、切割腔内多余套管、完井作业等技术措施。钻新井的配套技术措施与方案（2）相同，最终形成双井单腔生产模式；若不打新井则与方案（1）类似，为单井单腔生产模式。

4 结论与认识

（1）盐穴型储油库与常规地面罐等储油方式相比，具有投资省、占地少、耗材少、易存储和安全性好等优势，是战略石油储备另一种可行的方式。

（2）我国已经成功实施了利用已有盐穴改建储气库的工程实践，结合储油库的功能及特点，提出了盐穴储油库建设还面临的井筒与腔体筛选方法、井筒利用与处理、管柱选材、安全运行等问题，为工程技术体系完善提供了参考。

（3）在井筒处理利用技术方面，提出了"全井套铣技术""封堵老井钻新井技术"和"老井利用＋钻新井"3种可行性方案，分析了不同方案的优缺点及适应性，为未来国内盐穴储油库建设提供借鉴。

参 考 文 献

[1] 黄耀琴,陈李江. 地下盐穴储油库库址优选[J]. 油气储运,2011,30(2):117－120.

[2] 王洪浩,李江海,李维波,等. 盐穴的存储利用价值[J]. 科学,2014,66(1):42－45.

[3] Patrick de Laguérie and Jean－Luc Cambon. Development of New Liquid Storage Caverns at GEOSEL MANOSQUE, SMRI Fall 2010 Technical Conference 3－6 October 2010. Leipzig, Germany.

[4] Sobolik S R,Ehgartner B L. Structural Integrity of Oil Storage Caverns at a Strategic Petroleum Reserve Site with Highly Heterogeneous Salt and Caprock. ARMA 46th US Rock Mechanics／Geomechanics Symposium held in Chicago, IL, USA, 24－27 June 2012.

作者简介:夏焱,博士,高级工程师,主要从事钻完井技术及地下储库工程技术的研究工作。联系电话:010－80162280;E－mail:xiayandri@ cnpc. com. cn。

建库工程技术

双6储气库完井工艺技术优化研究及应用

陈显学　　张学斌

（中国石油辽河油田公司天然气储供中心）

摘　要：根据双6储气库储气层地质条件、注采参数和注采气期间工况条件,进行注采管柱及井下工具优化设计与筛选、井口装置优选及安全控制系统设计,形成了适合双6储气库注采井的具有注采气、安全控制、循环压井等功能的注采完井管柱体系;根据双6储气库注采管柱系统的材质特性和防腐需求,完善和应用油管气密封检测技术、无(微)牙痕油管钳上扣技术、套管保护液防腐技术等辅助配套工艺技术,确保了储气库注采井注采完井作业的施工质量。

关键词：储气库;管柱设计;密封性;辅助工艺技术

1　双6储气库注气参数及工况条件

1.1　注采参数

双6储气库储气层以含砾中粗砂岩、不等粒砂岩、砾状砂岩为主,平均孔隙度17.3%,平均渗透率224mD。以储气层地质条件为依据,设计直井单井采气能力 $9.5 \times 10^4 \sim 50 \times 10^4 m^3/d$,水平井单井采气能力 $20.4 \times 10^4 \sim 110 \times 10^4 m^3/d$;设计直井单井注气能力 $18.7 \times 10^4 \sim 40 \times 10^4 m^3/d$,水平井单井注气能力 $48 \times 10^4 \sim 85 \times 10^4 m^3/d$ 。储气库的注采参数是注采井完井工程设计及优化的基础。

1.2　工况条件

双6储气库气顶已经枯竭,受边底水影响,井底的工况条件为:CO_2 分压 0.24MPa(35psi),温度89℃,氯离子含量1152～1258mg/L;井口的工况条件为:CO_2 分压 0.19MPa(28psi),温度40～60℃,氯离子含量1152～1258mg/L。储气库注采井投入运行初期,井流物中必定会含有水,而工作气中的 CO_2 等酸性气体在有水的条件下可以形成电解质,势必会对天然气生产通道防腐。工况条件直接影响防腐措施的制定,也是油管及辅助工具材质优选的依据。

2　完井管柱设计与优化

2.1　注采管柱设计

2.1.1　注采油管尺寸的选择

在进行油管尺寸设计时,应尽量选用较大直径的油管,既有利于减少冲蚀的影响,又有利

于增加产气量,发挥地层自然能量的作用。最小油管直径的计算公式为:

$$d_{min} = 0.49667 \times 10^{-2} (Q^{0.2} p/ZT\gamma_g)^{0.25} \tag{1}$$

式中 d_{min}——最小油管尺寸,mm;

  Q——产气量,$10^4 m^3/d$;

  p——压力,MPa;

  T——绝对温度,K;

  γ_g——气体相对密度;

  Z——压缩因子。

最大油管直径的计算公式为:

$$d_{max} = 27.38(\gamma ZT)^{0.25} \left[\delta \left(\rho_1 g - 34158 \frac{\gamma_g p_{wf}}{ZT} \right) \right]^{-0.125} p_{wf}^{-0.25} Q^{0.5} \tag{2}$$

式中 d_{max}——最大油管内径,mm;

  γ_g——天然气相对密度;

  Z——压缩因子;

  T——绝对温度,K;

  ρ_1——液体密度,g/cm^3;

  p_{wf}——井底压力,MPa;

  Q——天然气产量,$10^4 m^3/d$。

根据气藏工程配产指标,分别计算了 $\phi73mm$($2\frac{7}{8}in$)、$\phi88.9mm$($3\frac{1}{2}in$)和 $\phi114.3mm$($4\frac{1}{2}in$)油管采气时的最小极限产量和冲蚀流速。根据计算结果,$\phi73mm$ 油管在运行压力 24MPa 时,最大极限流量 $46.09 \times 10^4 m^3/d$,不能满足定向井 $50 \times 10^4 m^3/d$ 的配产要求,因此对双 6 储气库注采油管定向井选择 $\phi88.9mm$ 油管,水平井选择 $\phi114.3mm$ 油管满足 $110 \times 10^4 m^3/d$ 的配产要求(表 1 和表 2)。

表 1   不同油管采气时最小极限流量

油管外径 (mm)	最小极限流量($10^4 m^3/d$)					
	10MPa	13MPa	16MPa	19MPa	22MPa	24MPa
73	4.60	5.15	5.57	5.86	6.05	6.13
88.9	6.91	7.75	8.37	8.81	9.09	9.21
114.3	12.07	13.54	14.63	15.40	15.89	16.11

表 2   不同油管采气时不发生冲蚀的安全产气量

油管外径 (mm)	安全产气量($10^4 m^3$)					
	10MPa	13MPa	16MPa	19MPa	22MPa	24MPa
73	30.01	34.69	38.63	41.90	44.58	46.09
88.9	45.10	52.12	58.05	62.96	66.98	69.26
114.3	78.86	91.14	101.51	110.09	117.13	121.11

2.1.2 注采油管管材和螺纹选择

根据双 6 储气库的工况条件,注采油管管材的腐蚀应主要考虑 CO_2 腐蚀,其腐蚀趋势为选择性的集中于油管中下部,故管柱材质采用 L80—13Cr。

对于高压气井,要实现长期安全生产,油管螺纹应选择气密封螺纹。参照国内其他储气库的现场应用情况,双 6 储气库注采井油管设计采用 VAM - TOP 螺纹,执行《VAM - TOP:The Industry Reference for Premium Connections》技术要求。

2.2 井下工具筛选[1]

根据双 6 储气库注采井的特点,注采管柱中包括流动短节、安全阀、循环滑套、封隔器、堵塞器坐落短节和测试坐落短节等工具(表 3)。

表 3 管柱应有的功能和对应的配套工具

项目	应有的功能	配套工具
完井作业	循环洗井、掏空诱喷	循环滑套
	管柱憋压	堵塞器、坐落短节
注采气生产	安全控制	井下安全阀、封隔器
	油套管保护	封隔器
	地层参数监测	测试坐落短节
修井作业	循环压井	循环滑套
	不压井作业	堵塞器、坐落短节

根据工况条件,所有井下工具均采用气密封螺纹连接,耐压等级不低于 5000psi,防腐材质选用 13Cr。

3 井口装置优选及安全控制系统

3.1 井口装置[2]

双 6 储气库采气树承受的最大压力为注气末期时的井口压力,约 24.61MPa,根据现行井口装置标准,选用压力等级为 5000psi(35MPa)的井口装置。

从井口和井底的腐蚀工况条件看,注采井井口环境为低腐蚀环境,井口装置防腐等级采用 EE 级。

根据采气井口所处的环境,冬季温度最低曾达 -30℃,因此选用 L—U 级(-46 ~ 121℃)(表 4)。

表4 API 6A 19TH 温度等级

温度分级	作业范围			
	℃		(°F)	
	最小	最大	最小	最大
K	-60	82	-75	180
L	-46	82	-50	-180
P	-29	82	-20	180
R	室温	室温	室温	室温
S	-18	66	0	150
T	-18	82	0	180
U	-18	121	0	250
V	2	121	35	250

通过比选,确定双6储气库定向井选用耐压5000psi、耐温L—U级的注采井井口装置,主要由油管挂、油管头四通、闸阀、采气树总成和侧翼安全阀组成(图1)。

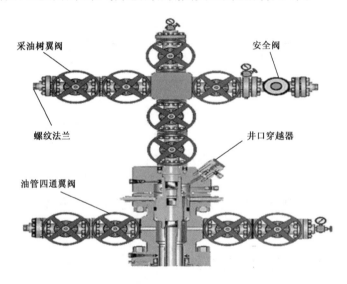

图1 注采井井口装置示意图

3.2 安全控制系统

整个控制系统由单井控制操作盘、单井高低压力感应开关和单井易熔塞等组成,能独立运行自成系统。井口控制操作盘由手动液压泵、储油(回油)箱、过滤器、蓄能器、电磁阀、压力变送器、过压保护及必要的压力液位就地指示仪表等组成。井口控制系统能够在发生地面泄漏、流程憋压、井口着火等事故时迅速有效地发挥作用,具有注采气井的自我控制能力。

井口控制系统采用液压控制,手动补压;控制系统压力等级35MPa(5000psi),耐温等级L—U级(表5)。

表5 注采井控制系统

控制方式	自动控制动作			手动控制		
	远程 ESD	易熔塞	高低压传感器			
地面安全阀 SSV	√	√	√	√	√	√
井下安全阀 SCSSV	—			—	—	

4 确保完井作业质量的配套技术

4.1 油管气密封检测技术[3]

油套管螺纹的密封性与压力、介质密切相关,压力、介质分子大小不同,渗透率也不一样,而气体比液体更难密封。气密封检测技术利用低分子气体介质在所允许的高压条件下对油套管螺纹进行气密封性能检测。整体检测工具由氦气检漏仪、检测工具、操作台、储能器和动力设备组成(图2)。

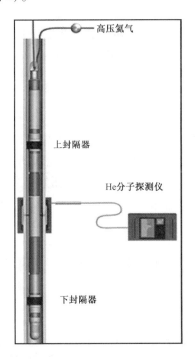

图2 气密封检测现场装备

氦气检漏仪:最高检测灵敏度可达到 1×10^{-7} mbar·L/s❶。

检测工具:用于在油套管接箍部位形成环形柱体密闭空间,随后高压氦气注入此密闭空间。

操作台:用于控制检测工具进出油套管,控制氦气的打压和流动程序。

---

❶ 1bar = 10^5 Pa。

储能器:产生高压氦气的地方,低压氦气进入储能器,高压水泵通过水压缩氦气从而产生高压氦气。

动力设备:动力设备是整个施工动力的产生部分,包括发动机、高压水泵、空气泵和液压泵等。

检测时在管柱内下入带双封隔器的检测工具,在螺纹连接部位上下卡封,然后往中间密封空间内注入高压氮、氦混合气体,使用高灵敏度的氦气探测仪在螺纹外检测,以判断是否发生泄漏。

4.2 无(微)牙痕油管钳上扣技术

双6储气库注采气井选用特殊材质L80—13Cr、VAM – TOP螺纹的油管。由于该材质刚性相对较弱,为保护油管本体和螺纹,延长使用寿命,对油管钳牙和上扣扭矩要求极高。而常规修井使用的油管钳上卸扣时牙块硬度高、刚性夹紧,完全靠咬合力来完成上扣过程,对管柱表面造成损伤加大,从而影响油管的使用寿命。无(微)牙痕油管钳牙板抱合面大,接触面均匀,摩擦力较大(图3)。油管表面无压痕、不变形;同时,测力传感器、测速传感器将动力钳运转时产生的扭矩信号和速度信号传送到控制总成,再由控制总成进行参数设置、控制、数据存储等,通过显示器实时显示主要参数。

图3 无(微)牙痕油管钳

无(微)牙痕油管钳上扣技术的特点:上扣前使用对扣器,把油管外螺纹引入节箍内螺纹,确保不偏扣;上扣时,主钳低速上扣,已经下入井内的油管不能转动;台肩扭矩不能超过4200N·m;通过电脑设置施工扭矩范围,确保扭矩在油管最优扭矩。

4.3 套管保护液防腐技术[4]

将油套管保护液注入井内的环空中,使油套管不被腐蚀或微量的腐蚀,既保证了今后的油井作业的安全,也可保证双6储气库长期、安全运行。

4.3.1 油套管保护液缓蚀机理及作用

(1)缓蚀作用。油套管保护液由阳离子聚季铵盐类化合物配合咪唑啉类化合物以及其他多效能助剂复合而成,该剂分子结构中含有多个季铵氮高分子,能通过化学吸附,迅速在金属表面形成吸附膜,且成膜均匀、致密,有效阻止了金属套管与环空液体之间的电化学腐蚀,缓蚀率可达90%以上。

(2)杀菌作用。该保护液中含有的杂环类化合物对水等液体中的细菌有极强的毒杀作用,能通过吸附和渗透等作用,在菌体表面形成保护膜或进入菌体细胞质内部,有效阻止了细菌繁殖并杀死细菌,经室内检测(绝迹稀释法),杀菌率高达95%以上。

(3)阻垢作用。该保护液分子结构中的多个孤对电子能与液体中的 Ca^{2+},Mg^{2+} 和 Fe^{2+} 等金属离子通过分子间结构力,形成螯合多元环化合物,有效防止了金属离子沉淀成垢,具有非常良好的阻垢分散效果,阻垢率可达80%。

通过油套管保护液中各种添加剂的综合作用,消除了对油套管腐蚀的各种因素,使油井和水井中的油套管得到了保护(表6)。

表6　套管保护液主要成分

序号	品名	规格型号
1	缓蚀阻垢剂	WT – SI/LH – I
2	杀菌剂	WT – BA/LH – I
3	工业精制盐	一级含量≥8%
4	常规缓蚀剂	MS6222
5	清水	

4.3.2　药剂筛选评价

经过对油套管保护液的试验测试,其主要性能指标为:pH 值大于7;腐蚀速度不大于 0.01g/(m² · h);杀菌率97%;阻垢缓蚀率不小于80%。

根据油套管保护液腐蚀速度的试验测试结果计算可知,油套管保护液的平均腐蚀率小于 0.003mm/a,远远小于标准要求。完全能够满足双6储气库的作业标准。

5　结论

(1)通过注采管柱及井下工具优化设计与筛选、井口装置优选及安全控制系统设计,形成了适合双6储气库注采井的具有注采气、安全控制、循环压井等功能的注采完井管柱体系。

(2)油管气密封检测、无(微)牙痕油管钳上扣、套管保护液防腐等技术的应用,确保了储气库注采气井注采完井作业的施工质量。该系列技术是双6储气库完井工艺不可或缺的辅助配套工艺技术。

参 考 文 献

[1] 杨再葆,张香云,王建国,等. 苏桥潜山地下储气库完井工艺配套技术研究[J]. 油气井测试,2012,21(6):57 – 59.

[2] 李朝霞,何爱国. 砂岩储气库注采井完井工艺技术[J]. 石油钻探技术,2008,39(1):16 – 19.

[3] 林勇,薛伟,李治,等. 气密封检测技术在储气库注采井中的应用[J]. 天然气与石油,2012,30(1):55 – 58.

[4] 李晓岚,李玲,赵永刚,等. 套管环空保护液的研究与应用[J]. 钻井液与完井液,2010,27(6):61 – 64.

作者简介:陈显学,硕士,总地质师,高级工程师,现从事油田开发管理工作。联系电话: 0427 – 7824196;E – mail:chenxianx@ petrochina. com。

枯竭碳酸盐岩气藏型储气库建库达容技术创新与集成*

毛川勤

（中国石油西南油气田公司）

摘 要：相国寺储气库系西南地区首座地下储气库，属国家天然气骨干管网中卫—贵阳联络线配套工程，于 2011 年 10 月开始建设，2013 年 6 月注气，2014 年调峰采气，截至 2016 年底，已累计注气 45.90 × 10⁸ m³，累计调峰采气 15.94 × 10⁸ m³，很好地发挥了季节调峰、事故应急和战略储备功能。针对相国寺构造狭长高陡复杂构造、薄储层、碳酸盐岩、枯竭气藏、复杂山地(有煤矿采空区和巷道)、超大流量和高效安全运行等技术难题，以建库达容与运行维护为主线，创新了薄储层精细刻画及评价等 6 项专有技术，集成了枯竭气藏改建储气库库址优选与气藏工程设计等 6 项特色技术，形成了一套枯竭碳酸盐岩气藏型储气库建库达容技术系列，有力支撑了储气库的建设和运行。

关键词：气藏型；储气库；相国寺；技术；创新；集成

相国寺储气库地处重庆市北碚和渝北区境内，由相国寺气田石炭系枯竭气藏改建而成，为西南地区首座地下储气库。2010 年开始前期论证，2011 年开工建设，2013 年启动注气，2014 年调峰采气，已建成注采井 13 口、监测井 6 口、集注站 1 座、注采站 7 座、铜相线及相旱线等配套工程。截至 2016 年底，形成 16.72 × 10⁸ m³/a 工作气能力，建库达容率达 91%，很好地发挥了季节调峰、事故应急和战略储备功能。

1 相国寺储气库建设运行成果

为确保国家能源战略安全，中国石油决定把相国寺储气库作为中卫—贵阳联络线、中缅管道国家天然气环形管网的重要配套工程进行建设，其功能定位为：中卫—贵阳联络线及川渝地区的季节调峰、事故应急和战略储备。

1.1 改建前气藏开发情况

相国寺气田石炭系气藏于 1977 年发现并投入开发；其构造形态为狭长梳状背斜，长轴 22.51km，短轴 1.24km，闭合面积 25.2km²；气藏探明地质储量 43.9 × 10⁸ m³，累计采气 40.24 × 10⁸ m³，采出程度 91.66%，气藏已枯竭，注气前地层压力 2.39MPa、压力系数仅 0.1。

---

* 本文是西南油气田储气库业务从业者共同的成果，参加编制的主要人员有：宁飞、彭平、杨江海、陈桂平、濮强、刘晓旭、孙风景、胡连锋、马科笃、陈家文、任科等。

1.2 方案设计

1.2.1 主要参数

运行压力 13.2～28MPa,库容 $42.6×10^8m^3$,垫底气量 $19.8×10^8m^3$,工作气量 $22.8×10^8m^3$,最大注气量 $1380×10^4m^3/d$,季节调峰最大采气量 $1393×10^4m^3/d$,应急最大采气量 $2855×10^4m^3/d$。

1.2.2 井工程设计

采用丛式井组,设 7 个井组,新钻注采井 13 口,其中大尺寸水平井 2 口;老井封堵 18 口;设监测井 8 口,先期实施 6 口监测井,其中老井修复再利用 3 口,新钻 3 口。

1.2.3 地面工程设计[1]

集注站 1 座、分输站 2 座;7 座丛式井场,注采同异管相结合。

1.3 建设效果

1.3.1 完成工程情况

老井处理完成 21 口,其中,修复再利用作监测井 3 口;注采井完成 13 口,7 个丛式井组,其中,注采井 12 口,采气井 1 口;监测井实施 6 口,满足盖层、水体、断层和气库内部监测功能;建成并投运集注站、铜梁站、旱土站及铜相线、相旱线、注采干线及相关配套设施。

1.3.2 建设效果

建成中国气藏型储气库中最大尺寸的注采井,采气管柱达 $\phi177.8mm$,注采能力较常规井提升 2～3 倍;相储 1 井是中国气藏型储气库中注采能力最强的注采井,最大日注气能力 $585×10^4m^3$,最大日采气能力 $472×10^4m^3$;国内地下储气库首次引进井下永置式光纤监测系统,实现气藏、井筒实时监测,确保气藏和井的安全运行;相国寺储气库不含烃、不含水和不含 H_2S,单井注采能力强,圈闭密封性好,被誉为中国最好的地下储气库,也是中国在役地下储气库中库容量和工作气量第二大的地下储气库。

1.4 运行成效

1.4.1 注采情况

2013 年 6 月开始注气,2014 年 12 月开始调峰采气,目前已"4 注 3 采",截至 2016 年底,累计注气 $45.90×10^8m^3$、采气 $15.94×10^8m^3$,气库已实现的最大注气量 $1069×10^4m^3/d$,最大采气量 $1832×10^4m^3/d$。

1.4.2 调峰效果

夏季填谷:2014 年夏,中亚进口气因"照付不议"使得中国石油骨干网压力陡增,为此,储气库加大注气量,日均注气 $1000×10^4m^3$,连续 20 天,单日最高达到 $1063×10^4m^3$,有力地保障了管网平稳运行。

冬季调峰:2015 年冬,单日采气量达到 $1342 \times 10^4 m^3$,接近储气库设计调峰量 $1393 \times 10^4 m^3/d$,上载中贵线最大超过 $900 \times 10^4 m^3/d$,为京津冀地区和川渝地区保供工作提供了有力保障。

应急处置:2016 年 7 月 21 日,西二线中卫站下游管道因第三方破坏被迫中断输气,1 小时内启动压缩机组增加注气量 $300 \times 10^4 m^3/d$,有力地配合了全国大管网的应急气量调配。

2 相国寺储气库建库达容技术创新与集成

针对相国寺构造狭长高陡复杂构造、薄储层、碳酸盐岩、枯竭气藏、复杂山地(有煤矿采空区和巷道)、超大流量和高效安全运行等技术难题,以建设运行为主线,创新了薄储层精细刻画及评价等 6 项专有技术,集成了枯竭气藏改建储气库库址优选与气藏工程设计等 6 项特色技术,形成了一套枯竭碳酸盐岩气藏型储气库建库达容技术系列(图 1),有力地支撑了储气库的建设和运行[2]。

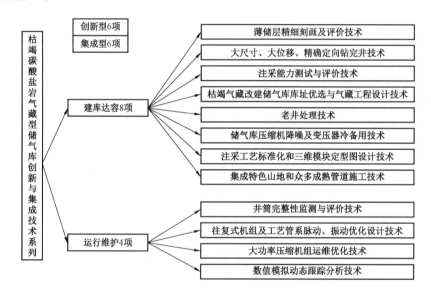

图 1　相国寺储气库建容达容技术创新与集成技术系列构成图

2.1 薄储层精细刻画及评价技术

2.1.1 技术难点

狭长梳状背斜构造:长轴 22.51km,短轴 1.24km,闭合面积 25.2km²;高陡构造:高点海拔 $-1140m$,最低圈闭线海拔 $-1950m$,闭合高度 810m,石炭系地层倾角 30°;薄储层:石炭系主体厚度 $10 \sim 12m$。

2.1.2 主要技术及方法

山地宽方位三维地震采集技术(面元 20m × 20m,满覆盖面积 160.88km²,控制面积 32.7km²),精细叠前时间偏移处理技术,高陡复杂构造精细地震地质综合解释及三维立体空间雕刻技术,高陡狭长型构造薄储层岩性、物性精细刻画描述技术,薄储层地震反演预测技术,注采井个性化设计、井眼轨迹及随钻地质目标评价跟踪技术。

2.1.3　主要解决方案及效果

(1)充分利用气藏钻探成果,从地层分层,岩石学特征,结合测井电性资料,利用合成记录和 VSP 资料准确标定层位。建立合理的速度场模型,井震结合,直观还原地下构造真实形态、断层展布。

(2)充分利用已钻井的岩性、储层厚度、物性及测井响应特征分析,通过已钻井进行精细标定,总结出不同石炭系厚度对应的地震响应特征进行全气藏的储层厚度、物性精细刻画。

(3)物探三维构造精细解释及储层反演技术,对高陡狭长型构造及 10m 左右薄储层进行精细刻画,为优选注采井地质目标、个性化的靶区目标地质设计与实施过程跟踪奠定了基础。

(4)物探三维构造精细解释,使得在构造主体、翼部以及圈闭以外不同部位,针对性地进行大斜度、水平、大位移井个性化的靶区目标地质设计得以成功实施。

(5)目的层深度精确预测及有效的入靶视倾角设计,对地质目标靶区的过程跟踪保证了高陡狭长型碳酸盐岩储气库的钻探需求,在地层倾角变化大、构造形变强烈、厚度仅 10m 的地层成功地实施了水平井钻探。

2.2　大尺寸、大位移、精确定向钻完井技术

2.2.1　技术难点

构造高陡,上部地层破脆,存在流沙层、暗河分布,恶性井漏、井塌十分严重,钻井难度大;库区南部煤矿存在采空区,采矿坑道较多,分布广,安全通过风险高;北段个别井茅口组压力系数仅 0.2,一旦钻遇,将恶性井漏;飞仙关组—长兴组含 H_2S,井控风险高,固井质量难以保证;高陡构造水平钻进难度大,触底及碰顶风险高;石炭系压力系数仅 0.1,储层保护难度大[3]。

2.2.2　主要技术构成[4-8]

布井及井型优化技术,井身结构优化技术,完井简化优化技术,PDC + 螺杆快速钻进技术,井眼轨迹控制技术,气体快速钻井技术,储层防漏与油层保护技术,固井前承压堵漏技术,提高环空顶替效率技术,技术套管和油层套管管外封隔器技术,引进斯伦贝谢公司弹性水泥浆及国产自应力水泥浆技术,常规 CBL + VDL 及超声波成像测井综合评价固井质量技术。

2.2.3　应用效果

(1)单井平均漏失较邻井减少约 $2000m^3$,同比提高机械钻速 134%;首次在 $\phi444.5mm$ 井眼定向,避开采空区,南部煤矿采空区域大位移定向井相储 22 井水平位移达 1800m;在高陡构造薄储层石炭系(仅 8 ~ 10m)水平段穿行 200m 以上。

(2)顺利完成 2 口大尺寸水平井钻完井,相储 8 井和相储 1 井井身结构增大一级,即 $\phi508mm$ 表层套管 + $\phi339.7mm$ 技术套管 + $\phi244.5mm$ 油层套管 + $\phi177.8mm$ 筛管,油管由常规 $\phi114.3mm$ 增大至 $\phi177.8mm$,通过注采能力测试和生产运行验证,大尺寸水平井注采气能力是常规尺寸定向井的 3 倍以上,填补了中国储气库大尺寸注采井的空白。

(3)基于井筒完整性的固井配套技术现场实施 15 口井,综合评价固井合格率 100%;单层

套管测井评价比同区开发井固井质量合格率、优质率分别提高了21%和34%,满足储气库注采井设计要求。

2.3 注采能力测试与评价技术

2.3.1 技术难点

普遍采用水平井、注采气量大,常规测试技术难以适应;储层温度、压力、表皮系数和注入采出能力变化,高速非达西渗流等因素使常规方法不能满足评价要求。

2.3.2 关键技术

连续油管注采能力测试技术[9],注采井非等温、非对称注采能力定量计算技术和评价技术,注采井非等温、非对称注采能力定量计算技术和评价技术。

2.3.3 应用效果

(1)开展8口井11井次的注采能力测试,其中相储1井最高测试注气量260×10^{4}m^3/d,最高测试采气量225×10^{4}m^3/d,是国内最高强度的井下测试,为注采能力评价提供了依据。

(2)针对注、采气过程温度及表皮系数变化,建立非等温、非对称注采能力定量计算和评价方法;静态参数与动态数据相结合,采用静动态类比方法,考虑井身结构差异和临界冲蚀的影响,分析与评价储气库的注采能力。

(3)相储1井测试发现注气时储层温度降低,注采井注气能力升高,温度从60℃降低到30℃,注气能力升高7.98%;采气时表皮系数降低,注采井采气能力升高,表皮系数从10降低到−10,采气能力升高为26.3%。通过对注采井进行非等温、非对称注采能力定量评价,形成不同注采阶段和地层压力下的注采能力图版,有效地指导注采井网部署。

2.4 枯竭气藏改建储气库库址优选与气藏工程设计技术

2.4.1 枯竭气藏改建储气库库址优选技术[10]

建立了枯竭气藏改建储气库库址优选技术,形成了"6+4"技术指标体系,明确了首选指标与参考指标,为西南油气田储气库库址选择提供了指导性意见。对西南油气田110余个气田,370个气藏,纵向24个层系开展地质目标综合评价,筛选出地质目标9个,并进行了优选排序。

2.4.2 枯竭气藏改建储气库气藏工程设计技术[11]

主要包括:气藏工程评价技术,库容量评价技术,工作气量设计技术,调峰量预测技术。

2.5 老井处理技术

2.5.1 技术难点

完井时间超过30年、含酸性气体、固井质量差、地层压力仅2～3MPa(压力系数0.08～0.19)。

2.5.2　主要技术组成[12-14]

智能凝胶暂堵工艺压井技术,超细水泥套管射孔孔眼的封堵技术,测井精密评价老井井筒质量技术,φ127mm 套管段铣封堵技术,批混工艺及优质材料注塞技术。

2.5.3　应用效果

(1)采用智能凝胶暂堵剂对储层进行暂闭,下入完井管柱后破胶解除暂堵,解决低压储层压井难题。

(2)完成4种类型21口老井处理,通过井筒压力监测,表明封隔处理有效。

2.6　储气库压缩机降噪及变压器冷备用技术

2.6.1　技术难点

压缩机组噪声:由电动机噪声和压缩机本体噪声组成,电动机噪声主要为电磁噪声,在50Hz 处出现峰值;压缩机噪声主要为空气动力噪声和设备碰撞、摩擦噪声,噪声在频率分布上无明显峰值。空冷器噪声:空冷器本体噪声主要为空气动力噪声,噪声峰值出现在40Hz 和125Hz;单一容量变压器适应性差,运行成本偏高。

2.6.2　解决方案和应用效果

(1)根据压缩机组、空冷器噪声特性,采用环境噪声声场模拟软件,计算噪声设备对厂界及敏感点的噪声贡献值,根据噪声贡献值确定噪声治理方案。

(2)压缩机房采用降噪型轻钢机房。采用双层隔声墙体 + 隔层空气通道 + 墙体成型模块化拼装等工艺,墙体构造为吸声体 + 复合隔声板 + 保温夹芯板,压缩机组噪声值下降约35dB(A)。

(3)空冷器房采取侧向进气矩阵消声器 + 顶部隔离型排气消声器 + 利用空冷气侧向进气、顶部排气工艺,空冷器噪声值下降约25dB(A)。

(4)在注气和采气阶段采用不同容量变压器"冷备用"(注气阶段:40000kV·A,采气阶段:1600kV·A),有效降低了运行成本。

2.7　注采工艺标准化和三维模块定型图设计技术

2.7.1　井口注采工艺标准化

井场标准化设计定型图以模块或橇装的方式体现,共形成6种类型的模块。井场采用标准化设计、规模化采购、工厂化预制33套,缩短了20%注采井场的设计周期和建设周期,关键是保障了施工质量、提升了设备的可靠性和使用寿命。

2.7.2　防止水合物形成工艺标准化

井口注醇系统,整体橇装结构统一化,注入泵橇在工厂进行预制,保证了橇的质量,同时该橇还可以进行批量采购,降低了10%的建设成本。

2.7.3　注采集输方案优化设计

注采气管道采用注采异管方案;应急调峰时采用注采同管和异管相结合的方案,大幅提升了应急保障能力。

2.8 集成特色山地和众多成熟管道施工技术

2.8.1 特色山地施工技术

陡坡设置钢丝网防护栏、钢架管配竹跳板防护栏、人工袋装土挡土墙等措施,确保施工安全;采用挖掘机开挖、机械凿打、机械切石等技术措施开挖线路管沟;陡坡段采取机械修建绕行便道、修建临时稳管平台、机械抬布管、预制联装管道吊装就位等技术措施施工,确保施工安全和质量;首次采用无水成孔灌注桩工艺,消除山区缺水对建设组织的不利影响。

2.8.2 众多成熟管道施工技术

嘉陵江定向钻穿越管道采用改性环氧玻璃钢防腐技术,绝缘层电流衰减小于70mA,达到GB/T 19285—2014《埋地钢质管道腐蚀防护工程检验》1级标准;采用热煨弯管三层PE防腐、河流水田段聚乙烯粘胶带封口等技术,提高防腐质量;30MPa注气首次采用L450高强度、大壁厚钢材、氩电焊接工艺,焊口一次性合格率达95%以上,提升管道焊接质量;首次应用大口径管道冷切割技术,消除了热影响对管道材质的影响,确保管道焊接质量。

2.9 井筒完整性监测与评价技术[15-17]

充分借鉴"三高"(高温、高压、高产)气井井筒完整性评价研究成果,配套形成储气库注采井井筒完整性监测与评价技术系列,主要有:注采井井筒完整性评价技术、环空异常压力诊断与分析技术、井下漏点检测技术、注采井口腐蚀/冲蚀检测与监测技术、井下油管腐蚀/冲蚀检测与监测技术、井下油管腐蚀/冲蚀检测与监测技术,并在现场推广应用,有力支撑储气库安全高效运行。

2.10 往复式机组及工艺管系脉动、振动优化设计技术

2.10.1 技术难题

(1)后除油器系统振动:注气超过23MPa,3#机组和7#机组后除油器振动达45mm/s,远超过GB/T 7777—2003《容积式压缩机机械振动与测量》规定振动烈度上限,影响生产。

(2)机组及工艺管系脉动:超过18mm/s。

2.10.2 技术攻关及效果

(1)经固有频率、气流脉动和振动测试,诊断为工艺气流经排气系统盲管段产生漩涡脱流,脉动频率与除油器固有频率接近6Hz处共振。经对除油器安装支撑,提高固有频率,排压27MPa内实测振动小于2mm/s,远低于标准要求。

(2)按API 618标准开展橇内外管道系统声学(脉动控制)和力学研究,优化调整机组、管道、汇管、支撑等设计。减小压力脉动,避免机械固有频率与主要激振力发生重合产生共振,降低振动,在9~23MPa范围运行平稳。

2.11 大功率压缩机组运维优化技术

2.11.1 技术难题

(1)多台机组气阀故障率高,单一气阀使用寿命远低于4000h;气缸磨损严重,已更换多只气缸。

(2)无油流停机故障频繁;2016年连续出现7次多台机组联锁停机,严重影响正常注气。

2.11.2 技术攻关及效果

(1)联合厂家开展技术攻关,改进气阀结构并按照当前运行工况重新设计气阀,机组处理量略增,气阀使用寿命4000h以上,单价降低1/4,故障停机率降低95%;联合厂家开展压缩缸测绘和国产化试制,每只缸节约费用30余万元,采购周期缩短一个半月,且试用效果较好。

(2)在1#机组和5#机组开展460低黏度矿物油和320矿物油攻关试验,压缩缸的磨损速率降低40%,基本解决了低温启机无油流停机故障;对完善PLC程序、通道浮空线路改线、排除电磁干扰等,全面消除了连锁停机故障。

2.12 数值模拟动态跟踪分析技术

利用三维地震资料处理解释成果,结合钻完井资料,建立精确的三维地质模型;通过对气藏30多年开发过程及储气库四注两采历史拟合,构建储气库数值模拟模型,建立了相国寺储气库数模动态跟踪分析系统。利用数值模拟技术实时掌握气库运行压力,优化配产配注,确保储气库安全运行。主要技术有:科学配产技术(注采气模板),红线预警技术(顶板压力控制),均衡注采技术(盖层、储层应力均衡)。

3 结论

(1)通过相国寺储气库建库达容实践,基本掌握了储气库业务的客观规律,形成的一套建库达容技术系列,有力地支撑了枯竭碳酸盐岩气藏型储气库的建设和运行。

(2)四川盆地天然气勘探开发历史悠久,枯竭气藏较多,除碳酸盐岩以外的气藏类型也较多,随着天然气业务的快速发展,后续储气库建设需求旺盛,相国寺储气库技术创新与集成、形成的技术系列将为川渝地区天然气业务大发展奠定坚实的基础。

参 考 文 献

[1] 胡连锋,李巧,刘东,等.季节调峰型地下储气库注采规模设计——以川渝气区相国寺地下储气库项目设计为例[J].天然气工业,2011,31(5):96-98.

[2] 肖学兰.地下储气库地下储气库建设技术研究现状及建议[J].天然气工业,2012,32(2):79-82.

[3] 孙海芳.相国寺地下储气库钻井难点及技术对策[J].钻采工艺,2011,34(5):1-5.

[4] 濮强,刘文忠,范兴亮,等.相国寺储气库低压地层安全快速钻完井配套技术[J].天然气工业,2015,35(3):93-97.

[5] 刘德平.相国寺枯竭气藏储气库钻井工程关键技术[J].钻采工艺,2016,39(5):8-10.

[6] 何轶果,谢南星,白璐,等.相国寺地下储气库注采井完井工艺技术研究[J].天然气工业,2013,33(增刊2):5-7.

［7］赵常青,曾凡坤,刘世彬,等.相国寺储气库注采井固井技术［J］.天然气勘探与开发,2012,35(2):65-69.

［8］范伟华,符自明,曹权,范成友,等.相国寺储气库低压易漏失井固井技术［J］.断块油气田,2014,21(5):675-677.

［9］何轶果,张芳芳,王威林,等.连续油管动态监测技术在相国寺储气库中的应用［J］.石油钻采工艺,2014,36(5):138-140.

［10］毛川勤,郑州宇.川渝地区相国寺地下储气库库址选择［J］.天然气工业,2010,30(8):72-75.

［11］吴建发,钟兵,冯曦,等.相国寺石炭系气藏改建地下储气库运行参数设计［J］.天然气工业,2012,32(2):91-94.

［12］卢亚锋,郑友志,佘朝毅,等.基于水泥石实验数据的水泥环力学完整性分析［J］.天然气工业,2013,33(5):77-81.

［13］黎洪珍,刘畅,张健,等.老井封堵技术在川东地区储气库建设中的应用［J］.天然气工业,2013,33(7):63-67.

［14］黎洪珍,梁兵,刘畅,等.储气层老井封堵水泥浆体系优选及应用前景［J］.天然气工业,2014,34(增刊2):138-142.

［15］钟海峰,谢南星,刘祥康,等.四川盆地相国寺储气库监测技术优选与应用［J］.天然气工业,2013,33(增刊2):69-72.

［16］刘坤,何娜,张毅,等.相国寺储气库注采气井的安全风险及对策建议［J］.天然气工业,2013,33(9):131-135.

［17］范伟华,冯彬,刘世彬,等.相国寺储气库固井井筒密封完整性技术［J］.断块油气田,2014,21(1):104-106.

作者简介:毛川勤,高级工程师,主要从事地下储气库业务管理工作。地址:(610051)四川省成都市府青路一段 5 号;电话:(028) 86011735;E - mail: chuanqinmao @ petrochina. com. cn。

深层高温储气库固井难点及技术对策

宋长伟　牟文满　付　凯

（中国石油华北油田储气库管理处）

摘　要： 地下储气库是天然气调峰保供的有效手段和国家能源战略的重要保障。由于中国优质储气库资源相对缺乏，须动用物性较差或储层埋深较大的建库资源。苏桥储气库群苏4和苏49储气库是十分典型的深层高温储气库，固井难度大。在对技术难点进行深入分析的基础上，通过优化堵漏材料、前置液、水泥浆体系，以及优选固井工具、优化固井工艺，保证固井施工的成功率和固井质量合格率。

关键词： 地下储气库；深层高温；固井；承压堵漏；低密度低黏切先导钻井液；胶乳水泥浆

地下储气库是天然气调峰保供的有效手段和国家能源安全战略的重要保障。目前，全球地下储气库的总工作气量占全球天然气消费量的11%，而中国的这一比例仅为2.3%，可见中国的储气库建设前景十分广阔。中国的优质储气库资源相对缺乏，这就必然要动用那些物性较差或储层埋深较大的建库资源。在我国现有的11座储气库（群）中，苏桥储气库群的苏4和苏49储气库是当前世界最深的储气库，固井难度大。经过创新实践，在固井技术方面取得了一系列的宝贵成果，对指导后续深层高温储气库建设有重要意义。

1　储气库固井难点

1.1　储气库地质特征

苏桥储气库群中苏4和苏49储气库均为枯竭凝析气藏储气库，储层为奥陶系碳酸盐岩，气藏中深分别为4700m和4940m，原始地层温度分别为156℃和157℃，是十分典型的深层高温储气库。

1.2　储气库固井难点

（1）地层温度高。注采井深度大于4600m，固井封固段长，盖层段所在技术套管平均一次水泥封固段长，最大段长达2070m。地层温度最大可至157℃。井的深度大、地层温度高，不但要求外加剂抗温能力强，还要求满足高温下水泥浆失水量小，高密度和低密度水泥浆高温下具有较好的稳定性和良好的流变性能，以及水泥石强度发育不衰退等。

（2）地层承压能力低。储气库储层为古生界潜山，裂缝较发育，且为枯竭油气藏改建，地层亏空较大（压力系数0.57~0.60），极易漏失，地层承压能力差。固井设计时，部分地层密度窗口窄，如坍塌压力系数约为1.43，破裂压力系数约为1.53。在施工中，部分井在做承压时虽达到了设计要求,但在下套管过程中或下完套管循环过程中仍出现了漏失。为预防井漏,设计水泥浆领浆密度与钻井液密度相近,易导致水泥浆窜槽。

(3)井径扩大率大。钻遇多套易漏、易塌地层,钻井液密度窗口窄。钻完井工序多,工序复杂,施工时间长,导致地层在钻井液中浸泡时间长。对达不到固井承压要求的地层,必须进行承压堵漏,增加了施工时间。以上原因均易导致井径扩大率增大。

(4)套管居中度难以保证。对于水平井和大斜度定向井,套管居中度不易保证。储气库井使用大套管,进一步加大了难度。

(5)对水泥环长期密封性要求高。因注采过程中,水泥环在井下长期受到高强度交变应力的作用,可能产生微裂缝,存在窜气、带压等风险,因此对水泥石弹塑性要求高[1,2]。

2 储气库固井技术对策

2.1 承压堵漏

针对盖层段固井时地层承压能力低、固井质量不易保证的情况,进行承压堵漏技术研究,形成了适合该储气库三开进山井段的承压堵漏技术,取得良好的效果(表1)。通过引入一定粒度级配的刚性材料、复合纤维材料、水化膨胀材料、高失水材料,可深入漏层,形成致密的封堵带。材料抗温可达200℃。在封堵漏失层时还能有效提高地层的承压能力。

表1　承压堵漏情况统计表

井次序号	钻头尺寸×井深 (in×m)	进山深度 (m)	套管尺寸×下深 (in×m)	钻井漏失 (m³)	承压情况 (MPa)
W1	9½×4734	5	7×4733	1087	6↓4.9
W2	9½×4608	5	7×4607	91	4.6 不降
W3	9½×4684	4	7×4683	48	4.2 不降
W4	12½×5039	3	9⅝×5038	23	7↓6.2

2.2 固井前注入低密度低黏切先导浆

为降低液柱压力和循环压耗,预防井漏,并充分稀释冲洗井内黏稠泥浆,提高顶替效率和界面胶结质量,固井前使用了低密度低黏切先导浆[3](表2)。

表2　先导浆注入情况统计表

井序号	套管尺寸×下深 (in×m)	固井前泥浆性能		先导浆性能		注入数量 (m³)	占环空高度 (m)
		密度 (g/cm³)	漏斗黏度 (s)	密度 (g/cm³)	漏斗黏度 (s)		
W1	7×4733	1.40	69	1.30	47	34	873
W2	7×4607	1.39	68	1.31	45	40	1341
W3	7×4683	1.37	78	1.35	40	35	944
W4	7×4828.38	1.48	75	1.42	43	28	456
W5	7×4570	1.38	52	1.30	41	30	707

2.3 优化前置液性能

水泥浆前置液(冲洗液、隔离液)性能的好坏直接关系到固井作业的成功与否[3]。对无凝胶前置液和有凝胶前置液的清洗效果进行对比,发现使用无凝胶前置液的冲洗时间远小于有凝胶前置液的冲洗时间,故优选无凝胶前置液(表3和表4)。

表3 无凝胶前置液冲洗效果统计表

时间(s)	清水	冲洗液	加重隔离液
60	未净	未净	冲洗干净
90	未净	未净	
120	未净	冲洗干净	
140	冲洗干净		

表4 有凝胶前置液冲洗效果统计表

时间(s)	清水	冲洗液	加重隔离液
60	未净	未净	未净
120	未净	未净	未净
180	未净	未净	未净
240	未净	未净	未净
270	未净	未净	未净
300	未净	未净	冲洗干净
330	未净	未净	—
360	未净	未净	—
370	冲洗干净	未净	—
420	—	未净	—
450	—	冲洗干净	—

2.4 增大前置液用量

为充分隔离钻井液与水泥浆,延长接触时间,前置液由前期的8m³增加至30m³以上(表5)。

表5 前置液用量统计表

井序号	套管尺寸×下深(in×m)	冲洗液量(m³)	隔离液量(m³)	前置液量(m³)	占环空长度(m)
W1	7×4733	4	4	8	205
W2	7×4607	8		8	268
W3	7×4683	12		12	324
W4	7×4828.38	16	18.5	34.5	562
W5	7×4570	8	25	33	777

2.5　提高水泥浆体系性能

使用零析水、低密度和零析水、常规密度两套高强度弹性水泥浆体系(表6)。现场应用7口井,固井质量均合格。

表6　水泥浆性能参数表

项目	水泥浆体系	缓凝剂加量(%)	稠化时间(min)	析水(mL)	抗压强度(MPa)	失水(mL)
75℃	低密增韧 1.45~1.60g/cm³	0.2	153	0	16.7	42
		0.4	224	0	15.6	40
		0.6	305	0	15.7	42
	常密增韧 1.85~1.90g/cm³	0.3	164	0	18.3	42
		0.5	235	0	18.1	42
		0.7	298	0	17.2	46
135℃	低密增韧 1.45~1.60g/cm³	1.0	157	0	18.7	46
		1.4	217	0	18.4	44
		1.8	324	0	18.7	42
	常密增韧 1.85~1.90g/cm³	1.1	164	0	23.5	40
		1.6	235	0	21.1	42
		1.9	348	0	21.7	40

2.6　大排量注水泥

为防止水泥浆在大套管内混浆,改变以往一般采用2台水泥车注水泥的方式,在水平井13⅜in套管和定向井10¾in套管固井中,采用3台水泥车同时注水泥,最大注入排量达到3m³/min。

2.7　使用旋流弹性套管扶正器和旋流发生器

使用旋流弹性套管扶正器(图1)和旋流发生器(图2),提高顶替效率[4]。

图1　旋流弹性套管扶正器

图2　旋流发生器

2.8 使用新型双向密封一体筛管悬挂器

使用新型双向密封一体筛管悬挂器的完井方式,无须称重而是采用坐挂液压丢手方式,有效地解决了定向井固井时筛管悬挂问题。

2.9 使用新型压胀式封隔器

使用新型压胀式封隔器,采用悬挂器 + 套管 + 双封隔器 + 筛管的完井方式,满足悬空固井的要求,解决水平井固井时水泥浆向筛管渗漏问题。

2.10 提高阻流环位置

原设计阻流环位置距套管鞋30m,后提高到70m,增加了阻流环以下套管的内容积,解决套管鞋附近固井质量较差的问题(图3)。

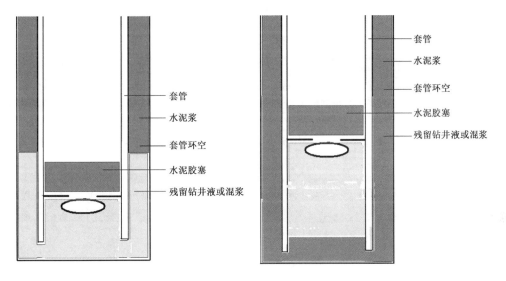

图3 提高阻流环位置示意图

3 现场应用

某定向井三开完钻井深4912.27m,井径扩大率16.2%,φ177.8mm尾管下深4911.0m,悬挂器位置为3268.456~3263.471m。

该井三开尾管固井(盖层段固井)前,进行多次承压堵漏,最终地层承压能力为2.9MPa。

领浆:G级水泥 + 纤维 + 微硅 + 石英砂 + 3M微珠 + 高温稳定剂 + 胶乳防窜剂 + 防窜调节剂 + 降失水剂 + 分散剂 + 缓凝剂 + 消泡剂 + 抑泡剂 + 水 + 其他。水泥 + 石英砂 + 微硅 + 纤维 + 分散剂 + 胶乳防窜剂 + 防窜调节剂 + 降失水剂 + 稳定剂 + 抑泡剂 + 消泡剂 + 水 + 其他。

施工过程:首先注入密度 1.28g/cm³ 的前导浆 38.25m³;随后注入密度 1.11g/cm³ 的隔离液40m³;再注入配浆水6m³后,注入低密度水泥浆57m³(密度最大 1.59g/cm³,最小 1.47

g/cm^3,平均 $1.53g/cm^3$),高密度水泥浆 $19m^3$(密度最大 $1.92g/cm^3$,最小 $1.90g/cm^3$,平均 $1.91g/cm^3$);注入后置液 $2m^3$ 后,泵替、碰压($62.9m^3$,碰压压力 $13MPa$),稳压 $5min$,放压归零,施工结束。

固井效果:该井三开尾管固井质量合格率 97.17%,优质率 82.87%,连续优质段达到 $91m$,综合评定固井质量为优质。

4 结论及认识

(1)通过使用包含复合纤维等在内的堵漏材料进行承压堵漏,解决了盖层承压能力低的问题。

(2)通过优化冲洗、隔离液体系,提高了冲洗效率,并为保障水泥浆体系性能提供了良好的环境。

(3)通过优化水泥浆体系,提高了水泥环胶结质量,延长了水泥环的使用寿命。

(4)通过优选固井工具、优化固井工艺,保证了固井施工的连续性和成功率。

参 考 文 献

[1] 钟福海,钟德华. 苏桥潜山储气库固井难点及对策[J]. 石油钻采工艺,2012,34(5):118-121.
[2] 范先祥,钟福海,宋振泽,等. 楚28平1井固井技术[J]. 钻井液与完井液,2005,22(2):62-64.
[3] 马军志,闫世平,曹云安,等. 纤维韧性水泥浆技术在中原油田的应用[J]. 石油钻采工艺,2006,28(4):29-32.
[4] 况太槐. 旋流扶正器在水平井固井中的作用[J]. 石油钻采工艺,1991,13(2):80.

作者简介:宋长伟,学士,高级工程师,中国石油华北油田储气库管理处地质研究所所长,主要从事储气库地质评价、气藏工程、钻完井技术研究和技术管理工作。地址:(065000)河北省廊坊市广阳区万庄采四小区储气库管理处。联系电话:0317-2720352,15127613748。E-mail:cqk_scw@ petrochina. com. cn。

苏桥储气库废弃井永久封堵技术

张亚明　王培森　李　磊　杨　晶　张　裔　李昊辰　柳灵燕

（中国石油华北油田公司储气库管理处）

摘　要：苏桥储气库由枯竭碳酸盐岩气藏改建而成，库区内共有 6 口废弃井。由于存在储层裂缝较宽、压力低、易井漏、埋深大和地层温度高等难题，常规水泥浆无法实现永久性封堵。为保证废弃井封堵效果，开展废弃井封堵技术工艺方案设计，建立老井检测与评估流程，明确了废弃井封堵工艺流程及技术要求等井筒工艺。同时，进行了堵漏水泥浆和超细水泥浆性能评价试验，其中堵漏水泥浆凝固后抗压强度 16.4MPa，水泥浆失水量 56mL，水泥浆的游离水 0.4mL，稠化时间 427min，各项性能指标满足了苏桥储气库废弃井封堵工艺要求。

关键词：储气库；老井；封堵；水泥浆；试验；优化；应用

储气库井的生产特点是在短时间内实施高压强注、强采，库区内的废弃井也承受同样的高压，在注气后期地层压力较高，为防止天然气沿原采油采气通道流失，需要对废弃井进行封堵处理作业[1]。废弃井如果封堵不彻底，注入的天然气有可能从废弃井中窜至地面或其他非目的层，导致安全事故或者天然气损耗的发生，将给储气库运行带来巨大的安全隐患和运行风险。

苏桥储气库废弃井目的层大都属于潜山裂缝性储层，裂缝宽度较大，分布非均质性，地层压力系数较低[1]。具有裂缝较宽、压力低、易井漏、埋深大、地层温度高等特点，增大了封堵难度。为保证封堵效果，针对封堵技术难点开展了研究工作，实施了堵漏水泥浆和超细水泥浆性能评价试验，在现场应用 6 口井，取得了良好效果，实现了对苏桥储气库废弃井的永久有效封堵。

1　废弃井封井的技术难点

苏桥储气库运行最高压力 38.4MPa，是国内运行压力最高的储气库，也是国内首座碳酸盐岩气藏改建的储气库，以往国内没有碳酸盐岩储气库废弃井封堵施工经验，相关标准也不健全。

需要封堵的废弃井均于 20 世纪 80—90 年代完钻。完井套管为常规的 API 螺纹，普遍存在套管腐蚀严重、生产套管和技术套管固井水泥没有返至地面、固井质量较差等问题，导致井筒整体密封性差。由于储层具有裂缝较宽、压力低、易井漏、埋深大、地层温度高等特点，导致封堵施工困难，具体表现在以下几个方面。

（1）储层压力系数低，裂缝宽度较大，易发生井漏。

储层原始地层压力 34～47.9MPa，经过 30 年的开发，地层压力系数已降至 0.56。储层中白云岩类孔洞面孔率占66%～90%，平均渗透率7.03mD，喉道半径大于0.1μm的孔隙体积仅占37.63%，喉道半径大于0.5μm的孔隙体积仅占29.74%。构造微裂缝发育，约占裂缝的90%。裂缝宽度多小于2mm，其中0.3～1.0mm的占绝对优势，且以高角度裂缝为主（图1和图2）。岩心孔隙度以小于5%的占主导地位，占90%以上（图3）。由于裂缝发育，地层易发生漏失，封堵施工中常规水泥浆有进无出，无法有效封堵地层。

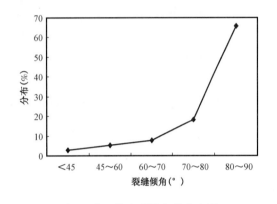

图1　苏4潜山裂缝产状分布图　　　　　图2　苏4潜山裂缝宽度分布区间图

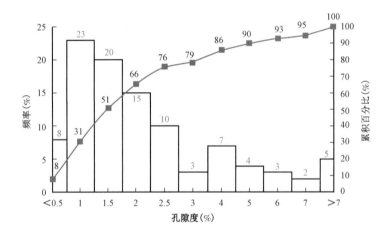

图3　苏1潜山岩心分析孔隙度频率直方图

（2）井深及地层温度的影响。

井底温度为131～157℃。常规水泥浆一般适用于地温在120℃以下地层的封堵，在高温环境中其硬度、承压能力大大降低，无法满足封堵需要。为保证封堵效果，需要对水泥浆体系各参数进行充分的调整和优化，以满足高温地层的需要。

储层平均深度4700m左右。受井深的影响，单项工序施工时间长，从循环注水泥浆、高压挤水泥浆、起钻、坐井口、循环洗井到带压候凝，使整体施工时间延长，在水泥浆缓凝时间内必须完成以上工作，配合设备多，任何一个环节出问题，不仅会导致整个施工失败，甚至导致恶性工程事故的发生。

2 采取的技术措施

2.1 封堵技术工艺方案设计

2.1.1 封堵设计思路

废弃井封堵分为井筒处理和封堵施工两部分。井筒处理是封堵的前提;封堵的关键环节是储层和盖层的封堵;目的是防止天然气从储层窜入井筒或沿水泥环渗入其他储层。

(1)建立老井检测与评估流程。老井无论是封堵还是利用,都直接影响着库区的安全生产。通过建立老井检测与评估流程,对老井进行作业、测井等施工,对井筒落物进行清理、打捞,掌握油层套管的固井质量、腐蚀程度、变形、错断等第一手资料,进行科学的分析,对老井进行评估,确定老井是否废弃[2]。

(2)建立废弃井封堵工艺流程及技术要求。为确保封堵效果,围绕着封堵的各个关键技术环节,形成了"封储层、封盖层、封井筒"的工艺流程,按工艺流程制订封堵各环节技术要求,满足现场施工。

① 储层封堵技术要求。根据地层漏失量,在水泥浆中加入与地层裂缝相匹配的弹性堵漏颗粒,颗粒直径按喉道直径的 1/3 ~ 2/3 的原则挑选;同时,加入弹性和惰性材料提高水泥石的韧性,可保证水泥浆充分进入并滞留在封堵部位,控制水泥浆的漏失,从而到达封堵裂缝孔隙的目的。封堵后,既不能把储层堵死,又要有一定的漏失量,确保封堵水泥浆达到设计的处理半径范围,以保证封堵质量。

堵漏水泥控制储层后,再用超细水泥对储层进行二次封堵。超细水泥平均粒径只有普通水泥的 1/6 左右,平均粒度为 5μm 左右,由于其颗粒粒径小,超细水泥浆具有良好的流动性和穿透性[3],可以进入到常规水泥难以到达的区域,甚至可以进入地层与水泥环的微间隙。封堵后井筒留有水泥塞,在建立水泥塞时要求水泥塞面高于储层顶界 50m 以上[2],封堵后的储层可以有效隔断天然气进入井筒。

为防止井筒内的水泥塞微渗漏,在超细水泥塞面之上下入可捞式耐高温桥塞,保护封堵效果。

② 盖层封堵技术要求。盖层是储层原始密封层,封堵的目的是保证气藏的密闭性,如果盖层封堵不合格,注入的天然气将有可能沿套管外水泥环的一界面、二界面向上运移,窜入盖层以上非储层内或直至地面。

储气库钻完井规定对于盖层固井质量好的井,在井筒盖层段连续注入长度不小于 300m 的水泥塞;若储层顶界以上环空水泥返高小于 200m,或连续优质水泥胶结段小于 25m,则对储层顶界以上盖层段进行套管锻铣,长度不小于 30m[2]。

③ 井筒封堵技术要求。完成储层和盖层封堵施工后,在盖层封堵水泥塞以上,注入常规水泥塞,塞长大于 300m,为保证封堵效果,在水泥塞的上部注入 600m 重晶石泥浆,依靠重晶石的沉降、压实作用,对水泥塞起到密封作用,以彻底封堵井筒。完成以上各工序后,在上部注入环空保护液,防止套管腐蚀,装简易井口完井。封堵完成后的井筒如图 4 所示。

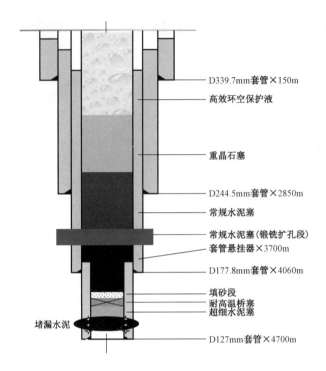

图 4　废弃井封堵后井筒示意图

2.1.2　永久封堵实施方案

（1）储层封堵。

① 采用正灌注法,油管下到储层顶,灌注堵漏水泥。要求堵漏水泥浆进入储层平均半径 0.8m 以上,保证漏失储层的相对稳定,根据漏速和施工时间,附加漏失水泥浆量[5]。

② 高压正挤超细水泥,带压候凝。要求超细水泥浆进入封堵储层平均半径 $0.5 \sim 4m$ [2],挤注压力不大于 20MPa。高压挤注超细水泥进入储层内堵漏水泥浆的微间隙,井筒内留水泥塞的顶界在储层以上 50m。

③ 试压。清水进行正试压,要求 30min,压降小于 0.5MPa 为合格。

④ 试压合格的水泥塞之上坐封高温可捞式桥塞,保证封堵效果。

（2）盖层的封堵。

① 通过 CBL – VDL 测井,对整体固井质量进行评价。

② 盖层固井质量评价为优良的,可直接实施封堵,施工时注水泥管柱下至盖层底界,将普通水泥浆正循环至盖层顶界。

③ 盖层段固井质量评价为差的,需要对盖层段套管锻铣后重新封堵。套管锻铣完成后,扩孔器对已锻铣的套管进行扩孔作业,露出新地层,超细水泥浆封堵并正负试压合格后,再对该井段注入 300m 普通水泥塞,完成盖层封堵施工。

④ 清水试压,要求同储层封堵。

（3）井筒的封堵。

① 优选固井质量好的井段,正循环注入 500m 普通水泥塞。

② 井筒上部灌注保护液,防止套管腐蚀。

③ 井口安装简易井口,装压力表(图4)。

3 封堵水泥的性能评价

封堵水泥性能参数的优选直接决定封堵效果。封堵施工中先后使用堵漏水泥、超细水泥和普通水泥,其中堵漏水泥和超细水泥性能评价尤为重要。

3.1 堵漏水泥浆性能评价

3.1.1 堵漏水泥浆性能要求

要求在适宜的水灰比下具有良好的流变性能和封堵裂缝能力,可保证水泥浆充分进入并滞留在封堵部位;水泥浆降失水剂和缓凝剂具有良好的配伍性能,缓凝剂进行调节稠化时间来满足施工要求,同时,水泥浆不能由于失水过大形成桥堵;配制的水泥浆稳定好,溶液均匀,避免发生沉降,水泥浆高温凝结过程体积不收缩;形成的水泥石渗透率要低,强度足够高,有利于目的层的长期封固。

3.1.2 堵漏水泥的性能评价

堵漏水泥浆的配比是较为关键的环节,实验室模拟地层裂缝、温度157℃条件下,通过室内试验,确定了各种外加剂的比例,满足了现场施工要求。

(1)水泥浆综合性能满足施工要求。

凝固后的堵漏水泥抗压强度16.4MPa,满足抗压强度不小于12MPa的设计要求;水泥浆失水量56mL,满足不大于150mL的要求;水泥浆的游离水0.4mL,满足不大于0.5mL的要求;水泥浆的稠化时间427min,大于施工时间180min,满足施工要求(表1)。

表1　堵漏水泥浆综合性能

固相组分 (g)	外加剂加量 (%)	试验数据					
		密度 (g/cm³)	稠化时间 (min)	抗压强度 (24h)/(MPa)	滤失量 (mL)	流动度 (cm)	游离水 (mL)
华油G级700 硅粉245 堵漏剂49	ZJ-5:5.0 ZH-6:2.0 ZW-1:0.4 水:44	1.87	427	16.4	56	24	0.4

(2)堵漏水泥浆堵漏性能满足施工要求。

水泥浆中加入弹性堵漏颗粒,其直径为裂缝宽度的1/3~2/3,进行楔形模块封堵实验。

楔形模块上宽6mm、下宽1mm。首先,加压至1.0MPa,打开阀门,瞬间封堵,测量30min滤失量为46mL;然后逐渐加压至6.5MPa时,瞬间全部漏失。表明了封堵水泥浆在大于6.5MPa的压差作用下,能进入设计的封堵部位。

(3)堵漏水泥浆高温凝固时体积不收缩,不会产生微裂缝。

实验评价采用了抗压强度实验中试块模具的高度,与养护结束后水泥试块的高度,进行对比评价,在145℃养护条件下,水泥试块收缩率为零。

(4)堵漏水泥浆凝固后渗透率低。

优选的堵漏水泥浆与常规水泥浆相比,凝固后具有更低的渗透率,能更好地实现密封。室内试验G级油井水泥的渗透率为6.27mD,优选的堵漏水泥的渗透率为4.71mD。

3.3 超细水泥浆性能评价

3.3.1 性能要求

要求超细水泥应具有良好的悬浮性能和流动性,静失水小,能够被顺利挤入地层;凝固后有较高的抗压强度[4],满足其在地层中有足够的承压能力;稠化时间满足施工需要。

3.3.2 性能评价

为达到上述性能要求,模拟地层温度157℃的条件下,进行了大量实验,确定了各类添加剂的种类和数量,使超细水泥性能达到现场使用要求。

根据施工时间确定水泥浆的稠化时间,设计稠化时间240min,通过调节缓凝剂把稠化时间控制在260~290min;在157℃、21MPa、24h养护条件下,凝固后的超细水泥抗压强度可达到13.2MPa,满足抗压强度12MPa的设计要求;在157℃、21MPa、24h养护条件下,水泥石收缩率为0;在6.9MPa压力下,30min滤失量为43mL,满足滤失量小于150mL的要求;水泥浆的游离水为0.4mL,满足不大于0.5mL的要求。

4 现场应用

S401井是库区内的一口废弃井,井深4759m,井底温度153℃。为顺利实施有效封堵,模拟相同环境对水泥浆进行了室内试验,对各参数进行优化,确定了堵漏水泥浆降失水剂和缓凝剂配比,对稠化时间、凝固后的堵漏水泥抗压强度、堵漏水泥浆堵漏性能进行优化。

封堵前测吸水指数,600L/min,油管压力0MPa。

储层封堵:正注密度1.76g/cm³,12m³堵漏水泥浆,正替隔离液0.6m³,清水12.4m³,候凝完成后,测吸水指数,油管压力0MPa时为130L/min,有效地控制了储层的漏失。高压正挤密度1.76g/cm³超细水泥浆0.7m³,正顶替隔离液0.63m³,清水13.46m³,泵压5~25MPa,排量50~500L/min,试压30min,压降0.2MPa,合格,盖层顶下入高温机械桥塞,填砂0.1m³。

盖层封堵:因盖层固井质量差,经锻铣盖层套管,扩眼后封堵,注入前置液1.5m³、密度1.76g/cm³的水泥浆11m³、隔离液0.5m³,正顶替清水13.5m³,候凝,形成300m水泥塞,试压合格。

封井筒:注入前置液0.3m³、密度1.76g/cm³的水泥浆0.8m³、隔离液0.3m³,正顶替清水7.5m³,候凝,试压合格。

从2011年开始对库内的废弃井实施永久封堵,共封堵6口井,储层封堵采用堵漏水泥控制漏失储层,高压挤注超细水泥进入堵漏水泥浆的微间隙,带压候凝,井筒内留存水泥塞等一系列措施,封堵后试压压降均小于0.5MPa,达到封堵设计要求。自2012年6月投产以来,已注气8.02×10⁸m³,采气1.26×10⁸m³,地层压力最高恢复到49MPa,经过3个注采周期的检验,已封堵的6口井没有发生气体泄漏或井口带压的现象,证明封堵工艺、技术满足碳酸盐岩储气库的封堵要求,实现了安全生产。

5　结论与认识

(1)储层封堵中最关键的是堵漏水泥浆参数的优化,根据不同的井况制订相应的堵漏水泥浆体系,做好实验,优化各参数。

(2)施工中严格执行注水泥施工的标准规范及技术要求,注入排量稳定、连续施工,保证水泥塞的完整性。水泥浆是封堵中最重要的材料,通过结合井深、起下钻时间、井温等因素确定水泥浆缓凝时间,另外要考虑机械、天气等因素,留有余地。顶替液量分别由施工方、设计方、管理方单独计算,三方数据核对一致、无误后方可施工。带压候凝时确保井口密封,由专人监控候凝压力。

(3)已完成的各层封堵进行试压,不合格的要钻开重新进行封堵,合格后进入下步封堵工序,对已完成的封堵井,井口安装压力表,定时进行观察,发现带压的要及时处置,如确认封堵失效的要重新封堵。

参 考 文 献

[1] 曹洪昌,王野,田惠,等.苏桥储气库群老井封堵浆及封堵工艺研究与应用[J].钻井液与完井液,2014, 31(2):55-58.
[2] 黎洪珍,刘畅,张健,等.老井封堵技术在川东地区储气库建设中的应用[J].天然气工业,2013,33(7): 64-66.
[3] 王超,王野,任佳,等.超细水泥在储气库老井封堵中的研究与应用[J].钻井液与完井液,2011,28(5): 16-18.
[4] 张平,刘世强,张晓辉,等.储气库区废弃井封井工艺技术[J].天然气工业,2005,25(12):111-114.
[5] 陈财金,贴强,余鑫,等.深井水泥塞相关计算的探讨[J].天然气工业,2014,34(增刊1):1-3.

作者简介:张亚明,高级工程师,从事井下作业工作,华北油田公司储气库管理处建设项目部副经理;联系电话:0317-2711612,13582763881;E-mail:cqk_zym@petrochina.com.cn。

油气藏型地下储气库老井封堵技术

刘 贺[1] 代晋光[1] 陶卫东[2]

(1. 中国石油大港油田石油工程研究院;2. 中国石油大港油田第四采油厂)

摘 要:利用枯竭或接近枯竭的油气藏改建地下储气库是目前我国建设地下储气库的主要技术手段。建库地质构造范围内存在诸多废弃老井,其破坏了储气库的整体密封性,如何处理这些老井,避免注入储气库内天然气泄漏,降低经济损失,同时彻底消除安全隐患,是建库过程必须解决的关键技术问题。储气库老井封堵技术可以有效处理这些老井,通过实施井筒封堵、储层封堵和环空封堵,可以有效防止井筒漏气、层间窜气及环空窜气,彻底封堵注气层位,保障气库安全、平稳运行,彻底消除安全隐患。

关键词:地下储气库;老井;老井封堵

储气库老井的安全隐患主要有两个方面:一是注入的天然气沿固井水泥环第一界面和第二界面向上(下)运移,或沿着射孔孔眼窜入井筒,向非储气层位和井口运移,使天然气向非目的层或井口泄漏;二是封堵后的老井在储气库运行过程中由于应力的高低交替变化,造成固井水泥环、水泥塞破坏,使注入的天然气发生泄漏。因此,老井封堵应由井筒封堵、储层封堵和环空封堵3个重要部分组成,封堵后的老井应该彻底封堵注气层位、非注气层位、管内井筒以及管外环空,有效防止层间窜气、井筒漏气以及环空窜气,保证储气库的整体密封性。

1 老井封堵工艺

1.1 井筒封堵工艺

储气库老井井筒封堵主要包括两个部分:一是储气层射孔井段底界至人工井底段的生产套管的密封处理,二是储气层射孔井段顶界以上的生产套管的密封处理。这两部分井筒的封堵均采用G级油井水泥循环注井筒水泥塞的工艺方法。前者注塞井段一般要求为人工井底至储气层射孔井段以下10~20m,后者则要求储气层射孔井段以上至少300m,一般注塞至生产套管水泥返高以上300m。G级水泥浆在井筒高压环境下固结后本体的气相渗透率和抗压强度将直接决定储气库老井井筒密封效果。

通过注井筒水泥塞,可以在井筒内形成有效屏障,防止注入的天然气通过井筒上窜至井口或下窜至其他非目的层,保障储气库安全运行,并避免天然气地下窜流造成注气损失。

1.2 储层封堵工艺

储气库老井储层的封堵主要采用"高压挤堵、带压候凝"的施工工艺,即通过井口加压,将堵剂有效挤入封堵层,随后带压关井直至候凝期结束,这样可以避免在堵剂候凝过程中油、气、水对堵剂的侵蚀,有效提高封堵质量。储层封堵的核心技术是堵剂体系,堵剂体系的综合性能将直接决定储层的封堵效果,必须通过一系列室内实验筛选、调整、优化堵剂体系内各添加剂的合理配比以保证最佳封堵效果。

储气库具有高低交变应力、多注采周期、长期带压运行的工况特点,堵剂体系目前仍以超细水泥为主,主要原因是超细水泥注入性能好,可以顺利挤入地层;此外,其固化后强度高,能够满足储气库注采压差要求。但是,必须合理添加一定比例的添加剂以优化超细水泥浆整体性能,保证封堵效果。

通过高压挤注堵剂,可以在射孔层位附近获得一定的处理半径,堵剂固化后形成一道致密屏障,有效阻止注入天然气外泄。此外,高压挤注过程对管外水泥环和第一界面和第二界面的裂缝孔隙可以进行有效地弥补,从而提高了管外密封效果。

经高压挤注后岩心端面的电镜扫描结果直观反映了储气库老井储层封堵效果。通过观察板中北储气库岩心(渗透率为137mD)和板876储气库岩心(渗透率16.8mD),高压挤注超细水泥后的微观结构可以发现:

(1)挤注超细水泥后,岩心挤注端面水泥分布均匀(图1和图2),均形成了渗透性极低的水泥结界,对端面进行了有效的封堵。

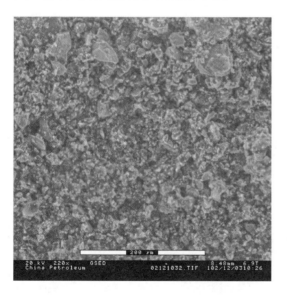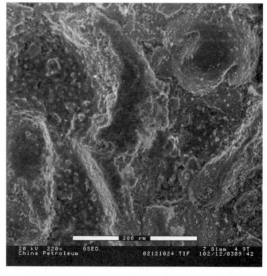

图1 板中北储气库岩心挤注端面情况   图2 板876储气库岩心挤注端面情况

(2)相对板876储气库岩心而言,超细水泥更容易挤入板中北储气库岩心(图3和图4),说明其更容易进入中、高渗透岩心内部,并对岩心造成永久性堵塞。

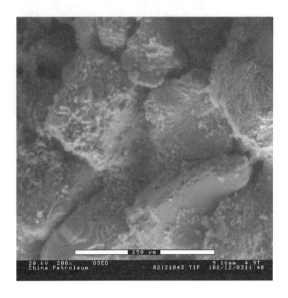 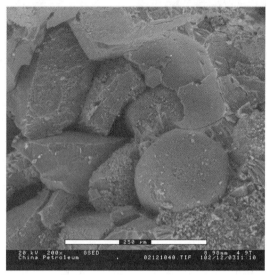

图 3　板中北储气库岩心挤注端面 0.5cm 的微观情况　图 4　板 876 储气库岩心挤注端面 0.5cm 微观情况

1.3　环空封堵工艺

储气库范围内的老井大多数已有几十年井龄,水泥环长时间经历压力、温度以及矿化度的影响,第一界面和第二界面水泥胶结质量有所降低,容易在套管与水泥环、地层与水泥环之间出现微裂缝和微裂隙,尤其是在射孔层附近水泥环受到射孔弹剧烈的冲击会产生放射性裂缝。储气库老井管外环空封堵主要依靠高压挤注堵剂封堵储气层的同时,对管外水泥环和第一和第二界面的裂缝孔隙进行有效地弥补来实现的。因超细水泥堵剂具有较强的穿透能力,向储气层高压挤注堵剂的同时,堵剂可以沿管外固井质量较差井段的微间隙上下延伸,从而提高了管外环空的密封效果。

为了检验超细水泥的封堵效果,将超细水泥堵剂、G 级水泥和 H 级水泥分别挤入 0.15mm 人造窄缝,计量通过体积,以此评价堵剂体系挤注窄缝的性能,实验结果见表 1。

表 1　堵剂体系通过 0.15mm 窄缝能力实验

样品	类型	添加剂	水泥浆体积（cm³）	通过的体积（cm³）	通过百分比（%）	
					体积	质量
1	超细水泥堵剂	未添加	140	134	96	93.6
2	超细水泥堵剂	1% 分散剂	140	137	98	96.7
3	超细水泥堵剂	2% 分散剂	140	138	99	97.4
4	G 级水泥		140	23	16	16.3
5	H 级水泥		140	19	14	12.2

从实验数据可以看出,即使未添加分散剂的超细水泥堵剂其通过0.15mm窄缝的体积分别达到了96%,添加2%分散剂后该数值达到了99%,而普通G级和H级水泥通过体积只有15%左右,说明超细水泥具有很好的挤入裂缝能力。在挤注过程中,一部分超细水泥浆进入环空裂缝中,能够彻底封堵炮眼和因射孔或其他因素在储层周边形成的微细裂缝,从而对管外环空进行有效封堵。

值得指出的是,若老井管外固井质量较差,环空封堵还可以通过锻铣套管来实现。当储气层顶界以上环空水泥返高小于200m或连续优质水泥胶结段小于25m时,可以对储气层顶界以上盖层段进行套管锻铣,锻铣长度不小于40m,锻铣后进行扩眼并注入连续水泥塞。但是,应谨慎采取锻铣套管工艺封堵,套管锻铣后井筒的完整性遭到破坏,不利于今后的应急抢险作业,尤其是对于大斜度井在钻塞抢险作业时,套管锻铣段容易划出新眼,使井况更加复杂。

2 老井封堵参数优化

老井封堵施工中各相关参数设计是否合理,直接决定着老井的封堵质量,施工之前必须对各关键参数进行优化设计,以确保老井封堵质量达到预期要求。主要参数包括挤注压力、封堵半径、堵剂用量、井筒水泥塞长度等。

2.1 最高挤注压力的确定

最高挤注压力直接影响着老井的封堵效果:如果设定的挤注压力太低,堵剂不能完全挤入地层,将会影响封堵质量,降低封层效果;如果设定的挤注压力太高,易使生产套管破裂,无法准确向目的层挤注堵剂,严重时还会压裂地层,造成堵剂大量漏失,无法保证封堵效果。

最高井底压力原则上不应该超过地层的破裂压力,为安全起见,通常设定井底压力为地层破裂压力的80%,且不超过油层套管抗内压强度极限,这样最高挤注压力可通过如下公式确定:

$$p_{挤} = p_{井底} - p_{液柱} + p_{摩阻} \tag{1}$$

式中 $p_{挤}$——最高挤注压力,MPa;

$p_{井底}$——最高井底压力,MPa;

$p_{液柱}$——井内压井液液柱产生的压力,MPa;

$p_{摩阻}$——压井液与套管壁之间产生的摩擦阻力,MPa。

但因挤注施工一般用清水压井及在低排量的条件下进行,故摩阻压力可以忽略不计。

2.2 封堵半径的确定

理论上来说,封堵半径越大,老井的封堵效果越好。但要设计合适的封堵半径还必须综合考虑以下几个因素:

（1）封堵目的层的孔隙度和渗透率等原始地层物性情况。

（2）固井时第一界面和第二界面可能存在弱胶结情况,为获得较大处理半径而采用高压挤注时,存在破坏第一界面和第二界面危险,影响封堵质量[1]。

（3）由于长期开采,目前地层压力比原始地层压力要低得多,地层孔隙会有一定程度的闭合,孔隙度、渗透率会降低,造成堵剂不易进入地层深部[1]。

综合考虑上述因素,为保证堵剂能顺利挤入地层,起到有效封堵目的层的作用,一般设计封堵半径为 0.5~0.8m,这与国内大多数完建储气库封堵老井的实际挤注半径是一致的,这些完建储气库均已运行多个注采周期,迄今为止还未发现气库漏气现象,这表明 0.5~0.8m 的处理半径是合理的,可以保证气库的整体密封性,满足气库运行要求。

2.3 堵剂用量的确定

堵剂用量需根据挤注半径、射孔层位厚度、地层有效孔隙度以及井筒内堵剂留塞高度来确定,理论用量可以根据下述公式确定[1]:

$$V_{剂} = \pi(R^2 - r^2)H\phi + \pi r^2 h \tag{2}$$

式中　$V_{剂}$——封堵施工所需堵剂的理论用量,m^3;

　　　R——封堵半径,m;

　　　r——井筒半径,m;

　　　h——射孔层位有效厚度,m;

　　　ϕ——射孔层位有效孔隙度,%;

　　　H——井筒内堵剂留塞高度,m。

现场确定用量时一般还应附加 30%~50%,并且需根据封堵目的层吸收量的大小对计算用量进行调整,优化。

3　老井封堵施工流程

（1）压井:选用合适密度及类型的压井液压井,要求压井后进出口液性一致,井口无溢流及明显漏失现象。

（2）装防喷器:根据储气层压力情况选用合适级别的防喷器,并按相关标准对防喷器进行试压,保证其处于良好工作状态。

（3）起原井管柱:如果井内有原井管柱(油管及泵杆等生产管柱),则将原井管柱提出,起管过程中需严格控制速度,并根据井控要求及时灌注压井液,保持井内压力平衡,井口无溢流。

（4）通井:根据套管内径选用合适的通径规进行通井,确认目前井筒状况,落实有无套变、落鱼等复杂井况。若井筒内有复杂井况,则采取相应的大修处理工艺(如套铣、磨铣、钻铣、打捞等)将老井井筒进行清理[2],一般需要将井筒清理至储气层以下 20~30m。

（5）刮削:根据套管内径选用合适规格的刮削器进行井筒刮削,并在封隔器及桥塞坐封位置反复刮削 3 次以上直至悬重无变化。

（6）清洗井壁:用清洗剂(主要是油溶性表面活性剂)对套管内壁附着的油污进行清洗,要求干净、彻底,如清洗不彻底,套管壁残余油污会影响后期堵剂的胶结,使固化后的堵剂在套管壁附近形成微环空或缝隙,存在井筒气窜的风险。

(7)套管试压:将封隔器坐封在封堵层位上部5~10m,对上部套管进行试压,试压值应达到或超过最高挤注压力值,避免挤注堵剂过程对上部套管造成破坏,同时,验证上部套管的抗压强度。对于再利用井,需对老井生产套管用清水试压至今后储气库运行时最高井口压力的1.1倍。

(8)资料录取:采用GPS重新测定井口坐标;陀螺或连续井斜测井复测全井井眼轨迹;声波幅度测井(CBL)、声波变密度测井(VDL)、分区水泥胶结测井(SBT)和扇区水泥胶结测井(RIB)等常用测井手段进行全井固井质量检测,对于再利用井需要加测四十臂井径和电磁探伤测井,并进行套管质量综合评价。

(9)确定封堵体系:根据封堵目的层孔喉半径选取合适粒径范围的堵剂,并根据目的层的温度和压力等参数进行室内稠化模拟实验,确定堵剂配方。

(10)确定堵剂用量:根据挤注半径、射孔层位厚度、目的层有效孔隙度以及井筒内堵剂留塞高度来确定堵剂合理用量。

(11)确定封堵工艺:根据不同井况特点选取合适的封堵工艺。

(12)确定最高挤注压力:最高挤注压力通常设定为地层破裂压力的80%,且不超过油层套管抗内压强度极限值,地层破裂压力可根据破裂压力系数进行推算。

(13)挤注目的层:根据确定的堵剂体系、封堵工艺及施工参数封堵目的层,候凝结束后应采用正向试压与氮气(液氮或汽化水等)掏空后反向试压相结合的试压方式验证封层效果。

(14)注井筒水泥塞:采用加压打塞工艺注井筒水泥塞,储气层顶界以上管内连续水泥塞长度应不小于300m,一般来说应打到生产套管水泥返高位置以上。

(15)锻铣套管:如果前期固井质量检测管外水泥环不能满足要求,在盖层位置选取合适的井段锻铣油层套管40m以上,扩眼后加压挤注堵剂进行封堵。

(16)灌注保护液:为延缓套管腐蚀速度,同时提供液柱压力压井以避免漏失气体直接窜至地面,水泥塞上部井筒灌注套管保护液。

(17)下完井管柱:为保留弃置井应急压井功能,确保出现井筒窜气等异常情况能快速压井,弃置井封堵完井时应下入一定数量的油管作为压井管柱。

(18)封堵收尾:恢复井口采油(采气)树,油层套管安装压力表、技术套管环型钢板打孔后安装考克及压力表。

(19)标准化井场:为了规范储气库弃置井的管理,保障储气库安全,同时确保出现紧急情况可实现应急作业,储气库各老井场均需要保留,并将井场标准化处理。

(20)建立定期巡井制度,定期记录油层套管和技术套管带压情况,做好备案。

4 小结

自2000年国内第一座大型城市调峰储气库——大港大张坨储气库投入运行以来,截至2015年底,大港先后完建了大张坨、板876、板中北、板中南、板808、板828以及板南等7座地下储气库,期间共封堵老井112口,储气库老井封堵技术在不断的现场实践中日臻完善。储气库老井封堵技术使库区内的废弃老井得到了有效的处理,保证了气库的安全平稳运行。

参 考 文 献

[1] 张平,刘世强,张晓辉,等. 储气库区废弃井封井工艺技术[J]. 天然气工业,2005,25(12):111 – 114.
[2] 胡博仲. 油水井大修工艺技术[M]. 北京:石油工业出版社,1998.

作者简介:刘贺,工学硕士,工程师,从事储气库老井封堵、油田调剖堵水工艺及化工新产品研发工作。联系方式:(300280)天津市大港区大港油田三号院团结东路;联系电话:022 – 25921445;E – mail:liuhe10@ petrochina. com. cn。

油气藏型储气库废弃井封堵技术浅析

李国韬　代晋光　邹晓萍　刘　宁

（中国石油大港油田公司石油工程研究院）

摘　要: 利用枯竭或处于开发中后期的油气藏改建成地下储气库时,对油气藏上的老井进行有效封堵是关系到储气库安全的关键因素之一。针对油气藏型储气库废弃井封堵中存在的井筒状况复杂、地层压力低、漏失严重、非均质性强的难点,从封堵工艺、封堵堵剂、配套工具等方面进行了综合分析,并以大港储气库 bs34 井为例,对施工工艺进行了论述。经过 160 余口封堵井的现场实践,表明该封堵工艺适应国内储气库废弃井封堵的实际,封堵堵剂具有注入性强、强度高、封堵效果好的特点。

关键词: 储气库;废弃井;封堵

1　封堵面对的主要难题

国内外实践证明,利用油气藏建设地下储气库是经济、快速和安全的。然而,利用油气藏建设地下储气库,不可避免地要遇到如何对废弃井进行有效封堵的难题。

在油气藏建成储气库之前,有长达几十年的开发期。这期间,油气藏上部署了数十口甚至上百口的探井、评价井、开发井。这些井井筒情况各异,有的发生套变、有的井下有落鱼、有的进行了开窗侧钻等,这些都给废弃井的封堵带来困难。

储气层低地层压力、强非均质性等地质特性也给封堵工作带来困难。如刘庄储气库,储气层以生物碎屑灰岩、鲕状灰岩夹粉细砂岩为主,建库时地层压力系数仅 0.42,并且在气藏开发时经过了酸化处理,建库前的封堵施工中如何防漏以提高封堵施工压力、保证封堵质量也是工作中的一个难点。

国内储气库投入运行后,以一年为一个周期进行注气—采气的循环,如何保证废弃井在储气库周期性的交变应力作用下长期密封是需要解决的另一个难题。

2　封堵工艺

储气库废弃井封堵的原则是:不但要确保注入地下的天然气不能从井筒内窜至地面,还要保证天然气不能沿套管外水泥环上窜至地面,同时,要防止井内层间气窜。

通过研究、实践、完善,形成了成熟的储气库废弃井封堵工艺:

(1)对于工程报废井或地质报废井,根据具体情况制订不同措施修复井筒。

(2)储气层以下用普通水泥打 30~50m 水泥塞,防止储层气向下运移。

（3）优选堵漏剂挤注漏失的储气层,建立起正常压力系统;然后,采用专门研发的封堵剂挤注储气层位,封堵原射孔层位,并修复射孔时造成的固井水泥环的裂隙,切断天然气从储层到固井界面和井筒的运移通道。为有效封堵储气层,防止堵剂返吐,挤注堵剂后采用带压候凝工艺。

（4）对于油层套管固井质量差的井,选取合适井段射孔或锻铣后挤注堵剂,以进一步阻断天然气上升通道。

（5）用普通水泥打水泥塞至水泥返高附近。

（6）水泥塞面至井口注满套管保护液。

（7）井口安装简易井口和10MPa压力表。

3 堵漏剂性能

实验表明,在5.0~8.0MPa压力下,在漏失初期,堵漏颗粒迅速填充孔隙,在漏层表面形成低渗屏蔽带,5min后漏失速率下降92%以上,半个小时可达96%（表1）,表明堵漏剂具有良好的防漏能力。

表1 防漏能力评价实验

堵漏剂配方		配方Ⅰ			配方Ⅱ		
初始渗漏量（mL/min）		450.5(0.6MPa)			1260(0.3MPa)		
初始渗透率（mD）		120			730		
压力	时间	5min	30min	60min	5min	30min	60min
5.0MPa	渗漏速率（mL/min）	50.2	20.5	7.53			
	防漏效率（%）	92.4	96.4	98			
8.0MPa	渗漏速率（mL/min）				30.6	16.47	3.68
	防漏效率（%）				94.4	96.6	97.1

此外,堵漏剂还应保证在配成浆液后,在一定时间内不发生沉淀,以满足配置和现场施工泵送的需要。

4 封堵剂性能

储气库对封堵剂的要求很高,主要是因为注采周期内地层压力变化大,堵剂承受较大的交变应力,因此要求堵剂要有良好的注入性,较高的强度和韧性。

4.1 粒径要求

封堵剂应具有较小的粒径,在一定的施工压力下更容易进入低渗区域,从而获得较大的处理半径（表2）。

表 2　注入性对比实验

堵剂类型	岩心渗透率(D)	注入排量(mL/min)	注入压力(MPa)	堵剂注入深度(mm)
专用堵剂	11.8	9	6.5～9.4	21
普通油井水泥	13.6	9	10～17	6 表面有滤饼

4.2　强度要求

封堵剂应具有较高的强度。研制的专用封堵剂的强度是普通水泥浆的1.5～2倍,比超细水泥高出30%～50%(表3)。

表 3　抗压强度对比

参数	普通油井水泥	普通超细水泥	专用堵剂
抗压强度(MPa)	8～15	11～21	15～31

4.3　韧性要求

为适应储气库交变应力的影响,调整封堵剂配方,增加了封堵剂的韧性和固结强度,使封堵剂具有了高韧性和膨胀的作用[1,2](表4)。

表 4　抗折性能实验

参数	普通油井水泥	专用堵剂
抗折强度(MPa)	3.6	4.1
膨胀率(%)	-1	1

4.4　防气窜性能要求

研究表明:除了加大颗粒材料的浓度提高堵剂固化强度,提高防气窜性能外,还可以在颗粒材料中添加适量的纳米材料,来改善堵剂的孔隙结构和致密性,降低堵剂的渗透性,从而提高防气窜[3,4]。采用气相渗透率仪考察加入纳米防气窜材料前后堵剂的气相渗透率变化,评价堵剂防气窜性能,结果见表5。

表5　水泥石防气窜性能测定实验

序号	配方	固化强度(MPa)	气相渗透率(D)		
			第1次	第2次	平均
1	未添加纳米防气窜材料封堵剂	20.8	0.38	0.71	0.55
2	添加纳米防气窜材料封堵剂	26.6	0.21	0.17	0.19
备注:试验温度:60℃,ZCT-08颗粒浓度为64%。					

4.5　岩心模拟实验

为了考察封堵剂对不同岩心的封堵效果,针对不同渗透率的岩心进行了封堵剂的模拟注入实验。从实验结果可以看出,封堵剂对不同渗透率的岩心均具有较高的封堵率,封堵能力强(表6)。

表6 岩心封堵性能实验

岩心编号	堵前渗透率(D)	堵后渗透率(D)	注入压力(MPa)	注入排量(mL/min)	堵塞率(%)
1	8.11	0	15~20	6	100
2	55.31	0	11-20	6	100
3	121.09	0	8-18	6	100

5 应用实例

bs34井为大港储气库的一口废弃井。该井存在井口破损、套管有变形、井内有落鱼,油层套管内有约2MPa压力,油层套管与技术套管环空中有约3MPa的压力,且压力有上升趋势,给储气库的安全运行带来隐患。

5.1 存在问题

(1)bs34井施工前井内有天然气,压力在2MPa左右,施工时容易发生"气侵"压井液的现象,作业风险较大。

(2)施工前套管在2295.15m处发生变形,落鱼鱼顶位置在2296.6m,具体管柱结构不详。由于在鱼顶以下和卡点之间可能还存在变形,且与井下落物、水泥掺杂在一起,修复有一定的难度。

(3)施工前生产套管与技术套管环空中一直有3MPa左右的压力,说明存在气体上窜通道。而该井套管存在套变、套损现象,管外固井质量经过多年变化情况无法估计,给准确判断上窜通道带来较大难度。

5.2 封堵工艺

根据bs34井存在的问题,该井的处理采取"自上而下,先易后难,内外结合"的方式,彻底封堵储气层位板Ⅱ油组,切断天然气上窜以及下窜的通道,达到保证储气库安全运行的目的。

5.2.1 前期准备及技术要求

(1)为防止在修井时发生井涌等事故,在修井时采用气测录井技术对修井全过程监控,作业单位根据气测资料调整好压井液性能,发生气侵时及时做好压井。

(2)采取"套、铣、磨、取换套"的方式修理井筒、打捞落鱼,虽然修井周期较长,但修复成功率高,要求处理到储气层位下部。

(3)进行全井段CBL测井,检测全井段固井质量。

5.2.2 采用"自下而上"封堵工艺,逐一切断气源和气窜通道

(1)首先打底部水泥塞,将板Ⅱ储气层与下部其他射开层分隔开。

(2)挤注专用封堵剂对储气层板Ⅱ油组进行封堵,采用带压候凝施工工艺,提高封

效果。

(3)对管外无水泥段的关键部位射孔挤注封堵,切断天然气沿管外上窜通道。

5.3 封堵效果

该井自 2008 年 10 月完成大修封堵施工后,观察井口压力一直为 0MPa,保障了大港储气库的安全运行。

6 结论与建议

(1)储气库废弃井封堵工艺的成功,扩大了国内储气库选址的范围,使得一些因废弃井无法有效封堵而放弃建库的油气藏,重新焕发生机。

(2)"切断两端、高压挤注、带压候凝"的封堵原则对储气库废弃井的封堵作业是有效的。

(3)研制的"细粒径、高强度、高韧性"的封堵剂适应储气库的运行工况,能够满足储气库废弃井封堵的需要。

(4)对于含气废弃井的封堵,封堵剂还应具备防气窜性能,防止封堵剂"气侵"现象的发生,保证封堵效果。

(5)随着国内储气库的陆续建成,候选库址的地质条件、井筒条件更加恶劣,应进一步开展纳米级封堵材料、侧钻井封堵工艺等技术的研究工作,以适应国内储气库建设发展的需要。

参 考 文 献

[1] 裴建武. 纤维对油井水泥作用机理的实验研究[J]. 西部探矿工程,2004,101(10):68 - 69.
[2] 步玉环,王瑞和,穆海朋,等. 碳纤维改善水泥石韧性试验研究[J]. 中国石油大学学报,2005,23(3):53 - 56.
[3] 樊芷芸. 纳米科学技术与化学建材[J]. 化学建材,1998,14(3):41 - 42.
[4] 王宏志,高濂,郭景坤. 纳米结构材料[J]. 硅酸盐通报,1999(1):31 - 34.

作者简介:李国韬,硕士,高级工程师,长期从事储气库注采完井工程、老井处理工程的研究、设计及现场服务工作。联系电话:022 - 25975200;E - mail:liguotao001@126.com。

大港地下储气库加密井钻井工程优化设计及应用效果

刘在同　陈　虹　于　钢

（中国石油大港油田石油工程研究院）

摘　要：大港板桥地区地下储气库建成后已运行十几年，为达到设计工作气量，实施达容钻加密井工程。由于该地区储气库已运行十几个注采周期，储层孔隙度、渗透率和孔隙直径都发生了变化，目的层地层压力由原先的枯竭油气藏转变为高压气层。因此，提高工作气量钻加密井必须考虑安全措施，防止在钻井过程中受地下高压气层的影响，给整个储气库群带来安全隐患。同时，依据储层岩性特点和物性特征，找出对储层造成伤害的因素，做好储层保护工作。

关键词：储气库；钻井；井身结构；储层保护；固井；安全措施

大张坨储气库于 2000 年建成投产后，大港板桥地区又相继建成了板中北等 5 座地下储气库。大港板桥地区储气库群运行十几年后，为达到设计工作气量，需实施扩容钻加密井工程。由于储气库已运行数年，储层孔隙度、渗透率和孔隙直径都发生了变化，目的层地层压力随注采量而动态变化。因此，要保证加密井实现安全钻进和达到扩容的目的，必须根据储层岩性的特点和物性特征，有针对性地制订安全措施、优化井眼轨道、井身结构、钻井液及性能参数、储层保护措施。

1　扩容加密井钻井施工技术难点

板桥地区地下储气库扩容钻加密井在钻井施工中存在以下技术难点：(1)由于储气库注采井在生产运行期，地层储层压力较高且是动态变化的，给钻井过程中的安全带来很大挑战；(2)井眼尺寸大、裸眼段长，清屑困难，易造成起下钻阻卡、划眼；(3)地层坍塌压力不一致，沙一段有一大段泥岩，坍塌较严重，钻井中裸眼井段易引发井壁垮塌、卡钻及井喷；(4)目的层压力是动态变化的，储层保护困难。本文以板中北地下储气库钻加密井为例，全面阐述储气库钻加密井钻井技术及安全措施。

2　钻井设计

库 3 - 21 井是板中北地下储气库 1 口扩容加密井，下面以库 3 - 21 井为例，简述储气库扩容加密井钻井设计要点。

2.1　施工前安全措施

(1)由于扩容新钻井均部署在已建井场上，因此从安全考虑，钻井施工时必须对所有注采气井井口采取防护措施,确保老注采井井口装置和新钻井的安全。

(2)钻井施工前,必须对注气井进行压力监控,停止影响新钻井邻井注采的注气作业。

(3)开钻前要对注气井进行测压,确定地下实际压力,待固井候凝48h后再开井生产。

(4)对于距离钻井施工现场较近的注采井,在钻井施工过程中应关闭井筒安全阀,泄掉安全阀以上的高压天然气。

2.2 井眼轨道优化

定向井井眼轨道优化能有效地降低钻进过程中的摩阻扭矩及施工难度,有利于提高中靶精度。依据库3-21井水平位移及地质设计将井眼轨道设计为三段制剖面,设计的全角变化率和井斜角要保证较大尺寸完井套管和井下工具的顺利下入,以利于安全钻井。井眼轨道设计见表1。

表1 库3-21井井眼轨道设计主要参数表

井段	测深(m)	井斜角(°)	方位角(°)	垂深(m)	全角变化率[(°)/30m]	视平移(m)
造斜点	1150.00	0.00	151.96	1150.00	0	0.00
稳斜点	1397.67	19.81	151.96	1392.76	2.4	42.40
目标点	2850.94	19.81	151.96	2760.00	0	535.00
井底	2963.61	19.81	151.96	2866.00	0	573.19

2.3 井身结构

板板地区从20世纪70年代中期开始,为了开发凝析油气,陆续钻了20多口井。从钻遇的地层情况来看,地层较稳定,没有出现异常压力现象,在东营组和沙河街组有大段的泥岩层,容易产生井眼缩径和坍塌。随着油田开采,建库前板Ⅱ油组孔隙压力仅为0.4。板Ⅱ油组在2004年被改建为储气库,储气库注采气井均采用二开或三开井身结构。

根据三压力预测结果,结合已建储气库经验及地层特性,在保证钻井安全前提下将库3-21井设计为三开井身结构,即表层采用ϕ508mm套管下深100m,封隔平原组上部松散地层,固定井口,安装井口装置;技术套管ϕ273.1mm下深1000m,封固明化镇组,缩短下部裸眼长度,有利于安全钻井;依据注采油管,生产套管尺寸设计为ϕ177.8mm气密扣套管。井身结构主要数据见表2及图1。

表2 库3-21井井身结构设计表

开钻次序	井深(m)	钻头直径(mm)	套管直径(mm)	套管下入地层层位	套管下入深度(m)	环空水泥浆返深(m)
一开	101	660.4	508	平原组	100	地面
二开	1003	374.6	273.1	馆陶组	1000	地面
三开	2964	241.3	177.8	沙一下亚段	2959	地面

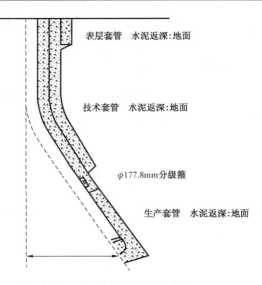

图 1　库 3 – 21 井井身结构示意图

2.4　套管柱及固井技术

2.4.1　套管柱设计

为了保证安全钻井,满足抗拉、抗内压和抗外挤要求,对各层套管钢级及壁厚优化选择,且生产套管必须采用气密扣密封套管。套管柱设计见表 3。

表 3　库 3 – 19 井套管柱强度设计表

套管程序	井段（m）	钢级	套管外径（mm）	套管壁厚（mm）	螺纹类型	本层累重（t）	安全系数		
							抗外挤	抗内压	抗拉
表层套管	0 ~ 100	J55	508	12.7	梯形螺纹	18.85	7.27	3.55	50.6
技术套管	0 ~ 1000	J55	273.1	8.89	梯形螺纹	60.27	2.27	1.49	5.27
生产套管	0 ~ 2959	P110	177.8	9.19	特殊螺纹	114.48	1.18	1.96	3.38

2.4.2　固井技术

对于储气库注采井,为了保证气库密封性能及使用寿命,各层次套管水泥返深均要求返至地面。主要存在两个难点:一是目的层的地层孔隙压力和破裂压力低;二是各层套管水泥返地面,固井段长,施工难度大,固井质量也不易保证,且生产套管需要双级注固井[1]。

通过以往储气库注采井固井经验,为了保证生产套管固井质量,生产套管固井采用分级注的方式固井,一级采用常规密度膨胀水泥体系固井,二级采用粉煤灰低密度水泥固井,水泥均返至地面,常规水泥浆候凝时间大于 24h;低密度水泥浆候凝时间大于 48h。

2.5　储层保护

2.5.1　钻井液体系性能参数

目的层采用有机硅钻井液体系,相关参数见表 4。

表4 钻井液体系性能参数表

开次	钻井液体系	井段(m)	常规性能									流变参数		膨润土含量(g/L)
			密度(g/cm³)	马氏漏斗黏度(S)	API失水(mL)	滤饼厚度(mm)	pH值	含砂(%)	HTHP失水(mL)	摩阻系数	静切力(Pa)		塑性黏度(mPa·s)	动切力(Pa)	
											初切	终切			
一开	膨润土	0~101	1.08	40~50	—	—	—	—	—	—	—	—	—	—	—
二开	聚合物	101~1003	1.08~1.12	35~45	<10	0.5	8~9	<0.3	<0.1	1~4	2~7	10~18	6~8	0.6~0.7	<50
三开	有机硅钻井液	1003~2964	1.12~1.25	40~50	<5	0.5	8~10	<0.3	<12	<0.08	1~5	2~7	10~20	6~8	<55

2.5.2 储层保护技术

钻入目的层前要依据地层压力及井下实际情况调整好钻井液性能参数,正常情况下要保持低密度、低切力、低滤失量,减少滤液侵入储层[2]。

(1)进入储层前100m要检查保养钻井设备,保证设备运转正常,准备好所需各种材料和工具,做好各项工序的衔接工作,提高机械钻速,快速钻过目的层,减少对储层的浸泡时间。

(2)采用双相屏蔽暂堵技术保护储层,即根据储层孔喉直径的大小,选用与钻井液类型相匹配的暂堵剂,在进入储层前加入,使其在井壁周围形成一个渗透率接近零的屏蔽带,阻止钻井液液相和固相对储层的伤害。板中北地下储气库加密井采用加入复合油溶暂堵剂材料。

(3)加强固控设备的使用,严格控制钻井液中的固相含量及钻井液密度。采用四级净化,清除无用固相。钻井液含砂量小于0.2%。MBT小于45g/L,保持钻井液、完井液的清洁。

(4)严格控制钻井液滤失量,储层井段要控制钻井液常规API滤失量小于3mL,HTHP滤失量要小于12mL。

2.6 安全防范措施

(1)储气库钻加密井,由于储气库处于运行期,地下压力是动态变化的,因此,钻井施工期间除停注周围注气井外,还要测量与之相连通邻井的实际地下动态压力,计算出合适钻井液密度,防止发生气侵、溢流和井涌,特别是因井漏而发生的井喷,确保安全钻井。

(2)揭开目的层前要做好各工序的衔接工作,严禁因地面工作影响施工进度。要快速钻进、快速完井、电测,尽可能缩短钻井液对目的层浸泡时间,防止出现复杂情况。

(3)钻至目的层前要调整好钻井液性能,严格控制起下钻速度,杜绝出现由于压力激动而造成的井漏现象。使用屏蔽暂堵技术保护好目的层,施工中要做好防漏、防喷和防有毒气体的准备工作。

(4)现场要储备高密度加重泥浆和适量的堵漏材料,并储备好足够量钻井液量。

3 钻探效果

板中北储气库扩容加密井已完钻5口井,下面从安全时效、储层保护和固井质量3方面对钻探效果进行简要分析。

3.1 安全时效分析

结合地层特点,通过优选钻头、优化钻具和井身结构,提高机械钻速,大大缩短了钻井周期。由于制订了有针对性的安全保证措施,钻井施工顺利,无复杂事故。实现了安全、高效钻井,加快了储气库扩容建设步伐(表5和表6)。

表5 板中北加密井钻井基础数据表

井号	井型	完钻井深(m)	钻井周期(d)	平均机械钻速(m/h)	钻机月速[(m)/(台·月)]
库3-16	定向井	3013	27	12.66	2195.71
库3-17	定向井	3182	33	11.31	2185.06
库3-19	定向井	3343	29	14.82	2405.04
库3-20	定向井	3121	23	14.27	2558.20
库3-21	定向井	2964	27.98	14.67	2121.35

表6 板中北加密井钻井时效数据表

井号	生产时效(%)						非生产时效(%)		
	纯钻	起下钻	扩划眼	辅助	固井	测井	事故	组停	机修
库3-16	24.08	6.37	1.28	10.28	43.37	6.52	—	5.80	2.30
库3-17	26.82	10.75	1.93	12.31	29.66	8.37	—	10.16	—
库3-19	22.46	9.63	2.69	12.34	37.1	11.75	—	4.03	—
库3-20	24.86	10.76	2.61	14.24	40.88	6.65	—	—	—
库3-21	20.08	13.7	1.49	17.31	26.59	16.9	—	3.68	0.25

3.2 储层保护实施效果

由于有机硅钻井液体系具有较强的抑制性,化学防塌效果显著,井眼稳定性强,缩短了钻井时间。依据储层主要连通喉道大小,有针对性地匹配架桥粒子、填充粒子、可变性粒子、分散剂配比组成油保材料,并在钻入储层前加入复合溶暂堵剂,在体系中保持其含量。在一定程度上降低了储层钻井液密度,控制较低滤失量,有效保护了储层。

从表7中可看出,滤失量、总固相含量、MBT含量基本都保持在较低水平。同时,通过对完钻井试油资料表皮系数的统计,显示储层保护效果良好。

表7 板中北加密井钻井液性能表

井号	完井钻井液密度(g/cm³)	API滤失量/滤饼厚度(mL/mm)	HTHP滤失量/滤饼厚度(mL/mm)	总固相含量(%)	MBT含量(g/L)	θ_{300}	θ_{600}
库3-16	1.16~1.23	4/0.5	10/0.5	10	48	25	39
库3-17	1.15~1.23	4/0.5	10/0.5	10	47	24	37
库3-19	1.18~1.25	4/0.5	10/0.5	10	39	42	63
库3-20	1.18~1.23	4/0.5	10/0.5	10	47	35	52
库3-21	1.17~1.25	4/0.5	10/0.5	10	50	24	38

3.3 固井质量合格

经声幅测井检查,生产套管一级固井质量为优质,无漏失水泥浆现象;二级固井质量达到标准要求,为储气库的安全运行提供了保障。

4 结论及认识

(1)新钻加密井要随时监控地下注气压力。以与新钻加密井连通较好的邻井注采井压力作为调整钻井液密度的主要依据,然后根据地层岩性和钻井液体系特性综合应用,采取严格的井控措施,才能确保安全钻井。

(2)由于储气库钻加密井,储层孔隙度、渗透率、孔隙直径都发生了变化,目的层地层压力由原先枯竭油气藏转变为有压储层,因此要依据储层物性,选用相匹配的复合油溶暂堵剂,采用双相屏蔽暂堵技术保护储层,效果明显。

参 考 文 献

[1]《钻井手册(甲方)》编写组. 钻井手册[M]. 北京:石油工业出版社,1990.
[2]李克向. 保护油气层钻井完井技术[M]. 北京:石油工业出版社,1993.

作者简介:刘在同,工程师,长期从事油田钻井工程设计和储气库研究。通讯地址:(300280)大港油田三号院团结东路石油工程研究院储气库项目部;E - mail:liuzaitong@163.com。

板中北地下储气库水平井钻井设计优化与应用

刘在同[1]　王育新[1]　赵华芝[2]

（1. 中国石油大港油田石油工程研究院；

2. 中国石油大港油田第四采油厂集输计量管理站）

摘　要：大港板中北储气库库 3 – 18H 井是国内第一口砂岩储气库注采水平井,主要目的是加快大港油田板中北储气库达容速度。由于是国内首次在已建成的储气库上钻水平井,储层压力不稳定,因此设计与施工难度较大。通过井眼轨道、井身结构、钻井液及油层保护措施、套管柱及固井技术优化,并采取 3 项重点措施,保证了扩容水平井顺利实施。完井测井评价和试井分析表明,注采井的产能达到了设计要求,水平井钻探效果显著,满足储气库达容建设要求。

关键词：大港油田;储气库;水平井;井身结构;固井;射孔完井

1　概况

为加快大港油田板中北储气库的达容速度,部署设计钻探库 3 – 18H 水平井。

库 3 – 18H 井位于天津市大港区独流碱河以北,距天津市区约 45km,地处板桥油气田的主要含气区块板中断块中部。目的层为沙一下亚段板 Ⅱ 油组,预计油、气层埋深 2737 ~ 2780m。该井设计水平段长度 400m,井底水平位移 728m(表 1 和表 2)。

表 1　库 3 – 18H 井地质分层表

地质年代	地层分层		底界深度(m)	主要岩性描述
第四系	平原组		298	黄色黏土及散砂
新近系	明化镇组		1554	棕红色泥岩与浅灰色细砂岩,夹浅灰色泥质砂岩,棕红色砂质泥岩
	馆陶组		1870	浅灰色细砂岩、含砾不等粒砂岩,灰绿色泥岩,底部为杂色砾岩、细砾岩
古近系	东营组		2238	灰色泥岩夹浅灰色粉砂岩为主,局部细砂岩
	沙一上亚段		2419	灰色泥岩夹浅灰色细砂岩
	沙一中亚段	板 0	2666	灰色泥岩夹浅灰色细砂岩薄层
		板 Ⅰ	2730	大段深灰色泥岩局部夹浅灰色细砂岩
	沙一下段	板 Ⅱ	2780 未穿	深灰色泥岩与浅灰色细砂岩、荧光细砂岩互层

表2　库3-18H井井眼轨道主要参数表

井段	测深 （m）	井斜角 （°）	方位角 （°）	垂深 （m）	全角变化率 [（°）/30m]	井斜变化率 [（°）/30m]	方位变化率 [（°）/30m]	视平移 （m）
造斜点	2373.63	0.00	232.95	2373.63	0.000	0.000	0.000	0.00
入窗点	2908.66	83.88	232.95	2737.00	4.703	4.703	0.000	326.50
靶点	3312.11	83.88	232.95	2780.00	0.000	0.000	0.000	727.66

2　钻井设计优化

2.1　井眼轨道优化

水平井井眼轨道优化能有效地降低钻进过程中的摩阻扭矩及施工难度,有利于提高中靶精度。依据库3-18H井水平位移及地质要求将井眼轨道设计为单增剖面(图1)。主要优点:一是考虑设计的全角变化率应保证较大尺寸的完井套管能顺利下入以及井眼尺寸对钻具组合造斜能力的影响,由于靶前位移的限制,采用单增剖面可以降低全角变化率[1];二是避免在二开ϕ374.6mm大井眼中定向,以利于提高钻速及井眼轨迹控制;三是兼顾二开套管下深封固东营组,缩短下部裸眼井段,保证安全钻井。

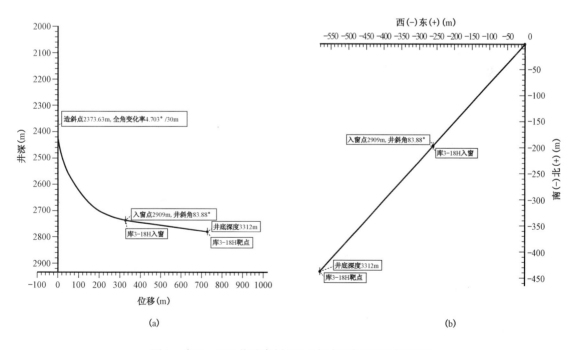

图1　库3-18H井垂直剖面(a)与水平剖面(b)投影图

2.2　井身结构

板中北高点断块板Ⅱ油组在 2004 年被改建为储气库。2005 年 4 月开始向储层内注入天然气,改建后的储气库所完钻的井均采用二开或三开井身结构。

根据三压力预测结果,结合已建储气库经验及设计井深,在保证钻井安全的前提下将库 3 - 18H 井设计为三开井身结构,即表层采用 φ508mm 套管下深200m,封隔平原组上部松散地层,固定井口,安装井口装置;技术套管 φ273.1mm 下深 2260m,封固东营组,缩短下部裸眼长度,有利于安全钻井;依据注采气量,油层套管尺寸设计为 φ177.8mm 气密扣套管(表 3,图 2)。

表 3　库 3 - 18H 井井身结构设计表

开钻次序	井深（m）	钻头直径（mm）	套管直径（mm）	套管下入地层层位	套管下入深度（m）	环空水泥浆返深（m）
一开	201	660.4	508.0	平原组	200	地面
二开	2263	374.6	273.1	沙一上亚段	2260	地面
三开	3312	241.3	177.8	沙一下亚段	3307	地面

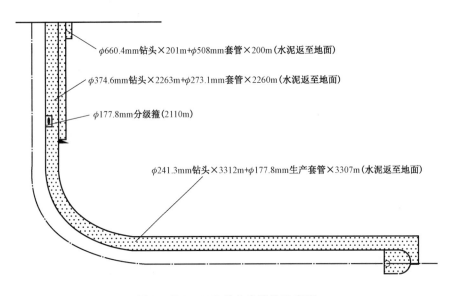

图 2　库 3 - 18H 井井身结构示意图

2.3　钻井液及油层保护技术

2.3.1　钻井液体系性能参数

目的层采用有机正电胶钻井液体系,相关参数见表 4。

表4 钻井液体系性能参数表

开钻次序	钻井液体系	井段(m)	常规性能										流变参数		膨润土含量(g/L)
			密度(g/cm³)	马氏漏斗黏度(s)	API失水(mL)	滤饼厚度(mm)	pH值	含砂(%)	HTHP失水(mL)	摩阻系数	静切力(Pa)		塑性黏度(mPa·s)	动切力(Pa)	
											初切	终切			
一开	膨润土	0~201	1.08	40~50	—	—	—	—	—	—	—	—	—	—	—
二开	聚合物	201~2263	1.08~1.20	40~50	<10	0.5	7~9	<0.3	<0.1	1~4	2~7	10~18	6~8	0.6~0.7	<50
三开	有机正电胶	2263~3312	1.20~1.25	42~55	<5	0.5	8~10	<0.3	<12	<0.08	1~5	2~7	10~20	6~8	<55

2.3.2 油气层保护措施要求

(1)根据储层孔隙度大、渗透率高和主要喉道大的特点,采用双项屏蔽暂堵技术,目的层加入油保材料[2]。

(2)进入目的层前要控制钻井液 API 滤失量小于 5mL,HTHP 滤失量小于 12mL,含砂量小于 0.3%,渗透率恢复值大于 80% 以上。

(3)采用五级净化,清除无用固相,保持钻井液的清洁。

2.4 套管柱及固井技术

2.4.1 套管柱设计

为了保证安全钻井,满足抗拉、抗内压、抗外挤要求,对各层套管钢级及壁厚优化选择,且生产套管必须采用气密扣密封套管(表5)。

表5 库 3－18H 井套管柱强度设计表

套管程序	井段(m)	钢级	套管外径(mm)	套管壁厚(mm)	螺纹类型	本层累重(t)	抗外挤		抗内压		抗拉	
							计算强度(MPa)	安全系数	计算强度(MPa)	安全系数	计算强度(MN)	安全系数
表层套管	0~200	J55	508.0	12.7	梯	31.7	0.8	6.64	10.5	1.52	0.31	22.8
技术套管	0~2260	N80	273.1	11.43	梯	171.5	11.8	1.89	16.2	2.49	1.68	3.25
生产套管	0~3307	P110	177.8	9.19	特	127.95	34.1	1.26	35.0	1.96	1.22	3.11

2.4.2 固井技术

针对储气库注采井,为了保证气库密封性能及使用寿命,各层次套管水泥返深均要求返至地面。主要存在两个难点:一是目的层的地层孔隙压力和破裂压力低;二是各层套管水泥返地面,固井段长,施工难度大,固井质量也不易保证,且生产套管需要双级注固井。

通过以往储气库注采井固井经验,为了保证生产套管固井质量,生产套管固井采用分级注的方式固井,一级采用常规密度膨胀水泥体系固井,二级采用粉煤灰低密度水泥固井,水泥都返至地面,常规水泥浆候凝时间大于 24h;低密度水泥浆候凝时间大于 48h。

2.5 重点措施

(1)开钻前必须关停库 3 – 12 井及相关周围邻井,保持至完井。

(2)钻井施工除关停周围注气井,需实测库区地下实际压力,确定合适的钻井液密度。此外,还要密切观察井口变化情况,控制好钻井液密度,防止发生气侵、溢流、井涌,特别是因井漏而发生的井喷。现场要储备好加重钻井液和堵漏材料。

(3)钻至目的层前要调整好钻井液性能,使用屏蔽暂堵技术保护好目的层,施工中要做好防漏、防喷和防有毒气体的准备工作。搞好一次井控,为防止井漏可提前在钻井液中加入暂堵剂等酸溶性材料,井场应储备复合堵漏剂以备急需。严格控制起下钻速度,杜绝出现由于压力激动而造成的井漏现象。

3 钻探效果

3.1 钻井周期短

通过优选钻头,优化井身结构,库 3 – 18H 井钻井施工顺利,没有出现井下复杂情况与事故。机械钻速相对较高,大大缩短了钻井周期,加快了储气库建设步伐。

库 3 – 18H 井完钻井深 3312m,建井周期仅 64 天,生产时效近 97%(表 6 和表 7)。

表 6　库 3 – 18H 井钻井基础数据

井型	完钻井深(m)	钻井周期(d)	建井周期(d)	平均机械钻速(m/h)	钻机月速[(m)/(台·月)]
水平井	3312	41	64	9.41	2027.76

表 7　库 3 – 18H 井钻井时效数据表

生产时效(%)						非生产时效(%)			
纯钻	起下钻	扩划眼	辅助	固井	测井	事故	复杂	组停	机修
29.93	10.03	10.3	4.38	28.34	6.41	0	0	0	3.06

3.2 储层保护较好

在钻井过程中,由于针对地层的物性对储层进行了屏蔽暂堵保护,严格控制钻井液性能,有效降低了对储层的伤害。经测井评价和试井分析,注采井的产能达到了设计要求。

3.3 导向钻井技术的应用保证了中靶精度

通过以往的钻井经验可知,板桥地区在钻定向井时,井眼方位不易于控制。由于库 3 – 18H 井是储气库第一口水平井,对井眼轨迹的控制要求就更严格,否则会影响管柱的下入及后期作业。因此在钻探中充分应用导向钻井和 LWD 地质导向井眼控制技术,制订针对性较强的措施,及时监控井眼轨迹和解释 LWD 数据,为井眼进入目标层提供地层参数,使井眼轨迹得到有效控制,保证了中靶精度。同时也为安全钻井、缩短钻井周期创造了条件。

3.4　固井质量达到设计标准

经声幅测井检查,生产套管一级固井质量为优质,无漏失水泥浆现象;二级固井质量达到标准要求,为储气库的安全运行提供了保障。

4　结论及认识

(1)通过对国内第一口砂岩储气库注采水平井的研究及实施效果可以看出,储气库钻水平井在钻井、完井和储层保护方面是可行的,为今后水平井技术发展提供了参考依据。

(2)针对在储气库正常运行时,对于新钻井的储层保护采取了有效的保护措施,保证了安全钻井,使新钻注采井的生产能力达到了预期效果。

(3)储气库注采井生产套管要求采用气密扣套管,且固井水泥浆均要求返到地面,保证了气库盖层顶界以下生产套管的固井质量,确保了气库安全运行。

参 考 文 献

[1] 钻井手册编写组 . 钻井手册[M]. 北京:石油工业出版社,2013.
[2] 李克向 . 保护油气层钻井完井技术[M]. 北京:石油工业出版社,1993.

作者简介:刘在同,工程师,长期从事油田钻井工程设计和储气库研究。通讯地址:(300280)大港油田三号院团结东路石油工程研究院储气库项目部;E - mail:liuzaitong@163.com。

板中北地下储气库加密井钻井液优化控制及成效

王立辉

（中国石油大港油田石油工程研究院）

摘　要：大港板中北储气库建成后，为加快达到设计工作气量，实施了达容钻加密井工程。由于储气库已运行数年，储气层孔隙度和渗透率都发生了变化，储气层地层压力随注采量动态变化。因此，钻井时必须根据储气层岩性的特点和物性特征，找出对储气层造成伤害的因素，有针对性地优化钻井液体系、性能参数和控制措施。同时，合理控制钻井液密度，是避免井喷、井漏、井卡等复杂事故的重要措施之一。实践证明，采用聚合物、有机硅、有机正电胶钻井液体系能够满足板中北地下储气库钻加密井各个阶段的施工要求，及时添加储层保护剂，使其在井壁周围形成一个渗透率接近零的屏蔽带，阻止钻井液液相和固相对储气层的伤害，能够有效保护储气层。

关键词：储气库；钻井液；聚合物；有机硅；有机正电胶

板中北储气库自 2004 年建成投产后，为达到设计工作气量，需实施钻加密井工程。由于储气库已运行数年，地下储气层孔隙度和渗透率都发生了变化，新钻井目的层压力随注采量动态变化。针对储气层由建库前的低压枯竭气藏转变为投产后的中高压气藏，需对钻井液实行优化与控制，以满足安全钻进和储气层保护的要求。

1　储气库加密井钻井液控制难点

（1）受储气库注采井注气影响，储气层地层压力呈动态变化，导致达容加密井储气层段钻井液密度及性能参数难以控制。

（2）地层可钻性好的明化镇组造浆严重，钻井液黏度和切力维护控制难度大。

（3）裸眼斜井段易引发井壁垮塌造成卡钻等事故，需提高钻井液防塌造壁性能。

2　钻井液优化与控制

1.1　钻井液体系优化

根据板桥油田多年来钻井及板中北建库时的钻井经验，不同井眼和地层选择不同的钻井液体系。

ϕ660.4mm 井眼：钻遇地层为第四系平原组松散地层，采用膨润土钻井液。

ϕ374.6mm 井眼：钻遇主要地层为新近系明化镇组，采用聚合物钻井液。

ϕ241.3mm 井眼：馆陶组底以上采用聚合物钻井液；东营组以下采用有机硅钻井液或有机正电胶钻井液。

1.2　钻井液密度控制

依据板中北区块三压力预测结果、邻井资料及井身结构,ϕ374.6mm 井眼钻井液密度应尽量控制在 1.15g/cm^3 以下。

ϕ241.3mm 井眼钻遇东营组、沙一段上部、沙一段中部、沙一段下部(储气层)。其中沙一段上部发育一大套坍塌压力系数较高的泥岩,钻遇该层位前应将钻井液密度按照地层坍塌压力进行调整;对于储气层而言,应随时根据邻近注气井储气层压力变化,调整钻井液密度及性能参数,将钻井液密度控制在合适的范围,达到杜绝井喷、井漏、井塌、卡钻事故发生的目标。综合考虑,此井眼井段钻井施工中钻井液密度宜控制在 1.18~1.25g/cm^3,并根据钻遇地层的实时压力,及时调整钻井液密度。

1.3　钻井液的维护与处理

一开(ϕ660.4mm 井眼)以膨润土加纯碱 60~80m^3 开钻,密度 1.05g/cm^3,漏斗黏度 28~32s。钻进时用清水或 CMC 控制钻井液的黏切,一开完钻后,大排量充分洗井,井筒中替入较高黏度稠钻井液,保证表层套管顺利下入。

二开(ϕ374.6mm 井眼)钻进前,回收原钻井液,补充至二开所需钻井液量,并进行预处理。钻水泥塞时加入适量纯碱,防止水泥污染钻井液。钻进中补充聚合物保证钻井液强抑制性,抑制地层造浆。二开易发生缩径或井塌等复杂情况,在保持钻井液聚合物有效浓度的前提下,加大 SAS 和 KHM 加量,使钻井液滤失量保持在较低水平。造斜段钻井液体系中要混入原油或极压润滑剂,施工中若发现摩阻系数升高或活动钻具拉力异常时,应及时添加润滑剂。中完前调整钻井液性能,补充相关处理剂,二开完钻后充分循环洗井,保证电测和下套管施工顺利。

三开(ϕ241.3mm 井眼)钻进前,将原钻井液除去有害固相,并加水稀释,然后补充大钾、NH$_4$-HPAN,为提高防塌造壁能力,加入 SAS。三开后,定期混入原油,提高润滑性,将摩阻控制在较低范围内。

进入馆陶组,要注意防漏,可在体系中加入随钻堵漏剂,提高地层承压能力。

进入东营组,在聚合物体系的基础上将钻井液转化为有机硅钻井液体系(或有机正电胶)。加入 GWJ,GXJ 和 G-KHM,处理剂的加量要根据井下情况及现场化验结果调整,各种处理剂以胶液方式补充。

进入目的层(储气层)后,要根据实际检测的邻井压力、综合录井仪提供的气层含烃量等资料,及时调整钻井液密度等性能参数,正常情况下要保持低密度、低切力、低滤失量,减少滤液侵入储气层,防止井喷、井塌或井漏等事故发生;根据板中北地区储气层特点,选用与钻井液类型相匹配的储层保护剂,使其在井壁周围形成一个渗透率接近零的屏蔽带,阻止钻井液液相和固相对储气层的伤害[1];采用四级净化,清除无用固相,确保钻井液含砂量小于 0.2%,MBT小于 45g/L。完钻后,要及时调整好钻井液性能参数,大排量清洗井眼,保证电测和下套管顺利实施。

3 应用效果

通过钻井液体系的优化与控制,板中北储气库加密注采井钻井液体系基本上达到与地层特性相配伍,既满足了钻井工程的需要,也有效保护了储气层。

3.1 钻井施工安全顺利

上部地层采用聚合物钻井液,使泥页岩造浆得到了有效控制,泥包钻头、抽吸、缩径等复杂情况基本杜绝。

下部地层采用有机硅防塌或正电胶钻井液体系,通过控制和调整钻井液密度、滤失量,使泥页岩坍塌得到了有效控制,基本上没有坍塌事故发生。由于采取有效防漏措施,加密井没有发生井漏。采用原油、固体润滑剂,加密井没有发生卡钻事故。由于采用了与地层相配伍的钻井液体系,井眼规则,测井一次成功率高;完钻后保持低膨润土及固相含量,保证了起下钻顺利。钻进过程中,钻井液漏斗黏度一直维持在 $40 \sim 50\mathrm{s}$,储气层钻井液 API 滤失量小于 4mL,无因固相的侵入造成的增黏现象,无坍塌、拔活塞和下钻不到底现象。

2.3 储气层得到较好保护

由于有机硅或有机正电胶钻井液体系具有较强的抑制性,化学防塌效果显著,保证了井眼稳定性,缩短了钻井时间。依据储气层主要连通喉道大小,有针对性地匹配架桥粒子、填充粒子、可变性粒子、分散剂配比组成油保材料,并在钻入储气层前加入储层保护剂,在一定程度上降低了储气层钻井液密度,保证了滤失量保持在较低水平,有效地保护了储气层(表1)。

表 1   板中北加密井目的层段钻井液性能表

井号	完井钻井液密度（g/cm³）	API 滤失量/滤饼厚度（mL/mm）	HTHP 滤失量/滤饼厚度（mL/mm）	总固相（%）	MBT（g/L）	θ_{300}	θ_{600}
库 3 – 16	1.18 ~ 1.23	4/0.5	10.8/1	10	39	42	63
库 3 – 17	1.18 ~ 1.23	4/0.5	11/1	10	47	35	52
库 3 – 18H	1.20 ~ 1.25	4/0.5	11/1	10	50	24	38

3 结论与认识

(1)加密井要随时监控地下注气压力,以与之连通较好的邻井注采井压力作为优化钻井液密度的主要依据,并根据地层岩性和钻井液体系特性综合应用,才能确保安全钻井。

(2)聚合物、有机硅和有机正电胶钻井液体系满足了板中北储气库的施工要求,钻井液维护处理简单,性能稳定,保证了安全钻井,确保了测井资料的质量,保证了完井工作顺利实施。

(3)在钻达储气层段之前及时添加储层保护剂,使其在井壁周围形成一个渗透率接近零的屏蔽带,阻止钻井液液相和固相对储气层的伤害,有效保护了储气层免受伤害。

参 考 文 献

[1] 李克向. 保护油气层钻井完井技术[M]. 北京:石油工业出版社,1993.

作者简介:王立辉,工程师,长期从事油田钻井工程设计、储气库研究及现场技术服务工作。通讯地址:(300280)大港油田三号院团结东路石油工程院钻井技术服务中心;联系电话:022 – 25964618;E – mail:www. wanglihui1108@ sina. com. cn。

地下储气库注采井完井工艺优化分析

张 强[1] 张 磊[2] 赵华芝[3]

(1. 中国石油大港油田石油工程研究院;2. 中国石油集团海洋工程有限公司
钻井事业部;3. 中国石油大港油田公司第四采油厂集输计量管理站)

摘 要:地下储气库注采井完井要求更为严格,为满足注采井的完井要求,需对完井工艺、管柱及配套工具进行优化。通过对注采井两种完井工艺的分析对比,推荐地下储气库注采井采取射孔、注采两次完成工艺的完井方式进行完井。通过对注采管柱油管尺寸的优化,选择出可以满足方便携液、施工方便、节约投资的油管及井下工具的组合管柱。通过对注采井井下工具的优选对比,认为对于永久式封隔器,可以取消伸缩短节;对于可取式封隔器,可以经过精确计算确定是否采用伸缩短节;永久式封隔器更适应储气库注采井长期安全生产运行的需求,尽可能选用可降低施工作业风险及成本的投球坐封封隔器的坐封方式。

关键词:储气库;注采井;完井工艺;管柱;配套工具

地下储气库注采井的注采管柱是沟通储气层和地面的唯一通道,注采井单井生产能力的大小直接影响储气库的调峰能力和注采井的数量。因此,合理的注采工艺、完善的井下工具组合是保障储气库长期、安全生产和高效运行的重要保证。储气库注采井需要同时满足注气、采气两种工况的运行要求,而注采井运行一定周期后,部分注采井油套管环空套管压力明显升高,需要更换注采管柱,否则会给储气库正常生产带来安全隐患,因此,有必要对地下储气库注采井管柱进行优化。简单、安全、可靠的注采管柱是储气库注采井追求的最终目标。

1 注采井完井要求

(1)最大限度地保护储气层,防止对储气层造成伤害。
(2)减少储层气流进入井筒时的流动阻力。
(3)克服井塌或产层出砂,保障注采井长期稳产,延长注采井的使用寿命。
(4)完井管柱经济、适用,施工工艺简便,成本低。

2 注采井完井工艺现状分析及优选

国内已建成的地下储气库主要有油气藏型和盐穴型储气库,正在运行的储气库以油气藏型的居多。通过对国内已建成正在运行的地下储气库调研分析,多数油气藏型地下储气库采用的注采完井工艺主要包括射孔—注采一次完成工艺和先射孔再注采完成工艺。

2.1 射孔—注采一次完成工艺

主要优点是不用压井作业,减少了对储层的伤害[1]。射孔—注采一次完成工艺分为丢枪和不丢枪两种情况。

丢枪工艺的优点是注采井在生产运行期间可以实现不停井完成后期的测试作业;缺点是钻井时需要钻丢枪口袋使得钻井费用增加,下次更换管柱作业时要先起出注采管柱再进行捞枪作业,增加了施工风险及费用。

不丢枪工艺的优点是不用钻丢枪口袋和下次更换完井管柱作业时直接将射孔枪提出,节省了捞枪作业;缺点是管柱底部挂枪,无法完成注采井的井下压力和产液、产气、注气剖面等测试,影响注采井的后期测试作业,给后续的生产管理带来困难。

2.2 射孔、注采两次完成工艺

主要优点是不需要钻井时预留口袋,节省钻井费用,管柱下端为钢丝引鞋,能够实现后期的压力和产液、产气、注气剖面等生产测试;缺点是两次完井,需要压井作业,对储气层有伤害的风险。

两种完井方式各有优缺点,结合地下储气库实际特点,推荐采取射孔、注采两次完成工艺的完井方式进行完井。

3 注采井管柱及配套工具优选

3.1 注采管柱油管尺寸优化

地下储气库的主要功能是解决城市及周边地区天然气供应的冬、夏季调峰。因此,提高单井注采能力是注采工艺的核心问题。经过注采管柱尺寸节点分析计算、注采工艺研究及对井下工具的优选,一般在 7in 生产套管内,注采管柱尺寸为 3½in 油管配套 3½in 井下工具、4½in 油管配套 4½in 井下工具,单井日最大调峰量分别为 $60 \times 10^4 m^3$ 和 $100 \times 10^4 m^3$。经计算及现场实际应用表明,4½in 油管配套部分 3½in 井下工具的组合管柱,也能够保证注采井的正常生产及井底携液能力。因此,该组合管柱可以满足方便携液、施工方便、节约投资的要求。

3.2 注采井井下工具的优化分析

地下储气库选择配套工具的目的是实现管柱在完井作业、注采气生产以及今后的修井作业中特定的功能,通过生产管柱配套的完井工具实现其相应功能。

3.2.1 伸缩短节的优选与应用

由于地下储气库注采井具有注气和采气双重功能,并且注采管柱下部采用封隔器固定,注气和采气时井筒内温度和压力的变化会引起管柱的额外附加应力,完井管柱的设计一般具有自由伸缩的功能,可改善管柱的受力状态,增加管柱的安全性,但伸缩短节频繁伸缩,容易发生气体泄漏,造成油套管环空套管压力明显升高,给储气库正常运行带来安全隐患。因此,应综合考虑是否配套伸缩短节。

地下储气库注采井在生产运行过程中,完井管柱在井筒内会受到鼓胀效应、温度效应、重力效应、活塞效应、弯曲效应和摩阻效应等几种效应影响。膨胀效应是当油管内或环空中平均压力发生改变而引起长度或轴向力的变化。膨胀效应是由于压力作用在管柱的内、外壁面上引起管柱变粗或变细,如果内压大于外压,水平作用于油管内壁的压力就会使管柱的直径有所增大,称为正膨胀效应;反之,如外压大于内压,则油管柱直径有所减小,称为反膨胀效应。由于井内温度随井深增加而升高,因此管柱在注冷流体或蒸汽等时,管柱温度会随之变化,管柱将受冷会缩短,受热会伸长[2],这种现象称为温度效应。

由于管柱配套的封隔器在设计时的剪切销钉最高剪切值远大于经过计算的注气时管柱的收缩力,同时,由于伸缩短节为动态胶圈密封,无法保证注采井在长期高温环境下的密封要求。修井作业时在现场对井内起出的伸缩短节进行试压发现,大部分伸缩短节已失去密封性能。因此,伸缩短节是造成井口环空带压的主要因素,经分析认为,注采井生产运行时对于永久式封隔器可以取消伸缩短节,以改善环空套管压力升高问题。如采用可取式封隔器,则可根据计算管柱受力情况确定剪切销钉的数量和是否采用伸缩短节,以保证注采井的安全生产。

3.2.2 封隔器的优选与应用

为了延长注采井使用寿命,需尽可能保护套管及油管免受高温、高压影响,特别是免受腐蚀性气体的腐蚀,需要下入封隔器封隔油套管环空。封隔器即起到了保护套管免受腐蚀及高温、高压的作用,又与井下安全阀配合起到安全控制的作用。因此,封隔器是注采管柱上的必备工具。常用的封隔器主要有两种:一种是可取式的,一种是永久式的。

可取式封隔器的优势在于可以多次坐封重复利用(但需更换销钉、胶筒等配件),操作简单,但在注采运行及施工作业中存在提前解封的风险,且在经过数个周期的注采气运行、地壳运动及管柱结垢等影响,在解封时解封负荷较大,对修井设备、施工队伍要求高,安全风险较大。一旦不能正常解封,则需要增加油管切割、套磨铣封隔器等措施,延长了施工周期,增加了施工风险,且处理可取式封隔器施工费用较永久式封隔器高。

永久式封隔器结构简单、胶筒厚度大、卡瓦硬度高,且在施工作业和注采气运行中不存在受管柱附加应力变化影响而非正常解封的风险,可以满足管柱固定工况条件下管柱载荷周期性变化的需要。因此密封效果更为安全、可靠,但永久式封隔器解封时只能通过磨铣的方式,施工较为复杂。

通过对正在运行的储气库完井及修井跟踪分析对比,永久式封隔器在适应储气库注采井工况特点方面,比可取式封隔器更具有优势。尤其是为了加强管柱的气密封性,取消了伸缩短节,永久式封隔器更能适应注采井交变载荷的影响,在修井作业时采用磨铣的方式解封处理,虽然施工较为复杂,但工艺成熟、安全、可靠。

因此,对于地下储气库注采气井建议采用永久式封隔器[3]。

3.2.3 封隔器坐封方式的优化选择

封隔器的坐封方式分为钢丝投堵坐封和投球坐封两种。

钢丝投堵坐封是利用钢丝作业下入堵塞器,将堵塞器坐落于封隔器下部的坐落短节处,密封管柱底部。然后从油管内部泵入液体加压,使封隔器胶筒涨封而坐封,然后泄压,钢丝作业提出堵塞器。

投球坐封是投球于封隔器下部的剪切球座,密封管柱底部。然后从油管内部泵入液体加压,使封隔器胶筒涨封而坐封,然后继续加压,将球打掉落于井底。

利用剪切球座投球坐封封隔器的坐封方式与利用钢丝作业下入堵塞器,将堵塞器坐落于坐落短节坐封封隔器相比,可以减少4趟钢丝作业,不但节约施工时间,减少施工风险,同时减少了钢丝对油管内壁的磨损,降低了油管内壁产生腐蚀的几率,同时也降低了施工费用。因此推荐利用剪切球座投球坐封封隔器的坐封方式。

4 结论与建议

(1)从理论计算和现场实际运行情况看,采用4½in油管配套部分3½in井下工具能够满足注采气需要。

(2)根据注采井工况和管柱受力校核情况综合考虑,对于永久式封隔器可以取消伸缩短节;对于可取式封隔器,可以经过精确计算确定是否采用伸缩短节。

(3)永久式封隔器结构简单、性能可靠,更适应储气库注采井长期安全生产运行的需求。

(4)在完井方式允许的情况下,尽可能选用剪切球座投球坐封封隔器,减少钢丝作业次数、减轻油管内壁磨损、降低施工作业风险及成本。

参 考 文 献

[1] 赵春林,温庆和,宋桂华,等. 枯竭气藏新钻储气库注采井完井工艺[J]. 天然气工业,2003,23(2):93-95.

[2] 金根泰,李国韬. 油气藏下储气库钻采工艺技术[M]. 北京:石油工业出版社,2015.

[3] 深琛. 井下作业工程监督[M]. 北京:石油工业出版社,2005.

作者简介:张强,学士,高级工程师,现从事地下储气库的钻采工艺研究及现场服务工作。联系方式:(300280)天津市大港区三号院团结东路;联系电话:022-25910394,13820232488;E-mail:zhangqiang1965@126.com。

酸性气藏储气库建井关键技术研究与实践

林　勇　吕　建　李　治　李建刚　师延锋　李永忠

（中国石油长庆油田储气库管理处）

摘　要: 2010 年至 2015 年,长庆储气库建设前期评价和注采试验先后在榆林气田南区、苏里格气田 S203 区块、靖边气田 S224 区块展开,目标气藏包括上古生界干气气藏和下古生界酸性气藏,完成了注采试验井 6 口,在不同区块、不同气藏条件下,以长庆油田水平井开发技术为基础,以提高储气库完整性,满足大气量注采和长寿命运行为目的,系统集成大量先进的建库设计理念,完成了现场技术试验,取得了重要认识,酸性气藏储气库建井关键技术取得重大突破。通过对 S224 区块酸性气藏建井过程中的井筒完整性设计、钻完井技术研究和现场实践情况的分析,认为酸性气藏改建储气库技术上具有可行性。

关键词: 储气库;完整性;酸性气藏;钻完井技术;现场试验

长庆油田先后在榆林气田南区、苏里格气田 S203 区块、靖边气田 S224 等区块开展了储气库建库前期评价及注采试验工作。针对岩性储气库建设中面临的储层渗透率低、非均质性强、气藏含硫等建设难点,在钻完井工艺技术方面,通过现场试验初步形成了适用于"三低"(低渗透、低压、低丰度)酸性气藏特点的储气库钻完井工艺设计和技术。2015 年,长庆酸性气藏储气库 S224 建成投运,初步具备 $5.0 \times 10^8 m^3$ 调峰供气能力,其运行情况将为下古酸性气藏建设储气库提供决策依据,也为今后储气库规模建设和安全运行提供技术参考。

1　酸性气藏 S224 储气库地质概况

S224 储气库位于靖边气田西部,为岩溶作用溶蚀形成的相对独立的残丘古地貌单元。储气层马五$_x^y$埋深 3470 ~ 3480m,平均原始地层压力 30.4MPa,经过 10 余年开采,气藏目前地层压力 10.8MPa(压力系数 0.3 左右)。气层平均孔隙度 9.3% ,平均基质渗透率 2.9mD。储层以成层分布的溶蚀孔洞为主要储集空间,网状微裂缝为主要渗滤通道,裂隙改善了储层导流能力,有助于提高气井产能。马五$_x^y$气藏气体组分为低含硫型干气,平均 CH_4 含量 93.43% ,CO_2 含量 6.01% ,H_2S 含量 553.9mg/m^3。地层水为弱酸性 $CaCl_2$ 水型。

S224 区块马五气藏的盖层、底板发育良好,分布稳定,具有较好的封盖能力;其北部及东北部被侵蚀沟槽分割,西部、南部及东南部区域性剥蚀且岩性致密,构成了气藏周边的有效遮挡。综合评价 S224 马五气藏的封闭性满足储气库建设要求。

2　酸性气藏储气库建库钻完井工程技术设计

长庆靖边气田 S224 区块 H_2S 和 CO_2 平均含量较高,根据 GB/T 26979—2011《天然气藏分类》标准,属于含硫酸性气藏。酸性气体的存在对储气库井的安全钻井和完井、油套管材质选择等造成影响,进而影响井筒管柱和井口设备的运行寿命,降低井筒完整可靠性。针对 S224 酸性气藏建库难点,长庆油田依靠目前成熟的水平井开发技术,借鉴国内外先进经验,以实现和提高注采井井筒完整性为试验目的,通过研究和现场试验,形成了两项酸性气藏改建储气库的钻完井关键技术。

一是酸性气藏储气库注采井钻完井设计技术。该技术根据储气库气藏物性条件、埋深和注采能力设计等要求,研究并形成了储气库注采井井型选择、井身结构优化设计,大井眼钻井、长水平段井眼轨迹控制、井壁稳定及储层保护等技术。

二是注采井防腐技术。针对酸性气藏气质条件开展研究并形成了注采管柱、完井工具优选和环空保护液优化设计等技术。

2.1　酸性气藏储气库注采井钻完井设计技术

2.1.1　酸性气藏储气库钻完井工程与常规开发井及其他储气库的区别

(1)酸性气藏储气库与常规气田开发的区别。

气藏开发要求尽量稳产,而储气库产能设计则以满足一个地区的月或者日最大调峰需求为原则,需要短时间的大气量快速应急或调峰[1],因此储气库的井型、井身结构应满足大气量吞吐的需要。气藏开发一般产量为递减过程,储气库井筒压力则是周期性变化,注气时递增、采气时递减,这就要求储气库注采井井筒管柱和水泥环具有抗交变应力的能力,保证长周期下的井筒寿命。"三低"气藏开发通常采用大规模压裂和酸化改造,提高单井产能,而储气库为了保证储气层的密封性,一般不采用大型压裂作业。总而言之,储气库在设计上必须考虑更高的工程质量要求。

(2)酸性气藏储气库与其他储气库的区别。

相比四川相国寺储气库、新疆呼图壁储气库和华北苏桥储气库等,长庆正式投运的 S224 储气库具有两个特点。

一是 S224 储气库是目前国内建设的唯一一座酸性气藏储气库,储气层含硫化氢,井筒管柱、井口设备、地面集输管道和站场设备需要考虑防硫,采气工艺需要脱硫净化。

二是国内外已建的储气库多为构造圈闭,圈闭边界清楚,目标层厚度一般较大且分布较为稳定[2],易满足储气库建设要求,而长庆油田所在的鄂尔多斯盆地上下古气藏均为岩性圈闭气藏,气藏分布受构造影响不明显,主要受储层的平面展布和储集物性变化所控制,总体具有埋藏深(3000～4000m)、圈闭边界不明确、储层厚度相对较薄、储层低孔低渗且非均质性严重、压力系数低、储量丰度低等特点,如 S224 储气库就属于岩性圈闭气藏储气库,具有典型的"三低"气藏特征,储层深且薄,保证单井注采能力难度更大,对井型选择、井身结构、井眼轨迹控制和储层保护等技术方面提出了更高的要求。

2.1.2　钻完井方式优选

(1)钻井方式。

岩性气藏的渗透率低,存在隔层和气藏厚度小的特点,采用直井和定向井开发较难满足储气库短时间内百万立方米气量的注采,长庆 S224 储气库采用水平井为主的钻井方式,增加了气藏内产气层段长度,提高了采气指数,有效降低垂向隔层对气体流动的阻碍,最大限度地避免泥页岩等低渗透隔夹层带来的产量损失,把多个封闭流动单元与井眼区域连接起来,有利于提高注采气量,更有利于发挥储气库快速调峰的功能。

(2)完井方式。

综合考虑生产过程中井眼的稳定性、地层是否出砂、完井产能设计、注采气工程要求、后期井下作业等因素,完井方式采用筛管完井。在注采井强注强采条件下,通过筛管的支撑作用降低泥岩夹层对井眼的影响,保证连续油管入井等后期作业安全。

2.1.3 井身结构设计

靖边气田已开发10余年,井控程度较高,地质情况清楚。目的气藏埋深约3400m左右,刘家沟组井段容易漏失,为了确保钻井安全,保障固井质量,满足长周期大气量注采运行过程中井筒的完整性和密封性。结合目前钻井和固井工艺水平,低压储层保护等问题,采用大尺寸多层套管的四开井身结构显然更为可靠。

(1)井身结构特点。

表层套管以封固第四系易坍塌层和洛河组水层为目的,防止污染地下水源,固井采用插入式固井方式全井段封固;技术套管以封固易漏地层刘家沟组,为下一步生产套管固井和斜井段安全钻井提供良好井眼条件为目的,采用分级固井方式全井段封固;生产套管以良好封固储气层、盖层为主要目的,是保障井筒完整性的关键环节,采用分级或回接方式固井全井段封固,也为下一步低压储层专打,保护储层创造条件;尾管采用悬挂方式,支撑水平段井眼,重合段采用带管外封隔器和分级箍的半程固井方式封固上级套管脚,保护大斜度段生产套管。

(2)套管尺寸的确定。

各级套管及相应的井眼尺寸的确定取决于最内层油管(即注采管柱)的尺寸。油管尺寸设计主要考虑两个方面因素:最大调峰日采气量和日注气量。考虑到储气库的应急调峰、放压生产的运行特点,优选管柱时适当选用较大尺寸油管。

(3)油管尺寸确定。

主要考虑气井生产能力、井筒压力损失、抗冲蚀能力、携液生产能力要求确定。按照无阻流量$200 \times 10^4 \mathrm{m}^3/\mathrm{d}$,$80 \times 10^4 \mathrm{m}^3/\mathrm{d}$和$50 \times 10^4 \mathrm{m}^3/\mathrm{d}$三种情况,在地层上限压力24.6MPa,地层下限压力19.1MPa,井口压力6.4MPa的条件下,应用气井节点分析技术对$\phi 88.9 \mathrm{mm}(d=76\mathrm{mm})$、$\phi 114.3\mathrm{mm}(d=99.568\mathrm{mm})$和$\phi 139.7\mathrm{mm}(d=121.361\mathrm{mm})$油管进行气井产量敏感性分析。根据不同油管尺寸所对应的协调点产量,通过油管的注气能力和采气能力计算,无阻流量$200 \times 10^4 \mathrm{m}^3/\mathrm{d}$井应采用$\phi 139.7\mathrm{mm}$油管,$80 \times 10^4 \mathrm{m}^3/\mathrm{d}$井采用$\phi 114.3\mathrm{mm}$油管,$50 \times 10^4 \mathrm{m}^3/\mathrm{d}$井采用$\phi 88.9\mathrm{mm}$油管。

(4)井身结构设计。

对应注采油管设计,当油管采用$\phi 139.7\mathrm{mm}$时应采用$\phi 244.5\mathrm{mm}$生产套管,水平段采用$\phi 215.9\mathrm{mm}$井眼的四开结构(设计一),水平段长设计2000m;考虑到钻井周期和钻井成本,当$\phi 114.3\mathrm{mm}$注采管柱可以满足工作气量要求的情况下,可将四开结构缩小一级,钻1500m的$\phi 152.4\mathrm{mm}$水平井眼(设计二)。

井身结构设计一:$\phi 660.4\mathrm{mm}$钻头$\times \phi 508.0\mathrm{mm}$表层套管$+\phi 444.5\mathrm{mm}$钻头$\times \phi 339.7\mathrm{mm}$套管$+\phi 311.2\mathrm{mm}$钻头$\times \phi 244.5\mathrm{mm}$套管$+\phi 215.9\mathrm{mm}$钻头$\times \phi 139.7\mathrm{mm}$筛管(图1)。

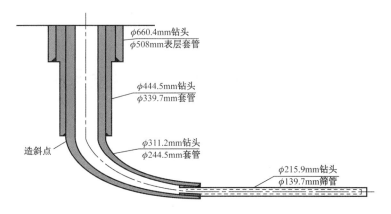

图 1　井身结构设计一

井身结构设计二:ϕ508.0mm 钻头 $\times \phi$406.4mm 表层套管 $+ \phi$346.1mm 钻头 $\times \phi$273.0mm 套管 $+ \phi$215.9mm 钻头 $\times \phi$177.8mm 套管 $+ \phi$152.4mm 钻头 $\times \phi$114.3mm 筛管(图 2)。

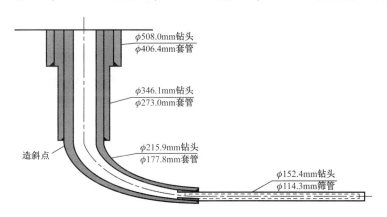

图 2　井身结构设计二

(5)水平段长度确定。

设计原则是尽可能钻出较长的水平段,提高储层钻遇率,大幅度提高单井注采气量,满足调峰期间快进快出的目的[3]。水平段长设计需要考虑钻柱强度、钻柱加压能力及注采管柱尺寸。通过模拟计算,ϕ152.4mm 水平井眼,考虑 ϕ101.6mm 钻杆强度,钻柱加压能力和储层条件,可以钻出 1500m 水平段。ϕ215.9mm 水平井眼,采用 ϕ127mm 钻杆可以钻 2140m 水平段。理论计算与现场实践情况基本吻合,长北气田已经钻出 2000m 水平段的水平井 10 余口,实现了百万立方米以上的产气量。但受气藏非均质性以及煤层和泥岩夹层的影响,为保证钻井安全,水平段长具体以实钻实际情况而定。

2.1.4　井身剖面设计与井眼轨迹控制技术

(1)井身剖面设计。

储气库水平井井眼轨迹设计应尽量平滑,全角变化率不宜太大,以满足大尺寸生产套管顺利入井,利于提高套管的居中度,为提高生产套管的固井质量创造条件。基于大量的水平井实钻经验,采用五段制"双增"剖面(直井段—增斜段—稳斜段—增斜段—水平段),设计采用450~600m 靶前距以满足 1500~2000m 水平段钻井的需要。

(2)井眼轨迹控制技术。

根据长庆气田储层薄且小幅度构造反复,且往往夹有泥页岩层,钻井难度大的特点。为提高储层钻遇率,降低泥页岩钻遇风险,采用 LWD 随钻地质导向技术提高对储气层的判断。另外,长庆油田在长期的油气田开发过程中形成了独有的技术特点和多套值得信赖的钻具组合系列,可为井眼轨迹控制提供技术保证。

2.1.5 钻完井液设计与储层保护技术

(1)技术难点。

靖边气田 S224 区块目的层为下古马家沟组,气藏埋深 3470~3480m,钻井时需钻穿山西组、太原组与本溪组,煤层坍塌的风险较高。钻井液处理技术重点是解决好三开斜井段钻遇多套煤层和碳质泥岩带来的井壁稳定问题。水平段钻井液技术难点:一是大井眼环空容积大,钻井液上返速度低、钻井液携砂效率低,井筒清洁不彻底,容易形成岩屑床或砂桥,对井下安全造成威胁;二是马五储层薄,经常钻遇泥岩,碳质泥岩及黄铁矿,井眼变大后地层的结构应力降低,地层易坍塌,井壁稳定问题突出,加之水平段井斜高达 88°~91°,泥岩及碳质泥岩的防垮塌难度进一步增加;三是 S224 区块未施工过下古水平井,目前地层压力系数仅为 0.25 左右,储层承压能力低,井漏和井塌的矛盾突出,钻井液安全密度窗口较窄;四是大井眼钻速慢,钻井周期长,有害固相含量上升快,体系的润滑性容易变差,易发生卡钻、钻头泥包等问题。

(2)体系选择。

根据长庆油田以往大量实验研究和实钻经验,S224 区块一开和二开直井段可采用低固相或无固相聚合物钻井液体系。三开采用复合盐水钻井液体系,通过有用固相 SFT-1、超细钙等改善滤饼质量,逐步提高钻井液密度,力学防塌;强化钻井液的封堵性能,严格控制钻井液中压失水在 2mL 以下;采用甲酸钠与 NaCl 提高钻井液的矿化度,提高钻井液防塌性能的同时提高了密度,避免了加重材料加量过多造成固相含量过高,降低滑动托压、黏卡风险。为了防止硫化氢危害,打开储层后体系中加入除硫剂。

(3)储层保护技术。

S224 区块下古储层为弱—中偏弱速敏、弱—中盐敏、中强—强水锁特征。针对 S224 区块压力系数低的特征,基于伤害因素分析,采用无土相低伤害酸溶暂堵钻(完)井液体系,控制合理的密度窗口,降低滤失量,增强钻完井液抑制性,改变表面润湿性,使侵入的滤液易于返排。在气层段避免加入大分子量的聚合物处理剂,打开气层前将钻井液转换成具有保护气层性能的无土相低伤害酸溶暂堵钻(完)井液体系,快速钻穿气层,尽量减少钻井液浸泡时间。

2.1.6 注采井固井技术

作为储气库建井的核心技术,国内固井技术目前相比国外还有较大差距,各储气库建设方均开始尝试和国外石油公司合作试验柔性水泥浆体系、自愈合等水泥浆体系,由于缺少技术标准和各储气库储层差异,个别试验井未达到预期效果。

(1)固井技术难点。

固井质量的影响因素多:钻井过程中的井眼稳定性控制情况直接影响井径扩大率,进而影响固井顶替效率。井眼轨迹控制的光滑与否,将影响套管的居中度。井温情况也会影响水泥浆体系的性能。储气库井井眼尺寸大,井深达到3000m左右,三开井段井斜增至89°左右,井眼轨迹曲率大,钻井难度大,坍塌层(泥页岩和煤层)和漏失层的存在又增加了钻井的难度,这些不利因素的存在使得固井作业处于一个相对恶劣的施工环境,这些影响因素将不同程度地影响固井施工质量,甚至导致施工失败。

固井工具及附件质量问题时有发生:多年来的固井施工作业经验表明,尽管对分级箍、悬挂器和管外封隔器等固井工具进行了严格选商,但现场缺乏工具质量的检验手段也是现实,实际施工时井下固井工具附件出现问题的情况依旧存在,因为储气库的特殊质量要求,这种情况就可能导致严重后果[4]。

水泥浆体系的优选难度大:国外的"弹性"或"柔性"甚至"自愈合"水泥体系理论上成熟,在国内也开展了几口井的现场试验,但试验结果表明,不论哪种体系,目前均没有提供有效的测井数据证明其功能的实现,水泥浆体系和性能指标仍需试验优化。

(2)水泥浆体系选择。

长庆油田在水泥浆韧性及防气窜能力的分析研究基础上,立足国内成熟水泥浆体系,积极开展储气库水泥浆体系的筛选和优化。技术套管和表层套管采用胶乳水泥浆体系和低密高强水泥浆体系。生产套管固井水泥浆体系采用具有韧性的水泥体系,确保水泥环抗压强度大于注气时强度,抗拉强度大于注气时套管拉力来防止微裂缝的产生,韧性水泥石具有膨胀性,杨氏模量小于地层杨氏模量,可补偿微环空带来的不利影响。

(3)韧性水泥浆参考配方。

G级水泥 +16% 石英砂 +3% 微硅 +8% 乳胶粉 +4% 增韧材料 +2.5% 降失水剂 +0.9% 分散剂 +52% 水 +0.5% 消泡剂 +0.5% 抑泡剂 +3.5% 早强剂。API 失水量不大于50mL,常规密度水泥石24~48h抗压强度应不小于14MPa,7天抗压强度应不小于储气库井口运行上限压力的1.1倍。7天渗透率不大于0.05mD,弹性模量不大于6.0GPa,7天线性膨胀率大于0.03%,7天抗拉强度不小于2.3MPa。

(4)固井工艺设计。

为保证各级套管有效封固,提高水泥环在注采的交变压力下长期可靠有效,各级套管水泥浆均应返至地面,生产套管应采用批混批注方式施工。表层套管采用插入法固井工艺,固井水泥返至地面,管内留 10~20m 水泥塞,有效封隔上部黄土和流沙层;技术套管采用分接箍固井方式,水泥返至地面,封隔刘家沟组漏层,为生产套管固井提供较好的井筒条件;生产套管采用分级固井或回接方式固井,水泥返至地面,确保盖层封固质量,全井段封固合格率大于70%;生产尾管与 ϕ244.5mm 生产套管重叠段全部封固,水泥返至喇叭口。

(5)固井质量评价方法。

我国储气库建设起步比较晚,配套的水泥浆体系、固井工艺还处于试验阶段,缺乏相应的质量评价标准,目前主要做法是依据石油天然气行业标准 SY/T6592-2004《固井质量评价方法》,参考油勘〔2012〕32 号《油气藏型储气库钻完井技术要求(试行)》和《储气库固井韧性水泥技术要求(试行)》有关固井质量要求,结合固井施工记录、水泥胶结测井资料和工程判别结果等对固井质量进行综合评价。测井主要采用声幅测井(CBL)及变密度测井(VDL),参考声波成像测井结果,评价范围主要包括生产套管全井段固井质量、盖层段固井质量以及盖层25m

连续优质段 3 项指标。要求全井段水泥合格封固段应大于 70%，盖层段水泥合格封固段应大于 70%，且具有 25m 连续优质段。

2.1.7 储气层增产改造技术

根据储气库注采井"改造不能突破隔层，改造后井筒内不留管柱"的设计原则，针对 S224 区块地层压力低的特点，设计采用连续油管均匀布酸酸洗工艺解除泥浆污染，改善单井注采能力。

2.2 注采井防腐技术

靖边气田 S224 酸性气藏储气库与其他储气库在钻完井工艺中最大的区别就是必须考虑酸性气体对入井管柱、井口等设备的腐蚀，从而影响井筒长周期运行寿命的问题。

2.2.1 生产套管材质设计

S224 储气库套管程序为表套 ϕ508.0mm × 11.1mm × 500m + 技术套管 ϕ339.7mm × 12.2mm × 2810m + 生产套管 ϕ244.5mm × 11.99mm × 3743m + 生产尾管（筛管）ϕ139.7mm × 9.17mm × 5200m。

ϕ508.0mm 表层套管下深为 500m，ϕ339.7mm 技术套管下深 2810m，均在气层段以上，在正常固井后，与含硫化氢的天然气接触概率很小，因此表层套管设计选用 J55 碳钢套管，技术套管选用 N80 级碳钢套管，螺纹类型采用气密封螺纹。

ϕ244.5mm 生产套管下入井段为 0 ~ 3743m，为天然气注采通道，管柱长时间与含硫化氢气体接触，因此需采用抗硫管材，综合考虑生产套管的硫化氢敏感性和强度校核（抗拉、抗内压、抗外挤），结合前期老井腐蚀检测情况，注采井套管柱采用组合管柱可以满足防腐要求，上部 0 ~ 2600m 段下入 95S 抗硫管材，2600 ~ 3743m 下入 P110 碳钢管材。为保证生产套管密封可靠，选用气密封螺纹。

ϕ139.7mm 生产尾管（含筛管）在 2950 ~ 5200m 井段，环境温度在 100℃以上，硫化氢应力腐蚀开裂（SSCC）敏感性大大降低，不考虑 SSCC，设计采用 N80 碳钢。

2.2.2 油套管防腐工艺技术

为延长注采井的管柱寿命，提高井筒的完整性，除了对油套管材质进行优选外，借鉴长庆油田长期开发过程中的管材防腐经验，采用管材内涂外喷和油套环空加注环空保护液等辅助防腐工艺措施，可以进一步降低管材腐蚀速率，延长管柱寿命。

（1）内涂外喷防腐工艺技术。

针对普通抗硫管材（如 N80S）在高产水、高矿化度气井的腐蚀问题，长庆油田在开发过程中研究并形成了生产管柱内涂外喷防护工艺技术，即内防腐采用成熟的高性能 DPC 环氧酚醛高温烧结性涂层，外防腐采用底层 13Cr 不锈钢、面层 Al 合金的双金属复合涂层，针对涂层表面可能存在的孔隙，采用耐温无溶剂环氧涂料对表面进行封孔，保证微观完整性。内涂外喷防腐技术在靖边高产水、高腐蚀气井中已应用 17 口，MIT + MTT 腐蚀检测结果和现场挂片试验都表明油管内外的防腐层良好，未见明显腐蚀，预计可延长管柱寿命 15 年以上，可作为 S224 储气库井油套管配套防腐工艺。

（2）油套环空保护液防腐工艺技术。

为保护油套管，注采井采用高性能环空保护液保护套管内壁、油管外壁和完井工具（井下安全阀、液控管线和封隔器等），防止凝析水或酸性介质造成的腐蚀。此外，环空保护液可以平衡地层压力，减小封隔器工作压差，保证坐封可靠。

在环空保护液性能方面，要求不产生固相沉淀，稳定性好，与完井液和地层水的配伍性良好；在修井时或投产过程中不伤害储层，保护气层能力强；自身无腐蚀，且防腐性能好，缓蚀率达到90%以上，对封隔器胶筒和密封圈等有机材质配件的老化影响小。

2.2.3　完井管柱设计

同一般的气井相比，注采井具有注采气量大、压力高且周期性变化等特点，完井工具及管柱承受的温度和压力变化范围大。因此，完井管柱设计必须具有注气和采气双重功能，能够防止大流量对油管及配套工具的冲蚀。要具有良好的防腐蚀和密封性能，确保井筒使用寿命。完井管柱能够在交变载荷作用下长期安全可靠工作，满足动态监测的要求，发生意外时能迅速关井。管柱结构要易于施工，便于后期修井作业。

根据长庆储气库建设的要求，为满足百万立方米大气量注采和长期运行的安全要求，设计完井管柱结构自下而上为：引鞋 + RN 型坐落接头 + 油管短节 + 带孔管 + 油管短节 + R 型坐落接头 + 油管短节 +1 根油管 + 油管短节 + 磨铣延伸筒 + MHR 永久封隔器 + 锚定密封总成 + 油管短节 +1 根油管 + 油管短节 + 滑套 + 油管短节 + 油管 + 油管短节 + 下流动短节 + SP 井下安全阀 + 上流动短节 + 油管短节 + 油管 + 油管挂。

2.2.4　井口设备优选设计

依据储气库注采井强注强采交变载荷的特殊工况及储气库井筒寿命的要求，注采井设计应采用标准套管头，为保证其长期的密封性，采用心轴式管挂，主密封采用全金属密封。设备材质的选择根据靖边气田 S224 区块硫化氢和二氧化碳分压选用 FF – NL 级。根据国际通用选材标准，采用整体式采气树，采气树主通径处设有液控安全阀，具有失火、超欠压保护功能。采气树材料级别与套管头一致，采用 FF – NL 级，压力等级设计 5000psi，温度等级为 LU，规范等级采用 PSL3G，性能等级采用 PR2。

3　现场实施效果

靖边气田 S224 区块部署并完钻 3 口储气库注采水平井，完成了酸性气藏储气库前期的钻完井技术试验，形成了注采水平井钻完井工艺技术，为酸性气藏储气库建设奠定了技术基础。总体来讲，水平注采井相比开发水平井而言，井身结构更为复杂，井眼尺寸更大，固井质量要求更为严格，涉及多项新工艺、新技术，工艺环节多、作业时间长、风险大，技术管理和现场施工都面临较大的技术挑战。

钻完井工艺方面：通过现场实践，四开水平注采井钻完井技术基本成型，取得一些技术管理和现场施工经验，但大井眼钻井工艺还不完善、钻头系列还需优化；煤层坍塌现象依旧频发，安全钻井工艺有待持续改进；注采井固井质量要求高，影响因素多，施工风险和难度大；长水平段低压储层保护技术要求高。

技术管理方面:新工艺、新技术、新设备给项目监督和管理人员带来前所未有的挑战。工艺方面,回接固井工艺、气密封检测工艺、成像测井等工艺在长庆都是第一次施工;技术方面,大井眼钻井技术、弹性水泥浆固井技术、长水平段低压储层保护等技术成熟度低,对现场技术管理和施工能力是个考验;工具设备应用方面,集成采用水力振荡器、心轴式套管头、卡盘下套管工具、井下安全阀等先进工具,一些环节存在较大作业风险,一些作业在长庆油田历史上也属首次,只有提前吃透方案、超前准备,做好工艺安全风险辨识,才能保证现场作业安全。

现场施工组织方面:注采井采用的多为特殊材质管材和设备,一些特殊工具的组织难度大;多工种联合作业环节多,作业时间长,质量、安全风险高,仅完井下油管一项作业就长达 5 天以上,现场作业和配合单位多达 10 余家,现场作业安全管理难度比较大。

参 考 文 献

[1] 李建中,李海平. 建设地下储气库——保障"西气东输"——供气系统安全[J]. 能源安全,2003,11(6):26 - 28.
[2] 丁国生,李文阳. 国内外地下储气库现状与发展趋势[J],国际石油经济,2002,10(8):23 - 26.
[3] 董德仁,于成冰,何卫滨,等. 枯竭油气藏储气库钻井技术[J]. 天然气工业,2004,24(9):148 - 152.
[4] 林勇,薛伟,李治,等. 气密封检测技术在储气库注采井中的应用[J]. 天然气与石油,2012,30(1):55 - 58.

作者简介:林勇,硕士,高级工程师,长期从事油气田特殊工艺井钻完井工艺技术研究设计和现场试验工作。联系电话:029 - 86505116,手机:18681939611;E - mail:liyong_cq@ petrochina. com. cn。

酸性气藏改建储气库地面工艺技术研究

牛智民　李　婷　陈　浩

（中国石油长庆油田储气库管理处）

摘　要：为了满足天然气调峰、应急和战略储备的需要,中国石油长庆油田开展了 $50 \times 10^8 \mathrm{m}^3$ 储气规模的马五5气藏储气库群筛选工作。规划建设陕224和陕43等5座含硫气藏储气库。鉴于以往国内外尚无成熟的含硫气藏型储气库地面工艺技术可供借鉴,通过开展陕224含硫气藏储气库建设和注采试验研究,提出了"井口双向计量,注采双管,水平井两级降压,直井高压集气,开工注醇,中高压采气,加热节流,脱硫脱碳,三甘醇脱水"的地面工艺模式,为今后酸性气藏改建储气库地面工艺的优化提供了基础;总结了含硫气藏储气库 H_2S 和 CO_2 等气体组分在注采周期的变化规律,为确定脱硫脱碳方式和确定淘洗周期提供了依据;针对酸性气藏改建储气库的实际情况,提出了应开展抗硫管材在交变应力影响下的选取和适应性分析及储气库宜进行分期建设的建议。

关键词：酸性气藏;地面工艺;增压;节流;注采周期

1　酸性气藏改建储气库概况

2013年,中国石油长庆油田在靖边和苏里格等地区开展下古气藏改建储气库的初步筛选工作,规划建设陕224和陕43等5座储气库,规划总储气规模 $50 \times 10^8 \mathrm{m}^3$ 。下古气藏普遍含 H_2S 和 CO_2 ,属于典型的酸性气藏。目前,国外尚无酸性气藏建设储气库的先例,国内建设酸性气藏储气库尚无成熟的建库经验和技术可借鉴。陕224储气库地处陕西省靖边县 – 内蒙古乌审旗河南乡,位于靖边气田西部,距离靖边第一净化厂约12km,距离靖边县城约21km。设计库容量 $10.4 \times 10^8 \mathrm{m}^3$,工作气量 $5.0 \times 10^8 \mathrm{m}^3$,垫气量 $5.4 \times 10^8 \mathrm{m}^3$ 。通过陕224含硫气藏储气库建设和试验工作,初步形成了长庆油田酸性气藏储气库地面工艺技术模式。

2　陕224储气库地面工艺技术

2.1　储气库总体工艺描述

经过多方案的比较和经济技术的对比,靖边气田陕224地下储气库初步拟采用的总体工艺如图1所示。

2.2　注气增压工艺

陕224储气库对井口增压、集中增压和两级增压进行分析对比,考虑到储气库增压规模相对较小,注采气井数量较少,采用将增压站与集注站合建的集中增压方式。

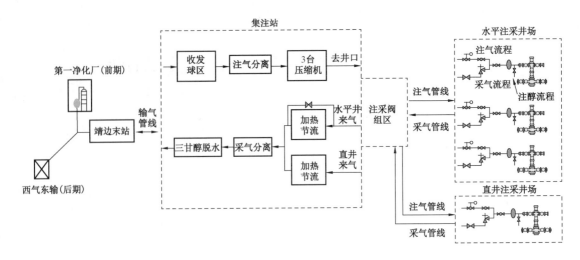

图 1　陕 224 地下储气库拟采用的总体工艺图

注气压缩机选用往复式压缩机。与离心式压缩机相比,往复式压缩机出口压力高、压比大,出口压力、流量变化范围大,其适应性、运行上的调配性都更能适应注气压缩机的操作工况条件,且往复式压缩机在注气效率、操作灵活性和能耗等方面也比离心式压缩机具有更多的优势,压缩机驱动方式选用电动机驱动,具有投资及运行费用低、单台机组功率大和设备投资较低等优点[1]。

2.3　采出气净化工艺

陕 224 气藏天然气中含有一定量的 H_2S 和 CO_2,需进行脱硫脱碳处理,由于采出气几乎不含凝析油,因此只需脱水进行水露点控制。

2.3.1　注采过程中 H_2S 和 CO_2 含量变化

通过对 1 口注采井开展注采试验,基本掌握了 H_2S 和 CO_2 等气体组分在注采周期的变化规律,为确定脱硫脱碳工艺和预测淘洗周期提供了依据。

某注采井注气前垫底气的 H_2S 含量 659.8mg/m³,CO_2 含量 5.9%。注气试验总注入气量 6148336m³,注入气总烃含量平均97.78%,甲烷含量93.03%,CO_2 含量 1.26%,不含 H_2S。采气初期气质组分未发生明显变化。当采气量达到总注气量 35.7%(累计采气量 2195000m³)后,酸性气体组分含量开始上升,总烃含量下降;采气末期,累计采气量 6167433m³,CO_2 含量 3.76%、H_2S 含量 149.99mg/m³。在整个采气周期,CO_2 含量变化呈缓慢上升趋势,H_2S 含量呈缓慢上升后波动下降的趋势(图2)。

通过对气井采出气进行建模和数值模拟,结合 H_2S 和 CO_2 气体组分在注采周期的变化规律,初步估算 H_2S 经过约 8 ~ 9 个注采周期、CO_2 经过 5 ~ 6 个注采周期可完成储气库的淘洗工作。

若含硫气藏储气库淘洗周期较短,可采取固体脱硫方式以节省投资;若淘洗周期较长,可通过技术经济综合对比后确定是否采用液体脱硫工艺,也可就近依托气田已建净化厂进行酸气淘洗。

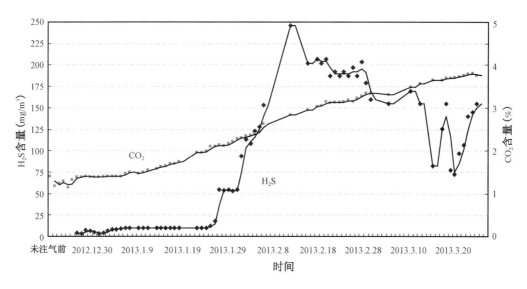

图2　某注采井采气试验过程中酸性气体变化曲线图

2.3.2　脱硫脱碳工艺

脱硫脱碳工艺方法按其脱硫剂的不同可分为固体脱硫法和液体脱硫法。

固体脱硫法中,常用的脱硫剂有氧化铁(海绵铁)、活性炭和分子筛等,由于它们吸附硫容量较低,再生和更换脱硫剂费用较高,通常只适合于含硫量很低的天然气处理。

液体脱硫法中,按溶液的吸收和再生方式可分为氧化还原法、物理吸收法和化学吸收法。氧化还原法中 H_2S 由碱性溶液吸收后,以空气氧化再生溶液,H_2S 被直接氧化生成硫,该法的特点是可直接生成硫,基本无二次污染,但溶液硫容量小,溶液循环量太大,能耗高。物理吸收法是基于有机溶剂对天然气中酸性组分的物理吸收而将其脱除,该法适用于处理酸气分压高的天然气,具有溶剂不易变质、比热容低、腐蚀性小、能脱除有机硫化物等优点,但不宜处理重烃含量高的天然气,该法中最常用的脱硫剂为环丁砜。化学吸收法是以可逆反应为基础,以弱碱性溶剂为吸收剂的脱硫方法,该法中最常用的脱硫剂有 MDEA,DEA 和 MEA 等醇胺类溶液及它们的混合溶剂[2]。

目前常用的化学溶剂有:甲基二乙醇胺(MDEA)、Sulfinol – D(环丁砜和二异丙醇胺水溶液)、Sulfinol – M(环丁砜和甲基二乙醇胺水溶液)、一乙醇胺(MEA)、二乙醇胺(DEA)等。按 GB 17820—2012《天然气》规定,必须几乎全部脱除天然气中的 H_2S,而对于 CO_2 只需部分脱除即可,若将 CO_2 脱除过多将大大增加装置的操作费用,降低企业的经济效益。因此,在选择工艺方法时应充分考虑脱硫脱碳溶剂须具有较好的选择性,即对 H_2S 具有极好的吸收性,对 CO_2 仅部分吸收。

目前,靖边气田净化厂所采用的 MDEA/DEA 混合溶液可以有效脱除天然气中的 CO_2 和 H_2S,更适用于低含硫、高含碳天然气;陕224 储气库就近依托靖边气田净化厂进行酸气淘洗。

2.3.3　脱水工艺

目前,用于天然气脱水的工艺方法主要有低温分离、固体吸附和溶剂吸收3类方法。低温分离常用于有足够压力且能进行节流制冷的场所。固体吸附用于深度脱水,如加气站分子筛脱水,水露点可达 −60℃左右;另外,在深冷工艺中也常用固体吸附。溶剂吸收适合露点控制,是利用脱水溶剂的良好吸水性能,通过在吸收塔内天然气与溶剂逆流接触进行气、液传质以脱除天然气中的水分,脱水剂中甘醇类化合物应用最为广泛。靖边气田就全部采用了三甘醇脱水进行水露点控制。

陕 224 储气库水露点控制采用工艺最成熟、应用最广的三甘醇脱水工艺。采气初期,充分利用地层压力和温度,采用井口一级节流、集注站加热二级节流后处理工艺;采气后期,地层温度场形成后,压力不足时仅在集注站内进行二级节流以满足节流制冷需求,集注站进行三甘醇脱水处理后输送至第一净化厂进行脱硫脱碳处理。

2.4 天然气水合物抑制工艺

当湿天然气压力较高或温度较低时,都易形成天然气水合物,必须加入天然气水合物抑制剂。在开工初期,虽然井口温度较高,但管线温度场未建立,仍然存在生成天然气水合物的可能。在注采井口采用注入甲醇不回收工艺,采用移动注醇车以节省投资。

2.5 二级节流工艺

陕 224 含硫气藏储气库综合考虑了控制采气压力、降低 H_2S 和 CO_2 分压、净化工艺、天然气水合物抑制工艺及外输压力的要求,储气库采用中压采气、二级节流工艺。为取消连续注醇、减少注醇量和降低采气管道设计压力,采气初期,水平井井口一级节流至 10MPa,在采气管道温度场未形成前利用注醇车注醇,初步估算注醇时间需 1 周时间。采气后期井口压力仅为 6.4MPa,进站压力约为 6MPa,经过第二级节流后,压力降为 5.4MPa,水烃露点控制装置运行压力变化幅度小、设计压力低,可以提高装置的安全性和可靠性。

采气系统节点压力如图 3 和图 4 所示。

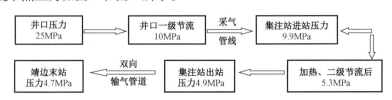

图 3　采气系统初期节点压力示意图

采气后期,井口最低压力为 6.4MPa,集注站进站压力为 6.0MPa。

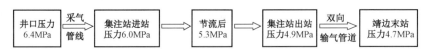

图 4　采气系统后期节点压力示意图

2.6 集输工艺

2.6.1 双向输气管道

双向输气管道是由集注总站/集注站至外输气交接站场间的管道(图5)。注气时,来气在交接站根据集注站注气能力进行分配和计量,通过双向输气管道进入集注站;采气时,各集注站的净化气通过双向输气管道输往交接站计量交接后统一外输。

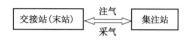

图 5   双向输气管道示意图

2.6.2   气井注采管线

气井注采管线是由集注站至井场的管线。注气时,集注站增压后的天然气经注采管线输送至井口,经计量后注入地下储气库;采气时,天然气经井口节流阀并计量后通过气井注采管线反向输送至集注站。

陕 224 储气库 H_2S 和 CO_2 含量较高,若采用注采同管,管线长期承受交变应力影响,高壁厚焊接和无损探伤工作量大,施工费用高。为有效降低 H_2S 和 CO_2 分压,减缓腐蚀速率,降低管道运行风险,注采管线分设。

2.6.3   双向计量工艺

计量工艺采用靶式流量计或外夹式超声波流量计,可以实现双向连续计量。采用双向集输工艺,注采管线数量少,可以简化流程,降低投资。

2.7   气井进站工艺

陕 224 含硫气藏储气库规模较小,建井数量少,采用直井与丛式水平井相结合的部署方案,建井较分散且井场距离集注站较近,地下储气库气井进站采取单座井场进站工艺。

2.8   自控系统

陕 224 储气库的自控系统,以储气库控制系统为核心,完成站内和井场生产过程的监控、紧急停车和火气检测。

水平井井场无人值守,设置 RTU,实现井口关键参数自动采集、远程开关控制、远程数据监控等功能。

陕 224 储气库 ESD 系统的设置分为 4 个级别:

(1)一级关断。全场停车、联锁泄压。发生重大事故(如装置大面积泄漏、火灾或地震发生时等),手动启动该级,关断所有生产系统,并实施站内紧急放空泄压,发出厂区报警广播并启动消防系统。

(2)二级关断。全站停车、人工判断泄压。生产检修或天然气泄漏、仪表风、电源等系统故障发生时执行关断,关断生产系统,发出厂区报警广播,人工判断放空。

(3)三级关断。单元连锁关断。由手动控制或单元故障产生。此级只关断发生故障的单元系统,不影响其他系统。

(4)四级关断。设备关断。由手动控制或设备故障产生。此级只关断发生故障的设备,不影响其他系统。

3   结论与建议

(1)陕 224 储气库地面总体工艺可概括为"注采井井口双向计量,注采双管,水平井两级降压,直井高压集气,开工注醇,中高压采气,加热节流,脱硫脱碳(可就近依托净化厂),三甘醇脱水"的地面集输工艺。

(2)通过开展注采试验,总结了含硫气藏储气库 H_2S 和 CO_2 等气体组分在注采周期的变化规律,为确定脱硫脱碳方式和确定淘洗周期提供了依据,为酸性气藏储气库规模建设提供技术支持。

(3)考虑到注采井场内管道和双向输气管道均属注采同管,管道在强注强采的同时将长期承受交变应力,应开展抗硫管材在交变应力影响下的选取和适应性分析工作。

(4)气藏型储气库受垫底气的影响,采出气的压力以及 H_2S 和 CO_2 等气体组分在不断变化,将对净化工艺产生较大影响。建议储气库宜进行分期建设,初期建设规模不宜过大,以掌握注采周期的组分变化规律,提高净化装置的适应性。

参 考 文 献

[1] 刘子兵,张文超,林亮,等. 长庆气区榆林气田南区地下储气库建设地面工艺[J]. 天然气工业,2010,30(8):76–78.

[2] 王遇冬. 天然气处理原理与工艺[M]. 北京:中国石化出版社,2007.

作者简介:牛智民,工程师,学士,主要从事储气库建设以及后期运行管理工作。联系电话:029 – 86505055;E – mail:niuzhm_cq@ petrochina. com. cn。

储气库井筛管顶部注水泥完井技术及应用效果

陈奇涛[1]　赵福祥[1]　李立昌[1]　王亿晨[2]　古　青[1]　郭书墩[3]　陈新勇[1]　张娅楠[1]

(1. 中国石油渤海钻探工程技术研究院;2. 西南石油大学石油天然气工程学院;
3. 中国石油渤海钻探井下作业分公司)

摘　要:储气库井完井方式包括套管固井完井、筛管完井、筛管固井完井。由于储气库目的层压力系数低,筛管完井方式容易导致水泥浆渗漏到储层,造成储层伤害,直接影响注采气井注采能力。针对固井过程中水泥浆渗漏到储层的问题,提出了尾管 + 筛管固井完井新工艺,研制了水力扩张与压缩双作用式封隔器,研发了韧性膨胀水泥浆配方体系,在苏桥储气库完成了 5 口井的固完井试验,固井质量均合格,且未发现水泥浆渗漏到储层。

关键词:尾管悬挂器;筛管;封隔器;分级箍;双作用;韧性

储气库井固井要求全井必须密封,即固井施工时水泥浆必须返至地面。目前,储气库井完井方式包括套管固井完井、筛管完井、筛管固井完井。套管固井完井用于不出砂的砂岩储层;筛管有防砂筛管和割缝筛管,防砂筛管完井用于易出砂的砂岩储层,割缝筛管用于潜山裂缝性的储层[1]。对于储层压力系数低(个别地区达到 0.1 ~ 0.2),尤其是深井,筛管固井完井存在较大的压差,如果只用常规的液压封隔器,不能实现有效封隔,固井时水泥浆会渗漏到目的层,造成储层伤害。如双 6 储气库先期一口井和永 22 井采用筛管固井完井工艺固井时,出现水泥浆渗漏到储层的情况。另外,储气库井原则上中部不允许使用分级箍固井[2]。因此,对于筛管固井完井,提出了尾管 + 水力扩张与压缩双作用式封隔器 + 筛管固井完井的新工艺。

1　悬空尾管 + 筛管顶部注水泥的技术难点

(1)工具多,包括尾管悬挂器(带回接筒)、分级箍、水力扩张与压缩双作用式组合封隔器、盲板、筛管等其他附件。

(2)工艺复杂。尾管 + 筛管固井工艺主要流程为尾管先坐挂,再涨封封隔器,最后打开分级箍注水泥,3 种工具的工作压力的压差等级必须合理、可靠。悬挂器坐挂 8 ~ 10MPa;打开和关闭封隔器 13 ~ 15MPa;打开分级箍 23 ~ 25MPa。

(3)筛管固井完井压差大,固井注水泥浆时容易造成水泥浆渗漏到筛管和储层,造成储层伤害。

(4)储气库固井水泥浆性能要求高,具有较好的韧性。常规油气井仅是单向压力排放,压力由高到低,逐渐递减,寿命相对较短,对水泥浆性能没有特殊的要求。而储气库注采井要经受周期性高压、低压变化,需承受变化很大的交变应力的考验,且寿命要求达到 30 ~ 50 年,对水泥石的综合性能指标要求更高。

2 筛管顶部注水泥固井关键技术

2.1 工具的选择

2.1.1 封隔器

封隔器比较常见的是液压膨胀式封隔器,其特点是封隔段长,封隔力较大,但由于是液体膨胀,受温度变化影响较大。用这种封隔器筛管固井时,注水泥过程中造成该区域局部冷却,可能达不到有效封隔的要求。针对温度变化对封隔效果影响的问题,研发了压缩式地层分隔器(图1)。其工作原理为采用液缸挤压胶筒变形实现封隔,膨胀后形成永久密封。该型封隔器耐压高、耐温高,不受局部温度变化的影响,但封隔力相对较小。结合两种封隔器的特点,选择水力扩张与机械压缩双作用式组合封隔器(图2),解决了封隔器的有效封隔问题。该组合式封隔器的应用需要处理好4方面的工作:

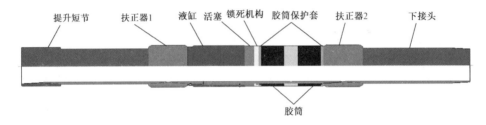

图1 压缩式地层分隔器示意图

图2 BH/TWF-YS型 φ177.8mm水力扩张与机械压缩双作用式地层封隔系统

(1)封隔器材料的耐温问题。选择的胶筒耐温达到180℃。

(2)封隔器坐封位置的选择。对坐封井段的井径情况应搞清楚,封隔器尽量坐封在井径较规则、地层较致密、井斜小处。

(3)封隔器的承压问题。计算需封隔器承受的井下环空压差值,根据井径与压差关系曲线(图3)推荐的最大值确定是否能满足需要。封隔器坐封时尽量采用水泥车缓慢憋压,压力达到设定压力时,锁紧阀销钉剪断,封隔器膨胀坐封,稳压3~5min(如果使用的是长胶筒封隔器要相应增加稳压时间)使封隔器充分膨胀,然后迅速放压至零,各阀关闭,自锁完成坐封。

(4)压胀式封隔器与液压膨胀式封隔器工作压力必须相同,以便在施工时同时坐封。

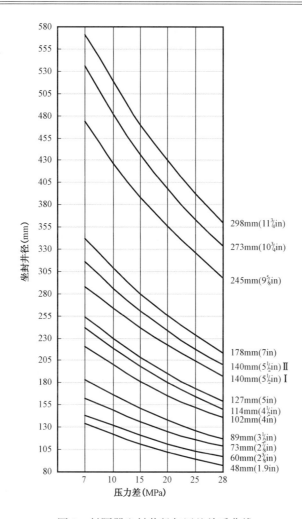

图3　封隔器坐封井径与压差关系曲线

2.1.2　分级箍

分级箍分为机械式分级箍、压差式分级箍、机械压差式双作用分级箍。尾管＋筛管的固井完井工艺只能选择液压式分级箍。使用液压式分级箍的要求液压式分级箍的工作可靠性强，与尾管悬挂器和封隔器的施工压力匹配。

2.1.2　尾管悬挂器

尾管悬挂器分为机械式悬挂器、液压式悬挂器、顶部封隔液压式悬挂器、旋转尾管液压悬挂器。储气库井井身斜度大，只能选用液压式尾管悬挂器。使用液压式尾管悬挂器要求带回接筒，方便套管回接；液压工作可靠；钻杆胶塞、空心胶塞和分级箍的碰压座配套。

2.2　施工工艺措施

2.2.1　井眼准备

该工艺管串结构复杂，为保证工具的顺利下入，工具入井之前严格模拟管串刚度通井，即一扶、二扶、三扶通井,最后一次通井到底后循环不少于两个周期,冲洗沉砂,做到井眼干净,实现不阻不卡。

2.2.2 下套管作业

(1)管串结构。

洗井阀+筛管串+变径短节+盲板短节+套管一根+水力扩张与压缩双作用式封隔器+短节+分级箍+套管串+悬挂器+钻具(带钻杆变扣)+水泥头。

封隔器、分级箍两端必须加刚性扶正器,避免下套管作业时损坏。为保证套管的居中度,每根套管加一个扶正器,刚性和弹性扶正器混合使用。

(2)作业要求。

所有工具附件原则上螺纹类型一致。如果螺纹类型不一致,施工前半个月做好相应的变扣短节;管串连接时,分级箍、封隔器严禁在其本体上打大钳,严禁错扣,每根套管进行气密封性检测,确保管串的密封性。

2.2.3 尾管固井的主要施工流程

3种工具施工时的压力必须有等级差别。下入尾管串要随时灌满钻井液;到位后憋压悬挂器坐挂8~10MPa,倒扣上提管柱确定坐挂;继续憋压打开和关闭封隔器13~15MPa;反向憋压3MPa检查封隔器的效果;继续憋压23~25MPa,打开分级箍循环两周;注前隔离液,注水泥浆,释放胶塞,再注0.5~1m³的水泥浆,替隔离液,替浆,碰压关闭分级箍,起出中心管循环,候凝。

若储层压力亏空,压力系数低,环空液面未达到井口。首先测出液面的实际深度,下套管的过程中,盲板深度达到液面之前灌浆一定注意不能超过悬挂器坐挂的压力。整个下套管的过程中,始终保持管内外压差低于悬挂器坐挂的压力。

2.2.4 压塞液的要求

由于分级箍关闭时,底部容易造成混浆,造成底部固井质量不合格,压塞液应用0.5~1.0m³的水泥浆。

2.3 储气库固井韧性水泥浆配方体系的优选

针对储气库井对水泥浆体系的特别要求,优选增韧材料、超细活性材料、配套外加剂,在室内进行了大量实验研究,研发了韧性水泥浆配方体系。最高使用温度可达200℃,稠化时间可调,从图4可以看出,趋近于直角稠化,说明防窜性能较好。从表1可以看出,该水泥浆体系弹性模量比原浆降低47%,抗压强度为34.1MPa,抗拉强度比原浆提高70%,胶结强度比原浆提高42%,膨胀率达到0.323%。泊松比达到0.366。除抗压强度低于原浆之外,其他指标都高于原浆,但抗压强能满足储气库井抗压的要求。

表1 韧性水泥浆与原浆性能对比实验

类别	密度 (g/cm³)	泊松比	弹性模量 (MPa)	抗压强度 (MPa)	抗拉强度 (MPa)	胶结强度 (MPa)	膨胀率 (%)
韧性水泥浆	1.90	0.366	5018.8	34.1	3.17	3.86	0.323
原浆	1.90	0.217	9632.7	62.6	1.86	2.716	—

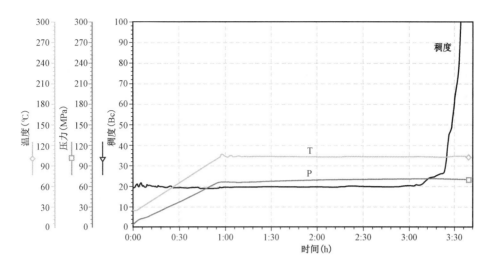

图 4　加入 DRE – 100S 水泥浆典型稠化曲线

3　现场应用及效果

　　筛管顶部注水泥固井完井技术已在苏桥储气库的 5 口井应用,现以苏 4K – P4 井为例,简述该技术现场应用情况及效果。

3.1　井身结构及基本情况

　　井深 5382.6m,位移 1290.16m,垂深 4725.78m,最大井斜 78.8°,尾管下深 5380.862m,悬挂器位置 4200m(4192.641 ~ 4199.291m),封隔器位置 4900m(4885.155 ~ 4888.257m),分级箍位置 4881.237m,液面高度 1804m(图 5)。

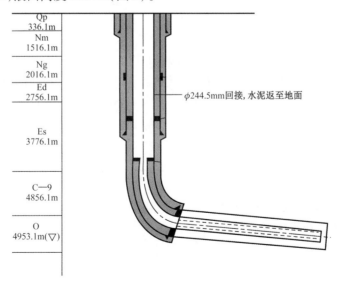

图 5　苏 4K – P4 井身结构图

3.2 管串结构

ϕ168.3mm 洗井阀 + ϕ168.3mm 筛管串 + 变径短节(ϕ168.3mm→ϕ177.8mm 长圆) + ϕ177.8mm 盲板短节 + ϕ177.8mm 套管(长圆) + ϕ177.8mm 水力扩张与压缩双作用式封隔器(加两个刚性扶正器) + 变扣短节(长圆→BGC) + 分级箍 + ϕ177.8mm 套管串(每根套管加一个扶正器) + 悬挂器 + ϕ127mm 钻具(带钻杆变扣) + 水泥头。

3.3 水泥浆体系

采用 DRE 韧性膨胀水泥浆体系。水泥浆配方组成为嘉华 G 级水泥 + 分散剂 DRS－1S + 弹性材料 DRE－100S + 水,密度 1.88g/cm³,API 失水 50mL,稠化时间 119min,抗压强度 24MPa。

3.4 施工过程

(1)施工准备。通井,冲砂。

(2)施工步骤。

悬挂器坐挂:按管柱设计方案连接工具入井,按规程安装相关配件。经过各方研讨计算,在保持管内外规定液柱压差的情况下,注意管内灌浆的时间和数量,每灌入 10m³ 核对一次,管外环空 0.5m³/30min。管柱入井到设计位置时,灌满钻井液,开泵憋压 12MPa 悬挂器坐挂。验证坐挂,下压 2.5m,悬重 160tf(220～160tf)。

封隔器封隔:管内灌水 6.1m³,灌满静止 22min 液面不降。环空灌水,排量 0.6m³/min,共 39m³,环空打压 2MPa,稳压 7min 降至 1.6MPa,再次打压 5MPa,稳压 6min,压力降至 4.9MPa 不变,第三次打压至 6.5MPa,稳压 10min,压力不变,验封成功。

丢手:中心管共正转 8 圈,有效圈数 5.5 圈,最大扭矩 5000N·m,判断成功,下压至 155tf,中和点 187tf 上提 0.9m,悬重 165～187tf,再上提 0.5m,悬重 187tf 不变,丢手成功。

打开分级箍:换顶驱冲管,顶驱憋压 25MPa,打开分级箍,开泵循环,压力 3.5MPa,排量 1.4m³/min,分级箍打开正常。

接水泥头固井:固井准备,试排量 0.7m³/min,泵压 3.5MPa。

固井施工:注冲洗液 24m³,配浆水 6m³,注水泥浆 9m³,密度 1.88g/cm³,压塞液水泥浆 1m³、配浆水 2m³,替密度 1.80g/cm³,重浆 9m³、清水 47.62m³,碰压 21MPa,分级箍关闭,施工正常。

候凝。

3.5 应用效果

筛管顶部注水泥固井完井技术在现场应用 5 口井的施工均获得成功,固井质量合格。后期钻开盲板后,均未发现水泥浆渗漏到储层。

4 结论与认识

(1)针对储气库井的筛管顶部固井工艺,采用水力扩张与压缩双作用式组合封隔器技术,已完成施工的 5 口井均未出现水泥浆渗漏,解决了筛管固井水泥浆渗漏到储层的问题。

(2)压缩式封隔器对温度变化不敏感,耐高温、耐高压,有利于有效封隔。

(3)研发的韧性膨胀水泥浆配方体系取代了斯伦贝谢公司的水泥浆体系,节约了成本。

(4)筛管顶部注水泥固井工艺复杂,施工难度大,施工过程要做好相应的预案,此固井工艺在尾管回接处密封效果不一定比分级箍效果好,有待于进一步改进。

参 考 文 献

[1] 皇甫洁,张全胜,李文波. 水平井筛管顶部注水泥技术的应用[J]. 钻采工艺,2007,30(4):161 - 162.
[2] 孙建用. 筛管顶部注水泥技术在稠油开发中的应用[J]. 中国石油大学胜利学院学报,2011,25(1):10 - 12.

作者简介:陈奇涛,硕士,工程师,现从事钻井工艺方面研究工作。联系电话:0317 - 2755478;E - Mail:1450909260@ qq. com。

苏桥储气库井储层保护技术研究与应用

杨学梅[1] 尹 静[1] 赵卫锋[2] 李 睿[1] 曹靖瑜[1] 冯 丹[1] 赵福祥[1]

(1. 中国石油渤海钻探工程技术研究院;2. 中国石油华北油田公司储气库管理处)

摘 要:苏桥储气库群苏4、苏49、顾辛庄储气库储层储集空间以潜山构造裂缝、晶间孔和溶蚀孔洞为主,气藏改建储气库前的压力系数为0.59,井底温度高达150℃。苏20储气库储层储集空间为砂岩孔隙,储层井段为砂泥岩互层,为了防止泥岩垮塌,钻井液设计密度为1.10g/cm³,但压力系数仅为0.18,巨大的压差(30MPa)给防漏和堵漏工作带来了空前的挑战。针对潜山温度高、裂缝储层,研究出了抗高温无固相钻井液;针对苏20易漏、易垮塌储层,研究出了聚胺强抑制钻井液。经现场应用,这两种体系在相应的储层中均取得良好效果。

关键词:储气库;储层保护;无固相;聚胺

苏桥储气库群苏4、苏49、顾辛庄储气库储层储集空间以构造裂缝、晶间孔洞和溶蚀孔洞为主,大缝大洞不发育,反映该潜山储集类型为微裂缝孔隙型。苏4气藏改建储气库前的压力系数为0.59,苏49气藏改建储气库前的压力系数为0.62~0.64,井底温度高达150℃。因钻井液固相物质极易对低压、微裂缝孔隙型储层造成伤害,为确保储气层少受或不受到伤害,需要研究出低固相或无固相钻井液体系。

苏桥储气库群苏20储气库储层为砂泥岩互层,气藏改建储气库前的压力系数为0.18,井底温度为109~115℃。受储层段岩性的影响,存在泥岩垮塌的危险;受储层压力系数低的影响,砂岩段极易发生漏失。根据其地质特点,需研制具有防塌、防漏的强抑制性钻井液体系。

1 无固相钻井液体系研究与应用

1.1 无固相钻井液体系优选

在研制和筛选出核心处理剂的基础上,优选出新型强抑制无固相钻井液基本配方:3%~5%高温稳定剂 +0.5%~1.5%流型调节剂 +0.3%~0.5%高效提切剂 +0.2%~0.5%快弱凝胶剂 +0.5%~1.5%抗高温护胶剂 +1%~3%润滑剂 +适量消泡剂。根据现场条件可选用碳酸钙和有机盐加重到所需要密度。

通过室内实验,对无固相钻井液的性能进行了评价。

1.1.1 基本性能

对优选出的钻井液基础配方体系进行室内测试,各项基本性能见表1。

表 1　无固相钻井液基本性能参数

体系	实验条件	表观黏度（mPa·s）	塑性黏度（mPa·s）	动切力（Pa）	动塑比	Φ_6/Φ_3	API 失水量（mL）	pH 值	黏附系数	极压系数
基础配方	热滚前	19.5	11	8.5	0.77	6/5.5		9		
	150℃,16h	24	12	12	1.0	7.5/6.5	5.0	9	不黏	0.07

从表 1 可以看出,钻井液体系在较低的表观黏度下,具有较高的动塑比和 6/3 转读数;在无黏土相存在的情况下,具有较低的滤失量,表明该钻井液具有良好的井眼净化能力和保护储层能力;保持较高的动塑比,说明具有较好的携岩能力;黏附系数不黏,极压系数 0.07,能有效预防黏附卡钻和托压问题,完全可以满足水平井的钻进要求。

1.1.2　抑制性能

采用 NP-1 页岩膨胀仪,称取 10g 干燥膨润土,4MPa 下压实 5min,测试 8h 的线性膨胀量,实验结果如图 1 所示。

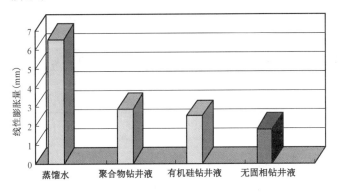

图 1　页岩膨胀试验

从图 1 可以看出,相比蒸馏水、聚合物钻井液、有机硅钻井液,无固相钻井液的线性膨胀量大幅减小,能有效抑制泥页岩水化膨胀,有利于井壁稳定。

选用岩屑为易水化的 6~10 目泥页岩钻屑 40g,150℃下滚动老化 16h,过 40 目筛称取回收钻屑重量,从图 2 可以看出,与聚磺合物钻井液相比,抑制性明显提高,能够有效抑制灰质泥页垮塌。

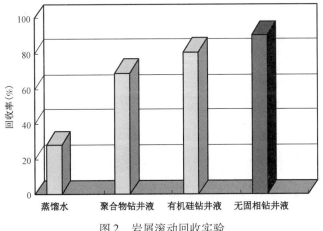

图 2　岩屑滚动回收实验

通过观察滚动回收后的钻屑,可以发现,清水回收后的钻屑(仅剩26.5%),虽然也有部分较大颗粒,但全部为不水化的砂岩等岩屑,所含的泥页岩全部水化分散,表明所选用的钻屑具有极强的水化分散性;而无固相钻井液,不但具有较高的回收率,而且能够尽可能保证钻屑的完整性,有效地抑制灰质泥页岩垮塌,进一步验证了该钻井液的强抑制性能可很好地保护储层井壁稳定。

1.1.3 抗钻屑污染能力

将易水化的泥岩钻屑烘干粉碎,过80目筛,称取一定量的钻屑加入钻井液体系中,老化前后的性能见表2,从表2可以看出,随着钻屑的加入,体系的黏度和切力变化都不大,而且滤失量略有减小,表明钻井液能很好地抗钻屑伤害。

表2 钻井液抗钻屑伤害评价

钻屑加量	实验条件	表观黏度(mPa·s)	塑性黏度(mPa·s)	动切力(Pa)	动塑比	Φ_6/Φ_3	API滤失量(mL)
0	热滚前	19.5	11	8.5	0.77	6/5.5	—
	热滚后	24	12	12	1.0	7.5/6.5	5.0
10%钻屑	热滚前	24.5	13	11.5	0.88	7.5/7	—
	热滚后	27.5	15	12.5	0.83	7/6.5	4.8
20%钻屑	热滚前	28	15	13	0.87	9/8	—
	热滚后	30.5	17	13.5	0.79	8/7	4.7

注:热滚条件为150℃,16h。

1.2 无固相钻井液体系现场应用

苏4K – P4井无固相钻井液现场应用性能,见表3。

表3 苏4K – P4井四开无固相钻井液性能

性能井深	密度(g/cm³)	漏斗黏度(s)	塑性黏度(mPa·s)	动切力(Pa)	静切力(Pa) 初切	终切	pH值	摩阻系数	含砂量(%)
4893	1.01	49	9	12.5	6	9.5	10		0
4894	1.01	53	9	12.5	6	9.5	10	0.03	0.05
4912	1.01	54	8	13	6	8.5	10	0.06	0.1
5014	1.02	51	9	15.5	7	10	9.5	0.06	0.1
5045	1.02	51	8	18	7	10	9.5	0.06	0.1
5070	1.02	51	7	16.5	6	9	9.5	0.06	0.1
5113	1.03	50	10	15	5.5	9	9.5	0.06	0.1
5132	1.03	51	8	18	6	9	9.5	0.06	0.1
5208	1.03	52	14	14.5	5.5	9.5	9.5	0.06	0.1
5294	1.03	52	14	17.5	6	9.5	9.5	0.06	0.1
5298	1.03	51	13	18	6	9.5	9.5	0.06	0.1
5341	1.04	51	15	18.5	5.5	9	9.5	0.06	0.1

从现场应用数据(表3)显示,漏斗黏度49~52s,塑性黏度9~15mPa·s,动切力12.5~18.5Pa,钻井液性能稳定。四开一次性配制好钻井液后,只需随钻补充配制好的胶液进行维护即可。体系无黏土相,能够有效避免固相物质造成的油气层伤害。

动切力大于12.5Pa,动塑比大于1,说明无固相钻井液携砂能力强。在水平段长、井眼大的情况下,振动筛上返出的岩屑大小规则,返出的泥岩岩屑形态良好。

钻井液初切大于6Pa,终切小于10Pa,属快弱凝胶体系,流动性好,开泵顶水眼泵压较低,减小了起下钻过程的压力激动,增加了钻井安全性。

钻井液摩阻系数小于0.06,在最大井斜81.14°的情况下,钻井液润滑性良好,井下正常。

苏4K-P4井井底温度为152~160℃,在四开钻进中未见掉块,说明钻井液有良好抗温性及抑制性。

无固相钻井液成功应用于苏4-10x、苏4-9x、苏4K-3x、苏4K-4x、苏4K-P4、苏49K-4、苏49K-2x和苏49K-P1等8口井。

2 聚胺强抑制钻井液体系研究与应用

2.1 聚胺强抑制钻井液体系

针对苏20井储层特点,优选出聚胺强抑制钻井液基本配方:3%抗盐土+2%~3%降虑失剂+1%~2%聚胺抑制剂+3%~5%高温稳定剂+0.5%~1.5%流型调节剂+0.2%~0.5%高效提切剂+0.2%~0.5%快弱凝胶剂+0.5%~1.5%抗高温护胶剂+1%~3%润滑剂+适量消泡剂。如遇砂层出现漏失,加入超低渗透封堵剂、酸溶性暂堵剂等堵漏材料。根据现场条件可选用碳酸钙、有机盐加重到所需要密度。通过室内实验,对聚胺强抑制钻井液的基本性能进行了评价(表4)。

2.1.1 基本性能

从表4数据可以看出,动切力为8.5Pa,动塑比为0.6,具有良好的动态携砂能力;从$\Phi 6$读数为8,终切为9,说明静切力恢复迅速,具有良好的静态悬浮岩屑能力,能满足水平井动态携砂和静态悬浮要求;摩阻极压润滑系数为0.07,说明钻井液润滑性好,钻井液能满足苏20储气库钻井要求。

表4 聚胺强抑制钻井液性能

条件	Φ_6	Φ_3	静切力(Pa/Pa)	表观黏度(mPa·s)	塑性黏度(mPa·s)	动切力(Pa)	极压润滑系数	API滤失量(mL)	HTHP滤失量(mL)
常温	8	5	5/9	23	14	9	0.07	4.2	
150℃滚动后	7	4	5/9.5	22.5	14	8.5	0.07	4.1	14.2

2.1.2 防塌性能评价

为评价聚胺强抑制钻井液防塌性能,选取了易垮塌地层的岩屑进行评价。

表5 滚动回收试验

钻井液	岩屑质量		回收率(%)
	滚动前	滚动后	
① 清水	40	12.86	32.15
② 聚磺钻井液	40	26.44	66.1
③ 聚磺钻井液+3%磺化沥青	40	28.68	77.7
④ 聚胺强抑制钻井液	40	37.53	93.83

试验中,我们发现岩屑浸入水中1min内迅速开裂破碎,可见该层泥岩水化应力强,容易垮塌。从表5可以看出,聚胺强抑制钻井液回收率为93.83%,说明聚胺强抑制钻井液抑制性明显优于聚磺钻井液体系,能有效防止井壁垮塌。

2.1.3 防漏堵漏评价

实验以聚胺强抑制钻井液为基础浆,加入超低渗透封堵剂和酸溶性暂堵剂,进行了保护效果评价实验及砂床堵漏评价实验。

2.1.3.1 砂床防漏实验

苏20井目的层平均孔隙度19%,平均空气渗透率504mD。计算得出岩石平均孔道直径约为18μm。根据"四球相接原理"[1],得出砂床粒径为80~120目。

在聚胺强抑制钻井液中加入不同配比的随钻堵漏材料(均可过120目筛),分别做API和HTHP砂床滤失实验,通过考察砂床滤失量来优选随钻堵漏材料配方。

表6 砂床滤失量测试结果

配方号	塑性黏度(mPa·s)	动切力(Pa)	静切力(Pa/Pa)	API滤失量(mL)	HTHP滤失量(mL)	砂床API滤失量(mL)	砂床HTHP滤失量(mL)
①	14	9	5.5/9.5	4.2	14.0	49	全漏失
②	14	14.5	3.5/7	4	13.0	0	12
③	12	24	6/11	3.7	11.0	0	2.5
④	16	19.5	6/11.5	3.6	12.0	0	3.6

注:配方①聚胺强抑制钻井液;配方②聚胺强抑制钻井液+2%超低渗透封堵剂+1%酸溶性暂堵剂;配方③聚胺强抑制钻井液+3%超低渗透封堵剂+2%酸溶性暂堵剂;配方④聚胺强抑制钻井液+4%超低渗透封堵剂+2%酸溶性暂堵剂。

从表6可以看出,不加封堵材料的基浆API砂床滤失量高达49mL;HTHP条件下,砂床滤失量为全滤失。加入封堵材料后,API和HTHP滤失量降低,砂床的API滤失量为零,HTHP砂床滤失量最低仅为2.5mL。

做完HTHP砂床滤失量实验后,拆开高压罐体,发现在砂床表面形成了一层1mm左右的滤饼,取出滤饼后发现其非常坚韧。

2.1.3.2 储层保护性能试验

选取苏20井岩心进行储层保护性能试验,用随钻堵漏钻井液暂堵苏20井的岩心后,用清水进行正向驱替,测量渗透率降低率。在污染端截掉一定长度的岩心后做清水反向驱替,测量渗透率恢复值。

表7　岩心封堵及侵入深度实验结果

配方号	岩心号	孔隙度（%）	动态滤失量（mL）	清水渗透率（mD）	泥浆渗透率（mD）	渗透率降低率（%）	渗透率恢复值（%）
①	苏 20 - 2 - 21	14.3	14.7	289	224	22	—
②	苏 20 - 2 - 14	18	9.8	199	52	74	—
③	苏 20 - 2 - 7	17.7	7.4	150	36	76	—
④	苏 20 - 2 - 7	17.7	13.8	128	—	—	85

注：配方①聚胺强抑制钻井液；配方②聚胺强抑制钻井液 + 2% 超低渗透封堵剂 + 1% 酸溶性暂堵剂；配方③聚胺强抑制钻井液 + 3% 超低渗透封堵剂 + 2% 酸溶性暂堵剂；配方④苏 20 - 2 - 7# 岩心切掉 0.5cm 后，用清水做反向驱替。

从表7可以看出，没加封堵材料的基浆对岩心进行污染后，渗透率降低率仅为 22%；加入堵漏材料后，岩心的渗透率降低率达到 74% ~ 76%，但把苏 20 - 2 - 7 岩心截掉 0.5cm 后，做清水反向驱替，渗透率恢复值为 85%，说明堵漏材料进入地层的深度不大于 1cm，可确保射孔解堵。

2.2　现场应用

在苏 20K - P1 井四开钻进中，目的层应用聚胺强抑制钻井液，配合使用随钻堵漏技术，从井深 3671m 钻至井深 3885m，顺利钻穿了 10 套砂岩层和 10 套泥岩层（砂泥岩互层），钻井液密度始终控制在 1.13g/cm³ 左右。四开钻井液密度 1.12 ~ 1.14g/cm³，漏斗黏度 40 ~ 60s，API 滤失量 3.6mL，HTHP（120℃）滤失量 10mL，摩阻系数 0.08。钻进过程中，四开顶部 33m 的泥岩及其他泥岩夹层未发生垮塌掉块现象；在钻时一直较快（2 ~ 5min/m）的情况下，排量始终维持在 30L/s，泵压 15MPa 左右，返砂正常。在四开钻进过程中托压不超过 10tf。充分体现了聚胺强抑制钻井液体系有优良的抑制防塌能力、携岩能力和润滑性。

钻进期间，共发生 2 次明显井漏，加入堵漏剂后均成功堵漏。

第 1 次井漏及堵漏效果：由于地质卡层不准，且井深 3671 ~ 3704m 钻遇岩性均为泥岩，所以在钻井液中未加随钻堵漏材料。当钻至井深 3704.3m 时发生漏失，漏失 4.2m³ 钻井液，停钻观察 7min 后，又漏失 2.9m³ 钻井液，平均漏速为 25m³/h，起钻至套管鞋。地质判断已进入第 1 套砂岩层，岩性为细砂岩。配 50m³ 随钻堵漏浆（井浆 + 3% 超低渗透封堵剂 + 2% 酸溶性暂堵剂），替入井底，静止堵漏 30min 后，起钻至套管鞋循环，漏速降至 0.2m³/h。下钻到底后全井循环加随钻堵漏材料，按照室内实验配方，保证全井钻井液中超低渗透封堵剂和酸溶性暂堵剂含量分别为 3% 和 2%，循环均匀后继续钻进。直到发生第 2 次井漏前，共钻穿了 6 套砂岩层[2]。

第 2 次井漏及堵漏效果：钻至井深 3790m 处起钻换 PDC 钻头，复合钻进的钻时从使用牙轮钻头时的 12min/m 缩短至 4min/m。钻进至井深 3800m 处发现漏失，漏速平均 12.7m³/h。停钻配 20m³ 随钻堵漏浆（井浆 + 4% 超低渗透封堵剂 + 3% 酸溶性暂堵剂），注入井底。静止堵漏 30min，开泵循环不漏，恢复钻进。钻时保持在 4min/m 左右继续钻进至井深 3811m 处，又发生漏失。停钻循环一周后，漏速从 7.05m³/h 降低至 0.5m³/h，恢复钻进。通过采取降低钻压、控制钻速的措施，将钻时控制在 10min/m 左右，直至完钻未再发生明显井漏[2]。

3　结论与认识

（1）无固相钻井液体系无黏土相，避免了固相物质造成的油气层伤害，达到保护储层目的；钻井液性能稳定，维护简单，在四开钻井中只需及时补充胶液，就可达到性能作业要求；携砂能力强，在水平段长、井眼大情况下，振动筛上返出的岩屑量大小规则，返出的泥岩岩屑形态良好；润滑能力强，应用8口井，均无卡钻及托压现象；有良好的抗温能力，抗温达160℃。

（2）聚胺强抑制钻井液具有良好的动态携砂和静态悬浮岩屑能力，能满足水平井要求；有效抑制泥岩的垮塌；钻井液中添加超低渗透堵漏剂及酸溶堵漏材料后，起到了良好的防漏堵漏效果，现场检验后表皮系数为0，达到了保护储层效果。

（3）在砂岩储层中，压力系数低，当钻速快时，如果随钻堵漏材料不能及时补充，可能导致钻井中出现漏失。因此，建议在压裂系数极低条件下加足随钻堵漏材料，防止漏失导致储层伤害。

参 考 文 献

[1] 郝惠军，田野，贾东民，等．承压堵漏技术的研究和应用[J]．钻井液完井液，2011，28(6)：14－16.
[2] 郝惠军，田野，张健康，等．苏20K－P1储气库井超低压砂岩地层随钻堵漏技术[J]．钻井液与完井液，2012，29(3)：38－39，43.

作者简介：杨学梅，女，学士，工程师，长期从事油田化学研究工作。联系电话：0317－2710745，13931781364；E－mail：341020399@qq.com。

火山岩气藏改建储气库盖层密封性分析

高 涛 舒 萍 邱红枫 朱思南 王海燕 王晓蔷

（大庆油田有限责任公司勘探开发研究院）

摘 要：世界已建成的地下储气库中枯竭油气藏型占绝对优势,而枯竭油气藏型储气库的储气层主要为砂岩和碳酸盐岩,火山岩气藏改建储气库在国内外尚无先例。为了探讨火山岩气藏改建储气库的可行性,以徐深气田 D 区块火山岩气藏为例,通过盖层岩性、厚度分布、物性、微观孔喉结构对盖层封闭性进行定量评价,通过建立突破压力计算模型、可封闭气柱高度对盖层密封性进行了定量评价,在此基础上,建立了徐深气田 D 区块火山岩气藏盖层密封性评价标准。综合评价认为徐深气田 D 区块盖层密封性达到了建库的基本要求。

关键词：火山岩气藏;地下储气库;盖层;断层;密封性

地下储气库是城市平稳供气、季节调峰、事故应急和国家战略储备的主要手段,具有储存量大、安全性高和经久耐用等特点,成为世界上普遍采用的天然气储存基础设施。自 1915 年加拿大 Welland 气田首先建成世界第一座地下储气库以来,目前全球已经建成了多种类型的地下储气库[1-4],主要包括 4 大类:枯竭油气藏型、含水岩层型、盐穴型和废弃矿坑型储气库,四类储气库工作气量占比分别为 83%,12%,4.9% 和 0.1%[5]。气藏型储气库储层岩石类型主要以砂岩和碳酸盐岩为主,火山岩气藏改建储气库目前还没有先例。本文针对徐深气田 D 区块火山岩气藏,通过盖层岩性、厚度分布、物性、微观孔喉结构对盖层封闭性进行定性评价,通过建立突破压力计算模型、可封闭气柱高度对盖层密封性进行了定量评价,在此基础上,建立了一套徐深气田 D 区块火山岩气藏盖层密封性评价标准。

1 气藏概况

徐深气田 D 区块火山岩气藏深层地层层序由下至上依次为古生界基底,侏罗系火石岭组,白垩系沙河子组、营城组、登楼库组和泉头组。D 区块营三段顶面构造有 D1,D2 和 D3 三个构造高点,代表三个火山锥体位置,由这三个火山岩体叠合形成一个复式背斜,长轴近北西向,长 7.3km,短轴近北东向,长 5km,构造高点位于 D3 井附近,最大构造幅度 130m。在营城组火山岩构造层上发育了 DS18,DS19 和 DSS78 等 7 条主要断层,除 DS18 断层外,其余断层延伸较短,为 1.5~10km,一般断距为 10~70m。

营城组火山岩岩性主要为酸性岩,岩石类型有流纹岩、凝灰岩和火山角砾岩。D 区块发育 4 种相类型:火山通道相、侵出相、爆发相和喷溢相,其中喷溢相分布范围最广,面积最大;其次是爆发相和火山通道相,分别发育在 D 区块的西部及北部,中部发育少量的侵出相。

营城组火山岩储集空间类型主要为气孔。根据235块岩样分析成果统计,孔隙度集中在3%～15%,平均孔隙度8.4%,渗透率集中在0.01～2.0mD,平均1.55mD。平均孔隙半径大于0.1μm的样品占50.46%,最大孔隙半径大于0.1μm的占74.31%,表明储层以中小孔喉为主。

营城组火山岩厚度介于400～700m,整体表现为西薄东厚、南部薄北部厚;储层有效厚度40～120m,平均有效厚度50m,整体表现为中间厚、边部薄。

气体分析结果表明:D区块天然气以干气为主,相对密度0.57～0.60,甲烷含量88.25%～94.79%,乙烷含量0.87%～2.85%,氮气含量1.55%～3.95%,二氧化碳含量0.60%～5.40%,气体不含硫化氢。D区块地层水水型以$NaHCO_3$型为主,平均矿化度15327mg/L,氯离子平均含量2356mg/L。D区块地层温度稳定在120℃左右,温度梯度介于3～4℃/100m,属于正常温度系统。原始地层压力31.78MPa,地层压力梯度0.15～0.17MPa/100m,属于正常压力系统。

钻井及试气证实,气藏属于同一个水动力系统,气水界面大致统一,海拔深度约-2840m。历年地层压力监测表明,气藏整体连通性较好。

2 盖层密封性定性分析

2.1 盖层的厚度

D区块直接盖层为登二段的暗色砂泥岩互层,岩性以滨浅湖、三角洲前缘相的暗紫色泥岩为主,夹泥质粉砂岩、粉砂岩,分布稳定。登二段地层总厚94～167m,平均133.3m,其中泥岩厚度63.1～120.4m,平均86.32m,泥岩占盖层厚度百分比多数达70%以上(图1)。从登二段盖层的宏观特征来看,盖层具有厚度大和分布稳定的特点,具有较好的宏观密封性。

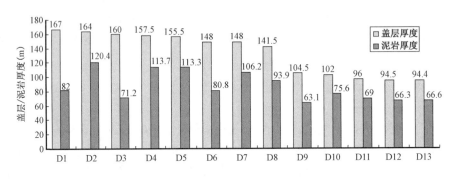

图1 D区块单井盖层与纯泥岩厚度分布柱状图

2.2 盖层的物性

根据D区块13口井常规测井分析统计,登二段砂泥岩盖层测井密度为2.61～2.67g/cm³(图2),测井解释孔隙度为1.84%～3.02%(图3)。从盖层的物性来看,盖层具有密度高和孔隙度低的特点,具有较好的微观密封性[6-9]。

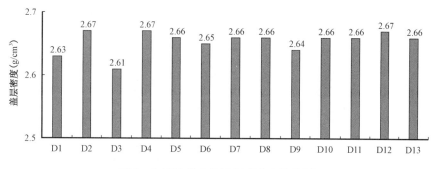

图2　D区块单井盖层密度分布柱状图

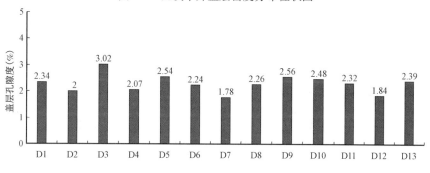

图3　D区块单井盖层孔隙度分布柱状图

3　盖层密封性定量评价

在诸多盖岩封闭能力评价的参数中,盖岩孔径分布、孔隙度和渗透率等均与突破压力有函数关系或统计相关性,突破压力是上述参数中唯一以力的形式表述这一过程可否进行的物理参数。因此,盖岩突破压力是盖层封闭能力评价中最直观和最重要的参数。盖岩的突破压力取决于最大连通孔隙半径,而孔径的大小取决于岩石的压实程度和泥质含量。一般情况下,泥质含量相同的盖层,压实程度越强,孔隙度越低,连通孔径越小,突破压力越高,反之亦然。松辽盆地泥质岩突破压力与孔隙度分析结果表明,二者具良好的相关性。

而孔隙度又与声波时差、密度、中子、自然伽马有相关性,分析发现徐深气田D区块登二段盖层自然伽马、中子与孔隙度的相关性较差,而声波时差和密度与孔隙度相关性较好(图4至图7)。

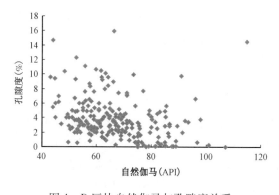

图4　D区块自然伽马与孔隙度关系

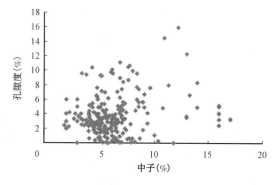

图5　D区块中子与孔隙度关系

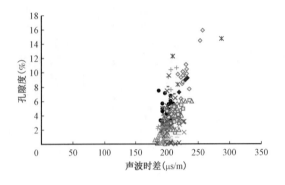 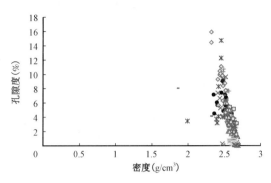

图6　D区块声波时差与孔隙度关系　　　　　图7　D区块密度与孔隙度关系

根据徐深气田 D 区块登二段盖层测井孔隙度与声波时差及密度数据,分别得到该区块孔隙度与声波时差和密度的关系模型:

$$\phi = 0.075\Delta t - 12.5 \tag{1}$$

$$\phi = -18.728\rho + 51.807 \tag{2}$$

式中　ϕ——盖岩孔隙度,%;

　　　Δt——声波时差,μs/m;

　　　ρ——密度,g/cm³。

参考松辽盆地登二段上部的青山口组、嫩江组砂泥岩突破压力与孔隙度关系[10]及徐深气田 D 区块登二段孔隙度与声波时差和密度关系模型,即得到 D 区块登二段盖层排替压力与声波时差和密度关系模型分别为:

$$p_\mathrm{d} = \frac{70}{0.075\Delta t - 12.5} - 4.2 \tag{3}$$

$$p_\mathrm{d} = \frac{70}{-18.728\rho + 51.807} - 4.2 \tag{4}$$

式中　p_d——岩石突破压力,MPa。

通过以上分析可以看出,随着埋藏深度的增加,岩石压实成岩的程度增加,孔隙度逐渐减小,声波时差也逐渐减小,密度逐渐增大,岩石孔隙度与其声波时差存在正相关关系,与密度存在负相关关系。而随着孔隙度的减小,岩石突破压力则明显增大,突破压力与孔隙度存在负相关关系。所以,岩石突破压力与声波时差存在负相关性,即声波时差越小,岩石突破压力越大,反之,则越小。与密度存在正相关性,即密度越大,岩石突破压力越大,反之,则越小。

分别采用式(3)和式(4)计算徐深气田 D 区块登二段盖层突破压力。计算结果表明,纵向上看,D 区块单井盖层突破压力总体上有随深度增大的趋势,变化范围介于 5~15MPa(图8 和图9);横向上看,D 区块盖层底部突破压力分布不均,多数区域盖层下部突破压力介于 5~15MPa,东北部区域突破压力大于7MPa,西南部突破压力介于 5~7MPa(图10 和图11)。

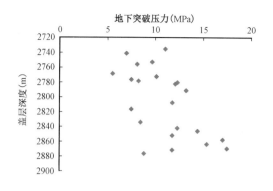

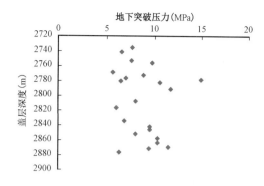

图 8　D 区块 DXX 井采用声波时差计算突破压力分布　　图 9　D 区块 DXX 井采用密度计算突破压力分布

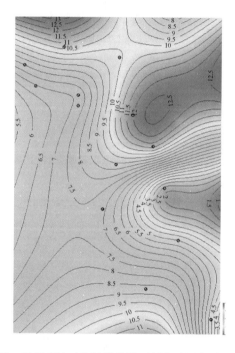

图 10　采用声波时差计算盖层下部突破压力平面分布　　图 11　采用密度计算盖层下部突破压力平面分布

　　此外还可用盖层所能封闭的气柱高度来衡量盖层的封闭能力。盖层所能封闭的气柱高度可由式(5)计算：

$$H = \frac{p_{\mathrm{d}} \times 1000}{(\rho_{\mathrm{w}} - \rho_{\mathrm{g}})g} \tag{5}$$

式中　H——盖层所能封闭的临界气柱高度，m；

　　　　p_{d}——盖层突破压力，Pa；

　　　　ρ_{w}——地层水密度，g/cm^3；

　　　　ρ_{g}——气体密度，g/cm^3；

　　　　g——重力加速度，m/s^2。

计算结果表明,盖层突破压力达到 1MPa 时,所能封闭的气柱高度约为 100m;盖层突破压力介于 1 ~ 2MPa 时,所能封闭的气柱高度介于 100 ~ 250m;盖层突破压力介于 2 ~ 4MPa 时,所能封闭的气柱高度介于 250 ~ 500m;盖层突破压力介于 4 ~ 7MPa 时,所能封闭的气柱高度介于 500 ~ 850m;盖层突破压力大于 7MPa 时,所能封闭的气柱高度大于 850m。

徐深气田 D 区块盖层突破压力多数介于 5 ~ 15MPa,对应的可封闭气柱高度介于 600 ~ 1800m,而实际最大气柱高度不超过 200m,表明登二段盖层对下部火山岩气藏具有极佳的封盖能力。

为了准确评价盖层的封闭能力,参考前人工作成果,综合突破压力、孔隙度、渗透率和最大临界气柱高度,制订了徐深气田 D 区块登二段盖层封闭性评价标准(表1)。

徐深气田 D 区块盖层突破压力多数介于 5 ~ 15MPa,孔隙度多数介于 2% ~ 5%,渗透率多数介于 0.01 ~ 0.05mD,可封闭气柱高度大于 400m。根据上述制订的盖层封闭性评价标准,D 区块盖层属于强—极强级(Ⅰ—Ⅱ)级。综合以上定性分析和定量评价结果可以看出,徐深气田 D 区块盖层密封性达到了建库的基本要求。

表1　D 区块盖层封闭性能评价标准

突破压力(MPa)	孔隙度(%)	渗透率(mD)	封闭气柱高度(m)	封闭能力	封闭级别
>7	<3	<0.01	>800	极强	Ⅰ
4 ~ 7	3 ~ 5	0.01 ~ 0.05	400 ~ 800	强	Ⅱ
2 ~ 4	5 ~ 7	0.05 ~ 0.1	200 ~ 400	中	Ⅲ
1 ~ 2	7 ~ 10	0.1 ~ 1	100 ~ 200	弱	Ⅳ
<1	>10	>1	<100	极弱	Ⅴ

4　结论

(1)徐深气田 D 区块登二段盖层厚度大、分布稳定,具有较好的宏观密封性。盖层密度大、孔隙度低,物性致密,具有较好的微观密封性。

(2)建立了徐深气田 D 区块盖层突破压力计算模型,实现了对该区块盖层密封性定量评价,计算结果表明:D 区块单井盖层突破压力总体上有随深度增大的趋势,变化范围介于 5 ~ 15MPa;D 区块盖层底部突破压力分布不均,多数区域盖层下部突破压力介于 5 ~ 15MPa,东北部区域突破压力大于 7MPa,西南部突破压力介于 5 ~ 7MPa。

(3)建立了徐深气田 D 区块盖层密封性评价标准,评价结果表明,该区块盖层密封性等级属于强—极强级(Ⅰ—Ⅱ)级。综合定性分析和定量评价结果,徐深气田 D 区块盖层密封性达到了建库的基本要求。

参 考 文 献

[1] 霍瑶,黄伟岗,温晓红,等. 北美天然气储气库建设的经验与启示[J]. 天然气工业,2010,30(11):83 - 86.

[2] 丁国生. 中国地下储气库的需求与挑战[J]. 天然气工业,2011,31(12):90 - 93.

[3] 尹虎琛,陈军斌,兰义飞,等. 北美典型储气库的技术发展现状与启示[J]. 油气储运,2013,32(8):814 - 817.

[4] 李建中,李奇. 油气藏型地下储气库建库相关技术[J]. 天然气工业,2013,33(10):100 – 103.

[5] 梁光川,田源,蒲宏斌. 国内地下储气库发展现状与技术瓶劲探讨[J]. 煤气与热力,2014,34(2):B01 – B06.

[6] 庞晶,钱根宝,王彬,等. 新疆 H 气田改建地下储气库的密封性评价[J]. 天然气工业,2012,32(2):83 – 85.

[7] 阳小平,程林松,何学良,等. 地下储气库断层的完整性评价[J]. 油气储运,2013,32(6):578 – 582.

[8] 闫爱华,孟庆春,林建品,等. 苏 4 潜山储气库密封性评价研究[J]. 长江大学学报(自科版),2013,10(16):48 – 50.

[9] 于东海. 胜利油区永 21 块 ES$_3$ 气藏建地下储气库的可行性[J]. 天然气工业,2005,25(8):106 – 108.

[10] 吕延防,陈章明,万龙贵. 利用声波时差计算盖岩排替压力[J]. 石油勘探与开发,1994,21(2):43 – 47.

作者简介:高涛,高级工程师,硕士,主要从事气田开发和地下储气库研究工作。地址:(163712)黑龙江省大庆市大庆油田有限责任公司勘探开发研究院天然气研究室;联系电话:(0459)5093913,13804671588;E – mail:gaotao@ petrochina. com. cn。

盐穴储库排卤管堵塞及预防技术研究

夏　焱[1]　庄晓谦[1]　金　虓[1,2]　袁光杰[1]　班凡生[1]

(1. 中国石油集团钻井工程技术研究院;2. 中国石油大学(北京))

摘　要:在盐穴采卤造腔、储气库首次注气、盐穴储油库注油等工程作业阶段,地下盐穴中的卤水都会通过排卤管返出地面,在这些作业过程中,排卤管堵塞往往导致泵压升高或完全堵塞而无法排卤、排卤管柱严重损坏导致泄漏、井口或地面管线泄漏等复杂问题,不仅增加了工程施工的风险,也致使建设时间和成本增加。为解决排卤管堵塞问题,开展了排卤结晶模拟实验,实验表明,尽管温度会直接影响饱和状态的卤水达到或远离超饱和状态,但其并不是引发管柱堵塞的直接诱因,较低排卤速度、氯化钙、硫酸钠等盐的存在往往会加快氯化钠晶体聚集生长,最终导致堵塞现象发生。结合工程技术实施工艺,提出了解决盐穴储库排卤管堵塞的预防的四项技术措施。

关键词:盐穴;排卤管;堵塞;预防

1　概述

随着国内盐穴储气库业务的迅速发展,利用地下岩盐资源有目的的开发,造就能够满足储存天然气或石油等需要的盐穴成为盐穴利用的新方向[1-3]。在盐穴形成到真正投入使用往往需要经历两个主要阶段:一是盐穴空间的形成,这个阶段需要通过注入淡水将地下岩盐溶解,然后通过排卤管带出到地面,被盐化工企业作为原料使用;二是投入使用阶段,如果作为储气库使用,需要注入天然气将卤水置换出来,若作为储油库,则需要注入石油替换出卤水。在这两个阶段都存在接近饱和或饱和状态的卤水被循环出地面的过程,由于温度降低、排卤速度、不溶物杂质等因素导致晶体附着于管壁上[4,5],在不能有效清除的情况下,往往导致堵塞现象发生,给施工作业带来完工周期延长、投资增加等问题。

目前,盐化工企业在生产过程中为防止堵塞问题,一般都是采用回注淡水的方式来解决这一问题[6-9]。这种防止堵塞方式的技术措施主要原理是通过淡水溶解附着在管壁的盐晶体,并在一定程度上降低卤水的饱和度。这类技术措施的确在一定程度上预防了管柱堵塞的风险,但其缺点主要体现在两个方面:(1)由于对管柱内附着物生长速度并不清楚,不能预测多长时间容易发生堵塞现象,因此在制订回注淡水预防堵塞措施时,采用的回注频率必然较高,这在一定程度上降低了排卤的有效作业时间,延缓了完工进程;(2)对于含氯化钙、硫酸钠等盐类的岩盐来说,在溶解之后容易形成不溶物附着于管壁,转化为难以被清水溶解的垢质,随着时间增长,管柱依然有被堵塞的风险。为此,需要对排卤管发生堵塞问题的原因进行深入了解,才能制定出更加合理的预防管柱堵塞。

2 不同作业过程排卤管堵塞问题的影响因素

排卤管堵塞可能发生在造腔过程中和注气排卤水过程中。

2.1 造腔过程中的结晶结垢分析

造腔排出的卤水大多数情况下为不饱和卤水，由于饱和度较低，不易在排卤管中形成盐结晶。

但在造腔过程中，出现过在管子内壁结晶结垢的现象，如图 1 所示。观察可见，表面较平滑，而非大结晶颗粒，经分析，原因可能是注入水水质造成的管柱结垢。

造腔溶漓过程需要大量的注入水，注入水的水质成分上可能对排卤管结垢造成影响。从现场获取注入水分析数据可以发现，注水的 pH 值都不小于 8，而且每天都有变化，但总体上属于弱碱性水体，据此判断，注水的水体中将会大量从空气中溶入 CO_2 形成 CO_3^{2-} 和 HCO_3^-，从而构成碳酸盐结垢的基本要素。

图 1　造腔排卤管结垢现象

2.2 注气排卤结晶结垢分析

注气排卤过程中，由于盐腔经过长时间的静止，特别是排卤管下部位于腔底位置，卤水饱和度较高，在条件适宜的情况下易发生盐结晶。而注气排卤排出的为盐腔中存有的饱和卤水，只有在反冲洗时，会注入外来的淡水，外来淡水水质可能会对结垢产生影响。

针对注气排卤过程堵管的井，通过调研发现，由于受生产计划等因素影响，注采完井与注气排卤作业的间隔时间往往较长，注气排卤起始阶段可以正常循环，但开始循环过程 10 天左右发生堵管现象(图 2)，提示明显的结晶并非仅仅源于长期的静止停顿。导致堵管的结晶，发生的必要条件是过饱和卤水的存在，而经前面的分析可知，过饱和的卤水在注气排卤初始阶段并没有造成使排卤管堵塞的结果，因此，还需要寻找其他使得排卤管在仅仅几天后就严重堵塞的因素。

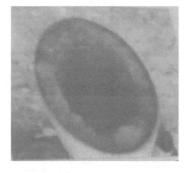

图 2　注气排卤管结垢现象

从现象分析,由于过饱和卤水处于静止状态,当有结晶析出时,会使溶液饱和度降低,而循环静止导致排卤管内没有新的过饱和溶液注入,当管内的溶液达到相平衡时,就不再有晶体析出,管内的结晶暂时停止。

开始注气排卤时,新的过饱和卤水进入管内,饱和卤水开始在排卤管内向上流动,当遇到温度降低的情况时,就可能有新的结晶生成。虽然有配套的反冲洗流程,但是如果反冲洗不能够完全使结晶溶解,管壁上的结晶就会逐渐积聚。

另外,长期静止停顿的盐腔,其底部形状和堆积物顶深有可能发生变化,特别是盐腔周边不规则的状态,更易出现掉块等情况。由于注采完井早已完成,管子深度没有根据最新的情况进行调整,导致排卤管受损或底部位置过于接近堆积物顶深。此时,不溶物的影响也将会趋于严重。

在常规注气排卤井的工作条件下,堵管问题主要来自于氯化钠等盐类的结晶,但不溶物作为杂质存在,从盐的结晶机理来说,必然对盐的结晶产生重要影响。而对于排卤管柱下入位置过深的井,由于排卤管底部接近腔底堆积物,注气排卤的反循环方式,很可能将腔底堆积物中的部分不溶物带入排卤管内,一方面堵塞管柱,另一方面也会加速盐的结晶。

因此,结晶堵管和不溶物堵管,虽然存在不同的因素和机理,但对盐穴储气库注气排卤作业来说,往往会同时发生作用。

3 排卤模拟实验研究

3.1 实验方案设计

以盐穴排卤工艺为原型,设计了一套研究温度、流速、管内壁表面粗糙度对排卤管柱结晶影响规律的物理模拟实验方案。该实验需要使用一套实验装置,其主要部件包括模拟盐腔容器、排卤管柱、温度控制系统、循环泵、流量计等,实验装置示意图如图3所示。

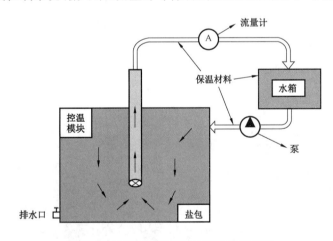

图3 排卤管柱结晶模拟实验装置示意图

实验过程中,参照现场取得的卤水成分比例数据向水中加入 $NaCl$, Na_2SO_4, $MgCl_2$ 和 $CaCl_2$,配置实验溶液,并将配置好的卤水升温至55℃(假设井底盐穴腔体地层温度为55℃),

并在卤水中放入装有过量 NaCl 的布袋,保证配置的卤水为饱和状态;然后,将配置好的卤水溶液在一个循环管路系统中进行循环,通过冷凝器给位于循环系统中的油管降温,调节泵的功率控制卤水在管路中循环时的流速,通过给油管内壁涂不同涂料控制管壁表面粗糙度;最后记录并分析实验结果。

3.2 实验结果分析

图 4 和图 5 为油管内部照片,油管从最下端往上依次编号为 1,2,3,…,12。其中,1~6 号为模拟溶腔内油管,浸泡在过饱和卤水当中;7~12 号为模拟溶腔上部冷凝器中的油管,浸泡在循环冷水当中。浸泡在高温过饱和卤水中的油管内壁几乎无晶体附着,而冷凝器中降温的油管内生成大约 6mm 厚的晶体。12 号油管由于处于冷凝器最顶部,降温效果较差,所以内壁晶体少很多。

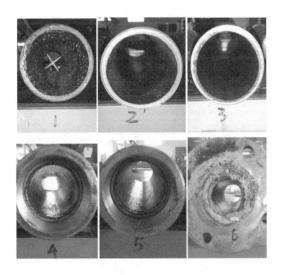

图 4　液体中管柱内部结晶现象

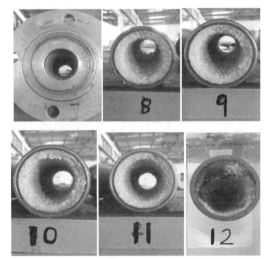

图 5　冷凝器处管柱内部结晶现象

以上现象表明,在低流速情况下,当温度降低时,过饱和溶液中的盐,通过接触温度低于溶液温度的油管内壁会生成晶核,部分晶核附着在油管内壁的同时会继续生长,晶壁厚度不断增加。12 号油管的现象说明,温度降低不够,晶核析出较少。

通过实验分析可以得到 3 点认识:一是温度的降低是油管内壁产生结晶的关键因素;二是循环—静止交替对结晶影响明显;三是小排量更易生成结晶。

4　排卤管堵塞预防技术措施研究

4.1　优化排卤管下入位置

从盐穴储气库已建成的腔体声呐测腔结果来看,腔体形状各不相同,盐腔底部情况也有差异。由于排卤管下入深度与此关联较密切,因此应针对不同的盐腔类型,确定排卤管下入深度。

盐腔形状规则，整体呈倒梨形，周围腔壁过渡圆滑，局部凸起结构少，底部"V"字形，且腔底最低处位于井筒轴线处。这样的腔体形状与造腔设计结果比较接近，稳定性好，是比较理想的盐腔形状。

规则形状的盐腔由于排卤管可以下至盐腔的最低位置，腔内几乎全部卤水都可以排出。而且底部固体沉积物不易循环带出，有利于减少结晶现象产生。按照常规的设计原则，同时考虑排卤管下深与盐腔排出卤水体积比及排卤安全性，综合确定排卤管下入深度。

4.2　反冲洗参数优化

在注气排卤现场作业中，排卤管底部的过饱和卤水是实际存在的，持续的卤水排出，在温度降低等客观条件适宜的情况下，结晶现象难以完全避免，因此，设计合理的淡水反冲洗参数十分必要，也是防止管柱结晶堵塞的最直接有效的方法。

经过前面对造腔过程结晶结垢现象的分析，可以看出注入盐腔的外来水源对排卤管柱的影响很明显。注气排卤过程虽然没有造腔那么大量的循环水，但是如果注入淡水中含有某些可能产生沉淀或者加剧结晶的成分，由于冲洗过程按照设计会流经整个排卤管内壁，直到进入盐腔，因此仍然会影响排卤管的作业状态。

因而，建议考虑注入前对反冲洗淡水进行除氧除 CO_2 处理，既防止与卤水中离子结合而结垢，又防止管子内壁腐蚀。

注入水中含有溶解氧对注水管道设备及套管会直接造成腐蚀，而且当钢铁表面有沉积物存在时还会形成氧浓度差电池腐蚀，其腐蚀速度更快。此外，水和金属铁接触，在氧腐蚀的作用下形成的氧化物可能成为晶核促进结晶，对管壁的附着性也可能造成影响。

4.3　反冲洗淡水预先升温，低流量小排量冲洗

通过室内实验证明，用高温淡水冲洗管柱内壁盐结晶的速率是用常温淡水冲洗的 3 倍以上。对于长期注气排卤的井，可以采取定期进行高温淡水反冲洗的方法，稀释管柱内卤水浓度，并溶解排卤管柱内壁析出的盐结晶。

当地面控制台发现注气压力上升，排卤量减小时，现场操作人员应及时进行淡水反冲洗作业，如操作不及时，则会导致盐结晶快速生长，严重时会导致排卤管柱堵死。

停止注气阶段，可以采取持续向排卤管柱中小流量注入高温淡水（60℃以上），稀释排卤管柱内卤水浓度，促进已生成的晶体溶解，并预防卤水析出晶体。

4.4　排卤管内壁加涂增加光洁度材料

实验证明，排卤管内壁涂油漆可以有效地减少排卤管结晶，因此可以通过将类似油漆的材料喷涂在油管内壁上，提高管壁的光洁度，晾干后下井使用，可以起到预防结晶的作用。

5　结论与认识

（1）进行排卤管下入深度设计时，要充分考虑排卤管下深与盐腔排出卤水体积比及排卤安全性，综合确定排卤管下入深度。

（2）采用反冲洗措施时,注入反冲洗淡水前进行除氧除 CO_2 处理,既防止与卤水中离子结合而结垢,又防止管子内壁腐蚀,预防结晶结垢现象发生。

（3）在现场施工时,建议采取升高注气温度、高温淡水反冲洗和排卤管内壁涂油漆配合使用的方法进行现场施工。

参 考 文 献

[1] 何爱国. 盐穴储气库建库技术[J]. 天然气工业,2004,24(9):122 – 125.

[2] 魏东吼. 金坛盐穴地下储气库造腔工程技术研究[D]. 青岛:中国石油大学(华东),2008.

[3] 袁进平,李根生,庄晓谦,等. 地下盐穴储气库注气排卤及注采完井技术[J]. 天然气工业,2009,29(2): 76 – 78.

[4] 丁绪淮. 工业结晶[M]. 北京:化学工业出版社,1985.

[5] 周玲. NaCl 碰撞成核规律与 KCl 结晶过程的研究[D]. 天津:天津科技大学,2009.

[6] 李进华. 浅析岩盐开采结晶堵管[J]. 中国井矿盐,2004,35(3):16 – 18.

[7] 杨正凯,徐卫华,胡晓亮. 水溶开采盐井生产防结晶措施及认识[J]. 中国井矿盐,2015(5):29 – 31.

[8] 王成林,巴金红,郭凯,焦雨佳. 盐穴储气库注气排卤阶段管柱复杂情况处理方法[J]. 石油化工应用, 2015,34(10):60 – 61.

[9] 王冰. 浅谈盐井解堵措施的应用及效果[J]. 中国井矿盐,2013(5):22 – 24.

作者简介:夏焱,博士,高级工程师,主要从事钻完井技术及地下储库工程技术的研究工作。联系电话:010 – 80162280;E – mail:xiayandri@ cnpc. com. cn。

双6储气库钻完井技术优化与应用

陈显学

（中国石油辽河油田公司天然气储供中心）

摘　要：双6区块改建储气库前濒临废弃，地层压力系数0.2~0.4，给钻完井施工带来较大的困难。固井质量是储气库钻完井施工的核心，储气库具有运行周期长、注采井要求强注强采，周期循环等特殊要求，对注采井井筒的完整性要求非常高。针对双6区块钻完井施工的难点，在钻完井过程中，及时优化钻完井工程设计，对钻完井工具及钻井液不断进行优化，应用高强低密度和韧性水泥浆、气密封检测等技术，取得了较好的效果，为完善地下储气库钻完井技术提供了宝贵经验。

关键词：储气库；钻井；固井；气密封检测

双6区块位于双台子断裂背斜带中部，主要含油气层兴隆台油层是一个带气顶的油气藏，原始地层压力24.27MPa。改建储气库前，地层压力已降至5MPa左右，地层压力系数在0.3左右。双6区块改建储气库钻完井工程面临的最大问题就是目的层地层压力低，其给钻井、固井施工带来了严峻的挑战。为保障双6油气藏改建储气库钻完井工程的顺利实施，需优化钻完井工程设计，优选适合的钻完井技术，确保钻完井质量满足注采井的注采要求。

1　钻完井施工难点

（1）双6区块改建储气库时储层压力系数低(0.2~0.4)，钻井及固井施工容易发生漏失，增加了钻完井难度。

（2）井眼尺寸大，每层套管固井，水泥浆均要求返到地面。

（3）目的层上部的馆陶组易漏失，影响固井质量。

（4）国内缺乏必要的完井工具及配套技术，需要引进国外先进工具和技术，钻井成本较高。

（5）新井为丛式井，集中部署在老井井场，新井附近老井较多，钻井施工防碰难度大。

2　钻完井技术优化及应用

针对双6储气库钻完井施工难点以及井筒完整性的需要，在建库过程中对井身结构、井眼轨迹控制、堵漏、固井工艺等技术进行优化，满足了双6储气库建库需要。

2.1　井身结构的优化

双6储气库3口评价井（定向井）在钻井过程中出现过两种复杂情况：一是在技术套管固

井时,馆陶组(岩性以砂砾岩为主)曾发生漏失;二是由于技术套管下深在目的层顶部的泥岩段中部,三开钻井时顶部泥岩段曾发生坍塌。针对双6储气库3口评价井钻完井施工存在的问题,以及注采井需满足大吞大吐、储层专打、井筒密封完整的特点,对双6储气库新井井身结构进行了优化研究。

井身结构优化设计总体原则是:以确保井控安全和注采运行安全为基础,以经济效益为中心,综合考虑投资成本、钻井速度、油层保护、储气库生产特点等因素。

井身结构由原来的三开优化为四开。一开导管下深50m,水泥浆返至地面;二开表层套管封至馆陶组以下50m,深度大致在1200~1250m,水泥浆返至地面,解决了技术套管固井施工时馆陶组漏失的问题;三开技术套管水平井封至目的层顶部1~2m,定向井封至储层以上盖层,要求水泥浆返至地面,解决了三开钻进时泥岩坍塌和目的层漏失的问题;四开井段定向井采用油层套管固井完井,水平井油顶以上采用注水泥封固,油层段采用筛管完井。

2.2 井眼轨迹控制技术[1]

直井段(一开和二开)钻进时,通过优化钻具组合和钻进参数,加强测斜,并根据测斜数据及时调整钻压大小,以及每个单根进行划眼的方法,实现了直井段轨迹有效控制。直井段井斜控制在1.5°以内。

造斜井段采用φ210mm×1.5°单弯螺杆、φ308mm球扶钻具和MWD测斜仪器,进行滑动钻进和旋转钻进,造斜段井眼轨迹得到有效控制。

水平井段钻进时,通过复合钻进手段,及时清除岩屑床,减少摩阻并防止沉砂卡钻,及时调整井斜变化,保证目的层钻遇率,确保水平段A点和B点在靶点范围内。

2.3 随钻堵漏及承压堵漏技术

在钻井过程中,及时优化调整钻井液性能和密度,确保钻井顺利实施。储层段钻进时采取随钻堵漏措施,根据钻井液返出情况,在钻井液中随钻加入生物可降解堵漏材料,解决了钻进地层漏失问题,同时还可有效保护储层。中完固井前,根据储层特点,模拟储层条件下优选堵漏剂进行室内实验,按室内选定的配方进行承压堵漏施工,承压能力由最初的1MPa提高到6.5MPa,避免固井施工水泥浆发生漏失,提高了固井质量。

2.4 固井工艺技术的优化

储气库的注采井及监测井,每层套管固井时水泥浆要求返到地面。由于地层压力较低,固井施工存在地层漏失的风险。固井工艺采用双级固井、尾管回接固井和高强低密度水泥浆,降低水泥浆液柱压力,防止固井施工过程中水泥浆漏失。

(1)双级注水泥工艺。

由于技术套管下深在2400m左右,水泥浆压力较大,采用双级注水泥工艺,减少水泥浆的液柱压力,防止在固井过程中发生漏失。应用液压分级箍,确保固井施工的连续性及水泥环的完整性和密封性。同时,开启压力可以根据承压情况进行设定;内螺纹与本体的一体式设计增强了抗拉强度;一体式内筒设计使得外径尽量做小而内径尽量做大,保证其他井下工具顺利通过;碰压座及关闭胶塞上的防旋转设计减少了钻塞时间。

（2）高强低密度水泥浆[2]。

一级固井和二级固井时，上部井段采用高强低密度水泥浆固井。高强低密度水泥体系的强度已达到常规密度水泥体系的标准，其强度以及综合指标与普通低密度水泥浆体系相比更好。

（3）韧性水泥浆[3]。

储气库注采过程中，套管和水泥石承受交变应力，在交变应力条件下，水泥石很容易产生微裂缝、微环空，发生气窜和套管带压的风险。

盖层段和储层段油层套管固井采用韧性水泥浆体系。韧性水泥浆具有明显的低失水、直角稠化、防气窜、低渗透率、韧性好、抗腐蚀等特点（表 1）。韧性水泥浆可减少水泥浆体积收缩，改善水泥石的微观结构，使之致密、不渗透、气密封性好，以提高水泥浆在候凝过程中的防气窜能力以及水泥石的防气窜能力。

韧性水泥浆在一定程度上降低了水泥石的渗透率，阻止了腐蚀水源的渗入，使得抗酸溶性及抗腐蚀性得以改善；水泥石致密性增加，水泥石渗透率降低；水泥石抗折强度增加，韧性增强；能有效地提高水泥石的抗腐蚀性和柔韧性。

表 1　韧性水泥和纯水泥性能对比表

序号	温度（℃）	纯水泥		韧性水泥		弹性模量减少率（%）
		抗压强度（MPa）	弹性模量（GPa）	抗压强度（MPa）	弹性模量（GPa）	
1	50	27	12.4	22	8.63	30.4
2	60	28.5	11.02	20.7	7.08	35.8
3	70	29.2	12.4	19.8	7	46.6

（4）尾管回接固井工艺[4]。

定向井采用套管完井方式。由于应用分级箍固井存在分级箍打不开或者关闭不严的风险，定向井油层套管采用尾管悬挂再回接方式固井。该固井工艺风险小，如果承压失败或者固井质量不合格，还能进行其他技术补救措施。

（5）悬空固井工艺。

水平井的完井方式[5]为筛管完井，油层套管上部套管至井口，储层段为筛管，为防止气窜，筛管间连接遇油遇水膨胀封隔器。固井时上部油层套管固井，应用上固下不固"悬空固井工艺"。为降低固井施工井漏的风险，应用压胀式管外封隔器，使油层套管与技术套管之间形成桥堵，密封性强，承压能力达到 51MPa。

2.5　气密封检测技术的应用[6]

为保证套管的密封性和完整性，技术套管和油层套管为气密封套管，下套管时进行气密封检测，检测压力在 35MPa。在规定的时间内探测不到漏率大于 $2.0 \times 10^{-7} bar \cdot mL/s$ 的氦气，套管螺纹无漏失；如果探测到漏率大于 $2.0 \times 10^{-7} bar \cdot mL/s$ 的氦气泄漏，说明螺纹密封不符合要求，则采取整改措施，确保井筒的密封性。

双 6 储气库钻完井过程中通过不断优化和应用先进的工艺技术和井下工具，确保了钻完井质量。对水泥环进行声幅变密度和超声波成像测井检测固井质量成果显示，固井质量良好，满足储气库注采井的质量要求。

3　结论与建议

(1)钻井液根据钻遇地层及时调整;储层钻进时进行随钻堵漏,固井前根据固井施工要求进行承压堵漏,确保固井连续施工,且水泥浆返至地面。

(2)储气库随钻堵漏和承压堵漏时,应做好储层保护工作,防止影响注采井的注采效果。

(3)技术套管和油层套管螺纹类型为气密封螺纹,并逐根进行气密性检测,保证井筒的密封性和完整性。

(4)应用分级固井和高强低密度水泥浆降低静液柱压力;盖层段固井应用韧性水泥浆,增强了防气窜能力。

参 考 文 献

[1] 陈庭根,管志川. 钻井工程理论与技术[M]. 东营:石油大学出版社,2000:180 - 205.

[2] 孙新华,冷雪,郭亚茹,等. 高强低密度水泥浆体系的研究[J]. 钻井液与完井液,2009,26(1):44 - 46.

[3] 高辉,彭志刚. 胶乳水泥浆的室内研究与应用[J]. 钻井液与完井液,2011,28(4):54 - 56.

[4] 马开华,马兰荣,陈武君. 高压油气井尾管回接固井新技术[J]. 石油钻采工艺,2005,27(3):22 - 23.

[5] 王德新. 完井与井下作业[M]. 东营:石油大学出版社,1999:44 - 73.

[6] 林勇,薛伟,李治,等. 气密封检测技术在储气库注采井中的应用[J]. 天然气与石油,2012,30(1):55 - 58.

作者简介:陈显学,硕士,总地质师,高级工程师,现从事油田开发管理工作。联系电话:0427 - 7824196;E - mail:chenxianx@ petrochina. com。

水泥承留器在老井封堵中的应用

丰先艳

（中国石油辽河油田公司天然气储供中心）

摘　要：储气库老井封堵过程中，对原射孔井段进行挤水泥封堵。由于射孔井段长，需要分段封堵，传统的挤水泥多采用笼统挤注水泥工艺和自上而下挤注水泥工艺。在储气库老井封堵施工中应用水泥承留器，实现自下而上的挤水泥工艺，进一步提高了老井封堵效果，施工工序少，降低了封堵作业费用。

关键词：储气库；老井封堵；水泥承留器；挤水泥

目前，国内油田封堵射孔井段[1]多采用笼统挤注水泥封堵工艺和自上而下挤注水泥封堵工艺。这两种封堵工艺施工繁琐，附加工序较多，施工周期长，易发生次生事故，成功率偏低，不能很好地达到工艺、地质要求。储气库老井封堵作业施工，通过对不同型号的水泥浆添加一定量添加剂的室内实验，得出了水泥浆凝固时间曲线；结合水泥浆凝固曲线，优选井下作业工具[2]，使用机械式 MMR 型水泥承留器，实现自下而上封堵井段的工艺，取得了较好效果。

1　国内封堵作业现状[3]

以往在挤封堵废弃层段时主要采取两种方式：笼统挤注水泥封堵工艺和自上而下挤注水泥封堵工艺。

（1）笼统挤注水泥封堵工艺。

此工艺主要是下光管到射孔井段的底部，一次性注水泥淹没废弃层，强行挤注水泥后，提管柱到顶层以上反洗井，然后憋压候凝。其缺点是：物性差异大的各层分不开，物性好的进水泥量大，物性不好的进水泥量小或不进，挤封堵效果往往不理想；入井水泥上返过高，极易造成水泥卡钻事故；屏蔽不了高压力对上部井段的影响，容易挤坏上部套管；对于层间间隔大时，多用了水泥并多钻了水泥塞等。

（2）自上而下挤注水泥封堵工艺。

当井内有多套层系或一套层系中存在物性有差异的多个射孔井段，在需要挤注水泥封堵时，先在最上两个相邻射孔井段之间注一悬空水泥塞，然后下光管挤最上层，候凝后钻开水泥塞试压，试压合格后再用同样方法挤封堵第二层，依此类推挤封堵其余层位。其缺点是：工序繁杂，工作量大，当遇有严重井漏时，注悬空水泥塞往往失败；屏蔽不了高压力对上部井段的影响，容易挤坏上部套管；在地层压力高、出现反吐的情况下，易导致挤封堵失败，造成水泥卡钻事故。

2 机械式水泥承留器封堵工艺

应用机械式 MMR 型水泥承留器,实现了储气库老井封堵井段自下而上的挤水泥封堵工艺,取得了非常好的效果。水泥承流器能可靠地坐封于任何级别(包括 P-110)的套管;坐封可靠,5½in 承流器坐封力为 15tf,7in 承流器坐封力为 23tf;单胶筒和平滑的金属背圈能够组成可靠的密封系统;整体式卡瓦避免中途坐封,且易于钻除;能够用于温度 148℃、压力 70MPa、井斜小于 50°的工况;可直接用机械式 MSR 坐封工具(用于正扣钻杆),一趟管柱完成坐封(分层)和挤水泥两道工序,或用 MHSB 液压坐封工具(用于反扣钻杆),两趟管柱完成坐封(分层)和挤水泥作业。其优点在于:

(1)可以实现多射孔层段自下而上的封堵,一趟管柱即可实现分层和挤封堵工作,减少工序,节约时间。

(2)使用水泥承流器,屏蔽了挤水泥[4]时的高压力对上部套管的影响,同时保证水泥不伤害上部油层。

(3)适应 30m³ 以上大水泥量的水泥挤注施工,井漏对使用承留器没有影响。

(4)适用于地层反吐严重井的挤封堵作业,提高挤水泥成功率。

(5)可钻性强,既适用于大修作业,也适用于小修作业。

2.1 机构组成[5]

机械式水泥承留器(图1)主要由 MSR 机械式坐封工具(图2)和 MMR 套阀水泥承留器两部分组成。坐封工具主要结构由上接头、中心管、上端衬套、弧形弹簧、下端衬套、控制套、卡瓦套、插入接头、控制弹性接头、凸轮块和移相接头等组成。水泥承留器主要结构由上接头、上下双向卡瓦、上下锥体、弹性锁紧机构、内中心管、外密封胶筒、内密封段和内阀体等组成。

图 1 机械式水泥承留器图

图 2 MSR 机械式坐封工具图

2.2 工作原理

其原理是 MMR 机械式水泥承留器与 MSR 机械式坐封工具连接后,通过油管下放到预定位置,旋转,使得上卡瓦释放,提拉管柱坐封水泥承留器旋转丢手,再次将机械坐封工具插入承留器中,打开阀体,即可进行挤注水泥作业。

2.3 坐封操作步骤

水泥承留器坐封操作步骤主要分为下管柱、坐封、丢手和验封4个步骤(图3)。

(1)下管柱。

限速下管(30~40根/h),下钻应平稳、匀速,禁止猛刹猛放,防止顿钻、溜钻;同时,应了解井内液面深度,工具与液面接触时要匀速慢下,过造斜点、套管挂、套管变形等特殊位置时也要匀速慢下。

(2)坐封。

承留器下至设计深度后,上提管柱0.6m,正旋管柱20圈(可多旋),再下放管柱0.6m至原深度,此过程使上卡瓦从坐封套内脱出并弹开紧贴在套管壁上。

缓慢上提管柱,若悬重高于管柱正常悬重且悬重继续增加,说明上卡瓦已正常工作,继续上提使悬重高于管柱正常悬重150kN,保持5min,然后下放至正常悬重,再缓慢上提使悬重高于管柱正常悬重150kN,稳定5min,此过程使胶筒被充分挤压膨胀,同时,上下卡瓦完全咬紧在套管壁上,完成水泥承留器坐封。

(3)丢手。

缓慢下放管柱至正常悬重再增加5~10kN,正转管柱8~10圈,此时指重表指针会有轻微跳动并且悬重降至正常管柱悬重,上提管柱若悬重保持正常管柱悬重,表明丢手成功。

(4)验封。

下放管柱加压50~100kN探承留器合格后上提管柱5cm(此步骤可以使插入接头密封段运动至水泥承留器密封段内),此时可进行油管试压。从套管打压可验证水泥承留器密封性。

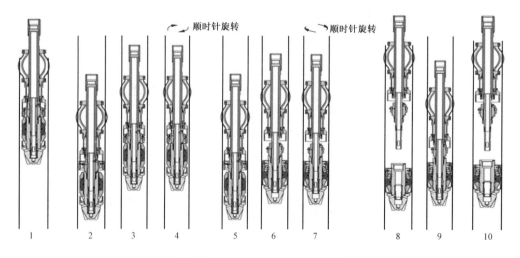

图3 水泥承留器工作原理示意图

3 应用实例

挤水泥封堵射孔井段:2301.0~2332.0m,下水泥承留器到2295.0m坐封,挤清水0.5m³,打压18MPa,打前置液1m³,注密度1.68g/cm³填料超细水泥4.5m³,顶替清水5m³,拔出插管反洗至循环出清水。候凝后,下 $\phi118$mm 多刃磨鞋,30min 后钻掉承留器,并钻水泥塞至 2334.0m,对 0 ~ 2334.0m 井段试压 15.0MPa,30min 压降 0.1MPa,稳压 15MPa,试压合格。重新复测声幅变密度[6]后,2301.0 ~ 2332.0m 井段固井质量合格(图4)。

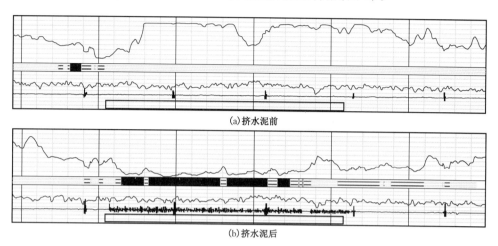

(a)挤水泥前

(b)挤水泥后

图4　用水泥承留器挤水泥前后声幅对比图

4　结论与建议

(1)应用水泥承留器进行老井封堵,能有效地进行管外封串、层间封串,封堵停产层等施工,可以达到工程技术要求。

(2)该工具性能可靠,操作简单,能有效防止施工中卡钻、堵塞管柱等事故的发生。

(3)水泥承留器的应用,减少了施工工序,降低了作业成本。

参 考 文 献

[1] 张琪. 采油工程原理与设计[M]. 北京:石油大学出版社,2000:412 - 420.
[2] 万仁溥. 采油工程手册[M]. 北京:石油工业出版社,2000:587 - 606.
[3] 聂海光,王新河. 油气田井下作业修井工程[M]. 北京:石油工业出版社,2000:272 - 284.
[4] 中国石油天然气集团公司 HSE 指导委员会. 井下作业 HSE 风险管理[M]. 北京:石油工业出版社,2002:19 - 22.
[5] 赵明,彭新国,吴占国,等. WSRA 水泥承留器在挤封作业中的应用与分析[J]. 科技资讯,2011(22):103 - 104.
[6] 丁次乾. 矿场地球物理[M]. 北京:石油大学出版社,2003:85 - 113.

作者简介:丰先艳,学士,工程师,现从事地质开发管理工作。联系电话:0427 - 7824107;E - mail:fengxianypc@ petrochina. com. cn。

运行优化与安全管理

陕京管道系统储气库建设运行实践及启示

陶卫方　王起京　朱世民

（中石油北京天然气管道有限公司）

摘　要：以陕京管道系统配套建设的 9 座地下储气库为载体，阐述了油气藏型储气库从工程设计、工程建设和生产运行管理等环节的实践经验，系统总结了不同类型储气库的气藏动态变化规律和影响因素，分析了储气库注采井、封堵井的完整性及排液井的生产特点，针对含水油气藏型储气库在实践中出现的问题，提出了油气藏型储气库发展的意见和建议。

关键词：陕京管道；储气库；库容量；工作气量；损耗；注采井；封堵井；排液井

1　陕京管道系统储气库状况

中石油北京天然气管道有限公司担负着向京津及华北地区天然气供气和安全保障工作，建设和管理陕京一线、陕京二线、陕京三线、永唐秦管道、港清线、大唐煤制气（北京段）和唐山 LNG 等多条天然气输气管道，管道干线全长 3750km，正在建设陕京四线，预计到 2017 年底，公司运营的天然气长输管道将达 5000km。

为满足京津及华北地区天然气冬季调峰，提高天然气供应安全保障能力，从 1999 年开始至 2010 年，先后设计和建成了大张坨和京 58 等 9 座地下储气库，形成了华北地区天然气平稳、安全的供应保障网络。在所建的 9 座储气库中，大张坨和永 22 储气库由尚未废弃的气藏改建而成，其余均是由开发废弃的气藏或油气藏改建。这些储气库均为构造型油气藏，永 22 储气库为碳酸盐岩块状底水气藏，其他均为砂岩孔隙型层状边水气藏。

9 座储气库设计库容量 $85.75 \times 10^8 m^3$，年工作气量 $37.84 \times 10^8 m^3$。共安装注气压缩机组 26 台套，注气能力 $2155 \times 10^4 m^3/d$；建成天然气处理装置 9 套，处理能力 $4000 \times 10^4 m^3/d$；建设注采井等生产井 94 口，观察井 6 口，封堵和处理老井 154 口。从 2000 年第一座储气库投产以来，储气库累计注气 $237.43 \times 10^8 m^3$，累计采气 $187.53 \times 10^8 m^3$，形成 $23.13 \times 10^8 m^3/a$ 工作气能力，在冬季调峰及安全应急保障中发挥了作用。

2　储气库设计、建设及生产运行探索与实践

陕京管道系统配套储气库是我国建设的第一批具有季节调峰和安全应急调峰功能的大型储气库。在设计、建设和运行管理中，充分利用国内气藏开发实践中形成的成熟技术经验，借鉴国外储气库建库的先进技术和理念，前后已走过 16 年的探索、实践历程，形成了一些体会和认识，在此与行业同仁共同探讨。

2.1 引进、借鉴和探索，逐步积累设计经验，形成了部分储气库设计规范和技术标准体系

储气库设计的指导原则是利用国内气田开发的成熟技术，借鉴国际储气库的先进经验。但我们在大张坨储气库的设计建设初期，对中国石油天然气集团公司提出的"注得进，采得出"和"大进，大出"的要求心中无底。为保障第一座储气库的建设成功，为后续储气库设计建设积累和探索经验，在充分调研的基础上，选择美国安然公司进行建库的可行性研究，我方同时开展平行研究，并将安然公司的研究成果融合到设计当中。通过对大张坨储气库的成功实践，消除了对国外公司的依赖，增强了我方设计人员的自信心。经过后续储气库的不断探索和实践，逐步形成了我国油气藏型储气库的专有技术，如一井场、多井高压集气技术；井口不加热注甲醇防冻技术；大气量不稳定工况条件下的天然气脱硫技术；多库联合建站及注采系统共建技术；提高注采井寿命、安全性和效能的钻井及完井技术；低压、超低压砂岩气藏储层保护技术；裂缝型碳酸盐岩储层水平井钻井技术及储层选择性改造技术等。在实践的基础上，总结形成了多项行业、企业标准或规范，涵盖了凝析气藏建储气库设计规范、钻井完井设计技术规范和地面工程设计规范，为后续国内油气藏型储气库设计建设提供了经验和借鉴。

2.2 地质及钻采工程借鉴并引进地面工程建设中的"监理体制"，强化了工程建设中"四大控制"的管控

中石油北京天然气管道有限公司是一个专业化的管道公司，储气库建设过程的地质及钻采工程对一个专业化管道而言，完全是一个新领域。为提高我国第一个储气库的设计建设质量，经过审慎考虑决定在地质及钻采工程中首次开创性地引入第三方工程"监理体制"，通过招标确定了监理队伍。在"监理体制"[1]实施过程中，监理单位充分借鉴地面工程监理的经验，从地质及钻采工程的特点出发，制订了监理大纲，从工程设计、材料采办、设备材料进场验收、施工过程管理、进度控制、设计变更管理、健康及环境保护、开工验收及工程验收、竣工资料验收等环节，编制了细致监理细则，确保投资方对储气库建设进行全方位的专业化管理。该体制的引进，取得了良好效果：一是管理更加科学化，克服了我公司在地质及钻采工程技术和管理的短板；二是缩短了管理流程，监理方按照权限行使管理和控制权，能够及时处理各种井下复杂情况，避免或减少了井下复杂事故的发生，工程质量和安全得到保障，工程合格率100%；三是工期和投资得到有效控制，工期均按计划如期建成投产，未发生投资超概的情况；四是职业健康和人身安全得到保障，未发生任何环境污染事故事件及人身伤害事故。

"监理体制"的成功应用，也对中国石油后续储气库建设管理模式的产生了重要影响，在西气东输岩穴储气库、新疆呼图壁储气库及中国石化盐穴储气库建设中，也相继采用了"监理体制"，取得良好效果。

2.3 建立储气库"建设—管理"一体化的管理团队，是实现工程建设向生产运行无缝衔接的有效手段

地下储气库是一个多学科、多专业协同的系统工程。鉴于专业局限性、技术人员及操作运行人员的缺乏，探索和实施了"建设—管理"一体化的储气库团队，有效地保障了储气库设计

建设及向生产的平稳过渡,对储气库的安全生产性和管理水平的提高,起到了重要作用。

首先从油田选调部分专业技术人员,作为储气库的技术和管理骨干,从大专院校招聘不同专业的大中专毕业生,组建一体化的储气库团队。年轻技术人员早期介入工程设计和建设当中,可详细了解储气库的设计思想、工艺流程、技术指标、设备构造、逻辑构架、隐蔽工程分布、风险识别等,能够很快形成对储气库整体性、系统性的认识,将为储气库建成后的投产及运行管理打下良好基础。结合专业技术培训、参与方案及图纸的审查,参与投产方案、操作规程、作业指导书、应急预案的编制,桌面操作模拟及已投产储气库的实训等培训形式,使年轻技术人员的业务水平能够很快满足投产及操作运行的上岗需要。16 年来,通过上述方式,先后自主培养了专业工程师 100 余人,操作运行人员 200 余人,近 20 次的注采气系统投产,均一次投产成功,实现了储气库长期安全运行。此外,我公司储气库也承担了多批次兄弟油田储气库管理及操作人员的技术和操作培训,使我公司成为储气库人才培养基地。

2.4 探索和总结不同类型储气库的气藏动态变化规律,有效指导储气库注采气生产及运营

2.4.1 对注采井产能和注采井网的认识

注采井钻井时气藏处于低压或废弃状态,钻完井过程中低压储层保护对储气库建设至关重要。实践证明,注采井普遍较气藏开发时期气井的生产能力有较大幅度提高,分析有以下几个方面的原因:一是采用了较大的井眼尺寸,增大了渗流的内半径;二是钻井和完井中采用了有效的储层保护技术[2],大大降低了储层伤害;三是水平井及大井段选择性酸化技术的应用,储层渗透性得到有效改造;四是储气库注气后,储层内流体由凝析气替换为干气后,天然气的黏度大幅度降低。

气藏开发井网,对气藏的最终开发效果(采收率)没有实质性的影响,但储气库与之有较大的区别,主要体现在调峰生产阶段。储气库每年的调峰生产时间只有 120 天,受储层压力传导能力的限制,现有的注采井网不能够对储气库的库容量进行有效的控制(图 1 和图 2),渗透率越差,控制程度越低。

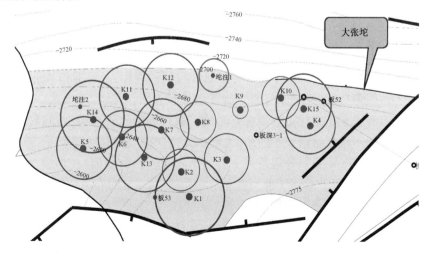

图 1 大张坨储气库井网控制示意图

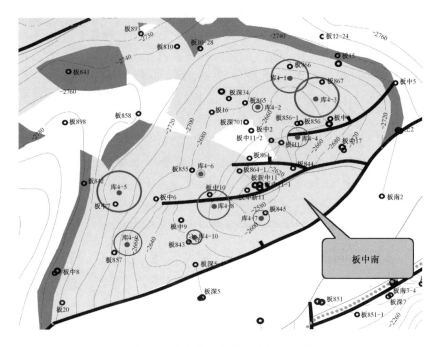

图2　板中南储气库井控半径示意图

2.4.2　边底水对储气库影响分析及认识

边底水能量的强弱,对气藏开发的影响至关重要,水体强度越大,其负面影响越大。除京51储气库为无水气藏外,其他储气库在气藏开发阶段的地质评价及开发动态均表现为弱边底水特性,压降曲线具典型的气驱特征,以气藏的压降储量作为库容及工作气量设计的重要依据。对于建库时已长期废弃的气藏,建库前的长期低压,造成边水向气藏长期大量侵入,地层水占据了部分有效储气空间,将严重影响储气库工作气量的形成[3]。储气库目前已形成的工作气量(不含京51)只达到设计指标的68.4%,现有井网条件下工作气量已经基本稳定。地层水影响程度认识上的差异,对初期主要指标有重要影响,应引以为鉴。

2.4.3　对储气库库容及工作气量变化的认识

根据储气库的库容变化曲线[4],将储气库划分为两种类型:一种是以大张坨、永22储气库为代表的定容性气藏特征的储气库,建库前气水分布界面性强,库容曲线一致性强(图3);另一种是以板中南和板876为代表的带有天然气扩散特征的储气库类型,随着注采周期的增多,库容增加明显,但工作气量增长不同步,边底水复杂,特征越明显(图4)。

造成有水气藏型储气库第二种现象主要有以下几个方面的原因:一是储气库内部气水关系复杂,注气时天然气逐渐进入到气水关系复杂的孔隙中,采气时在毛细管力的作用下部分天然气被封存在孔隙中不能充分发挥作用,形成"死气区";二是气藏内的注气动力远大于气藏内流体重力作用,且地质构造平缓,天然气在平面上宜形成"指进"现象,渗流到附近水域或现有井网不能够有效控制的区域,也形成"死气区";三是不排除渗流到构造之外的可能性。这部分天然气不能够从气井产出或对储气库生产发挥能量供给作用,形成事实上的"无效库

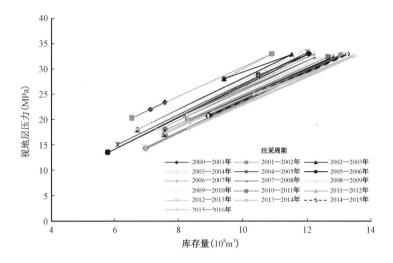

图 3　大张坨储气库库容与视地层压力关系曲线图

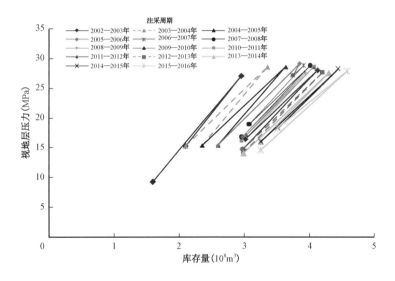

图 4　板 876 储气库库容与视地层压力关系曲线图

容",从而造成这种类型的库容曲线。经对 8 个储气库有效库容分析计算,无效库容占总库容的比例高达 26.9%。

2.4.5　储气库天然气损耗的构成及认识

储气库在生产运行过程的各个环节,均可产生天然气的损耗。储气库的天然气损耗,由地质因素和工程因素两个方面构成[5]。地质方面主要为前述的无效库容,虽然其中的大部分并未形成事实上的损失,但在目前的条件下这部分天然气长期无法产生效益,可视为事实上的损耗。带有油环的储气库,残余剩余油将溶解饱和部分天然气,其性质与上述损耗类似。

工程因素包括储气库地面系统运行中的无组织泄放、检维修作业有组织排放、注采井修井时的天然气放喷、气井的泄漏、油气处理中低压凝析油外输携带等,都会形成天然气事实上的损失。经统计和计算,凝析液携带气量和地面系统等工程因素造成的损失占总损耗气量的2.97%,地质因素造成的损耗占总量的97.03%,这与气藏开发有很大不同。

为控制和减小各环节的损耗,采取如下控制措施:(1)优化注采方式,减小无效库容;(2)对外输的凝析液再次进行分离,回收低压天然气;(3)提高设备的可靠性,减小系统无组织泄放;(4)装置检维修时采取分单元设备隔离,减少放空段设备容量;(5)循环压井作业天然气进系统回收等。

2.5 储气库各类井的完整性管理经验及认识

储气库的老井,在建库时绝大多数采取了永久封堵措施[6,7],部分老井在井身质量检测后改造为观察井或排液井,仅个别井改造为采气井。储气库注采井采用国际上的常用做法进行设计和建设,排水井采取的是油田开发上最常用的机械排水工艺技术。

2.5.1 封堵井带压原因分析

在封堵的154口老井中,运行观察发现前后有14老井井口陆续带压,占总井数的9.1%,但井口压力均低于4.00MPa。井口带压主要由3个方面的原因造成:一是套管内壁存在锈蚀或结蜡,封堵中刮削不彻底,影响水泥与套管内壁间的胶结质量;二是注水泥塞的水泥浆失水率控制不严格,凝固时产生较多的自由水,因不能够被地层吸收而形成连续的通道;三是超细水泥挤注效率低,存在天然气从部分储层(尤其是低渗透层)渗入到井筒的可能性。

2.5.2 注采井环空带压原因分析

注采井的生产管柱均采用了气密封螺纹油管,并配套下入封隔器,但高达96%的注采井套管仍不同程度带压,甚至存在部分油套管串通现象。经对44余口注采井作业出井油管及井下工具的观察,只有个别属于封隔器密封失效、油管腐蚀穿孔引起,绝大多数属于气密封螺纹渗漏造成。也有部分井技术套管带压,这些井占注采井数的19%,一部分是油套环空带压后,生产套管通过螺纹,渗漏到技术套管环空引起;另有部分井(主要分布在板876、永22两个储气库)是两层套管间固井质量差,从储层直接上窜到井口所致。

2.5.3 对注采井完整性效果的认识

经过80多口井的电测探伤测井及40多井次的修井作业,认为现有注采井的油套管本体腐蚀较轻微,出井油管现场观察绝大多数油管外壁光滑,腐蚀小。个别油管穿孔或局部腐蚀较严重,均发生在油管外侧,发生位置与油管的机械伤害密切相关。封隔器失效发生在密封胶皮处,主要与完井施工时坐封施工作业有关。实践证明,注采井加注环空保护液,对油套管起到有效的保护作用。

2.5.4 机械抽排技术的应用及效果

排液井采用常规的机械抽排方式,但实践中易发生地层气窜问题,井口压力短期内快速上升,极易发生防喷盒刺窜造成井口天然气泄漏。我公司储气库共设计安装排液井25口,均先后气窜关井或封堵,排液井采用常规抽排技术难以发挥应有的作用。

3 对油气藏型储气库发展的建议

（1）对于有水气藏建库,要充分考虑边水对建库设计及后续生产的影响。建议在设计阶段,采用数值模拟方法,预测气藏开发后期及废弃阶段地层水的侵入和含水饱和度的分布变化,正确评价和认识地层水对储气库的不利影响。

（2）完善或加密注采井网,可有效提高对"无效库容"的控制,是储气库提高工作气量和减小天然气损耗的主要方向。

（3）为提高注采井的完整性,延长修井周期,建议注采井在完井或修井作业中,选择无牙痕油管钳上卸螺纹,防止和减少对管体的机械伤害。

（4）正确分析和认识注采井环空带压对储气库的安全影响,制订风险评估的分级定量标准,作为制订气井大修作业计划的依据。

（5）储气库设置排液井有利于提高注气驱水的效率,但在有效库容形成的过程中,通过排水增加的库容所占比例有限。机械抽排工艺技术在井口容易产生天然气泄漏,安全风险大。建议采取具有井下气水分离功能的电潜泵排水技术。

参 考 文 献

[1] 黄伟和. 大张坨地下储气库注采井工程建设工程实践[J]. 天然气工业,2007,27(11):103 – 105.
[2] 刘延平,刘飞,董德仁. 枯竭油气藏改建地下储气库钻采方案设计[J]. 天然气工业,2004,23(增):143 – 146.
[3] 石磊,廖广志,熊伟,等. 水驱砂岩气藏型地下储气库气水二相渗流机理[J]. 天然气工业,2012,32(9):85 – 87.
[4] 王东旭,马小明,伍勇,等. 气藏型地下储气库的库容量曲线特征与达容规律[J]. 天然气工业,2015,35(1):115 – 119.
[5] 王起京,张余,刘旭,等. 地下储气库天然气损耗及控制[J]. 天然气工业,2005,25(8):100 – 102.
[6] 王起京,张余,张利亚,等. 赴美储气库调研及其启示[J]. 天然气工业,2006,26(8):130 – 133.
[7] 张平,刘世强,张晓辉,等. 储气库区废弃井封井工艺技术[J]. 天然气工业,2005,25(12):111 – 114.

作者简介:陶卫方,高级工程师,硕士,长期从事地下储气库生产运行管理工作。地址:(100101)北京市朝阳区大屯路9号。电话:010 – 84884397,13683120955。E – mail:twf78@126.com。

H 储气库建设与运行技术

张　锋　赵志卫　张洪杰　张赟新　马增辉　赵　楠　杜　果

（中国石油新疆油田公司采气一厂）

摘　要: H 储气库由 H 气田改建而成,该气田具有储层边底水活跃、地层多压力系统、高地应力及管柱腐蚀严重等特点,在项目建设与运行过程中,通过技术创新与攻关,形成 8 项设计建设技术成果和 5 项生产运行技术成果,有力保障了储气库的高效开发生产,在同批建设的 6 个储气库中率先投产,投入运行 4 个注采周期表明:气库达容率超过 90%,各项指标满足季节调峰和应急保供需要,为同类储气库的建设和管理积累了经验。

关键词: 储气库;注采运行;参数控制;安全技术

1　H 储气库概况

H 气田 1994 年发现,1998 年投入开发,储层为古近系紫泥泉子组,为受岩性构造控制、带边底水的贫凝析气藏。构造形态为近东西向展布的长轴背斜,并被断层切割成两个断背斜,盖层和断层封闭性好,构造面积 15.2km^2,探明天然气地质储量 126.12 × 10^{8}m^3。

H 气田紫泥泉子组气藏改建储气库于 2010 年开始论证,2013 年建成投产。设计注采井注气规模 70 × 10^4 ~ 90 × 10^{4}m^3/d,采气规模 90 × 10^4 ~ 120 × 10^{4}m^3/d。建设集注站 1 座,集配站 3 座,分输站 1 座,集输干线 2 条,110kV 外部输电线 2 条。采用辐射 + 枝状组合管网集输、轮井计量、二级布站方式。注气工艺采用旋流 + 过滤分离、压缩机增压、集配站计量分配工艺;采气工艺主要采用轮井计量、乙二醇防冻、J - T 阀节流制冷、低温脱水脱烃等工艺。

2013 年冬至 2016 年,储气库实现安全平稳生产,气库达容率超过 90%,储气库单日采气量最高达到 1600 × 10^{4}m^3/d,为北疆地区冬春保供工作提供了有力保障。

2　H 储气库建设关键技术

储气库在建设阶段以"高效推进储气库建设,努力打造百年工程"为目标,坚持科学选库、高效建库的原则,优选 H 气田作为储气库库址,配套形成了 8 项关键技术。

2.1　建库条件评价及气藏工程设计技术

气田改建储气库具有圈闭密封性可靠,建库后无须布置大量监测井;构造和储层落实程度高;现有气井和地面设施可部分改造利用;建库周期相对较短,建库投资低;气藏采出程度低,可以减少大量的垫气,对建库更为有利等优势。

充分论证枯竭气藏改建储气库优势,建立储气库库址优选原则,通过山前高陡构造带构造精细解释技术、储气库封闭性评价技术及库容参数及注采井网优化技术形成了储气库库址选择及方案设计技术体系。建库条件评价及气藏工程设计技术路线如图1所示。

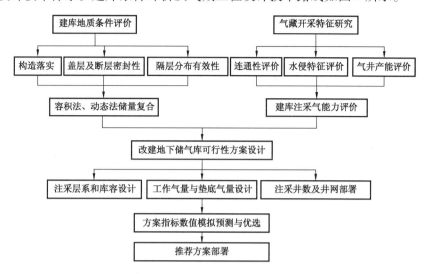

图1 建库条件评价及气藏工程设计技术路线图

2.2 以质量为中心的老井封堵技术

H气田老井因完井时间长(13~15a)、水泥返高低、固井质量差等原因,具有水泥环损坏严重、套管气窜、腐蚀严重等特点。为保证封堵效果,通过技术攻关,形成了基于"逐级封堵、带压候凝、试压检验"的以分类定向封堵工艺、封堵剂体系选择、套间气窜修复工艺、封堵效果评价技术为主4大配套老井封堵技术,10口老井一次性封堵合格率100%,确保了整体密封性和高压力运行的安全性(表1)。

表1 老井封堵技术

名称	主要内容
分类定向封堵工艺	分别针对盖层、产层和井筒,研发了自修复微膨胀水泥等3种新型封堵剂
封堵剂体系	研发产层和漏失层、井筒、炮眼3种封堵剂体系
套间气窜修复工艺	套管射孔细颗粒增强型水泥封堵修复技术
封堵效果评价	周声波扫描、中子伽马综合测井评价技术

2.3 多压力、高应力地层高效钻井技术

针对储气库地层多压力系统、高地应力等特点,从4个方面开展了技术创新:

(1)快速钻井技术。开展岩石力学分析,优选牙轮钻头及PDC钻头,采用大尺寸螺杆配合PDC钻头方式复合钻井,全井使用顶驱装置。

(2)GMI地应力建模。建立气藏地层三压力系统模型,确定孔隙压力系数、坍塌压力系数和破裂压力系数。

(3)钻井液体系创新。适应不同地层的多类型钾钙基PRT钻井完井液体系[1](表2)。

（4）井眼轨迹控制。应用钟摆钻具和 POWER－V 钻井系统。

与初期气田钻井相比，井漏下降81%，卡钻下降93%。

表2　钻井液性能表

开次	钻井液体系	钻井液密度（g/cm³）	漏斗黏度（s）
一开	膨润土—CMC 钻井液体系	1.15～1.20	80～120
二开	钾钙基 PRT 钻井液体系	1.15～1.25	40～80
三开	钾钙基 PRT 有机盐钻井液体系	1.6～2.0	45～100
四开	钾钙基 PRT 钻井完井液体系	1.10～1.30	40～80

2.4　气井固完井技术

高压高强度交变注采气井固完井技术系列包括：

（1）弹性水泥优化技术。对 9⅝in 技术套管下部 300m 井段和 7in 尾管采用弹性水泥固井，24h 强度分别 15.9MPa 和 12.3MPa，7 天强度分别达到 39MPa 和 31MPa。

（2）成像测井固井质量评价技术（表3）。采用 CAST－F、IBC 成像测井，精细评价固井质量，改进固井工艺，实现固井 100%合格，固井优质率由 32%提高至 47.1%。

表3　固井质量评价技术表

钻井阶段	套管尺寸（mm）	测井系列	测井项目
一开	508	521	CBL/VDL
二开	339.7	LOGIQ	（1）CBL/VDL； （2）CAST－F
三开	244.5	521	CBL/VDL
		MAXIS500	IBC
四开	177.8 139.7	521	CBL/VDL/GR
		MAXIS500	IBC
回接套管部分	177.8	521	CBL/VDL/GR
完井全井段 （钻穿胶塞后）	177.8 139.7	521	（1）CBL/VDL/GR/CCL； （2）SGDT

（3）井身结构及管柱材质优选技术。注采井采用井下安全阀＋密封插管＋永久式封隔器＋坐落短接的管柱结构，油管采用 HP1－13Cr110＋BEAR 螺纹的气密封管柱，优选防腐性能好、施工安全性高的 15#工业白油作为环空保护液（表4），降低交变应力引发油管泄漏的风险，延长油套管使用寿命，保障长周期注采安全。

表4　环空保护液腐蚀性能评价

样品名称	试片材质	温度（℃）	CO_2 试验压力（MPa）	平均腐蚀速率（mm/a）
15#工业白油	VM125HC	89～100	1	0.0017
油基环空保护液	VM125HC	89～97	1	0.0029
溶剂白油	13Cr	89～98	1	0.0009
15#工业白油	13Cr	89～99	1	0

2.5 储层保护技术

优化研制了以 CMJ－2 和 JYW－1 为主剂的钾钙基双膜屏蔽钻完井液体系,降低了漏失量,无阻流量保持率达 45.2%。强化射孔工艺技术配套(表5),新井投产筛选无固相有机盐射孔液,垫于射孔井段,采用一趟管柱深穿透负压射孔工艺[2],确保单井注采生产能力。岩心试验结果表明,液相渗透率恢复率大于 90%,气相渗透率恢复率大于 85%。

表5　射孔工艺技术表

射孔工艺名称	性能	备注
高温防砂起爆器		含一体式投棒、玻璃盘接头总成
高温压力起爆器		含枪尾导向接头
高温导爆索/高温传爆管	耐温/1000h	
高温射孔弹 SDP－3375－411NT4		穿孔深度 1075.4mm,穿孔孔径 10.67mm
高温射孔弹 SDP－4500－411NT3		穿孔深度 1248.7mm,穿孔孔径 10.9mm
射孔枪	耐压 90MPa	含弹架、高强度接头,孔密 16 孔/m,相位角 90°

2.6 大型场站标准化设计及模块化建设技术

针对储气库区块平面狭长,注采井数多,装置规模大的特点,立足于可视化的三维模型图,统一工艺流程,实现了井站标准化设计(图2),注采管线采取辐射＋枝状集气管网布局、注采管道合一设计,装置 90% 单元实现了模块化建设(图3),优化了场站布局、方便了生产维护管理。

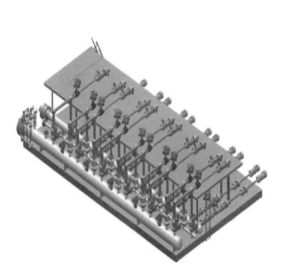

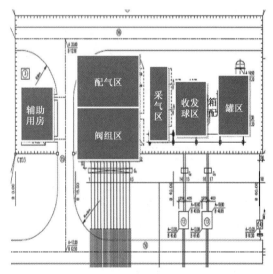

图2　集配站橇装化模型图　　　　　图3　集注站模块化示意图

2.7 立式高效换热分离技术

针对常规卧室重力分离、换热效果不佳的问题,创新性应用了"立式气气换热器＋内部注

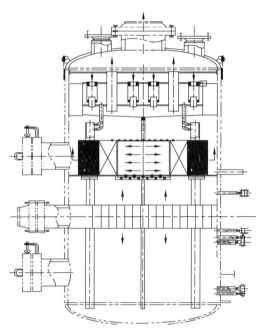

图4 旋流分离器内部结构图

醇"和"旋流分离"+"过滤分离"技术(图4),解决了气气换热器冻堵和低温分离器分离效率不佳问题,水露点持续达标,提高设备了在不同工况下的适应性。

2.8 大口径、高强度双金属复合管焊接技术

针对大口径、高强度双金属管[D355和D508系列高压(PN32)]焊接工艺不配套,复合管焊后易产生裂纹、结构性影像不达标等技术难点。创新形成以镍基焊、内堆焊为代表的大口径 L415QB + 316L 双金属复合管配套焊接工艺,焊接一次拍片合格率从43%提高到93.4%,焊接速度提高1.3倍。

3 生产运行关键技术

经过4个注采周期的生产运行,气库以建立健全储气库管理体系,实现安全高效运行为目标,坚持精细管库,配套形成了5项技术成果。

3.1 储气库注采能力评价技术

针对储气库注采气量大、地面工况变化频繁等测试难点,采用压力脱卡器测试工艺,实施典型井定点测压,引入一点法分析及节点分析技术(图5和图6),落实气井合理注采能力,单井测试产量与评价结果基本一致,平均单井调峰能力 $68 \times 10^4 m^3/d$,满足初设方案要求($60 \times 10^4 m^3/d$)。

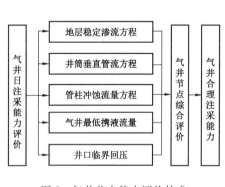

图5 气井节点能力评价技术

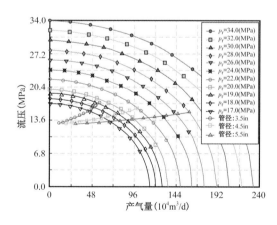

图6 气井节点分析曲线

3.2 储气库注采动态拟合技术

储气库强注强采的运行模式导致单井周期注采参数评价困难,通过开展多井干扰不稳定

试井解释研究,并结合注采气不稳定渗流动态拟合技术(图7),拟合气井注采井控半径、动用库存量等关键参数,为周期合理注采调控奠定了基础。

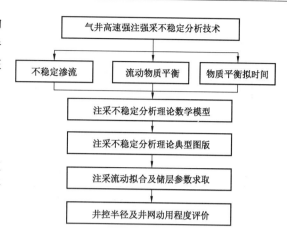

图 7　气井注采不稳定渗流动态拟合

3.3　压缩机高效稳定运行配套技术

针对压缩机投运后存在的气阀频繁损坏、机油注入量大、积炭、排温偏高、除油效率低以及振动大等问题,开展了配套技术研究攻关,保障压缩机高效稳定运行。

(1)气阀技术改造[3]:改进阀片材质和结构,优化启闭角度,寿命从 1000h 提高到 5000h 以上。

(2)空冷器工艺优化:对空冷系统进行优化,对叶轮进行改造,增加通风量,冷却温度下降 6~8℃,解决了夏季高温故障停机隐患。

(3)机油优化调整:开展齿轮油、压缩油匹配性、适用性试验,优选 WS460 型全合成油作为压缩机用机油,消除积炭,降低气阀损坏,注油量相对初期设计量下降 40%。

(4)压缩机振动治理:应用 CAESAR II 软件进行固定点受力分析,重新设计固定方式(图 8),压缩机振动速度由 9mm/s 降低到 4mm/s,优于设计值(8mm/s)。

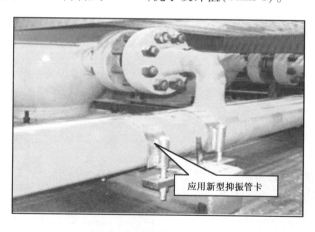

图 8　新型抑振管卡

(5)压缩机在线监测与故障诊断:以做好压缩机动态管控为目标,开展并形成了储气库大型高压注采压缩机智能状态监测与故障诊断[4]技术系列,主要包括往复压缩机故障机理、在线监测传感器优化布局技术、故障特征提取与故障预警技术、故障诊断管理体系[5]等研究,开发了压缩机监测诊断平台(图9),实现了压缩机运行预防性管理,提高了压缩机管理水平。

3.4　数字化生产运行技术

依托信息技术集成,创新高效运行模式。融合工业化与信息化,形成了数据自动采集、趋势智能预警、系统故障巡检、视屏辅助安防、事故应急联动的运行平台(图10)。

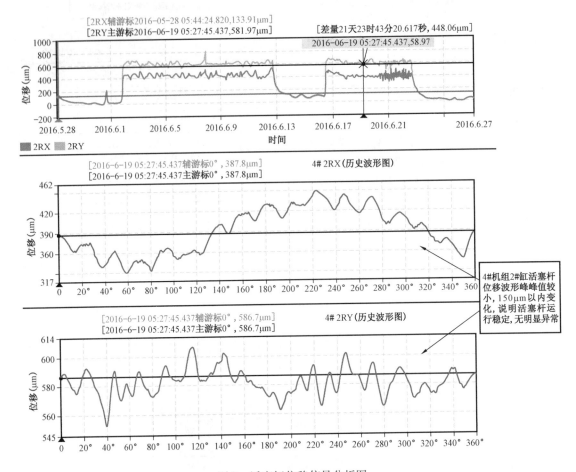

图 9　活塞杆位移信号分析图

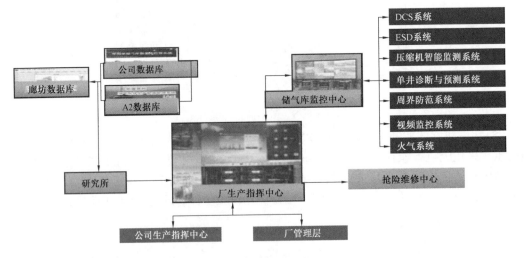

图 10　储气库数字化生产运行网络图

3.5 储气库运行风险防控技术

立足于科技兴安,开展泄漏危险性分析(图11)、火灾爆炸后果模拟评估(表6)、应急救援优化等研究认识,初步形成安全运行防控技术体系[6],提高了核心设备风险管控水平和地面系统火灾爆炸防控能力,为企地安全管理、应急疏散和抢险救援提供技术保障(图12)。

表6 不同泄漏孔径的爆炸危害范围模拟

泄漏孔径比	人员伤亡半径(m)			建筑物破坏半径(m)			
	死亡	重伤	轻伤	建筑破坏	玻璃破碎	砖墙倒塌	钢结构破坏
$d/D = 0.1$	43.46	108.69	194.47	159.01	268.49	76.71	46.74
$d/D = 0.3$	89.95	209.29	374.42	307.12	516.99	147.70	90.00
$d/D = 0.5$	103.88	238.28	426.28	349.68	588.60	168.16	102.47
$d/D = 1.0$	107.06	244.85	438.03	359.31	604.82	172.79	105.29

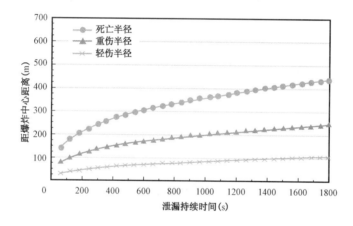

图 11 泄漏时间与爆炸伤亡半径关系

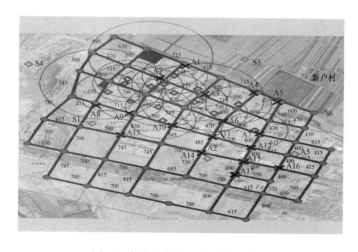

图 12 气库整体应急避难场所分布

5 结论

(1)标准化设计,模块化、橇装化施工,有效缩短建设周期,节省投资,是 H 储气库安全高效如期建成投产的核心。

(2)积极推进管控标准化,技术自主化,配件国产化工作,是提高注采压缩机运行稳定性、降低运维成本的关键。

(3)推行地下、井筒、地面一体化,科学编制注采方案,精细过程管理,强化风险控制,持续跟踪优化,是储气库安全高效运行的保障。

参 考 文 献

[1] 李称心,高飞,张茂林,等. 新疆呼图壁储气库钻井液技术[J]. 钻井液与完井液,2012,29(4):46-48.
[2] 张国红,薛承文,王俊,等. 呼图壁储气库水平井完井技术的研究与应用[J]. 新疆石油天然气,2013,9(3):22-24.
[3] 包彬彬,张赟新,马增辉,等. 往复压缩机变工况下吸气阀运动及冲击特性研究[J]. 流体机械,2016,44(8):1-5.
[4] 王庆锋,董良遇,张赟新,等. 一种基于活塞杆动态能量指数的故障监测诊断方法[J]. 流体机械,2016,44(9):47-52.
[5] 董良遇,王庆峰,张赟新,等. 一种基于变权 AHP 的故障模式与影响半定量分析方法[J]. 流体机械,2016,44(5):51-55.
[6] 祝恺,熊涛,王青松,等. 基于后悔值模型化工园区应急避难场所选址分析[J]. 火灾科学,2015,3(24):167-175.

作者简介:张锋,工程硕士,高级工程师,总工程师,主要从事天然气开发生产技术管理工作。联系电话:0990-6812820,E-mail:zhf2009@petrochina.com.cn。

注采参数与管柱临界屈曲载荷分析与应用

练章华[1]　徐　帅[1]　丁熠然[1]　张　强[1]　荣　伟[2]　潘　众[2]

(1. 西南石油大学油气藏地质及开发工程国家重点实验室;
2. 中国石油华北油田采油工程研究院)

摘　要: 针对华北油田储气井井身结构及其采气过程,开展了储气井井口油压、产量与油管柱屈曲变形的深入研究。在前人研究的基础上,讨论了管柱在井筒中发生正弦屈曲或螺旋屈曲变形的3个临界载荷值以及这3个临界载荷之间的屈曲状态,推导出了油管底部实际力的计算数学模型。基于带有封隔器的管柱力学分析和理论研究、封隔器管柱中的各种效应变化计算数学模型以及新建立的管柱临界屈曲载荷的数学模型,用 VB2013 开发出了一套具有自主知识产权的储气井注采管柱力学安全性评价软件,该软件对华北油田某 S-x 储气井注采管柱进行了应用研究,为储气井井口油压、产量等参数的优选与注采管柱安全性评价提供理论依据。

关键词: 储气井;管柱;临界载荷;产量;屈曲形态

储气库运营中,受储气库周期性注气、采气和由此带来的温度、压力周期性变化的影响,再加上管柱腐蚀引起的强度下降,注采管柱将长期处于周期性变化的复杂应力状态下。研究管柱在注采过程中的应力响应特征及其屈曲问题,对于预防交替注采引起的注采管柱的安全性问题、疲劳失效等具有指导意义。

从 1950 年 Lubinski[1,2]首次关于垂直井管柱正弦屈曲理论方法的研究以来,有不少学者[3-18]对油管柱、钻杆柱、套管柱以及带封隔器管柱的屈曲问题进行了大量的研究工作。在 Lubinski 之后,Mitchell[3,4],Cunha[5,6]以及 Miska 等[7]和 Hammerlindl[8-10]对油管柱在井筒内的屈曲形式进行了更深入地研究,对油管柱屈曲形式:无屈曲、正弦屈曲或螺旋屈曲方面,推导出了其判别准则公式。国内学者[11-18]在 Lubinski[1-10]等研究成果的基础上,对封隔器管柱的受力、应力及屈曲变形作了系统地分析和讨论。2001 年后,高德利[11]考虑了封隔器作为固支端对管柱屈曲的影响,给出了受井眼约束管柱在弯矩载荷作用下的正弦屈曲和螺旋屈曲的临界载荷。高国华等[12]、冷继先[13]、董蓬勃等[14]在前人的研究基础上,讨论了油管柱屈曲的"构形"。近几年,宋周成和练章华等[16-18]对高产气井管柱动力学损伤、屈曲以及冲蚀等问题也开展了大量的理论研究和相关的应用软件开发工作。2016 年,李子丰[15]对管柱复杂力学问题的进展,进行了深入、系统的研究和论述,取得了不少可借鉴的成果。

国内外学者对石油管柱屈曲问题方面开展了大量的研究工作,取得了不少的研究成果,在这些前人研究的基础上,本文针对储气库注采管柱的静动力学问题、屈曲问题开展深入研究,探讨储气井中带封隔器管柱屈曲形态问题,基于管柱力学基础理论、管柱屈曲理论建立计算数学模型,在 VB2013 平台上开发储气库注采管柱安全评价软件,为井口油压、产量等参数的优选与注采管柱安全性评价提供理论依据。

1 管柱临界屈曲载荷的判别公式

管柱屈曲形态或构形的判别是研究管柱屈曲损伤的一个重要参数问题,在 Lubinski[2] 之后,1996—1999 年,Mitchell[3,4],Cunha[5,6] 和 Miska 等[7] 对油管柱在井筒内的屈曲形式进行了更深入地研究,基于前人的研究成果,管柱的屈曲形态可以划分为 4 种形态[16]:直线状态、正弦屈曲状态、正弦和螺旋屈曲状态、螺旋屈曲状态,这些屈曲形态的判定及其管柱屈曲状态的临界载荷计算公式或计算数学模型见表 1。

表 1   油管柱屈曲形式判别临界值

轴向压缩临界载荷判别公式	屈曲形式
$F < 2\sqrt{\dfrac{EIw\sin\alpha}{r}}$	直线
$2\sqrt{\dfrac{EIw\sin\alpha}{r}} < F < 2\sqrt{2}\sqrt{\dfrac{EIw\sin\alpha}{r}}$	正弦屈曲
$3.75\sqrt{\dfrac{EIw\sin\alpha}{r}} < F < 4\sqrt{\dfrac{2EIw\sin\alpha}{r}}$	正弦屈曲或螺旋屈曲
$4\sqrt{\dfrac{2EIw\sin\alpha}{r}} \leqslant F$	只有螺旋屈曲

基于表 1 的轴向压缩临界载荷判别公式,笔者将判断管柱的屈曲形态划分为 3 个临界值,即 F_{cr1},F_{cr2} 和 F_{cr3},如图 1 所示,其值的大小关系为:$F_{cr1} < F_{cr2} < F_{cr3}$。

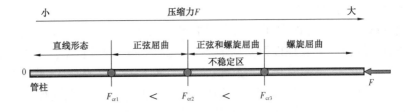

图 1   管柱屈曲形态与临界载荷示意图

(1)当管柱所受的压缩力 $F < F_{cr1}$ 时,管柱呈直线形态,即没有屈曲。

(2)当管柱所受的压缩力 $F_{cr1} < F < F_{cr2}$ 时,管柱为正弦稳定的屈曲形态。

(3)当管柱所受的压缩力 $F_{cr2} < F < F_{cr3}$ 时,管柱为正弦和螺旋不稳定的屈曲形态。

(4)当管柱所受的压缩力 $F > F_{cr3}$ 时,管柱为螺旋稳定的屈曲形态。

设:

$$F_0 = \sqrt{\frac{EIw\sin\alpha}{r}}$$

那么,F_{cr1},F_{cr2} 和 F_{cr3} 可以分别为:

$$F_{cr1} = 2F_0 \tag{1}$$

$$F_{cr2} = \frac{(2\sqrt{2} + 3.75)}{2}F_0 \tag{2}$$

$$F_{cr3} = 4\sqrt{2}F_0 \tag{3}$$

由于在实际管柱屈曲问题的分析中,对于不稳定区管柱的屈曲形态不能确定,给理论分析带来不便,所以提出如果压缩载荷落在不稳定区的60%的载荷以内,为正弦屈曲,否则为螺旋弯曲屈曲,其示意图如图2所示。根据大量的研究证明,该假设的百分比是符合实际管柱的屈曲形态,因此笔者提出了一个新的临界值载荷计算公式F_{crm},其计算式为:

$$F_{crm} = F_{cr2} + (F_{cr3} - F_{cr2}) \times 0.6 = 4.71F_0 \tag{4}$$

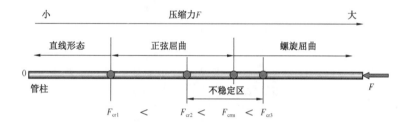

图2 管柱屈曲形态与新临界载荷F_{crm}示意图

图2把管柱屈曲划分为直线形态、正弦屈曲和螺旋屈曲,主要是把不稳定区进行了划分,这样便于计算机软件开发和研究,在现场实际工况中,将会尽量避免不稳定区的压缩载荷,同时也将尽量避免正弦屈曲和螺旋弯曲屈曲形态的发生,主要目的是为了更好地避免管柱的屈曲发生,为注采管柱现场的注采参数优化或优选、管柱安全运行及其安全性评价提供理论依据。

2 油管底部实际力F_a^*的计算方法

带有封隔器油管柱受力示意图如图3所示,管柱与封隔器的关系可分为3类:自由移动、有限移动和不能移动。

本文重点研究管柱在封隔器中不能移动的受力情况,对于不能移动的管柱受力如图3(b)所示,此时,油管底部实际力F_a^*为:

$$F_a^* = F_a + F_p \tag{5}$$

封隔器对管柱的4种效应:活塞效应ΔL_1、螺旋弯曲效应ΔL_2、鼓胀效应ΔL_3和温度效应ΔL_4,称为4种基本效应,这4种效应的计算模型见文献[2]。对于不能移动,在坐封封隔器时,有时将一部分重量上提,降低工作过程中封隔器处油管柱的压力,尽量使整个油管柱处于拉伸状态,即称此力为提拉力,此力一般发生在井中的压力和温度变化之前,油管在提拉力的作用下将伸长ΔL_5,管柱中,由于流体的流动引起的摩阻效应管柱轴向变形为ΔL_6,因此总共有6种效应,在这6种效应共同作用下,管柱的总长度变化ΔL为:

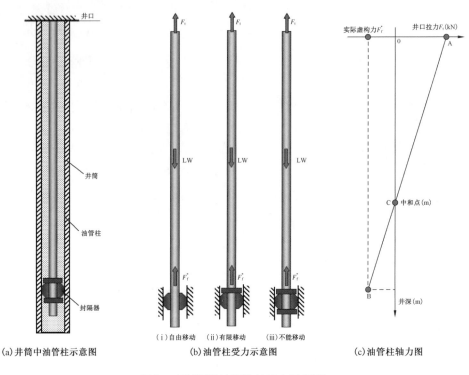

（a）井筒中油管柱示意图   （b）油管柱受力示意图   （c）油管柱轴力图

图 3　有封隔器油管柱的受力示意图

$$\Delta L = \Delta L_1 + \Delta L_2 + \Delta L_3 + \Delta L_4 + \Delta L_5 + \Delta L_6 \tag{6}$$

　　油管底部实际力 F_a^* 是判断管柱屈曲形态的重要参数，将 F_a^* 与封隔器管柱临界载荷进行对比，即可对管柱屈曲形态进行分类，式（5）中 F_a 由活塞效应产生，F_p 是封隔器对管柱产生的力，其计算比较复杂，本文将重点分析探讨。

2.1　管柱底部活塞力 F_a 的计算方法

　　活塞效应发生在管柱变径处，由于受力面积变化导致管柱受力发生变化，进而影响管柱轴向变形，活塞效应的力学模型如图 4 所示。

由下向上作用的力：

$$F_a' = (A_p - A_i)p_i \tag{7}$$

由上向下的力：

$$F_a'' = (A_p - A_o)p_o \tag{8}$$

其合力为：

$$F_a = F_a' + F_a'' = (A_p - A_i)p_i - (A_p - A_o)p_o \tag{9}$$

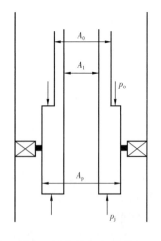

图 4　活塞效应力学模型

2.2 封隔器对油管柱产生的力 F_p 的计算方法

关于 F_p 数值的求解,前人主要用叠加法或者图解法,这些方法都比较繁琐和费时间。笔者的做法是直接用解析法,并用 VB2013 编程,可以直接得到 F_p 的数值。要求 F_p,首先要采用图3(b)有限移动的封隔器,假设封隔器处的限制去掉了,用式(6)计算出在各种效应作用下油管的总变化 ΔL,要求 F_p,那么就要将油管恢复到它原来在封隔器中的位置所需要施加的机械作用力,也就是移动 ΔL,现在用 ΔL_p 表示,也就是在油管底部施加的 F_p 的力,油管将变形 ΔL_p 时恢复到它原来在封隔器中的位置,如果 F_p 对油管下端的作用是压缩($F_p > 0$),那么油管将产生虎克定律长度变化和螺旋弯曲长度变化,其计算公式见式(10)。如果 F_p 对油管底部是拉伸力($F_p < 0$),那么油管就不会产生螺旋弯曲,只有虎克定律长度变化,其计算公式见式(11)。

$$\Delta L_p = -\frac{L}{EA_s}F_p - \frac{r^2}{8EIw}F_p^2 \qquad (F_p > 0) \tag{10}$$

$$\Delta L_p = -\frac{L}{EA_s}F_p \qquad (F_p < 0) \tag{11}$$

根据式(10)的非线性二次方程和式(11)的线性方程,求出 F_p 的计算式为式(12)和式(13):

$$F_p = \frac{4EIw\left(\sqrt{\left(\frac{L}{EA_s}\right)^2 - \frac{r^2}{2EIw}\Delta L_p} - \frac{L}{EA_s}\right)}{r^2} \qquad (\Delta L_p < 0) \tag{12}$$

$$F_p = -\frac{EA_s}{L}\Delta L_p \qquad (\Delta L_p > 0) \tag{13}$$

式(12)和式(13)中的 ΔL_p 等于式(6)中各种效应作用下的总变形 ΔL,根据式(12)和式(13)求出的 F_p 代入式(5)即可以得到油管柱给定工况下的油管底部实际力 F_a^*,即为表1中的 F。

3 软件开发及其现场应用

根据笔者对带有封隔器的管柱力学分析和理论研究,封隔器管柱中的各种效应变化引起注采管柱的各种力的力学变化关系的力学模型、数学模型[2,3,16]以及笔者建立的式(1)至式(15)的数学模型,用 VB2013 开发出了一套具有自主知识产权的储气井注采管柱力学安全性评价软件,应用该软件对华北油田某 S-x 储气井带封隔器管柱屈曲形态进行了分析评价。

3.1 华北油田某 S-x 井基本数据

华北油田某井 S-x 井型为直井,井深4258.2m,该井生产套管为 ϕ177.8mm,注采油管柱为 P110 油管 ϕ88.9mm,内径为76mm,可取式封隔器位置为4185m,为单一尺寸的完井管柱。该井基本注采参数见表2,地层压力为48MPa,采气初期,井口压力为29.96MPa,实际产气量为 $67 \times 10^4 m^3/d$,井底温度为156℃。天然气相对密度0.671,黏度0.02523mPa·s,井底流压41.928MPa,井口实际温度为101.88℃。

表 2　华北油田某 S – x 井基本参数表

名称	注气末期	采气初期
地层压力（MPa）	48	48
井底压力（MPa）	50.234	42.944
产气量（$10^4 m^3$）	40	67
单井日产油（t）	0	0
单井日产水（m^3）	0	0
井口压力（MPa）	37.975	29.96
井口温度（℃）	—	107.341
井底温度（℃）	156	156
环境温度（℃）	–29～41	–29～41
井型	直井	—

3.2　采气管柱底部载荷与产量、临界屈曲载荷分析

在表 2 的注采参数工况下，应用自主开发的软件，计算 S – x 储气井采气时，油管底部实际力 F_a^* 及其屈曲载荷临界值见表 3。从表 3 可知，油管底部实际力 F_a^* 为 105.12kN，是个" + "的数值，则油管底部受压，且大于临界值 F_{cr2} = 87.16kN，小于过渡临界值 F_{crm} = 124.81kN，即 $F_{cr2} < F_a^* < F_{crm}$，管柱屈曲形态为不稳定正弦。图 5 为油管内摩阻压降、井口温度随产量的变化关系曲线，该拟合曲线预测了某储气井井口温度随产量的变化关系，在给定井口压力为 29.96MPa 的工况下，得到了油管长度为 4185m 时，管柱内的摩阻压降随产量的变化关系，图 5 中 $67 \times 10^4 m^3/d$ 采气量时对应的井口温度 101.88℃ 和摩阻压降 4.235MPa。

表 3　S – x 储气井油管底部实际力及其临界屈曲载荷值
（产量 67 万方/d）

油管底部实际力 F_a^*（kN）	临界值 F_{cr1}（kN）	临界值 F_{cr2}（kN）	过渡临界值 F_{cr3}（kN）	临界值 F_{cr3}（kN）	屈曲形态
105.12	53	87.16	124.81	149.91	不稳定正弦

由于产量的变化将会引起油管柱内的温度、摩阻变化，而引起最终的油管底部实际力 F_a^* 的变化，从而导致管柱屈曲状态发生变化，也将引起管柱内的压降发生变化，这些变化可以用储气井注采管柱力学安全性评价软件来实现其产量变化的动态研究。应用此软件，改变井口油压和产量，得出不同井口油压下油管底部实际力 F_a^* 随产量的变化关系曲线，其计算结果如图 6 所示。从图 6 可知，在井口压力一定的工况下，随着产量的增加，油管底部实际力先逐渐增加，并达到某一最大值后，开始逐渐减小。

从图 6 可知，随着井口油压的增加，油管底部实际力逐渐减小，曲线整体向下移动。图 6 中虚线的纵坐标为正弦屈曲临界载荷 F_{cr1} = 53kN。从图 6 可知，当油管底部实际力的最大值等于正弦屈曲临界载荷 53kN 时，管柱屈曲的临界井口油压为 35.68MPa，即在华北油田某 S – x 储气井油管柱生产工况下，当井口油压大于 35.68MPa 时，采气管柱不会发生屈曲变形。即图 6 中井口油压为 35.68MPa 的曲线为管柱不发生屈曲变形的临界曲线。

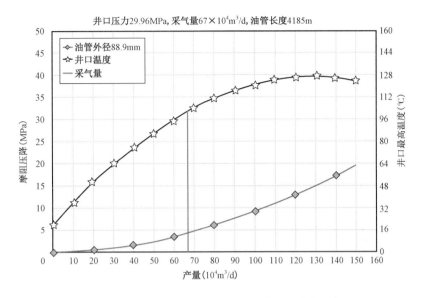

图5　油管内摩阻压降、井口温度随产量的变化关系

根据图6中井口的临界油压为35.68MPa曲线结果,拟合出华北油田某 S－x 储气井油管柱井口的临界油压为35.68MPa时,油管底部轴向力随产量变化的临界曲线,其相关系数 R^2 = 0.99999,即:

$$F_b(Q) = -88.11807 + 3.758907Q - 0.02709856Q^2 + 2.708065 \times 10^{-5}Q^3 \quad (14)$$

图6中井口的临界油压为35.68MPa曲线或式(14)临界油压下油管底部实际力随产量的变化,在临界井口油压下管柱不会发生正弦屈曲变形,当产量小于 $30 \times 10^4 m^3/d$ 时,油管底部实际力为负值,即管柱受轴向拉力。从图6中临界曲线可知,产量控制在 $30 \times 10^4 m^3/d$ 左右时,油管底部实际力接近于零,管柱不会发生压缩或者拉伸变形。当产量大于 $30 \times 10^4 m^3/d$ 时,油管底部实际力为正值,即油管受到轴向压缩力,根据该曲线可以控制该井产量在 $30 \times 10^4 m^3/d$ 左右使油管柱受到的轴向力最小,当然要结合油田的产量和储量进行综合考虑。

从图6中临界曲线可知,当采气量为 $75 \times 10^4 \sim 90 \times 10^4 m^3/d$ 时,油管柱底部的实际力最大,也就是管柱受力最恶劣,在实际采气中建议尽量避开采气量为 $75 \times 10^4 \sim 90 \times 10^4 m^3/d$,采气量应该低于此范围,或高于此范围,为优选采气量。

在对管柱注采参数的分析中,将图6中不同井口油压下,随产量变化的油管底部实际力的最大值提取出来进行分析,其结果如图7所示。从图7中可以直观地分析,当井口油压大于35.68MPa时,油管底部实际力的最大值将小于正弦屈曲临界载

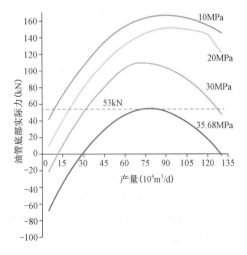

图6　产量和井口油压对油管底部
实际力的变化关系

荷,管柱不会发生屈曲变形。当井口油压为 32.04 ~ 35.68MPa 时,管柱处于正弦屈曲状态;当井口油压为 27.94 ~ 32.04MPa 时,管柱处于不稳定正弦屈曲状态。当井口油压为 20.36 ~ 27.94MPa 时,管柱处于不稳定螺旋屈曲状态。当井口油压小于 20.36MPa 时,管柱处于螺旋屈曲状态。

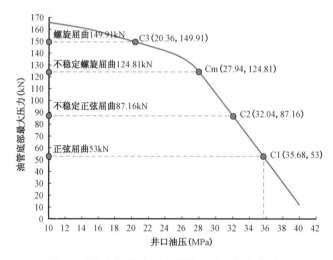

图7　油管底部最大压力随井口油压的变化关系

4　结论

(1)讨论了管柱在井筒中发生正弦屈曲或螺旋屈曲变形的 3 个临界载荷值以及这 3 个临界载荷之间的屈曲状态,推导出了油管底部实际力计算数学模型。为储气井管柱力学安全评价软件的开发提供了可编程序化的数学模型。

(2)基于前人对油管柱临界屈曲载荷研究的基础上,提出了判别管柱正弦屈曲和螺旋屈曲混合的不稳定状态的临界载荷计算新公式。

(3)基于带有封隔器的管柱力学分析和理论研究、封隔器管柱中的各种效应变化计算数学模型以及新建立的管柱临界屈曲载荷的数学模型,用 VB2013 开发出了自主知识产权的储气井注采管柱力学安全性评价软件。

(4)对 S – x 井注采管柱的现场应用分析,拟合出了油压 35.68MPa 时油管底部轴向力随产量变化的临界曲线。在临界油压 35.68MPa 时,建议实际采气中尽量避开采气量为 75×10^4 ~ $90 \times 10^4 \mathrm{m^3/d}$,即采气量应该低于或高于此范围为优选采气量。

符　号　意　义

F—轴向压缩力,N;r—油管柱环空间隙,m;I—油管柱惯性矩,m^4;E—油管柱弹性模量,MPa;w—管柱单位长度的重量,N/m;α—井斜角,rad。F_a—油管底部的实际活塞力,N;F_p—封隔器对管柱产生的力,N;p_0—油管外压力,MPa;p_i—油管内压,MPa;A_i—油管内截面积,mm^2;A_0—油管外截面积,mm^2;A_P—封隔器密封腔的横截面积,mm^2;A_s—油管横截面积,mm^2;Δp_i—封隔器处油管内的压力变化,MPa;Δp_0—封隔器处环形空间的压力变化,MPa;L—管柱长度,m;ΔF_1—活塞力的变化,N。

参 考 文 献

[1] Lubinski A. A Study On The Buckling Of Rotary Strings[M]. New York：API Drilling and Production Practice, 1950：178 – 214.

[2] Lubinski A, Althouse W S. Helical Buckling of Tubing Sealed in Packers[J]. Journal of Petroleum Technology, 1962,14(6)：655 – 670.

[3] Mitchell R F. Comprehensive Analysis of Buckling With Friction [J]. SPE Drilling & Completion,1996,11(3)：178 – 184.

[4] Mitchell R F. Buckling of Tubing Inside Casing[J]. SPE Drilling & Completion,2012,27(4)：486 – 492.

[5] Cunha J C. Buckling Behavior of Tubulars in Oil and Gas Wells. A Theoretical and Experimental Study with Emphasis on the Torque Effect[D]. The University of Tulsa,1995.

[6] Cunha J C. Buckling of Tubulars Inside Wellbores：A Review on Recent Theoretical and Experimental Works [J]. SPE 80944,2003.

[7] Miska S, Qiu W, Volk L, Cunha J C. An Improved Analysis of Axial Force Along Coiled Tubing in Inclined/Horizontal Wellbores[J]. SPE 37056,1996.

[8] Hammerlindl D J. Packer – to – tubing Forces for Intermediate Packers[J]. Journal of Petroleum Technology, 1980,32(3)：515 – 527.

[9] Hammerlindl D J. Movement, Forces, and Stresses Associated with Combination Tubing Strings Sealed in Packers [J]. Journal of Petroleum Technology,1977,29(2)：195 – 208.

[10] Hammerlindl D J. Basic Fluid and Pressure Forces on Oilwell Tubulars[J]. Journal of Petroleum Technology, 1980,32(1)：153 – 159.

[11] 高德利. 油气井管柱的屈曲行为研究[J]. 自然科学进展,2001,11(9)：977 – 980.

[12] 高国华,张福祥,王宇,等. 水平井眼中管柱的屈曲和分叉[J]. 石油学报,2001,22(1)：95 – 99.

[13] 冷继先. 井下管柱屈曲行为的理论与实验研究[D]. 南充：西南石油学院,2003.

[14] 董蓬勃,窦益华. 封隔器管柱屈曲变形及约束载荷分析[J]. 石油矿场机械,2007,36(10)：14 – 17.

[15] 李子丰. 油气井杆管柱力学研究进展与争论[J]. 石油学报,2016,37(4)：531 – 556.

[16] 宋周成. 高产气井管柱动力学损伤机理研究[D]. 成都：西南石油大学,2009.

[17] 练章华,魏臣兴,宋周成,等. 高压高产气井屈曲管柱冲蚀损伤机理研究[J]. 石油钻采工艺,2012,34 (1)：6 – 9.

[18] 丁亮亮,练章华,林铁军,等. 川东北高压、高产、高含硫气井测试地面流程设计[J]. 油气田地面工程, 2010,29(10)：3 – 5.

作者简介：练章华,博士,教授,博士生导师,主要从事 CAD/CAE/CFD、套管损坏机理、管柱力学及射孔完井等教学与科研工作。电话：(028)83032210,13308072813；E – mail：cwctlzh @ swpu. edu. cn。

盐岩密集储库群相互作用和破坏研究

杨　强　邓检强　刘耀儒　李仲奎

（清华大学　水沙科学与水利水电工程国家重点实验室）

摘　要：针对能源储备盐岩密集储库群相互作用和破坏分析,发展了考虑有限元强度折减法的变形加固理论,以不平衡力作为储库破坏的有效指标,以塑性余能 ΔE 与强度折减系数 K 的关系曲线作为量化库群相互作用和破坏的关键判据,反映储库群的破坏激增机制和过程;通过时效变形分析,以体积收缩率作为评价指标,研究储库群相互作用对储库使用功能丧失的影响。研究了洞室间距、库群布置方式对盐岩密集储库群相互作用和破坏的影响,确定了储库的临界间距,发现储库在间距大于和小于临界间距时呈现出两种破坏模式。不平衡力作为破坏的内在有效驱动力,揭示了储库群相互作用和破坏的激增机制。

关键词：盐岩库群;库群相互作用;破坏激增机制;变形加固理论;塑性余能;不平衡力

1　概述

盐岩具有良好的密封性、低渗透性和损伤自愈合性,因此深部地下盐矿成为世界各国进行能源储备的主要介质。在地下深部盐岩洞穴中储备石油、天然气等各种能源已被全球广泛认可。西方发达国家已经建成大量的盐岩地下油气储库群,进行国家战略能源储备。我国的地下能源储备还只是处于起步阶段。由于我国能源地下储库的盐岩地层埋深浅、夹层多而且薄[1-3],更重要的是这些能源地下储库大多都处于人口稠密、经济发达地区,土地成本很高。为了尽可能节省征地成本,盐岩储库群在布置上会非常密集,从而更容易导致油气的渗漏、容腔的失效和地表的塌陷等灾难事故。如果发生事故,不但会威胁到能源储备安全,而且会造成人民生命财产的巨大损失。通过对密集储库群相互作用和破坏激增机制的研究,确定最小安全矿柱宽度,以尽可能对盐岩储库群进行密集布置,从而提高盐岩资源利用率,这对我国能源战略储备的安全实现具有重大的工程意义[4]。

与单储库相比,密集储库群破坏机制不仅需要考虑洞径、埋深、夹层等因素,还必须分析储库间距的影响。当储库间距很大时,各储库的失稳破坏规律与单储库相同;随着储库间距不断减小,各储库开始出现相互作用,最终导致稳定性和破坏模式发生改变。密集储库群是否存在失稳破坏的临界间距,若存在又应该通过何种判据来确定临界间距,这是本文关注的问题。

国外学者 Mraz 等[5]提出了层状盐岩中溶解造腔的最小间隔的设计方法。通过研究盐岩蠕变的规律,以保持矿柱在设计寿命 50 年内的稳定性为判据,提出合理的溶腔间隔。国内杨春和等[1]通过 FLAC³ᴰ内嵌的蠕变本构模型,对矿柱安全性进行了研究。通过比较矿柱破损区是否贯通、矿柱等效应变等值线云图和剪胀损伤因子等值线云图是否贯通、洞周最大和最小主应力差值等因素,推断合理矿柱宽度为 2.0 ~ 3.0 倍溶腔直径。吴文等[6]研究了盐岩中地下储库的稳定性评价标准;提出了包括安全矿柱准则在内的一系列评价标准。指出安全矿柱的合理确定,必须使 2 个储库之间的矿柱中间部位的应力小于盐岩的长期强度(约对应于 25% 的短期强度),因此矿柱宽度要大于一个规定值,一般取 1.5 ~ 3.0 倍的单储库直径。

除了针对地下能源储库群稳定性和破损的研究,还可以借鉴一般地下洞室群的分析方法。Yoichi 和 Yamashita[7]应用弹性有限元分析了并排洞室群的稳定性,并提出了稳定性指标和临界稳定性指标的概念作为洞室群稳定性判据。王后裕等[8]将分步密度法应用于地下洞室断面和间距的最优化分析。杨万斌和薛玺成[9]提出了基于目标函数的优化算法,分析了 2 条隧洞的断面与间距优化问题。段亚刚采用塑性区贯通与否作为判别标准对地下洞室间距进行了优化设计。

上述地下储库群稳定性分析方法,最终的评价参数主要是应力、位移、塑性区等力学效应。这些力学效应都与外荷载相关,并且要求结构是稳定的才能求解。用稳定结构的计算结果,难以有效地判断结构在临界状态甚至是失稳之后的力学行为,因此需要提出更有效的量化判据。针对以上问题,杨强等[10,11]将有限元强度折减法引入到变形加固理论中,应用于能源地下库群整体稳定性分析与连锁破坏分析,以储库群的总体塑性余能 ΔE 与整体强度折减系数 K 的关系曲线作为储库群整体稳定性判据。塑性余能是不平衡力的范数,表征库群整体稳定性。不平衡力是矢量,其分布、大小和方向展现了失稳破坏的部位和模式。

本文在合理矿柱宽度基础上,提出了临界矿柱宽度的概念。这两个概念有所区别:合理矿柱宽度指的是设计中采用的矿柱宽度,可以保证储库稳定并留有一定安全余度;临界矿柱宽度指的是多储库进入相互作用的距离,小于这个宽度会使破坏模式发生变化。这两个宽度存在如下关系:合理矿柱宽度 = 临界矿柱宽度×安全系数,其中安全系数可以根据数值计算和已运行储库的经验数据获得。本文将变形加固理论应用于盐岩地下储库群的相互作用和破坏分析,研究了双储库的临界间距、失稳破坏模式。在本文的双储库模型及参数条件下,临界间距确定为 0.8 倍洞室直径。不平衡力的位置及方向反映了失稳破坏模式。

2 变形加固理论

2.1 变形加固理论的有限元表述

图 1 所示为一个典型的增量加载过程。初始应力状态 σ_0 满足屈服条件 $f(\sigma_0) \leqslant 0$。

对初始状态施加应变增量 $\Delta\varepsilon$,相应于弹性应力增量 $\Delta\sigma^e = D : \Delta\varepsilon$,则弹性加载状态应力为 $\sigma_1 = \sigma_0 + \Delta\sigma^e$。如果 $f(\sigma_1) > 0$,则应变增量 $\Delta\varepsilon$ 导致塑性加载。为了满足屈服条件,必须按照正交流动法则进行应力调整。调整后最终应力状态为 $\sigma = \sigma_1 - \Delta\sigma^p$ 且 $f(\sigma) = 0$,$\Delta\sigma^p$ 为塑性转移应力。杨强等推导了屈服准则为 Drucker – Prager 准则的理想弹塑性材料塑性转移应力的解析解,本文计算采用这种模型。若定义材料塑性余能范数为:

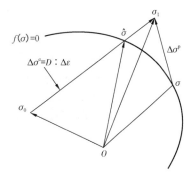

图 1　弹塑性应力调整示意图

$$\Delta E = L^2 = \frac{1}{2}\int_V \Delta \sigma^{\mathrm{p}} : \boldsymbol{C} : \Delta \sigma^{\mathrm{p}} \mathrm{d}V = \frac{1}{2}\int_V (\sigma_1 - \sigma) : \boldsymbol{C} : (\sigma_1 - \sigma) \mathrm{d}V \qquad (1)$$

式中,$\boldsymbol{C}$ 为柔度矩阵;V 为求解区域。

文献[9]证明了,按照正交流动法则进行应力调整的过程就是求塑性转移应力 $\Delta \sigma^{\mathrm{p}}$,使得塑性余能范数 ΔE 取最小值,即最小塑性余能原理。而塑性转移应力场 $\Delta \sigma^{\mathrm{p}}$ 所对应的等效节点力就是有限元分析中的不平衡力:

$$\Delta Q = \sum_e \int_{V_e} \boldsymbol{B}^{\mathrm{T}} \Delta \sigma^{\mathrm{p}} \mathrm{d}V \qquad (2)$$

式中,下标 e 为对所有单元求和,$\boldsymbol{B}$ 为应变矩阵。显然,塑性余能范数也是不平衡力的范数。

经过调整后的应力场处处满足屈服条件,但是在部分结点上存在不平衡力,不满足平衡条件,为不稳定应力场。若要结构保持稳定,则需要施加和不平衡力大小相等方向相反的加固力。若不施加加固力,弹塑性失稳结构将在不平衡力的驱动下继续变形,趋于自承载力最大化而加固力最小化的状态。如果结构无法通过自身调整消除不平衡力,则表征结构失去稳定。

2.2 变形加固理论量化库群整体稳定性和破坏的关键判据

变形加固理论的核心是最小塑性余能原理:给定边值条件下的非稳定结构总是趋于塑性余能最小的状态。在外荷载给定的条件下,最小塑性余能原理要求,通过时效变形的调整非稳定结构总是趋于自承力最大化而不平衡力最小化的状态。该原理确定了失稳结构总体演化趋势,为边坡分析中的潘家铮最大最小原理、洞室稳定的新奥法原理奠定了坚实的理论基础。

变形加固理论给出了结构失稳的明确定义:对给定边值问题,结构不存在同时满足平衡条件、变形协调条件、本构关系的力学解。这意味着失稳结构总是伴随着不平衡力。不平衡力是流变的驱动力,也是为稳定当前失稳结构所需加固力,它比塑性区更好地刻画了洞群连锁破坏过程。

图2表明,在塑性区已大范围连通的情况下,不平衡力仍主要出现在两洞室相连部位,它比塑性区更有效地说明了储库群的破坏位置和变形发展趋势。塑性区贯通并不能说明洞群发生整体破坏,塑性区贯通是破坏的必要条件,而非充分条件。只有塑性区中存在不平衡力的区域才是非稳定的可能破坏区域,不平衡力才是库群时效变形的驱动力。不平衡力所对应的塑性余能范数才是库群整体稳定性的量化指标。

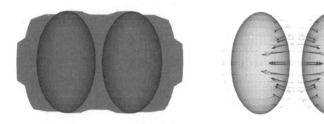

图 2　塑性区和不平衡力

因此,变形加固理论将塑性余能范数与强度折减系数的关系曲线(K—ΔE 关系曲线)作为量化库群整体稳定性和破坏的关键判据(图3)。从整体宏观的角度分析强度折减系数 K 变化过程中的塑性余能范数的变化来判断储库是否发生失稳破坏,进而从局部细观的角度分析与塑性余能范数对应的不平衡力的分布、大小和方向的变化来确定储库破坏的部位、模式以及演化规律。

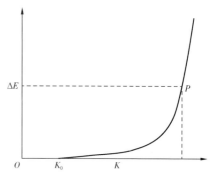

图3 塑性余能范数与强度折减系数关系曲线

3 双储库临界间距和破坏分析

对于洞高 100m、洞径 60m 的椭球形状的双储库,设计了 12 个计算方案。储库中心埋深 750m,矿柱宽度分别为 $0.1D$、$0.2D$、$0.3D$、$0.4D$、$0.5D$、$0.65D$、$0.8D$、$1.0D$、$1.5D$、$2.0D$、$2.5D$、$3.0D$,其中 $D=60m$ 为洞室直径(图4)。双储库有限元计算模型如图5所示。材料物理力学参数见表1。边界条件除顶部表面为自由边界外,其余表面均为法向约束。

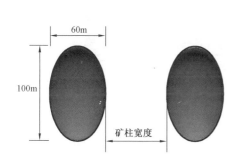

图4 双储库尺寸和矿柱宽度

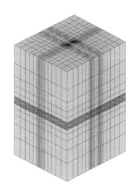

图5 双储库有限元模型

表1 材料物理力学参数

材料种类	弹性模量(GPa)	泊松比	黏聚力(MPa)	内摩擦角(°)	密度(kg/m³)
盐岩	18	0.30	1.00	45	2150
泥岩	10	0.27	0.50	35	2800

从图6中可以看出,塑性余能曲线随矿柱宽度的不同,出现了分叉的现象。由此表明双储库矿柱宽度不同时,储库破坏模式发生激增变化。椭球形双储库存在一个临界矿柱宽度,其值大概为 $0.8D$。当矿柱宽度小于临界矿柱时,双储库的相互作用强烈。当矿柱宽度大于临界矿柱时,双储库呈现独立破坏模式。对比图6(a)和图6(b)可知,增大内压后,塑性余能仍以 $0.8D$ 作为分界,内压仅改变安全度大小。相同埋深条件下,内压越大,储库安全度越高。

图7是不同矿柱宽度的双储库在 $K=2.2$ 时的不平衡力分布图。矿柱宽度 $PW>0.8D$ 时,双储库矿柱部位和外侧部位不平衡力几乎一样;随着矿柱宽度减小至临界矿柱宽度 $0.8D$ 时,矿柱部位的不平衡力开始增大;当矿柱宽度减小到临界矿柱宽度以下时,矿柱部位不平衡力远大于外侧的不平衡力,由此将导致整个双储库的坍塌破坏。并且当 $PW<0.8D$ 时,随着矿柱减小,整个储库的不平衡力增长不再显著,不平衡力的位置与方向揭示了双储库的破坏激增机制。

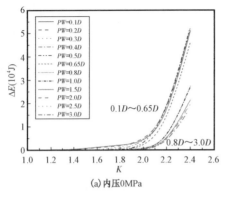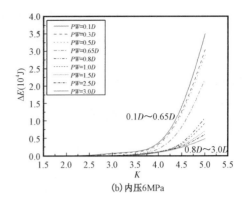

图6　不同矿柱宽度（PW）的 K—ΔE 关系曲线

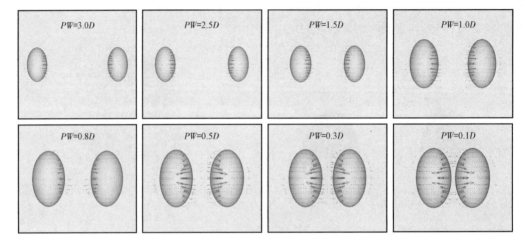

图7　不同矿柱宽度的不平衡力分布图（$K=2.2$）

4　矿柱宽度对体积收缩率的影响分析

4.1　双储库矿柱宽度对体积收缩率的影响分析

由于影响储库使用性一个最重要的评价指标就是长期运行过程中由于流变导致的体积收缩率。因此本节以体积收缩率为评价指标研究储库群相互作用及激增机制。

对于洞径 $D=60\text{m}$，高 $H=100\text{m}$，埋深1225m的双椭球形腔体，矿柱宽度 PW 分别取 $0.1D$，$0.5D$，$1.0D$，$1.5D$，$2.0D$，$2.5D$ 和 $3.0D$。内压 10MPa 和 6MPa 下运行使用30年。模型材料为均质盐岩，不考虑泥岩夹层影响。依托 FLAC³ᴰ 计算软件，盐岩瞬时稳定性计算使用 Mohr-Coulomb 弹塑性模型，流变计算模型使用 FLAC³ᴰ 软件自带的 Cpower 模型。盐岩的流变参数：$A=6.0\times10^{-6}\text{MPa}^{-3.5}/\text{a}$，$n=3.5$。盐岩其他的材料物理力学参数见表2。

表2　盐岩物理力学参数

材料种类	弹性模量（GPa）	泊松比	黏聚力（MPa）	内摩擦角（°）	密度（kg/m³）
盐岩	6	0.3	1.0	40	2200

图 8 所示为双储库在内压 10MPa 和内压 6MPa 工况下,不同矿柱宽度的体积收缩率随时间变化曲线。

由于储库之间相互作用的影响,双储库单个洞室的体积收缩率相比单储库的体积收缩率要大,并且矿柱宽度越小,其体积收缩率越大。内压越大,体积收缩率越小,因此提高内压有利于减小体积收缩率。然而,对于双储库,无论是内压 10MPa 和 6MPa,体积收缩率受矿柱宽度的影响并不显著。

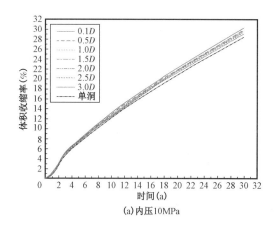
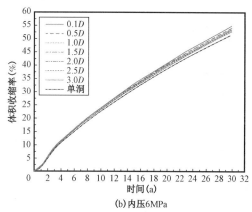

(a)内压10MPa   (b)内压6MPa

图 8　双洞储库不同矿柱宽度的体积收缩率随时间变化曲线

4.2　多储库矿柱宽度对体积收缩率的影响分析

对于洞径 $D=36m$,高 $H=80m$,埋深 1000m 的椭球形腔体,7 个洞室菱形布置,矿柱宽度 PW 分别取 $0.1D$,$0.5D$,$1.0D$,$1.5D$,$2.0D$,$2.5D$ 和 $3.0D$,如图 9 所示。内压 10MPa 和 6MPa 下运行使用 30 年,考察矿柱宽度对中心洞室体积收缩率影响。材料模型参数与 4.1 节中相同。

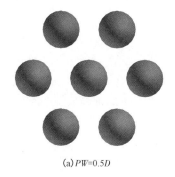
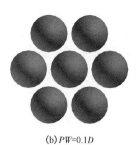

(a)PW=0.5D   (b)PW=0.1D

图 9　七洞储库菱形布置

图 10 所示为七洞储库在内压 10MPa 和内压 6MPa 工况下,不同矿柱宽度的体积收缩率随时间变化曲线。

从图 10 可知,由于储库之间相互作用的影响,七洞储库群的体积收缩率比单储库要大。

当矿柱宽度大于 $3D$ 时,七洞储库群和单洞储库的体积收缩率相差很小,这表明此时储库之间的相互作用已经很弱,受矿柱宽度影响很小。而随着矿柱宽度不断减小,体积收缩率随时间变化曲线出现分叉突变现象,当矿柱宽度分别大于 $2.5D$ 和 $1.0D$ 洞径时,体积收缩率均出现一次突变增大。特别是当矿柱宽度大于 $1.0D$ 时,体积收缩率急剧增大。内压的大小只对体积收缩率的绝对值大小有影响,并不影响体积收缩率随矿柱宽度的变化规律,这可以从图 10(a)和图 10(b)明显看到。

因此,不同于双储库,七洞菱形布置储库群由于储库多,储库之间相互作用强烈,因此体积收缩率受矿柱宽度的影响非常显著,并且出现激增现象。因此从储库群的长期运行的要求来看,储库之间的安全矿柱宽度应为 $1.0D$。

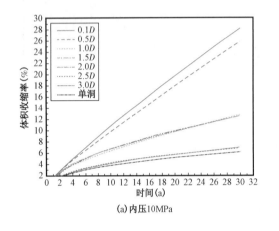
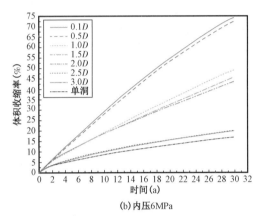

(a)内压10MPa   (b)内压6MPa

图 10 七洞储库不同矿柱宽度的体积收缩率随时间变化曲线

5 密集储库群地质力学模型试验研究

5.1 四洞方形布置储库群

本次试验模型是在江苏金坛盐岩储气库的基础上,适当概化砌筑的。4 个储库为大小相同的椭球体,长轴长 168m,短轴长 72m,4 个储库的中心连成一个边长 144m 的正方形。储库中心的间距为 72m,相当于 2 倍洞径。由于储库底部存在 56m 的沉渣区,因此实际储库高 112m。储库中心点往上 24m 位置有一厚度为 2m 的水平走向泥岩夹层,储库的埋深为 1000m,地应力 21.5MPa。

本次试验模拟范围内的材料有两类:一类是岩盐;另一类是泥岩夹层。两类材料在原型和模型中的力学参数见表 3 和表 4。试验需要模拟的荷载主要是 776m 岩体自重和储库内压的变化。自重荷载通过 16 个千斤顶加压进行模拟,采用气囊模拟注采气过程洞室的压力变化。本次试验主要测量绝对和相对位移值以及应变值。将 Ⅱ 号洞室以 4MPa 为一级从 0MPa 加压到 28MPa,4 个洞室以 2MPa 为一级,从 28MPa 升到 36MPa;稳定后,再将 Ⅱ 号洞室以 2MPa 为一级(28MPa 后以 4MPa 为一级)降到 0MPa。期间观测应变片和位移计的变化。

表3 原型材料物理力学参数

材料	弹性模量 E(GPa)	泊松比 υ	黏聚力 c(MPa)	内摩擦系数 f	密度 ρ(kg/m³)
盐岩材料	18	0.3	1.0	0.577	2150
泥岩材料	4	0.3	0.5	0.577	2800

表4 模型材料物理力学参数

材料	弹性模量 E(MPa)	泊松比 υ	黏聚力 c(MPa)	内摩擦系数 f	密度 ρ(kg/m³)
盐岩材料	45	0.3	2.50×10^{-3}	0.577	2150
泥岩材料	10	0.3	1.25×10^{-3}	0.577	2800

四洞储库群4个不同高程平面上的不平衡力分布和裂缝分布图如图11至图14所示。

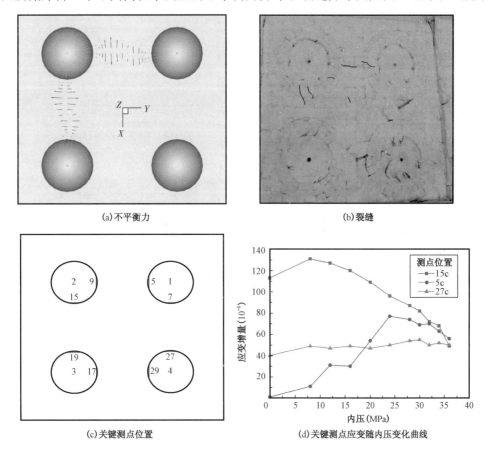

(a)不平衡力

(b)裂缝

(c)关键测点位置

(d)关键测点应变随内压变化曲线

图11 不平衡力和裂缝分布(高程 −70mm)

通过对比数值模拟计算的不平衡力和地质力学模型试验观察到的裂缝分布情况,可以发现,数值分析中不平衡力大的部位大多在地质力学模型试验中发生破坏和开裂。数值模拟分析与地质力学模型试验都显示,最危险的部位为0mm高程平面上,这个平面上开裂得最严重,如图12所示,其次为65mm高程平面和 −70mm高程平面,如图13和图11所示,开裂最轻微的是120mm高程平面,如图14所示,几乎没有出现不平衡力和裂缝分布。

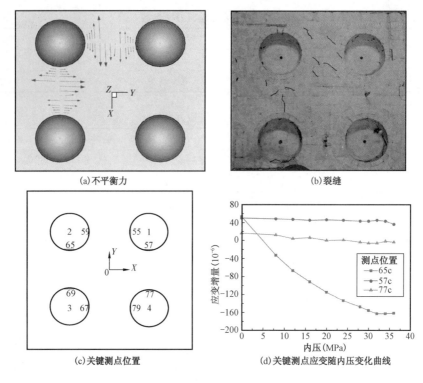

(a)不平衡力   (b)裂缝

(c)关键测点位置   (d)关键测点应变随内压变化曲线

图12 不平衡力和裂缝分布（高程0mm）

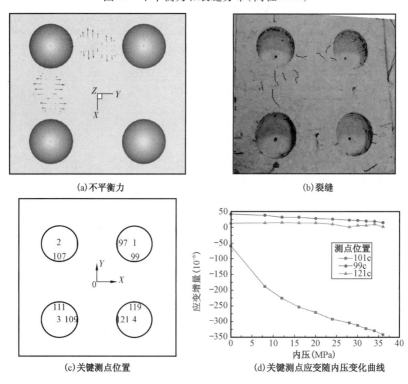

(a)不平衡力   (b)裂缝

(c)关键测点位置   (d)关键测点应变随内压变化曲线

图13 不平衡力和裂缝分布（高程65mm）

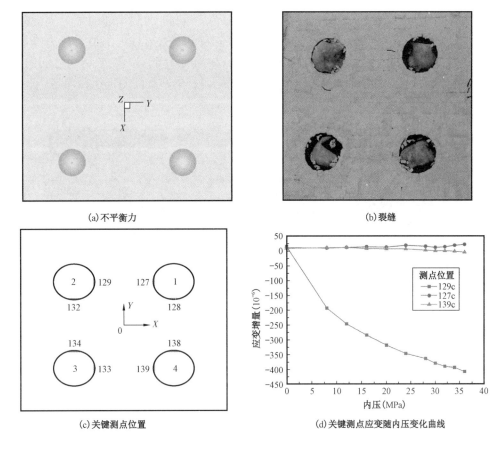

(a)不平衡力   (b)裂缝

(c)关键测点位置   (d)关键测点应变随内压变化曲线

图14　不平衡力和裂缝分布(高程120mm)

通过不平衡力分布和关键测点应变随内压变化曲线,可以发现,出现不平衡力的部位,其测点的应变增量量值很大,不平衡力越大,则应变增量量值也越大。应变增量量值最大的部位为采气洞室洞壁,其次为相邻洞室洞壁,最后为对角洞室洞壁。这也说明了洞室采气的影响仅局限于采气洞室,其他洞室影响较小,因此不会发生连锁破坏。

综上表明,四洞储库群不平衡力的分布规律与破坏开裂有很好的相关性,不平衡力能够清楚地展现破坏开裂的部位和模式。

5.2　四洞菱形布置储库群

采用正三角形布置时,最小代表性单元的库群有7个储库,考虑到储库群具有几何对称性及荷载对称性,取模型的一半进行试验。两个试验方案的设计参数对比见表5。

表5　三个试验方案的设计参数对比

设计参数	方案一	方案二
腔体间距	0.5D	0.25D
腔体形状	圆柱形	圆柱形
无压腔位置	中心腔无压	中心腔无腔

试验方案一破坏现象及原因分析:(1)2#洞顶部与1#洞和3#洞相邻的部位气囊破裂,原因是气囊内压高于顶部千斤顶施加的压力,使得顶部盖板上抬,岩柱上部所受压力降低,为气压转移提供空间,因此造成该部位的气囊破裂。(2)2#洞与3#洞、3#洞与4#洞之间的岩柱出现压痕,压痕槽位置正好位于岩柱最窄的部位,出现原因是岩柱受两洞气压径向挤压和环向拉伸,呈现出明显塑性颈缩变形(图15)。

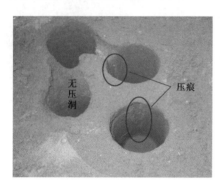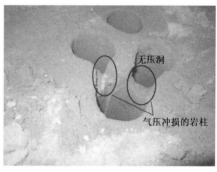

图15　方案一有压腔之间岩柱上的压痕

试验方案二的洞群整体破坏如图16所示,有压腔之间的矿柱受水平径向压力和竖直向压力,水平环向拉力,综合处于广义拉伸状态;有压腔与无压腔之间的矿柱在有压腔一侧水平径向受压,环向受拉,竖直向受上部岩体的压力,综合处于广义拉伸状态,在无压腔一侧没有径向受力,总体来看有压腔与无压腔之间的矿柱结构发生弯曲。

方案一和方案二表明当储库间距小于0.5D时,储库群相互作用强烈,单个储库失压会导致储库群发生整体失稳破坏。

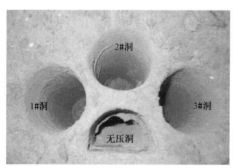

图16　方案二洞群整体破坏图

7　结论

变形加固理论为盐岩密集储库群相互作用和破坏分析提供了一套实用而有效的理论和方法。

(1)发展了考虑有限元强度折减法的变形加固理论,以不平衡力作为储库破坏的有效指标,以塑性余能 ΔE 与强度折减系数 K 的关系曲线作为量化库群相互作用和破坏的关键判据,反映储库群的破坏激增机制和过程。

（2）通过时效变形分析，以体积收缩率作为评价指标，研究储库群相互作用对储库使用功能丧失的影响。研究了洞室间距、库群布置方式对盐岩密集储库群相互作用和破坏的影响，以不平衡力作为破坏的内在有效驱动力，揭示了储库群相互作用的破坏激增机制和破坏模式，确定了储库的临界间距为 0.8 倍洞径，发现储库间距大于和小于临界间距时呈现出两种破坏模式。

（3）针对盐岩四洞储库群，进行了三维地质力学模型试验研究，并将其结果与数值模拟结果进行了对比分析。将数值计算的不平衡力分布规律与地质力学模型试验的破坏部位和破坏模式进行对比，表明了不平衡力与破坏之间具有很好的相关性，从而验证了变形加固理论在盐岩密集储库群整体稳定分析中的有效性和准确性。

（4）数值计算模拟和物理试验模拟均表明：在正常运营压力下，当矿柱宽度大于 $0.5D$ 时，盐岩储库群发生连锁破坏的可能性不大；矿柱宽度主要受控于溶腔长期体积收缩率。计算表明，对于相互作用强烈的多储库，当矿柱宽度小于 $1.0D$ 时，矿柱对溶腔长期体积收缩率的影响急剧增加。因此，储库的最小安全矿柱宽度可取 $1.0D$（通常取 $1.5D \sim 2.0D$），该建议已被中石油金坛盐矿储气库群工程所采用。

参 考 文 献

[1] 杨春和,李银平,陈锋. 层状盐岩力学理论与工程[M]. 北京:科学出版社,2009.

[2] 杨春和,梁卫国,魏东吼,等. 中国盐岩能源地下储存可行性研究[J]. 岩石力学与工程学报,2005,24(24):4409 – 4417.

[3] 杨春和,李银平,屈丹安,等. 层状盐岩力学特性研究进展[J]. 力学进展,2008,38(4):484 – 494.

[4] 杨强,刘耀儒,冷旷代,等. 能源储备地下库群稳定性与连锁破坏分析[J]. 岩土学,2009,30(12):3.

[5] Mraz D Z,Crow M B,Dusseault M B. Determination of Solution Cavern Spacing in Deep Salt Deposit American Rock Mechanics Association [C] // Rock Mechanics in Productivity and Protection. Proceedings of the 25th U. S. Symposium on Rock Mechanics. New York:AIME,1984:546 – 555.

[6] 吴文,侯正猛,杨春和. 盐岩中能源(石油和天然气)地下储存库稳定性评价标准研究[J]. 岩石力学与工程学报,2005,24(14):2497 – 2505.

[7] Yoichi H,Yamashita R. Study on the Stability of a Group of Caverns[C] // The 5th International Conference on Numerical Methods in Geomechanics. Nagoya. Japan:[s. n],1985:1200 – 1206.

[8] 王后裕,陈上明,言志信,等. 地下洞室断面和间距优化计算的分布密度法[J]. 工程力学,2004,21(3):204 – 208.

[9] 杨万斌,薛玺成. 地下洞室的间距和断面优化计算方法[J]. 岩土工程学报,2001,23(1):61 – 63.

[10] 杨强,邓检强,吕庆超,等. 基于能量判据的盐岩库群整体稳定性分析方法[J]. 岩石力学与工程学报,2011,30(8):1513 – 1521.

[11] 杨强,潘元炜,邓检强,等. 地下盐岩储库群临界间距与破损分析. 岩石力学与工程学报,2012,31(9):1927 – 1936.

作者简介:杨强,博士,教授,博士生导师,主要从事高拱坝、岩质高边坡整体稳定及加固分析,地下油气存储库群稳定和破坏分析,损伤力学、非平衡态热力学、岩体工程稳定性理论、变形加固理论等领域的研究。E – mail:yangq@ mail. tsinghua. edu. cn。

储气井管柱振动特性与其安全性评价分析

丁建东[1]　张　强[2]　练章华[2]　丁熠然[2]　徐　帅[2]　杨永祥[1]　裴宗贤[1]

（1. 中国石油华北油田采油工程研究院；

2. 西南石油大学油气藏地质及开发工程国家重点实验室）

摘　要：地下储气库注采井管柱振动问题严重影响了注采管柱的安全性和使用寿命。针对储气库高速交变注采的特殊工况，根据注采管柱的实际结构和受力特点，建立了注采管柱振动的有限元模型。通过模态分析，研究了带封隔器管柱的固有频率和振型。在模态分析的基础上，对储气库注采管柱进行了瞬态动力学研究，分析了距封隔器不同距离管柱的振动位移、速度和加速度的变化规律。根据不同时刻管柱的轴向力和应力分析，计算得到了注采管柱的动力学安全系数，并开展了注采管柱安全性评价分析，为地下储气库注采管柱振动特性研究与安全性评价分析提供了依据和参考。

关键词：储气井；注采管柱；振动特性；瞬态动力学；安全性评价

在储气库高速交变注采的特殊工况下，由于产量、压力的波动以及流道的突然改变，天然气在油管柱中流动过程中，将引起油管柱振动[1,2]。振动造成的交变应力容易导致油管柱螺纹连接部位松动、气体泄漏、封隔器失效和管柱疲劳破坏等井下事故[3-7]，因此，针对储气井管柱振动问题，必须开展管柱振动特性与其安全性评价分析。早在 1878 年，Aitken[8] 就注意到内流对输液管道动力特性的影响，但是直到 20 世纪 50 年代横越阿拉伯地区的输油管道出现了严重的振动，该问题才引起了学术界的注意，从而对液固耦合的管柱振动问题有了初步的认识[9,10]。此后，国内外众多学者对管内流体作用下管道的动力振动特性和稳定性做了大量研究。2006 年，Adnan 等[11] 对由旋转流引起的油管振动进行了分析，并分析了直井段、水平段和倾斜段油管振动时的振幅和应力。在国内，2005 年黄桢[12] 提出高产气井油管柱振动可能影响油管柱的使用寿命。2006 年，邓元洲[13] 对高产气井中天然气诱发油管柱振动的机理进行了分析，得到了天然气对油管柱的激振力并利用有限元软件进行了油管柱振动特性分析和动力学分析。乐彬[14]、宋周成[15] 和樊洪海等[16,17] 在前人研究的基础上，采用理论推导或有限元模拟方法研究了气井管柱振动的动力学问题，得到了气体诱发的管柱振动特性及规律。虽然国内外学者在管柱振动及安全性评价方面已经进行了大量的研究工作，但针对储气库特殊的注采循环工况下注采管柱振动的研究还不够充分，振动机理的研究还不够全面。笔者利用有限元方法分析了储气库注采管柱的固有频率及振型，研究了距封隔器不同位置处管柱的振动特性，并对管柱振动条件下的动力学安全性进行了分析和评价。

1　有限元模型建立

油管柱属于细长管柱，油管柱振动的动力学问题是一个相当复杂的过程。根据储气井注采管柱的实际结构和受力特点,笔者建立了油管柱振动的有限元模型,如图 1 所示。其中,油管外径为 88.9mm,壁厚为 6.45mm,油管柱长度为 4244m。选择 PIPE288 单元类型,能够模拟管柱在承受内外流体压力作用下的振动情况。从静力学上分析,油管柱承受的静力载荷主要包括:在井口 B 点处井口拉力 T,油管柱在其底部封隔器 A 点处受封隔器的力 P 以及管柱在内外流体中的重力 W。而油管柱承受的动力载荷主要是高产气井中高速气流诱发引起的冲击载荷,因此油管柱的振动主要是由高速气流对油管内壁的摩阻力引起的。

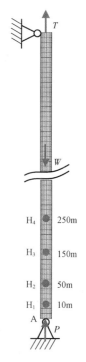

图 1   油管柱有限元模型

提取中和点以下 4 个关键点的数据进行分析,这 4 个点的位置见图 1 中 H_1,H_2,H_3 和 H_4 点,其与封隔器的距离分别为 10m,50m,150m 和 250m。由于管柱受拉伸不会产生屈曲损伤,只有管柱在中和点以下受压缩的振动才会产生屈曲损伤问题,因此,本文重点分析中和点以下油管柱的振动问题。

2   固有频率及振型分析

利用有限元分析软件 ANSYS 对油管柱进行模态分析,计算得到管柱的前 10 阶振动频率,见表 1。管柱第 1 阶振动频率为 0.0165Hz,且管柱振动频率随振动阶数的增加而逐渐增加,管柱第 10 阶振动频率达到 0.1672Hz。

表 1   油管柱前 10 阶振动频率

振动阶数	1	2	3	4	5	6	7	8	9	10
频率(Hz)	0.0165	0.0333	0.0501	0.0668	0.0835	0.1003	0.117	0.1337	0.1505	0.1672

当储气井气量改变时,管柱振动频率与气量之间的关系曲线如图 2 所示。随着气量的增加,管柱前 5 阶振动频率均呈下降的趋势。当气量增加至 $30 \times 10^4 m^3/d$ 时,管柱振动频率的下降趋势变陡,且当气量超过 $35 \times 10^4 m^3/d$ 时,管柱第 1 阶振动频率已为 0。说明在不同的气量下,管柱将会产生不同形式的振动,因此能够通过优化注采气量来改善油管柱的振动问题。

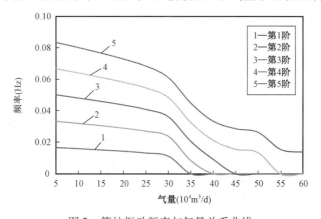

图 2   管柱振动频率与气量关系曲线

管柱的各阶振型如图3所示。从图3中可以看出,各阶振型沿井深的分布并不是完全对称的,从井口到封隔器,其振型形状由稀到密,振型最大位移由小到大,即振型的最大位移发生在油管柱下端封隔器上部区域,因此包括井口管柱在内(井口轴向力最大),封隔器处也是管柱力学强度评价的关键部位。

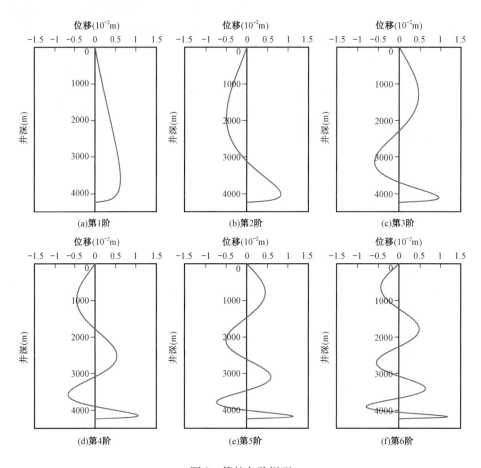

图3　管柱各阶振型

3　瞬态动力学研究

在模态分析的基础上,对管柱施加产量为 $67 \times 10^4 \mathrm{m}^3/\mathrm{d}$ 的冲击动力载荷,进行瞬态动力学研究,得到距封隔器 $10\mathrm{m}$,$50\mathrm{m}$,$150\mathrm{m}$ 和 $250\mathrm{m}$ 处管柱的纵向振动位移、速度和加速度随时间的变化关系(图4至图6)。从图4、图5和图6中可以看出,距封隔器 $10\mathrm{m}$ 处管柱的振幅最小,越远离封隔器,管柱的振动位移、速度和加速度越大。主要原因是封隔器为固定约束,封隔器处管柱位移为零,因此在油管柱下部,离封隔器越远,管柱的柔度越大,其弹性变形空间也增加。在开始振动的 $1.5\mathrm{s}$ 内,相同位置管柱的振动速度和加速度的波动幅值较大,随后的时间内保持稳定的幅值呈周期性地变化,将使管柱处于交变应力作用下,容易导致低应力水平下的疲劳破坏。

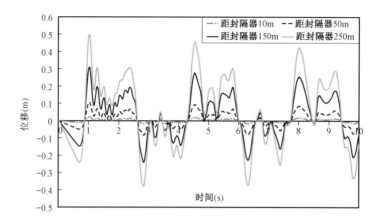

图 4 距封隔器不同位置处管柱的纵向振动位移随时间变化的对比曲线

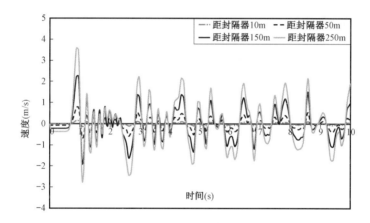

图 5 距封隔器不同位置处管柱的纵向振动速度随时间变化的对比曲线

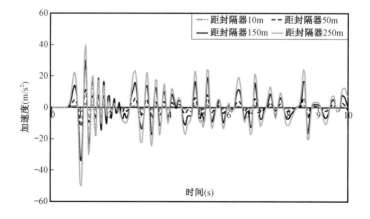

图 6 距封隔器不同位置处管柱的纵向振动加速度随时间变化的对比曲线

4 管柱振动安全性评价

不同时刻管柱的轴向力和 Von Mises 应力沿井深的变化关系如图 7 和图 8 所示。图 7 和图 8 中 $t=0s$ 时刻为管柱还没有发生振动的时刻,即为其静力学计算结果,此时管柱在井口的轴向拉力为 527. 358kN,在封隔器处的轴向压缩力为 138. 522kN,在井口的 Von Mises 应力为 316. 814MPa,在封隔器处的 Von Mises 应力为 48. 506MPa,此时管柱内的轴向力和应力沿井深均为线性变化关系。在 $t=2s$ 时刻,管柱内的轴向力全部为拉伸力,因此无中和点。在管柱振动的其他时刻,井口处的轴向力和应力变化不大,但整个管柱的轴向力和应力沿井深呈非均匀分布,且不同时刻的分布差别较大,管柱内可能无中和点或出现多个中和点,甚至轴向力最大值的位置不在井口。由图 8 可知,在管柱振动的不同时刻,管柱内的 Von Mises 应力均小于其屈服强度,说明在此振动条件下,管柱仍处于安全生产状态。

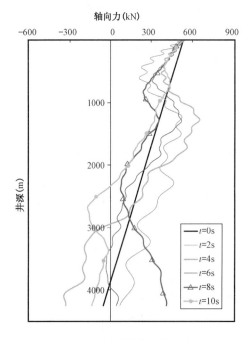

图 7 不同时刻管柱轴向力

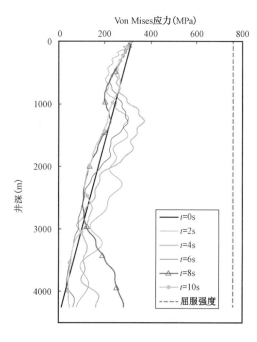

图 8 不同时刻管柱 VonMises 应力

根据对储气井管柱振动不同时刻 Von Mises 应力的分析和计算,得出其管柱静、动力学安全系数的综合评价计算结果,如图 9 所示。动力学分析中安全系数的范围为(1. 91 ~ 2. 39),小于静力学安全系数 3. 719,比静力学问题的安全系数降低了 35. 74% ~ 48. 64%,主要原因是管柱振动使其轴向力分布发生了变化,轴向力最大值的位置也发生了变化,甚至轴向力的最大值不在井口,而发生在其他位置。因此,管柱振动使其某时刻某位置的轴向力增加,从而降低了管柱的安全系数。

从图 9 中可知,动力学问题的油管柱最小安全系数为 1. 91,大于其设计安全系数 1. 5,因此,该储气井在 $67 \times 10^4 \mathrm{m}^3/\mathrm{d}$ 产量下,从动力学强度的计算和分析结果可知,发生振动的油管柱仍然处于安全生产状态。但在高速气流的作用下,油管柱处于交变应力作用下,将会使油管柱发生低应力水平下的疲劳破坏,并可能会导致油管柱螺纹连接部位的松动或气体泄漏,造成油管柱的其他安全性问题。

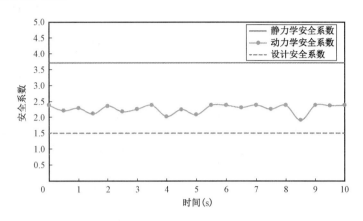

图9 管柱静、动力学安全系数评价计算结果

5 结论

(1)根据储气井注采管柱的实际结构和受力特点建立了管柱振动的有限元模型,通过模态分析得到了油管柱的前10阶振动频率和振型。管柱振动频率随振动阶数的增加而增加,各阶振型从井口到封隔器,振型最大位移由小到大,即振型的最大位移发生在油管柱下端封隔器上部区域。

(2)对管柱施加冲击动力载荷并开展了瞬态动力学研究,计算结果表明,随着距离封隔器的位置越远,管柱内振动的位移、速度和加速度越大。

(3)在管柱振动条件下,管柱的轴向力和Von Mises应力均沿井深呈非均匀分布,在油管柱振动的某一时刻,油管柱内可能无中和点或出现多个中和点。

(4)储气井管柱振动会降低其动力学安全系数,并可能会导致油管柱螺纹连接部位的松动、气体泄漏或连接部分管柱疲劳破坏,造成油管柱的其他安全性问题,因此需要开展减振措施及疲劳寿命预测的研究。

参 考 文 献

[1] 王浚丞,王淑华,杨丽燕.储气库气井管柱设计和使用中的问题分析[J].中国石油和化工,2015(5):55-58.

[2] 王云.交变载荷对苏4储气库注采管柱安全性影响研究[J].钻采工艺,2016,39(3):40-42.

[3] 巨全利,仝少凯.高产气井完井管柱纵向振动特性分析[J].钻采工艺,2014,37(2):79-82.

[4] 宋周成.高产气井管柱动力学损伤机理研究[D].成都:西南石油大学,2009.

[5] 阳明君,李海涛,蒋睿,等.尤拉屯高产气井完井管柱振动损伤研究[J].西南石油大学学报:自然科学版,2016(1):158-163.

[6] 李碧曦,易俊,黄泽贵,等.油气井油管柱振动安全性分析研究综述[J].化学工程与装备,2015,(6):199-202.

[7] 窦益华,王蕾琦,刘金川.开关井工况下完井管柱振动安全性分析[J].石油矿场机械,2015,44(10):11-15.

［8］Aitken J. An Account of some Experiments on Rigidity Produced by Centrifugal Force［J］. Philosophical Magazine,1878(5):81 − 105.

［9］Housen C W. Bending Vibration of Pipeline Containing Flowing Fluid［J］. Journal of Applied Mechanics,1952(19):205 − 208.

［10］Feodosev V P. Vibrations and Stability of a Pipe when Liquid Flows through It［J］. InzhenernyiSbornik,1956(10):169 − 170.

［11］Adnan S,Chen Y C,Chen P. Vortex − induced Vibration of Tubings and Pipings with Nonlinear Geometry［C］. SPE 100173,2006.

［12］黄桢. 油管柱振动机理研究与动力响应分析［D］. 成都:西南石油大学,2005.

［13］邓元洲. 高产气井油管柱振动机理分析及疲劳寿命预测［D］. 成都:西南石油大学,2006.

［14］乐彬. 水平井高产气井油管柱振动动力学研究［D］. 成都:西南石油大学,2009.

［15］宋周成. 高产气井管柱动力学损伤机理研究［D］. 成都:西南石油大学,2009.

［16］王宇,樊洪海,张丽萍,等. 高温高压气井测试管柱的横向振动与稳定性［J］. 石油机械,2011,39(1):36 − 38.

［17］樊洪海,杨行,王宇,等. 高压气井生产管柱横向振动特性分析［J］. 石油机械,2015(3):88 − 91,95.

作者简介:丁建东,高级工程师,华北油田公司储气库设计二级技术专家,现主要从事储气库研究和设计工作。联系电话:(0317)2756317;E − mail:cyy_dingjd@ petrochina. com. cn。

喇嘛甸储气库注采井完井管柱安全评估技术研究

张永平　马文海　徐德奎　贺海军　李俊亮

（中国石油大庆油田有限责任公司采油工程研究院）

摘　要: 喇嘛甸储气库已安全生产40多年。针对近年喇嘛甸储气库在注采过程中发现 CO_2 和 H_2S 等腐蚀气体的情况,为确保注采气井安全运行,开展了油管腐蚀形貌分析及机理研究,并对套管进行了 CAST - V 井径测井,通过实验数据和测井曲线综合分析,确定了油套管腐蚀类型以及套管发生形变状况;同时,依据腐蚀预测模型和力学分析方法,计算出目前注采井完井管柱的安全系数,预测出安全运行年限,判断出气井目前处于安全生产状态,确保气井在全生命周期的安全生产。

关键词: 喇嘛甸储气库;注采井;完井管柱;安全评估

喇嘛甸储气库于 1975 年投产,至今已安全生产 40 余年。近年来,针对喇嘛甸储气库在注采过程中发现 CO_2 和 H_2S 等腐蚀气体以及历经 40 余年的注采周期,注采井能否保证安全生产就显得尤为重要。为此,根据国内外储气库安全评价方法[1-5],开展了完井管柱、尤其是套管柱的安全性评估,利用实验数据和现场检验数据,确保气井在复杂工况条件下的安全生产。本文以 LQ - X 井为例,对注采井安全评估检测技术和安全寿命预测方法进行论述。

1　储气库注采井生产工况分析

1.1　天然气组分中酸性气体变化情况

从 LQ - X 井 2002—2016 年的天然气样品组分分析可知, CO_2 含量呈现逐年递增的趋势,从 2002 年的 1.7% 增加到 2016 年的 5.8% , CO_2 分压(p_{CO_2})由 0.143MPa 增加到 0.493MPa(图 1 和图 2)。按照 $p_{CO_2} < 0.02$MPa(属于轻微腐蚀)、0.02MPa $< p_{CO_2} < 0.21$MPa(属中度腐蚀)、$p_{CO_2} > 0.21$MPa(属严重腐蚀)的划分标准,注采井在 2005 年以前属于中度腐蚀,2005 年及以后属于严重腐蚀范畴。

在 2005 年以前,天然气组分中未发现 H_2S 气体,2005 年至今 H_2S 呈不稳定变化,其含量在 19.79 ~ 221mg/m³ 范围内变化。H_2S 和 CO_2 气体的同时存在加重了井下管柱的腐蚀。因此,注采井完井管柱处于复杂的双重介质腐蚀工况下,急需进行安全评估。

1.2　产出水分析

通过对 LQ - X 井产出水矿化度分析,产出水总矿化度为 805.2 ~ 1001.3mg/L,不含 Cl 离子,据此判 LQ - X 井产出水为凝析水。

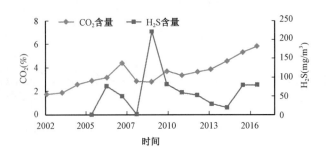

图 1　CO_2 和 H_2S 组分变化

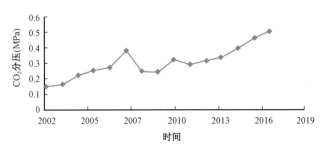

图 2　CO_2 分压变化

1.3　生产状态分析

LQ – X 井于 1975 年投产,1983—1985 年只注不采,1986—1996 年只采不注,1997 年至今周期性注采。目前井筒温度 10 ~ 40℃,压力为 3 ~ 8.7MPa,注采量为 $5 \times 10^4 ~ 15 \times 10^4 m^3/d$。

2　注采井安全评估方法及手段

依据 Q/SY 1486—2012《地下储气库套管柱安全评价方法》制订了注采井套管安全评估方案。安全评估范围包括注采井的油套管腐蚀、损伤情况以及套管安全寿命预测。

2.1　油管安全评价

通过对 LQ – X 井油管取样分析,观察腐蚀形貌,并对腐蚀产物进行成分分析,判断腐蚀类型。

2.1.1　腐蚀机理

图 3 为腐蚀管段外部腐蚀产物放大照片。由图 3 可知,腐蚀产物多项共存,杂乱无章,组织稀疏松散,附着力不强,有夹杂物及缺陷存在。

图 4 为腐蚀管段内表面腐蚀产物放大照片。由图 4 可知,腐蚀产物多项共存,从衬度看,相组成近似,呈明显的层片状分布,有分层界面。

对腐蚀油管外表面产物层进行微观成分分析,判断是哪一种元素在腐蚀过程中起主要推动作用,并与机理结合进一步判断腐蚀原因。

由图 5 可知,黑色部分的氧化物高含硫和钙,说明腐蚀产物层中有硫化物的存在,同时还有 Na,Mg,Al 和 Fe 等存在,形成有夹杂物或腐蚀产物共存的状态。

图3 外部腐蚀产物放大照片(200×)

图4 内表面腐蚀产物放大照片(200×)

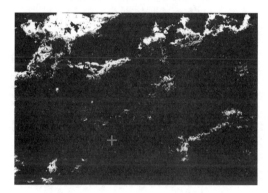

成分	质量分数(%)	原子数百分含量(%)
CK	29.07	47.42
OK	25.85	31.66
NaK	01.01	00.86
MgK	00.61	00.49
AlK	00.47	00.34
SiK	00.87	00.61
SK	06.18	03.78
CaK	16.15	07.90

图5 外表面腐蚀产物成分分析

微观形貌分析表明,腐蚀产物为多元化合物的集合体,随着腐蚀的进行和腐蚀产物的长大,会在杂质汇集处或界面处产生应力集中,特别是有硫化物的存在,致使材料力学性能下降,产物层脱落,会加速腐蚀的发生和生长。微观成分分析表明,内表面主要成分为 C,O,S,Ca 和 Fe,说明腐蚀产物层中有硫化物和 Ca 垢的存在,这就进一步证实了 CO_2 和 H_2S 是影响套管腐蚀的主要因素。

2.1.2 腐蚀形貌统计分析

通过对油管试样进行盐酸处理后,发现局部腐蚀严重(图6和图7),局部腐蚀形态主要以圆形和椭圆形为主。为量化点蚀坑的大小,对油管外壁点腐蚀直径和点腐蚀深度进行测量统计(图8和图9),点腐蚀直径在 0.1~1.5mm 的点数占外壁统计数据的 97.8%,腐蚀以椭圆状点腐蚀为主(图10),部分区域有长条状点腐蚀的现象(图11)。

图6 清洗后油管外壁腐蚀形貌

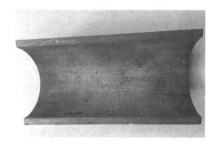

图7 清洗后油管内壁腐蚀形貌

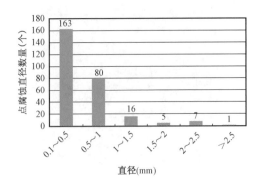

图8 油管外壁点腐蚀直径数据统计

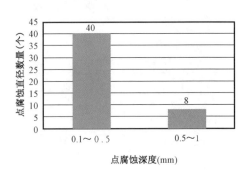

图9 油管外壁点腐蚀深度统计

图10 油管外壁椭圆状点腐蚀照片(20倍)

图11 油管外壁长条状腐蚀(20倍)

对同一油管内壁点腐蚀直径和点腐蚀深度进行测量统计(图12和图13),点腐蚀直径在
0.1~1mm的点数占内壁统计数据的81.5%,腐蚀以点腐蚀为主(图14),部分区域有点蚀连
成片的现象(图15)。对油管剖面分析,统计发现点腐蚀深度在0.1~1.0mm范围内的数量占
统计数据的84%,点腐蚀深度在1mm以上的数量占统计数据的16%。在临近螺纹的外壁位
置点蚀比内壁严重。

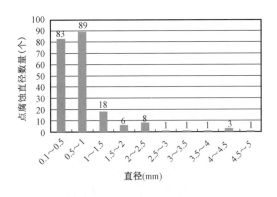

图12 内壁点腐蚀直径数据统计

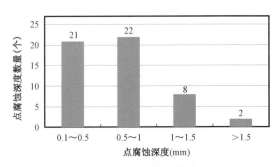

图13 内壁点腐蚀深度统计

图 14　内壁点腐蚀(40 倍)　　　　　　　　图 15　内壁点蚀连成片(40 倍)

2.2　套管柱技术检测

2.2.1　CAST - V 技术检测

2.2.1.1　技术原理

CAST - V 是超声脉冲回波测井仪,有两种工作模式:(1)成像模式,利用超声波的传播和反射特性在套管中进行套管变形、错断、内壁腐蚀等内壁状况检测及射孔孔眼检测,在裸眼井中进行井周裂缝、孔洞检测及薄层探测;(2)套管模式,利用超声波透射和谐振特性进行固井质量评价,对接收的超声信号经过处理后,给出套管内径、壁厚和一界面的胶结情况等。

2.2.1.2　测井仪器技术指标

耐温:175℃;

耐压:130MPa;

适用条件:套管外径 114 ~ 339.4mm,井内流体密度 1.0 ~ 1.6g/cm^3,且不含气体。

2.2.2　检测结果

通过 CAST - V 套管模式和高清成像模式解释结果看出,测量井段套管在 303 ~ 306m 有异常显示(图 16)。其余井段内径、壁厚在正常范围内,射孔井段射孔相位清晰。套管无变形、腐蚀显示。

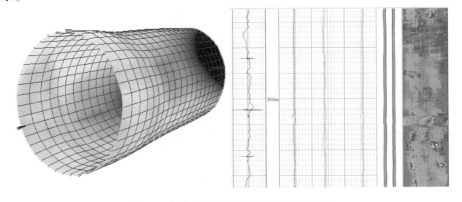

图 16　套管变形井段 CAST - V 测井结果

2.2.3　检测结果综合分析

套管设计外径为 139.7mm,内径为 127.3mm(井段 12 ~ 793.4m) 和 125.73mm(井段 793.4 ~ 892.1m)。依据 CAST - V 测井数据(图 17),在 50 ~ 80m,3230 ~ 430m 和 780 ~ 880m 等井段套管外径均有减小现象;在 50 ~ 320m 和 400 ~ 780m 井段存在内径扩大现象,并且在 50 ~ 320m 井段内径扩大相对严重。

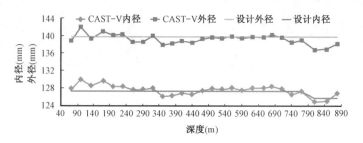

图 17　CAST - V 井径分析

依据测井曲线,对套管剩余壁厚进行分析,确认套管壁厚减薄量(图 18)。

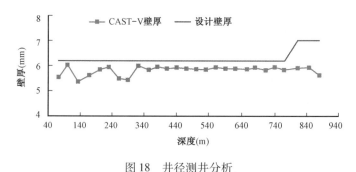

图 18　井径测井分析

3　套管柱剩余强度及安全运行年限

3.1　套管柱剩余强度分析

利用 CAST - V 数据计算套管抗外挤和内压强度,按照 Q/SY 1486—2012《地下储气库套管柱安全评价方法》计算套管柱的抗内压强度和抗外挤强度,最小抗内压强度和最小抗外挤强度风别为 18.06MPa 和 24.1MPa(图 19)。最小抗内压和抗外挤安全系数分别为 2.16 和 2.74,高于标准规定值 1.6(图 20)。目前套管处于安全状态。

3.2　套管柱安全运行年限分析

3.2.1　腐蚀速率分析

套管柱腐蚀分析主要依据剩余壁厚计算腐蚀速率(图 21),在 50 ~ 350m 和 745 ~ 850m 井段腐蚀速率较高,50 ~ 350m 井段腐蚀速率高达 0.062 ~ 0.1160mm/a;在 745 ~ 850m 井段,腐蚀速率为 0.1257 ~ 0.166mm/a。依据标准,属于中度腐蚀范畴。

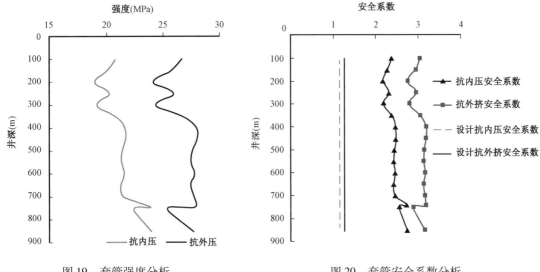

图 19　套管强度分析　　　　　　　　图 20　套管安全系数分析

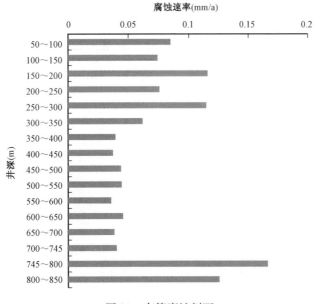

图 21　套管腐蚀剖面

3.2.2　安全使用年限预测

油管外壁腐蚀环境与套管内壁相同,按照统计的油管外壁腐蚀数据对 JS 钢级 ϕ139.7mm × 6.98mm 套管(深度 793.4m)进行分析。

依据 CAST – V 测井数据中的内径、壁厚和外径数据,依据 Q/SY 1486—2012《地下储气库套管柱安全评价方法》标准计算目前 JS 钢级 ϕ139.7mm × 6.98mm 套管的抗内压和抗外挤强度,并推算套管安全使用年限。通过测井数据计算 50 ~ 300m 井段最大折算腐蚀速率为 0.116mm/a;745 ~ 800m 最大折算腐蚀速率为 0.166mm/a。按照 Q/SY 1486—2012《地下储气库套管柱安全评价方法》腐蚀程度分类(表 1),属于中等腐蚀级别。

表1 Q/SY 1486－2012标准腐蚀程度分类

腐蚀性	含碳钢		
	腐蚀速率（mm/a）	耐久度	强度下降（%）
非腐蚀性	<0.01	1～3	0
微腐蚀性	0.01～0.05	4～5	<5
中等腐蚀性	0.05～0.5	6	<10

依据测井数据,50～350m井段和745～850m井段壁厚损失严重(图22),按照当前腐蚀状况计算745～800m井段套管剩余安全使用年限为17.8年。745～800m井段套管剩余安全使用年限均小于其他井段,据此判断套管剩余安全使用年限为17.8年(表2)。

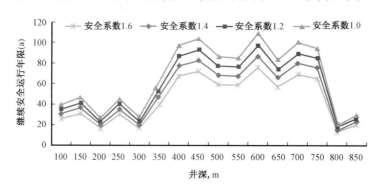

图22 套管继续安全运行年限

表2 安全使用年限预测

套管可靠性	继续运行年限（a）	套管安全系数
安全可靠	<17.8	>1.2
低风险	17.8～20.17	1.2～1.0
高风险	>20.17	<1.0

4 结论与建议

(1)油管微观成分分析表明,内表面主要成分都为C,O,S,Ca和Fe,说明腐蚀产物层中有硫化物和Ca垢的存在,证实了CO_2和H_2S对套管腐蚀的影响。

(2)通过对套管进行MIT和CAST－V测井曲线综合分析,可以判断注采井套管是否变形,并可检测套管的最大半径和最小半径值,为安全评估提供基础数据。

(3)通过测井数据获得套管壁厚,按照Q/SY 1486—2012《地下储气库套管柱安全评价方法》标准计算目前套管目前处于安全状态,剩余安全使用年限为17.8年。

参 考 文 献

[1] Q/SY 1486—2012 地下储气库套管柱安全评价方法[S].
[2] 路民旭. 油气工业的腐蚀与控制[M]. 北京:化学工业出版社,2015:226.

[3] 刘岩,李隽,王云. 气藏储气库注采井井筒监测技术现状及发展方向[J]. 天然气技术与经济,2016,10(1):35-37.

[4] 杜安琪,蒋建勋. 枯竭型油气藏储气库井筒完整性研究综述[J]. 石化技术,2016,23(4):119.

[5] 李国韬,张淑琦. 浅析我国气藏型储气库钻采工程技术的发展方向[J]. 石油科技论坛,2016,35(1):28-31.

作者简介:张永平,副总工程师,教授级高级工程师,博士研究生,现从事采气工艺技术及压裂增产改造技术研究。电话:0459-5960602;E-mail:zhangyongping@ petrochina. com. cn。

苏桥储气库群井筒风险分析与应对策略

丁建东[1]　丁熠然[2]　杨永祥[1]　刘靓雯[1]　潘　众[1]　荣　伟[1]

(1. 中国石油华北油田采油工程研究院;2. 西南石油大学)

摘　要:苏桥储气库群是枯竭油气藏改建而成,改建前地层压力系数仅有 0.18MPa/100m,改建后运行压力从 19MPa 到 48.5MPa,运行温度从 52℃ 到 156℃。如此低的储层压力和大幅度的温度、压力变化,给储气库建设与运行带来极大的挑战。通过对苏桥储气库群井筒的风险分析,阐述了在注采工程设计中应对策略,并提出了从井身结构、井下管柱到井口装置的三级安全保障系统和单井独立控制、井场集中控制、远程统一控制的三级安全控制系统,从注采工程方面保障了苏桥储气库群的建设和运行安全。

关键词:储气库;注采工程;井筒;风险分析;安全控制;安全

苏桥储气库群是枯竭油气藏改建的地下储气库,主要包括苏 1、苏 20、苏 4、苏 49 和顾辛庄 5 个油气藏。储层埋深从 3600m 至 5500m,运行压力从 19MPa 到 48.5MPa[1],是目前世界上储层埋藏最深、运行压力最高的储气库。

1　苏桥储气库群井筒风险分析

地下储气库运行比常规油气藏开发要复杂得多。储气库的运行是一个大排量、快速、交变的注采过程[2]。通常在较短的时间内(一般在 200 天左右)将天然气注入储层,使地层压力恢复到原始或高于原始地层压力,然后又在较短时间内(一般在 120 天左右)将储层内的工作气采出,一般注采周期为一年。年复一年循环注采是储气库井运行的基本特征。本文从注采工程角度分析储气库井在建设和生产运行中井筒存在的风险。

1.1　地质构造风险分析

苏桥地区位于文安斜坡中段,古生界断裂极为发育,北东向主断裂将基底构造层切割成 3 个潜山带和两个地堑带。以苏 4 为例,苏 4 潜山气藏顶面构造四周被断层切割。其中,东、西两侧被北东向断层切割为潜山带,南、北两端被北西向断层切割为断块山头。潜山走向北东 20°~30°,南北长 5.2km,东西宽 2.23km,奥陶系顶面断块面积 11.5km²,闭合幅度 450m(图 1)。潜山构造的封闭性受上覆盖层和断层侧向封堵条件的控制,改建储气库后气藏将反复周期性的注气、采气,其上覆盖层和断层将会受到反复交变载荷作用,断层在交变载荷的作用下存在相对滑移的风险,盖层也存在产生裂缝的风险[3,4]。断层的滑移或盖层的裂缝都会造成井筒的伤害。

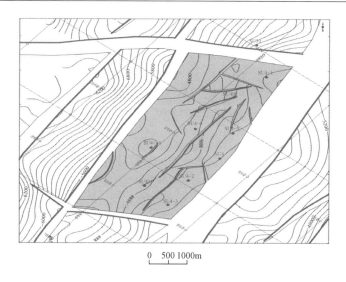

0   500 1000m

图1   苏4储气库顶面构造示意图

1.2   固井质量风险分析

由于建库过程中地层压力较低,给钻井和固井带来巨大的困难。主要表现在4个方面:(1)地层承压能力低,水泥浆密度和施工排量受到限制,水泥浆易漏失和窜槽;(2)地层易垮塌,井径扩大率大,顶替效率低,环空钻井液易形成滞留带,替钻井液过程中发生窜槽,保证固井质量难度大;(3)水泥封固段长,顶底温差大,顶部水泥浆易出现超缓凝现象,强度发展缓慢;(4)水泥环要承受最高49MPa注气压力及交变应力的反复变化,对水泥石的强度、弹韧性及致密性要求高,水泥浆设计难度大[5,6]。

1.3   超深超温超压风险分析

目前,国外已建成的储气库储气层深度一般在1000m至2300m范围内(表1)。而苏桥储气库群平均完井深度一般在5000m左右,最深已达5505m。超深随之带来的是超温和超压,超深超温超压将会给注采井井身结构、注采管柱、注采设备以及注采完井工艺带来一系列的挑战。

表1   苏桥储气库群与国外储气库完井情况对比表

国家	储气库名称	储气层深度(m)	储气层温度(℃)	最高运行压力(MPa)
美国	Zoar 储气库	600	40	7.2
美国	Washingto 储气库	970	52	10
加拿大	Aitken Creek 储气库	1700	79	16.8
法国	TIGF 储气库	500 ~ 900	63	7.5
德国	Bad Lauchstädt 储气库	800	47	12.2
德国	Burggraf – Bernsdorf 储气库	580	43	9.6
英国	Loenhout 储气库	1400	62	15
西班牙	Yela 储气库	2300	85	27
中国	苏桥储气库	5000	156	52

1.4 腐蚀性气体风险分析

苏桥储气库群原始油气藏中含有 2.31% 的 CO_2 气体,属于低含 CO_2 气藏,而注入气中含有 2.37% 的 CO_2 气体。随着注采周期的变化,CO_2 浓度将发生改变,其大小主要由注入气中 CO_2 的浓度决定。随 CO_2 浓度增大,金属腐蚀速率增加,腐蚀加剧。

苏桥储气库群中苏 4 储气库中 H_2S 含量为 32 ~ 59mg/m³,苏 49 储气库中 H_2S 含量为 45.71 ~ 59.34mg/m³,属于低含硫气藏[7]。在注采完井管柱和工具存在着应力腐蚀开裂的危险。

由于苏桥储气库群的地层压力、温度偏高,在生产过程中对完井管柱的腐蚀影响也将加大,若对完井管柱的材质选择不合适,将影响储气库的寿命,也会危及储气库的生产运行安全。

1.5 带水生产风险分析

苏桥储气库群含有底水,在采气中后期会不同程度地出水。地层出水后,当产气量低于气井连续携液气量时,井筒开始积液。当井筒积液达到一定程度时,采气井将被积液压死,无法继续采气[8]。

2 苏桥储气库群注采安全保障策略

鉴于苏桥储气库井筒风险分析,如何建立储气库安全保障体系成为储气库建设的关键。为此,我们提出了以下安全保障策略:

(1)注采完井设计必须保证储气库长期安全生产的要求;

(2)注采完井设计必须满足储气库强注强采的要求;

(3)注采工程设计必须满足保护环境、绿色环保的要求;

(4)井身结构必须满足强注强采的要求,固井水泥浆返到地面,盖层段生产套管的固井质量必须保证 25m 以上连续优质,全井段合格段必须达到 70% 以上;

(5)从完井着手,建立以井身结构、井下管柱和井口控制的三级安全保障系统;

(6)从库群着手,建立以单井独立安全控制、井场集中控制和远程统一控制的三级安全控制系统;

(7)注采管柱必须配置井下封隔器和井下安全阀,井口装置须配置井口安全阀(紧急切断阀);

(8)油层套管与生产油管全部采用气密封螺纹,实现生产过程中的零套压,保证安全生产;

(9)满足地层、井筒及井场周边环境安全、绿色环保的要求。

3 苏桥储气库群注采安全保障体系

3.1 三级安全保障系统

3.1.1 井身结构安全保障

(1)多开井身结构加强井筒安全保障。

苏桥储气库群钻井将穿越多种复杂地层,如浅层水层、松软地层、C - P 复杂岩性地层、低压储层等。为此需要从完井上保证储气库安全,在井身结构设计上采用了多开井身结构。定向井采用 φ177.8mm 套管坐进潜山顶,水平井采用 φ244.5mm 套管坐进潜山顶,均采用四开钻井方案,除筛管井段外要求水泥浆全井段封固。

① 定向井:一开使用 φ660.4mm 钻头,下入 φ508mm 套管;二开使用 φ374.6mm 钻头,下入 φ273.1mm 套管双级固井;三开使用 φ241.3mm 钻头,下入 φ177.8mm 套管固井;四开使用 φ149.2mm 钻头,下入 φ114.3mm 筛管完井[5]。

② 水平井:一开使用 φ660.4mm 钻头,下入 φ508mm 套管;二开使用 φ444.5mm 钻头,下入 φ339.7mm 套管双级固井;三开使用 φ311.2mm 钻头,下入 φ244.5mm 套管双级固井;四开使用 φ241.3mm 钻头,下入 φ168.3mm 筛管 + φ177.8mm 尾管[5]。

(2)承压堵漏平衡压力固井提高固井质量。

由于苏桥储气库建库过程中地层压力较低,大部分井都出现严重漏失现象,若采用全井笼统堵漏,则无法确定具体漏失层位、漏量和深度,堵漏效果不好,取得的承压数据不能准确反应井下真实情况,无法正确指导固井施工。故由全井笼统堵漏改为分段随钻堵漏。

为保证低承压能力下的固井质量,采用了平衡压力固井的方法,即按照水泥浆柱静液柱压力超过承压能力的部分,采用前导低密度钻井液和低密度前置液的办法,来抵消水泥浆柱增加的静液柱压力,保证实现最大水泥浆密度和注替排量,实现平衡压力固井[9](图2)。

(3)高温韧性水泥浆技术提高井筒承受注采交变载荷能力。

储气库井套管及水泥环要承受长期周期性高强度注采,要求水泥石的变形能力大于常规油井水泥,以满足水泥环完整性要求。针对储气库井固井后水泥石需长期承受注采交变应力变化,常规水泥石力学性能难以满足要求的难题,开展了韧性水泥方面的研究,提出了提高水泥石韧性的水泥石增韧机理,研发出韧性水泥体系,并对其力学性能进行了评价,水泥石在保证相对较高强度的同时弹性模量可以降低 20% ~50%,水泥浆综合性能良好[10]。

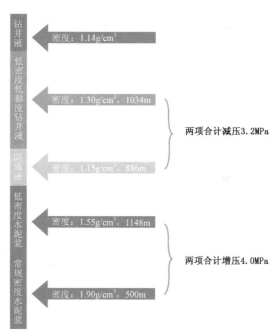

图2 苏桥储气库某井承压平衡压力固井浆柱结构示意图

(4)气密封套管技术是井筒安全的重要保障。

为提高井筒的密封效果,生产套管全部采用气密封套管。气密封套管螺纹在地面连接后全部经过气密封测试,测试无气体漏失为合格。

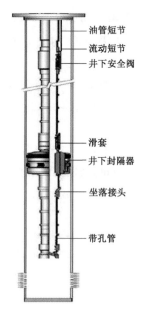

图 3 苏桥储气库群注采
管柱结构示意图

通过承压堵漏平衡压力固井技术、高温韧性水泥浆技术和气密封套管技术保证了苏桥储气库群井井身结构的安全性,从完井技术上形成了第一道安全保障。

3.1.2 井下管柱安全保障

井下管柱是储气库注气采气的重要生产通道,它直接关系到储气库生产运行的安全,也是储气库安全控制的一个重要组成。

井下管柱从结构设计上,首先考虑的是如何保证井筒及地面人员和设备的安全,因此在管柱结构上设计了以井下封隔器+井下安全阀为主体的管柱结构。封隔器从井筒内建立第一道安全屏障,可以阻止气体外泄。井下安全阀从油管内建立起安全屏障,当出现紧急情况时可以从井内进行关断。

3.1.2.1 井下管柱结构设计

管柱结构上设计了以封隔器+井下安全阀为主体的管柱结构,保证了储气库运行中地面一旦出现重大危害时可以从井下阻隔天然气的流出(图 3)。

3.1.2.2 注采管柱受力分析

受力分析是校核注采管柱安全的一个重要方法,通过对储气库运行的各种工况的受力分析,判断注采管柱是否安全[11]。储气库完井作业及运行中管柱受力分析状态主要分为自由状态、坐封状态、注气状态、采气状态和极端状态(如环空保护液漏失,封隔器异常解封,管柱发生损坏等)等,主要工况受力分析如图 4 所示。

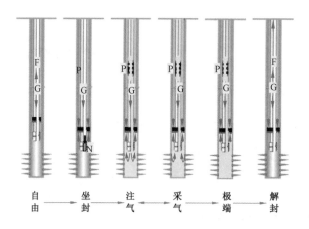

图 4 注采管柱主要工况受力分析示意图

以苏桥储气库群某井为例进行注采管柱受力分析,计算结果见表 2。

表2　注采管柱受力分析计算结果表

工况 / 管柱分析				封隔器位置:4250m　　油管下深:4450m　　油管规格:4½in(壁厚6.88mm)			
				注气初期	注气末期	采气初期	采气末期
受力分析	压力(MPa)	油管	井口	22.7	38.1	30.3	13.3
			井底	27.6	46.5	38.8	20.9
		油套环空	井口	0	0	0	0
			井底	41.5	41.5	41.5	41.5
	温度(℃)	油管	井口	59.5	59.5	109.6	104.3
			井底	87.9	87.9	146.9	146.9
		油套环空	井口	59.5	59.5	109.6	104.3
			井底	87.9	87.9	146.9	146.9
	受力情况(kN)	井口		910.6	1000.7	588.4	519.2
		封上油管		168.8	302.7	−126.3	−236.7
		封隔器		45.1	330.2	−159.7	−413.9
	管柱变形(m)	温度变形量		−0.644	−0.772	2.6	2.478
		鼓胀变形量		−0.178	−0.897	−0.572	0.162
		屈曲变形量		0	0	−0.001	0
		综合变形量		−0.822	−1.619	2.028	2.64
		螺旋弯曲长度		0	0	324	0
	说明:(1)管柱变形"+"表示伸长,"−"表示缩短; 　　　(2)受力分析"+"表示受力向上,"−"表示受力向下。						
强度校核安全系数	抗拉			1.894	1.725	2.851	3.24
	抗内压			3.447	2.057	2.515	5.744
	抗外挤			—	—	—	—
	三轴			2.067	1.775	2.618	3.532
	安全系数最低值			1.894	1.725	2.515	3.24

　　经过受力分析计算得到井口处拉力为1000.7kN,封隔器上部油管受到拉力为302.7kN,封隔器受到拉力为330.2kN;温度效应力导致管柱缩短0.77m,鼓胀效应力导致油管缩短0.9m。三轴应力安全系数为1.775,抗拉安全系数为1.725,均大于1.6,管柱处于安全状态。在注气末期,由于井筒受温度降低等因素的影响,封隔器处受到向上拉力达到330kN。因此推荐采用永久式封隔器。若采用可取式封隔器,建议封隔器的上提解封力至少大于530kN。

3.1.2.3　管柱动力学受力分析

　　针对储气库高速交变注采的特殊工况,根据注采管柱的实际结构和受力特点,建立了注采管柱振动的有限元模型。通过模态分析,研究了带封隔器管柱的固有频率和振型。在模态分析的基础上,对储气库注采管柱进行了瞬态动力学研究,分析了距封隔器不同距离管柱的振动位移、速度和加速度的变化规律。根据不同时刻管柱的轴向力和应力分析,计算得到了注采管柱的动力学安全系数,并开展了注采管柱安全性评价分析。

在模态分析的基础上,对管柱施加产量为 $67 \times 10^4 \mathrm{m}^3/\mathrm{d}$ 的冲击动力载荷,进行瞬态动力学研究,得到距封隔器 10m,50m,150m 和 250m 处管柱的纵向振动位移、速度和加速度随时间的变化关系(图5至图7)。从图5、图6 和图7 可以看出,距封隔器 10m 处管柱的振幅最小,越远离封隔器,管柱的振动位移、速度和加速度越大。

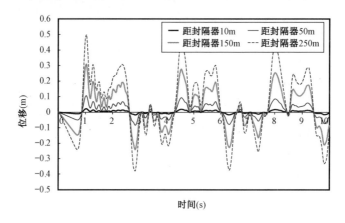

图 5　振动位移随时间变化的对比曲线

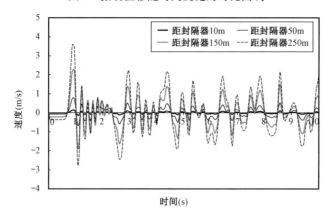

图 6　振动速度随时间变化的对比曲线

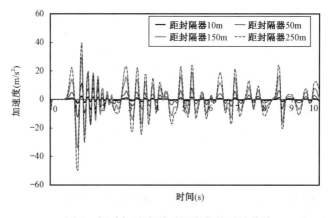

图 7　振动加速度随时间变化的对比曲线

造成这种情况的主要原因是封隔器为固定约束,封隔器处管柱位移为零,因此在油管柱下部,离封隔器越远,管柱的柔度越大,其弹性变形空间也增加。在开始振动的1.5s内,相同位置管柱的振动速度和加速度的波动幅值较大,随后的时间内保持稳定的幅值呈周期性地变化,将使管柱处于交变应力作用下,容易导致低应力水平下的疲劳破坏。

3.1.2.4 管柱气密封性设计

在注采管柱中使用最多的是油管,油管的密封性决定着管柱的密封性。苏桥储气库群注采管柱的油管全部设计为气密封油管螺纹连接,从而更进一步地保障了注采管柱的安全性。

气密封螺纹采用了以下设计方式:

(1)金属对金属过盈配合形式,由圆柱、圆锥和圆弧产生了两点金属密封结构;

(2)螺纹连接处采用了内孔平齐设计,避免了气体涡流的产生;

(3)柱面密封结构可保证高拉伸载荷条件下气密封性能;

(4)优化的螺纹中径和金属密封面过盈量(0.30~0.50mm),保证了接头高抗黏扣性能(图8)。

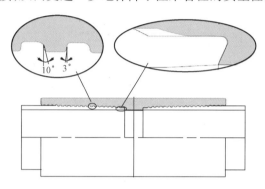

图8 气密封螺纹结构示意图

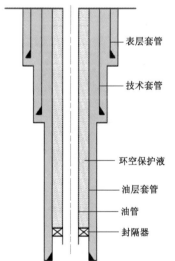

图9 油套管环空保护措施示意图

3.1.2.5 环空保护液

在超深、超高温储气库的井筒中,注采管柱以及封隔器承受着巨大的载荷应力,当封隔器坐封后,需在油管和套管环空填充特制的环空保护液,以减轻油套管接头、封隔器承受的压力,平衡油管和套管之间的压差;同时,带有缓蚀效果的环空保护液也可以抑制油管和套管的腐蚀倾向。

通过对适用于苏桥储气库群的不同类型缓蚀剂采用电极法进行防腐性能评价,采用高温高压静态腐蚀挂片法对不同温度区间范围的环空保护液体系进行评价,对比分析不同分压下环空保护液投入量对腐蚀速率、阻垢率、杀菌率的影响,综合设计评价适用于超深、超高温储气库的环空保护液,对油套管进行安全保护[12,13](图9)。

3.1.2.6 井下紧急关断设计

井下安全阀是井下安全控制的关键设备,安装在距离井口约120m处的注采管柱上,具有防止井喷、截断气体的功能,是储气库注采管柱必不可少的完井工具。井下安全阀的类型有多种,但对于超深、超高温的储气库来说,一般选用自平衡式井下安全阀,当发生意外情况时,它能自动关闭井下安全阀。其工作原理是通过连接至井口的液控管线向液压泵提供液压油,当压力达到能克服弹簧力时,弹簧被压缩,中心管推动闸板使井下安全阀打开;当出现紧急情况时,控制管线内的液压油泄压,弹簧及中心管回到原位,闸板关闭,井下安全阀则关闭,阻止油气通过(图10)。

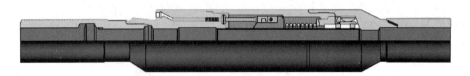

图10　井下紧急关断安全阀结构示意图

3.1.3　井口安全保障系统

3.1.3.1　双翼双阀采气树结构设计

由于苏桥储气库群在注气末期井口运行压力高达42MPa,且含有一定的 H_2S 和 CO_2 等酸性气体,因此,应选用能够承受高温和高压的双翼双阀井口采气树(图11)。

在采气树结构选择时需注意高温高压交变工况的影响,因此提出以下要求:采气树的闸板应采用金属对金属密封;油管头带有钢性密封(即金属对金属);采用套密封装置(即卡瓦上部的橡胶密封、密封环加注密封脂的主密封、金属对金属的钢性密封)。

3.1.3.2　井口安全阀的设计

由于自然环境、地面管道以及人为操作等原因,存在气体泄漏的风险。为及时控制气体泄漏,在气体通过的咽喉部位设置井口安全阀,用于切断泄漏气体。井口安全阀和井下安全阀采取间隔有序执行方式,避免紧急切断给管柱带来的冲击载荷,保护地面及井筒的安全。井口安全阀为自立式结构(图12),保证在没有外部动力驱动的情况下实现关井。

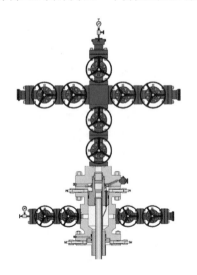

图11　双翼双阀井口采气树结构示意图

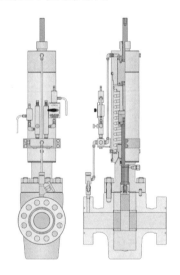

图12　自立式井口安全阀结构示意图

3.1.3.3　输气管线安全保障设计

地面输气管线在生产运行中由于管线腐蚀、管道破裂、管道堵塞、水合物的生成、压缩机故障或其他注采设备故障等原因均会造成管柱失压或超压。当输气管线破损泄漏时如果不将管线内气体阻断,将会有大量高压气体泄漏;当输气管线内有杂质或水合物生成,会堵塞管线造成升压,如果不加以控制,管线内的压力会不断升高,直至损毁注采设备或管线;当注采设备发生故障时,也可能造成输气管线升压或失压。因此需要对管线运行压力进行监测和控制。

为此,我们在输气管的井口处设计了一套地面输气管线安全保障系统,它由地面安全阀、输气管线高低压导阀和控制装置组成(图13)。在输气管线上安装一组高低压导阀,当输气管线处于正常压力范围时高压传导阀、低压传导阀均处于关闭状态;当输气管线超出正常压力上限时,高压导阀工作,液控管线泄压,地面自立式安全阀关闭,阻断输气管线供气;当输气管线低于正常压力下限时,低压导阀工作,液控管线泄压,地面自立式安全阀关闭,阻断输气管线供气。

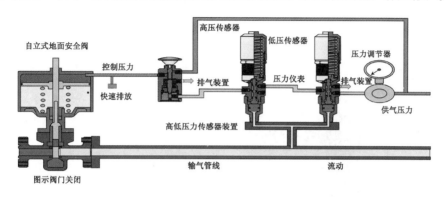

图13　地面输气管线安全控制装置示意图

3.2　三级安全控制系统

根据储气库生产运行特点、风险分析、设备功能、管理需求、操作方法以及操作顺序等,在安全控制系统中设计了单井独立控制、井场集中控制、远程统一控制的三级控制体系(图14)。

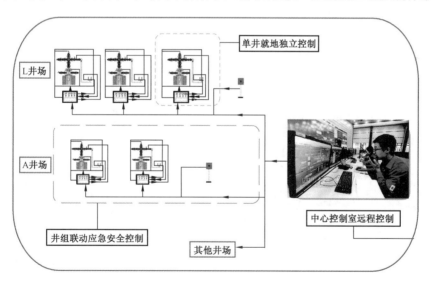

图14　三级安全控制系统设计示意图

3.2.1　一级安全控制系统

第一级安全控制系统为单井就地独立控制,单井独立控制的主要目的是控制单井关井时而不与其他井发生联动反应,如在修井或维护作业时,可通过人工操作该系统的地面控制盘,关闭或打开单井气体流动通道。在出现紧急情况时,则按控制系统要求进行紧急切断。

第一级安全控制系统主要包括对易熔塞、井口安全阀、高低压传感器、井下安全阀的控制,通过安装在井口的地面控制盘实现。地面控制盘以液压系统和控制部件为依托对各部分进行及时、有序的关断控制。在井上或井下出现异常情况时,如生产过程中管线出现压力突然增高,或突然出现泄漏等情况,井场出现不可控制的火情等局面时,地面控制盘会自动监测并关闭安全阀,防止事故的进一步扩大和蔓延,对现场人员、环境和生产设施起到了安全保护的作用(图15和图16)。

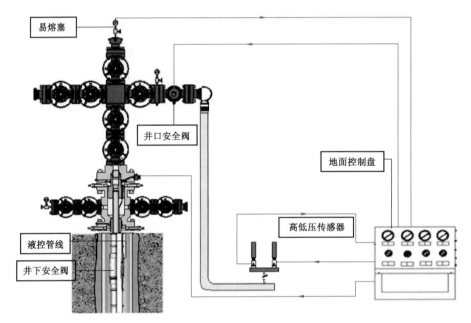

图15　单井独立控制系统示意图

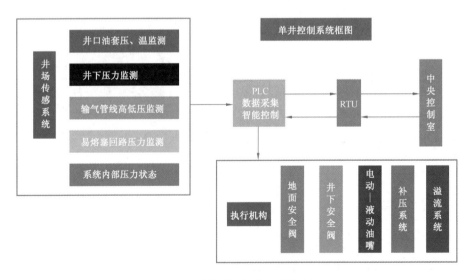

图16　单井独立控制系统框图

3.2.2 二级安全控制系统

第二级安全控制系统为井场集中联动应急安全控制。当井场某口井或位置发生爆炸、火灾或井喷等事故时,需要把井场内的全部井关闭。一般设置在人员撤离井场的最后位置,如井场逃生处,设计采用一键关闭功能,通过一键操作切断井场内全部井的生产通道,阻止气体泄漏(图17)。

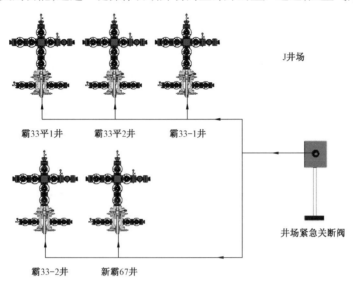

图 17　井场集中控制系统示意图

3.2.3 三级安全控制系统

第三级安全控制系统为远程统一控制。远程统一控制是储气库运转的统一调令,它根据生产实际需要进行决策。远程控制一般设置在中心控制室,可全面监控井场的注采情况。在单井或多井作业、井场火灾等事故发生时,均可在中心控制室进行人工操作。中心控制室不仅可操作单井或多井的关断,同时具有独立的紧急集中关断装置,在井场发生不可控制或需要全部关井时,可一键操作实现全部关断(图18)。

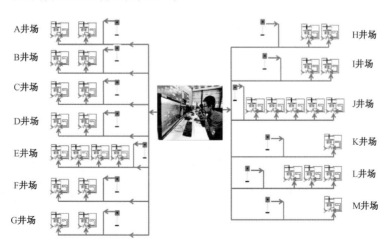

图 18　远程统一控制系统示意图

4 结论

(1)通过对苏桥储气库群井筒风险分析,从注采工程方面提出了井筒安全保障策略。

(2)在井身结构设计中提出了多开井身结构、承压堵漏平衡压力固井、高温韧性水泥浆以及气密封油套管等多项技术,从源头上保证满足储气库强注强采的要求。

(3)在井下管柱设计中提出了以封隔器＋井下安全阀为主体的管柱结构设计,并通过管柱受力分析、管柱动力学分析评价了管柱的安全性。

(4)在井口装置设计中提出了双翼双阀采气树结构设计、自立式紧急关断设计、地面输气管线突发事故紧急关断设计。

(5)系统阐述了苏桥储气库群从地层到地面生产过程的安全保障方法,最后提出了单井独立控制、井场集中控制、远程统一控制三级安全控制系统。

参 考 文 献

[1] 李建中,李奇. 油气藏型地下储气库建库相关技术[J]. 天然气工业,2013,33(10):100－103.
[2] 杨琴,余清秀,银小兵,等. 枯竭气藏型地下储气库工程安全风险与预防控制措施探讨[J]. 石油与天然气化工,2011,40(4):410－412.
[3] 闫爱华,孟庆春,林建品,等. 苏4潜山储气库密封性评价研究[J]. 长江大学学报. 自然科学版,2013,10(16):48－50.
[4] 苏立萍,罗平,胡社荣. 苏桥潜山带奥陶系碳酸盐岩储集层研究[J]. 石油勘探与开发,2003,30(6):54－57.
[5] 钟福海,刘硕琼,徐明,等. 苏桥深潜山枯竭油气藏储气库固井技术[J]. 钻井液与完井液,2014,31(1):64－67.
[6] 袁光杰,杨长来,王斌,等. 国内地下储气库钻完井技术现状分析[J]. 天然气工业,2013,33(2):61－64.
[7] 张卫兵,刘欣,王新华,等. 苏桥储气库群高压、高温介质管道腐蚀控制措施[J]. 科技资讯,2012(2):120－122.
[8] 丁建东,王志彬,李颖川,等. 苏桥储气库生产井井下节流技术合理气水比研究[J]. 石油钻采工艺,2012,34(1):78－81.
[9] 崔世岩,付明顺,张志强,等. 华北苏桥潜山储气库苏4－10X尾管固井技术[J]. 中国石油和化工标准与质量,2011,31(12):172－173.
[10] 钟福海,钟德华. 苏桥深潜山储气库固井难点及对策[J]. 石油钻采工艺,2012,34(5):118－121.
[11] 王云. 交变载荷对苏4储气库注采管柱安全性影响研究[J]. 石油钻采工艺,2016,36(3):40－42.
[12] 谈士海,周正平,钟辉高,等. 黄桥气田 CO_2 腐蚀现状及完井选材评价研究[J]. 天然气工业,2012,27(1):105－107.
[13] 李碧曦,易俊,张鹏,等. 储气库注采管柱腐蚀规律及保护措施[J]. 油气田地面工程,2015,34(10):27－29.

作者简介:丁建东,高级工程师,华北油田公司储气库设计二级技术专家,现主要从事储气库研究和设计工作。联系电话:(0317)2756317;E－mail:cyy_dingjd@ petrochina. com. cn。

储气库井注采管柱振动初步分析

李华彦[1]　丁建东[1]　李立健[2]　刘靓雯[1]　潘　众[1]

荣　伟[1]　马纪翔[1]　吴应德[1]　顾庆东[1]　王晋秀[1]

（1. 中国石油华北油田采油工程研究院；2. 中国石油华北油田勘探开发研究院）

摘　要：储气库井工作环境特殊复杂，高强度注采气会激发注采管柱振动，注采管柱振动强度较大时可能会产生螺纹松动、封隔器失效、管柱疲劳、管柱断裂等问题，严重时会致使注采管柱疲劳失效，造成井下事故。通过调研前人对管柱振动研究的文献，主要从储气库井特点、注采管柱振动简介及危害、诱发管柱振动因素分析以及注采管柱振动特性分析等方面论述了管柱振动的研究现状，并提出储气库井注采管柱振动研究存在的问题和今后研究的重点。

关键词：储气库井；注采管柱；振动诱因；振动特性分析

注采管柱是储气库井安全注气、采气的重要通道，大排量、强注强采、多交变周期[1]的苛刻工作环境，使得注采管柱始终处于一个复杂的动力环境[2]，注采管柱承受的注气采气压力波动范围较大，可以从 13MPa 变化到 42MPa[3]。由于天然气在管柱中的不稳定流状态，诱发注采管柱与管内流体一起耦合振动[4]，随着气井工作年限的增加，加之储气库井长期受注气采气循环交替周期的影响，注采管柱功能逐年降低，而且井下复杂的工况以及腐蚀的环境，导致注采管柱弯曲变形，增加了注采管柱失效的概率，严重制约着储气库井安全平稳的运行，并且直接威胁着周边人们的生命财产安全[5]。通过大量的调研分析[6-8]，高产高速气流、流体组分、地层压力温度以及油管柱尺寸都能引起管柱振动，而注采管柱振动达到一定程度就会引起管柱失效。据统计，油管柱失效事故造成的经济损失高达 6.62 亿元[9]，而油管柱失效事故中有 87% 以上都是油管柱断落井中，而此类事故大都与管柱振动有关[10]。由此可见，油管柱振动是导致油管柱失效的重要原因，开展储气库井注采管柱振动分析对保障储气库井安全与稳定供气有着重要意义。

1　储气库井特点

天然气地下储气库具有存储量大、安全可靠、运行成本低和调节范围宽等优点，目前已经成为国内外存储和调配天然气的重要手段[11-13]，是大型输气管网系统不可缺少的配套部分[14]。与常规油气藏开发井相比，储气库注采井存在明显区别[15]。对储气库井的设计一般为注采合一，也就是说储气库井既是注气井又是采气井，具有双重功能[16,17]，并且在一个储气库的整个服役期间需经历无数次的注气、采气的循环交替过程，这就使得储气库井长期承受着注气采气交变载荷的变化，尤其是轴向交变载荷会导致管柱疲劳断裂的发生[18,19]。由于储气库注采井具有大排量、强注强采、多周期生产[1]的运行特点，这就对储气库注采井气密封性、安全性能以及注采管柱的服役年限有了更高的要求,而储气库井注采管柱的振动会降低管柱气密封性,缩短注采管柱的使用寿命,加剧了注采管柱失效的概率,因此,开展储气库井注采管柱振动分析是保障储气库安全运行的关键之举。

2 注采管柱振动及其危害

管柱振动是指管柱受到某种力的激振作用而产生的振动,是典型的机械振动。按对管柱的激励类型,振动可以分为自由振动、受迫振动和自激振动等。管柱的振动主要是外部激振力影响以及管柱内流体转化为振动激励而产生的振动。注采管柱在井下的振动形式可以分为纵向振动和横向振动,这两种振动往往同时出现在储气库井注采过程中。

由于储气库井要求的特殊性,注采管柱在高温高压、轴力和内外压力的作用下容易导致管柱弯曲变形,特别是注采管柱内高速流动的气体以及注采交变载荷的作用会导致注采管柱产生振动,当外部激振力诱发注采管柱振动的频率与注采管柱某阶固有频率接近时,将会产生严重的共振现象,会对注采管柱、封隔器、气密封螺纹等井下重要部件产生严重的破坏,严重制约着储气库井安全平稳的运行。注采管柱振动对注采管柱的损害通常有4种表现形式:

(1)螺纹松扣。储气库井下注采管柱的连接是通过螺纹,螺纹是整个注采管柱系统中的关键环节也是最脆弱的部分,尽管储气库井采用的是气密封螺纹,但长期往复的振动会使得注采管柱螺纹处出现松扣,严重影响注采管柱的密封性能,国内一些储气库甚至出现了泄漏问题[3]。

(2)封隔器失效。井下复杂的工况、腐蚀的环境,加之注采周期的频繁交替产生的交变载荷,诱发管柱振动,将会导致封隔器胶筒磨损、腐蚀,长时间会使封隔器失效。

(3)管柱疲劳。储气库井长期受注气采气循环交替周期的影响,注采管柱所受的交变载荷虽然没有达到管柱的极限强度,但长时间的作用,就会降低管柱的承受载荷的能力,减少气井管柱的使用年限,当注采管柱振动达到一定程度,管柱就会在所受应变力低于管柱弹性极限的情况下产生疲劳破坏,加剧了注采管柱的损坏。

(4)管柱断裂。井下复杂的工况、腐蚀的环境,加之注采周期的频繁交替产生的交变载荷,诱发注采管柱产生振动,当外部激振力诱发注采管柱振动的频率与注采管柱某阶固有频率接近时,注采管柱将会产生严重的振动,从而诱发注采管柱断裂,这将会严重影响储气库井安全平稳的运行,并且直接威胁着周边人们的生命财产安全[13]。

3 诱发注采管柱振动的因素分析

由于储气库井工作环境的特殊性,高速流动的气体在流经管柱弯曲部位时会产生漩涡,从而对注采管柱产生激振力,引起管柱振动。同时,注采气产量的变化、复杂的工况以及地层压力的变化都是诱发注采管柱振动的重要因素。

3.1 流固耦合因素

储气库井注采管柱内高速流动的气体由于受到温度和压力等因素的影响,易产生不稳定流动状态,导致注采管柱振动,而管柱的振动又会对不稳定的流体给予反馈,进一步引起流体流动特性的改变,从而诱发流体和管柱的耦合振动。

3.2 注采气量变化

储气库井注采管柱内高强度下的注采气量造成短时间内产量变化很大,当产量发生变化时,油管柱内压力产生波动,从而导致天然气振荡,而且注采气量巨大的变化会产生速度脉动,由此对天然气产生的激振非常剧烈,在极大程度上影响了管柱动力学特性。

3.3 天然气流速变化

储气库注采管柱内流体流速的变化会产生速度脉动,从而引起管柱振动,当天然气流速超过临界流速后,管柱结构变得不稳定,使封隔器失封、管柱连接螺纹松扣甚至疲劳断裂,从而导致注采管柱结构破坏。

3.4 压力扩散

储气库井在应急调峰或紧急供气情况下,储气库井需要在短时间内完成大容量的注气和采气过程,此时,井口压力和井底压力差的急剧变化导致天然气对注采管柱产生强大的气压冲击力,而且这种高速状态下的天然气产生的冲击力将会引起注采管柱剧烈振动,导致注采管柱、封隔器以及井下密封装置产生不可逆的破坏。

3.5 管柱弯曲

储气库注采管柱随着生产年限的增加,同时受到温度和压力等因素的影响,管柱会产生弯曲,当天然气流经注采管柱弯曲段时,在弯曲段同一截面天然气流动方向就会产生变化,天然气流速各方向异性就会导致弯曲部位的漩涡产生,从而使注采管柱产生振动。

3.6 管柱屈曲

管柱屈曲是由于储气库井运行过程中受到不匀冲击力作用而产生的管柱变形弯曲现象,一般分为两种:正弦弯曲和空间螺旋弯曲。管柱屈曲也是诱发管柱振动的重要原因,目前,对屈曲诱发管柱振动的研究很少。

4 注采管柱振动特性分析

通过调研发现,目前对管柱振动模型建立一般分为管柱纵向振动模型的建立和横向振动模型的建立。注采管柱纵向振动模型建立大都采用美国学者 F. Kreisle 提出的经典波动方程,在此基础上,各国学者结合管柱振动自身特点,考虑其他影响因素如轴向激振力[2]、液动压力[20]等建立管柱纵向振动模型。管柱横向振动模型是利用汉密尔顿基本原理,考虑流体流速等,分析不同参数如不同压力、阻尼对振动的影响。不论是注采管柱纵向振动模型还是横向振动模型,大都是在理想条件下建立的理论模型,用于工程上分析的模型几乎没有,模型建立过程中考虑流固耦合因素的很少,其中,王宇等建立了考虑瞬变流诱发管柱振动的流固耦合数学模型[4];刘金川[21]等所建立的管柱振动模型考虑了流体惯性力对管柱振动的影响,也反映了流体与管柱的流固耦合振动。对于求解管柱振动模型的特征值方法一般采用向量迭代法中的子空间迭代法和 Lanczos 法,进而分析在外部动载荷的激振下,管柱的动力响应特点,找出其变化规律。

实验作为管柱振动特性分析的有效手段,由于储气库井的特殊性和井下工况的复杂性,目前还没有较理想的实验条件和实验装置,2015 年闫怡飞等[22]研究了储气库井注采管柱 N80 材料疲劳可靠性试验,提出一种预估材料疲劳寿命极限的方法。

现阶段对于管柱振动特性的分析仍处于初步尝试阶段,模拟储气库受井下动载荷影响的注采管柱振动实验目前还没有开展,至今还没有形成成熟的理论和实验研究,因此,储气库井注采管柱振动实验方面的研究将成为今后研究的一个趋势。

5 问题与建议

储气库井注采管柱作为连通地面与储气库的重要通道,它的安全运行对于储气库生产至关重要。目前注采管柱振动方面的研究大多是针对油井,气井的很少,建立的振动模型大多考虑的振动因素只是井深的函数,与时间无关,对流体不稳定流动引起的管柱动态响应考虑的较少,对于储气库井注采管柱振动特性实验方面的研究几乎还没有开展,不论是理论分析还是实验研究方面都没有形成统一成熟的方法。在今后的研究中,应加强注采管柱动态响应方面的分析,了解注采管柱在动载荷的作用下管柱振动速度、加速度等随时间的变化规律,指导储气库井下生产;在实验条件和实验方法上还需做出一定的突破,开展管柱振动模拟实验,获得不同工况下不同产量的天然气在注采管柱内产生激振的规律,找出与管柱振动相关的参数,回归修正注采管柱振动模型,为储气库安全有效运行提出合理化建议。

参 考 文 献

[1] 丁国生. 枯竭气藏改建储气库需要关注的几个关键问题[J]. 天然气工业,2011,31(5):87-89.

[2] 巨全利,仝少凯. 高产气井完井管柱纵向振动特性分析[J]. 钻采工艺,2014,37(2):79-82.

[3] 王建军. 地下储气库注采管柱密封试验研究[J]. 石油机械,2014,42(11):170-173.

[4] 王宇,樊洪海,张丽萍,等. 高压气井完井管柱系统的轴向流固耦合振动研究[J]. 振动与冲击,2011,30(6):202-207.

[5] 李碧曦,易俊,黄泽贵,等. 枯竭油气藏储气库注采管柱疲劳寿命预测[J]. 中国安全生产科学技术,2015,11(12):105-109.

[6] 刘磊. 高产气井完井管柱动力学分析及安全评价与控制技术研究[D]. 西安:西安石油大学,2011.

[7] 邓元洲. 高产气井油管柱振动机理分析及疲劳寿命预测[D]. 成都:西南石油大学,2006.

[8] 乐彬. 水平井高产气井油管柱振动力学研究[D]. 成都:西南石油大学,2009.

[9] 黄桢. 油管柱振动机理研究与动力响应分析[D]. 成都:西南石油大学,2005.

[10] 黄桢,等. 天然气井油管柱疲劳寿命预测[M]. 重庆:重庆大学出版社,2012.

[11] 闫相祯,王同涛,等. 地下储气库围岩力学分析与安全评价[M]. 北京:中国石油大学出版社,2012,113-115.

[12] Mohanty S,Vandergrift T. Long Term Stability Evaluation of an Old Underground Gas Storage Cavern using Unique Numerical Methods[J]. Tunneling and Underground Space Technology,2012(30):145-154.

[13] Danel R,Otte L,et al. Monitoring and Balance of Gas Flow in Underground Gas Storage[J]. Procedia Earth and Planetary Science,2013(6):485-491.

[14] American Gas Association. Survey of Underground Storage of Natural Gas in the United States and Canada [R]. Arlington,USA:American Gas Association,1996.

［15］李建中,徐定宇,李春.利用枯竭油气藏建设地下储气库工程的配套技术［J］.天然气工业,2009,29(9):97 –99.

［16］华爱刚,李建中,卢从生.天然气地下储气库［M］.北京:石油工业出版社,1999.

［17］马小明,余贝贝,马东博,等.砂岩枯竭型气藏改建地下储气库方案设计配套技术［J］.天然气工业,2010,3(08):67 –71.

［18］Huang X L,Xiong J. Numerical Simulation of Gas Leakage in Bedded Salt Rock Storage Cavern［C］. Procedia engineering,2011:254 –259.

［19］Committeeon Fatigue and Fracture Reliability of the Committee on Structural Safety and Reliability of the Structural Division. Fatigue Reliability:Introduction ［J］. Proceedings of ASCE,1982,108(STl):2 –23.

［20］蔡亚西,李黔,黄桢.油管柱固液耦合振动分析［J］.天然气工业,1998,18(3):54 –56.

［21］刘金川.深井完井管柱振动特性分析及实验研究［D］.西安:西安石油大学,2015.

［22］闫怡飞,邵兵,田炜,等.储气库注采管柱疲劳可靠性多级加速载荷试验研究［J］.中国测试,2015,41(2):110 –114.

作者简介:李华彦,女,硕士,现从事储气库研究工作。联系电话:0317 – 2756404;E – mail:cyy_lhy@ petrochina. com. cn。

水淹枯竭气藏型储气库注采运行规律研究

——以苏4储气库为例

席增强　刘团辉　尚翠娟　郭发军　孟祥杰

（中国石油华北油田勘探开发研究院）

摘　要：水淹枯竭气藏型储气库扩容达产周期长，研究多周期注采运行规律对合理配产配注具有重要指导意义。以苏4水淹枯竭气藏型储气库为例，通过跟踪储气库建设实施进展，分析储气库注采状况、压力变化、气水界面变化，评价储气库注采运行效果，结合室内实验和数值模拟成果，总结了水淹枯竭气藏型储气库多周期注采运行规律。在确定储气库合理注采气能力的前提下，结合储气库物质平衡方程和产能方程，优化2017—2018周期配产配注运行方案。

关键词：水淹枯竭气藏；储气库；注采运行；配产配注优化

大港储气库群已运行10多年，从运行动态分析结果来看，除封闭型大张坨地下储气库已达到设计工作量外[1]，其余5座水淹枯竭气藏型储气库均远未达到设计工作气量，还处于不断扩容阶段。上述表明，水淹枯竭气藏型储气库扩容效率较低，扩容达到设计工作气量需要较长周期[2]。水淹枯竭气藏型地下储气库一般会经历快速扩容期、稳定扩容期和扩容停止期3个阶段。

快速扩容期：气体沿孔喉发育带突进，气水前缘推进迅速，库容量和含气孔隙体积增幅大。

稳定扩容期：气水前缘推进速度减慢，井网控制范围内气驱波及效果进一步改善，库容量和含气孔隙体积稳定提高。

扩容停止期：气水前缘推进基本终止，井网控制范围内气饱和度变化不大，气库进入稳定注采阶段。

在建的苏桥储气库群除苏20外其余均属于水淹枯竭气藏型储气库，气库扩容效率较低，扩容达到设计工作气量需要较长周期。本文以苏4储气库为例进行水淹枯竭气藏型储气库注采运行规律研究。

1　苏4潜山气藏概况

苏4潜山气藏位于河北省霸县信安镇境内，距离陕京二线约16km。苏4潜山气藏产气层位为奥陶系的峰峰组和上马家沟组，平均气层中部深度4700m，原始地层压力47.9MPa。

苏4潜山气藏改建储气库前完钻井9口。2010年7月测得地层压力27.21MPa，处于开发中后期带水生产阶段。2011年3月关井前日产气$47.86 \times 10^4 m^3$，日产油75.94t，日产水$286.99m^3$，累计产气$19.13 \times 10^8 m^3$。苏4潜山气藏停产后即进入储气库建设阶段。

2　苏4储气库建库设计方案

（1）推荐运行方案指标。

有效库容$35 \times 10^8 m^3$，工作气规模$12.1 \times 10^8 m^3$，垫气量$22.9 \times 10^8 m^3$。

单井日注气 $40 \times 10^4 \sim 122 \times 10^4 m^3$,储气库日注气 $605 \times 10^4 m^3$;注气末地层压力 48MPa, 井口压力 $38 \sim 39.5$MPa(表1)。

表1 苏4储气库建库方案注气指标预测表

阶段	指标	水平井	直井
注气初	气垫气百分比(%)	65	
	剩余气量($10^4 m^3$)	229000	
	地层压(MPa)	28	
注气期间	单井日注气量($10^4 m^3$)	122	40
	注气井数(口)	3	6
	总日注气量($10^4 m^3$)	605	
	注气时间(d)	200	
	累计注气量($10^4 m^3$)	121000	
注气末	剩余气量($10^4 m^3$)	350000	
	剩余气量占库容百分比(%)	100	
	地层压力(MPa)	48	
	井底流压(MPa)	50.3	50.2
	井口压力(MPa)	39.5	38.0

单井日采气 $40 \times 10^4 \sim 193 \times 10^4 m^3$,储气库平均日采气 $1008 \times 10^4 m^3$;采气末期地层压力 28MPa 左右,井口压力为 $13.7 \sim 16.4$MPa(表2)。

表2 苏4储气库建库方案采气指标预测表

阶段	指标	水平井	直井	老井
采气初	单井日产气量($10^4 m^3$)	193	80	
	采气井数(口)	3	6	3
	总日产气量($10^4 m^3$)	1300		
	采气时间(d)	30		
	工作气量($10^4 m^3$)	39000		
	地层压力(MPa)	42.2		
	井底流压(MPa)	36.7	34.5	
	井口压力(MPa)	25.7	25.5	19.3
采气中前期	单井日产气量($10^4 m^3$)	163	68	
	采气井数(口)	3	6	3
	总日产气量($10^4 m^3$)	1100		
	采气时间(d)	30		
	工作气量($10^4 m^3$)	33000		
	地层压力(MPa)	36.2		
	井底流压(MPa)	31.2	29.0	
	井口压力(MPa)	23.2	21.3	16.2

续表

阶段	指标	水平井	直井	老井
采气中后期	单井日产气量(10^4m^3)	135	55	
	采气井数(口)	3	6	3
	总日产气量(10^4m^3)	900		
	采气时间(d)	30		
	工作气量(10^4m^3)	27000		
	地层压力(MPa)	31.3		
	井底流压(MPa)	26.8	25.2	
	井口压力(MPa)	19.9	18.2	14.5
采气末	单井日产气量(10^4m^3)	113	40	
	采气时间(口)	3	6	3
	总日产气量(10^4m^3)	700		
	采气时间(d)	30		
	工作气量(10^4m^3)	21000		
	剩余气量(10^4m^3)	229000		
	工作气比例(%)	35.0		
	地层压力(MPa)	28.0		
	井底流压(MPa)	24.1	23.8	
	井口压力(MPa)	15.7	16.4	13.7

(2)钻井部署。

在苏4潜山构造的有利部位部署水平井3口,定向井6口,井距为400~600m(图1)。安排工作井9口,全部为新钻井,同时利用老井3口采气。

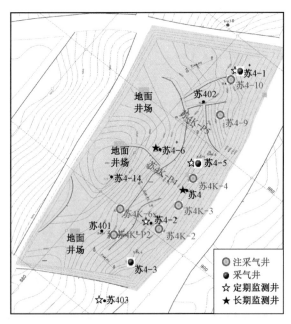

图1　苏4潜山改建地下储气库井位部署图

（3）建库周期。

综合考虑多方面因素确定合理建库周期为 7 年。

（4）监测井。

为了进一步了解储气库运行过程中的动态变化，在老井修复的基础上，在构造的不同部位分别选择 6 口井作为监测井，进行相应的地层压力监测。

3 储气库注采运行动态分析

3.1 注采状况分析

3.1.1 气库注采概况

2013 年 12 月 30 日储气库投产。截至 2016 年 8 月，已完成 2 周期注气，2016—2017 周期注气尚在进行中；最大日注气量 $238 \times 10^4 m^3$，最大日采气量 $71 \times 10^4 m^3$；累计注气 $75159 \times 10^4 m^3$，采气 $8216 \times 10^4 m^3$；库存量 $29.07 \times 10^8 m^3$，达容率 83.05%（表 3）。

2016 - 2017 周期于 2016 年 3 月 30 日开井，投注井 6 口，日均注气 $198 \times 10^4 m^3$，累计注气 $2.93 \times 10^8 m^3$（苏 4K - 6X 井一直未投产注气，苏 4K - 4X 井 2016.8.10 开始投产注气），6 口井的实际日注气量均比设计高。

经过 3 个注气周期，预测苏 4 储气库 2016 年注气末工作气量 $7.24 \times 10^8 m^3$。

表 3　苏 4 储气库多周期注采运行表

周期	阶段注气量（$10^8 m^3$）	阶段采气量（$10^8 m^3$）
2013—2014		0.3199
2014—2015	1.7104	
2015—2016	2.8741	0.5017
2016—2017	2.9314	
合计	7.5159	0.8216

3.1.2 单井注采特征

位于构造北部的苏 4 - 9X 和苏 4 - 10X 井最先注气，其次为位于构造中部的苏 4K - P4，位于构造南部的苏 4K - 2X、苏 4K - 3X 和新苏 4K - P2 注气较晚。截至 2016 年 8 月，苏 4 - 10X 的累计注气量和采气量最高，与苏 4 - 9X 相比其控制面积应该更小，单井控制储量更大。苏 4K - P4 比苏 4 - 9X 投注时间晚，但累计注采气量均已超过苏 4 - 9X。

2014 年 4 月 12 日至 2014 年 8 月 8 日，苏 4K - 4X 井生产情况显示，随着单井日产气量上升，油压下降，关井前日产气量逐渐降低，油压也呈降低趋势（图 2）。测压数据显示，采气前（2013 年 12 月 16 日）压力为 27.94MPa，采气后（2014 年 8 月 6 日）压力为 28.2MPa，说明苏 4K - 4X 井在此期间采气生产受到苏 4 - 9X 和苏 4 - 10X 井注气干扰，反映储层北部和中部平面连通性好。

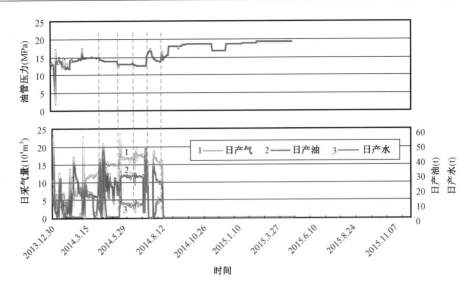

图2 苏4K-4X单井日产量与油压变化曲线图

3.2 压力变化分析

由于地面工程原因,平面上注气井投注不均衡,导致气库不同区域地层压力变化不一。北部地层压力上升快,南部上升慢,南北地层压差呈北大南小的特征。

平均地层压力持续上升,由建库前27.4MPa上升至目前35.68MPa,压力系数为0.76(图3)。2014—2015周期注气$1.71 \times 10^8 m^3$,地层压力上升1.6MPa,单位压升注气量$1.06 \times 10^8 m^3/MPa$;2015—2016周期注气$2.87 \times 10^8 m^3$,地层压力上升3.6MPa,单位压升注气量$0.79 \times 10^8 m^3/MPa$;2016—2017周期注气$4.70 \times 10^8 m^3$,地层压力上升5.7MPa,单位压升注气量$0.82 \times 10^8 m^3/MPa$。

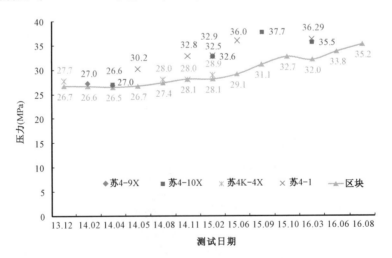

图3 苏4储气库压力运行曲线图

单位压升注气量呈现先高、再低、再升高的趋势。分析认为2014—2015周期,在注气的同时,苏4K-4X井一直开井采气,使注入气体的扩散效果好;2015—2016周期单位压升注气量降低是因为 2015—2016 周期投产的注气井和第一周期相同,但没有采气井投产,注入气体的扩散效果不如 2014—2015 周期;2016—2017 周期单位压升注气量再次上升是投产的注气井数变成 6 口,注入气体的扩散效果变好。

3.3 注采效果评价

3.3.1 储层平面连通,注采扩散效果好

从多周期压力变化来看,由于地面工程原因,平面上注气井投注不均衡,经过一个周期注气,气库南北部地层压差变大,但经过短暂的平衡期之后,气库南北部地层压差缩小,反映气库平面连通,压力自北向南扩散良好。

前已分析的单位压升注气量和苏 4K – 4X 井采气后压力上升也反映出储层平面连通,注采扩散效果好。

3.3.2 储层伤害逐渐解除,储层物性逐渐改善

苏 4 储气库进行了 3 次压降测试。测试资料显示在储气库高速注采情况下,储层物性明显改善(表 4)。

表 4 苏 4 – 10X 井 3 次测试解释参数表

时间	模型	渗透率(mD)	表皮系数	复合半径(m)
2014.11	径向复合	27.5	22.3	144
2015.9	均质	30.20	– 7.52	—
2016.3	径向复合	30.99	– 10.86	135

3.3.3 气库产水量低,受水侵影响程度低

气库自投产以来,累计产水 3652.65 m^3,含水率随多周期注采运行整体呈下降趋势,2015—2016 周期采气阶段平均综合含水率为 2%。

3.3.4 气库密封性良好

对盖层监测井苏 4 – 6、苏 402 井进行了压力测试,对比 3 次测试结果没有明显变化(图 4),表明盖层密封性良好。

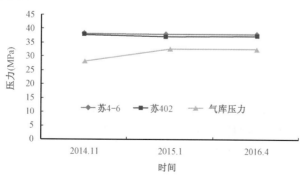

图 4 苏 4 储气库盖层与气库压力变化曲线图

3.4 注采运行规律

水侵气藏型储气库建库前边底水侵入气藏内部,纵向上地层流体分布一般形成建库前纯气带、气驱水纯气带、气水过渡带和水淹带。苏4气藏属典型的水淹枯竭气藏型储气库,由于其建库下限压力与开采结束压力一致,建库后只形成纯气带、气水过渡带和水淹带。

3.4.1 建库前纯气带

气藏建库前边底水没有侵入的区带,为建库前纯气带,建库气驱效率高,是建库次生气顶形成的主要部分,注采效率主要受到储层非均质性及注采速度的影响。

由于储集空间裂缝、孔隙结构分布的复杂性,合理的注采速度下,气体优先进入连通较好的裂缝,部分气体主流通道之间的微细裂缝及孔隙可以被有效波及,当提高注气速度时,气体波及效果趋向变差,随着注采气速度的提高,气驱压力无法及时向岩块孔隙及微细裂缝波及,气体无法进入更多的储集空间,含气孔隙空间无法被气库充分利用(图5)。

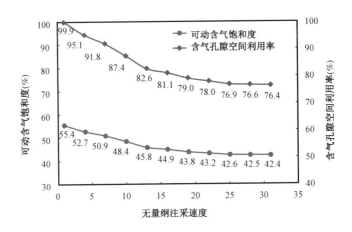

图5 采气速度与可动含气饱和度相关曲线

3.4.2 气水过渡带

气藏开发过程中边底水逐步侵入储层,当气库在上下限地层压力之间运行时,气水往复驱替的区带为气水过渡带,注采效率主要受到水侵、储层非均质性及注采速度的影响。

储气库周期注采过程中,随库内压力变化气水界面往复迁移。水体一旦侵入储层,气库回采效率明显降低,并逐步趋于稳定。当气库次生气顶形成后,其底部普遍存在较活跃的底水,由于裂缝网络系统良好的传导能力,气库强采过程中水体易发生向库内的水窜,一方面,气井快速见水后,气库采气能力显著下降;另一方面,快速移动的气水界面附近易发生气体卡断、气水互锁伤害,从而影响库容动用程度(图6)。

由于气库岩块系统孔隙喉道细小,裂缝系统渗流阻力相对较小,气库运行中流体选择优势通道运移,储集空间局部区域出现的残余气及束缚水,影响储气库的含气孔隙空间动用效果及注采气能力。随着周期注采气水往复驱替,束缚水饱和度和残余气饱和度都有增加的趋势,储气库有效含气孔隙空间相应减小并逐步趋于稳定(图7)。

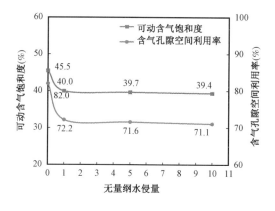 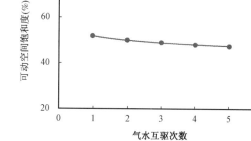

图 6　可动含气饱和度与水侵量相关曲线　　　　图 7　气水互驱模拟岩块模型动用效果曲线

3.4.3　水淹带

建库前边底水完全侵入储层,原始含气孔隙空间被地层水和残余气占据,在多周期注采运行过程中一直保持水淹状态,残余含气饱和度和含水饱和度基本不发生改变,该区带即为水淹带。水淹带不可动孔隙体积主要是由气藏开发过程中净水侵量及残余气造成,建库有效孔隙空间大幅度降低,因此该区带对形成储气库工作气没有贡献。

4　储气库配产配注优化

4.1　配产配注优化依据

4.1.1　优化配产配注方法及流程

优化配产配注方法及流程[3]大致分为 3 个步骤,首先确定储气库合理注采气能力,然后结合储气库物质平衡方程和产能方程,最后优化配产配注运行方案。

4.1.2　运行的经验

大港储气库群和京 58 储气库群运行方面的经验大致体现在 4 个方面:

(1)储气库的初期主要填补地层亏空,以气驱扩容为主,扩容效率高;后期以携液扩容为主,扩容速度减缓,扩容效率低。总体达容比例为 95%。

(2)通过钻加密井,逐步完善注采井网,加快达容,提高工作气量。

(3)主要通过"高注低采、库内气井携液与边部井排液相结合"的注采方式,提高了储气库扩容效率。

(4)水淹枯竭气藏型储气库实际工作气量仅为设计指标的 37.4% ~ 66.1%,总体运行效率低。封闭枯竭气藏型储气库工作气达到设计指标,运行效率高。

4.2　配产配注优化方案

依据优化配产配注的原则,参照大港储气库群和京 58 储气库群的实际运行经验[4,5],并结合华北苏 4 储气库的实际情况,对 2017—2018 周期的注采气方案进行优化,实现合理的配产配注,提高储气库的运行效率。具体方案为:投产注气井 7 口,日注气 $200 \times 10^4 \mathrm{m}^3$;投产采气井 7 口,日采气 $150 \times 10^4 \mathrm{m}^3$(表 5)。

表 5　苏 4 储气库 2017—2018 周期注采气优化方案　　　　单位:$10^4 \mathrm{m}^3$

时间	2017.4	2017.5	2017.6	2017.7	2017.8	2017.9	2017.10	2017.11	2017.12	2018.1	2018.2	2018.3
苏 4-9X	20	20	20	20	20	20	20	30	30	30	30	30
苏 4-10X	30	30	30	30	30	30	30	30	30	30	30	30
苏 4K-2X	35	35	35	35	35	35	35	20	20	20	20	20
苏 4K-3X	30	30	30	30	30	30	30	20	20	20	20	20
苏 4K-4X	20	20	20	20	20	20	20	10	10	10	10	10
苏 4K-P4	50	50	50	50	50	50	50	20	20	20	20	20
新苏 4K-P2	15	15	15	15	15	15	15	20	20	20	20	20
合计日注气	200	200	200	200	200	200	200					
合计月注气	6000	6200	6000	6200	6200	6000	3400					
合计日采气								150	150	150	150	150
合计月采气								2400	4650	4650	4200	2100

5　结论

(1)苏 4 水淹枯竭气藏型地下储气库储层平面连通,注采扩散效果好。随着多周期高速注采气运行,储层伤害逐渐解除,储层物性逐渐改善,产水量及产水率整体逐渐降低。

(2)结合室内实验和数值模拟成果,研究了苏 4 建库前纯气带、气水过渡带及水淹带注采气运行规律,明确了储集空间结构分布特征、注采气速度及水侵是影响运行效率的主控因素。

(3)依据优化配产配注的原则,对苏 4 储气库 2017—2018 周期注采气方案进行了优化。

参 考 文 献

[1] 何顺利,门成全,周家胜.大张坨储气库储层注采渗流特征研究[J].天然气工业,2006,26(5):90-92.
[2] 熊伟,石磊,廖广志,等.水驱气藏型储气库运行动态产能评价[J].石油钻采工艺,2012,34(3):57-60.
[3] 马小明,赵平起.地下储气库设计实用技术[M].北京:石油工业出版社,2011.
[4] 王皆明,朱亚东,王莉,等.北京地区地下储气库方案研究[J].石油学报,2000,21(3):100-105.
[5] 王起京,张余,刘旭.大张坨地下储气库地质动态及运行效果分析[J].天然气工业,2003,23(2):89-92.

作者简介:席增强,硕士,工程师,现从事天然气开发研究工作。电话:15832787905;E-mail:yjy_xzq@petrochina.com.cn。

储气库单井合理产能确定新方法

——以某气顶油藏改建储气库为例

赵明千　宋长伟　赵春楷　吴少爽　马志宏

（中国石油华北油田储气库管理处）

摘　要： 枯竭气顶油藏已逐渐成为一种有利的建库接替资源。但是这种类型油气藏多受开发政策影响,充分利用气顶能量最大限度提高原油采收率,气顶气多以气窜等方式采出,没有经历系统开发,可利用的生产测试资料有限,应用常规产能确定方法难以确定其改建储气库的注采能力。为解决此难题,研究从渗流理论出发,提出了计算产能方程的一种新方法,即通过产液指数折算产气指数并结合一点法确定合理产能方程。经过实例计算并对比其他方法计算结果,证明新方法科学可行。

关键词： 地下储气库；枯竭气顶油藏；渗流；产能；无阻流量；产液指数；产气指数

地下储气库是天然气调峰和天然气储备的最佳选择,是保证天然气安全供应的基本手段[1-3]。目前,国外发达国家的地下储气库建库技术已经比较成熟,地下储气库运行管理技术、相关的技术标准、规范和法律也比较完善。国内枯竭气藏建库技术基本成熟,枯竭油藏建库技术尚在摸索之中[4-6]。

枯竭气顶油藏已逐渐成为一种有利的建库接替资源,建库难度介于枯竭气藏和枯竭油藏之间[7-10]。但是这种类型的油气田多受开发政策的影响,为充分利用气顶能量最大限度提高原油采收率,气顶气多以气窜等方式采出,油田开发末期气顶气剩余量很少。由于气顶气没有经历单独系统开发,可利用生产测试资料有限,应用常规产能确定方法难以合理确定带气顶油藏改建储气库的注采能力。为此,笔者提出了计算产能方程的一种新方法,通过产液指数折算产气指数并结合一点法[11]确定合理产能方程,为建库方案的编制和实施提供了理论依据和技术支持。

1　公式推导

1.1　渗流方程

通过达西定律得到液体平面径向流产量公式[12]：

$$Q_1 \frac{2\pi Kh(p_e - p_{wf})}{B_1 \mu_1 \ln \dfrac{R_e}{R_w}} \tag{1}$$

式中 Q_1——液体产量,m³/d;

$\quad\quad p_e$——地层压力,MPa;

$\quad\quad p_{wf}$——井底压力,MPa;

$\quad\quad K$——有效渗透率,D;

$\quad\quad \mu_1$——液体黏度,mPa·s;

$\quad\quad h$——储层厚度,m;

$\quad\quad B_1$——液体体积系数,m³/(标)m³;

$\quad\quad R_e$——驱动半径,m;

$\quad\quad R_w$——井筒半径,m。

服从线性渗流定律气体平面径向稳定渗流公式[2]:

$$Q_g = \frac{\pi KhT_{sc}(p_e^2 - p_{wf}^2)}{\mu_g p_{sc} ZT\ln\dfrac{R_e}{R_w}} \tag{2}$$

式中 Q_g——气体产量,m³/d;

$\quad\quad p_e$——地层压力,MPa;

$\quad\quad p_{sc}$——地面标准状态下压力,MPa;

$\quad\quad p_{wf}$——井底压力,MPa;

$\quad\quad K$——有效渗透率,D;

$\quad\quad \mu_g$——气体黏度,mPa·s;

$\quad\quad h$——储层厚度,m;

$\quad\quad R_e$——驱动半径,m;

$\quad\quad R_w$——井筒半径,m;

$\quad\quad T$——储层温度,K;

$\quad\quad T_{sc}$——地面标准温度,K;

$\quad\quad Z$——天然气压缩因子。

根据气体体积系数定义和气体状态方程推导出体积系数与地层条件和标准状况下温度及压力关系式[13]为:

$$B_g = \frac{p_{sc}TZ}{p_e T_{sc}} \tag{3}$$

式中 p_e——地层压力,MPa;

$\quad\quad p_{sc}$——地面标准状态下压力,MPa;

$\quad\quad B_g$——气体体积系数,m³/(标)m³;

$\quad\quad T$——储层温度,K;

$\quad\quad T_{sc}$——地面标准温度,K;

$\quad\quad Z$——天然气压缩因子。

由式(3)可得到:

$$\frac{T_{sc}}{p_{sc}ZT} = \frac{1}{B_g p_e} \tag{4}$$

将式(4)带入式(2)可以得到产气量和气体体积系数关系式:

$$Q_g = \frac{\pi Kh(p_e^2 - p_{wf}^2)}{p_e B_g \mu_g \ln \dfrac{R_e}{R_w}} \tag{5}$$

1.2 比产液(气)指数

比产液指数:油井单位有效厚度和单位生产压差下日产液量。有:

$$J_1 = \frac{Q_1}{h(p_e - p_{wf})} \tag{6}$$

式中　h——储层厚度,m;

　　　J_1——产液指数,$m^3/(MPa \cdot m \cdot d)$;

　　　Q_1——产液量,m^3/d。

比产气指数:单位有效厚度和生产压差下气井日采气量。有:

$$J_g = \frac{Q_g}{h(p_e^2 - p_{wf}^2)} \tag{7}$$

式中　h——储层厚度,m;

　　　J_g——产液指数,$m^3/(MPa \cdot m \cdot d)$;

　　　Q_g——产气量,m^3/d;

　　　p_e——地层压力,MPa;

　　　p_{wf}——井底压力,MPa。

将液体和气体平面径向流方程式(1)式(5)代入式(6)和式(7)得到比产液(气)指数:

比产液指数:

$$J_1 = \frac{2\pi K_1}{\mu_1 \ln \dfrac{R_e}{R_w} B_1} \tag{8}$$

比产气指数:

$$J_g = \frac{\pi K_g}{p_e B_g \mu_g \ln \dfrac{R_e}{R_w}} \tag{9}$$

假设 R_e 和 R_w 及其他地质条件相同,取 $K_1 = KK_{rl}$,$K_g = KK_{rg}$,则指数比为:

$$M = \frac{J_g}{J_1} = \frac{\mu_1 B_1 K_{rg}}{2p_e \mu_g B_g K_{rl}} \tag{10}$$

式中 K_{rg}——气相相对渗透率,D;

K_{rl}——液相相对渗透率,D。

可以看出指数比与气液流度比、相对渗透率、体积系数以及地层压力相关。

从而得到比产气指数和产气量:

$$J_g = \frac{\mu_l B_l K_{rg}}{2p_e \mu_g B_g K_{rl}} J_l \tag{11}$$

$$Q_g = J_g h (p_e^2 - p_{wf}^2) = \frac{\mu_l B_l J_l h (p_e^2 - p_{wf}^2) K_{rg}}{2p_e \mu_g B_g K_{rl}} \tag{12}$$

1.3 无阻流量及产能方程

根据井底流动压力、地层压力以及式(12)计算获得的气井产量,采用四川及华北地区大量气井试气资料得到的一点法方程可以确定气井的绝对无阻流量[14]:

$$Q_{AOF} = \frac{6Q_g}{\sqrt{1 + 48(p_e^2 - p_{wf}^2)/p_e^2} - 1} \tag{13}$$

式中 Q_{AOF}——气体无阻流量,m^3/d。

根据式(12)和式(13)计算参数及结果形成两组数据联立方程可进一步确定指数式产能方程。

$$Q_g = c(p_e^2 - p_{wf}^2)^n \tag{14}$$

式中 n,c——指数方程系数。

2 应用实例

2.1 油藏基本概况

某带气顶油藏,天然气地质储量 $2 \times 10^8 m^3$,石油地质储量 $200 \times 10^4 t$。气顶的存在说明其盖层和断层都具有良好的封闭条件,具备改建储气库的基础。油田开发过程中为最大限度提高原油采收率,充分利用气顶能量并在低部位注水,地质储量采出程度达到40%以上。目前断块处于开发后期,综合含水70%以上,气顶气多以气窜方式采出,累计产气 $1.7 \times 10^8 m^3$(多为气顶气),剩余气顶储量很少。

由于未单独系统开发气层气,产气数据无法反映气顶真实生产能力;另外,没有系统试井资料和有效生产监测资料,为改建地下储气库确定合理单井注采能力造成很大难度。

2.2 新方法应用

断块目前水淹严重,选取一口高含水井,其位于构造高部位和产能主要分布区域,产能具有代表性[15]。当含水接近100%的情况下产液指数即产水指数,通过产水指数推算产气指数。

通过产液指数公式计算该井比产液指数平均值为 2.2m³/(MPa·m·d)，通过式(11)折算比产气指数为 272.28m³/(MPa·m·d)，断块平均气层厚度为 10m，地层压力 15.56MPa，井底流压 10.56MPa，K_{rg} 和 K_{rl} 参数分别选用束缚水饱和度下气相相对渗透率和残余气饱和度下水相相对渗透率(表1)，通过式(12)得到日产气量为 $35.56 \times 10^4 m^3$，带入式(13)计算一点法无阻流量为 $50.97 \times 10^4 m^3/d$，再根据计算结果联立方程进一步推出指数式产能方程：

$$q_g = 20197.93(p_s^2 - p_{wf}^2)^{0.5834}$$

表 1 产能方程计算参数表

J_w [m³/(MPa·m·d)]	μ_g (mPa·s)	μ_w (mPa·s)	B_g (m³/m³)	B_w (m³/m³)	h (m)	p_e (MPa)	p_{wf} (MPa)	K_{rg} (D)	K_{rl} (D)
2.2	0.02	0.55	0.00714	1	10	15.56	10.56	0.88	0.9

2.3 多种方法对比

根据试油数据和气井理论产能方程分别计算无阻流量和产能方程，与新方法计算结果相近(表2)，验证了方法可靠性。

表 2 多种方法计算产能方程结果表

项目	n	c	原始无阻流量(10⁴m³/d)
试气数据计算	0.6436	18028.74	61.7
理论方程推导	0.5834	21836.3	53.7
产液指数推导	0.5834	20728.25	50.97
平均值	0.6034	20197.93	55.45

综合 3 种方法确定合理产能方程为：

$$q_g = 20197.93(p_s^2 - p_{wf}^2)^{0.6034}$$

原始单井无阻流量为 $55.45 \times 10^4 m^3/d$。

3 结论与建议

(1)新方法解决了带气顶枯竭油藏建设地下储气库在没有气层测试资料情况下合理产能无法确定问题。

(2)通过产液指数折算产气指数方法得到的产能方程，反映了气井生产能力，为确定合理产能提供参考依据。

(3)由于参考资料有限，为降低建库风险建议开展现场注采气试验，落实注采能力，综合分析各种影响因素确定合理产能。

参 考 文 献

[1] 周学深. 有效的天然气调峰储气技术–地下储气库[J]. 天然气工业,2013,33(10):95–99.

[2] 王起京,张余,张利亚,等. 赴美储气库调研及其启示[J]. 天然气工业,2006,26(8):130-133.

[3] 丁国生. 全球地下储气库的发展趋势与驱动力[J]. 天然气工业,2010,30(8):59-61.

[4] 肖学兰. 地下储气库建设技术研究现状及建议[J]. 天然气工业,2012,32(2):79-82.

[5] 霍瑶,黄伟岗,温晓红,等. 北美天然气储气库建设的经验与启示[J]. 天然气工业,2010,30(11):83-86.

[6] 丁国生,谢萍. 中国地下储气库现状与发展展望[J]. 天然气工业,2006,26(6):111-113.

[7] 谢丽华,张宏,李鹤林. 枯竭油气藏型地下储气库事故分析及风险识别[J]. 天然气工业,2009,29(11):116-119.

[8] 李建中,李奇. 油气藏型地下储气库建库相关技术[J]. 天然气工业,2013,33(10):100-103.

[9] 丁国生,王皆明. 枯竭气藏改建储气库需要关注的几个关键问题[J]. 天然气工业,2011,31(5):87-89.

[10] 丁国生,赵晓飞,谢萍. 中低渗枯竭气藏改建地下储气库难点及对策[J]. 天然气工业,2009,29(2):105-107.

[11] 陈元千,李璧. 现代油藏工程[M]. 北京:石油工业出版社,2004:89-91.

[12] 张建国,雷光伦,等. 油气层渗流力学[M]. 东营:石油大学出版社,2004.

[13] 李爱芬,等. 油层物理学[M]. 东营:石油大学出版社,2001.

[14] 陈元千. 油气藏工程实用方法[M]. 北京:石油工业出版社,1990:12-40.

[15] 王洪光,许爱云,王皆明,等. 裂缝性油藏改建地下储气库注采能力评价[J]. 天然气工业,2005,25(12):115-117.

作者简介:赵明千,硕士,工程师,现从事地下储气库注采运行研究及管理工作。地址:(065007)河北省廊坊市万庄采四小区储气库管理处;电话:(0317)2722307,18033659566。E-mail:cqk_zmq@petrochina.com.cn。

长庆气区陕 43 地下储气库单井注采能力研究

徐运动[1,2]　张建国[1,2]　伍　勇[1,2]　米　伟[3]

（1. 中国石油长庆油田勘探开发研究院；

2. 低渗透油气田勘探开发国家工程实验室；

3. 渤海石油装备制造有限公司新世纪公司）

摘　要： 充分利用单点法试气资料成果，结合气井初期生产动态，核实了单井无阻流量，建立了陕 43 库区平均二项式产能方程，根据储气库气井"强注、强采"的特点，确定了库区单井最大压差，结合 Cullender – Smith 井筒管流计算方法，获取地下储气库建设区单井注采能力曲线，为气库工作气量、井数等关键方案指标的确定提供了重要的依据。

关键词： 无阻流量；产能方程；注采能力；压差；方案指标

国外发达国家天然气利用经验和京津地区近 10 年平稳供气均充分证明了地下储气库是目前最有效和最可靠的调峰和储备手段。长庆气区位于我国天然气集输枢纽位置，对保障国家能源安全和冬季调峰供气有着十分重要的作用。为进一步发挥供气枢纽作用，长庆气区陆续开展了储气库库址评价及设计工作。单井注采能力是储气库方案设计的重要指标，同时也是储气库工作气量、井数等指标设计的基础[1]。陕 43 井区作为长庆油田首期规划建设的 5 个储气库之一，由于无系统试井资料，加之"一点法"测试的可靠性较差，利用"一点法"计算的无阻流量评价单井注采能力可能会有较大的偏差，故需利用气井生产初期生产动态资料，核实气井无阻流量，回归计算陕 43 井区平均二项式产能方程，进而准确评价储气库单井注采能力，为制定陕 43 储气库方案指标提供依据。

1　陕 43 井区二项式产能方程的建立

由于陕 43 井区老井的无阻流量均为"一点法"测试计算所得，导致目前生产动态产量与"一点法"测试计算的无阻流量不匹配。如 X1 井一点法试气计算的无阻流量为 $133.4 \times 10^4 \mathrm{m}^3/\mathrm{d}$，而气井历史平均产气量为 $7.11 \times 10^4 \mathrm{m}^3/\mathrm{d}$（图 1），无阻流量与平均日产气量相比明显偏大。为了消除无阻流量偏大导致评价注采能力的偏差，根据气井投产初期产量及井底流压数据，对陕 43 井区一点法测试的 12 口气井单井生产能力进行核实。由于陕 43 井区后投产气井地层压力受邻井生产影响，对 12 口气井折算至同一地层压力，经核实，陕 43 储气库 12 口气井无阻流量为 $2.3 \times 10^4 \sim 114.6 \times 10^4 \mathrm{m}^3/\mathrm{d}$，平均 $29.2 \times 10^4 \mathrm{m}^3/\mathrm{d}$（表 1）。

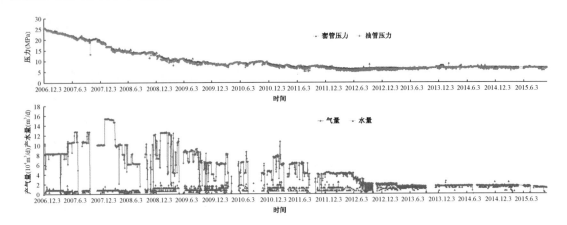

图 1　X1 井生产动态曲线

表 1　一点法无阻流量计算结果表

井号	静压（MPa）	流压（MPa）	生产压差（MPa）	初期日产气（$10^4 m^3$）	无阻流量（$10^4 m^3$）	无阻流量（折算至原始压力）（$10^4 m^3$）
X1	32.35	32.01	0.35	8.136	115.28	114.65
X2	32.28	30.93	1.36	18.9253	92.76	92.49
X3	32.52	29.66	2.86	15.7816	47.07	46.54
X4	24.49	19.18	5.31	7.4284	13.02	17.72
X5	30.21	27.2	3.00	7.9294	21.89	23.54
X6	31.09	22.05	9.04	5.1205	7.71	8.02
X7	30.51	27.19	3.32	5.3167	13.87	14.75
X8	32.5	28.67	3.83	5.042	12.53	12.40
X9	27.75	19.01	8.73	3.1319	4.53	5.37
X10	32.75	29.32	3.42	3.7971	10.16	9.97
X11	31.83	23.7	8.13	1.7933	2.88	2.92
X12	28.3	21.15	7.15	1.2386	2.00	2.32
平均	—	—	4.71	6.97	28.64	29.20

根据核实的无阻流量,利用陈元千一点法产能方程如式(1),结合陕 43 产能核实结果,建立了陕 43 井区平均的二项式产能方程如式(2),回归曲线如图 2 所示。

$$Q_{AOF} = \frac{6Q_g}{\sqrt{1 + 48p_D} - 1} \tag{1}$$

$$p_r^2 - p_{wf}^2 = 8.8771q + 0.912q^2 \tag{2}$$

其中

$$p_D = \frac{p_r^2 - p_{wf}^2}{p_r^2}$$

式中　　Q_{AOF}——无阻流量，$10^4 m^3/d$；

　　　　Q_g——试气产气量，$10^4 m^3/d$；

　　　　p_r——地层压力，MPa；

　　　　p_{wf}——井底流压，MPa；

　　　　q——日产气量，$10^4 m^3/d$。

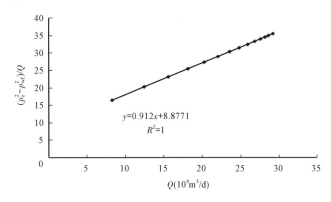

图2　陕43井区平均二项式方程回归曲线

2　最大注采压差确定

综合考虑地层条件、井口最低压力、生产能力等因素，注采井生产压差需要合理选定[2,3]。尤其在需要发挥最大生产能力的中低压期，生产压差应尽量选取高限值，以求获得储气库采气井最大生产能力，实现高产少井的目标。

试气井统计气井生产压差为 $0.55 \sim 18.42$ MPa，平均生产压差在 5.52MPa（表2），气井没有出现岩层破裂而出砂的情况，证实气井的储层条件可以采取较大压差生产。

表2　陕43井区试气资料统计表

井号	静压（MPa）	流压（MPa）	生产压差（MPa）	日产气（$10^4 m^3$）
X1	32.35	31.90	0.46	22.48
X2	32.28	31.73	0.55	11.24
X3	32.52	29.55	2.97	20.19
X4	24.49	21.32	3.17	11.96
X5	30.21	24.08	6.13	14.69
X6	31.09	26.46	4.63	10.93
X7	30.51	12.09	18.42	14.87
X8	32.50	29.50	3.00	5.07
X9	27.75	22.60	5.15	7.36
X10	32.75	24.99	7.75	7.45
X11	31.83	20.91	10.92	4.82
X12	28.30	20.84	7.47	1.26
X13	30.85	29.77	1.08	11.36
平均			5.52	

　　根据求得气藏平均的二项式方程,绘制了生产压差与日产气量关系曲线,生产压差和产量呈现正向曲线关系(图3)。从产量与生产压差的匹配性考虑,合理生产压差应该控制在6.0MPa以下。若压差继续放大,则产量增速降缓。

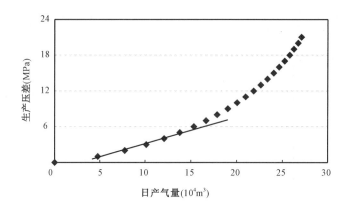

图3　陕43井区生产压差与日产气关系曲线

　　为了使气井达到较高的产量,可采取适当放大生产压差的措施。在气井高中压阶段,生产压差最大可放大到10MPa。为了保持气井最低井口压力达到6.4MPa,同时要克服井筒压力损失,在地层压力20MPa以下时,气井生产压差将需低于10MPa,且地层压力越低,生产压差越小,气井产量越低。在地层压力10MPa时生产压差只有2.8MPa。

3　单井注采能力论证

　　地下储气库单井注采能力论证,涉及井筒和地层两部分的计算。对于地层部分,应用二项式方程进行计算;对于井筒部分,主要采用国内外比较成熟的 Cullender – Smith 井筒管流计算方法。

3.1　采出能力

　　根据核实的陕43区块的平均二项式产能系数,以地层到井底为采气系统的流入段,井底到井口为采气系统的流出段,做流入、流出曲线,根据曲线交点,确定气井采出能力。

　　根据垂直管流计算公式,在给定井口压力6.4MPa时,对于管径分别为 $2\frac{7}{8}$in, $3\frac{1}{2}$in 和 $4\frac{1}{2}$in 的油管,计算得到流出曲线;根据建立的陕43区块二项式产能方程,在地层压力分别为10MPa,15MPa,20MPa,25MPa,30MPa 和 32.2MPa 时,计算不同生产气量时的井底流压,即流入曲线(图4)。

　　考虑工作气量规模等相关参数,气井最低井口压力与地面对接确定为6.4MPa,同时根据计算结果,注采井井深结构主要采用 $3\frac{1}{2}$in 油管。根据上述各井流入、流出曲线,分析得到油管尺寸 $3\frac{1}{2}$in、不同下限压力条件下的气井平均生产能力(图5)。

3.2　注入能力

　　使用节点分析方法评价直井注入能力,以井口到井底为注气系统的流入段,即注入曲线,井底到地层为注气系统的流出段,即地层吸收曲线。

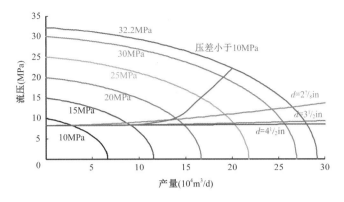

图 4　陕 43 井区地层 IPR 曲线

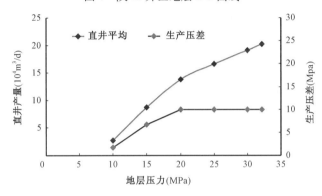

图 5　陕 43 井区直井平均放压产量随地层压力变化曲线

　　采用 Cullender‐Smith 方法对井筒段的流入动态进行分析,分别计算 $2\frac{7}{8}$in, $3\frac{1}{2}$in 和 $4\frac{1}{2}$in 管径,28MPa(地面压缩机到井口最大压力),不同注气量下对应的井底流压,绘制注入曲线;取地层的采气能力和注气能力相同,故把前面区块的二项式方程的 A 和 B 两个系数直接用于计算井底流入地层的流出能力,绘制不同地层压力条件下地层吸收曲线。

　　对于储气库新钻井注入能力预测,井口注气压力定为 28MPa,单井平均的注入、吸收曲线如图 6 所示。

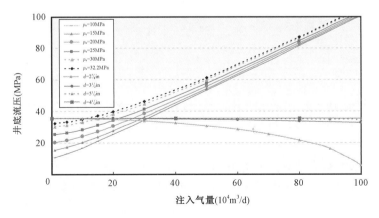

图 6　陕 43 井区直井平均放压产量随地层压力变化曲线

分析井口压力 28MPa 时,统计得到油管尺寸 3½in、不同下限压力条件下的气井平均注入能力(图 7)。

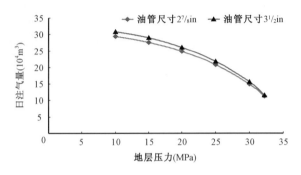

图 7 陕 43 井区平均注气量随地层压力变化曲线

4 应用效果

根据气井注采能力论证结果,设计注采井全部为直井,结合陕 43 库区单井动储量及整体关井测压动储量评价结果,设计陕 43 库区库容量为 $20.4 \times 10^8 \text{m}^3$,上限压力为原始地层压力(32.2MPa),设计一系列不同工作气量比例、井数和工作气量的方案(图 8),通过优化对比分析,优选方案为工作气量 $7.5 \times 10^8 \text{m}^3$,对应的井数 43 口。

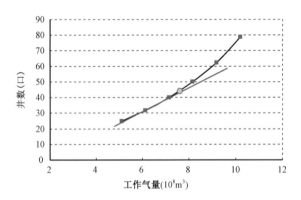

图 8 不同工作气量与井数关系曲线

5 结论

(1)针对陕 43 区块老井无系统试井资料的情况,充分利用"一点法"测试资料,结合初期气井生产数据,对气井无阻流量进行核实,并建立了库区平均二项式产能方程。

(2)利用库区老井一点法试气资料,根据库区平均二项式产能方程,结合储气库强注强采的特点,最终确定气井最大注采压差为 10MPa。

(3)根据库区平均二项式产能方程,利用 Cullender - Smith 井筒管流计算,建立了陕 43 井区单井注入、采出能力曲线,为储气库的工作气量、井数等储气库方案指标的确定提供了重要依据。

参 考 文 献

[1] 苏欣,张琳,李岳. 国内外地下储气库现状及发展趋势[J]. 天然气与石油,2007,25(4):1-4.

[2] 杨树合,田金海,李保荣,等. 凝析气藏改建地下储气库的研究与实践[J]. 新疆石油地质,2004,25(2):206-208.

[3] 丁国生,赵晓飞,谢萍. 中低渗枯竭气藏改建地下储气库难点及对策[J]. 天然气工业,2009,29(2):105-107.

作者简介:徐运动,硕士,工程师,主要从事气藏工程研究。电话:(029)86978079;E-mail:xyd01_cq@ petrochina. com. cn。

酸性气藏储气库注采工艺及完整性管理

吴　孟　马振东　师延锋　李建刚　吴学虎　卢　冰

（中国石油长庆油田储气库管理处）

摘　要： 以我国建成的首座酸性气藏储气库——陕××储气库为例，对酸性气藏储气库"注采井口双向计量，注采双管，水平井两级降压，直井高压集气，开工注醇，加热节流，三甘醇脱水，净化厂脱硫脱碳"注采工艺技术进行了论述。根据酸性气藏储气库的气藏特点，生产运行以地面完整性管理为核心，开展了两轮注采运行实践，基本形成了一套适合酸性储气库生产运行的管理模式。

关键词： 酸性气藏；注采工艺；完整性管理

2014年11月，国内首座酸性气藏储气库——长庆气田陕××储气库建成，2015年陕××储气库启动首轮注气，至2016年9月，已累计注气 $4.3 \times 10^8 \mathrm{m}^3$。在注采运行实践过程中，以注采站场完整性管理为核心，坚持技术分析、持续优化运行参数、提升管理方式，完成了酸性气藏储气库注采工艺、运行管理的现场验证，形成了基本适合酸性储气库生产运行的管理模式。长庆气田陕××储气库的建设是我国首次对酸性气藏进行改建储气库的创新实践，目前尚无成熟酸性气藏储气库注采、建设及配套管理经验可以借鉴，积极探索酸性气藏储气库生产运行管理模式对促进储气库的业务发展至关重要。

1　陕××储气库概况

陕××储气库建设集注站1座，设计库容 $10.4 \times 10^8 \mathrm{m}^3/\mathrm{a}$，设计工作气量 $5 \times 10^8 \mathrm{m}^3/\mathrm{a}$；部署水平注采井3口，利用老井3口，备用直井2口，且直井、老井只用于采气不注气；建设输气管道5条，其中双向输气管道1条、气源联络线1条、水平井注采管线3条；站场建设主体工程包括2套 $210 \times 10^4 \mathrm{m}^3/\mathrm{d}$ 脱水装置、3套4500kW电驱压缩机组、110kV变电站、注采气分离器、火炬放空、供热供水、消防等配套辅助设施及PKS系统生产运行控制平台。设计注气期运行200天，采气期运行120天，平均注气规模 $250 \times 10^4 \mathrm{m}^3/\mathrm{d}$，平均采气规模 $418 \times 10^4 \mathrm{m}^3/\mathrm{d}$。

2　酸性气藏储气库建设特点

2.1　与常规气田开发的区别

酸性气藏储气库的建设是一项系统工程，受产气区、储气区及用户的多重影响，从工艺设计、建设到生产运行管理，与常规天然气的开发有着很大的区别。

一是运行工况呈现周期性。常规气田开发追求最大限度地提高采收率，开采周期长达10

年或更长,其生产运行工作压力是逐步降低,直到关井停产;而酸性气藏储气库具有注采两种工况,需要在很短的时间完成注采气,一般利用一个注气周期将储气库注满达到满库容,并在冬季用气高峰期(一般为11月至次年3月)将其采出,其运行工况具有周期性、交变性[1]。

二是运行风险较高。常规气田开采尽量保持稳产,而储气库采气产能设计则以满足地区月或者日最大调峰需求为原则,追求单井产量最大化,气量吞吐大,输送介质易燃、易爆、易中毒,且在注气末期井口压力可达到30MPa以上,生产运行风险大。此外,为适应调峰气量的不断变化,还需要频繁开停井,压力和流量等运行参数变化范围大,变化频次多,易导致管道及设备发生疲劳损坏,给储气库安全生产带来较大的风险。

三是长周期生产,压力为周期性交替,对注采站场所属的管道、设备的完整性要求很高。常规气田气藏开发是产量递减过程,井寿命一般为10~20年,压力呈从高压到低压的渐变过程,而储气库的注采是交替往复的,井寿命要求30年以上,井筒内压力周期性交替变化,生产运行时间长、运行难度大[2]。

四是缺乏酸性储气库运行经验。常规气田开发已基本形成一套完善的技术及配套管理体系,而我国酸性气藏储气库发展尚属于新生事物,建设起步较晚,建设周期长,生产运行管理尚在摸索中。

2.2 与非酸性气藏储气库建设运行的区别

与非酸性气藏储气库建设运行相比,酸性气藏储气库因其含有H_2S和CO_2酸性气体,安全条件要求高,建设运行成本高,技术难度大,具体表现为在管材的选择、酸性气体分离及后续处理等方面需要更高的技术费用[3],且在生产建设、生产运行管理过程中,若措施采取不当,极易造成安全和环境问题,甚至造成人员伤害,安全隐患大,运行风险高[4]。陕××储气库建设前期,曾对陕××井区3口生产井开展H_2S和CO_2含量测试工作,每口井3次,测试结果表明陕××井区平均硫化氢含量540.24mg/m³、平均CO_2含量5.74%。由于酸性气体产出规律复杂,工程建设投资明显高于非酸性气藏储气库。

3 酸性气藏储气库注采工艺

陕××储气库注采工艺设计必须在满足运行工况要求、满足安全运行的前提下追求投资最小化。经过两轮注采,充分证明采用的"注采井口双向计量,注采双管,水平井两级降压,直井高压集气,开工注醇,加热节流,三甘醇脱水,净化厂脱硫脱碳"主体工艺技术完全能够满足生产需求。注气时,气源气在一定压力下计量后经双向输气管线输送至陕××储气库,经注气过滤分离器分离后除去粉尘及液滴,经计量后进入压缩机组增压,压缩机将天然气增压至设计注气压力,空冷器冷却后经注采井注气管线注入地下。采气时,来自注采井天然气加热节流后,经采气分离器分离进入三甘醇脱水装置进行脱水处理,待气质达标后计量、外输。

3.1 注采井井口双向计量、注采双管工艺

陕××储气库采用"注采井井口双向计量、注采双管"工艺,即注、采气时井口共用同一流量计计量,但注气管线与采气管线分开设置,采用此工艺主要从注采工况、单井注气能力和工

程投资 3 个方面考虑：

(1)因气井注、采工况相差较大,注气时压力由低到高、流量小,而采气时压力低、流量大且为未净化的原料气(含 H_2S 和 CO_2 酸性气体组分),若采用注采同管,管线将长期承受交变应力影响,腐蚀速率加快,不利于管道安全运行,因此将注气管线与采气管线分开设置[1]。

(2)库区储层非均质性强、气井生产能力差异大,在每口井井口设置流量计量和调节装置,可便于对单井注采能力进行跟踪分析,并根据分析结果适时调整优化运行方案。

(3)从经济角度分析,注采双管工艺的选择不但简化了工艺流程,还降低了高壁厚焊接、无损探伤等工程投资。因此,从安全性、技术性和经济性分析,采用"注采井井口双向计量、注采双管"工艺都能满足要求。

3.2 开工注醇、两级节流工艺

陕××储气库一般在冬季低温环境下开井采气,开井初期井口温度较低,且有游离水析出,由于地层温度场的形成需要一定的时间,单井管线极易出现冻堵现象,在温度场未形成前采用甲醇车注醇方式可以防止管线冻堵和水合物生成[4];且开井初期井口压力较高,净化厂运行压力较低,必须对井口压力及进站压力进行控制,以保证外输至净化厂压力为正常运行压力,采用井口节流、站内节流工艺,可以逐步降低采气管线的工作压力,且在气体进入脱水装置前设置有 2 台 2100kW 水套加热炉对其进行加热,以满足水合物抑制需要及脱水进气要求。

3.3 常温分离工艺

为了将采出天然气中的液体、固体颗粒杂质等分离出来,陕××储气库在采气分离区设立了 2 台 PN63 DN1500 卧式高效分离器。从加热节流区来的天然气进入卧式高效分离器,分离出由于温降而析出的天然气凝液后经脱水、计量后外输;采气后期,进站压力较低时,天然气不节流直接经分离器分离、脱水后外输。

3.4 三甘醇脱水工艺

陕××储气库工程设置 2 套处理能力为 $210 \times 10^4 m^3/d$ 的三甘醇脱水装置用以控制采出气水烃露点。装置采用 99.6%(质量百分浓度)三甘醇作脱水剂,脱除湿净化气中的饱和水。经吸收塔脱水后的干净化气作为商品气外输。TEG 富液再生所产生的废气经分液、灼烧后放空。脱水后的富三甘醇溶液采用火管直接加热再生工艺,具有脱水工艺流程简单、技术成熟、易于再生、损失小、投资和操作费用少等优点。

3.5 脱硫脱碳工艺

陕××储气库注气期气体为干天然气,但采气期气体为未净化天然气,含有较高的 H_2S 和 CO_2 等酸性气体,需进行脱硫脱碳处理,以保证外输气气质。结合陕××储气库所处地理位置,距离其约 12km 处建设有净化厂,可就近依托净化厂脱硫脱碳工艺以降低投资成本。

4 酸性气藏储气库安全管理实践

相比常规气田开发采气站场,酸性气藏储气库运行压力更高,管道及设备发生腐蚀可能性更大,风险更高,工艺流程上较常规气田开发采气站场而言,还要多一套以注气压缩机为核心的注气工艺流程,因此完整性管理要求更高。结合酸性气藏储气库建设运行的特点,将完整性管理理念贯穿到陕××储气库管道及设备的设计、选型、安装及运行管理中,实现陕××储气库风险管理,保障储气库的安全运行,进一步提高储气库的安全管理水平。

4.1 管道完整性管理

根据天然气管道运行规范及管道完整性管理规范,编制了《储气库管理处天然气管道运行管理细则》,明确了管线巡护、腐蚀检测、置换、清管、阴极保护等重点管理内容,设置阴极保护站1座,采用强制电流阴极保护,在管道进出站场的地方安装相应规格的绝缘接头和保护器。施工过程中,为避免管道下沟回填后在强制电流阴极保护系统投运滞后期发生电化学腐蚀,临时性采用带状锌阳极带,通过测试桩与管道连接,实现管道阴极保护。根据酸性气藏采出气的气质情况对集输管道材质进行了优选(表1)。

表1 陕××储气库天然气管线主要参数

序号	管线名称	设计压力(MPa)	管线规格	长度(km)	防腐材质
1	双向输气管线	10	L360QS – φ508mm×16mm/19mm	9.36	聚乙烯+环氧粉末
2	气源联络线	10	L360 – φ508mm×19mm	1.37	聚乙烯+环氧粉末
3	水平井注气管线	34	L450M – φ219mm×16mm/20mm	1.445	环氧粉末
4	水平井采气管线	12	L360QS – φ355.6mm×14mm/16mm	1.445	环氧粉末
5	直井采气管线(3条)	25	L360QS – φ114mm×12.5mm/14mm	6.615	环氧粉末

2016年,首次对陕××储气库站外管线进行了高后果区基础资料收集及识别工作,结果显示,3条管线所经区域为高后果区。根据陕××储气库管道风险识别情况,制订了陕××储气库风险评价计划,实施风险分析,加强对高后果区的巡护,每半年对确定的高后果区复核一次,及时对高后果区进行更新,对管线加强管线定期检测,缩短检测周期,严格控制运行参数;开展年度普查,对字迹模糊、表面老化的管线标志桩进行更换,对发现的两个阴极保护测试桩未与管线连接的情况进行了整改,对受修路及临时道路改线影响给管道运行安全带来隐患的4处路段进行了临时管道保护及永久道路混凝土管涵管道保护;此外,还开展了管线检测,对10处检测出的破损点进行了开挖验证,结果表明管线整体运行情况良好,阴极保护系统有效,管线沿途土壤腐蚀环境符合要求,管道整体运行风险评估为低风险。

4.2 设备完整性管理

酸性气藏储气库设备管理是储气库完整性管理中最重要的内容。陕××储气库以设备管理为核心,从安全、技术和经济方面加强设备选型,全站生产设备材质除压缩机附属压力容器采用SA – 516 – 70N外,其他设备主要材质为Q145R、Q235R、Q245R、Q245R(正火)和Q345R/16MnⅢ,均具有较高的强度及良好的塑性、韧性、冷弯性、焊接性、耐蚀性。

加强设备管理制度建设,先后编制完成了储气库管理处设备、特种设备、压力容器、气瓶、安全附件、特种作业人员、工艺和设备变更等管理细则,形成了完整的设备管理体系;强化设备的维护保养与检验检测,针对站场压力容器受腐蚀影响造成壁厚减薄等风险,2016 年组织开展了压力容器投用后首次定期检验,明确了压力容器安全状况等级,对压力容器实行分级管理。

合理利用注采转换或集注站春季检修时机,完成对站内容器的清洗测厚、全站阀门及动设备的维护保养、压力容器安全附件的年度校验;在线监测设备运行状态,技术支撑设备安全运行,针对生产中出现的压缩机出口管线振动大,致"U"形管卡固定螺栓断裂、注气分离器水化物冻堵、脱水橇贫富液板式换热器换热效果差等技术难点,组织专项分析会议,集中各专业优势指导解决突出设备难题,为稳固储气库设备安全运行提供有力支撑。此外,还充分应用站场数据采集、数据监控、远程关断、火气检测、安全预警等关键技术,确保各设备运行情况良好。

4.3　站场运营管理

陕××储气库站场采用由功能相对独立并互相联系的过程控制系统(PCS)、紧急停车系统(ESD)、火/气系统(F&G)组成的计算机控制系统,注采井场设置 RTU,在集注站实现站内和井场生产运行参数的集中采集和监视、控制、安全保护。可燃气体报警高限报警值为 40%,低限报警值为 20%,有毒气体泄漏浓度高限报警值为 6×10^{-6}(量程 $0 \sim 30 \times 10^{-6}$),火灾监测报警值为 75%。当现场探测器探测到危险信号时,F&G 系统产生报警,通过操作员站显示报警点物理位置,并启动相关现场声光报警。当多个危险信号同时存在时,根据系统的因果逻辑原理,启动 F&G 系统产生不同于一般情况下的报警形式,提醒操作人员,同时启动装置区的声光报警器。采用霍尼韦尔 SM 冗余容错控制器,对站内装置区实时集中监测、远程截断、报警及连锁保护,提高全站的自动化控制水平及运行的可靠性及安全性,实现安全平稳生产。

陕××储气库工艺装置区内的现场电气设备选用防爆、防腐型设备,并在电缆进出口处采取防爆和密封防腐措施,仪表选型以性能稳定、可靠性高、技术先进适宜、性能价格比高、满足所需准确度要求、操作简单、维护方便、满足现场环境及工艺条件要求、符合环保要求等为原则。对于气动调节阀和执行机构选型,一般场合采用单座调节阀,在压差较大或口径较大的场合选用套筒阀,在存在高压放空的场合选用低噪声、防气蚀的调节阀;调节阀的流通能力、流量特性、允许压差、材质、噪声等级、泄漏量要满足过程控制及环保要求;对于需要在高压差下迅速严密关断的截断阀,选用故障安全性型的单作用弹簧复位气动执行机构,配手轮机构。

4.4　注采井井口优化设计

4.4.1　井口控制系统优化设计

每口注采井井口均安装一套井口控制系统,型号为 MD – WCP0102 – 0705,控制柜及油箱材质均为 304 不锈钢,其采用电动液压控制原理,用于对井下安全阀和井口截断阀实现有效的控制,既可人工现场控制,又可远程控制,还带有高、低压限压保护,停电关井,防火安全控制,可将井口开关状态实时传递到控制室,当井口出现失火、超欠压等紧急情况时,可及时实现对井下安全阀进行关断。井下安全阀选用哈里伯顿 SP 型带自平衡系统的井下安全阀,安全阀内径略小于油管内径,压力等级 70MPa(10000psi),温度等级 120℃。

4.4.2　井口设备优选

陕××储气库注采井采气树材质根据防腐等级选择 FF-NL 级,采用 FLS 手动闸阀,井口截断阀采用 FLS 液动闸阀(表2)。与天然气接触的部分采用纯金属密封,不需要注脂辅助密封。

表2　陕××储气库注采井采气树主要指标

井号	压力等级(MPa)	材质等级	温度等级	规范等级	性能等级
靖平 xx-y-a	69	FF-NL	L-U	PSL3G	PR2
靖平 xx-y-b	35	FF-NL	L-U	PSL3G	PR2
靖平 xx-y-c	35	FF-NL	L-U	PSL3G	PR2

5　酸性气体监测

作为酸性气藏储气库运行重要指标之一,对酸性气体变化规律的监测非常必要。2015—2016 年首轮采气期间,开展气质全分析 190 余井次,监测结果显示,注采水平井 H_2S 含量介于 $18 \sim 138 mg/m^3$ 、CO_2 含量介于 $1.28\% \sim 2.28\%$ 。酸性气体在注采过程中呈现 3 大变化规律:

(1)注气后,区块酸性气体含量整体下降幅度较大,趋势变化明显。CO_2 和 H_2S 变化趋势一致,但变化规律存在差异。

(2)单井注采能力对酸性气体变化有影响。统计表明,注采气量越大,酸性气体含量变化越明显。

(3)酸性气体变化主要受储层非均质性影响。注采水平井和直井注采试验表明,酸性气体变化具有不确定性,在储层非均质性作用下,注采井高压、高流速注气,注入气主要沿优质—中等储层扩散,较差储层段难注入,存在含硫封闭气,采气时低压、低流速下较差储层含硫封闭气得到释放,使得注采井初始存在一定含量的酸性气体(平均 $30 \sim 50 mg/m^3$)。

由于注采时间相对较短,对酸性气体的变化规律的认识还不够深入,需要继续开展研究。对于 H_2S 和 CO_2 变化存在差异的情况,需对二者在注采过程中的规律进一步研究;由于酸性气体含量变化较大,需研究合理的注采周期和平衡期控制酸性气体含量变化。

建议针对区块内酸性气体含量分布较高区域,多注多采降低区域酸性气体含量水平。

6　结论

(1)陕××储气库采用"注采井口双向计量,注采双管,水平井两级降压,直井高压集气,开工注醇,加热节流,三甘醇脱水,净化厂脱硫脱碳"注采工艺技术,经过两轮注采运行,证实该工艺技术能够满足陕××储气库的注采要求。

(2)陕××储气库管道的选材、防腐技术、设备选型及运行参数、井控设计、安全管理系统等均符合站场安全运行管理要求,满足酸性气藏储气库运行需要,具备监视、控制、安全保护储气库运行的功能,为酸性气藏储气库的运行提供了技术保障。

参 考 文 献

[1] 李贤良. 含硫气藏型储气库注采工艺的研究[D]. 西安:西安石油大学,2015.

[2] 李国韬,张强,朱广海,等. 永 22 含硫气藏改建地下储气库钻注采工艺技术[J]. 天然气技术与经济,2011(5):53 - 54,79.

[3] 孔凡群,王寿平,曾大乾. 普光高含硫气田开发关键技术[J]. 天然气工业,2011,03:1 - 4,105.

[4] 韩东. 长庆气田榆林南储气库注采井钻采工艺[J]. 石油化工应用,2012(4):29 - 32.

作者简介:吴孟,助理工程师,现从事油气田地面工艺研究和设备管理工作。联系电话:029 - 86502811,13594169362;E - mail:wumeng_cq@ petrochina. com. cn。

注采井80S管柱不同流速下冲蚀评价及分析

李　慧[1,2]　李明星[1,2]　李琼玮[1,2]　奚运涛[1,2]

(1. 低渗透油气田勘探开发国家工程实验室;
2. 中国石油长庆油田油气工艺研究院)

摘　要:酸性气藏储气库的注采井管柱在冬季强采过程中的服役环境特殊。地层水、凝析水和气相介质组成的高压高流速两相流环境对80S油管柱的冲蚀过程影响较大。采用高压管流冲刷腐蚀试验装置,试验评价了温度为100℃、压力为30MPa条件下,不同流速对80S材料冲蚀速率的影响规律。实验结果表明,在气液两相流环境中,管柱临界冲蚀流速为12~15m/s,在低流速时,腐蚀过程中传质作用占主导作用,而在流速高于临界冲蚀速率时,以冲刷磨损和电化学腐蚀的交互作用占主导。

关键词:注采井;管柱;冲蚀速率;80S

长庆某储气库注采井管柱服役环境十分特殊,一方面,储气库原气藏的垫底气中含有H_2S/CO_2,属于典型的低含H_2S、中含CO_2气田,虽然前期对常规生产气井有较为深入的研究,但储气库注采过程气相分压更高,电化学腐蚀作用相对更强;另一方面,高压、高流速气液两相流的冲刷过程对油管内管壁的剪切力、产物膜和基体微观腐蚀变化都有很重要的影响。如在两相流的高速冲刷下,研究认识或防护措施不当,甚至可能会造成破坏管柱,使管柱过早失效,达不到管柱的正常使用寿命。目前国内外油气田领域的冲蚀研究中,既有以API RP 14E标准等为代表的基于油气开采过程的经验分类方法,还有针对材料的材质、固态沙粒的大小和质量、冲蚀角度、管道几何形状等的专项细致研究[1-4],总体上都是以气固、液固(含沙)情况为主。对于以气相为连续相,液态颗粒为离散相的垂直采气管柱研究较少,因此,需开展流速对储气库管柱耐冲蚀评价研究,以保证储气库环境下的注采井管柱材料服役安全。

1　评价试验

1.1　试验方法

模拟储气库的腐蚀环境,储气库CO_2平均含量为6.01%,H_2S平均含量为553.9mg/m³。腐蚀是以CO_2为主的高压、高流速腐蚀环境。在实验室自行设计并搭建冲刷腐蚀实验装置,进行不同流速条件下的冲刷腐蚀试验。

实验温度为100℃,CO_2压力为0.12MPa,水气比0.1m³/10⁴m³,实验时间7天。

在冲刷实验之后,使用扫描电镜、金相显微镜。激光共聚焦显微镜对冲刷腐蚀的试样形貌以及腐蚀深度进行分析评价,并使用失重法计算材料的冲蚀速率[5-8]。

1.2　试片

材质:80S 试片,尺寸为 30mm×15mm×3mm,化学成分见表1。

试片数量:12 件,在冲蚀流速 5m/s,10m/s,15m/s 和 22m/s 各 3 件。

表1　试片化学成分

钢级	化学成分(%)(质量分数)						
	C	Si	Mn	Cr	P	Mo	S
80S	0.35	0.5	1.20	1.60	0.02	1.10	0.01

试验前试片处理:丙酮去污油,120 目粒度水砂纸研磨,无水乙醇清洗,脱水。

试验后试片处理:酸去膜液清洗表面腐蚀产物,再用无水乙醇清洗并干燥。

1.3　试验装置

管流冲刷腐蚀装置,让气液两相流在高压回路中进行循环,以模拟储气库注采井中的高压高流速环境(图1)。

图1　管流试验装置图

2　结果与讨论

在介质冲刷过程中,由于在介质与壁面剪切力的作用下,一方面,腐蚀过程中生成的保护性的产物膜会被两相流体破坏,使得基体一直暴露在腐蚀性介质中,其冲蚀速率会一直处于最大的状态;另一方面,两相流流体中的液滴以高流速冲击试样表面,会对试样表面造成磨损和破坏,加速腐蚀。从表2和图2可以看出,80S 钢在储气库注采井环境冲蚀速率随着介质流速增加而增加。80S 钢在两相流冲蚀环境中,流速在 10m/s 到 15m/s 区间时,冲蚀速率增加很快(表2,图2)。

表2　不同流速下80S钢的冲蚀速率室内评价结果

流速(m/s)	5	10	15	22
冲蚀速率(mm/a)	0.0790	0.1731	0.4197	0.4948

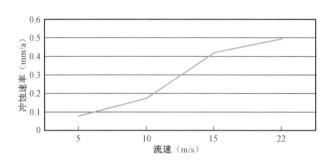

图2　不同流速下80S的冲蚀速率

从以上的实验结果分析,在低流速时,腐蚀过程中传质作用占主导作用,而在流速高于临界冲蚀速率时,以冲刷磨损和电化学腐蚀的交互作用占主导。

图3是不同流速下材料的腐蚀后微观组织SEM照片。从图3中可以看出,随着流速的升高,腐蚀产物的生成更多,流速较低的情况下,产物膜的破损很少,而较高的流速下,产物膜破损非常严重。

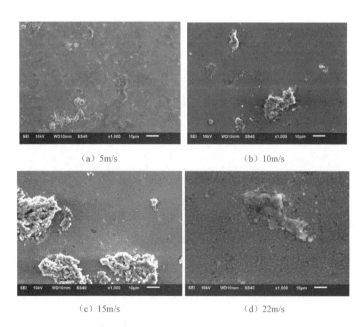

（a）5m/s　　　　　　　　　（b）10m/s

（c）15m/s　　　　　　　　　（d）22m/s

图3　不同流速下80S钢试样的腐蚀微观组织形貌

图4是材料产物膜与基体的EDS表征,可以明显看到两种钢的产物膜破损情况。在图4中可以看出,腐蚀产物膜里有大量的C和O,是由于腐蚀产物膜的主要组成是$FeCO_3$,而从产物膜破损处样品所做的EDS可以看到,破损处钢的基体直接裸露,处于腐蚀介质环境中。

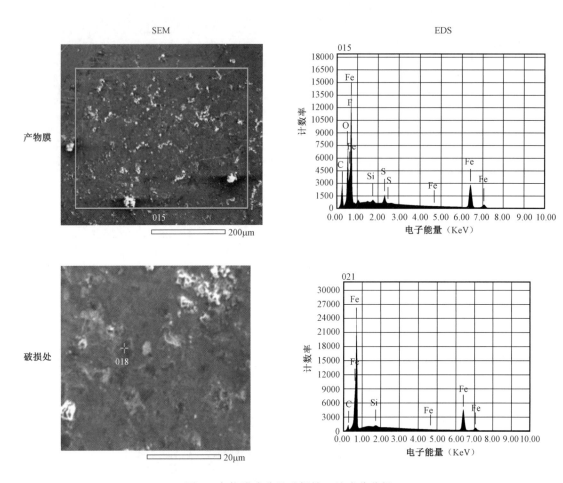

图 4　产物膜成分及破损缺口处成分分析

4　结论

（1）随着流速的增加，管柱冲蚀速率增加，冲蚀速率介于 $0.05 \sim 0.5$ mm/a。

（2）气液两相流环境，固定温度及压力的条件下，油管柱的临界冲蚀流速为 $12 \sim 15$ m/s。在低流速时，腐蚀过程中传质作用占主导作用；而在流速高于临界冲蚀速率时，以冲刷磨损和电化学腐蚀的交互作用占主导。

（3）产物膜主要组成是 $FeCO_3$，产物膜破损处钢的基体直接裸露，处于腐蚀介质环境中。

参 考 文 献

［1］汪爽，倪超，严梦姗. 气体钻井井口装置冲蚀规律研究及优化配置［J］. 钻采工艺，2014，37（5）：8 – 12.

［2］赵国仙，严密林，路民旭，等. 石油天然气工业中 CO_2 腐蚀的研究进展［J］. 腐蚀与防护，1998（2）：51 – 54.

［3］张安峰，王豫跃，邢建东，等. 两种涂层和两种钢在液/固两相流中冲刷与腐蚀的交互作用［J］. 金属学报，2004，40（4）：411 – 415.

［4］Kimura M，Sakata K，Shimamoto K. Corrosion Resistance of Martensitic Stainless Steel OCTG in Severe Corrosion Environments［C］//CORROSION 2007. NACE International，2007.

［5］顾雲,陈川辉,陈君君,等 . 26Cr12Ni 与 25Cr20Ni 不锈钢冲蚀磨损行为的研究［J］. 热加工工艺,2014,
43(8):84 – 86

［6］窦益华,王治国,李臻,等 . 超级 13Cr 钢在蒸馏水和 3. 55wt% NaCl 含砂流体中的冲蚀实验研究［J］. 钻采
工艺,2015,38(1):76 – 78.

［7］鄢标,夏成宇,陈敏,等 . 连续管压裂冲蚀磨损性能研究［J］. 石油机械,2016,44(4):71 – 74.

［8］张安峰,王豫跃,邢建东. 不锈钢与碳钢在液固两相流中冲刷腐蚀特性的研究［J］. 兵器材料科学与工程,
2003,26(2):36 – 39.

作者简介:李慧,女,硕士,工程师,从事油田化学与防腐方面的研究工作。电话:18717390912;
E – mail:lhui2_cq@ petrochina. com. cn。

H 储气库动态监测设计及实施效果

张士杰[1] 贺陆军[1] 杜 果[1] 王 玉[2] 王明锋[1] 赵婵娟[1] 郑 强[1]

(1. 中国石油新疆油田公司采气一厂；2. 中国石油新疆油田公司开发处)

摘 要：H 储气库高速、频繁交替注采的运行模式，使其运行动态特征与气田开发存在明显差异，往复的应力变化也对圈闭动态密封性带来巨大考验。为保障储气库长期安全平稳运行，必须建立系统化、永久化、动态化的动态监测体系，以全面监测周期注采动态特征，气库盖层、断裂的密封性，评价封堵老井、注采井以及监测的工程质量。在利用注采井实施常规监测的基础上，部署了专用监测井和微地震监测井，在注采期开展了工程测井、压力温度测试、产能测试、微地震监测等项目，明晰了气库注采规律，评估了气库整体密封性，从而为周期合理注采方案编制、精细注采调控和生产运行管理提供了决策依据。

关键词：储气库；动态监测；微地震监测；密封性；注采动态参数；气水界面

H 储气库区域构造上位于盆地南缘高陡构造带，地应力强，在高速注采及注采频繁交替过程中容易发生应力的变化，从而可能导致断裂滑动以及气井管柱扭断，破坏气库封闭性；不同注采周期内注采速度和注采气量均存在差异，加上储层非均质性的影响，每个注采周期内地下油、气、水的分布及注采特征不可能完全相同。因此，应高度关注储气库的动态监测，包括对储气库的全方位动态监测和气井的安全检测，建立系统化、永久化、动态化的监测体系，重点监测储气库的密封性、运行动态参数、流体运移及气水界面变化等，科学、合理、有效地部署储气库监测井系统，及时掌握储气库注采动态与安全状况，保障地下储气库长期安全平稳运行。

1 H 储气库动态监测设计

根据 H 储气库建库地质综合研究和可行性方案设计[1]，遵循"系统、准确、使用"的原则，按照"井点部署具有代表性、监测时间具有连续性、监测结果具有可对比性、录取资料具有针对性"的要求，通过在储气库外围合理部署监测井和微地震监测井，结合新钻注采井开展合理的动态监测项目，制订了 H 储气库监测方案（图 1），监测项目主要包括内部温度压力、产能、储气库及气井密封性、气水界面及流体运移等[2]。

1.1 储气库内部温度、压力监测

气藏储层物性好，孔隙度为 19.50%，渗透率为 64.89mD，开采动态表明井间连通性好，井间压降均衡，基本处于同一压力水平。因此，在新钻注采井中选取桩子井定期在井筒内下入高精度存储式电子压力计，测取井底地层压力、温度变化，井筒内压力梯度、温度梯度，测量液面等数据，并记录井口油管压力和套管压力数据，及时掌握气库压力变化动态，确保气库安全平稳运行。

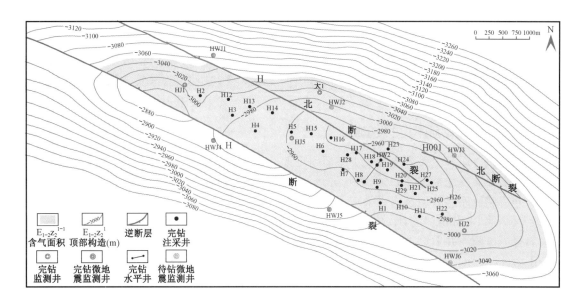

图 1　H 储气库监测井部署图

1.2　流体性质与组分监测

流体组分及性质监测包括天然气、凝析油及水等,应定期系统化永久性监测。定期取天然气样品,进行天然气常规物性及全组分分析;定期取水样和凝析油样品,进行水常规分析和凝析油常规物性分析。

1.3　产能测试

在投运注采井中不同构造位置选取桩子井,每一个注采周期进行一次产能试井和不稳定试井,获取储气层位动静态资料,并分析气井产能变化规律。

1.4　密封性监测

1.4.1　断裂密封性监测

对气藏起控制作用的断裂有 H 断裂和 H 北断裂,在两条断裂中,H 北断裂位于气藏中间,受注采的影响较大,若断裂产生应力集中,则该断裂应先于 H 断裂产生影响,因此对该断裂北侧部署监测井 HJ4 井,结合微地震监测技术和示踪剂监测技术,监测其在强注强采过程中的密封性。

1.4.2　盖层密封性监测

在沙湾组构造高部位部署一口浅层监测井 HJ5 井,结合微地震监测技术和示踪剂监测技术,监测紫泥泉子组紫三段直接泥岩盖层、安集海河组大套泥岩区域盖层的密封性,同时监测注采井固井质量,防止由于目的层段固井质量不合格导致的天然气管外窜。

1.4.3 气井密封性监测

气井的密封性监测主要包括老井封堵质量监测，井下设备腐蚀与损坏监测和套管外气体聚集检测。老井封堵质量监测主要通过观察封堵井井口是否带压来实现，井下设备的腐蚀与损坏情况主要通过磁脉冲探伤测井及静温静压梯度找漏测井检测，管外气体聚集情况主要通过高灵敏温度测井仪检测[3]。

1.5 气液界面及流体运移监测

通过在流体运移主要方向及气水界面附近部署监测井，重点监测储气库运行过程中流体运移及气水界面变化情况，同时兼顾监测储气库运行压力和温度，及时掌握储气库运行状态，为准确分析储气库运行动态提供第一手资料。

在西侧部署一口直井 HJ1，监测气库运行过程中西区边水推进及气液界面变化情况。在东区部署一口监测井 HJ2，监测东区边底水可能的推进情况，同时通过井筒下入高精度存储式电子压力计及温度计，兼顾监测储气库运行压力和温度，及时掌握储气库运行现状，并定期进行气水界面测试和流体取样分析，为准确分析储气库运行动态提供第一手资料[4]。

1.6 微地震监测

微地震监测是通过观测、分析地层压力受外力影响所产生的弹性波（声波）的形式释放出来微小地震事件来监测生产活动产生的影响、效果和地下状态。

根据储气库所处的构造和盖层特征，为了将整个储气库系统置于监测之中，采取地面和井下长期永久观测的办法，地表埋置观测的检波器分布应覆盖整个气库，以提高观测覆盖面。通过对系统模型、井型、井数、深度和感应器间距进行优选，建立了一套适于 H 储气库永久观测的微地震监测系统。在 H 北断裂以北和 H 断裂以南分别部署 3 口微地震监测浅井，中部地区部署 3 口半深井，在井筒中，安放井下检波器、压力和温度感应器，在近地表埋置高灵敏度微地震检波器，实时全方位记录和监测整个储气库范围内的微地震事件。根据记录的微地震事件，通过特殊的数据处理和分析手段，定位引发微地震的震源位置，并确定震源能量，分析震源位置的密集程度及能级大小，实现对储气库内断层活动性、盖层密封性及井筒损失的实时监测，为储气库的安全运行提供保障[5]。

2 应用效果

通过 3 个周期的注采运行，获取了大量的储气库动态监测资料，为注采动态分析、周期注采方案编制和精细注采调控提供了依据，提高了注采管理水平，保障了储气库长期安全平稳运行。

2.1 平面驱替效果较好

经过多周期的注采驱替，全区平面压力分布趋于均衡，监测井压力变化趋势与注采井一致，表明边部注气驱替效果明显，外围注采井已得到了有效动用，平面压力分布整体表现出由高部位向低部位逐级扩散。其中东区边部压力响应明显，HJ2 井压力变化趋势与注采井一致，表明东区注采井外围已得到了有效动用；西区压力上升缓慢，也表现出西区持续逐级动用的趋势（图 2 和图 3）。

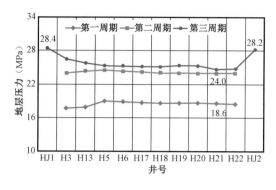

图2　各周期采气末期压力对比剖面图

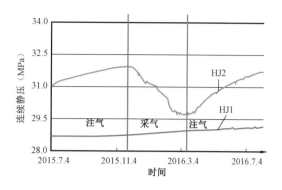

图3　监测井连续静压曲线

2.2　气库整体封闭性好

注采阶段7口井出现小幅度、间歇性油技套环空带压现象,放空检测气体为氢气(无甲烷),分析原因主要是技术套管固井所用防气剂(铝粉)与水泥浆(碱性)化学反应所致,目前环空密封性良好。

注采井均选用气密封管柱,注采期气井套压异常现象普遍,但平衡期套压基本落零,且与井温呈明显正相关,放出介质均为环空保护液。第三周期注气期对带压井H14实施工程测井+静温静压梯度找漏测井,测试显示生产管柱无明显漏失,综合判断套压异常是由于保护液膨胀所致,生产管柱密封性良好(图4)。

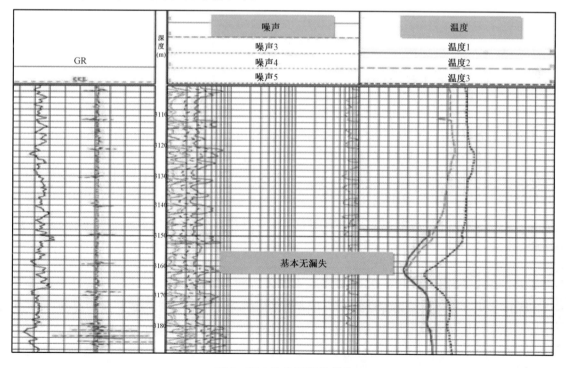

图4　H14井找漏测井曲线

含气面积内已封堵8口老井均未出现井口带压现象,表明老井封堵质量合格。盖层监测井井口无油压显示,测试地层压力基本一致,盖层整体也具备良好的密封性。

微地震监测在H储气库中已监测到多种微地震事件,有效事件信息通过速度模型反演而得,震级在 $-0.1 \sim 2.1$,平均为0.6。其中与储层相关的激发事件发生很有规律性,可以判断在储气库区存在大型机械设备作业。而含气面积内基本无微地震事件响应,气库整体具备良好的密封性(图5)。

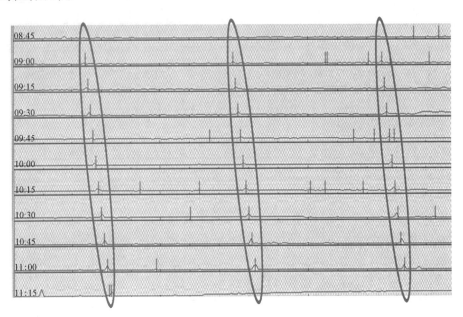

图5　微地震监测重复激发事件解释图

2.3　水淹区域得到有效动用

储气库建成运行后,通过高部位井注采,形成了东高西低的地层压力分布特征,注采平面驱替效果明显,利用示踪剂技术,对注入气进行标识,注入气向地层进行扩散的同时,通过示踪剂浓度的变化能清楚识别注气前缘分布形态及变化趋势。结合地层压力测试结果及示踪剂监测结果,综合判定第三周期注气期末,气库的水侵前缘已逐步向西区外推至H13井区域。H13井2015年试采时日产气量由试气时的 $2.9 \times 10^4 m^3$ 上升至 $32.1 \times 10^4 m^3$,生产水气比由 $1 m^3/10^4 m^3$ 下降至 $0.015 m^3/10^4 m^3$,产出水为凝析水,边部井得以利用,气库水淹区也得到了逐步的动用。

2.4　气井产能逐步恢复

采用注采井定点实施系统试井与一点法测试相结合,确定气井二项式产能方程,评价气井多周期注采能力变化特征。随着储层伤害的逐步解除,气井注采能力均有所提高,地层压力18MPa时,单井平均节点注气能力由 $107 \times 10^4 m^3/d$ 上升至 $155 \times 10^4 m^3/d$,节点采气能力由 $44 \times 10^4 m^3/d$ 上升至 $57 \times 10^4 m^3/d$。

2.5 气库达容达产形势良好

利用注采期局部测压、平衡期全区测压的方式,获取注采期地层压力变化规律及平衡期地层压力分布,结合物质平衡法计算气库动用孔隙体积由初期的 $2996 \times 10^4 \mathrm{m}^3$ 上升至 3789×10^4 m^3 (图6),整体表现出稳步扩容的特征。

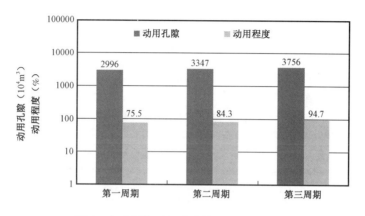

图6 气库周期动用孔隙体积对比柱状图

3 取得的认识

(1)通过部署微地震监测井系统,结合注采井常规动态监测,形成了一种储气库漏失实时预警和密封性实时评价的新方法。

(2)利用数值模拟结合示踪剂监测技术,可准确获取注气前缘位置,评价多周期地层压力和储层含气饱和度变化,掌握储气库注采运行规律。

参 考 文 献

[1] 丁国生,王皆明. 枯竭气藏改建储气库需要关注的几个关键问题[J]. 天然气工业,2011,31(5):87 - 89.
[2] 马小明,余贝贝,马东博,等. 砂岩枯竭型气藏改建地下储气库方案设计配套技术[J]. 天然气工业,2010,30(8):67 - 71.
[3] 杨琴,余清秀,银小兵,等. 枯竭气藏型地下储气库工程安全风险与预防控制措施探讨[J]. 石油与天然气化工,2011,40(4):410 - 412.
[4] 庞晶,钱根宝,王彬,等. 新疆 H 气田改建地下储气库的密封性评价[J]. 天然气工业,2012,32(2):83 - 85.
[5] 张国红,庞晶,蒲丽萍,等. 呼图壁储气库微地震监测系统设计及配套工艺研究[J]. 新疆石油天然气,2014,10(4):82 - 86.

作者简介:张士杰,工程师,现主要从事储气库开发管理工作。联系电话:0990 - 6813110; E - mail:zhangshij1@ petrochina. com. cn。

带边底水气藏型 H 储气库改善注采效果对策研究

杜　果　赵婵娟　杨　丹　张　扬　张刚庆　于　涛

（中国石油新疆油田公司采气一厂）

摘　要: H 储气库自 2013 年投入注采以来,表现出动用程度低、边部区域水侵、气井注采能力低且井间差异大等特征,注采效果较差。为了提高气库注采效率,综合利用动、静态资料,落实水侵状况、注采能力控制因素,并开展库容、井网井控储量及气井注采能力评价,提出了循环吞吐解除储层伤害、平面驱替外推边底水及井间气量均衡配置控制参数变化等对策。通过精细注采调控,气库运行指标逐步改善,为实现后续的快速、有效达容达产奠定了基础。

关键词: 水侵;注采能力;库容;井控特征;注采调控;达容达产

1　储气库注采初期暴露的主要问题

H 气藏为受岩性构造控制的带边底水的凝析气藏,构造形态为被断裂切割的长轴背斜,储层主要为细砂岩和粉砂岩,气层平均孔隙度 19.2% ,渗透率 39.3mD。气藏于 2011 年完成改建储气库初设方案编制,设计部署注采井 30 口,库容 $107 \times 10^8 m^3$,工作气量 $45.1 \times 10^8 m^3$,2013 年 6 月投运。注采初期主要暴露 3 大问题:

(1)库容动用程度低。随着注采井网的不断完善,储气库动用库容量不断增加,但至第三周期采气末期动用区域动态储量 $101.5 \times 10^8 m^3$,仅为天然气原始地质储量 $146.22 \times 10^8 m^3$ 的 69.4% 。

(2)边部区域水侵。边部 4 口井受地层水侵入影响,单井试气最高日产水量达 23.2t,其中 2 口井出现了水淹不出的现象,无法有效利用,水侵对气库的达容和达产造成严重影响。

(3)气井能力低且井间注采不均衡。投运气井平均注采能力仅为设计的 60.8% ,同时周期井间注采气量差异较大,注采期末主力层 $E_{1-2}z_2^1$ 平面地层压力分布极不均衡,随着地层压力不断接近储气库设计运行上限压力 34MPa,井间不均衡注采为气库的整体达容和安全运行带来了较大风险。

H 储气库前 3 个周期的注采运行中暴露出的 3 大问题已影响了储气库达容、达产效果。为解决上述 3 大问题,通过加强地质特征和注采动态规律研究,从提高单井注采能力、减缓水侵影响和井间注采气量合理调控 3 个方面着手改善储气库的注采效果。

2　地质特征及注采规律研究

2.1　动静结合,落实气库库容

H 气藏带有边底水,开发后期西区边水横侵,导致 1 口井水淹停产、2 口井产出地层水。

根据新井测井及试气资料,证实气水界面已整体推进至海拔 -3043m,较原始气水界面上升了 4m,且西区边水沿 $E_{1-2}z_2^1$ 底部优势砂体向东推进到了 13 井区域。结合储层展布状况,计算地层水侵入降低了全区约 10% 的含气孔隙体积。

由于地层水侵入影响,部分地下孔隙将因水锁形成的封闭气难以动用[1],从而降低了气库的有效库容。为进一步落实库容,在气藏开采动态特征研究基础上,利用物质平衡法计算动态储量,并将水侵等因素影响的 10% 孔隙体积作为暂不可动量扣除,同时考虑西二线注入气性质,建立了储气库物质平衡注采动态预测模型:

$$G_{gt}B_{gti} - (w_e - W_pB_w + \Delta V_1 - \Delta V_2) = (G_{gt} - G_{pt})B_{gt} + G_{gt}B_{gti}\left(\frac{c_ws_{wi} - c_f}{1 - s_{wi}}\right)(p_i - p) + G_iB_{gz}$$

根据预测模型得到地层压力与库存量关系曲线(图1),按建库方案设计的压力区间计算,复核储气库库容量 $108.3 \times 10^8 m^3$,工作气量 $45.7 \times 10^8 m^3$,垫气量 $62.6 \times 10^8 m^3$,与方案设计误差不到 2%,因此推荐库容参数仍沿用方案设计指标。由于 $E_{1-2}z_2^{1-1}$ 和 $E_{1-2}z_2^2$ 为合层开发,动态储量无法实现分层评价,因此以气藏静态储量为基础对两层库容实施劈分,其中 $E_{1-2}z_2^1$ 可动孔隙体积为 $2959 \times 10^4 m^3$,$E_{1-2}z_2^2$ 可动孔隙体积为 $1009 \times 10^4 m^3$,对应库容分别为 $79.8 \times 10^8 m^3$ 和 $27.2 \times 10^8 m^3$。

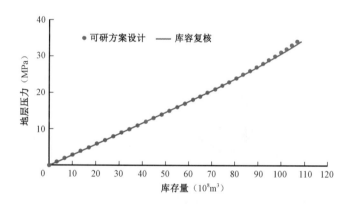

图 1　扣除不可动量前后库存量与地层压力关系图

前三周期库存增量曲线显示,$E_{1-2}z_2^1$ 单位压力库存量保持稳定,单位压力差库存增量由 $2 \times 10^8 m^3$ 上升至 $2.31 \times 10^8 m^3$(图2);$E_{1-2}z_2^2$ 单位压力库存量保持稳定,单位压力差库存增量由 $0.28 \times 10^8 m^3$ 上升至 $0.68 \times 10^8 m^3$(图3),两层均表现出逐步扩容的特征。

利用储气库盘库分析模型计算第三周期储气库动用孔隙体积 $3756 \times 10^4 m^3$,其中 $E_{1-2}z_2^1$ 动用 $2906 \times 10^4 m^3$,$E_{1-2}z_2^2$ 动用 $850 \times 10^4 m^3$,分别达到复核后的 98.2% 和 84.3%,气库库容复核结果可靠。

2.2　深化认识,剖析产能控制因素

结合新井试气产能及注气能力大小,已完钻的 29 口注采井可分为 3 类,I 类和 II 类井位于气库的构造高部位,III 类井均位于边部,其中注采能力较强的 I 类井仅占总井数的 59%(表1)。

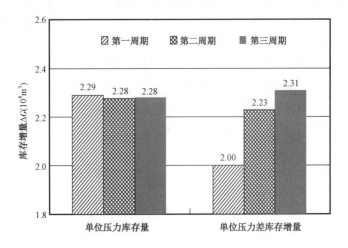

图 2　$E_{1-2}z_2^1$ 库存增量曲线

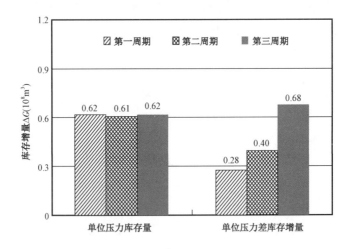

图 3　$E_{1-2}z_2^2$ 库存增量曲线

表 1　注采井节点能力统计表

类别	井数（口）	节点注气能力（$p_{wh}=30MPa, p_i=18MPa$）（$10^4 m^3/d$）	节点采气能力（$p_{wh}=10MPa, p_i=18MPa$）（$10^4 m^3/d$）	达到设计比例（%）
Ⅰ类	17	115	53	68.1
Ⅱ类	5	85	19	36.1
Ⅲ类	7	—	5	7.1
合计/平均	29	/108	/45	/60.8

注：p_{wh}—油管压力；p_i—地层压力。

　　Ⅰ类和Ⅱ类井均实施了 $E_{1-2}z_2^{1-1}$ 和 $E_{1-2}z_2^{1-2}$ 两层合注合采，主力层 $E_{1-2}z_2^{1-2}$ 气层发育稳定，储层有效厚度、物性与气田开发老井均基本一致，但两类井注采能力较气田开发老井均偏低。试气复压解释结果表明储层伤害严重，平均表皮系数达 12.5。Ⅱ类井开发阶段未动用的

$E_{1-2}z_2^{1-1}$ 发育有差气层,地层压力系数保持在 0.96,受储层伤害和层间干扰影响,主力层 $E_{1-2}z_2^{1-2}$ 试气未参与渗流,表现出 $E_{1-2}z_2^{1-1}$ 高压、低渗透储层的特征。因此,判断储层伤害是造成 Ⅰ 类和 Ⅱ 类井注采能力未达到设计且井间差异较大的主要原因。

7 口 Ⅲ 类井位于储气库 $E_{1-2}z_2^1$ 边部区域,主力层 $E_{1-2}z_2^{1-2}$ 砂体发育厚度减薄。其中 4 口井受水侵影响,测井解释储层含水饱和度高达 57%,岩心相渗曲线显示储层气相渗透率降低了近 80%[2],导致注采能力明显偏低。其余 3 口井虽未受水侵影响,但复压解释表皮系数高达 9.7,因储层发育差且伤害严重,出现了试气产能低或不产气的情况。

2.3 分层评价,明确注采井控特征

利用产量不稳定分析方法,将 Blasingame 分析[3]模型引入到注采井动态拟合中,以求取单井井控储量。通过对第三周期采气期 23 口井拟合结果显示,受采气期较短的影响,相对气藏开发,采气井井控半径偏小,为 220 ~ 509m,平均为 363m。井网采气井控孔隙体积为 $2723.1 \times 10^4 m^3$,控制程度为 68.6% ;$E_{1-2}z_2^1$ 投运的 20 口井井控孔隙体积 $2333.1 \times 10^4 m^3$,控制程度为 78.8% ;$E_{1-2}z_2^2$ 投运的 3 口井井控孔隙体积 $389.9 \times 10^4 m^3$,控制程度为 38.6%。

注气期时率相对较长,井控半径高于采气期,拟合第四周期投运的 23 口注采井井控半径为 237 ~ 636m,平均为 424m。井网注气井控体积为 $3380.5 \times 10^4 m^3$,控制程度为 85.2% ;$E_{1-2}z_2^1$ 投运的 20 口井井控孔隙体积 $2628.6 \times 10^4 m^3$,控制程度为 88.8% ;$E_{1-2}z_2^2$ 投运的 3 口井井控孔隙体积 $751.9 \times 10^4 m^3$,控制程度为 74.5%。

全区井控半径叠合图显示,$E_{1-2}z_2^1$ 边部(图 4)及 $E_{1-2}z_2^2$ 西区(图 5)井网控制程度较低。$E_{1-2}z_2^1$ 目前井网利用率为 84.6%,预计井网全部利用后气库库容可得到全部的控制。$E_{1-2}z_2^2$ 目前仅有 1 口注采井未利用,预计部署的 4 口井全部投运后仍无法实现该层库容的整体控制,具备一定的布井潜力。

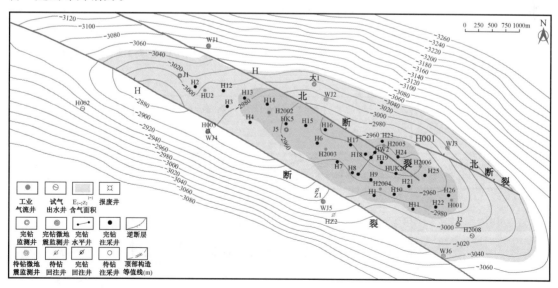

图 4 $E_{1-2}z_2^1$ 单井注气井控范围示意图

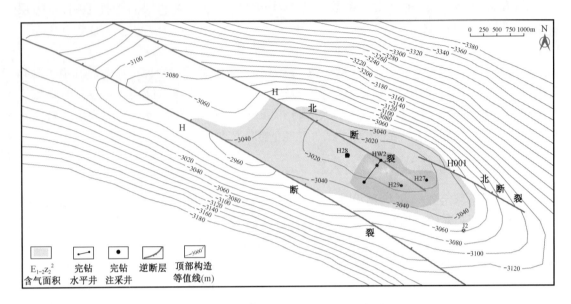

图 5 $E_{1-2}z_2^2$ 单井注气井控范围示意图

3   改善注采效果对策

3.1   解除储层伤害,释放注采能力

Ⅰ类和Ⅱ类井注采能力未达到方案设计的主要原因是储层污染,表皮因子敏感性分析[4] (图 6)表明,随着储层伤害的逐步解除,气井的注采能力将不断提高,预计伤害完全解除后,Ⅰ类和Ⅱ类井平均应急采气能力可达到 $90.1 \times 10^4 m^3/d$,与初设方案设计的 $88.8 \times 10^4 m^3/d$ 基本一致。第三周期采气期内开展了最大产量测试,单井实际采气能力与目前污染状况下产能方程计算结果基本一致(图 7),预计随着储层伤害逐步解除,Ⅰ类和Ⅱ类井气井调峰能力恢复至设计水平。

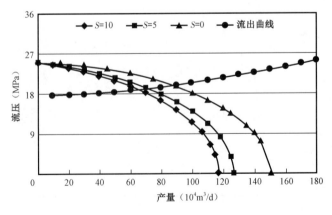

图 6   Ⅰ类井表皮因子敏感新分析曲线

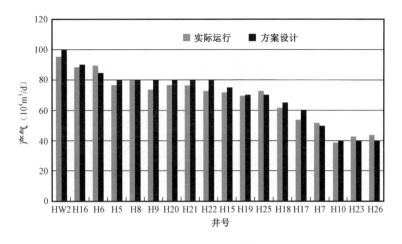

图 7　第三周期采气最大产量与预测对比

3.2　恢复井点利用,提高井控程度

　　针对储气库边部区域水侵的问题,首先利用东区构造高部位气井先注气(图8),形成压力平面逐级扩散(图9),以逐步实现边底水的外推,恢复边部水淹井点的有效利用。

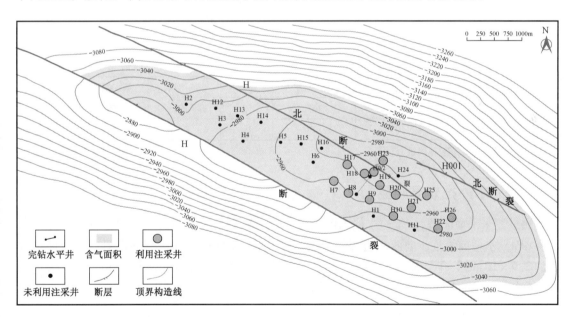

图 8　第一周期注气期利用井网分布图

　　同时,针对储气库边部3口井因储层伤害严重影响而注采能力极低的问题,在采气期实施多轮试采,并在注气期放大注气压力,逐步解除储层伤害,恢复单井注采能力,实现有效注采。

3.3 合理配产配注,确保井间均衡注采

利用井控半径拟合结果及气井注采能力方程,采用物质平衡分析模型,评价注采井井控区域剩余储集能力及有效工作气量,通过周期累计注采气量的控制,确保注采期地层压力均控制在设计压力区间内。综合物质平衡分析模型与节点分析模型,建立气井注采参数预测模型,对注采期单井地层压力及井口油压实施拟合分析,确保井间地层压力与井口油压均衡变化,实现井间的平稳注采。

4 应用效果

4.1 气井注采能力逐步提高

注采期内对具备利用条件的 I 类和 II 类井放大注采制度,利用循环注采吞吐解除储层伤害。 I 类井复压解释表皮系数由初期 12.8 下降至 5.1,计算节点注采能力分别提高了 42% 和 15%(表2)。 II 类井主力层 $E_{1-2}z_2^{1-2}$ 开始参与渗流,典型井 H19 井复压解释渗透率由初期的 4mD 上升至 28mD,计算节点注采能力分别提高了 46% 和 147%(表2),储层伤害解除效果突出。同时,3 口未受水侵影响的 III 类井通过放大注气压差注气,并结合采气期试采放喷,目前均已成功恢复注采,新增日采气量 $23 \times 10^4 m^3$,日注气量 $41 \times 10^4 m^3$。

表2 I 类和 II 类井周期节点能力统计表

类别	节点注气能力($p_{wh}=30MPa$,$p_i=18MPa$)($10^4 m^3/d$)			节点采气能力($p_{wh}=10MPa$,$p_i=18MPa$)($10^4 m^3/d$)			
	第一周期	第二周期	第三周期	试气	第一周期	第二周期	第三周期
I 类	115	145	163	53	56	59	61
II 类	85	109	124	19	39	44	47

注:p_{wh}—油管压力;p_i—地层压力。

4.2 边底水外推效果明显

通过注采平面驱替,位于边水侵入前缘的 H13 井区域地层压力由初期的 16.6MPa 上升到 26.4MPa。水侵前缘逐步向西区边部外推,试气产地层水的 H13 井第三周期日产气量由试气时的 $2.9 \times 10^4 m^3$ 上升至 $32.1 \times 10^4 m^3$,生产水气比由 $1m^3/10^4 m^3$ 下降至 $0.015m^3/10^4 m^3$,产出水为凝析水,气库水淹区得到了逐步的动用。

4.3 井间实现均衡注采

通过井间注采气量的合理调控,第三周期注气末期全区压力分布更加均衡,注气集中区域地层压力基本保持一致,且东西向地层压力差异由第一周期的 8.9MPa 下降至 4MPa(图9)。采气末期全区地层压力分布均衡,第三周期位于边水侵入前缘的 H3 井区域地层压力略高(图10),形成了良好的隔水屏障,确保了气库的平稳注采运行。

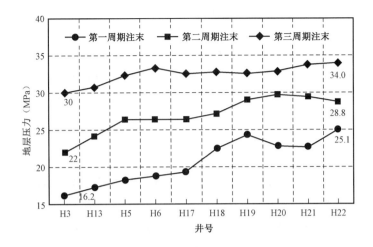

图9 多周期注气末期地层压力剖面图

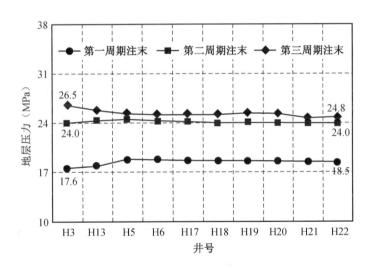

图10 多周期采气末期地层压力剖面图

4.4 气库达容达产形势良好

随着气井注采能力的逐步恢复和投运井网的不断增加,气库的达容达产形势逐步变好。预计第四周期注气结束后全区库存量可达到 $97.46 \times 10^8 \mathrm{m}^3$,达容率 91.1%。投运井网应急采气下限压力 25MPa 时最大采气能力可达到 $1634 \times 10^4 \mathrm{m}^3$。若 2017 年调峰采气与应急采气同时发生时,气库 240 天可累积采气 $35.5 \times 10^8 \mathrm{m}^3$,基本满足 $36 \times 10^8 \mathrm{m}^3$ 达产需求。结合目前的扩容规律,预计 2019 年可实现气库的有效达容,达容周期 6 年,与初设方案一致。

5 取得的认识

(1) 对于带边底水的气藏型储气库,地层水侵入将严重影响气库库容,在建库阶段需加强气藏气水关系的研究,并在库容参数及周期注采方案设计时充分考虑地层水的影响,才能保障气库库容设计和周期注采指标制订的合理性。

（2）利用废弃气藏改建的储气库，初期地层压力系数较低，在钻井及试气时应重点加强储层保护，减少储层伤害，以确保单井注采能力的充分发挥。

（3）储气库高速注采时井控半径有限，在注采方案设计时需结合气井注采能力方程及井控特征进行综合分析，以实现井间注采参数的均衡变化，确保气库的安全、平稳运行。

符 号 释 义

G_{gt}—建库前天然气库存量，m^3；B_{gti}—原始天然气在建库前地层压力下体积系数，f；W_e—建库前总水侵量，m^3；W_p—建库前累积产水量，m^3；B_w—地层水体积系数，f；ΔV_1—反凝析影响孔隙体积，m^3；ΔV_2—水锁影响孔隙体积，m^3；G_{pt}—累计采出干气量，m^3；B_{gt}—注采混合天然气在建库前地层压力下天然气体积系数，f；c_w—地层水压缩系数，$10^{-4}/MPa^3$；c_f—岩石压缩系数，$10^{-4}/MPa^3$；S_{wi}—束缚水饱和度；p_i—建库前地层压力，MPa；p—注采后地层压力，MPa；G_i—累积注入干气量，m^3；B_{gz}—注入干气体积系数。

参 考 文 献

[1] 胥洪成,王皆明,李春.水淹枯竭气藏型地下储气库盘库方法[J].天然气工业,2010,30(8):79-82.
[2] 唐立根,王皆明,丁国生,等.基于开发资料预测气藏改建储气库后井底流入动态[J].石油勘探与开发,2016,43(1):127-130.
[3] 陈海龙,关文均,赵伟,等.物质平衡拟时间在低渗气藏动态分析中的应用[J].天然气技术,2007,1(6):53-56.
[4] 藤赛男,李相方,李元生.气井近井储层污染对高速非达西渗流的影响[J].断块油气田,2014,21(1):62-66.

作者简介：杜果,工程师,现主要从事储气库开发研究工作。联系方式:0990-6813110；E-mail:duguo@petrochina.com.cn。

文96地下储气库清洁生产技术

腰世哲

（中国石化天然气榆济管道分公司中原储气库管理处）

摘　要：在分析文96地下储气库工程建设及后期运行中污染物的类型和特征的基础上，通过对施工作业的特点、污染物产生环节、控制措施等的深入研究，优化注气压缩机组及三甘醇再生装置降噪设计，采取污水凝液密闭外输、采气凝液处理后回注地层等工艺措施，形成了一整套适合于文96地下储气库的清洁生产技术。通过现场应用减少了污水排放、削减了固体废物、杜绝了噪声污染，真正实现了清洁环保生产，对促进同类型地下储气库的清洁生产具有借鉴意义。

关键词：地下储气库；注采井；污染控制；清洁生产；注气；采气

1　概况

天然气地下储气库具有安全可靠、存储量大、调节范围宽、运行成本低等优点[1]，已经成为最重要的储存、调配天然气的基础设施，是大型输气管网系统不可缺少的配套部分。文96储气库为典型的枯竭气藏储气库，它的主要作用是满足季节调峰、突发事件应急供气需要，保证榆林—济南输气管线安全、平稳供气。

文96储气库建设工程分为地下与地面两部分。地下工程包括钻井工程、封修井工程、注采工程，涉及14口新钻注采井、63口老井封修井；地面工程包括线路工程和站场工程，涉及22km输气干线、1座注采站和5个单井站场。工程现场施工作业主要包括钻完井、修封井、测井、录井、地面工程建设等环节。气库投产后注气期榆济线富余气量自清丰分输站通过输气管道输至中注采站，经计量、分离、过滤、增压、降温后，通过注采阀组、单井计量、单井管线、采气树注入气井；在采气期，气井来气经单井管线、注采阀组、生产分离器、三甘醇脱水、丙烷制冷脱烃、气质分析、露点监测、计量，再经输气管道，在清丰分输站进入榆济线（图1）。

由于地下储气库建设工程涉及施工环节多、注采气生产工艺相对复杂，在工程建设及后期生产运行过程中不可避免地会对周围环境产生影响。施工及生产过程中产生含油污泥、污水、固废等污染物，这些污染物如果得不到合理处理处置，将污染周围环境，不符合清洁生产及HSE管理要求[2,3]。因此，工程建设及生产过程中污染防治工作，对于提高环保管理水平、改善区域生态环境具有重要意义。清洁生产是指将综合预防的环境策略持续地应用于生产过程的产品中，以便减少对人类和环境的风险[4]。实施清洁主产是促进文96储气库可持续性发展的最有效途径之一。

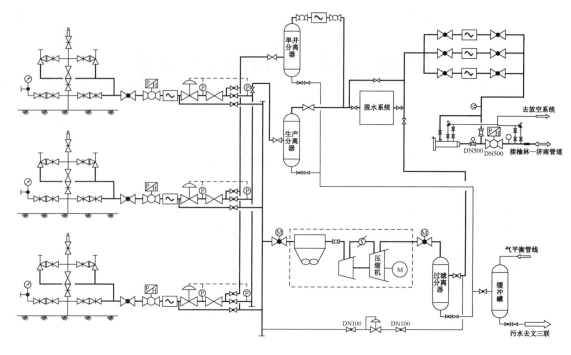

图 1　文 96 地下储气库工艺流程示意图

2　施工过程污染控制

施工期对环境的影响主要来自:(1)钻井作业;(2)老井处理工程的封堵作业;(3)地面工程的建设作业。这些施工活动对环境的影响方式、程度及持续时间各不相同。

2.1　钻井过程中污染物控制及处置

钻井一般包括钻井、录井(取心)、测井、固井以及井口安装等工程活动。在钻井过程中,除永久占用土地改变了土地利用功能外,还将产生一定量的废气、废水、固体废物和噪声[5],但各种污染物的排放仅发生在钻井周期内,一旦钻井完成,排放即告结束。

2.1.1　废水

钻井废水主要为钻具和钻台冲洗水、柴油机冷却水及钻井液废水等。钻井作业产生的废水全部排入井场防渗废水池暂存。完井后上清液收集后用槽车运至文一污水处理站,统一采用混凝分离技术进行预处理达标后,再掺入采油污水系统进行回注地层;池底物与废弃泥浆一起固化填埋处置,填埋后泥浆池顶覆土处理。

2.1.2　固体废物

(1)钻井岩屑。

钻井岩屑是在钻井过程中连续产生的,岩石被破碎成岩屑,其中约 50% 混入钻井泥浆中,其余由泥浆循环泵带出井口,经过地面的振动筛分离出来。钻井岩屑是由岩石破碎而来,其本身无污染,不含有毒有害成分[6],钻井期间暂存于井场防渗泥浆池中,与废弃泥浆混合,即成为了第Ⅱ类一般工业固体废物。完井后经过无害化固化处理后填埋,表层覆土处置。

(2)废弃钻井泥浆。

废弃钻井泥浆产生于钻井和完井工程中,主要有:① 被更换的不适于钻井工程和地质要求的钻井液;② 因部分性能不合格而被排出的钻井液;③ 由钻井液循环系统跑冒滴漏等排出的钻井液;④ 完井时井筒内被替出的钻井液[7,8];⑤ 部分钻屑混入。一般来说,废弃钻井泥浆的 pH 值较高,长期在废钻井泥浆池储存,容易造成井场附近土地盐碱化。现场所用钻井液为预水化膨润土、聚合物钻井液、饱和盐水钻井液、微泡防漏钻井液,均属于水基钻井液。钻井过程中产生的废弃泥浆及岩屑一同存放在井场周围设置的防渗泥浆池中。钻井结束后对防渗泥浆池进行无害化固化填埋处理,填埋处理后上层覆土 50 ~ 60cm,进行复耕,恢复生态环境。

(3)噪声。

在钻井过程中对钻井区域设置隔声板形成声屏障,或对柴油发电机设置隔声板房并加装消声器,现场操作人员配备一定的防护用品等措施,可在一定程度上降低噪声对环境及操作人员的影响程度。另外,钻井是一个时间相对较短的作业过程,其噪声源将随钻井作业的结束而消失,可认为钻井过程中产生的噪声是可以接受的,且井场周围近距离内无固定居民,不会产生扰民现象。

2.2 封修井

封堵作业主要包括井场勘察、搬迁、压井、安装防喷装置、起管柱、通井、刮削、洗井、抽砂、完井等工艺。在封堵过程中,除临时占用土地改变了土地利用功能外,还将产生一定量的废气、废水、固体废物和噪声,但各种污染物的排放仅发生在封井周期内,一旦封井完成,排放即告结束。

2.2.1 废液

封堵过程中的压井、洗井工艺需使用压井泡沫液及清水,压井泡沫液等需要现场配置,会产生废液。废液有以下特点:(1)间歇排放,每口井排放量为 10 ~ 200m³;(2)由于含有大量高分子有机物,COD 浓度高,一般 1000 ~ 10000mg/L 不等;(3)废液中石油类含量为 10 ~ 1000mg/L。现场废液通过洗井水回收管线,收集、排至放喷池和污水池,及时用罐车清运至文一污处理站处理达标后回注地层,不外排。

2.2.2 废气

废气主要为机械燃油尾气及扬尘。施工期间各类施工机械流动性强,所产生的废气较为分散,在易于扩散的气象条件下,施工机械尾气及扬尘对周围环境影响不大。现场施工加强车辆保养,保证车辆尾气达标排放。

2.2.3 固体废物

施工过程产生的固体废物主要为套管头、井口装置、电线杆、药品包装袋、废旧胶皮、桶、塑料袋等施工废料,每口井作业周期约 30 天,产生量约为 6t,属于第Ⅰ类一般工业固体废物。施工结束后对井场(作业区域)、固体废物暂存场所等进行全面清理,将套管头、井口装置、电线杆等回收利用,药品包装袋、废旧胶皮、桶、塑料袋等进行分类收集、暂存后委送至濮阳县市容环境卫生主管部门指定的垃圾处理站处理,做到现场整洁、无杂物,地表土无污染。

2.2.4 噪声

在老井封堵施工过程中,运输车辆及重型机械设备的使用会产生噪声影响。施工设备噪声源主要为搅拌机、切割机及运输车辆等,噪声值为 $85\sim90dB(A)$,施工区域40m可达噪声排放标准。此外,由于老井封堵施工周期短,且井场周围60m范围内没有常驻居民,因而不会产生噪声扰民现象。

2.3 地面建设过程中污染物控制及处置

2.3.1 废气

运输车辆尾气主要污染物为 NO_x,CO及THC等及车辆行驶、地面开挖等扬尘。施工期间各类施工机械流动性强,所产生的废气较为分散,在易于扩散的气象条件下,施工机械尾气及扬尘对周围环境影响不大。但由于施工机械较多,施工单位应注意车辆保养,尽量保证车辆尾气达标排放,并注意合理安排运输路线(选择远离敏感目标及路况好的路线)及控制车速。

2.3.2 废水

施工场地四周设置防洪沟、临时渣场设置挡渣墙、雨水池,施工废水经防渗沉淀池处理后回用于地面洒水抑尘及车辆冲洗,防止对周边水体产生污染。施工人员的生活污水全部排入临时建设的防渗旱厕,与农户结合综合利用于井场周围田地。

2.3.3 固体废物

固体废物主要是指施工废料及建筑垃圾。施工结束后对施工废料及建筑垃圾进行全面清理,金属、管材等部分回收利用,不可利用的转运至濮阳县市容环境卫生主管部门指定垃圾处理站集中处理。

2.3.4 噪声

地面工程的噪声主要包括装载机、推土机、挖掘机、打桩机、空压机、钻机和各类机泵等产生的噪声,此外,还有车辆运输过程中产生的噪声。施工期的噪声源较多,且源强一般较大。为减小施工噪声对环境的影响,采取选择低噪声设备并加强维护、设置施工屏障、合理布局、科学安排作业时间、控制车速及鸣笛等措施。

3 运行期清洁生产工艺

气库生产运行期对环境的影响主要发生在注采站及各井场。管网采用密闭输送,正常生产状况下无污染物产生,对环境的影响主要来自各工艺站场。由于地下储气库的主要作用是季节性调峰,运行中分别有注气、采气两种不同的工况。注采站在不同工况下的运行工艺是不同的,从而导致污染物排放情况也随工况的不同而变化。

3.1 全阶段持续

3.1.1 无组织废气

为保证注采站正常的安全生产,生产装置均采用国内、国际先进的设备和材料、充分保证管道、接头及阀门的密封性,且采用天然气密闭集输工艺,生产现场基本没有气体泄漏,大气监测各项指标合格。

3.1.2 生活污水

生活污水产生量约为 $1.83m^3/d$,每年产生生活污水 $667.9m^3$,主要污染物为 COD 及氨氮。经污水一体化处理装置处理后排放至文一污处理达标后回注地层(表1)。

表1　生活污水排放情况

单元	污水种类		排放量（m^3/a）	主要污染物			环保措施及排放去向
				名称	浓度		
					mg/L	t/a	
注采站	1	生活污水	667.9	COD	<300	1.55	经预处理及一体化污水处理设施处理达《省辖海河流域水污染物排放标准》（DB 41/777—2013）
				氨氮	<30	0.16	

3.1.3 地面冲洗废水

地面冲洗水经沉淀后,污水管输运至文一污处理达标后回注地层;池底物委托环卫部门有偿处置。

3.2 注气阶段

注气阶段,除全阶段持续产生的污染物外,还有压缩机组、分离器、空冷器、机泵、注气汇管等设备产生的噪声[9],压缩机组更换的废润滑油。

3.2.1 噪声

注气阶段噪声主要是由压缩机组、空冷器、分离器、机泵、注气汇管等设备产生的(表2)。源强最大的设备为压缩机组及空冷器,通过优化压缩机组和空冷器降噪设计,有效降低了现场噪声。

表2　注气阶段主要发声设备

单元	声源设备		操作数量（台/个）	声源位置	声压级 dB(A)	声源高度（m）	运行特征
注采站	N_1	分离器	5	室外	60~65	2~10	连续运行
	N_2	压缩机组	3	室内	80~85	1	连续运行
	N_3	空冷器	3	室内	80~90	5	连续运行
	N_4	机泵	3	室外	75~80	1	连续运行
	N_5	注气汇管	1	室外	60~65	1	连续运行

3.2.2　固体废物

注气压缩机运行一定时间后需进行维修保养,更换产生废润滑油,属于危险废物,润滑油由有危险废物处置资质的单位回收利用,不会产生二次污染。维修保养时,处置单位按危险废物的有关规定,将废润滑油直接装桶运走,不设临时储存设施。

3.3　采气阶段

采气阶段,除全阶段持续产生的污染物外,还有三甘醇脱水装置、分离器、分液罐、缓冲罐产生的废水,主要污染物为 COD、石油类及极少量三甘醇;注采站内的燃气重沸器将产生燃气废气;分离器、过滤器将产生滤渣;机泵、分离器和重沸器等设备产生的噪声。采气过程创新应用音速喷嘴单井流量控制先进技术,利用气藏能量,保证流程简化实用,达到了节能降耗的目的。

3.3.1　水污染物

采出的天然气在注采站内的分离器的气液分离过程中会产生少量生产废水,即采气废水(凝析水)。该凝析水含有微量的烃类物质及石油类(机泵),水质较好,收集于污水缓冲罐内暂存,管输至文一联进行三相分离,污水再管输至文一污处理达标后回注地层。

除此之外,还有少量过滤器、三甘醇再生装置废水排放。该再生废水含有微量的烃类、三甘醇物质及石油类(压缩机泵),水质较好,收集污水缓冲罐内暂存,管输至文一联进行三相分离,污水再管输至文一污处理达标后回注地层。

3.3.2　大气污染物

采气阶段主要为重沸器(使用天然气作燃料)燃烧烟气,通过高 12m、内径 300mm 的烟囱排放,排放污染物为 NO_x、烟尘和 SO_2(表 3)。注采站重沸炉的 SO_2 及烟尘排放浓度满足 GB 9078—1996《工业炉窑大气污染物排放标准》中的二级标准限值,NO_x 排放浓度满足参照的 GB 16297—1996《大气污染物综合排放标准》中的标准限值。

表 3　采气阶段大气污染物排放情况

单元	污染源(数量)		废气量(m³/a)	污染物排放量(kg/a)			污染物排放浓度(mg/m³)		
				NO_x	烟尘	SO_2	NO_x	烟尘	SO_2
注采站	G_3	重沸器(1 台)	97.5×10^4	144	9	9	147.7	9.2	9.2
标准限值(mg/m³)			—	—	—	—	240	200	850
达标情况							达标	达标	达标

3.3.3　噪声

采气阶段的噪声主要是由注采站的机泵、分离器和三甘醇再生装置中的重沸器等设备产生的(表 4)。噪声源强最大的设备为重沸器,现场噪音指标符合要求。

表4　采气阶段主要发声设备

单元		声源设备	操作数量（台/个）	声源位置	声压级 dB(A)	声源高度（m）	运行特征
注采站	N_1	分离器	7	室外	60~65	2~10	连续运行
	N_2	机泵	6	室外	75~80	1	连续运行
	N_3	采气汇管	1	室外	60~65	1	连续运行
	N_4	三甘醇重沸器	1	室外	75~85	1	连续运行

4　结论与认识

（1）根据文96地下储气库钻井、封修井及地面建设等工程施工特点和污染类型，结合现场施工工艺，提出了有针对性的控制污染具体措施，较好地实现了施工过程污染控制。

（2）鉴于储气库注采气生产特点，结合现场注采气工艺、污染类型及分布，优化压缩机房降噪设计，采取污水凝液密闭外输、采气凝液处理后回注地层及生活污水一体化处理等工艺技术措施，研究形成了适合于文96地下储气库的清洁生产技术。生产实践表明，所形成的清洁生产技术达到了零污染、低排放、节能降耗的效果，实现了气库清洁生产。

（3）枯竭油气藏地下储气库是我国最重要的储气库类型，应加强枯竭油气藏地下储气库清洁生产配套技术研究，有效推进地下储气库清洁生产，实现经济与环境协调发展的目标。

参 考 文 献

[1] 李建中,徐定宇,李春.利用枯竭油气藏建设地下储气库工程的配套技术[J].天然气工业,2009,29(9):97-99.
[2] 王先朝,杜难,黄磊,等.清洁生产工艺在呼图壁气田的应用[J].油气田环境保护,2013,23(6):4-6.
[3] 刘晓澜.石油开采企业清洁生产工艺[J].辽宁化工,2009,38(5):329-330.
[4] 钱易,庸孝炎.环境环保与可持续发展[M].北京:高等教育出版社,2006.
[5] 陈立云.川渝地区钻井作业清洁生产工艺技术研究[D].成都:西南交通大学,2010.
[6] 赵春林,温庆和,宋桂华,等.清洁生产在石油钻探行业中的应用[J].新疆环境保护,2009,31(1):25-27.
[7] 付太森,腰世哲,纪成学,等.文96地下储气库注采井完井技术[J].石油钻采工艺,2013,35(6):44-47.
[8] 腰世哲,靳文博,刘强.煤层气固井过程中的储层伤害与保护[J].西部探矿工程,2013,12(3):43-46.
[9] 陆新东,单新煜,罗强.金坛储气库西注采站噪声治理工艺措施[J].石油工程建设,2007,33(5):75-78.

作者简介:腰世哲,男,硕士,工程师,现从事天然气地下储气库生产管理工作。通信地址:(457000)河南省濮阳市濮东产业集聚区新东路南段中石化天然气榆济管道河南维抢修中心。电话:15383191966。E-mail:yaoshizhe@163.com。

地下储气库生产管柱循环注采轴向力分析

张　弘[1,2]　申瑞臣[2]　胡耀方[2]

（1. 中国石油勘探开发研究院；2. 中国石油集团钻井工程技术研究院）

摘　要: 地下储气库注气、采气引起生产管柱温度和压力的周期性变化,导致管柱的轴向力交替变化。为提高生产管柱设计安全性,需定量分析生产管柱在不同工况的轴向力特征。基于不同工况下管柱温度压力分布,根据管柱力学基本原理,分析了注采周期中管柱轴向力的变化特征。结果表明:一个注采周期内,管柱轴向力变化幅度较大;注气中温度降低,轴向收缩使大部分管柱处于拉伸状态,采气中温度升高,油管可能发生屈曲;因此,应重视交替注采引起的管柱疲劳。一般情况下,井口生产管柱受拉力,底端可能发生屈曲处于复合应力状态。除温度压力外,运行压力、注采流量、管柱初始松弛力和油管与套管之间摩擦系数都影响管柱屈曲和轴向力分布。

关键词: 储气库;生产管柱;轴向力;屈曲;循环注采

1　概述

地下储气库建设运营中重视建井质量,注采井按至少30年不修井的原则进行寿命设计[1]。储气库运营中,受注采井周期性注气、采气和由此带来的温度、压力周期性变化的影响,注采管柱将长期处于周期性变化的复杂应力状态[2,3]。研究注采中的管柱应力响应特征对于优化管柱设计、提高注采管柱完整性和预防交替注采引起的管柱疲劳失效具有指导意义。

注采管柱的径向变形相对轴向变形很小,主要分析其轴向受力与变形。注气和采气过程中,管柱的温度、压力变化及气体流动对管柱的摩擦力,造成注采管柱轴向应力和变形的交替变化,主要包括:气体流动对管柱的摩擦力,造成拉伸变形;注气中温度降低,采气中温度升高,管柱受到的热应力变化,引起管柱的轴向变形;同时,压力分布变化,活塞力、有效屈曲力发生变化,引起鼓胀效应和管柱屈曲程度、弯曲应力的变化。

关于油管柱—封隔器系统的受力和变形特征,Lubinski 等[4]最早提出了温度压力变化后,油管—封隔器系统轴向变形与受力的计算方法,并考虑了流体内外压作用下管柱的屈曲变形。Hammerlindl[5]根据 Lubinski 的计算原理,提出了内外压作用下固定约束条件下复合管柱的受力和屈曲变形的计算方法。Mitchell 根据管柱力学基本方程,建立了油管屈曲的数值和解析模型,表明一般情况下管柱受轴向载荷作用发生螺旋屈曲和正弦屈曲的复合变形。同时,Mitchell 提出了考虑油管与套管之间摩擦力的屈曲分析方法[6,7]。关于油管—封隔器系统的轴向受力,目前一般都是根据管柱静态服役条件采用理论模型、数值模拟和实验研究等方法开展强度、可靠性研究,而针对同注同采油管柱,与实际的注采工况结合的综合性研究较少。本文针对储气库注采井油管—封隔器系统,充分考虑了不同工况下注采管柱的温度和压力分布,基于管柱轴向变形和屈曲分析经典理论,分析了注采井生产管柱在不同工况下一个注采周期中的轴向力变化。

2 轴向受力计算

2.1 基本假设

(1)注采管柱为线弹性材料,发生弹性变形;

(2)油管柱两端固定,不能在封隔器内自由伸缩,符合平面应变条件;

(3)注采工况下,环空内封隔液的压力分布保持不变。

在计算中规定压缩力为正,拉伸力为负,轴向变形量伸长为正,缩短为负。

如图 1 所示,建立坐标系。地下储气库进行注采和维护作业,引起管柱温度压力分布变化,假设沿管柱内压分布为 $p_i(x)$,温度分布为 $T(x)$。初始条件下,油管内压和温度分布分别为 $p_{i,0}(x)$ 和 $T_0(x)$。

油管轴向变形主要由重力、流体压力、外加机械作用力和温度变化引起,在轴向力和内外流体压力的共同作用下可能发生屈曲,产生弯曲应力[8-10]。屈曲后油管与套管之间产生接触摩擦力,各因素引起的油管轴向变形相互约束,可进行综合计算[11],取真实轴向力为 F_a。

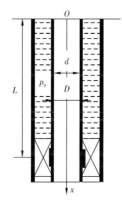

图 1 注采管柱—封隔器系统示意图

2.2 轴向力分布

2.2.1 屈曲段油管的轴向力

Mitchell 考虑了屈曲后油管与套管之间的摩擦力,推导了油管在下入和起出中发生屈曲的微分方程,并得到了近似解析解。由于温度和压力变化,油管发生屈曲相当于在油管底端位置施加有效屈曲力 $F_f(L)$,则该有效屈曲力的分布 $F_f(x)$ 可近似用式(1)计算[12]:

$$F_f(x) = \sqrt{\frac{q}{K}}\tan\left[\sqrt{qK}(x - n)\right] \tag{1}$$

其中

$$K = \frac{r\mu}{4EI}$$

式中　$F_f(x)$——有效屈曲力,N;

　　　n——中性点坐标,m;

　　　q——单位长度油管的有效重量,N/m;

　　　E——油管弹性模量,Pa;

　　　I——油管截面惯性矩,m^4;

　　　r——油管套管之间的径向间隙,m;

　　　μ——油管外壁与套管内壁的摩擦系数。

中性点之下的油管发生屈曲,如果计算得到中性点落在油管外部,则整个管柱发生屈曲。则由式(1) n 可以通过式(2)计算:

$$n = L - \tan^{-1}\left[\sqrt{\frac{K}{q}}F_f(L)\right]\Big/\sqrt{qK} \tag{2}$$

式中 L——管柱总长度,m;

$F_f(L)$——油管底端截面的屈曲力,N。

根据 Mitchell 屈曲分析原理,油管任意位置的有效屈曲轴向力又可表示为真实轴向力与流体内外压的影响之和[6]:

$$F_f(x) = F_a(x) + p_i(x)A_i - p_o(x)A_o \tag{3}$$

式中 A_o——油管外径截面积,m²;

A_i——油管内径截面积,m²;

$F_a(x)$——油管柱真实轴向力分布,N;

$p_i(x)$——内压,Pa;

$p_o(x)$——外压,Pa。

如果 $F_f(x)>0$,则 x 至中性点之间的油管柱将会发生屈曲,如果 $F_f(x)<0$,则不发生屈曲。由式(1)和式(3)可求得真实轴向力的分布 $F_a(x)$。

在管内外存在流体的情况下,油管柱受自重和浮力作用,油管单位长度的等效重量为:

$$q = q_s + q_i - q_o \tag{4}$$

式中 q_s——油管柱空气中的线重,N/m;

q_o——单位长度油管排开管外流体的重量,N/m;

q_i——单位长度管内气体的重量,可由井筒平均温度压力条件下的实际气体状态方程计算,N/m。

2.2.2 非屈曲段油管的轴向力

如果 $n>0$,中性点落在油管内部,当 $0<x\leq n$ 时,由微元分析轴向力分布为:

$$F_a(x) = F_a(n) - q(n - x) \tag{5}$$

当整个油管柱未发生屈曲时,上式取 $n=L$。

2.2.3 油管底端截面轴向力

油管柱底端截面的轴向力可通过变形协调条件求出。将油管分为 k 段,通过分段叠加计算轴向变形。由鼓胀效应引起的长度变化为:

$$\Delta l_{bal} = -\frac{2v}{E}\sum_{j=1}^{k}\frac{\left[\Delta p_i^{(j)}d^2 - \Delta p_o^{(j)}D^2\right]}{D^2 - d_2}\Delta L^{(j)} \tag{6}$$

式中 Δl_{bal}——鼓胀效应长度变化,m;

d——油管内径,m;

D——油管外径,m;

$\Delta p_{\mathrm{i}}^{(j)}$——第 j 段管柱相对初始状态的内压变化,可用该计算段中点的压力变化近似替代,Pa;

$\Delta p_{\mathrm{o}}^{(j)}$——第 j 计算段管柱外压变化,由于封隔液压力不变,$\Delta p_{\mathrm{o}}^{(j)} = 0$,Pa;

$\Delta L^{(j)}$——第 j 计算段长度,m。

由温度变化引起油管的轴向变形为:

$$\Delta l_{\mathrm{the}} = \alpha \cdot \sum_{j=1}^{k} \Delta T^{(j)} \cdot \Delta L^{(j)} \tag{7}$$

式中　Δl_{the}——温度效应长度变化,m;

α——油管热膨胀系数,取 $1.2 \times 10^{-5}{}^{\circ}\mathrm{C}^{-1}$;

$\Delta T^{(j)}$——第 j 段油管相对于初始温度的变化,可用该计算段中点的温度变化替代,℃。

当流速较大时,需考虑气体流动对油管壁面产生的摩擦阻力,使油管受轴向拉力。气体摩擦力引起的轴向变形为[13]:

$$\Delta l_{\mathrm{flo}} = \frac{fd(1-2v)}{4E(D^2-d^2)} \cdot \sum_{j=1}^{k} \rho^{(j)}[u^{(j)}]^2[\Delta L^{(j)}]^2 \tag{8}$$

式中　Δl_{flo}——气体摩擦引起长度变化,m;

f——管壁摩擦系数,可用 Colebrook 公式[12]计算,取 0.015;

$\rho^{(j)}$——第 j 段气体密度,kg/m³;

$u^{(j)}$——第 j 计算段气体平均流速,可根据地面流速由该计算段中点的温度、压力由气体状态方程得到,m/s。

(1)当 $F_{\mathrm{f}}(L) > 0$ 时,管柱发生屈曲变形,考虑屈曲后油套管存在摩擦力,屈曲引起油管长度变化为:

$$\begin{cases} \Delta l_{\mathrm{hel}} = -\dfrac{r}{2\mu}\ln\left[1 + \dfrac{K}{q}F_{\mathrm{f}}^2(L)\right] & (n > 0) \\[3mm] \Delta l_{\mathrm{hel}} = -\dfrac{r}{2\mu}\ln\left|\dfrac{q + KF_{\mathrm{f}}^2(L)}{q + KF_{\mathrm{f}}^2(0)}\right| & (n \leqslant 0) \end{cases} \tag{9}$$

式中　Δl_{hel}——屈曲引起长度变化,m。

存在摩擦力的情况下,真实轴向力与有效屈曲力之间相互耦合,则由轴向力造成的长度变化为:

$$\Delta l_{\mathrm{a}} = -\frac{L}{EA_{\mathrm{c}}}\left[F_{\mathrm{a}}(L) + \frac{1}{2KL}\ln\left|1 + \frac{K}{q}F_{\mathrm{f}}^2(L)\right| - F_{\mathrm{f}}(L)\frac{L-n}{L} + q\frac{(L-n)^2}{2L}\right] \tag{10}$$

式中 Δl_a——屈曲时弹性长度变化量,m;

A_c——油管截面积,m^2;

$F_a(L)$——油管柱底端截面轴向力,N。

根据式(3),油管底端截面:

$$F_f(L) = F_a(L) + p_i(x)A_i - p_o(x)A_o$$

温度压力变化后如果油管发生屈曲,油管底端总变形协调条件为:

$$\Delta l_{bal} + \Delta l_{the} + \Delta l_{hel} + \Delta l_{flo} + \Delta l_a = -\frac{F_s}{EA_c}L - \frac{r^2}{8EIq}F_s^2 \tag{11}$$

式中 F_s——初始条件下,下入油管中封隔器上顶油管造成的松弛力。

(2)当 $F_f(L) \leq 0$ 时,油管不发生屈曲 $\Delta l_{hel} = 0$。根据胡克定律真实轴向力造成的长度变化为:

$$\Delta l_a' = -\frac{F_a(L)L}{EA_c} \tag{12}$$

式中 $\Delta l_a'$——不发生屈曲时弹性长度变化量,m。

此时,油管底端轴向力 $F_a(L)$ 可由如下总变形协调条件解出:

$$\Delta l_{bal} + \Delta l_{the} + \Delta l_{flo} + \Delta l_a' = -\frac{F_s}{EA_c}L - \frac{r^2}{8EIq}F_s^2 \tag{13}$$

已知温度压力分布,由式(1)、式(2)和式(6)至式(11)通过试算迭代可得 $F_f(L)$ 和中性点 n,如果计算 $F_f(L) > 0$,需验证是否满足式(9)选用条件;如果 $F_f(L) \leq 0$,则需由式(6)至式(8)以及式(12)和式(13)计算底端轴向力 $F_a(L)$。

求得 $F_f(L)$ 或 $F_a(L)$ 后,可由式(1)至式(4)计算屈曲段、由式(5)计算未屈曲段的轴向力分布 $F_a(x)$。

3 实例计算与讨论

3.1 基础参数

初始状态:油管下入后,内外充满密度为 ρ_o 的液体。管柱温度趋于稳定,分布同地温一致,地表温度 $T_s = 25℃$,地温随深度呈线性分布。封隔器对油管的松弛力为 $F_s = 80kN$。

相国寺石炭系气藏地下储气库运行压力为 11.7~28.0MPa,设计单井最低采气量不低于 $40 \times 10^4 m^3/d$。某注采直井油管下深2500m,地层温度为90℃,注入天然气温为35℃。注采周期:(1)注气期,3月26日至10月30日,共220天;(2)维护期,11月1日至11月14日;(3)采气期,11月15日至次年3月14日,共120天;(4)维护期,次年3月15日至3月25日[14]。假设注采期内日注采量不变。

表1　基础数据

管柱尺寸	生产套管:外径 273.05mm,内径 220.5mm;注采油管:外径 114.3mm,内径 99.57mm,下深 2500m
力学参数	杨氏模量 $E = 2.0684 \times 10^{11}$ Pa,泊松比 $\nu = 0.3$,钢级:C95;单位长度质量 20.09kg/m,摩擦系数 $\mu = 0.2$
流体性质	环空液体密度 $\rho_o = 1.02$ g/cm^3,工作气相对密度 0.554

　　注采管柱的温度和压力分布是计算轴向力的关键。关于井筒温度压力分布已有大量研究,非本文研究重点。当温度压力达到稳定后,沿管柱温度和压力分布分别为 $T_j(x)$ 和 $p_{ij}(x)$,下标 j 代表不同工况。本文采用 WellCat 软件计算沿井筒温度压力分布,按照运行周期,分别预测一个周期内储气库运行压力达到 11.7MPa 和 28MPa 时,注采井以 $40 \times 10^4 \mathrm{m}^3/\mathrm{d}$ 和 $80 \times 10^4 \mathrm{m}^3/\mathrm{d}$ 的流量注气、采气及维护期的油管柱温度压力分布(图2至图4)。

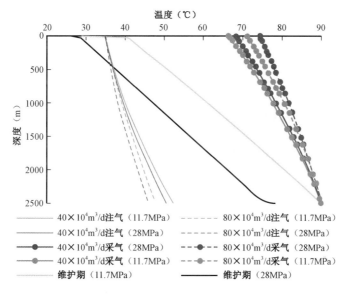

图2　不同工况注采管柱温度分布

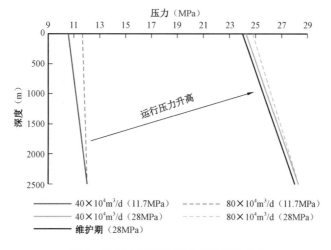

图3　注气中不同注气速率的压力分布

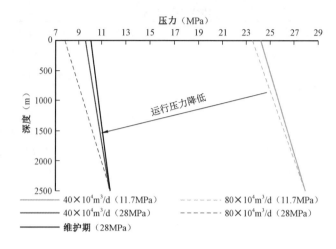

图4　不同采气速率下的压力分布

3.2　轴向力分析

3.2.1　注采管柱轴向力分布

编程计算运行压力分别达到最低(11.7MPa)和最高(28MPa)时,油管以 $40 \times 10^4 \mathrm{m}^3/\mathrm{d}$ 和 $80 \times 10^4 \mathrm{m}^3/\mathrm{d}$ 的流量注气、采气及相应维护期的轴向力分布,分别如图5和图6所示。

由图5可知,注气中油管轴向力以拉力为主,井口拉力最大,底端可能受压,油管柱不会发生屈曲,轴向力随深度呈线性分布。如当运行压力为11.7MPa注气速率为 $40 \times 10^4 \mathrm{m}^3/\mathrm{d}$ 时,底端截面受轴向压力5.60kN。这是由于注气中管柱温度降低,轴向收缩的影响较大,整个管柱处于拉伸状态。

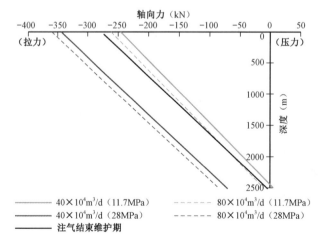

图5　注气及维护期注采管柱轴向力分布

随着运行压力的增加,轴向拉力大幅增加。在 $40 \times 10^4 \mathrm{m}^3/\mathrm{d}$ 的注气速率下,当运行压力由11.7MPa 变化为28MPa 时,管柱底端轴向力由 5.60kN 增至 −70.47kN,轴向力分布整体向左移动;运行压力相同时,随着注气流量的增加,管柱受拉力增大,如当运行压力为11.7MPa时,注气流量由 $40 \times 10^4 \mathrm{m}^3/\mathrm{d}$ 增至 $80 \times 10^4 \mathrm{m}^3/\mathrm{d}$ 时,底端轴向力由5.60kN压力变为9.47kN拉力,轴向力分布向左移动。注气达到最大运行压力后关井维护,轴向力相比最高运行压力下注气时降低,分布曲线整体向右移动。

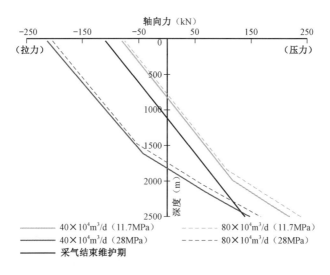

图6　采气及维护期注采管柱轴向力分布

由图6可知,采气中管柱上部受拉,下部受压,发生部分屈曲,主要是由于管柱温度升高,两端固定约束的管柱受压应力作用。图6中曲线的拐点为中性点位置。随着运行压力的增加,油管屈曲长度增加,油管底端轴向压缩力减小,井口拉伸力增加,分布曲线向左移动,受拉长度增加,受压长度减小,如注气速率为 $40 \times 10^4 \mathrm{m}^3/\mathrm{d}$ 时,当运行压力由11.7MPa变化为28MPa时,底端轴向压力由218.86kN减小至148.25kN,井口轴向拉力由79.6kN增至213.4kN,屈曲长度由518.7m增至907.8m;同等运行压力下,随着流量的增大,分布曲线整体向右移动,屈曲长度、受压长度和底端轴向压力增加,如运行压力为11.7MPa时,采气速率由 $40 \times 10^4 \mathrm{m}^3/\mathrm{d}$ 增至 $80 \times 10^4 \mathrm{m}^3/\mathrm{d}$,管柱底端轴向压力由218.86kN增至238.28kN,屈曲长度由518.7m增至691.7m。

采气至最低运行压力后维护期间,管柱轴向力相比最低运行压力采气时井口拉伸力增加,井底压缩力减小,分布曲线向左移动。

3.2.2　注采周期内最大应力

通过以上分析,油管底端和顶端为轴向受力最严重的截面。注气中井口受最大拉力,采气中井底受最大压缩力且发生部分屈曲。油管底端截面最外侧一点受弯曲应力最大,为危险点。弯曲应力为:

$$\sigma_{\mathrm{b}}(L) = \frac{Dr}{4I} F_{\mathrm{f}}(L) \qquad (14)$$

式中　$\sigma_{\mathrm{b}}(L)$——底端截面最大弯曲应力,Pa。

底端截面危险点轴向应力为:

$$\sigma(L) = \frac{F_a(L)}{A_c} \pm \sigma_b(L) \qquad (15)$$

据此计算注采周期内管柱井口截面和底端危险点的轴向应力,如图7所示。

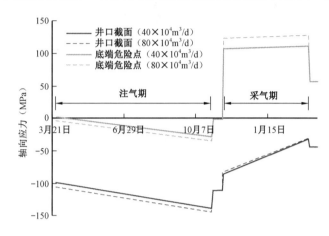

图7　注采周期内井口和油管底端截面最大应力变化

由图7可知,在一个注采周期内油管底端危险点和井口截面的应力变化幅度较大,尤其是油管底端受轴向压应力与弯曲应力的复合作用,差异幅度更大。如以 $80 \times 10^4 \mathrm{m^3/d}$ 注采时,底端危险点的应力变化范围为 $-34.41 \sim 127.46 \mathrm{MPa}$。如果储气库注采频率提高,应充分考虑注采管柱的疲劳破坏。

3.2.3　底端截面最大应力的影响因素

以上分析了注采流量、温度压力分布对轴向力的影响,此外,其他影响因素包括封隔器对油管初始松弛力 F_s、油套管之间摩擦系数 μ。

当该注采井以 $40 \times 10^4 \mathrm{m^3/d}$ 注气, $80 \times 10^4 \mathrm{m^3/d}$ 采气时,不同初始松弛力对油管底端危险点的轴向应力影响如图8所示。

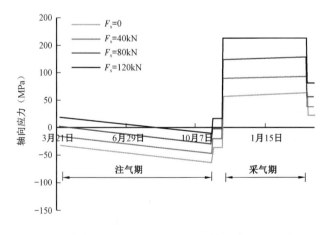

图8　初始松弛力对底端截面最大轴向应力的影响

分析储气库采气流量为 $80 \times 10^4 \mathrm{m}^3/\mathrm{d}$，$F_s$ 为 80kN，运行压力为 11.7MPa 时，摩擦系数对轴向力的影响。结果表明，摩擦系数对非屈曲段的轴向力影响很小，三种情形非屈曲段的轴向力几乎重合，图 9 为不同摩擦系数下屈曲段管柱的轴向力分布。

由图 8 可见，随着初始松弛力的增加，一个注采周期内油管底端危险点的轴向应力变化曲线上移，注气中的最大拉应力减小，采气中的最大压应力增加，应力变化幅度增加。如 F_s 由 0 增至 120kN 时，底端危险点应力变化范围由 $-62.0 \sim 64.1 \mathrm{MPa}$ 变为 $-10.5 \sim 162.7 \mathrm{MPa}$。

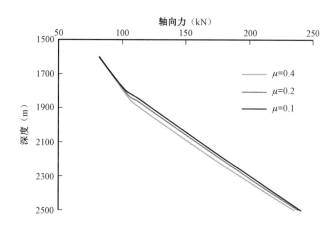

图 9　摩擦系数对屈曲段管柱轴向力分布的影响

由图 9 可知，油管—套管之间摩擦系数对轴向力分布影响不大。随着摩擦系数的增加，采气中油管屈曲段轴向压缩力和屈曲长度均减小，底端危险点的压应力减小，3 种情况分别为 128.97MPa（$\mu = 0.1$），127.46MPa（$\mu = 0.2$）和 124.95MPa（$\mu = 0.4$）。注采周期内，底端危险点的轴向应力变化幅值减小。

4　结论

（1）以地下储气库生产管柱为研究对象，给出了不同工况下生产管柱轴向力和位移的计算方法。实例分析表明，在注气、采气和关井维护等不同工况下，储气库注采井生产管柱轴向力变化幅度较大。频繁注采时，应充分重视管柱的疲劳失效。

（2）管柱底端和井口位置为轴向受力最严重的截面；注气中管柱受轴向收缩的影响，大部分处于拉伸状态；采气中管柱上部受拉，底端受压，可能发生部分屈曲，随着运行压力的增加，油管屈曲长度增加，底端轴向压力减小；随着流量的增大，屈曲长度增加，受压缩长度增加，底端轴向压力增加。

（3）沿管柱温度、压力分布，储气库的运行压力，封隔器对油管的松弛力和油套管间的摩擦系数影响油管轴向力的分布。随初始松弛力的增加，一个注采周期内油管底端截面危险点的最大轴向应力增加；随着摩擦系数的增加，一个注采周期内油管底端的最大轴向应力减小。摩擦系数对于底端截面危险点压应力的影响较小，初始松弛力的影响较大。

参 考 文 献

[1] 袁光杰,杨长来,王斌,等. 国内地下储气库钻完井技术现状分析[J]. 天然气工业,2013,33(2):61-64.

[2] 王云. 交变载荷对苏4储气库注采管柱安全性影响研究[J]. 钻采工艺,2016,39(3):40-42.

[3] 李碧曦,易俊,黄泽贵,等. 枯竭油气藏储气库注采管柱疲劳寿命预测[J]. 中国安全生产科学技术,2015(12):105-109.

[4] Lubinski A,Althouse W S. Helical Buckling of Tubing Sealed in Packers[J]. Journal of Petroleum Technology, 2013,14(6):655-670.

[5] Hammerlindl D J. Movement,Forces,and Stresses Associated with Combination Tubing Strings Sealedin Packers [J]. Journal of Petroleum Technology,1977,29(2):195-208.

[6] Mitchell R F. Comprehensive Analysis of Buckling with Friction[J]. SPE Drilling & Completion,2013,11(3): 178-184.

[7] Mitchell R F. Buckling of Tubing Inside Casing[J]. SPE Drilling & Completion,2012,27(4):486-492.

[8] 高宝奎,高德利. 高温高压井测试油管轴向力的计算方法及其应用[J]. 中国石油大学学报:自然科学版,2002,26(6):39-41.

[9] GaoDL,Gao B K. A Method for Calculating Tubing Behavior in HPHT Wells[J]. Journal of Petroleum Science & Engineering,2004,41(1):183-188.

[10] 吕彦平,吴晓东,郭士生,等. 气井油管柱应力与轴向变形分析[J]. 天然气工业,2008,28(1):100-102.

[11] 高宝奎,高德利. 高温高压井测试管柱变形增量计算模型[J]. 天然气工业,2002,22(6):52-54.

[12] Mitchell R F. Simple Frictional Analysis of Helical Buckling of Tubing[J]. SPE Drilling Engineering,1986,1(6):457-465.

[13] 彭远进,刘建仪,叶常青,等. 注气井中油管轴向位移计算比较分析[J]. 石油钻采工艺,2006,28(2):55-57.

[14] 吴建发,钟兵,冯曦,等. 相国寺石炭系气藏改建地下储气库运行参数设计[J]. 天然气工业,2012,32(2):91-94.

作者简介:张弘,在读博士,现从事储气库井筒完整性方面的研究。电话:(010)80162286;E-mail:zh.1001.dare@163.com。

中原文 96 枯竭砂岩气藏改建储气库注采技术研究

宋东勇　毕建霞　陈清华

（中国石化中原油田分公司勘探开发研究院）

摘　要：文 96 储气库由枯竭砂岩气藏改建而成。在分析论证文 96 气藏地质条件和开发特征的基础上，根据沉积微相、储层发育状况和连通性确定井型、井网；依据层状气藏的层间差异预测气井注采能力，利用产能干扰系数对注采能力进行修正；运用室内岩心实验和数值模拟相结合的方法，针对边水气藏后期水侵现象制订合理的注采运行方案。实施效果表明，文 96 储气库库容和产能与设计符合率均达到 90% 以上。

关键词：地下储气库；枯竭砂岩气藏；层间差异；水淹气层；注采能力

1　概况

文 96 储气库由枯竭的文 96 气藏改建而成，主要担负豫鲁天然气市场的季节调峰供气与事故应急供气。文 96 气藏含气层位为沙二下$^{1-8}$和沙三上$^{1-3}$砂组，气藏埋深 2330 ~ 2660m，其中沙二下$^{5-7}$砂组为带气顶油环，沙二下$^{1-4,8}$和沙三上$^{1-3}$为层状边水气藏。气藏构造简单，盖层厚度大，岩性纯，密封性好。储层孔隙度 16.2% ~ 22.3%，渗透率 15.97 ~ 59.34mD。含气面积 1.5km^2，探明天然气地质储量 9.30 × 10^{8}m^3。气藏产能普遍较高，单井日产气量可达 10 × 10^4 ~ 20 × 10^{4}m^3，截至 2009 年 11 月，累积产气 6.46 × 10^{8}m^3。

文 96 气藏构造相对较简单，封闭性强，储层发育且稳定，气层厚且内部连通性好，气井产能较高，具备良好的改建储气库的地质条件。2009 年改建储气库可行性论证最大库容量 5.88 × 10^{8}m^3，有效工作气量 2.95 × 10^{8}m^3。实施方案部署了 5 个井台、直井 3 口、11 口大斜度井、1 口观察井（图 1），自 2012 年 8 月 24 日投运以来，经过 4 个注采周期，累计注气 6.43 × 10^{8}m^3，累计采气 2.73 × 10^{8}m^3，累计调压、调峰 20 余次，目前库存气量 4.83 × 10^{8}m^3，63 口封堵老井均未出现压力上升、气液比上升等状况，气库整体运行良好，达到调节榆济管网压力、应对突发事件的目的。

2　储气库注采技术研究与评价

2.1　注采井网设计评价

根据调峰气量、应急能力及单井注采能力，测算满足正常调峰及应急调峰采气井分别为 11 口和 14 口，注气井 6 口。文 96 气藏含气井段长、储层厚度大、层数多，水平井实施较为困难，为充分控制库容和发挥纵向上气层产能，注采井网采用斜井与直井相结合的注采方式，既

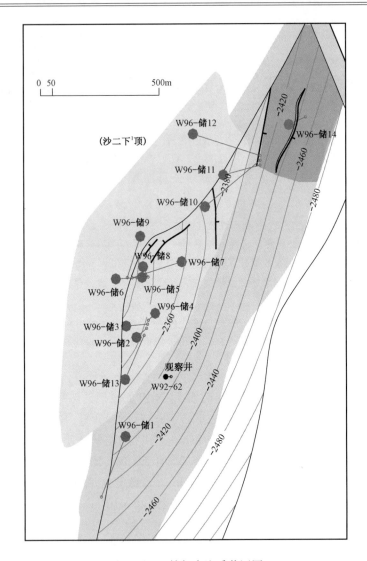

图 1　文 96 储气库注采井网图

能保证钻遇最厚气层,又能有效控制库容。结合构造、储层分布、边水分布及地面状况,14 口井优化部署在 5 个井台。新钻井资料揭示,14 口井钻遇有效储层 16.6m～50.5m,与设计基本符合。

　　新钻井系统 RFT 测压结果显示,234 个测压点压力系数普遍为 0.1～0.3,其中压力系数小于 0.5 的测压点占总测压点数的 91.5%。气藏具有压力整体较低,储层分布比较稳定,连通程度较高的特征。除 $S_{2下}^1$ 和 $S_{2下}^2$ 外,其他砂组整体压力一致,横向连通性好,其中 $S_{2下}^4$,$S_{3上}^1$ 和 $S_{3上}^3$ 连通性最好。

　　储气库运行过程中,实测压力与数值模拟结果显示,地层压力升降较为均匀。在第一注采周期数值模拟评价的地层压力偏低,从第二周期开始,数值模拟与单井静压评价方法得到的结果趋于一致(表 1),说明注采初期实际地层渗流状态比数学模型描述的要更加复杂[1],经过多个周期注采,建立了稳定的天然气渗流通道,实际压力状况逐渐与理论模型接近。

表1　关井油压折算与数值模拟折算地层压力对比表

时间	地层压力（MPa）	
	实测压力加权平均法	数值模拟法
第一周期注气末（2013年11月14日）	19.5	18.2
第二周期注气末（2014年8月18日）	22.35	21.8
第三周期注气末（2015年8月8日）	22.85	22.6

2.2　气库有效库容评价

由于文96气藏在开采过程中具有弱边水的特征，且边水作用有限，可以不考虑[2]。因此，选用开发中前期动态资料，运用定容气藏的物质平衡方程式进行库容量的计算。气藏物质平衡法储量$7.2 \times 10^8 m^3$，选取纯含气的8个砂组（沙二下$^{1-4}$、沙二下^8—沙三上$^{1-3}$）作为注气目的层，依据气藏工程方法设计[3]，气库运行压力12.9 ~ 27.0MPa，最大库容量$5.88 \times 10^8 m^3$。其中，基础垫气量$0.70 \times 10^8 m^3$，附加垫气量$2.3 \times 10^8 m^3$，有效工作气量为$2.95 \times 10^8 m^3$，工作气量占库容的50.2%。

新钻井资料揭示，开发后期中部注采井主力气层表现为明显水层特征，气库目的层的气水界面上升了38 ~ 118m，平面上边水推进了130 ~ 500m，特别是洪水水道砂体物性好、推进速度更快，加上部分井套漏导致下部油藏注水井水淹，占据了一定的孔隙，存在不可动用库存。岩心分析实验表明[4]（图2和图3），随着注采次数的增加，岩心含水饱和度减小，而含气饱和度、气相渗透率则升高；岩样渗透率越高，在多次注采过程中，含水饱和度越小、含气饱和度越大、气驱渗透率越大。这是因为渗透率越大，气体进入地层孔隙越多，驱替范围越大，波及效率越高，驱替效果越好。证实多次注采后，储气库的库容和渗流能力变大，库容逐渐接近最大库容。

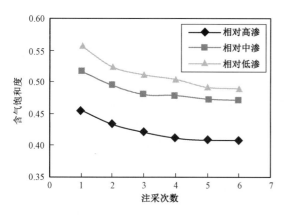

图2　多次注采含水饱和度变化曲线

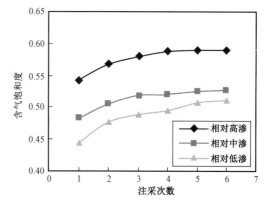

图3　多次注采含气饱和度变化曲线

气库运行初期，部分含气孔隙不能及时动用，加上注采井网有效供气半径小，导致部分孔隙仍不能有效动用，这样有效工作气量也降低；随气库运行及注采井网进一步完善，地下可动用含气孔隙体积上升，使气库总体运行效率得以提高，工作气量也大幅度增加。由于储层倾角较小,约10°,地层水受重力影响小,在注气时更容易被天然气驱替、分割。数值模拟表明,低部位、低注入能力井注气前期影响注气速度,通过合理安排注采方案可有效控制气水局部突进,减少气井产水量,确保气库的有效库容。

通过对国内外储气库运行调研,文96储气库注采遵循以下原则:(1)注气过程中,先在高部位注气,低部位不注,把水向低部位推;(2)采气过程中,中低部位先采,最大程度采出边底水侵入量,高部位后采,在供气高峰开井,高部位气井产能高,可以提高调峰能力;(3)高部位强注,低部位缓注;(4)气水界面附近尽量不要注入,避免注入气侵入水层,无法产出。

根据制定的注采方案运行4个周期后,对文96-储7井、文92-62井含气饱和度监测资料显示,$S_{2下}$砂组含气饱和度均呈现不同程度上升,$S_{3上}$含气饱和度变化小,与数值模拟基本一致,证实存在气水过渡带,且数值模拟结果准确程度要高于数学模型计算值。

通过4个周期的运行,实际库容逐渐增加,与预测库容误差在1%左右(表2),目前库容达到设计库容的92.7%。

表2　文96储气库预测库容与实际运行结果对比表

注采周期	预测库容 ($10^8 m^3$)	实际库容 ($10^8 m^3$)	误差 (%)
1	4.42	4.36	-1.36
2	4.87	4.91	0.82
3	5.16	5.2	0.78
4	5.41	5.45	0.74

2.3　气井注采能力评价

应用系统测试成果,研究单井注采能力与地层系数的关系,建立考虑地层系数及层间干扰的全气藏方程,测算单井在不同气层压力下的最大产量。由于文96气藏层状、非均质特征明显,根据3口单层产能测试井的产能系数a和b值与测试层的Kh值,分别建立其相关关系式为$a=564.5(Kh)^{-0.95}$,$b=983.2(Kh)^{-1.38}$;分别建立气藏投产全部气层、纯气藏段的气井产能方程,计算无阻流量分别为$146×10^4 m^3$和$107×10^4 m^3/d$。由于储层非均质强,加之层间干扰,只有部分层能够产出,根据生产剖面测试资料,参考其他气田经验,产能干扰系数取70%,建立了单井二项式产能方程,并运用节点分析软件Pipesim对气库单井注采气能力进行预测评价。

岩心试验表明,随着注采次数的增加,岩心的气相渗透率呈上升趋势(图4)。原因在于随着注采次数的增加,含气饱和度呈上升趋势,部分原来被水占据的孔隙被注入气体占据,因此在相同的毛细管半径情况下,随着注采次数的增加,参与气相渗透率贡献的微孔隙也会增多,气相渗透率呈上升趋势,其注采气能力提高。

通过4个周期的运行,第二和第三注采周期注采气指数比第一注采气周期有所增加[5]。其相应采气能力从第一周期的$417×10^4 m^3/d$上升到第二周期的$500×10^4 m^3/d$,再上升到第三周期的$582×10^4 m^3/d$,采气能力逐渐提高。

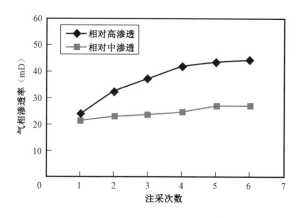

图 4 相对高、中渗透岩心多次注采气相渗透率变化曲线

3 结论

(1)文 96 储气库在借鉴国内外储气库建设经验的基础上,运用多种气藏描述与气藏工程方法,合理制订了储气库建设和运行方案,有效库容和产能预测符合率均达到 90% 以上。

(2)储气库建设中,必须充分考虑开发过程中的地质特征,借助地质研究、气藏工程、室内实验等手段,达到储气库高效建设、高效开发的目的。

(3)在储气库实际运行中,需要按开发规范取全取准各项动态监测资料,为储气库评价运行状况、合理安排注采方案提供基础。

参 考 文 献

[1] 胥洪成,王皆明,李春. 水淹枯竭气藏型地下储气库盘库方法[J]. 天然气工业,2010,30(8):79 - 82.
[2] 王起京,张余,刘旭. 大张坨地下储气库地质动态及运行效果分析[J]. 天然气工业,2003,23(2):89 - 92.
[3] 杨树合,何书梅,杨波. 大张坨地下储气库运行实践及评价[J]. 天然气地球科学,2003,14(5):425 - 428.
[4] 王洪光. 高含水期油藏储集层物性变化特征模拟研究[J]. 石油学报,2004,25(6):53 - 58.
[5] 王皆明,姜凤光. 地下储气库注采动态预测模型[J]. 天然气工业,2009,29(2):108 - 110.

作者简介:宋东勇,高级工程师,主要从事天然气开发及储气库建设。电话:0393 - 4783602;E - mail:sdy@ zydzy. com。

智 能 发 展

注采管柱静动力学强度安全性评价软件开发与应用

丁建东[1] 张 强[2] 练章华[2] 丁熠然[2] 徐 帅[2] 刘靓雯[1] 李华彦[1]

(1. 中国石油华北油田采油工程研究院；
2. 西南石油大学油气藏地质及开发工程国家重点实验室)

摘 要：在储气库高速交变注采的特殊工况下，注采管柱的力学强度安全性将变得非常复杂。为了准确方便地评价注采管柱的力学强度的安全性问题，研发了具自主知识产权的储气井注采管柱静动力学强度安全性评价软件。该软件包括数据库模块、管柱静力学分析模块、管柱动力学分析模块和管柱安全性评价模块。管柱静力学分析模块能计算出不同工况下注采管柱的受力状态，包括油管柱变形量、油管底部受力、管柱屈曲形态以及油管底部轴向力随产量的变化关系等，管柱动力学分析模块可对注采管柱进行模态分析和瞬态动力学分析，得到管柱的振动频率、振型、振动速度以及轴向力和应力分布随时间的变化关系。应用该软件对现场20口储气井(包括直井和轨迹井)进行了安全性评价的应用分析，为储气井注采参数的优化或优选以及注采管柱安全的运行提供了理论依据和指导。

关键词：注采管柱；储气库；力学强度；安全性评价；软件开发

地下储气库是将长输管道输送来的天然气重新注入地下封闭空间而形成的一种人工气田或气藏[1]。由于储气库在天然气生产调峰和天然气资源储备方面具有不可替代的作用，近年来储气库技术在国内外迎来了快速发展[2-7]。在储气库运行过程中，储气井每年循环一个注采周期，地层压力和井筒温度发生周期性的变化，注采管柱将承受温度变化及拉压交变载荷，这将在一定程度上影响管柱的力学强度安全性[8]。因此，对注采工况下油管柱的安全性进行评价具有极为重要的意义。1962年，Lubinski等[9]建立了井下封隔器—管柱力学模型，研究了鼓胀效应、活塞效应、温度效应以及螺旋弯曲效应引起的油管柱长度变化。随后，Hammerlindl[10-12]以及Mitchell[13,14]在Lubinski螺旋弯曲理论的基础上，进一步讨论了带封隔器多级管柱的受力问题以及管柱中和点的计算问题，为井下带封隔器管柱的安全性评价奠定了力学基础。在国内，黄桢[15]、李子丰等[16]和练章华等[17-22]在前人研究的基础上，开展了不同工况下油管柱的静动力学强度分析及安全性评价。但以前的研究重点主要在压裂、酸化的液体介质流体的管柱力学问题[9-18]，对于储气库高速交变注采特殊工况下管柱的静动力学强度及安全性评价方面的文献不多。

在中国石油天然气集团公司科技发展部储气井重点项目的资助下，华北油田采油工程研究院与西南石油大学联合攻关，针对储气井注气和采气工况，开展了注采管柱静动力学强度安全性评价研究，在前人研究的管柱力学[9-16]以及建立的管柱力学强度计算模型[17-22]的基础上，开发了具有自主知识产权的储气井注采管柱静动力学安全性评价软件，应用该软件对现场

20 口储气井(包括直井和轨迹井)进行了安全性评价的应用分析,为储气井注采参数的优化或优选以及注采管柱安全的运行提供了理论依据和指导。

1　软件开发的基本功能

储气井注采管柱静动力学强度安全性评价软件采用 VisualStudio2013 编程语言在 Window 环境中开发完成,并使用 MicrosoftAccess 数据库储存油管、套管及注采管柱基本参数数据库及其图形库,方便现场施工人员操作与查询。运行该软件对现场储气井注采管柱力学强度计算和分析后,该管柱力学强度安全性评价分析结果全部自动形成 Word 文件评价、分析报告。

1.1　数据库建立和查询

根据现有的 API 油管和 API 套管规范数据,建立了完整的 API 油管规范数据库和 API 套管规范数据库,数据库中包含了目前所有的 API 油管和套管的强度数据,可以非常方便地查询和调用;同时,可以在数据库中任意增加非 API 的油管强度数据和非 API 的套管强度数据。

根据已有 20 口储气井的基本信息,建立了储气井数据库,软件界面如图 1 所示。该数据库包括储气井的井身结构、完井管柱、采气树和套管头等基本参数数据和图形库以及储层参数、注采基本参数数据等,可方便地将这些图形库的基本信息调入计算模块中进行力学强度分析评价。

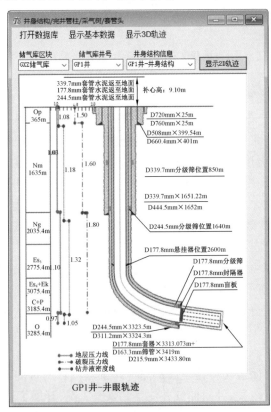

图 1　储气库数据库导入界面

对于轨迹井(包括定向井、水平井等)的储气库模块中还可以查看储气井的三维井眼轨迹。由于实际测得的井眼轨迹基本参数是一系列测深离散点所对应的井斜角和方位角,采用三次样条函数进行插值计算,把井斜角和方位角表达为测深的函数。通过井眼轨迹参数的录入,本软件可进行任意三维轨迹描述和显示,如图2所示。可对显示三维井眼轨迹进行缩放、旋转、平移等操作,并准确显示出封隔器位置,有助于现场技术人员直观地观察到储气井管柱结构及其位置。

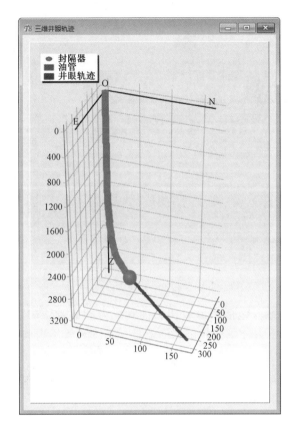

图2　三维井眼轨迹显示

1.2　管柱静力学分析模块

管柱静力学分析模块能准确计算出由于压力和温度的变化引起的油管柱长度的变化,包括活塞效应、温度效应、鼓胀效应、螺旋弯曲效应以及所产生的附加应力,其计算界面如图3所示。

管柱静力学分析需要输入的基本参数包括:

(1)管柱结构参数。包括套管结构尺寸、油管结构尺寸以及其强度参数数据,这些参数数据均可在油套管数据库中直接调用。

(2)流体密度参数。包括油套管内最初流体密度、油套管内最终流体密度以及流体的黏度、流量和雷诺数等。

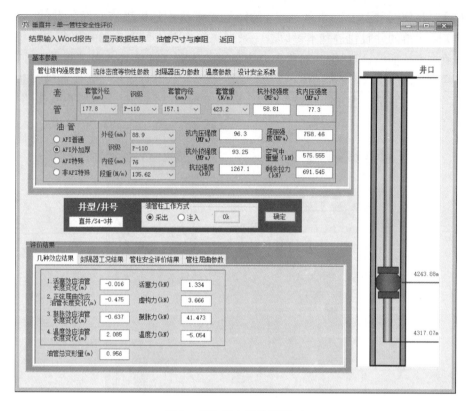

图 3　管柱静力学分析界面

（3）井口压力变化参数。包括井口最初的油管压力和套管压力、井口最终的油管压力和套管压力，然后根据液柱压力公式计算出封隔器处最初的油管压力和套管压力、封隔器处最终的油管压力和套管压力。

（4）温度变化参数。包括管柱井口和井底最初温度、井口和井底最终温度，并计算出整个管柱的平均温度变化数值。

（5）设计安全系数。包括油管柱抗内压安全系数、抗外挤安全系数、抗拉伸安全系数以及三轴应力安全系数。

（6）其他参数。主要包括封隔器密封腔外径、封隔器垂深（即油管有效长度）、封隔器额定工作压力以及封隔器以下油管柱长度。这些参数数据均可在储气井数据库中直接调用。

主要输出的结果参数包括：

（1）允许油管柱自由移动效应参数。包括活塞效应、螺旋弯曲效应、鼓胀效应（含流体摩阻效应）、温度效应，并输出了油管总变形效应的变形量（图4）。

（2）允许油管柱有限移动。可以在井口施加提拉力或松弛力，软件界面中"封隔器上压重"参数即为提拉力或松弛力。当压重为"＋"值时即为松弛力，当压重为"－"值时即为提拉力，如果压重＝0，那么这种情况与允许管柱自由移动各种效应和参数值均相同。

（3）不允许油管移动。不允许油管移动的结果参数包括自由移动的5种效应参数和允许有限移动的压重参数，同时，最终得到油管柱封隔器处的实际虚构力、封隔器对油管的作用力和井口的载荷。

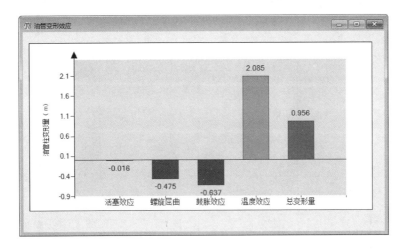

图4 油管变形量计算结果界面

（4）管柱屈曲形态参数。包括油管柱中和点的高度、中和点位置和屈曲形态等。如果是正弦屈曲,则输出正弦屈曲的第 1 波距以及正弦波数;如果是螺旋弯曲,则输出螺旋弯曲的第 1 螺距以及螺旋圈数。输出的临界载荷包括第 1 临界值、第 2 临界值、第 3 临界值以及过渡临界值,如图 5 所示。

图5 管柱屈曲分析界面

1.3 管柱动力学分析模块

管柱动力学分析模块通过建立带封隔器管柱的有限元模型,开展模态分析和瞬态动力学分析,对管柱振动特性和动力学强度进行研究。基于大量的有限元模拟分析结果,建立了不同产量和井深下管柱动力学结果的数据库,并拟合出产量、井深与动力学结果的关系曲线,能方便地得到任意产量和井深下的管柱的动力学结果。

管柱动力学分析模块输出的结果主要包括管柱振型、振动频率、瞬态动力学分析结果以及管柱轴向力及应力分析结果。该模块可显示管柱的前 15 阶振动频率和振型、距封隔器不同位置处油管柱的振动位移、速度和加速度随时间的变化关系以及不同时刻管柱的轴向力和 Von Mises 应力沿井深的分布(图6 至图 8)。

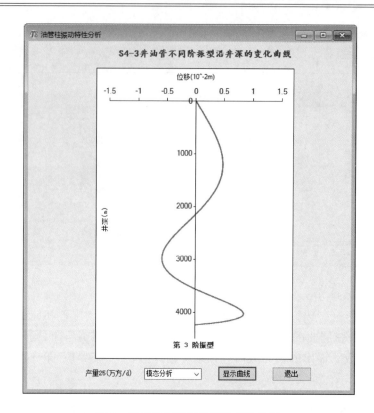

图 6　油管柱振型沿井深的变化曲线

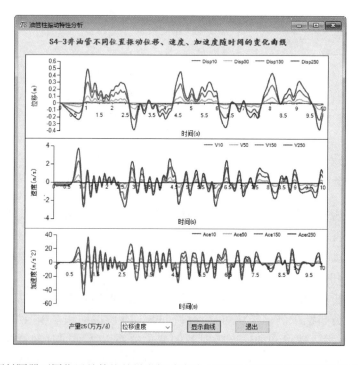

图 7　距封隔器不同位置处管柱的纵向振动位移、速度和加速度随时间变化的对比曲线

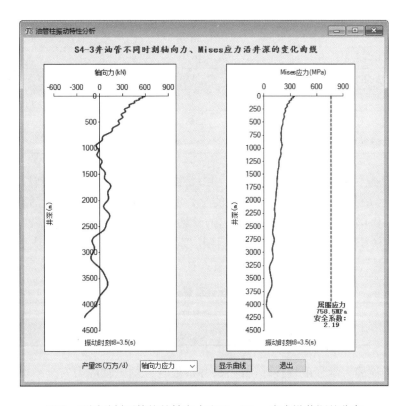

图 8　不同时刻下管柱的轴向力和 VonMises 应力沿井深的分布

1.4　管柱安全性评价

　　管柱安全性评价模块在静力学和动力学分析的基础上,计算注气和采气工况下管柱的安全系数,通过对比管柱静动力学安全系数和管柱设计安全系数,评价管柱在静力学和振动条件下的力学强度安全性。通过改变计算参数,总结不同参数对管柱安全性的影响规律,找出影响管柱安全性的关键位置、关键参数,并提出相应的措施,以确保注采管柱在生产过程中安全运行。

2　应用实例

　　以华北油田某 S－x 储气井为例,应用自主开发的储气井注采管柱静动力学强度安全性评价软件,对该井的注采管柱进行了静动力学强度安全性评价。该储气井是直井,其生产套管外径为 177.8mm,油管外径为 88.9mm,油管柱长度为 4258m,封隔器下入深度为 4185m,注气量为 $40 \times 10^4 m^3/d$,采气产量为 $67 \times 10^4 m^3/d$。其基本参数详见表 1。

表 1　注气和采气基本参数

名称	注气末期	采气初期
地层压力(MPa)	48	48
井底压力(MPa)	50.234	42.944

续表

名称	注气末期	采气初期
注采气量($10^4 m^3/d$)	40	67
井口压力（MPa）	37.975	29.96
井口温度（°C）	—	107.341
井底温度（°C）	156	156
环境温度（°C）	−29～41	−29～41

根据该井的基本参数,运行注采管柱静动力学安全性评价软件,首先对管柱进行静力学分析,得到油管变形量分析结果(表2)。管柱的总长度变化为0.946m,其中,活塞效应引起的管柱长度变化为−0.026m,螺旋屈曲效应引起的管柱长度变化为−0.451m,鼓胀效应引起的管柱长度变化为−0.633m,温度效应引起的管柱长度变化为2.056m,温度效应引起的管柱变形最严重。

表2　油管变形量分析结果 　　　　　　　　单位:m

活塞效应	螺旋弯曲	鼓胀效应	温度效应	总变形长度
−0.026	−0.451	−0.633	2.056	0.946

表3是油管柱静力学强度校核评价结果,井口处管柱的三轴应力安全系数为3.725,悬挂封隔器处管柱的三轴应力安全系数为9.996,均大于管柱设计三轴应力设计安全系数1.5,说明管柱静力学强度满足设计要求,即该储气井的油管柱在静力学上处于安全工作状态。

表3　油管柱力学强度校核结果

位置	三轴应力（MPa）	最小屈服强度（MPa）	安全系数	设计安全系数
井口处	203.602	758.46	3.725	1.5
悬挂封隔器处	75.875	758.46	9.996	1.5

校核结果:满足要求。

图9是管柱屈曲形态与临界载荷示意图,将管柱屈曲形态划分为直线形态、正弦屈曲和螺旋屈曲,并将不稳定区进行了划分。管柱屈曲分析结果表明油管在封隔器处受到的轴向压缩力为 $F = 105.12kN$, 大于临界值 $F_{cr2} = 87.16kN$, 小于过渡临界值 $F_{crm} = 124.81kN$, 即 $F_{cr2} < F < F_{crm}$,管柱屈曲形态为不稳定正弦。

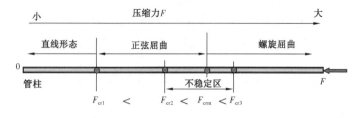

图9　管柱屈曲形态与临界载荷示意图

图 10 为油管底部轴向力随产量和井口油压的变化关系曲线。从图 10 中可以看出,随着产量的增加,油管底部受力先增加后减小;随着井口油压的增加,油管底部轴向力逐渐减小。当油管底部受到的最大轴向力等于正弦屈曲临界载荷时,得到管柱屈曲的临界井口油压为 35.68MPa。当井口油压大于 35.68MPa 时,管柱底部最大轴向力将小于临界屈曲载荷,管柱不会发生屈曲。

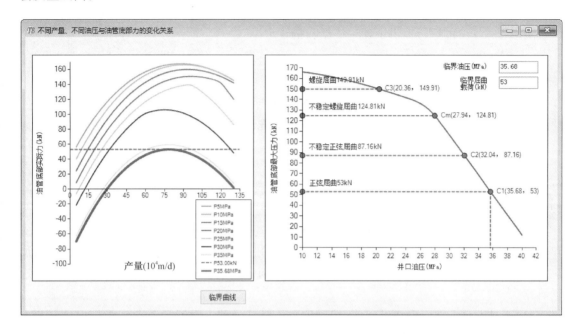

图 10　产量和井口油压对油管底部轴向力的影响

在前面管柱静力学强度计算、分析的基础上,运行本软件的动力学分析软件模块,进行动力学分析以及振动过程中管柱的安全性评价,结果如图 11 所示。

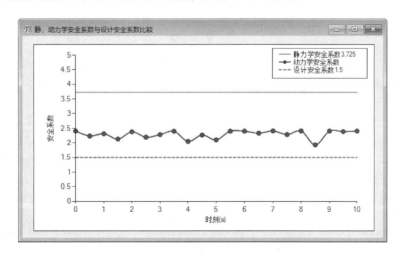

图 11　管柱静、动力学安全系数评价计算结果

从图 11 中可知,油管柱静力学安全系数为 3.725,油管柱动力学安全系数的范围为 1.93 ~ 2.41,比静力学安全系数降低了 35.30% ~ 48.19%,但仍大于其设计安全系数 1.5,因此该储气井在 $67 \times 10^4 m^3/d$ 的产量以及 29.96MPa 的井口油压下,从静动力学强度的计算和分析结果可知,发生振动时该华北油田某储气井油管柱仍然处于安全生产状态。

除以上某 S - x 储气井外,应用该软件对现场另外 19 口储气井(包括直井和轨迹井)进行了安全性评价的应用分析,验证了该软件的可行性和可靠性,为储气井注采参数的优化或优选以及注采管柱安全的运行提供了理论依据和指导。

3　结论

(1)注采管柱静动力学强度安全性评价软件包括数据库模块、管柱静力学分析模块、管柱动力学分析模块和管柱安全性评价模块,该软件能准确方便地评价不同注采工况下管柱的力学安全性。

(2)数据库模块包括 API 油管、套管强度规范数据库、储气井数据库(包括图形库)等,可以方便地供设计人员选用和查询。对于新建的储气库井,可以直接将新井数据增加到软件的数据库中,供管柱运行的安全性评价使用。

(3)管柱静力学分析模块可方便、快捷地分析各种工况下,由压力、温度以及产量变化引起的油管柱长度的变化,包括活塞效应、温度效应、鼓胀效应、螺旋弯曲效应以及所产生的附加应力。管柱动力学分析模块可对管柱振动特性、不同位置油管的振动规律以及动力学强度进行研究。

(4)管柱安全性评价模块可方便、快捷地对比管柱静动力学安全系数和管柱设计安全系数,评价管柱在静力学和振动条件下的力学强度安全性。

(5)通过该软件的实例分析可知,能定量得到注采过程中管柱的变形量和屈曲形态,得到不同产量、井口油压对油管底部轴向力的变化规律曲线,为管柱安全性评价提供了理论依据和参考数据。

参 考 文 献

[1] 丁国生,谢萍. 中国地下储气库现状与发展展望[J]. 天然气工业,2006,26(6):111 - 113.

[2] 郑雅丽,赵艳杰. 盐穴储气库国内外发展概况[J]. 油气储运,2010,29(9):652 - 655.

[3] 肖学兰. 地下储气库建设技术研究现状及建议[J]. 天然气工业,2012,32(2):79 - 82.

[4] 霍瑶,黄伟岗,温晓红,等. 北美天然气储气库建设的经验与启示[J]. 天然气工业,2010,30(11):83 - 86.

[5] Economides Michael John, Wang Xiuli. A Modern Approach to Optimizing Underground Natural Gas Storage [C]. SPE 166080,2013.

[6] DharmanandaKanaga, Kingsbury Neil, Singh Harnesh. Underground Gas Storage:Issues Beneath the Surface [C]. SPE 88491,2014.

[7] Mario Jorge FigueiraConfort, CheilaGoncalvesMothe. Estimating the Required Underground Natural Gas Storage Capacity in Brazil from the Gas Industry Characteristics of Countries with Gas Storage Facilities[J]. Journal of Natural Gas Science&Engineering,2014,18(2014):120 - 130.

[8] 王浚丞,王淑华,杨丽燕. 储气库气井管柱设计和使用中的问题分析[J]. 中国石油和化工,2015(5):

55 – 58.

[9] Lubinski A,Althouse W S. Helical Buckling of Tubing Sealed in Packers[J]. Journal of Petroleum Technology, 1962,14(6):655 – 670.

[10] Hammerlindl D J. Packer – to – tubing Forces for Intermediate Packers[J]. Journal of Petroleum Technology, 1980,32(3):515 – 527.

[11] Hammerlindl D J. Movement, Forces, and Stresses Associated with Combination Tubing Strings Sealed in Packers[J]. Journal of Petroleum Technology,1977,29(2):195 – 208.

[12] Hammerlindl D J. Basic Fluidand Pressure Forceson Oilwell Tubulars[J]. Journal of Petroleum Technology, 1980,32(1):153 – 159.

[13] Mitchell R F. Buckling of Tubing Inside Casing[J]. SPE Drilling & Completion,2012,27(4):486 – 492.

[14] Mitchell R F. Comprehensive Analysis of Buckling with Friction[J]. SPE Drilling & Completion,1996,11(3): 178 – 184.

[15] 黄桢. 油管柱振动机理研究与动力响应分析[D]. 成都:西南石油大学,2005.

[16] 李子丰. 内外压力对油井管柱等效轴向力及稳定性的影响[J]. 中国石油大学学报:自然科学版,2011, 35(1):65 – 67.

[17] 练章华,张颖,赵旭,等. 水平井多级压裂管柱力学数学模型建立与应用[J]. 天然气工业,2015,35 (01):85 – 91

[18] 练章华,林铁军,刘健,等. 水平井油管柱射孔振动的有限元分析[J]. 石油钻采工艺,2006,28(1): 56 – 59.

[19] 宋周成. 高产气井管柱动力学损伤机理研究[D]. 成都:西南石油大学,2009.

[20] 练章华,魏臣兴,宋周成,等. 高压高产气井屈曲管柱冲蚀损伤机理研究[J]. 石油钻采工艺,2012, 34(1):6 – 9.

[21] 丁亮亮,练章华,林铁军,等. 川东北高压、高产、高含硫气井测试地面流程设计[J]. 油气田地面工程, 2010,29(10):3 – 5.

[22] 练章华,林铁军,刘健,等. 水平井完井管柱力学 – 数学模型建立[J]. 天然气工业,2006,26(7): 61 – 64.

作者简介:丁建东,高级工程师,华北油田公司储气库设计二级技术专家,主要从事储气库研究和设计工作。电话:(0317)2756317;E – mail:cyy_dingjd@ petrochina. com. cn。

地下储气库关键指标设计技术

马小明[1]　李　辉[1]　苏立萍[1]　马东博[2]　张　娟[2]　韩滨海[3]　武　刚[2]

(1.中国石油大港油田勘探开发研究院;2.中国石油大港油田第四采油厂;
3.中国石油大港油田第二采油厂)

摘　要:中国地下储气库建设生产始于2000年大港储气库群,至今已有17年历程。研究以大港储气库群方案设计与生产运行的实践为基础,针对储气库选址、设计和运行3个环节的关键技术指标评价与设计方法,总结完善3项关键指标设计技术。一是储气库址评价优选技术,通过建立储气库址评价要素与界限标准,创建库址评价数学模型,从而实现库址选优的科学定量化;二是关键指标三元耦合设计技术,通过建立工作气量、调峰产量与采气井数的设计方法,创建三元耦合物理模型、数学模型与"马-成"公式,解决了气库工作气量、日调峰产量、采气井数优化匹配设计问题;三是储气库扩容定量评价技术,通过建立储气库库存量曲线,对曲线特征进行特征参数的定量评价,解决了库容逐渐达到设计库容量即"达容"的规律与特征。上述气库关键指标设计技术,既有理论支撑、又有技术创新、更经过实践检验证实,可以推广应用。

关键词:地下储气库;库址定量评价;工作气量;调峰产量;采气井数;库容量;达容规律

我国地下储气库建设从2000年的大张坨储气库开始,到2008年大港储气库群6座气库建成投产,到目前已经生产运行17年。我国地下储气库建库历史短、积累经验少、技术特色强,在储气库选址、方案设计、运行优化和快速达容等方面,经历了多期反复的认识与升华,从最初的借用气藏开发经验,半定量估算指标为主,到近期理论创新、物理模型与数学模型方法创新、指导实际应用的成果创新,初步形成了内容系统化、指标定量化、技术配套化。本文的意义就在于针对储气库选址、设计和运行3个环节的关键技术指标评价与设计方法,总结推广3项关键指标设计技术。一是储气库址评价优选技术,通过建立储气库址评价要素与界限标准,创建库址评价数学模型,从而实现库址选优的科学定量化;二是关键指标三元耦合设计技术,通过建立工作气量、调峰产量与采气井数的设计方法,创建三元耦合物理模型、数学模型与"马-成"公式,解决了气库工作气量、日调峰产量、采气井数优化匹配设计问题;三是储气库扩容定量评价技术,通过建立储气库库存量曲线,对曲线特征进行特征参数的定量评价,解决了库容逐渐达到设计库容量即"达容"的规律与特征。上述气库关键指标设计技术,既有理论支撑、又有技术创新、更经过实践检验证实,对国内今后储气库设计建设中遇到的类似问题提供指导与借鉴。

1　储气库库址定量评价技术

如何评价储气库库址质量,优选出最优库址,并能够实现定量化评价,是建设储气库的首选问题。

1.1　库址筛选原则与指标界限

储气库库址选择遵循 4 项基本原则:地质适合、规模适用、环境适宜、经济可行。对于我国大多数断块型砂岩改建储气库的状况,库址选择需要评价 15 项基本要素(表1)。

表 1　储气库选址基本要素表

库址要素	库址基本要求
构造形态	构造型:背斜,单斜(断鼻);构造完整、断层少;单体构造或小构造群
储层岩性	砂岩、碳酸盐岩、火成岩或其他岩性等,具有孔、洞、缝的储集空间类型
储层物性	气层低孔中渗透以上,油层中孔中渗透以上,水层高孔中渗透以上
埋藏深度	气藏和油藏改建气库,深度范围 1000 ~ 3000m,水藏深度 500 ~ 2000m
圈闭条件	油气藏断层封闭、岩性封闭、水动力封闭;水藏必须具备水动力封闭,具有泄压外流通道
断层封闭	油气藏具边界断层封闭;水藏超高压注气则断层必须具备强封闭性
盖层分布	盖层为泥岩、石膏或其他致密性岩石,连续性分布覆盖储层,平面最薄处盖层厚度大于10m
盖层封闭	盖层岩石物性 10^{-4} ~ 10^{-7} mD,封闭性指标包括:驱替压力、突破压力、扩散系数
底板封闭	底板隔层最薄处厚度达 5m,且连续分布在储层之下
闭合高度	油气藏大于 30m,水藏大于 60m,数百米为好
库容量	气藏、水藏建库有效库容应达 $10 \times 10^8 m^3$ 以上;油藏建库原油储量应达 $2000 \times 10^4 t$ 以上
工作气量	最小建库规模的工作气量为 $3 \times 10^8 m^3$ 以上
流体性质	流体中不含高浓度的有毒有害物质,如 H_2S 和 CO_2 等
地面条件	交通便利、无安全隐患、环保达标
老井封堵	建库区内所有老井全部能够封堵达标

1.2　库址评价数学模型

对于多因素难以定量分析的"模糊性"问题,模糊数学建立了综合评价法,其基本思想是将多个单项指标转化为一个能够反映总体情况的综合指标来进行评价,储气库址多因素评价选址适用此方法。其中评价者、评价指标、评价指标权重系数、评价模型是决定评价结果正确性的关键要素。一般应该由富有经验的专家或团队建立,应该指出,正是由于没有对每个人都适用的确定隶属函数的方法,才称为"模糊性"问题。理论上同一个模糊概念,不同人可能建立不同的隶属函数,如综合指数法、层次分析法等,尽管形式不完全相同,只要能反映同一模糊概念,在解决和处理实际模糊信息的问题中仍然殊途同归得到同样的比选结果。

模糊集合理论(fuzzysets)的概念于 1965 年由美国自动控制专家查德(L. A. Zadeh)教授提出,用以表达事物的不确定性[1]。模糊综合评价法是一种基于模糊数学的综合评标方法。该综合评价法根据模糊数学的隶属度理论把定性评价转化为定量评价,即用模糊数学对受到多种因素制约的事物或对象做出一个能够反映综合情况的指标来进行总体的评价。它具有结果清晰的特点,能较好地解决模糊的、难以量化的问题,适合各种非确定性模糊问题的解决。

基于模糊集合理论建立的储气库址模糊评价法,包括 3 个计算模型:一是建立库址评价数学模型,计算库址的隶属度数值;二是将不同库址依据隶属度大小排序确定库址次序,从而实现了库址排序选优;三是建立库址等级定量评价模型,即将库址所有要素设定为最优并计算出最优隶属度,然后将单个库址的隶属度除最优隶属度用100%度量得到库址系数,完成了归一化处理,并根据库址系数等级划分标准评定库址等级,进而实现了库址优良度定量评价,从而解决了库址质量等级评价问题。由于基本原理引用于模糊数学的综合判断法,该方法具有数学的严谨性和应用的普遍性。其中建立库址等级定量评价模型以及库址优良度定量评价方法为本文首创。

引用模糊数学综合评价法建立储气库库址评价数学模型,通常由地质、工程和经济方面的评判专家组对储气库库址的关键因素进行选择与评定。

(1)选定评价因素集合 A ,选择库址的主要评价因素 A_i ,如构造 A_1 、储层 A_2 、深度 A_3 ……;

(2)给定各评价因素的权重系数 a ,根据各因素重要性逐一给定权重 a_i ,数量标度间隔大小一致,各权数和为1,满足归一化,如构造 $a_1 = 0.2$,储层 $a_2 = 0.3$,深度 $a_3 = 0.1$,盖层 $a_4 = 0.2$ …;

(3)选定因素评价等级集合 B ,根据各因素质量优劣对单因素给出评价等级 B_i ,如优,良,中,差;

(4)给定因素评价标度 b ,对应单因素质量等级赋值,数量标度间隔大小一致,标度和为1,如(优0.4,良0.3,中0.2,差0.1);

(5)建立单因素模糊评价矩阵表(表2)。

表2 库址评价因素与权重、标度表

库址评价因素	评价因素权重	因素评价等级与评价标度		
		库址1	库址2	库址3
A_1(构造)	a_1	b_{11}	b_{12}	b_{13}
A_2(储层)	a_2	b_{21}	b_{22}	b_{23}
A_3(深度)	a_3	b_{31}	b_{32}	b_{33}
…	…	…	…	…
合计	1.0	1.0	1.0	1.0

(6)建立模糊评判矩阵 R :

$$R = \begin{bmatrix} b_{11} & b_{12} & b_{13} \\ b_{21} & b_{22} & b_{23} \\ b_{31} & b_{32} & b_{33} \\ b_{41} & b_{42} & b_{43} \end{bmatrix}$$

(7)模糊变换模糊子集式 D 矩阵:

$$D = aR = (a_1, a_2, a_3, a_4) \begin{bmatrix} b_{11} & b_{12} & b_{13} \\ b_{21} & b_{22} & b_{23} \\ b_{31} & b_{32} & b_{33} \\ b_{41} & b_{42} & b_{43} \end{bmatrix}$$

（8）计算隶属度：

库址 $1 = a_1 b_{11} + a_2 b_{21} + a_3 b_{31} + a_4 b_{41}$；

库址 $2 = a_1 b_{12} + a_2 b_{22} + a_3 b_{32} + a_4 b_{42}$；

库址 $3 = a_1 b_{13} + a_2 b_{23} + a_3 b_{33} + a_4 b_{43}$；

以上步骤，完成了单个库址的隶属度计算。

（9）按库址隶属度大小排序库址：隶属度最大值库址为第一，依次为第二、第三……；

此步骤，完成了多个库址的先后排序。

（10）计算库址最优隶属度：按设定最优库址的因素权重系数 a、评价标度 b 取值，计算最优隶属度；

（11）库址归一化计算库址系数 m：

$$m = （实际库址隶属度／最优隶属度）\times 100\%$$

（12）库址质量等级评价：库址系数 $m \geq 90$ 分为优等库址，$m = 89 \sim 80$ 分为良好库址，$m = 79 \sim 70$ 分为中等库址，$m \leq 69$ 分为差等库址。

根据储气库高安全、长寿命的要求，库址选用原则是优先选用优等库址，慎重选用良好库址，一般不选用中等及以下库址。

1.3 储气库址定量评价技术应用

应用储气库址定量评价技术，对 4 个废弃气藏 BN，LJH，BS22 和 QMQ 库址进行定量评价比选，从而选择出最优库址。

通过专家制订库址评价因素包括地面条件、老井处理、构造条件、圈闭条件、储层物性、埋藏深度和流体性质等，并给定各因素权重值 a，建立单因素模糊评判矩阵表，通过模糊评价矩阵 R 及模糊变换子集式 D 矩阵运算，计算其 4 个气库库址的隶属度，从而优选出库址次序为：BN 气库库址优，LJH 气库库址与 BS22 气库库址为良，QMQ 气库库址不合格（表3）。

表3 储气库库址定量评价

	选定评价因素集	地面条件	老井处理	构造条件	圈闭条件	封闭条件	储层物性	埋藏深度	流体性质	说明
专家评价标准制订区	给定各因素权重 a	0.2	0.2	0.1	0.1	0.2	0.1	0.05	0.05	
	给定各因素评语集	优、良、中、差								
	给定评语标度	0.4,0.3,0.2,0.1								
库址因素评价区	BN 气库	0.4	0.4	0.4	0.4	0.3	0.4	0.3	0.3	
	LJH 气库	0.3	0.3	0.4	0.4	0.4	0.4	0.2	0.4	
	BS22 气库	0.4	0.4	0.4	0.3	0.3	0.1	0.1	0.4	
	QMQ 气库	0.4	0.1	0.3	0.2	0.3	0.4	0.4	0.1	

矩阵运算与隶属度计算区	BN 气库	0.08 + 0.08 + 0.04 + 0.04 + 0.06 + 0.04 + 0.015 + 0.015 = 0.37	根据隶属度大小排序库址： (1) BN 气库； (2) LJH 气库； (3) BS22 气库； (4) QMQ 气库
	LJH 气库	0.06 + 0.06 + 0.04 + 0.04 + 0.06 + 0.04 + 0.01 + 0.02 = 0.33	
	BS22 气库	0.08 + 0.08 + 0.04 + 0.03 + 0.06 + 0.01 + 0.005 + 0.02 = 0.325	
	QMQ 气库	0.08 + 0.02 + 0.03 + 0.03 + 0.04 + 0.04 + 0.02 + 0.005 = 0.265	
库址等级评价区	计算最优库址最优隶属度	设定各因素评语为优，评语标度均为 0.4，计算最大隶属度为 0.4	根据归一化隶属度大小与等级评价标准评价库址： (1) BN 气库优； (2) LJH 气库良； (3) BS22 气库良； (4) QMQ 气库不合格
	计算库址系数	库址 1：$m_1 = 0.37/0.4 = 92.5\%$；库址 2：$m_2 = 0.33/0.4 = 82.5\%$；库址 3：$m_3 = 0.325/0.4 = 81.2\%$；库址 4：$m_4 = 0.205/0.4 = 66.2\%$	
	库址质量等级评价	库址 1：$m_1 = 92.5\% \geqslant 90$ 分为优；库址 2：$m_2 = 82.5\%$、库址 3：$m_3 = 81.2\%$ 符合良好分数 80 ~ 89 范围，确定库址为良；库址 4：$m_4 = 66.2\%$ 已低于中等 69 分范围，库址不合格	

2　储气库工作气量与采气井数设计技术

储气库建设目的就是补充市场调峰用气，因此设计气库采气量能力变化应该与市场用气规律相匹配[2-4]，同时，所设计的采气井数应满足采气量需求。本文根据大港储气库群 10 余年的实际运行数据，总结气库运行规律建立采气期产量物理模型，引入微积分数学方法建立产量数学模型，根据工作气量—日调峰气量—合理采气井数的关联性建立"马 - 成计算公式"，由此形成了三元耦合的设计技术，实现了关键指标的联动优化设计。

2.1　地下储气库调峰采气规律与规模

地下储气库与用气市场的紧密相关性决定了气库生产的不均衡性。在供气期内，需根据市场用气量的变化来确定气库采气量的变化。从大港储气库群已经运行的 10 余个周期看，在中国北方冬季具有典型的市场用气规律，通常在 11 月中旬到下年度 3 月中旬的冬季 120 天内，用气市场经历了低—高—低的用气量变化过程，则储气库群相应发生了低 - 高 - 低的采气量变化过程，其气库采气量调峰曲线近似"钟形"分布（图 1）。气库采气量在每年 1 月份春节期间达到高峰值，在采气期开始和结束的期间达到低谷值，其余时间为中等调峰值，高峰期与低谷期日产气量的峰谷比为 2 ~ 5 倍。

2.2　储气库调峰采气运行模型与计算方法

2.2.1　气库调峰采气运行规律与模型

将大港储气库群已投入生产运行的储气库调峰采气规律与规模进行归纳，可以建立标准的地下储气库调峰采气运行模式图（图 2），分析模式图可以明确气库调峰采气运行的关键指标如下：

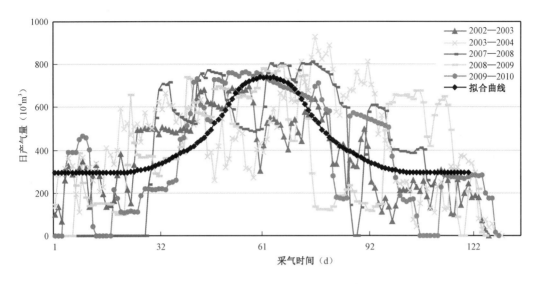

图 1　BZB 气库不同采气周期调峰采气曲线图

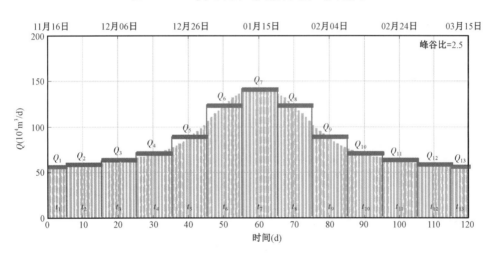

图 2　地下储气库峰谷比 2.5 时调峰采气运行模式图

(1)气库工作气量 G_w。采气期内采气总量(单位:$10^8 m^3$),图中阴影面积,等同于气库方案确定的工作气量[5]。

(2)气库采气期 T。调峰采气时间(单位:d),对应图中横坐标长度,具体数值根据气库方案确定的采气期天数。按华北地区供气规律取 $T = 120$ 天,细分为 13 个周期,第 1 与第 13 周期各为 5 天,其余每周期 $\Delta t = 10$ 天。周期特征:① 各周期以中间点为基点,向两侧呈均匀对称分布;② Δt_1 和 Δt_{13} 周期为气库最低调峰采气周期;③ 中间 Δt_7 周期为气库最高调峰采气周期;④ 其余周期为中间过渡调峰采气周期。

(3)气库调峰产量 Q_n。采气期内某天的产气量(单位:$10^4 m^3/d$),图中某天所对应的纵坐标值。调峰气量分布特征:① 尽管气库实际采气运行过程中,每一天的调峰产量不尽相同,但在同一周期 Δt 天内,可视为日产气量为一均值;② 各周期间调峰产量具有较为固定的比例关系(表3),在13个计算周期内,以最末周期 Δt_{13} 平均日产气量 Q 为基数测算,即气库最低调峰气量以停止供气前的5天内平均日产量;③ 气库最高调峰气量以春节日为中心点的前后各5天内取平均日产量;④ 气库高峰采气周期平均日产气量与低峰采气周期平均日产量的比值称为峰谷比 m_{max},即 $m_{max} = Q_7/Q_{13}$。

(4)气库合理的采气井数 N。同时满足高峰采气周期日产气量 Q_7 和低峰采气周期日产气量 Q_{13} 的所需采气井数(单位:口);由于气库采气是降压开采过程,早期 Δt_1 阶段气库压力最高、单井产气能力最强,但调峰需求气量不高,需要的气井数最少;高峰采气周期 Δt_7 阶段气库压力中等、单井产能较强,但调峰需求气量最高 Q_{max},需要的气井数为 N_g 口;晚期 Δt_{13} 阶段气库压力最低单井产能最弱,但调峰需求气量最低,需要的气井数 N_d 口;N_g 和 N_d 井数不一定谁多谁少,有两种可能:一是 N_g 口井在气库调峰最末期的产量可以达到最低调峰量 Q_{13} 时,说明 N_g 口井可以实现气库各阶段指标,此时气井数合理;二是 N_g 口井在气库调峰最末期的产量不能达到最低调峰量 Q_{13} 时,说明 N_g 口井无法满足最低调峰需求,则应按满足 Q_{13} 产量的井数 N_d 口作为气库合理的调峰井数 N。

2.2.2 储气库工作气量与日采气量计算方法

依据气库调峰采气运行模式图,地下储气库工作气量为图形总面积[6],计算公式为:

$$G_w = \sum_{n=1}^{n} Q_n \Delta t_n \tag{1}$$

地下储气库日调峰气量是变化值,按照已有的地下储气库调峰采气运行模式,不同计算周期的日采气量具有较为固定的比例关系,称为马-成公式系数 m 值(表4),系数的应用条件是当设定最低采气周期的日产气量为基准产量 Q 时,其它周期的日产气量为基准产量的 m 倍。数学关系如下:

$$Q_n = m_n Q \tag{2}$$

将公式(2)带入公式(1)得:

$$G_w = \sum_{n=1}^{n} Q_n \Delta t_n = \sum_{n=1}^{n} m_n Q \Delta t_n = (m_1 + m_2 + \cdots + m_{13}) Q \Delta t_n \tag{3}$$

将式(3)变形,转换为式(4),即得到计算低谷期日采气量的公式,称为"马-成"公式:

$$Q = 10^4 G_w/(m_1 \Delta t_1 + m_2 \Delta t_2 + m_3 \Delta t_3 + m_4 \Delta t_4 + m_5 \Delta t_5 + m_6 \Delta t_6 + m_7$$
$$\Delta t_7 + m_8 \Delta t_8 + m_9 \Delta t_9 + m_{10} \Delta t_{10} + m_{11} \Delta t_{11} + m_{12} \Delta t_{12} + m_{13} \Delta t_{13}) \tag{4}$$

当采气模型具有"钟形"对称分布特征时(图2),则 $\Delta t_1 + \Delta t_{13} = \Delta t$,$m_1 = m_{13}$,$m_2 = m_{12}$,$m_3 = m_{11}$,$m_4 = m_{10}$,$m_5 = m_9$,$m_6 = m_8$,$m_7 = m_{max}$;式(4)可简化成:

$$Q = 10^4 G_w/(2m_1 \Delta t_1 + 2m_2 \Delta t_2 + 2m_3 \Delta t_3 + 2m_4 \Delta t_4 + 2m_5 \Delta t_5 + 2m_6 \Delta t_6 + m_7 \Delta t_7)$$
$$= 10^4 G_w/[(m_1 + 2m_2 + 2m_3 + 2m_4 + 2m_5 + 2m_6 + m_7) \Delta t] \tag{5}$$

由式(4)可以计算出最低采气周期的日采气量 $Q(10^4 \, m^3/d)$,G_w 由气库方案确定 $(10^8 m^3)$,m 值可由马-成系数表4查得,$\Delta t = 10$ 天。将上述已知参数带入马-成公[式(4)]

即可求得基准气量 Q,将 Q 带入式(2)即可求得任一计算周期的日采气量 Q_n。

对于气库不同峰谷比时的 $m = Q_n/Q$ 值,见马-成系数表(表4)。由马-成计算公式计算不同峰谷比时低峰期基准气量 Q 公式如下:

峰谷比为 2.0 时

$$Q = 60G_w(10^4 m^3/d)$$

峰谷比为 2.5 时

$$Q = 56G_w(10^4 m^3/d)$$

峰谷比为 3.0 时

$$Q = 50G_w(10^4 m^3/d)$$

峰谷比为 3.5 时

$$Q = 46G_w(10^4 m^3/d)$$

峰谷比为 4.0 时

$$Q = 42G_w(10^4 m^3/d)$$

表4 地下储气库日产气量比例 m——马-成系数表

峰谷比 m_{max} ＼ 马-成系数 m ＼ 周期 Δt	1	2	3	4	5	6	7	8	9	10	11	12	13
2.0	1.00	1.04	1.12	1.26	1.53	1.87	2.00	1.87	1.53	1.26	1.12	1.04	1.00
2.5	1.00	1.04	1.12	1.26	1.59	2.19	2.50	2.19	1.59	1.26	1.12	1.04	1.00
3.0	1.00	1.04	1.12	1.34	1.86	2.62	3.00	2.62	1.86	1.34	1.12	1.04	1.00
3.5	1.00	1.04	1.14	1.43	2.03	2.99	3.50	2.99	2.03	1.43	1.14	1.04	1.00
4.0	1.00	1.05	1.24	1.56	2.27	3.42	4.00	3.42	2.27	1.56	1.24	1.05	1.00

注:(1)计算周期数12次。周期 Δt 长10天。全时长120天。

(2) $\Delta t_1 + \Delta t_{13} = \Delta t = 10$ 天。

2.2.3 气库调峰采气井数计算方法

储气库合理采气井数就是同时能够采出储气库工作气量与日调峰气量的最少井数,合理采气井数与储气库调峰采气规律与规模直接相关,与不同采气时间对应的单井产量高低直接相关。储气库合理的采气井数 N 需要满足3个条件:(1)首先满足冬季春节前后的市场最高需气量 Q_{max};(2)其次满足采气期末市场最低需气量 Q;(3)能够达到采气期总产气量即储气库工作气量 G_w。

由马－成公式可知,满足了储气库日产气量 Q_n 的同时即可实现工作气量 G_w。因此,计算合理井数可归结为计算满足采气期日产气量的井数,但由于不同采气阶段气库压力不同造成单井产量不同[6],同时市场的需气量不同,相对应的采气井数可能不同,需要分别计算高峰期气井数 N_g 和低谷期气井数 N_d,取最多井数作为合理井数 N。换言之,能够同时满足高峰期和低谷期日产气量的采气井数即为合理采气井数 N。

根据物质平衡原理[4],气库日采气量 Q_n 应等于气库 N_n 口采气井数的单井日采气量 q_n 总和。即:

$$Q_n = N_n q_n \tag{6}$$

将公式变形后,得到采气井数计算公式:

$$N_n = Q_n / q_n \tag{7}$$

在低谷采气期采气井数计算公式:

$$N_d = Q / q_d \tag{8}$$

在高峰采气期采气井数计算公式:

$$N_g = Q_{max} / q_g \tag{9}$$

公式中 Q 见式(5), $Q_{max} = m_{max}Q$,高峰期和低谷期单井日产气量 q_g 和 q_d 可由气库方案提供或另行计算得到。

合理采气井数选取条件: $N \geqslant N_g$; $N \geqslant N_d$;即选取 N_g 与 N_d 中的最大值作为合理井数 N。

2.3 储气库调峰产量与合理采气井数计算技术应用

某储气库方案[5]投入实施后,经过 10 余年生产运行,生产指标已得到确认,即最大库容量 $17.81 \times 10^8 \text{m}^3$,有效工作气量 $6.0 \times 10^8 \text{m}^3$,最高调峰期日产气 $800 \times 10^4 \sim 900 \times 10^4 \text{m}^3$,运行压力 $15 \sim 29 \text{MPa}$,单井产能 $35 \times 10^4 \sim 70 \times 10^4 \text{m}^3/\text{d}$,采气井 15 口,运行天数 120 天,用此实例检验马－成公式计算的气库调峰产量和合理采气井数。

解题:储气库运行遵循市场用气规律,调峰峰谷比按 2.5 预测。由马－成公式和马－成系数表计算:

(1)气库低谷期日产气量:

$$Q = G_w / \left[(m_1 + m_2 + \cdots + m_{12}) \Delta t_n \right] = 56 G_w = 56 \times 6 = 336 \times 10^4 \text{m}^3/\text{d}$$

(2)气库高峰期日产气量:

$$Q_{max} = m_{max} Q = 2.5 * 336 = 840 \times 10^4 \text{m}^3/\text{d}$$

(3)在低谷采气期采气井单井产量 $35 \times 10^4 \text{m}^3/\text{d}$,则低谷采气期采气井数为:

$$N_d = Q / q_d = 336/35 = 9.6(\text{口})$$

（4）在高峰采气期采气井单井产量 $55 \times 10^4 \mathrm{m}^3/\mathrm{d}$，则高峰采气期采气井数为：

$$N_{\mathrm{g}} = Q_{\max}/q_{\mathrm{g}} = 840/55 = 15.3（口）$$

（5）合理采气井数选取条件：

$N \geqslant N_{\mathrm{g}} = 15$ 口；$N \geqslant N_{\mathrm{d}} = 10$ 口；选取 N_{g} 与 N_{d} 中的最大值作为合理井数，即 $N = 15$ 口；

结果：应用马成公式计算该气库调峰峰谷比为 2.5 时，最高调峰期日产气 $840 \times 10^4 \mathrm{m}^3$，合理采气井数为 15 口。与实际相比，日产量符合率 99%，采气井数符合率 100%，预测值与实际状态高度一致，证实计算方法科学实用。

3 储气库达容规律及库存量表征技术

该项技术涵盖了气库达容物质平衡原理、气库达容的普遍性规律、气库达容库存量表征等[7-9]，以国内第一批储气库大港储气库群的扩容达容生产实践为依据，以气库物质平衡理论为指导，以储气库扩容达容的库存量曲线特征为样板，总结建立了地下储气库由开始扩容到多周期达容的普遍规律，建立了储气库逐步扩容达容的库存量表征技术，为指导和掌握地下储气库的扩容达容规律提供了实用性技术方法。

3.1 地下储气库库容量研究的基本模式

以定容气藏的物质平衡方程式计算库容量为例，其物质平衡方程式的基本表达式为：

$$G_{\mathrm{k}} = G_{\mathrm{p}}(p_{\mathrm{i}}/Z_{\mathrm{i}})/[(p_{\mathrm{i}}/Z_{\mathrm{i}}) - (p/Z)] \text{ 或 } p/Z = (p_{\mathrm{i}}/Z_{\mathrm{i}})(1 - G_{\mathrm{p}}/G_{\mathrm{k}}) \tag{10}$$

式中　G_{k}——库容量，$10^8 \mathrm{m}^3$；

　　　G_{p}——累计采气量，$10^8 \mathrm{m}^3$；

　　　p_{i}——原始地层压力，MPa；

　　　p——目前地层压力，MPa；

　　　Z_{i}——原始气体偏差系数，无量纲；

　　　Z——目前气体偏差系数，无量纲。

由式中可以看出，储气库累计采出量 G_{p} 的改变将引起地层压力 p 的相应变化。因此，可以据某库容量值确定对应的地层压力值，反之，也可以据某一压力值及相关参数计算相应的阶段采出量即库容量[9]。进行储气库库容设计或进行储气库库容分析的理论依据即为物质平衡方程式。其名词含义[6]为：（1）极限库容量：储气库压力达到地层破裂压力时的库容量；（2）原始库容量——储气库压力等于原始地层压力时的库容量；（3）库容量——储气库压力等于上限地层压力时的库容量；（4）基础垫气量——气藏（储气库）废弃时残留在储气库中的气体存量；（5）附加垫气量——储气库由废弃压力升高到下限压力需要增加的气量；（6）工作气量——储气库单独一个采气期的总采气量；（7）储气库运行压力区间——储气库运行高压与低压的压力变化区间；（8）补充垫气量——储气库由建库时压力升高到下限压力需要增加的气量。库容与压力对应逻辑关系模式如图 3 所示储气库在生产运行阶段经常使用的参数包括：库容量、库存量、工作气量、上限压力、下限压力。

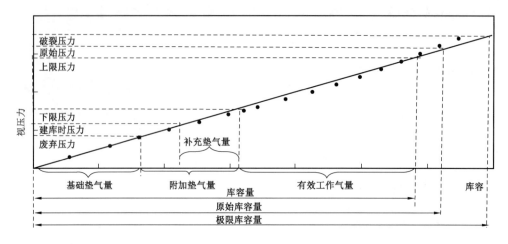

图3 地下储气库压力与库容关系模式图

3.2 地下储气库库存量曲线特征

在方案设计和理论阐述方面,研究储气库可储存气体容积称为"库容量"比较科学[10]。而在储气库投入实际生产阶段,为直观表现生产阶段的特点,现场将"库存量"定义为气库当前可储存气体数量值。因此,可应用现场每周期库存量与压力实测数据绘制的曲线来表征地下储气库库存量变化[11](图4)。具体方法如下:

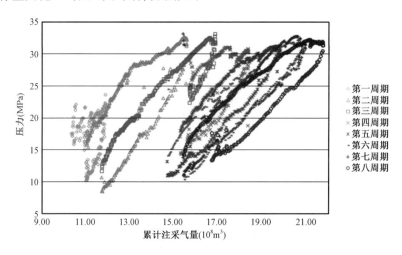

图4 DZT地下储气库库存量变化曲线图

(1)统计每个周期内注气阶段注气量与对应的压力数据,采气阶段采气量与对应的压力数据。

(2)以累计注气量、累计采气量为自变量横坐标,以地层压力为因变量纵坐标,绘制直角坐标。

(3)以储气库方案设计的开始建库时库容量、地层压力作为起始点。以投入生产后阶段实际累计注气量、累计采气量在起始点库容量数值上累加计算绘图。

3.3 地下储气库库存量表征技术

通常储气库达到设计库容需要若干个注采周期才能逐步完成。通过对储气库库存量曲线进行定量评价，并结合储气库地质特点和生产管理因素进行综合分析，可以揭示储气库由"空库到满库"的库容变化规律，预测和评价储气库达到设计库容量所需要的达容周期数。

不同储气库地质特征与状态参数不同，但生产过程基本相同，库存量曲线特征相近，基本符合简化的库存量曲线模式图（图5）。图5中①—②轨迹线为注气期曲线、②—③轨迹线为采气期曲线、①—②—③轨迹线为第一周期的注采曲线，反映了储气库"注气扩容—采气缩容"与"注气升压—采气降压"的周期特征。同理，③—④—⑤，⑤—⑥—⑦，⑦—⑧—⑨和⑨—⑩—⑪点的轨迹线，分别描绘了储气库第二、第三、第四、第五注采运行周期的库存量与压力变化过程。也揭示了储气库由投产时的"空库"到逐步达到方案设计的库容量"满库"的周期变化过程，即生产现场所称的"达容过程"。

图5所示每一注采周期中，注气期末所对应的横坐标数值即为当期储气库的最大库存量值，采气期末所对应的横坐标数值即为当期储气库的最小库存量值。

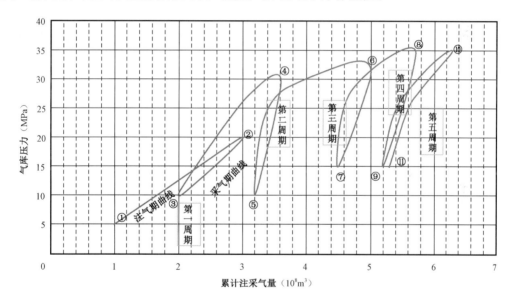

图5　地下储气库库存量变化曲线模式图

注气期注气曲线与横轴夹角越小即斜率越小，表明扩容速率越快、压力提升越慢、注气弹性产率越大；注气曲线沿横轴距离越长，表明注气期注入气量越多。注气曲线与纵轴夹角越小距离越长，表明注气期压力提升较慢但数值较大。

采气期采气曲线与横轴夹角越小即斜率越小，表明缩容速率越快、压力降落越慢、采气弹性产率越大；采气曲线沿横轴距离越长，表明采气期采出气量越多。采气曲线与纵轴夹角越小距离越长，表明采气期压力下降较慢但数值较大。

同一注采周期内注气曲线与采气曲线下部开口越大，表明周期内累计注气量与累计采气量差值越大，地下存入气量越多，储气库扩容越多。

图 5 横坐标表示储气库随着生产周期数增加储气库库存量增加,纵坐标表示气库压力高低。储气库第一至第五周期,库内存气量逐渐增加压力水平逐渐提高,到第五周期压力已开始达到方案设计上限压力值,库容扩充接近设计库容量值。第一至第五周期储气库扩容规律是:(1)每个周期注气量多采气量少库存量增加。(2)早期储气库压力低时扩容快,后期压力高时扩容变慢;这种现象可反映两种非定容储气库扩容状态,一是边界为油水接触的非定容储气库,注入气量不断驱离边界液体腾空库容,早期储气库压力低时扩容快后期压力高时扩容变慢;二是有油水侵入的已开发气藏改建的储气库,储气库内被生产采出的液量空间由注入气填充扩容,早期储气库内含液量高采出液量多腾空库容大,后期含液量降低每周期采液量减少腾空库容量小;具体哪种扩容状态需结合地质条件判定。(3)第五周期为达到满库容特征:储气库注气量曲线和采气量曲线基本重叠,表明注气与采气规律相似,注气量与采气量数量相近,库内存气量增长量微少,库存量已达最大值,压力变化区间符合方案设计的压力运行指标,此时储气库基本达到"满库容"状态。(4)此例储气库达容周期约为 5 个周期,预计该储气库后续注采周期将类似第五周期状态。

4 结论

本文通过大港储气库群方案设计与生产运行的实践检验,形成了较为成熟的储气库几项关键技术:

(1)储气库库址定量评价技术。针对储气库库址如何选用与库址质量等级难以评价、不同评价者认识难以统一的问题,建立了储气库库址选择应遵循的 4 项基本原则:地质适合、规模达容、环境适宜、经济可行。库址选择可采用 15 项基本要素;引用了模糊数学综合评价法并创新了库址隶属度归一化处理技术,实现库址优劣排序与质量等级的定量评价。从而解决了如何选好储气库库址的问题。

(2)储气库调峰产量与合理井数设计技术。针对储气库日调峰产量与匹配采气井数难以确定问题,依据已建气库群的实际生产运行数据,建立了标准的储气库调峰采气运行模式图,运用微积分数学描述方法,创建了以计算日调峰气量、采气井数为核心的马 - 成公式,描述了工作气量、调峰气量、单井产量、采气井数之间的数学关系,创建了在工作气量控制下的日产气量与采气井数设计技术。从而解决了储气库几项关键指标联立优化设计问题。

(3)储气库达容规律及库存量表征技术。针对储气库扩容规律不清、达容周期不清的问题,凭借已建储气库生产运行实例,应用储气库物质守恒原理指导认识地下储气库扩容规律,建立地下储气库库存量曲线表征方法,分析低压气藏改建的地下储气库,由开始扩容到逐渐达容是个多周期的多注气少采气扩容过程,直至"满库达容"。从而解决了地下储气库由开始扩容到多周期达容的普遍规律与达容周期预测问题。

上述技术和方法是建立在理论指导、逻辑运算、实践验证的基础上,具有严谨性与实用性,可供相关工作借鉴。

参 考 文 献

[1] 赵树嫄. 微积分[M]. 北京:中国人民大学出版社,1982:246 - 255.
[2] 马小明,赵平起. 地下储气库设计实用技术[M]. 北京:石油工业出版社,2011:48 - 51.

[3] 郭洁琼,仇晶,杜学平.华北华东地区天然气季节调峰对比分析探讨[J].石油与天然气化工,2012.41(5):488 – 490.

[4] 杨琴,余清秀,银小兵,等.枯竭气藏型地下储气库工程安全风险与预防控制措施探讨[J].石油与天然气化工,2011,40(4):410 – 412.

[5] 杨广荣,余元洲,等.物质平衡法计算天然气地下储气库的库容量[J].天然气工业,2003,23(2):96 – 99.

[6] 李士伦,等.天然气工程[M].北京:石油工业出版社,2000:247 – 248.

[7] 马小明,杨树合,史长林,等.为解决北京市季节调峰的大张坨地下储气库[J].天然气工业,2001,21(1):105 – 107.

[8] 马小明.凝析气藏改建地下储气库地质与气藏工程方案设计技术与实践[D].成都:西南石油大学,2009.

[9] 李士伦.天然气工程[M].北京:石油工业出版社,2000:84 – 87.

[10] 杨毅.天然气地下储气库建库研究[D].南充:西南石油学院,2003.

[11] 谭羽非.天然气地下储气库技术及数值模拟[M].北京:石油工业出版社,2007.

作者简介:马小明,博士,高级工程师,现任大港油田公司气藏工程首席专家、勘探开发研究院技术总监,主要从事天然气开发和储气库研究工作。地址:(300280)天津市大港油田勘探开发研究院新楼 1012 室;电话:022 – 63953147;E – mail:maxming@ petrochina. com. cn。

低渗裂缝性天然气地下
储气库 CO_2 做垫层气溶解特性模拟

谭羽非　张金冬　牛传凯

（哈尔滨工业大学市政环境工程学院）

摘　要:用 CO_2 做天然气地下储气库的垫层气,不仅可以实现碳存储,降低温室效应,同时, CO_2 又可以替代地下储气库中长期沉淀的天然气,具有很高的经济效益。当 CO_2 做低渗裂缝性气藏储气库垫层气时,可能存在大量的 CO_2 溶解于地层水中。在考虑 CO_2 溶解特性基础上,通过建立裂缝性碳酸盐岩地下储气库天然气与 CO_2 垫层气三维两相气水渗流模型和气气混合扩散模型,基于数值模拟的方法,计算出气水储层中储气压力和气体组成与时间和空间的函数关系,以及 CO_2 在水中溶解度对储库扩容运行以及混合带运移的影响,为今后我国碳隔离储存和储气库 CO_2 垫层气建设运行提供了理论依据和技术支持。

关键词:低渗透裂缝性;天然气地下储气库; CO_2 ;垫层气;数值模拟;溶解分析

1　概述

采用天然气做天然气地下储气库的垫层气会导致大量"死资金"的沉淀。截至 2010 年底,美国地下储库中总垫层气量达 $1176 \times 10^8 m^3$,沉淀资金高达 86 亿美元[1]。为了实现在《京都议定书》提出的在 2020 年前实现 CO_2 减排 40% ~ 45% 的目标[2],近年来全球对温室气体减排最可行的方法是 CO_2 的捕集和封存技术。谭羽非于 2005 年提出并证明以 CO_2 深埋作天然气地下储气库垫层气的可行性[3]。用 CO_2 做天然气地下储气库的垫层气,不仅可以实现碳存储,降低温室效应,又可以替代地下储气库中长期沉淀的天然气,具有很高的经济效益。

目前,我国已建成的储气库大部分为枯竭砂岩油气藏型储气库[4]。随着东部输配气系统快速发展和完善,仅利用枯竭砂岩气藏改建地下储气库已难以满足对城市天然气调峰量的需求。利用广泛存在于华北地区的裂缝性碳酸盐岩储层建库能够在一定程度上缓解供求矛盾。裂缝性碳酸盐岩储层一般为低渗透气田,在开采后期的加压开采和水力压裂[5],导致储层被水侵严重且含有大量的微裂缝[6]。以 CO_2 做低渗透裂缝性气藏储气库垫层气时, CO_2 的溶解特性对储气库注气驱水扩容和采气调峰运行有很大影响。

本文在考虑 CO_2 溶解特性基础上,通过建立裂缝性碳酸盐岩地下储气库天然气与 CO_2 垫层气三维两相气水渗流模型和气气混合扩散模型,基于数值模拟的方法,计算出气水储层中储气压力和气体组成与时间和空间的函数关系,以及 CO_2 在水中溶解度对储库扩容运行以及混合带运移的影响,为今后我国碳隔离储存和储气库 CO_2 垫层气建设运行提供了理论依据和技术支持。

2 数学模型的建立与求解

2.1 控制方程组的建立

(1)气水两相渗流模型。

将裂缝性碳酸盐岩储层空间划分为相互独立的基质孔隙和裂缝孔隙,假设基质网格块之间互不连通且无渗流流动,裂缝与基质间存在着流体的质量交换;储层基质不可压缩,而流体可压缩:

水相

$$\nabla \cdot \left(\frac{KK_{rw}}{\mu_w B_w} \nabla \Phi_w \right) + \tau_{wsf} = \frac{\partial}{\partial t}\left(\frac{\phi S_w}{B_w} \right) \tag{1}$$

气相

$$\nabla \cdot \frac{KK_{rg}}{\mu_g B_g} \nabla \Phi_g + \nabla \cdot \frac{RKK_{rw}}{\mu_w B_w} \nabla \Phi_w + q_g + \tau_{gsf} = \frac{\partial}{\partial t}\left(\frac{\phi S_g}{B_g} \frac{\phi RS_w}{B_w} \right) \tag{2}$$

其中
$$\nabla \Phi_w = \nabla p_w - \rho_w g \nabla Z$$
$$\nabla \Phi_g = \nabla p_g - \rho_g g \nabla Z$$

式中 μ_g, μ_w——气相和水相在储层中的动力黏度,Pa·s;

K——储层的绝对渗透率,D;

K_{rg}, K_{rw}——气相、水相的相对渗透率;

B_g, B_{ws}——体积系数;

ϕ——储层内的裂缝孔隙度;

S_g, S_w——储层含气、含水饱和度;

q_g——裂缝微元体内气体的注采量,注入为正,采出为负;

R——裂缝内 CO_2 的溶解气水比,$R=f(x_c)$;

H_c^*——在温度 T、参考压力 p^* 下的 Henry 系数,由 CO_2 在纯水中溶解度的实验数据获得;

V_c^∞——无限稀释时 CO_2 的偏摩尔体积;

x_c——水中 CO_2 的摩尔分数,即 CO_2 在水中的溶解度;

H_c——Henry 系数;

f_c——水中 CO_2 的逸度系数。

依据 Henry 定律[7]计算低渗透储层内 CO_2 在边水中的溶解度:

$$x_c = \frac{f_c}{H_c}$$

$$H_c = H_c^* \exp[V_c^\infty(p - p^*)/RT]$$

τ_{wsf} 和 τ_{gsf} 为裂缝与基质间气相、水相流体交换量,kg/(m³·s);该渗流交换量主要由压差

产生,计算公式为:

$$\tau_{wsf} = \sigma \frac{\rho_w K K_{rw}}{\mu_w}(p_w - p_{ws}) \tag{3}$$

$$\tau_{gsf} = \sigma\left[\frac{\rho_g K K_{rg}}{\mu_g}(p_g - p_{gs}) + \frac{\rho_w R_s K K_{rw}}{\mu_w}(p_w - p_{ws})\right] \tag{4}$$

σ 为单位体积中基质—裂缝的形状因子(m^{-2}),表征储层内裂缝密度:

$$\sigma = 4\left(\frac{1}{L_x} + \frac{1}{L_y} + \frac{1}{L_z}\right)$$

(2)气气混合扩散模型。

基于菲克扩散定律,建立储气库内天然气(组分 A)与 CO_2 垫层气(组分 B)混合扩散控制方程:

$$\nabla \cdot \left(M_A C_A \frac{K K_{rg}}{\mu_g B_w} \nabla \Phi_g\right) + \nabla \cdot (M_A S_g \phi D_{AB}^r \nabla C_A) + q_A = \frac{\partial(M_A C_A S_g \phi)}{\partial \tau} \tag{5}$$

$$\nabla \cdot \left(M_B C_B \frac{K K_{rg}}{\mu_g B_w} \nabla \Phi_g\right) + \nabla \cdot (M_B S_g \phi D_{BA}^r \nabla C_B) + q_B = \frac{\partial(M_B C_B S_g \phi)}{\partial \tau} \tag{6}$$

式中　　D_{AB}^r, D_{BA}^r——组分 A(B)在介质 B(A)中的平均扩散系数,m^2/s;

　　　　C_A, C_B——组分扩散浓度;

　　　　M_A, M_B——组分摩尔数。

(3)初边值条件。

初始条件:由于流动过程近似等温,初始条件即为储库建造初始时刻或动态运行某一时刻压力、气水两相饱和度、混合带注入气和垫层气浓度的原始分布。

边界条件:库边界为外边界条件,取为封闭边界

$$\left.\frac{\partial \Phi}{\partial n}\right|_{T_{外}} = 0$$

2.2　求解方法

采用非等距六点隐式格式离散求解方程(1)(2),扩散方程(5)(6)采用差分或有限元方法求解常常失效,对此方程采用了特征线修正技术,考虑沿特征线(即流动方向)的离散,利用了扩散问题的物理力学性质,可有效克服数值振荡,采用沿特征线离散化可减少截断误差,从而可取较大的时间步长,节省计算量,保证数值解的稳定,求解过程详见文献[8]。

在求解过程中,压力和饱和度的计算是以初始浓度分布为条件的,而由压力和饱和度的计算结果又可以计算浓度场的分布情况,压力场和浓度场在计算过程中互为条件,解决压力场和浓度场的耦合问题需要每一步都进行迭代计算。

3 算例模拟分析

某裂缝性碳酸盐岩低渗透枯竭气藏通过注气驱水扩容的方式逐步改建为天然气地下储气库。图 1 为气藏计划改建储气库的储层区域,模拟区域布置 6 口注采井。该区域储层扩容改建前含气区域面积为 $2km^2$,储层的其他物性参数见表 1。储层的具体计算网格步长为 $\Delta x = \Delta y = 20m,\Delta z = 5m$;注采井附近的加密网格步长为 $\Delta x = \Delta y = 5m$、$\Delta z = 2m$。动态模拟计算过程中的压力迭代误差与饱和度迭代误差为:$|\Delta p_g| \leq 0.1MPa$,$|\Delta S_w| \leq 0.01$。

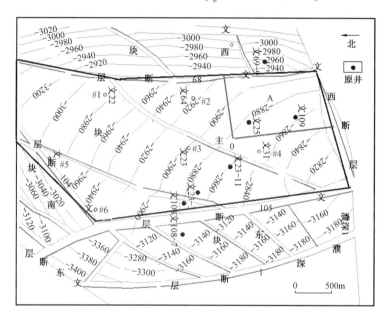

图 1 储层的平面含气构造与部分井位布置

表 1 储层的物性参数值

参数名称	数值	参数名称	数值
原始地层压力(MPa)	38.29	原始地层温度(K)	393.15
初始地层压力(MPa)	4.56	初始地层温度(K)	387.45
初始工作压力范围(MPa)	12 ~ 28.5	储层渗透率范围(mD)	1.27 ~ 6.12
储层平均渗透率(mD)	4.62	储层孔隙度范围(%)	8.8 ~ 13.9
储层平均孔隙度(%)	10.25	顶部埋深(m)	2680
储层厚度范围(m)	35.4 ~ 75.6		

储气库采用"多注少采"的循环注采扩容方式,其中注气阶段在含气区域边缘井注 CO_2 垫层气、中心区域注天然气,CO_2 和天然气的单井注气速率均为 $24 \times 10^4 m^3/d$;而采气阶段只在中心区域采出天然气进行城市调峰,其单井采气速率为 $10 \times 10^4 m^3/d$。每个注采扩容周期为 1 年,其中注采工作过程见表 2。

表2　完整扩容周期的运行工作过程

时间段	注采情况	注采时长(d)
12月6日至3月14日	采气阶段	100
3月15日至3月19日	春季关井阶段	5
3月20日至11月30日	注气阶段	255
12月1日至12月5日	秋季关井阶段	5

图2为储气库经过两个注采周期之后,CO_2的溶解对储气库水平剖面气水界面的影响。当考虑CO_2在边水中的溶解时,两个注采周期之后,储层总含气面积由初始天然气含气面积$2km^2$增大为$3.71km^2$;若不考虑CO_2溶解,储层总含气面积则增大为$3.85km^2$,表明CO_2在边水中的溶解在一定程度上降低了储气库的扩容速度。图3为储气库扩容时,CO_2的溶解对储层内气体注入量的影响。由于CO_2溶于边底水,在达到相同储层压力时,需要注入更多的CO_2气体,导致储库的总注气量增大。

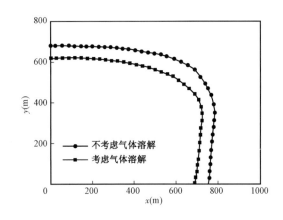

图2　CO_2溶解对储气库平面气水界面的影响

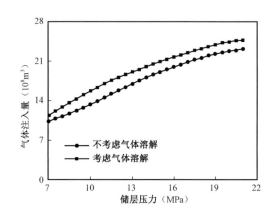

图3　CO_2溶解对气体总注入量影响

图4为在一个注采循环内,储气库中CO_2的储量随时间的变化。由图4可知注气结束后,以超临界态存在于储气库内起垫层气作用的CO_2量为$78.34 \times 10^6 m^3$,而溶于边水中的CO_2量为$65.66 \times 10^6 m^3$;在采气阶段,储气库边水处压力由25.158MPa降为14.439MPa的过程中,有大量的溶解态CO_2从边水中析出,此时以超临界态存在于储气库边缘区域的垫层气量为$111.22 \times 10^6 m^3$,而注入的CO_2垫层气总量为$130.45 \times 10^6 m^3$,可见由于CO_2溶解造成的垫层气损失比例为15.5%。

图5为在储气库扩容注采过程中,不同状态CO_2的储量变化。在天然气采气阶段,虽然没有继续注入CO_2垫层气,但超临界态CO_2含量微增、而溶解态CO_2含量微降,这是由于在采气阶段储层压力降低导致CO_2溶解度降低,部分溶解态CO_2从边水中析出所致。溶解态CO_2在初期增幅较大,随后逐渐稳定,这是因为扩容后期CO_2在边水中达到饱和,此时溶解态、超临界态CO_2与天然气工作气之间形成了一种动态平衡。

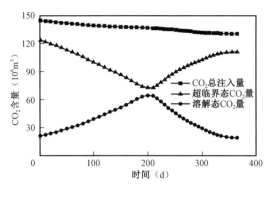

图4 注采周期内 CO_2 储量随时间变化

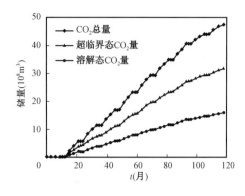

图5 储层内不同状态 CO_2 储量变化

图6 是在一个注采循环内的注和采阶段,储气库中不同状态 CO_2 的储量随时间变化。由图6 可知,在注气阶段,溶解态 CO_2 含量在初始时刻增速较快,随着注气时间增速逐渐放缓,最后趋于平稳;而超临界态 CO_2 的含量在初始时刻几乎为0,逐渐增大,至注气后期增速与总注入量增速相同,说明此时 CO_2 在边水中的溶解达到饱和。注入的 CO_2 全部以超临界态储存于储气库中做垫层气。在采气阶段,溶解态 CO_2 的含量逐渐降低,而超临界态 CO_2 逐渐增大,且两种形态 CO_2 形成一种动态平衡。这是因为随着采气进行,储气库内的地层压力降低,CO_2 溶解度随之降低,使得部分溶解态 CO_2 析出转为超临界态,正好弥补了部分 CO_2 垫层气。

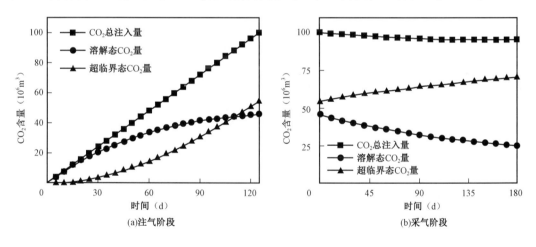

图6 第一个注采周期内不同状态 CO_2 储量随时间变化

图7 为注气过程结束后,CO_2 的溶解对储气库内混合带位置的影响。当考虑 CO_2 垫层气在边水中的溶解时,注气过程结束后,CO_2 与天然气之间形成的混合带宽度最大处为 102.5m,最窄处为 68.4m,天然气摩尔分数 $x_{g,0.5}$ 处,混合带距中心注采井井底水平距离为 289.6m;若不考虑 CO_2 垫层气在边水中的溶解时,注气过程结束后,混合带的宽度基本保持不变,但距中心注采井井底水平距离为 273.2m。

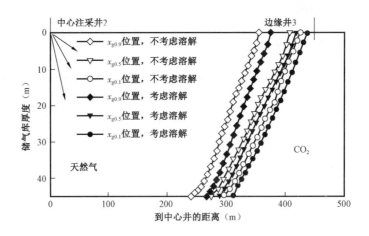

图7　注气过程结束后 CO_2 与天然气的混合带位置

图8为采气过程结束后, CO_2 的溶解对储气库内混合带位置的影响。混合带随着采气过程的进行而向中心注采井运移。至采气结束,若考虑 CO_2 溶解,天然气摩尔分数 $x_{g,0.5}$ 处距中心注采井为119.7m,若不考虑 CO_2 溶解,天然气摩尔分数 $x_{g,0.5}$ 距中心注采井为141.5m。

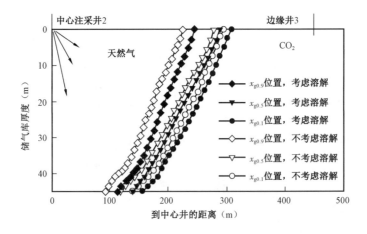

图8　采气过程结束后 CO_2 与天然气的混合带

图9为在注气过程中,储气库注气井的井底地层压力随时间变化。分析可知,中心井的井底地层压力增速较快,而边缘井增速缓慢,随着注气进行,储气库内含气量增大,中心井的井底地层压力的增速减缓,而边缘井的井底地层压力增速加快,直到注气结束时,中心注气井2的井底地层压力增大到27.845MPa,而井3的井底地层压力为25.158MPa。

图10为采气过程储气库井底压力随时间变化。由图10可知,中心采气井和边界观察井的井底地层压力随着采气进行均逐渐降低。然而中心井的井底地层压力由采气开始时的27.845MPa降为结束时的12.927MPa;而边缘井3处由采气开始时的25.158MPa降为结束时的14.439MPa。分析其原因是因为 CO_2 在边水中的溶解度随着边界压力的变化而变化所致。在注气开始阶段,从边缘井注入的 CO_2 几乎全部溶解于边水中。随着 CO_2 注入量的增多,在边缘气才逐渐形成超临界态的 CO_2 区域,井底地层压力才逐渐升高。而在采气阶段,随着天然气

从中心区域采出,气水边界压力随储层压力而降低,大量的溶解态 CO_2 逐渐从边水中析出,填补了气水边界处的压降,随着天然气大量采出,析出的 CO_2 逐渐减少,边界压力才逐渐降低。

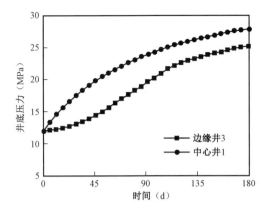
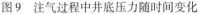

图 9 注气过程中井底压力随时间变化

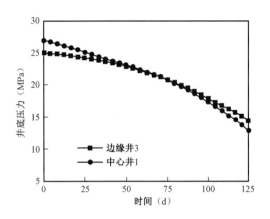

图 10 采气过程中井底地层压力随时间变化

4 总结

基于裂缝性碳酸盐岩储层的非均质性和双重介质储层特性,并考虑了 CO_2 在边底水中的溶解后,建立了地下储气库储层中注 CO_2 驱水扩容的气水两相渗流和气气混合扩散数学模型,通过数值模拟分析得出 4 点认识:

(1) CO_2 的溶解效应,降低了储气库的扩容速度,在达到相同储层压力时,需要注入更多的 CO_2 气体,导致储库的总注气量增大。

(2)在一个注采循环内,本算例中,注气过程由于 CO_2 溶解造成的垫层气损失比例达 15.5% ;采气阶段随着储气库储层压力的减低,有大量的溶解态 CO_2 从边水中析出。

(3) CO_2 在边水中的溶解度受储层压力变化的影响较大,在注气开始阶段,从边缘井注入的 CO_2 几乎全部溶解于边水中;随着 CO_2 注入量增多,井底地层压力才逐渐升高;而在采气阶段,随着储层压力而降低,大量的溶解态 CO_2 逐渐从边水中析出,可部分填补气水边界处的压降。

(4) CO_2 的溶解对混合带宽度影响不大,本算例中垫层气比例不超过 32.5% 时,CO_2 与天然气的混合不会对天然气的调峰注采过程产生影响。

参 考 文 献

[1] 尹虎琛,陈军斌,兰义飞,等.北美典型储气库的技术发展现状与启示[J].油气储运,2013,32(8):814 – 817.

[2] 于潇,孙猛.中国省际碳排放绩效及 2020 年减排目标分解[J].吉林大学社会科学学报,2015,55(1):57 – 65.

[3] 谭羽非,展长虹,曹琳,等.用 CO_2 作垫层气的混气机理及运行控制的可行性[J].天然气工业,2005,25(12):105 – 107.

[4] 丁国生,李春,王皆明,等.中国地下储气库现状及技术发展方向[J].天然气工业,2015,35(11):107 – 112.

［5］ Zhao Lun,Chen Xi,Chen Li,et al. Effects of Oil Recovery Rate on Water－flooding of Homogeneous Reservoirs of Different Oil Viscosity［J］. Petroleum Explorationand Development,2015,42(3):384－389.

［6］ Ghanbari E,Dehghanpour H. The Fate of Fracturing Water:A Field and Simulation Study［J］. Fuel,2016,163(1):282－294.

［7］ 汤勇,杜志敏,孙雷,等. CO_2 在地层水中溶解对驱油过程的影响［J］. 石油学报,2011,32(2):311－314.

［8］ 谭羽非,等. 天然气地下储气库技术及数值模拟［M］. 北京:石油工业出版社,2009.

作者简介:谭羽非,女,教授,博士生导师,主要从事天然气输配储运的教学与科研工作。电话:13704809716;E－mail:tanyufei2002@163.com。

盐穴储库围岩变形破坏的 THM 耦合数值模拟研究

张华宾　张顷顷　王来贵

（辽宁工程技术大学力学与工程学院）

摘　要：盐岩的 THM 耦合（温度—渗流—应力耦合）问题对深部盐穴地下储库工程发展具有重要实际意义。采用数值仿真方法，考虑材料的非均质性及多物理场耦合作用下，运行内压变化对盐穴储库围岩变形破坏规律的影响。研究结果表明：距离盐穴越近，围岩位移、主应力及塑性区变化明显，在距离盐穴 3 倍最大半径范围内围岩受内压变化波动较明显。内压的增大，围岩位移逐渐变小，主应力均减小，且变化趋于平缓。温度发生扩散集中在距盐穴为 1 倍半径范围内，且内压越大温度扩散越剧烈。内压不同也会造成孔隙压力分布规律的不同，内压越低，盐穴围岩的孔隙压力变化程度越剧烈，随远离盐穴而逐步趋于稳定。该结论可为复杂环境（温度、应力、水）进行盐穴的设计及保障其安全运行提供参考价值。

关键词：多物理场耦合；运行压力；温度变化；围岩破坏；数值模拟

1　概述

在深部盐岩层中进行空间利用和矿产资源开发，都会面临"多场耦合"这一问题。国内外学者从理论、实验的角度对不同条件下盐岩的力学特性进行了试验研究，对盐岩储库围岩变形破坏特性及稳定性问题进行了模拟分析[1-16]。然而实际工程中，考虑温度效应、渗流、应力之间的关系应通过热—流‐固耦合本构方程的迭代来实现，如图 1 所示。本文考虑三维热流固问题，直接用 FLAC3D 中的热流固耦合计算，借助 FLAC3D 的温度模式、渗漏模式和静力模式耦合实现 THM 的数值模拟。但 FLAC3D 的热力耦合是单向模型，即温度变化可改变单元的应变，进而引起应力的变化，但单元应力的变化不会改变温度的分布。

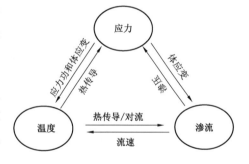

图 1　THM 耦合系统的耦合机理

2　模型介绍

为符合工程场地实际需求，1939 年 Weibull 使用概率统计的分析方法描述了材料的非均匀性，岩体微观结构表明，密度和强度分布符合韦伯分布规律，韦伯概率密度函数如下所示：

$$f_w(x) = \alpha\lambda x^{\alpha-1} e^{-\lambda x^\alpha} \qquad (x > 0, \alpha > 0, \lambda > 0) \qquad (1)$$

式中　α——韦伯分布的形状参数；

　　　λ——韦伯分布的尺度参数。

此后，各国学者应用 Weilbull 分布来描述岩石内部细观尺寸的非均匀性方面展开了广泛的研究。本文采用 FLAC3D 内嵌 FISH 语言编写程序，实现对岩土单元密度、弹性模量、泊松比及线膨胀系数参数的随机赋值，从而使得单元的力学参数满足 Weibull 概率分布，即满足了空间上的随机性和整体上的分布规律。图 2 为对密度、体积模量等随机赋值的效果，使用不同颜色表征同一参数不同的值，可见岩体呈现出非均质的现象。

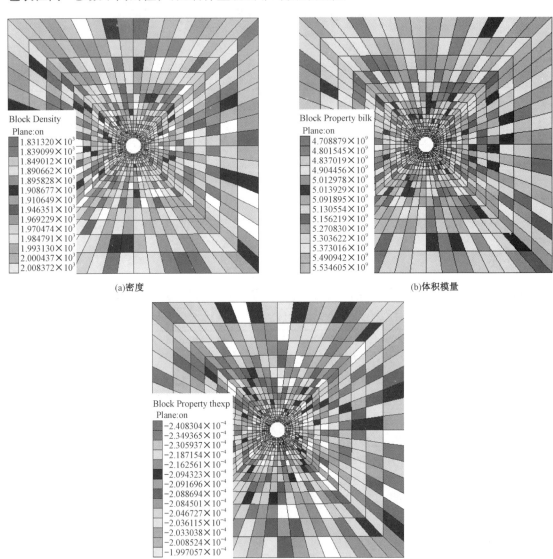

图 2　模型材料参数的随机赋值

计算模型以球型盐穴地下储气库为例，模型为一个正方体（640m × 640m × 640m），利用 FISH 语言进行节点坐标调整完成建模过程。腔穴半径为 20m，坐标原点设在球心处，体积为

$3.35 \times 10^4 m^3$,模型由 36864 个单元、36913 个节点组成,模型的腔穴周围网格密集呈放射状分布,数值模型如图 3 所示。

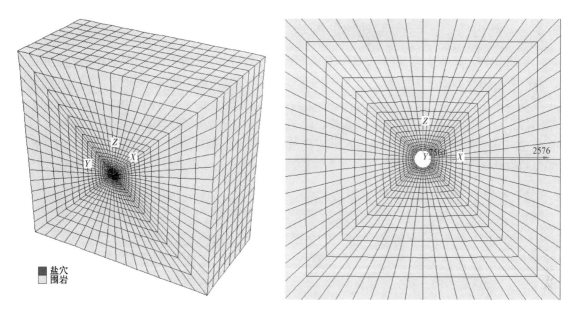

图 3 盐穴储库数值模型图

模型边界条件为:自重场沿深度方向按容重呈梯度分布,同时考虑深部构造应力影响,假设其侧压系数约为 0.9,通过 FISH 语言叠加应力实现。模型的上表面为应力边界条件,根据模型埋深设作用的垂直荷载分量为 27MPa;用 Z 向单向约束模型下表面,简支约束四周纵表面的相应法线方向,即认为模型前、后、左、右面及下端面均具有法向约束,使得它不会在相应面上产生法向移动,忽略溶腔过程的影响。本构关系采用 M - C 屈服准则,考虑内压的变化对围岩变形破坏的影响规律。具体盐岩的力学、热物理、渗流参数分别见表 1、表 2 和表 3。

表 1 盐岩力学参数

密度 (kg/m^3)	弹性模量 (GPa)	泊松比	黏聚力 (MPa)	内摩擦角 (°)	抗拉强度 (MPa)
2100	6	0.33	1	30	0.5

表 2 盐岩热物理参数

比热容 $[J/(kg \cdot ℃)]$	导热系数 $[W/(m \cdot ℃)]$	热交换系数 $[W/(m^2 \cdot ℃)]$	线膨胀系数 ($℃^{-1}$)	功率 (W/m)
859	4.8	100	4.62×10^{-5}	120

表 3 盐岩渗流参数

渗透率 (m^2)	流体密度 (kg/m^3)	流体模量 (GPa)	饱和度	孔隙水压力 (Pa)
4.7×10^{-19}	1300	2	1	1.5×10^3

3 结果分析

3.1 运行内压对围岩变形规律的影响

采用 5MPa,15MPa,25MPa,35MPa 和 45MPa 内压运行储库围岩的变形破坏情况如图 4 至图 6 所示。图 4 和图 5 为不同内压下水平、竖向位移云图。盐穴表现为顶板下沉,底板上鼓,水平方向向盐穴内部收缩,且随距盐穴的距离增大围岩变形量减小。内压增大时,围岩变形量减小,但分布规律基本相同,主要为数量上的变化。当内压增加到 45MPa 时,水平位移开始发生向盐穴外扩张的趋势。图 6 给出水平方向节点的位移量随距离的变化曲线。在 3 倍半径范围岩的位移随内压的变化有较大波动,3 倍数以上的围岩的位移量较小,且逐渐趋于稳定值。

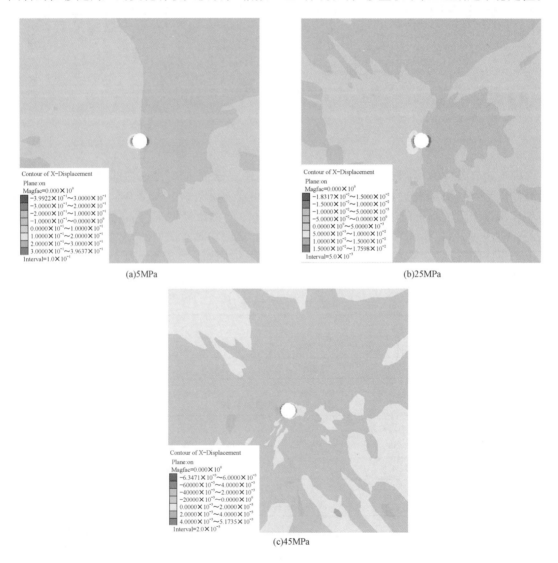

(a)5MPa (b)25MPa

(c)45MPa

图 4 水平位移云图

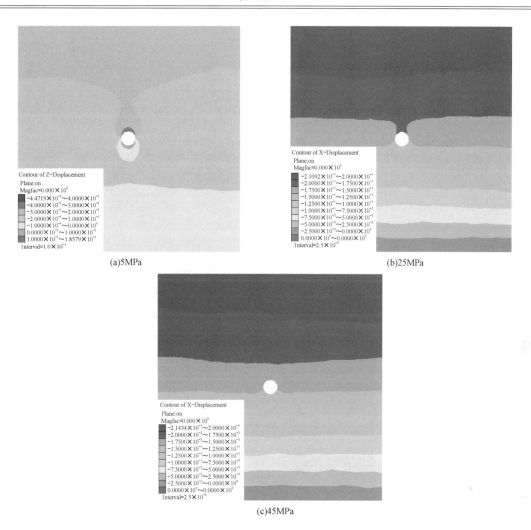

(a)5MPa

(b)25MPa

(c)45MPa

图 5　围岩竖直位移云图

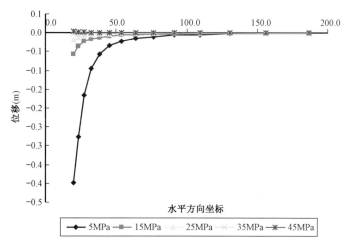

图 6　水平方向节点的位移量随距离的变化

3.2 运行内压对围岩主应力分布规律的影响

FLAC3D 软件以拉为正,若最大主应力为正,说明该处受拉应力作用。图7和图9分别为围岩的最大、最小主应力分布云图。图8和图10根据图3所示单元的分布编号提取各单元最大、最小主应力曲线。内压越大,围岩周边受到造腔扰动的范围越小,应力二次重分布越趋于平缓。本研究数值模拟范围,盐穴围岩周边都处于受压状态,且造腔扰动应力影响到5倍盐穴半径的围岩范围内,这一范围内的应力有较大变化。内压的增大,应力随水平距离波动幅度明显较小,15MPa 以上内压围岩主应力变化明显变小,影响范围主要在距离盐穴 20m 范围内,1倍半径范围内。

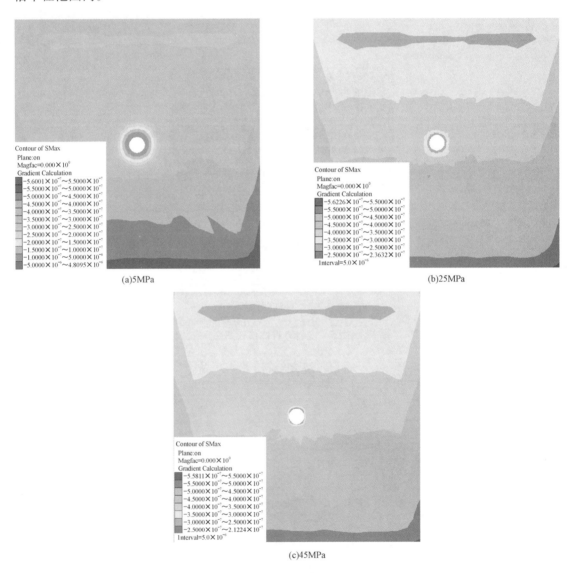

图7 围岩大主应力云图

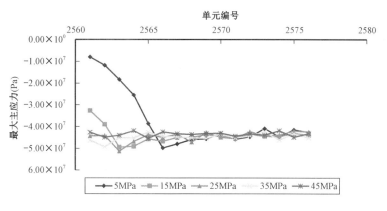

图8 大主应力随单元分布规律

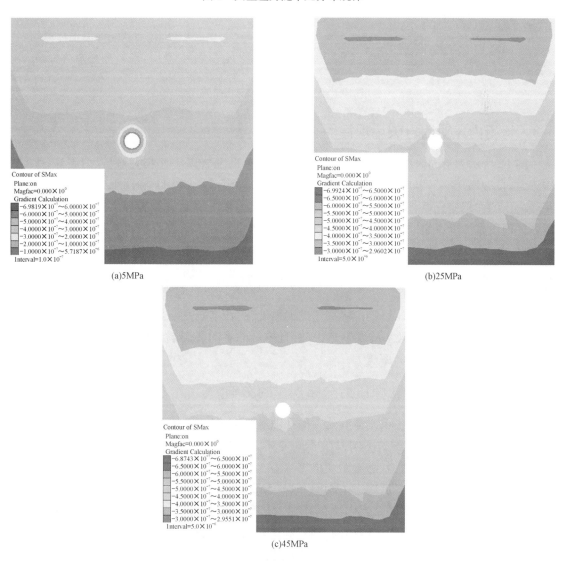

图9 围岩小主应力云图

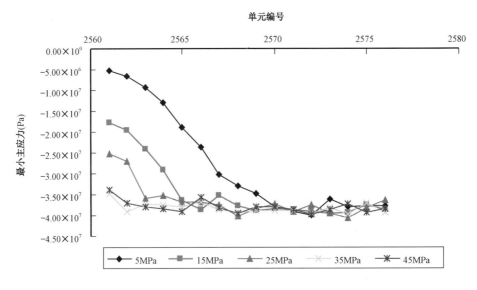

图 10　小主应力随单元变化曲线

3.3　运行内压对围岩破坏规律的影响

图 11 所示为不同内压时围岩塑性区分布,内压过低围岩周边存在大量拉、剪破坏区。内压增大,拉破坏几乎不出现,围岩仅存在少许的剪切破坏区。从图 11 和图 12 可知,塑性区体积受内压的作用变化显著。内压较低,会造成围岩大面积的屈服进入破坏。影响盐穴的安全运营。内压越接近原始地应力状态,塑性区的体积越小。在本研究数值模拟范围,由图 12 可知,内压在 10MPa 出现拐点,所以选择 10MPa 以上作为盐穴造腔最小内压较为合理。

3.4　运行内压对围岩温度分布规律的影响

由图 13 可知,不同内压影响围岩周边的温度变化,在本研究的数值模拟范围内,温度主要在距盐穴 5m 范围内的围岩区域发生热扩散,且内压的不同会影响到温度扩散效果。内压越大,温度扩散的剧烈,曲线斜率越大。

3.5　运行内压对围岩孔隙压力分布规律的影响

由图 14 可知,造腔前各单元体有均一的孔隙压力 11MPa,采用不同内压造腔后,在距离盐穴由近至远孔隙压力随内压的不同发生不同变化。5MPa 内压时,孔隙压力随距离波动较明显,且低于造腔前孔隙压力值,随着距离的增大逐渐增大到 12MPa。15MPa 内压时,孔隙压力也是呈现随距离逐渐提高最后趋于 12MPa,但与 5MPa 内压比较,在盐穴边缘最低孔隙压力大于造腔前状态,约为 11.5MPa。当内压提高到 25、35、45MPa 时,孔隙压力随距离呈现逐渐降低的趋势,最后稳定在 12MPa。内压的不同,对盐穴周边的孔隙压力的影响较为显著,在距离 3 倍半径距离附近的围岩孔隙压力都会受到干扰。

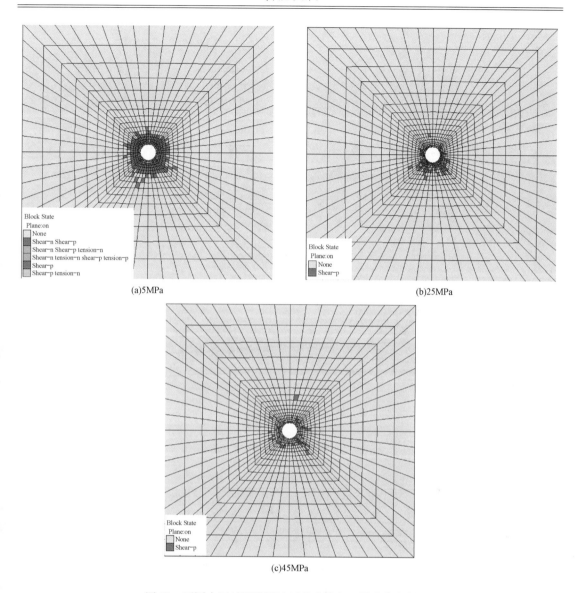

(a)5MPa   (b)25MPa

(c)45MPa

图 11　不同内压时围岩塑性区分布浅色区域为非塑性区

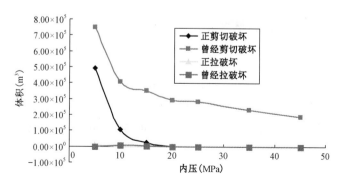

图 12　塑性区体积随内压的变化

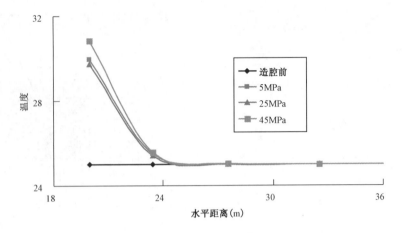

图 13　围岩周边温度变化

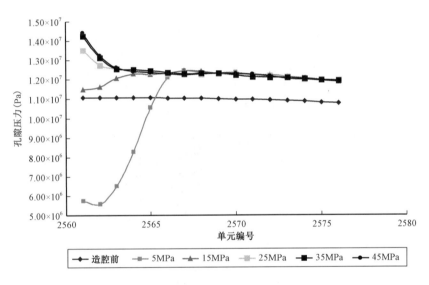

图 14　孔隙压力沿水平方向的分布

4　结论

考虑深部盐穴储库建造环境、材料的非均质性、构造应力的影响,温度影响、渗流作用等复杂地质条件,对球型盐穴储库进行了不同内压造腔过程的数值模拟计算。初步分析得到以下结论:

(1)相同内压下,盐穴周边的围岩温度、孔隙压力随造腔过程而发生变化。温度向盐穴外进行传播,孔隙压力在不同内压时有不同变化规律。

(2)考虑热流固耦合作用,造腔扰动围岩的温度、孔隙压力、应力场、变形场,破坏主要集中在围岩 3 倍半径范围。

(3)内压增大,围岩的同一位置位移变小,主应力减小,主应力波动越平稳。提高内压塑性区扩展范围减小,塑性区体积变少。本研究数值模拟范围,建议内压不低于 10MPa。

参 考 文 献

[1] 张强林,王媛. 岩体 THM 耦合模型控制方程建立[J]. 西安石油大学学报,自然科学版,2007,22(2):139 - 141.

[2] 邵保平,赵阳升,赵延林,等. 层状盐岩储库长期运行腔体围岩流变破坏及渗透现象研究[J]. 岩土力学,2008,29(S);241 - 246.

[3] 王新志,汪稔,杨春和,等. 盐岩渗透性影响因素研究综述[J]. 岩石力学与工程学报,2007,26(S1):2678 - 2686.

[4] 吴文,侯正猛,杨春和. 盐岩的渗透特性研究[J]. 岩土工程学报,2005,27(7):746 - 749.

[5] 陈卫忠,谭贤君,伍国军,等. 含夹层盐岩储气库气体渗透规律研究[J]. 岩石力学与工程学报,2009,07:1297 - 1304.

[6] 陈剑文. 盐岩的温度效应及细观机理研究[D]. 北京:中国科学院研究生院,2008.

[7] 陈剑文,杨春和,高小平,等. 盐岩温度与应力耦合损伤研究[J]. 岩石力学与工程学报,2005,24(11):1986 - 1991.

[8] 陈剑文,蒋卫东,杨春和,等. 储气库注、采气过程热工分析研究[J]. 岩石力学与工程学报,2007,26(A01):2887 - 2893.

[9] 梁卫国,赵阳升,徐素国. 204℃内盐岩物理力学特性的试验研究[J]. 岩石力学与工程学报,2004,23(14):2365 - 2369.

[10] 唐春安. 岩石介质细观非均质性对岩石破裂过程影响[J]. 岩土工程学报,2000,22(6):706 - 710.

[11] 吴文,侯正猛,杨春和. 盐岩中能源(石油和天然气)地下储存库稳定性评价标准研究[J]. 岩石力学与工程学报,2005,24(14):2497 - 2505.

[12] 谭羽飞,廉乐明,严铭卿,等. 盐穴储气库动态注采过程的数学模型及其应用[J]. 煤气与动力,2000,20(2):91 - 94.

[13] 谭羽飞,陈家新,肖湘俊. 盐穴地下储气库注采过程热工参数的计算[J]. 油气储存,2004,23(5),16 - 18.

[14] 唐明明,王芝银,孙毅力,等. 低温条件下花岗岩力学特性试验研究[J]. 岩石力学与工程学报,2010,29(4):787 - 794.

[15] 高小平,杨春和,吴文,等. 温度效应对盐岩力学特性影响的试验研究[J]. 岩石力学与工程学报,2005,26(11):1775 - 1777.

[16] 张华宾. 基于应变空间的盐穴储库稳定性研究[D]. 北京:中国石油大学,2013.

作者简介:张华宾,博士后,讲师,主要从事盐岩力学及储库工程、裂隙岩体力学及多物理场耦合数值模拟方面的科研工作,目前正在主持国家自然科学基金青年项目(No. 51504124)和辽宁省教育厅科学研究一般项目(No. L2014142)。电话:15140927216;E - mail:lgd_zhb@163. com。

带油环边底水气藏建库水平井优化设计方法

王丽君[1]　　闵忠顺[1]　　胥洪成[2,3]　　潘洪灏[1]　　刘　洁[1]　　李雪菲[4]

(1. 中国石油辽河油田勘探开发研究院;2. 中国石油勘探开发研究院;
3. 中国石油天然气集团公司油气地下储气库工程重点实验室;
4. 中国石油辽河油田特种油开发公司)

摘　要:通过对双6区块储层特征、隔层发育情况、油气水分布的分析,认为双6区块具备部署水平注采井的地质条件,采用水平井为主,直井为辅的复合型井网,可高效控制砂体。在水平井产能预测和储层水侵特征分析的基础上,充分考虑双6区块的基本地质特征,进行了布井方式优化设计、水平井主力层段优化和水平段长度优化。研究成果在双6储气库建设中得到应用,取得了明显的成效,具体表现为水平井注采气能力强、压力扩散快、平面和纵向上扩散均衡、气液界面均匀推进、气库运行效率较高。

关键词:带油环气藏型储气库;水平井;数值模拟;注采能力;运行效率

1　双6区块具备部署水平井的地质条件

1.1　储层厚度大、物性好

双6区块沙二段(兴隆台油层)为扇三角洲前缘亚相沉积,砂体以辫状分流河道与河口坝微相为主,靠近物源方向砂体最发育,向东南方向减薄。其中Ⅲ油组砂层最发育,砂层厚度一般40~120m;Ⅱ油组砂层厚度一般10~40m;Ⅰ油组砂层厚度一般2~10m。

兴隆台油层储层岩性以含砾中粗砂岩、不等粒砂岩为主,储层粒间黏土成分为伊利石—高岭石—蒙脱石组合。孔隙度一般5%~26.8%,平均孔隙度17.3%;平均渗透率224mD;粒度中值平均0.44mm,分选系数平均1.47,属于中孔、中渗透储层。

在物性好、厚度大的储层部署水平井,有利于提高注采井单控储量,提高注采气量,减少注采井数,节约投资。

1.2　隔层发育

双6区块兴隆台油层组、砂层组砂体呈复合正旋回韵律特点,纵向上不同层位隔层发育程度变化较大。

(1)油层组间的隔层。

Ⅰ油组、Ⅱ油组和Ⅲ油层组间的隔层分布较为稳定,工区内隔层钻遇率100%,稳定系数高,平均厚度大于8m的隔层所占比例达92%。

(2)砂层组小层间的隔层。

从各砂层组与小层间的隔层统计来看,Ⅰ油组和Ⅱ油组内的小层间隔层发育程度要比Ⅲ油组好,表现为平均隔层厚度相对较大、稳定系数高。厚度大于8m的隔层在Ⅰ油组和Ⅱ油组内所占比重平均为45.6%,在Ⅲ油组所占比重平均为24.1%。

(3)夹层不发育。

兴隆台油层夹层分为小层内的夹层(相当于单砂层间的隔层)与单层的夹层两种类型。总体上夹层不发育。

1.3 油气分布相对集中

双6块兴隆台油藏为带油环边底水构造油气藏。油气层在平面上集中于构造高部位,纵向上油气层最小埋藏深度 -2288m,最大埋藏深度 -2540m。单井含油气井段一般100~200m,最大含气高度144~162m,含油高度45~90m。油气层主要发育在Ⅱ油组和Ⅲ油组,表现为平面上叠加连片,纵向上厚度大。Ⅰ油组以气层为主,单井油气层一般小于10m,在双6、双67块呈局部、条带状分布(图1)。

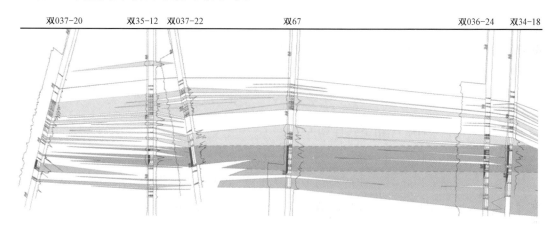

图1 双037-20—双34-18井油藏剖面图

2 水平井优化设计

2.1 水平井产能方程

对于直井,通常是根据二项式(1)确定其产能和系数 A_V 和 B_V:

$$p_i^2 - p_{wf}^2 = A_V q_g + B_V q_g^2 \tag{1}$$

在理论上:

$$A_V = \frac{TZ\mu_g}{0.00235405Kh}(\ln\frac{r_e}{r_w} - 0.75 + S + S_{CA} - C') \tag{2}$$

$$B_V = \frac{TZ\mu_g}{0.00235405Kh} \tag{3}$$

对于水平井,二项式的系数 A_h 和直井的二项式的系数 A_V 和 B_V 有如下关系:

$$A_h = \frac{\left[\ln(r_{eh}/r_{we}) - 0.75 + S + S_{CA} - C'\right]}{\left[\ln(r_e/r_w) - 0.75 + S + S_{CA} - C'\right]}A_V \tag{4}$$

$$B_h = \frac{r_w h_p{}^2}{r_{we} L^2}B_V \tag{5}$$

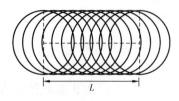

图2　水平井泄气面积叠加图

式中水平井的折算泄气半径 r_{eh} 与直井的折算泄气半径 r_e 和水平段长度 L 有关,假设储层为均质储层,那么水平井的水平段上任意一点都可以当作是一口直井,则水平井平面上泄气面积为若干口直井泄气面积在平面上的叠加(图2)。由此可见,水平井的泄气面积为:

$$A_{gh} = \pi r_e^2 + 2r_e L \tag{6}$$

则水平井的折算泄气半径为:

$$r_{eh} = \sqrt{\frac{A_{gh}}{\pi}} = \sqrt{\frac{\pi r_e{}^2 + 2r_e L}{\pi}} \tag{7}$$

水平井折算井筒半径 r_{we} 由下式计算:

$$r_{we} = \frac{r_{eh}(L/2)}{a\left[1 + \sqrt{(1 - (L/2a)^2)}\right](h/2r_w)^{\beta^2 h/L}} \tag{8}$$

上式中, a 和 β 分别表示泄气体长轴之半和储层各向异性,其表达式分别为:

$$a = (L/2)\left[0.5 + \sqrt{0.25 + (2r_{eh}/L)^4}\right]^{0.5} \tag{9}$$

$$\beta = \sqrt{K_h/K_v} \tag{10}$$

则水平井二项式产能公式为:

$$p_i^2 - p_{wf}^2 = A_h q_h + B_h q_h^2 \tag{11}$$

利用矿场测试资料,确定水平井的产能方程为:

$$p_i^2 - p_{wf}^2 = 1.2601q_g + 0.0305q_g^2 \tag{12}$$

水平井产能公式推导结合数值模拟研究,确定水平井产能达到直井的 2 ~ 2.5 倍,优势明显。

2.2　储层水侵特征

结合精细数值模拟研究,落实双6块水体大小及各小层水淹状况,据此进行双6储气库相关参数设计。

应用物质平衡软件计算水体体积为 $1.908 \times 10^8 m^3$，水体体积为含烃体积的 5.7 倍，水侵总量为 $836 \times 10^4 m^3$，水侵体积占烃类体积的 24%，总体认为水体规模相对较小。从 1999 年拟合的含油饱和度分布图（图3）与 2003 年拟合的含油饱和度分布图（图4）对比来看，水驱影响范围比气驱范围小。

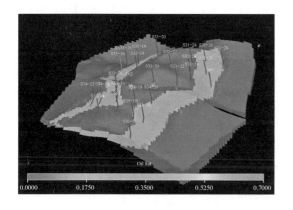 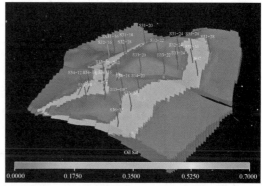

图3　含油饱和度分布图（1999 年）　　　　图4　含油饱和度分布图（2003 年）

但是双 6 储气库运行过程与油气藏开发不同，要满足大压差下强注强采的需求，随着含水层和含油气层之间的压差加大，底水将加快向上推进，因此，选择部署水平井可以有效抑制边底水快速推进。

2.3　布井方式优化设计

根据双 6 为油气层厚度大、隔层发育、带油环边底水气藏的特点，结合水平井注采能力强，单井控制储量大，能够有效抑制边底水推进的优势，在井型选择上，确定在双 6 储气库采取以水平井为主结合直井的部署方案。优选主力层段部署水平井，控制 75% 以上的天然气储量；在非主力层段采用不均匀井网部署直井，提高库容控制程度。

2.4　水平井主力层段优化

按照单个小层厚度和储量大小，结合小层间的隔层发育情况，在双 6 块优选出 4 套主力含气层，4 套主力层控制储量占双 6 块总储量的 88%。在双 67 块优选出一套主力含气层，控制储量占双 67 块总储量的 28%。4 套主力层段之间隔层比较发育，可以有效避免层间干扰。主力层段内部夹层不发育。

2.5　水平井水平段长度优化

利用水平井二项式产能方程，计算了不同水平段长度的水平井无阻流量，可以看出随着水平段长度的增加，无阻流量随之增大。当水平段长度超过 400m 时，其增量很小，结合精细数值模拟研究，确定水平段长度为 400m。初步确定水平段长度 400m 时单井产能相当于直井的 2.0 ~ 2.5 倍，为 $100 \times 10^4 \sim 125 \times 10^4 m^3/d$（图5）。

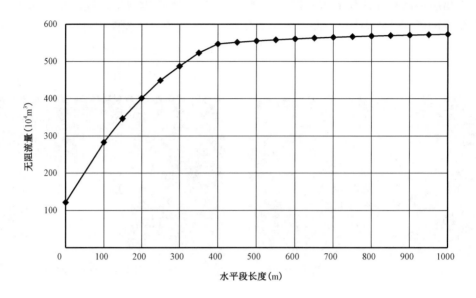

图 5　不同水平段长度的水平井无阻流量关系曲线

3　应用效果分析

3.1　水平井单井注采能力强

水平井日注采气量是直井的 2 倍以上，吸气指数是直井的 4 倍以上。砂岩段长、物性好的水平井，生产能力最好（表 1）。

表 1　双 6 储气库注采井生产情况统计表

井号	生产层位	筛管段长度（m）	砂岩厚度（m）	平均日注气（$10^4 m^3$）	吸气指数（$10^4 m^3$/MPa）	平均日采气（$10^4 m^3$）
双 032 – 20	兴 II⁵ – 兴 III⁹		105.3	50	54	36.3
双 6 – H1201	兴 II⁴ ⁻ ⁵	450.05	454	117	238	76.7
双 6 – H2311	兴 III⁴ ⁻ ⁵	467.46	435	100	303	83.2
双 6 – H3323	兴 III⁶ ⁻ ⁸	521.6	516	116	527	94.6

3.2　水平井井控半径大

与国内以直井为主的储气库相比，相同注气时间内，双 6 水平井井控半径大，井网对砂体控制程度高。双 6 – H3321 井注气一个月后，距离该井 500m 的双 6 – H3323 井压力上升，最后两口井的压力趋于一致。注气 260 天后，压力扩散至 1000m 外的油气藏边部，气藏边部的双 31 – 28 井压力逐渐上升，由注气前的 10MPa 上升至 13MPa。由此可见水平井注气压力扩散快，延伸远。

3.3　平面及纵向压力扩散均衡

平面上压力由油气藏高部位向边部逐渐扩散,最终趋于一致(图6);纵向上水平井3套层系压力变化趋势相同(图7),观察井分层测压结果显示,3套层系间压差只有0.2MPa,表明纵向储层连通,压力扩散均衡。

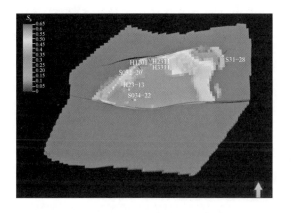

图6　双6储气库平面饱和度分布图

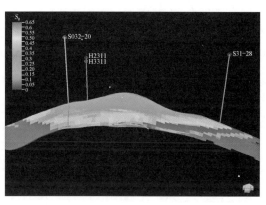

图7　双6储气库纵向饱和度分布图

4　结论

(1)双6储气库为带油环边底水气藏,储层物性好,气层厚度大,隔层发育,预测单井注采能力强,适合大规模采用水平井作为注采井。

(2)双6储气库采取水平井结合直井的部署方案,共部署水平井9口,水平段长度400m,确保储气库注采能力及单井控制库容量。

(3)双6储气库水平井注采能力强、井控半径大,注气后平面及纵向压力扩散均衡,气库快速达容,运行效率高,取得了理想的注气效果。

符 号 释 义

p_i—原始地层压力,MPa;p_w—井底流动压力,MPa;q_g—气井产量,$10^4 m^3/d$;T—气藏温度,K;Z—天然气压缩因子,无量纲;μ_g—天然气黏度,mPa·s;K—有效渗透率,mD;h—气层有效厚度,m;S—表皮系数,无量纲;S_{CA}—形状系数,无量纲;r_e—直井折算泄气半径,m;r_{eh}—水平井折算泄气半径,m;r_w—直井井筒半径,m;r_{we}—水平井折算井筒半径,m;h_p—射孔井段,m;L—水平井水平段长度,m;A_{gh}—水平井泄气面积,km^2;K_h—储层水平方向渗透率,mD;K_v—储层垂向方向渗透率,mD;q_{AOFh}—水平井的绝对无阻流量,$10^4 m^3/d$。

参 考 文 献

[1] Flanigan,Orin. 储气库的设计与实施[M]. 北京:石油工业出版社,2004.

[2] 华爱刚. 天然气地下储气库[M]. 北京:石油工业出版社,1999.

［3］丁国生，李文阳.国内外地下储气库现状与发展趋势［J］.国际石油经济,2002,10(6):23-26.

［4］张幸福，谢广禄，张延波.大张坨地下储气库运行模式分析［J］.天然气地球科学,2003,14(4):240-244.

［5］王皆明，姜凤光.地下储气库注采动态预测模型［J］.天然气工业,2009,29(2):108-110.

［6］张家新，谭羽非，余其铮.天然气地下储气库规划设计要点［J］.油气储运,2001,20(7):13-16.

作者简介:王丽君,女,高级工程师,主要从事油气田开发与天然气地下储气库建设运行优化技术研究工作。地址:(124010)辽宁省盘锦市辽河油田勘探开发研究院油田开发所;电话:0427-7290481;E-mail:wanglj5@petrochina.com.cn。

地下储气库老井评价方法研究

刘　贺[1]　代晋光[1]　齐行涛[1]　陶卫东[2]

（1. 中国石油大港油田石油工程研究院；
2. 中国石油大港油田第四采油厂）

摘　要：为合理制订老井处理方案，正确评价老井封堵效果，在储气库建设时，需要对老井井况及封堵质量进行综合评价。一般而言，完整的评价过程应该包括前期井况评估、处理过程评估及后期质量评价3个重要方面，通过对老井周边自然环境、井口状况、井眼情况、井筒复杂情况、套管剩余强度、套管承压能力、管外水泥胶结质量等资料的详细调研或重新测试，并结合储气库相关标准或规范，即可精确掌握老井目前状况，为制订合理、有效、针对性强的老井处理方案打下坚实基础。

关键词：储气库；老井；封堵效果；老井评价

利用枯竭或接近枯竭的油气藏改建储气库时，气库范围内的老井大多处于停产、报废状态，有的可能存在井下落物，有的可能会出现套管变形、腐蚀穿孔等井筒复杂情况，老井所处的地面环境亦或发生了较大变化。为精确掌握老井目前井况，从而制订合理、有效、针对性强的老井处理方案[1]，在处理这些老井之前必须对建库所涉及的所有老井的详细井况进行综合评价，评价内容应包含但不仅限于老井周边自然环境、井口状况、井筒情况、套管质量、管外固井质量等，在此基础上才能制定个性化的处理方案，保证老井处理效果。

1　评价资料

储气库老井评价应该以"分门别类、逐步深入"为原则，首先对老井钻井资料进行详细复查，确认老井井身结构、套管组合、固井质量以及钻井事故的处理方法，是否存在多个井眼等；其次对老井开采期间的生产情况进行总结，包括试油资料、生产资料以及历次作业情况，详细了解停产前井内射孔数据、各层生产数据及作业过程中套管损坏记录、井底落物记录等；最后进行现场踏勘，踏勘时需要确认老井位置，目前老井井口状况、周边自然环境以及作业井场大小和进出场道路等多项资料，为老井处理上修提供最准确的资料。

对老井目前井况进行评价的相关资料包含但不限于以下几类：

（1）老井周边环境。确认老井周边的自然环境，以及是否具备符合作业要求的井场等。老井所处周边环境会直接影响老井处理的施工作业，从而关系到储气库能否建设，例如，若老井紧邻高速公路、铁路或位于河道、水库、堤坝内，将给储气库的建设带来巨大的挑战。

（2）老井井口情况。确认老井井口位置及井口状况，如井口是否可见、井口装置是否齐全、套管头等井口附件是否完整等。

（3）井筒内情况。确认老井井筒是否存在侧钻、套变、落鱼或套管错断等复杂情况[2]，是否有封隔器或桥塞等井下工具、井筒内各封层水泥塞的具体位置等。

（4）套管质量评价。包括套管剩余强度评价和套管承压能力评价，为老井再利用或封堵工艺的优化提供依据。

（5）管外固井质量评价。落实老井固井第一和第二界面的胶结情况，评估管外气窜风险程度，确认老井管外固井质量是否满足要求，是否需要套管锻铣等[2]。

（6）老井作业历史资料。至少包括钻井井史、完井报告、试油射孔总结、历次修井作业资料、相关生产资料等。

（7）其他相关地质资料。主要包括储气层位的孔隙度、渗透率、温度、压力以及各老井所处构造位置等相关地质资料。

2 评价内容及方法

储气库老井处理前的评价内容，主要包括管外水泥胶结质量评价、套管剩余强度评价以及套管承压能力评价等。通过评价，可以掌握老井目前状态，更有利于制订有针对性的处理措施。此外，根据建设数字化储气库的要求，同时也为处理老井留存相关过程资料，储气库老井处理前还需复测井口坐标及井眼轨迹。

2.1 老井井眼轨迹

井眼轨迹及老井各个井段的井斜角和方位角等井身参数的确定。老井封堵之前，应重新测定所有老井的井眼轨迹，这既是建设"数字化储气库"的要求，同时也为新钻注采井井眼防碰提供重要依据。

其测定方法通常有陀螺测井和连续井斜方位测井等：陀螺测井技术以动力调谐速率陀螺测量地球自转角速率分量和石英加速计测量地球加速度分量为基础，通过计算得出井筒的倾斜角、方位角等参数，绘制井身轨迹曲线。其广泛应用于井身轨迹复测、钻井定向和侧钻井开窗定向等；而连续井斜方位测井主要依靠连续测斜仪完成，其井下部分一般由一个测斜仪和一个井径仪组成。它能测量井斜的角度和方位及两个相互垂直且互不影响的井径信号，可应用来确定井眼的位置和方向，并根据测得的方向数据，计算出真实的垂直深度。

2.2 管外水泥胶结质量评价

储气库老井在处理之前需要对管外水泥胶结质量进行评价，一方面通过固井质量评价结果给封堵井提供处理依据，另一方面可以判别该井是否满足老井再利用条件。

2.2.1 管外水泥胶结质量测定方法

管外水泥胶结质量的测定有多种方法，如声幅（CBL）测井技术，变密度（VDL）测井技术，扇区水泥胶结（SBT，RIB）测井技术，超声波成像测井技术（IBC）等。

需要指出的是，上述各种测井技术精度差别很大：CBL测井曲线只能在一定程度上探测水泥与套管（第一界面）胶结的好坏，而无足够的检查水泥与地层（第二界面）胶结情况的信息；CBL与VDL测井配合使用，可提供两个界面胶结情况的信息，但没有完全克服声幅测井的缺点,没有提高纵向分辨率,对第二界面只能定性评价,固井质量评价结果也会出现一定程度偏差;扇区水泥胶结测井(SBT,RIB)不受井内流体类型和地层的影响,可确定井内绝大多数纵向上窜槽的位置,直观显示不同方位的水泥胶结状况,不需进行现场刻度,不受井内是否有自由套管的限制,识别精度比 CBL 和 CBL/VDL 有很大提高;超声波成像测井技术是最近几年新兴的一项测井技术,具有较高的精度,处理结果更加直观,能精确识别 CBL 或 VDL 等不能识别的水泥胶结问题。

2.2.2 管外水泥胶结质量评价方法

管外水泥胶结质量的评价主要依据固井质量的复测结果,以扇区水泥胶结测井为例,其胶结质量可以根据解释成果图进行评价:将管外水泥胶结质量分为 5 个级别,以分区声幅的相对幅度 E 为标准,当 E 值为 0 ~ 20%,灰度颜色为黑色,表示水泥胶结优质;当 E 值为 20% ~ 40%,灰度颜色为深灰,表示水泥胶结良好;当 E 值为 40% ~ 60%,灰度颜色为中灰,表示水泥胶结中等;当 E 值为 60% ~ 80%,灰度颜色为浅灰色,表示水泥胶结较差;当 E 值为 80% ~ 100%,灰度颜色为白色,表示管外无水泥胶结。

2.3 套管剩余强度评价

当储气库老井需要进行再利用时,必须进行生产套管剩余强度评价,其目的是确定再利用井管柱强度是否满足今后储气库运行工况的要求,其评价的主要依据是套管壁厚及内径的变化情况。

2.3.1 套管壁厚及内径检测方法

套管内径的变化可以通过多臂井径仪测得,目前常用四十臂井径成像测井仪,其通过 40 条测量臂来检查套管的变形、弯曲、断裂、孔眼和内壁腐蚀等情况。与传统的井径测井仪器相比,其测量数据量大,能够比较准确地对套管进行检测,并且形成立体图、横截面图、纵剖面图以及套管截面展开图,可以更直观地了解套管的腐蚀、错断和变形等情况。

套管壁厚的变化情况主要通过电磁探伤测井确定。电磁探伤测井技术属于磁测井技术系列,其理论基础是法拉第电磁感应定律,原理是给发射线圈供一直流脉冲,接收线圈记录随不同时间变化产生的感应电动势。当套管厚度发生变化或存在缺陷时,感应电动势将随之发生变化,通过分析和计算,在单套、双套管柱结构下,可判断管柱的裂缝和孔洞,得到管柱的壁厚。

值得注意的是,电磁探伤测井只是利用套管厚度的变化对套管伤害进行定量解释,但厚度反映的是套管四周的平均值,难以反映局部的损伤,不能直接监测套管内径及圆度变化。该方法与多臂井径配合使用效果更好。

2.3.2 套管剩余强度评价方法

套管剩余强度分析需从井史资料入手,对相关测井数据进行分析处理,然后进行模拟试验并对试验数据进行分析,通过计算机模拟软件分析计算套管柱剩余强度,确定薄弱点(带)分布位置,并依据《石油天然气工业套管、油管、钻杆和用作套管或油管的管线管性能公式及计算》(GB/T 20657)、《石油天然气工业油气井套管或油管用钢管》(GB/T 19830)、《石油天然气工业套管及油管螺纹连接试验程序》(GB/T 21267)、《套管和油管选用推荐作法》(SY/T

6268）、《地下储气库套管柱安全评价方法》(Q/SY 1486)等相关行业标准进行分析评价,最终得出该井适用性结论。

进行套管强度评价需要收集或录取的资料如下：

（1）井史资料,包括钻井设计、地质设计、钻井日志、完井日志（完井地质资料）、生产日志（试油地质总结）、气/液分析化验报告等；

（2）老井再利用检测资料,包括试压报告、固井解释报告、四十臂井径成像＋电磁探伤测井所测得的套管柱几何尺寸（直径和壁厚）等测井资料,测井数据应能反映全井段同一横截面多点套管直径与壁厚的变化数据、全井段套管裂纹、腐蚀坑数据等；

（3）从同一区块废弃井中取出的套管（长度 2～3m）,通过试验确定长期服役后套管材料强度的真实变化。

评价内容主要包括以下 5 方面：

（1）测井数据处理。全井段测井数据处理,将所测直径和壁厚值校正至同深同截面。

（2）几何尺寸分析。依据 GB/T 19830 和 Q/SY 1486 进行全井段测量数据的直径、壁厚、椭圆度以及不均度的计算分析,寻找套管柱尺寸和变形的薄弱点（带）。

（3）抗内压和抗外挤强度分析。依据 GB/T 20657,SY/T 6268 和 Q/SY 1486 标准进行全井段套管柱强度分析,确定套管柱结构抗内压和抗外挤强度薄弱点（带）位置。

（4）老井套管材料强度的折减。依据前期套管试验成果或同区块老井套管试验数据,对年代久远的老井套管的服役强度进行折减分析,使管柱强度分析结果更接近目前状况。

（5）API 螺纹的气密封性能分析。依据 GB/T 20657 和 GB/T 21267 标准对套管柱的气密封能力进行评价。

2.4 套管承压能力评价

储气库老井处理时需要对套管承压能力进行评价,套管承压能力评价主要以套管试压值为依据。对于封堵井而言,通过套管承压能力评价,一方面可以查找套漏点或未知射孔层,确认套管目前状态；另一方面也可以为封堵施工时确定最高挤注压力提供依据[1]；对于再利用井而言,通过套管承压能力评价,可以确定其套管质量是否满足储气库运行工况要求。

当老井再利用为采气井或监测井时,需对老井生产套管用清水试压至今后储气库运行时最高井口压力的 1.1 倍,如试压结果满足要求,则允许将老井再利用,否则需转为封堵井。

在现场实际操作时,要注意试压工艺的选择。笼统试压工艺简单,现场操作简便,但某些情况下,不能采用笼统试压方法。如建库储气层位较深,若试压至储气库井口最高运行压力的1.1 倍时,虽然满足相关标准要求,但井底套管将承受超高压力,造成套管损坏,甚至可能会超过套管的抗内压强度。此时,需要采用分段试压的方法,即用封隔器对不同井段套管分别以不同压力值进行试压,各试压压力值与井筒内液柱压力相加达到储气库井口最高运行压力 1.1 倍压力值。采用分段试压的方法对再利用井套管目前承压能力进行评价,可以保证评价结果的准确、客观,同时直观判断再利用井套管质量是否满足标准要求。

3 封堵质量评价

储气库投入运行之前或是运行若干个注采周期之后,有必要对建库区范围内所有封堵的老井进行后期的评价,主要目的是对老井的封堵质量进行重新评估,这样一方面可以确认老井封堵质量是否满足储气库的运行要求,另一方面也可以及时排查封堵后的老井存在的安全隐患,并及时采取相应措施消除隐患,避免出现安全事故。

我国储气库建设距今仅 10 多年,目前老井封堵方面的研究主要集中在如何安全、有效的处理这些老井,满足气库的运行条件。国内针对老井封堵效果后期评价方面的研究工作还仅仅处在探索阶段,尚缺乏一套完整的体系和评价方法、评价标准对老井目前的封堵质量进行有效的评估,这必将成为今后储气库建设领域重点研究内容之一。

4 小结

油气藏型地下储气库老井评价技术可以为合理、有效制订老井处理方案,安全、经济处理储气库老井提供重要的决策依据,具有现实的指导意义。随着科技的不断进步,我们有理由相信,随着测试精度的日益提高,测试结果将更加准确,储气库老井评价技术也会在此基础上日臻完善。

参 考 文 献

[1] 张平,刘世强,张晓辉,等. 储气库区废弃井封井工艺技术[J]. 天然气工业,2005,25(12):111 - 114.
[2] 胡博仲. 油水井大修工艺技术[M]. 北京:石油工业出版社,1998.

作者简介:刘贺,工学硕士,工程师,现从事储气库老井封堵、油田调剖堵水工艺及化工新产品研发工作。联系方式:(300280)天津市大港区大港油田三号院团结东路;电话:022 - 25921445;E - mail:liuhe10@ petrochina. com. cn。

盐穴储气库测井评价技术

诸葛月英　罗安银　祇淑华　蔡文渊　宁卫东　毋学平　李静文

（中国石油集团测井有限公司华北事业部）

摘　要:盐穴储气库造腔盐岩的主要矿物成分是氯化钠,与盐岩共生的主要矿物有石膏、硬石膏、钙芒硝等。由于不同矿物组合及含量的不同,造成测井响应特征差异不是很明显,给矿物成分的量化评价带来一定的困难。利用岩心标定测井,提取能够反映盐岩地层中不同矿物成分的测井响应特征参数,建立岩性识别图版,定性识别不同的矿物成分;通过建立矿物体积模型和不同矿物体积含量的测井响应方程,在优化有关参数的基础上进行盐岩地层的定量评价;利用阵列声波资料提供的岩石力学参数,进行盐岩层、盖层品质评价;针对盐穴储气库建设不同阶段,建立和完善储气库井测井系列,形成储气库井测井解释评价技术,为盐穴储气库建设及安全运行提供保障。

关键词:岩性识别;定量评价;岩层力学性质;工程检测

盐穴地下储气库是利用地下较厚的盐层(盐丘),采用人工方式将盐层(盐丘)用水溶解,形成洞穴来储存天然气,目前世界上盐穴储气库占储气库总数的 12% 左右[1,2]。我国第一座盐穴储气库已经在江苏金坛投入建设和运行。本文针对盐穴储气库建库的不同阶段开展测井评价技术研究,最终形成了盐穴储气库适用的测井评价技术系列,使之在盐穴储气库建设工程的不同阶段发挥了重要作用。

1　盐穴储气库盐岩层测井精细评价

盐岩层主要由石盐组成,主要矿物成分为 NaCl。由于盐类物质的来源不同、沉积环境的差异,与石盐共生的矿物也不尽相同,常见的共生盐类矿物有石膏、硬石膏、钙芒硝等[3]。测井的作用是根据盐岩地层中不同矿物成分的测井响应特征,建立岩性识别图版,定性识别不同的矿物成分;在此基础上,进行盐岩地层的定量评价;最终实现盐岩地层测井精细评价,为溶腔库容计算提供准确的数据。

1.1　盐岩地层定性识别

通过对盐岩地层的测井响应特征进行分析,发现不同的岩性具有不同测井响应特征,盐岩具有明显的"四低一高"的特性,即低密度、低中子、低时差、低伽马、高电阻;钙芒硝则表现为低伽马、低中子、低时差,较高密度的特点;硬石膏则为低伽马、低中子、低时差、高密度的特点;石膏则最明显的特征为低伽马、高中子[4](图1)。

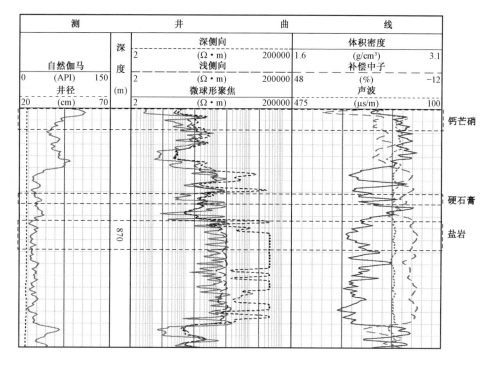

图 1   盐岩测井响应特征图

1.1.1 盐岩层测井响应特征分析

盐岩地层的主要矿物其测井响应特征有明显的差别,不同矿物理论测井响应值见表1。

表 1   盐岩地层主要矿物理论测井响应特征值

特征值 主要矿物	DEN (g/cm³)	CNL (%)	AC (μs/m)	RT (Ω·m)	GR (API)
岩盐 NaCl	1.97 ~ 2.10	− 1.80	213.0	>10000	<10
钙芒硝 aNa₂(SO₄)₂	2.68 ~ 2.84	0.10	—	—	<5
硬石膏 CaSO₄	2.91 ~ 3.02	− 0.70 ~ 2.00	164.0	10000 ~ ∞	1.50 ~ 6.00
石膏 CaSO₄ · 2H₂O	2.35 ~ 2.42	57.60	173.80	>10000	<10

将不同井的实测测井响应值与理论值进行对比,可以初略地确定地层中的矿物组合。

将岩心分析资料与测井资料进行对比分析可见,即使是相同的岩性,随着不同矿物成分含量的不同,相应地在测井响应也会不同,这也为利用测井资料进行盐岩地层定量评价提供了可能。从岩电关系分析结果看,纯度很高的盐岩层(NaCl >90%),响应值基本与理论值相当;如果盐岩层含钙芒硝,则体积密度会明显升高;若地层中含有硬石膏,和纯盐岩层相比,密度值会更高,一般会达到2.78g/cm³以上,含石膏的盐岩层,最明显的变化则是中子响应值会明显增大,但伽马值并不高,这也是它与泥岩层的区别所在(图2)。

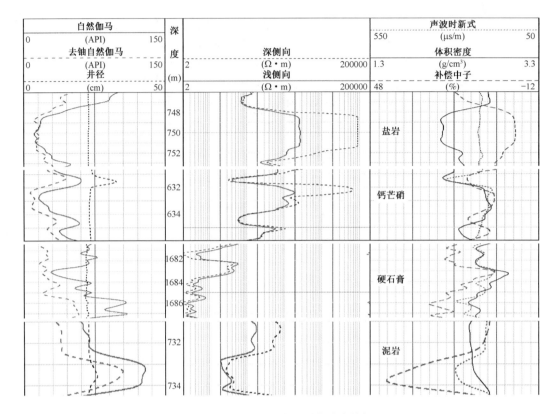

图 2　盐岩地层不同岩性测井响应特征图

1.1.2　盐岩层定性识别

通过对盐岩地层测井响应特征分析研究发现,体积密度和补偿中子这两条测井曲线对盐岩层最为敏感,利用体积密度和补偿中子进行重叠,再参考伽马和电阻率曲线,可以很直观快速地对盐岩地层的岩性进行识别。盐岩层在测井曲线上呈现低密度、低中子的特征,二者重叠有明显的包络面积,且包络面积越大,表明盐岩纯度越高;钙芒硝层在测井特征上表现为密度与中子曲线基本重合(图3)。

利用测井常用的交会图技术在盐岩地层的定性识别岩性方面也取得了很好的效果。将测井响应值(体积密度、补偿中子、声波时差、自然伽马、电阻率等)利用交会图技术分别进行交会分析,对比不同交会图,最终筛选体积密度与补偿中子、电阻率与自然伽马对盐岩地层岩性的识别能力最强(图4)。

1.1.3　岩性识别图版建立

根据测井响应,利用曲线重叠和交会图技术进行盐岩地层岩性初步识别,确定了适用的岩性识别图版,建立岩性识别图版,为了保证识别精度,图版中数据点的选择是关键。首先是分析岩心分析数据,确定地层中的矿物组合,在对岩心分析数据进行精细深度归位的前提下,对图版中的数据点进行筛选,分类成一类、二类数据点,一类数据点保证确定的矿物成分的可靠性,二类数据点作为补充可以确定岩性的变化趋势。一类资料点选择在岩心分析数据中矿物

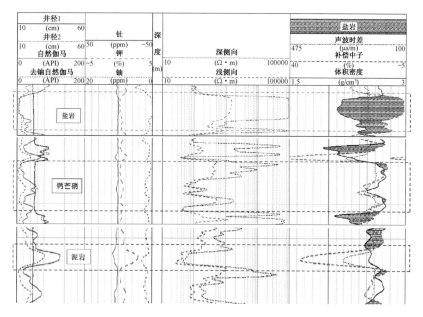

图3　盐岩层曲线重叠定性识别图

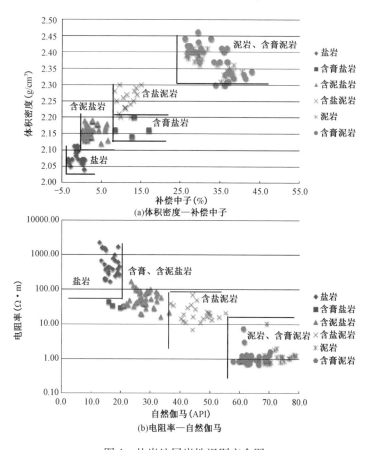

(a)体积密度—补偿中子

(b)电阻率—自然伽马

图4　盐岩地层岩性识别交会图

含量高(一般大于90%)、地层厚度大(一般大于3m)、测井响应值稳定的层段中;二类资料点选择在岩心分析矿物含量较高(大于60%)、厚度较薄的相对均匀的层段中。另外将岩性变化,位于层边界,测井响应值有变化的资料点,作为图版的三类点(图5)。依据此原则,分别建立不同地区,不同岩性组合的岩性识别标准图版,实现岩性定性识别。

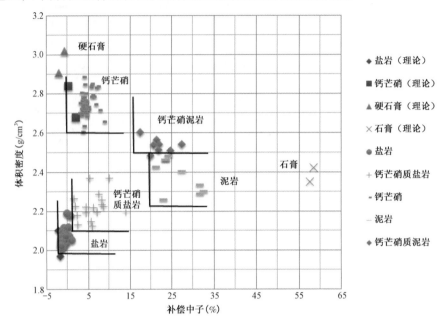

图5 盐岩地层岩性识别图版

1.2 盐岩地层定量精细评价

1.2.1 矿物体积模型建立

不同地区盐岩地层矿物体积模型的最终确定,主要是根据测井资料、岩性组分分析等岩心分析化验资料。这里以××地区××井为例,通过分析研究××井的组分分析资料(表2),建立矿物体积模型。

表2 ××井岩心组分分析数据表

井深(m)	岩性	各组分含量(%)					
		NaCl	Na_2SO_4	$CaCl_2$	$MgCl_2$	$NaHCO_3$	不溶物
1024.67	盐岩	86.91	0.76	0.18	0.02	0.15	11.98
1025.64	盐岩	82.18	0.19	0.10	0.03	0.16	17.34
1028.01	含泥盐岩	86.71	0.64	0.35	0.04	0.14	12.12
1030.55	盐岩	95.24	0.14	0.14	0.03	0.16	4.29
1030.86	盐岩	92.04	0.69	0.71	0.05	0.14	6.37
1051.24	膏盐岩	94.82	0.75	0.58	0.03	0.15	3.67
1051.42	膏盐岩	92.97	0.78	1.19	0.01	0.14	4.91

从表2可以确定××井盐岩地层主要矿物成分为NaCl和不溶物。根据该井的薄片分析资料(表3)可以确定,该地区盐岩地层中可溶物主要是NaCl,不溶物主要由泥质和钙芒硝组成。为此确定该地区的矿物体积模型为盐岩、石膏、钙芒硝三矿物体积模型,即:

$$V_{SH} + V_{C_1} + V_{C_2} + V_{C_3} = 1 \qquad (1)$$

式中　V_{SH}——泥质含量;

　　$V_{C_1}, V_{C_2}, V_{C_3}$——分别代表3种主要矿物的体积含量。

表3　××井薄片分析数据表

序号	深度 (m)	定名	盐含量 (%)	泥质含量 (%)	钙芒硝含量 (%)	硬石膏含量 (%)
1	978.87	泥质不等粒晶石盐岩	85	15	2	
2	983.94	泥质石盐岩	60	38	2	
3	999.65	中粗盐石盐岩	98	2		
4	1010.95	粗巨晶石盐岩	98	2		
5	1027.15	泥质石盐岩	65	34	1	
6	1028.68	含钙芒硝石盐岩	90		10	
7	1051.30	粗巨晶石盐岩	98	2		
8	1062.79	粗巨晶石盐岩	98	2		
9	1077.40	中粗晶石盐岩	95	5		
10	1098.08	粗巨晶石盐岩	95	4	1	
11	1115.86	含钙芒硝石盐岩	55	3	12	30
12	1151.64	泥质石盐岩	90	10		

1.2.2　盐岩地层矿物体积含量定量计算

在确定了矿物体积模型之后,建立盐岩地层不同矿物体积含量计算的测井响应方程,应用适当的处理手段,定量计算各种矿物在地层中的体积含量,进行盐岩地层的定量评价。

盐岩地层中某种矿物的测井响应可以表述为:

$$\sum_{j=1}^{n} A_{ij} x_j = B_i \qquad (i = 1, 2, \cdots, m) \qquad (2)$$

各种矿物组分的相对含量之和等于1,可以表述为:

$$R: \sum_{j=1}^{n} x_j = 1 \qquad (3)$$

式中　x_j——第j种组分的相对含量;

　　A_{ij}——第i测井项第j种组分的骨架值;

　　B_i——第i测井响应值;

　　i——测井项(响应方程数)。

解以上有 m 个方程组成的方程组,当 $n \leqslant m$ 时,即所要求解的矿物种类小于或等于测井响应数时,这个方程组的最小二乘解便是唯一的,能够很精确地求得不同矿物的体积百分比,得到精细定量评价结果[5](图6)。

处理结果的合理性取决于矿物成分选取、各组分不同测井方法的响应值、各测井方法的优化权系数。因此,在确定了体积模型的基础上,还有两个关键参数需要确定,一个是不同矿物的骨架参数,另一个是不同测井曲线的权系数。

不同矿物的骨架参数的确定:主要是在岩电关系分析的基础上,结合矿物的测井理论响应值,依据岩性识别图版中的一类资料点来进行确定,在确定了骨架参数之后,将处理结果与岩心分析结果进行对比,调整骨架参数,使处理结果达到更高的精度。

测井曲线权系数的确定:在有岩心分析资料的情况下,分析研究不同测井响应值与岩心分析结果,对于盐岩地层,盐岩含量是主要的指标,因此分析测井响应与盐岩含量之间的相关性,相关性高的测井曲线,权重系数高。通过研究确定体积密度、补偿中子曲线与盐岩含量的相关性最好,其次是自然伽马和声波曲线,因此,最终确定体积密度、补偿中子的相关性最高,自然伽马、声波时差次之,不同的地区,根据其岩电关系的不同,权重系数有所调整,最终达到较高的处理精度。另外,在没有岩心分析数据的条件下,主要是根据测井响应特征与岩屑录井资料之间的对比关系来确定曲线的权重。

一个地区的解释模型和解释参数确定之后,可以利用同样的参数进行该地区其他井的处理,根据定量处理的不同矿物的体积含量,最终建立不同地区岩性定量评价标准(表4)。从而对整个地区盐岩地层进行纵向、横向的精细评价。

表4　××地区盐岩类定量识别标准

体积含量 岩性	盐岩含量 $C_1(\%)$	泥质含量 SH(%)	石膏含量 $C_2(\%)$	碎屑含量 $C_3(\%)$
盐岩	≥80	<20	<SH	<SH
含泥盐岩	50~80	20~50	<SH	<SH
含膏盐岩	50~80	<C_2	>SH	<C_2
含碎屑盐岩	50~80	<C_3	<C_3	>SH

1.3　盐层力学性质分析

利用阵列声波测井资料提供的杨氏模量、泊松比等岩石力学参数,开展盐岩库体岩石力学性质研究,评价盐岩地层含盐量、矿物成分与岩石力学性质的关系,从而对盐岩地层的岩石强度、库体的稳定性进行评价。

1.3.1　盐岩层力学性质分析

岩石力学特性参数可以通过两种方法确定,一种方法是将钻井所得的岩心,在实验室内模拟岩石在地下所处的环境(温度、围压、孔隙压力)并进行实测,另一种方法是利用测井曲线进行反算。实验室测得力学参数是静态值,测井计算出的结果是动态值,建立两者之间的关系,用于指导实际生产。

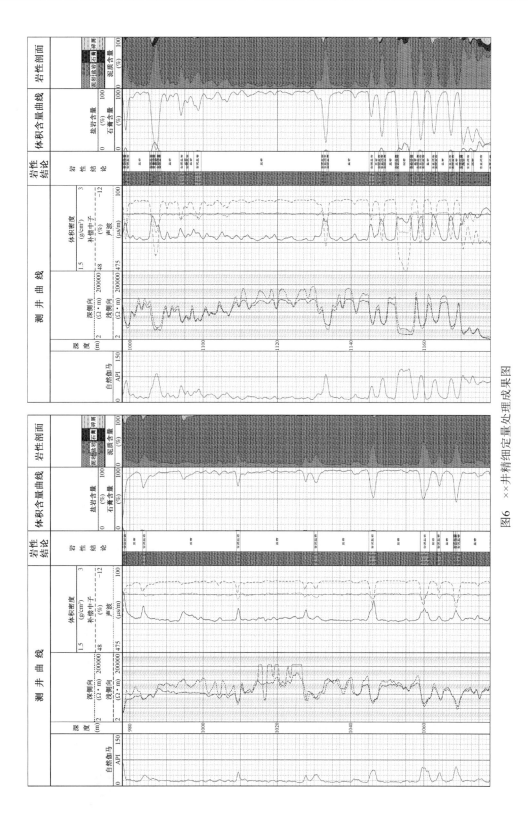

图6　××井精细定量处理成果图

岩石静态泊松比：

$$\mu_{\mathrm{s}} = A_1 + K_1\mu_{\mathrm{d}} \tag{4}$$

岩石的动态泊松比：

$$\mu_{\mathrm{d}} = \frac{v_{\mathrm{p}}^2 - 2v_{\mathrm{s}}^2}{2(v_{\mathrm{p}}^2 - v_{\mathrm{s}}^2)} \tag{5}$$

岩石静态弹性模量：

$$E_{\mathrm{s}} = A_2 + K_2 E_{\mathrm{d}} \tag{6}$$

岩石的动态弹性模量：

$$E_{\mathrm{d}} = \frac{\rho v_{\mathrm{s}}^2(3v_{\mathrm{p}}^2 - 4v_{\mathrm{s}}^2)}{v_{\mathrm{p}}^2 - v_{\mathrm{s}}^2} \times 10^{-3} \tag{7}$$

式中　v_{s}——地层的横波速度，m/s；

　　　v_{p}——地层的纵波速度，m/s；

　　　ρ　——岩石密度，g/cm³；

　　　A_1，K_1——动静态泊松比转换系数；

　　　A_2，K_2——动静态弹性模量转换系数。

对于 A_1，A_2，K_1 和 K_2 的取值，最简单的方法就是对动静态同步测试的弹性力学参数进行线性回归[6]（图7、图8、表5），从而得出动静态泊松比和动静态弹性模量的关系式。

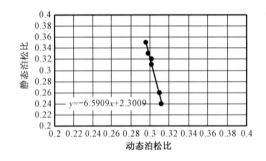

图7　动静态泊松比交会图

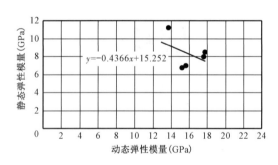

图8　动静态弹性模量交会图

表5　××井岩石力学参数实验数据

编号	岩性	起始深度（m）	终止深度（m）	静态泊松比	静态弹性模量（GPa）
U-1-12	灰白色盐岩	1436.67	1437.43	0.35	6.73
U-1-32	灰白色盐岩	1571.43	1571.81	0.26	6.96
U-1-31	灰白色盐岩	1648.97	1649.3	0.33	2.01
U-2-12	黑灰色盐岩	1683.52	1684.04	0.31	8.49
U-1-42	灰白色盐岩	1734.14	1734.52	0.32	7.96
U-4-1	泥岩	1583.62	1584.01	0.24	11.2

动静态泊松比之间的关系为：

$$\mu_s = 2.3009 - 6.5909\mu_d$$

动静态弹性氏模量之间的关系为：

$$E_s = 15.252 - 0.4366E_d$$

通过对盐岩地层不同岩性的岩石力学参数进行统计分析,弹性模量随含盐量的增加而增加,盐岩、泥岩变化范围比较稳定,含碎屑物岩层弹性模量明显比盐岩层、泥岩高,并且变化范围较大。泊松比随含盐量增加有减少的趋势(表6)。

表6 ××库区盐岩地层岩石力学参数统计数据表

岩性	剪切强度（MPa）	切向应力（MPa）	径向应力（MPa）	泊松比	剪切模量（10^4MPa）	体积模量（10^4MPa）	弹性模量（10^4MPa）	破裂压力（MPa）
盐岩	12.38	15.48	6.32	0.31	1.11	2.58	2.91	41.06
泥岩	7.35	17.07	6.62	0.32	0.81	2.00	2.15	43.07
含盐泥岩	10.96	15.62	6.72	0.31	1.03	2.37	2.70	41.57
含碎屑盐岩	20.28	17.72	5.98	0.31	1.42	3.28	3.73	46.90
含碎屑泥岩	13.01	14.12	4.95	0.31	1.15	2.53	3.00	38.26
含泥盐岩	11.64	14.97	6.69	0.31	1.08	2.46	2.81	40.22
含泥碎屑岩	26.24	14.36	5.38	0.30	1.73	3.60	4.46	40.59
含膏泥岩	6.22	9.33	18.42	0.29	0.83	1.74	2.13	32.59

1.3.2 盖层岩石力学性质分析

通过对盖层岩性、厚度以及岩石力学性质等的综合对比分析,评价其封盖能力。

××库区盖层岩石力学特征参数见表7,由表7可见,××库区盐层盖层岩性以泥岩为主,含灰质、碎屑、石膏、砂岩,厚度相对稳定,地应力方向稳定。

表7 ××库区盖层岩石力学特征参数表

井号		剪切强度（MPa）	切向应力（MPa）	径向应力（MPa）	泊松比	剪切模量（MPa）	体积模量（MPa）	弹性模量（MPa）	破裂压力（MPa）	地应力方向
Pt1	最小值	2.46	6.38	7.16	0.26	0.60	1.09	1.52	24.17	东南 100°~120°
	最大值	14.60	12.76	13.93	0.34	1.18	3.21	3.16	30.54	
	平均值	4.37	8.77	8.7	0.29	0.75	1.58	1.94	26.51	
Pz2	最小值	0.46	1.46	6.47	0.17	0.45	1.16	1.19	16.22	东南-南 120°~160°
	最大值	4.11	16.37	6.69	0.37	1.42	2.77	6.31	19.06	
	平均值	1.29	11.04	6.58	0.31	0.74	1.71	1.93	18.06	
Pz3	最小值	2.03	1.18	17.23	0.23	0.42	1.08	1.13	26.30	东南 100°~120°
	最大值	19.95	19.69	17.84	0.37	1.41	3.30	3.71	40.23	
	平均值	5.86	12.80	17.55	0.32	0.72	1.81	1.91	33.16	

利用阵列声波资料可提供以脆性指数、渗透率指示可以更好地指示盖层的封盖性。岩层脆性指数大,越容易形成裂缝,脆性指数越小,其封盖性越好。脆性计算公式如下:

$$BI_{\text{YMOD}} = \frac{YMOD - YMOD_{\min}}{YMOD_{\max} - YMOD_{\min}} \times 100 \tag{8}$$

$$BI_{\text{POIS}} = \frac{POIS - POIS_{\max}}{POIS_{\min} - POIS_{\max}} \times 100 \tag{9}$$

$$BI = \frac{BI_{\text{YMOD}} + BI_{\text{POIS}}}{2} \tag{10}$$

式中　$POIS$——泊松比;

　　　$YMOD$——弹性模量;

　　　BI——脆性指数。

利用阵列声波的斯通利波幅度可以计算盖层的渗透性指示曲线,反映盖层的封盖能力。算法如下:

$$RSTB = \frac{RST_{\max} - RST}{(RST_{\max} - RST_{\min}) \cdot SH \cdot CALS} \tag{11}$$

式中　$RSTB$——渗透率指示;

　　　RST——斯通利波幅度平均值;

　　　$RST_{\max}$——斯通利波幅度平均值最大值;

　　　$RST_{\min}$——斯通利波幅度平均值最小值;

　　　SH——泥质含量;

　　　$CALS$——井径与钻头的比值。

利用上述参数,可以对不同库区的盖层封盖性进行精细评价。

2　盐穴储气库井工程检测方法

针对盐穴储气库建设不同阶段,建立和完善储气库井测井系列,形成储气库井测井解释评价技术,为盐穴储气库建设及安全运行提供保障(表8)。

表8　盐穴储气库特殊测井项目及测井条件一览表

检测阶段	检测内容	测井项目	检测目标	测量条件
溶腔前	气密封检测	中子—中子	溶腔前检测套管、套管鞋、盐顶、注卤管柱、井口等环节密闭性	井口完全密闭
溶腔中	腔顶控制	脉冲中子类	通过油水界面监测控制造腔腔顶	井口完全密闭
	腔体形态	声呐测井	检测腔体形态	井筒注满卤水
	气密封检测	中子—中子	溶腔中检测套管、套管鞋、盐顶、注卤管柱、井口等环节密闭性	井口完全密闭

续表

检测阶段	检测内容	测井项目	检测目标	测量条件
投产前	气密封检测	中子—中子	溶腔中检测套管、套管鞋、盐顶、注卤管柱、井口等环节密闭性	井口完全密闭
	腔体形态	声呐测井	检测腔体形态,计算库容	井筒注满卤水
运行期	腔体形态	声呐测井	定期检测腔体形态,反映腔体蠕变,计算库容	井筒注满卤水

2.1 盐穴储气库工程检测方法

盐穴储气库在建库时需要在盐层中溶出储气空间,同时还需保障溶出的储气空间的密闭性,因此盐穴储气库在腔体形成前需进行管柱密闭性检测及盐层密闭性的检测,保障溶腔过程中腔体的密闭性和稳定性[7]。

溶腔前检测造腔段及管柱密闭性,为溶腔做准备。在溶腔过程中需通过在注卤管柱外环空注油的方式控制溶腔顶界,即对井筒内的油水界面进行控制,避免盐层过度溶蚀造成腔体顶部垮塌等现象,在溶腔过程中还需检测腔体形态,控制造腔规模和形态。

投产前再次检测腔体及管柱的密闭性,保障井的安全,并对腔体体积进行检测,计算库容。

2.2 盐穴储气库检测应用实例

气密封检测是盐穴储气库一项非常重要的检测项目,不仅关系到造腔的成功与否,也关系到气库的安全。在气密封检测时,采用注卤管柱外监测气液界面的方式进行,可根据需要检测部位调整气液面位置,通过液面位置的变化分析影响密闭性的部位。

对××井进行的气密封检测,主要是针对套管内、套管鞋固井、盐层及盐间夹层的密封性进行检测。采用每隔1h检测一次液面变化,共进行27次界面测井。依据检测目标,将气水界面深度调整至1489.0m,根据不同时间测量的气水界面深度在1489.026~1486.800m变化,其气水界面变化超出管柱密封性评价标准,气密封性不合格。后经多次验证,发现造成密封性差的原因是井口刺漏造成的,后经整改再次测量达到气密标准(图9)。

3 结论

(1)利用测井资料,可以实现对盐穴储气库盐岩层的岩性识别、定量精细评价,为溶腔设计提供依据。

(2)利用阵列声波资料提供的岩石力学等参数,对盐岩层及盖层进行分析,对盐穴储气库的稳定性和封闭性的评价提供依据。

(3)针对盐穴储气库建设不同阶段,建立和完善储气库井测井系列,形成储气库井测井解释评价技术,为盐穴储气库建设及安全运行提供保障。

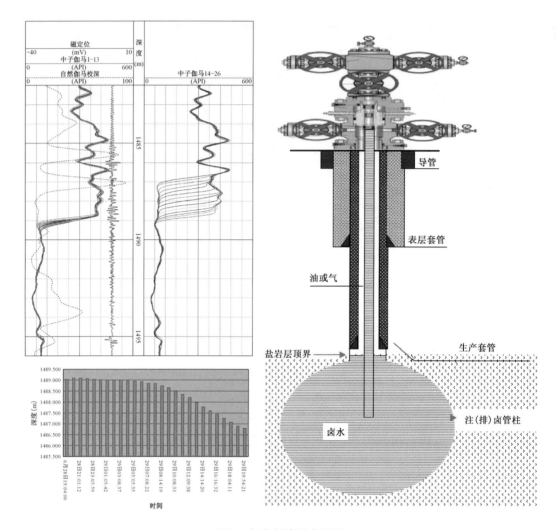

图9　气密封检测成果图

参 考 文 献

[1] 丁国生,李文阳. 国内外地下储气库现状与发展趋势[J]. 国际石油经济,2002,26(6):23 - 26.

[2] 丁国生,张昱文. 盐穴地下储气库[M]. 北京:石油工业出版社,2010.

[3] 何爱国. 盐穴储库建库技术[J]. 天然气工业,2004,24(9):122 - 125.

[4] 丁国生. 金坛盐穴地下储气库建库关键技术综述[J]. 天然气工业,2007,27(3):111 - 113.

[5] 李长文,余春昊,等. LEAD测井综合应用平台[M]. 北京:石油工业出版社,2011.

[6] 谢和平,陈忠辉. 岩石力学[M]. 北京:科学出版社,2004.

[7] 袁光杰,申瑞臣,袁进平,等. 盐穴储气库密封测试技术的研究及应用[J]. 石油学报,2007,28(4):119 - 121.

作者简介:诸葛月英,女,高级工程师,现主要从事测井资料综合研究。地址:(062550)河北省任丘市中油测井华北事业部解释中心;电话:13931724689;E - mail:zgyy2013@ cnpc. com. cn。

储气库测井特点、测井系列及评价技术应用研究

宋长伟[1]　高瑞琴[2]　鞠江慧[2]　张艳茹[1]　肖　红[1]

（1. 中国石油华北油田储气库管理处；2. 中国石油中油测井华北事业部）

摘　要： 枯竭油气藏型储气库是当今已建和正建储气库中占主导地位的储气库类型，测井的主要任务是固井质量评价和盖层密封性评价。储气库测井具有大井眼、全封固段、多层套管、不同的水泥浆密度、快慢地层影响等特点，在工程施工和解释评价两方面都存在特殊的困难。经过创新、实践，形成以频谱分析法为核心的系列解决方案。针对储气库井的不同任务，形成了既节省成本又能满足需要的完井测井系列、盖层测井系列、工程测井系列和固井测井系列，同时形成了富有特色、切实可行的盖层评价技术和固井评价技术。经过在苏桥储气库这一高温、高压、超深储气库的应用实践，证明该测井系列和评价技术完全能够满足储气库建设对测井的特殊需求。

关键词： 储气库；测井特点；测井系列；评价技术；应用研究

1　储气库测井特点和难点

与油气田勘探开发相比，储气库测井的目的、方法和评价技术都有显著不同。

中国已建成储气库类型以枯竭油气藏型为主[1,2]，在改建储气库前经过多年的勘探、评价和开发，储层的地质特征已经很清楚，因此在建库时储层评价已经不是储气库测井的主要任务。

油气藏密封条件是储气库设计需要着重考虑的问题，包括盖层的密封条件和断层的封闭条件。盖层是指位于储层之上能够封隔储层使其中的油气免于向上逸散的保护层。盖层好坏直接影响油气在储层中的聚集效率和保存时间。因为改建储气库前后所打的新老井均穿过盖层，故能直接录取到关于盖层的第一手资料。盖层评价就成为储气库测井的重要任务之一。

储气库井钻完井工程施工时间长，起下钻、下套管、试压等工序多，可能在施工中对套管造成损伤，加上储气库井本身对井筒完整性有严格要求，故需专门安排套管损伤检测测井。在储气库井投产后，还需要长期监测天然气沿套管环空上窜情况，故在完井测井时要加测中子伽马、井温等项目，作为后期监测时对比的基值。因此，工程测井也是储气库测井的重要任务之一。

储气库井是沟通地下储层和地面管线的通道。除流动对象是易燃、易爆、易逸散的天然气外，井筒还要经受注气、采气时高强度交变压力的作用，同时要求使用寿命在 30 年以上。为保证井筒完整性，储气库井的生产套管和内层技术套管使用气密封套管，各层套管均要求水泥环全井段封固。为提高单井注采气量，储气库井一般使用大套管。因此，固井评价是储气库测井的主要任务。

储气库井固井评价非常复杂,评价难度远远大于探井和开发井。其主要难度体现在以下几个方面:

(1)大尺寸套管固井评价。大尺寸套管影响声幅幅度,地层波弱。

(2)多层套管固井评价。多层套管波列复杂,难以解释。

(3)全井段无自由套管。易引起刻度不准确,声波幅度测井(CBL)数值偏差大,两次测量数值偏差大。

(4)微环空、微间隙的评价。传统测井项目无法识别窜槽。

(5)固井水泥浆密度不同。不同水泥浆密度对声波衰减不同。

(6)地层岩性影响。在快速地层中地层波覆盖套管波。

2 储气库测井系列

在借鉴国内外储气库测井经验的基础上,通过苏桥储气库建设的创新实践,充分考虑测井成本和测井能力之间的矛盾,逐步形成了完井测井系列、盖层测井系列、工程测井系列和固井测井系列。不同的测井系列具有不同的测井目的和测井项目。

2.1 完井测井系列

(1)砂泥岩剖面。

测井目的:评价目的层段地层分布情况,提供孔隙度、渗透率、泥质含量等储层物性参数,评价目的层段地层流体性质。

测井项目:2.5m梯度、0.4m电位、微电极、自然电位、阵列感应、声波时差、补偿密度、补偿中子、自然伽马、连斜、双井径、井温等。

(2)碳酸盐岩剖面。

测井目的:评价目的层段地层分布情况,提供孔隙度、渗透率、泥质含量等储层物性参数,评价目的层段地层流体性质。

测井项目:双侧向、声波时差、自然伽马、双井径等。

(3)特殊测井。

测井目的:为完井评价提供特殊信息,或提供更精确的信息。由于测井费用比常规测井更加昂贵,一般只作为加测项目。

测井项目:核磁共振、阵列声波、微电阻率扫描等。

2.2 盖层测井系列

测井目的:对盖层段进行岩性划分,提供孔隙度、渗透率和泥质含量等储层物性参数,对地层破裂压力、地应力、井壁稳定性进行评价,综合评价盖层密封性。

测井项目:阵列声波、陈列感应、核磁共振、双井径等。

2.3 工程测井系列

(1)套管损伤测井。

测井目的:检测套管是否变形、是否损伤,以及变形、损伤的程度和其他详细信息。

测井项目:多臂井径、电磁探伤、超声波成像等。

(2)窜漏基值测井。

测井目的:为储气库井投产后监测水泥环质量变化、天然气沿水泥环上窜及天然气沿地层上窜录取测井对比基线。

测井项目:阵列声波、中子伽马、井温等。

2.4 固井测井系列

测井目的:全面评价水泥环胶结质量,包括第一界面和第二界面,提供分级评价结果,提供水泥环微孔隙评价和内含流体性质。

测井项目:声波变密度、声波幅度、八扇区水泥胶结、自然伽马、磁定位、中子伽马等。

3 储气库评价技术

以苏桥储气库为例,研究储气库盖层评价技术和固井评价技术。至于完井评价技术和工程评价技术,由于与常规油气井评价方法相同,或相对简单,故本文从略。

3.1 苏桥储气库地质特征和井身结构

苏桥储气库是由苏桥潜山凝析气藏改建而成,属于枯竭油气藏型储气库。储层埋藏中深 $3310 \sim 4940\text{m}$,原始地层压力 $34.16 \sim 48.92\text{MPa}$,原始地层温度 $110 \sim 156℃$,属高温、高压、超深储气库。

钻遇地层自上而下为新生界第四系、新近系和古近系、中生界侏罗系、上古生界石炭系—二叠系、下古生界奥陶系。其中下古生界奥陶系为该潜山气藏的产层,上古生界石炭系—二叠系为气藏的盖层。

奥陶系为海相碳酸盐岩地层,平均视地层厚度约500m。岩性由石灰岩类、白云岩类和泥质碳酸盐岩类组成。岩心裂缝统计与岩心物性分析统计表明,在三大岩类中,白云岩孔隙度高,面孔率大,渗透率高,含油性好,是主要的储集岩。储集空间主要为构造微裂缝、晶间孔和溶蚀孔洞。其中起主导作用的是构造微裂缝,晶间孔次之,溶蚀孔洞最少。压汞曲线反映孔缝喉道狭窄,岩心分析和试井资料计算的渗透率低,在钻井过程中没有发生大的放空漏失现象,证实苏桥潜山气藏属于低渗透气藏。

石炭系—二叠系为区域性盖层,钻井揭开厚度约1000m,为一套海陆交互相沉积,与下伏奥陶系为平行不整合接触。下石盒子组、山西组、太原组和本溪组以泥岩发育为主要特征,夹有煤层。特别是在本溪组底部发育厚度 $5 \sim 11.5\text{m}$ 的铝土泥岩,为区域盖层的密封性起到了进一步加强的作用。

储气库井设计水平井和定向井两种井型,均采用四开井身结构,下入大尺寸套管。各水平井的井身结构和套管程序均相同,各定向井的井身结构和套管程序也均相同,只有深度不同。水平井井身结构和套管程序见表1。

表1　水平井井身结构和套管程序表

开钻次数	钻头尺寸(mm)	钻井井段(m)	套管尺寸(mm)	套管下入井段(m)	水泥封固井段(m)	备注
一开	660.4	0～351	508	0～350	0～351	
二开	444.5	351～3402	339.7	0～3400	0～3402	
三开	311.2	3402～4943	244.5	0～4940	0～4943	
四开	215.9	4943～5451	177.8	0～4940	0～4943	
			168.3	4940～5148	—	筛管

3.2　储气库测井难点解决对策

经过研究和实践,逐步形成了以频谱分析法为核心的系列解决方案。

(1)对于大尺寸套管固井评价,采用频谱分析法。

(2)对于多层套管固井评价,采用VDL波列剥离法、地层波频谱分析法。

(3)对于全井段无自由套管问题,采用套管包裹法、测前刻度法、衰减率校正法。

(4)对于微环空、微间隙的评价,采用IBL测井、八扇区水泥胶结测井。

(5)对于固井水泥浆密度不同,采用频谱分析法。

(6)对于地层岩性影响,采用频谱分析法。

所形成的频谱分析法能够用于解决快速地层、大尺寸套管及水平井固井评价难题,实现对固井第二界面的评价(图1)。

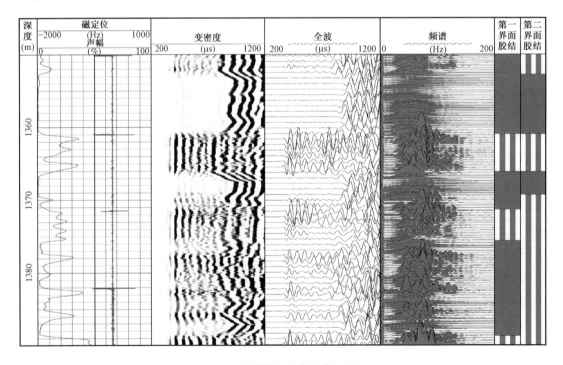

图1　频谱分析法应用典型图

3.3　盖层评价技术

（1）利用常规测井资料对盖层进行测井评价。

石炭系—二叠系为大套砂泥岩组合夹煤岩地层。储层物性差，解释多以干层为主，个别储层具有较好渗透性，解释为水层（图2）。该套地层直接覆盖在储气库储层之上，其封盖性能好坏直接影响储气库的有效性。

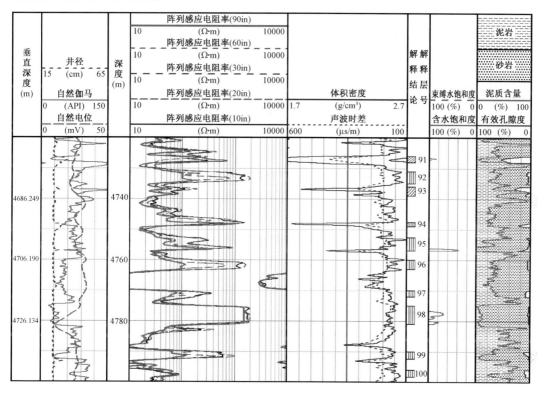

图2　石炭系—二叠系储层电性特征图

（2）利用阵列声波资料对盖层进行测井评价。

识别岩性：不同的岩性对应不同的横纵波比和弹性杨氏模量，因此利用两者交会可以区分储气库盖层的基本岩性（图3）。

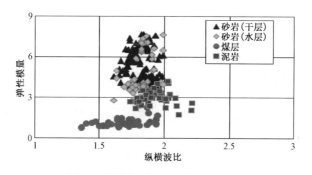

图3　纵横波比与弹性模量关系图

岩石力学参数:利用纵波时差、横波时差、密度、自然伽马等曲线计算弹性模量、井周应力、岩石破裂压力等多个参数,可进行岩性分析、裂缝识别、钻井液相对密度选择、地层破裂压力预测等(图4)。

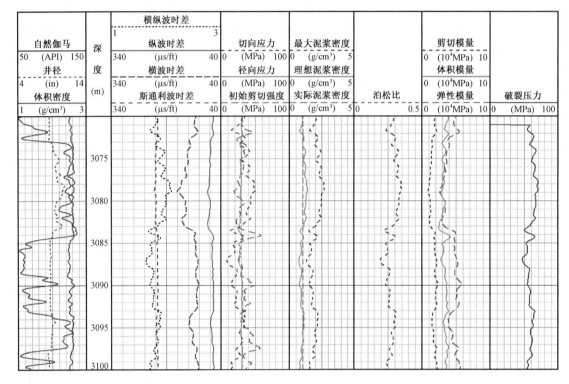

图4　岩石力学测井解释图

3.4　固井评价技术

固井评价是储气库测井的难点和重点。在评价时要求分界面、分扇区进行解释,必要时对水泥环微裂缝和流体性质进行评价。其中盖层段固井质量的好坏,对储气库的密封性和有效性具有特别重要的意义。

(1)利用常规测井资料进行固井评价(图5)。

当固井声幅小于10%,套管波很弱或无,地层波清晰,且相线与裸眼声波时差基本同步,则第一界面解释为良好,第二界面解释为良好。

当固井声幅小于10%,套管波很弱或无,地层波无,声波曲线反映为松软地层,未扩径,则第一界面解释为良好,第二界面解释为良好。

当固井声幅小于10%,套管波很弱或无,地层波无,声波曲线反映为松软地层,大井眼,则第一界面解释为良好,第二界面解释为差。

当固井声幅小于10%,套管波很弱或无,地层波较弱,则第一界面解释为良好,第二界面解释为部分胶结。

当固井声幅为10%～30%,套管波较弱,地层波较清晰,则第一界面解释为部分胶结(或微间隙),第二界面解释为部分胶结至良好。

当固井声幅为 10% ~ 30% , 套管波较弱, 地层波无或弱, 则第一界面解释为部分胶结, 第二界面解释为差。

当固井声幅为 10% ~ 30% , 套管波较弱, 地层波不清晰, 则第一界面解释为中等, 第二界面解释为差。

当固井声幅大于 30% , 套管波较强, 地层波弱, 则第一界面解释为较差, 第二界面解释为部分胶结至良好。

当固井声幅大于 30% , 套管波很强, 地层波无, 则第一界面解释为差, 第二界面解释为无法确定。

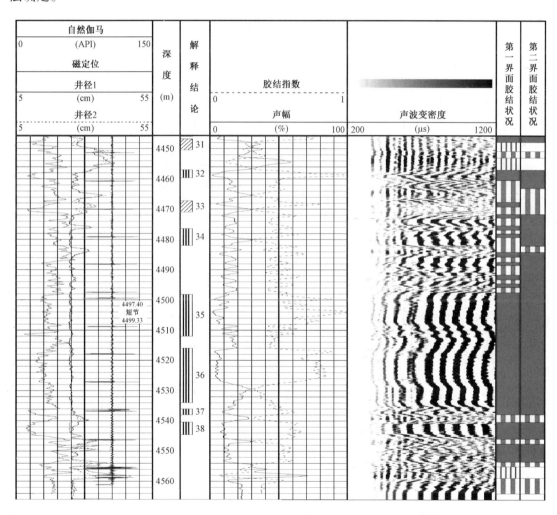

图 5　常规测井固井评价典型图

(2)利用八扇区测井资料进行固井评价。

八扇区测井评价是按相对数值进行分扇区评价(图 6)。所测各扇区幅值计数值大于 100 时, 按其最高幅值的 15% 和 70% 进行评价: 当扇区幅值大于 70% 时扇区评价为未胶结, 当扇区幅值小于 15% 时扇区水泥胶结为好, 扇区幅值在 15% ~ 30% 时扇区水泥胶结为中等, 扇区幅值在30%~70%时扇区水泥胶结差。若所测幅值计数最大值小于100时,按最高幅值100进行评价,评价标准同上文。

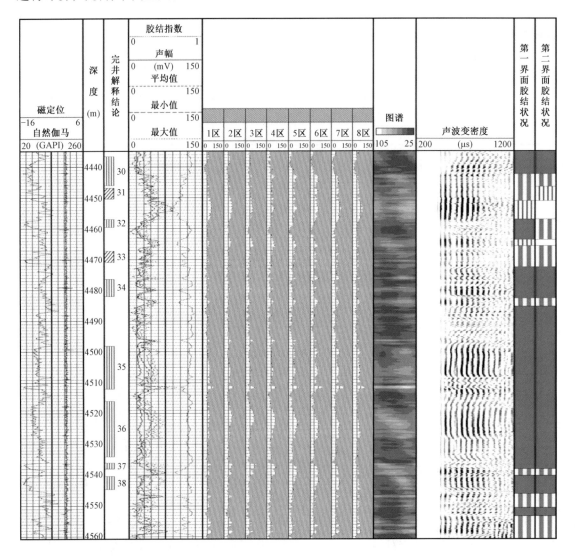

图6　八扇区测井固井评价典型图

4　结论

(1)储气库测井的主要任务是固井评价,特别是对盖层进行固井评价,其次是盖层密封性评价。至于储层评价,对于枯竭油气藏型储气库来说,由于在长期的勘探开发过程中储层认识已较为清楚,故不再是测井的主要任务。

(2)储气库测井具有大井眼、全封固段、多层套管、不同的水泥浆密度、快慢地层影响等特点,在工程施工和解释评价两方面都存在特殊的困难。经过创新、实践,形成了以频谱分析法为核心的系列解决方案。

（3）针对储气库井的不同任务,通过借鉴、创新、优化,形成了既节省成本又能满足需要的完井测井系列、盖层测井系列、工程测井系列和固井测井系列。

（4）形成了富有特色、切实可行的盖层评价技术和固井评价技术,能够满足储气库建设对测井的特殊需求。

参 考 文 献

［1］郑得文,赵堂玉,张刚雄,等. 欧美地下储气库运营管理模式的启示[J]. 天然气工业,2015,35(11):98.
［2］徐博,张刚雄,张愉,等. 我国地下储气库市场化运作模式的基本构想[J]. 天然气工业,2015,35(11):104.

作者简介:宋长伟,高级工程师,华北油田储气库管理处地质研究所所长,主要从事储气库地质评价、气藏工程、钻完井技术研究和技术管理工作。地址:(065000)河北省廊坊市广阳区万庄采四小区储气库管理处。电话:0317 – 2720352,15127613748。E – mail:cqk_scw@petrochina.com.cn。

干扰试井资料解释新方法及应用

——以陕 224 储气库为例

何依林　何　磊　艾庆琳

（中国石油长庆油田勘探开发研究院）

摘　要：储气库作为供气系统的调节阀,其气井间储层应具有良好的连通性。干扰试井是评价储层连通性最有效的方法。目前常用的干扰试井资料解释方法包括图版法和极值法。然而受适用条件等因素影响,实测曲线往往无法和图版曲线进行拟合。另外,受生产制度影响,已建立的极值法公式不适用于储气库气井。为解决储气库气井干扰试井资料解释问题,建立了半对数分析法,并推导出适用于储气库气井的极值法公式。现场实践表明,这两种方法适用性较广,解释结果符合现场实际,具有良好的现场应用价值。

关键词：储气库;干扰试井;极值法;半对数分析法

储气库作为供气系统的调节阀,其气井间储层应具有良好的连通性。干扰试井是评价储层连通性最有效的方法。为评价陕 224 储气库储层连通性,在研究区开展了长达 5 个月的井间干扰实验。然而,用图版法和极值法进行解释时发现,实测曲线无法和图版曲线进行拟合,且现有的极值法公式不适用于储气库气井。为解释此次试井资料,笔者推导出适用于储气库气井的极值法公式,并建立了干扰试井的半对数分析法。

1　极值法

储气库气井往往肩负着注气和采气的双重任务,因此在设计储气库井间干扰实验时,往往会考虑包括注气在内的不同产量序列。然而现有的极值法公式[如式(1)]只适用于先产气后关井的气井[1]。

$$\eta = \frac{R^2 t_{\text{p}}}{14.4 \times 10^{-3} \cdot t_{\text{m}}(t_{\text{m}} - t_{\text{p}}) \cdot \ln \dfrac{t_{\text{m}}}{t_{\text{m}} - t_{\text{p}}}} \tag{1}$$

式中　η——导压系数,mD·MPa/(mPa·s);

　　　R——激动井和观察井之间的距离,m;

　　　t_{p}——开井生产时间,h;

　　　t_{m}——压力响应时间,h。

为解决储气库特殊生产制度下的资料解释问题,本文推导出气井任意两种产量序列下的导压系数计算公式,推导步骤如下:

当 $t < t_1$ 时,观察井井底压力为:

$$m(p_{wf}) = m(p_i) + \frac{12.74qT}{Kh} Ei(-\frac{R^2}{14.4 \times 10^{-3} \eta t}) \tag{2}$$

当 $t > t_1$ 时,由叠加原理得出观察井井底压力为:

$$m(p_{wf}) = m(p_i) + \frac{12.74T}{Kh}\{q_1 \cdot Ei(-\frac{R^2}{14.4 \times 10^{-3} \eta t}) + (q_2 - q_1) \cdot Ei[-\frac{R^2}{14.4 \times 10^{-3} \eta(t - t_1)}]\} \tag{3}$$

将式(3)求导得:

$$\frac{dm(p_{wf})}{dt} = -\frac{12.74T}{Kh}[\frac{q_1}{-t}e^{-\frac{R2}{14.4 \times 10^{-3} \eta t}} + \frac{q_2 - q_1}{-(t - t_1)} \cdot e^{-\frac{R2}{14.4 \times 10^{-3} \eta(t - t_1)}}] \tag{4}$$

m(p)函数连续可微,因此由函数极值必要条件得:

$$\frac{dm(p_{wf})}{dt}\bigg|_{t = t_m} = \frac{12.74T}{Kh}[-\frac{q_1}{t_m}e^{-\frac{R2}{14.4 \times 10^{-3} \eta t_m}} + \frac{q_1 - q_2}{t_m - t_1} \cdot e^{-\frac{R2}{14.4 \times 10^{-3} \eta(t_m - t_1)}}] = 0 \tag{5}$$

由此推导出适用于气井的两种不同产量序列下的导压系数 η 计算公式,如式(6)所示,只要将观察井压力响应时间 t_m 和其他相关参数代入式(6)中,便可求得储层导压系数。

$$\eta = \frac{R^2 t_1}{14.4 \times 10^{-3} \cdot t_m(t_m - t_1) \cdot \ln\frac{t_m(q_1 - q_2)}{q_1(t_m - t_1)}} \tag{6}$$

式中　t_1——注气生产时间,h;

q_1——日注气量,$10^4 m^3/d$;

q_2——日产气量,$10^4 m^3/d$。

2　半对数分析法

样板曲线在建立时设有多个前提条件,包括:(1)激动井没有井筒储集效应;(2)观察井没有表皮效应;(3)激动井开井前整个地层保持均一的压力等。若不符合上述条件,实际绘制的双对数曲线往往无法和图版曲线进行拟合[2]。

导压系数 η 定义公式如式(7)所示,式中孔隙度 ϕ、气体黏度 μ、压缩系数 C_t 三个参数可根据地层压力进行计算,因此只要求得储层渗透率 K,便可求得储层导压系数[3]。

$$\eta = \frac{K}{\phi \mu C_t} \tag{7}$$

式中　K——渗透率,mD;

ϕ——孔隙度,小数;

μ——气体黏度,mPa · s;

C_t——综合压缩系数,MPa^{-1}。

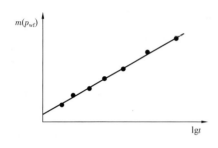

图 1　半对数曲线示意图

对于双对数曲线无法拟合的气井,若其流动进入径向流,便可通过半对数曲线求得两井间储层平均渗透率 K,进而求得导压系数。如图 1 所示,半对数曲线指井底拟压力和时间的半对数关系曲线,将曲线斜率 m 代入式(8),即可求得储层渗透率[4]:

$$K = \frac{12.74QT}{mh} \tag{8}$$

式中　Q——产气量/注气量,$10^4 \mathrm{m^3/d}$;

　　　T——气层中温,K;

　　　h——气层厚度,m。

3　现场应用

为查明陕 224 区块储层连通性,在研究区开展了为期 5 个月的井间干扰实验,其中 GXX –3 为激动井,GXX –2 和 GXX –4 为观察井(图2)。实验期间,激动井先以 $7.9 \times 10^4 \mathrm{m^3}$/d 的注气量注气生产 78 天,后又以 $7.9 \times 10^4 \mathrm{m^3}$/d 的产量开井生产 73 天(图3)。

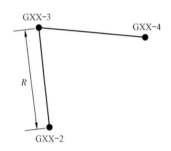

图 2　干扰试井井位示意图

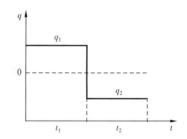

图 3　陕 224 储气库干扰试井产量序列

3.1　极值法

以观察井 GXX –2 井为例,如图 4 所示,在该生产制度下,GXX –2 井底压力先升高后降低,表现出较明显的压力响应特征,压力响应时间 $t_{\mathrm{m}} = 120\mathrm{d}$。得到压力响应时间 t_{m} 后,将相关参数代入式(6),得出 GXX –3 和 GXX –2 井间储层导压系数为 $1.69 \times 10^5 \mathrm{mD \cdot MPa/(mPa \cdot s)}$。

3.2　半对数分析法

从图 5 可以看出,观察井 GXX –2 实绘双对数曲线无法和样板曲线进行拟合,但是该井半对数曲线后半段,却表现出了良好的直线关系,对该段做线性回归得出两井间储层平均渗透率为 8.01mD,结合其他相关参数[式(8)],计算得到 GXX –3 和 GXX –2 井间储层导压系数为 $1.60 \times 10^5 \mathrm{mD \cdot MPa/(mPa \cdot s)}$,与极值法计算结果十分接近,符合气田实际情况。

$$\eta = \frac{K}{\phi \mu C_{\mathrm{t}}} = \frac{8.01}{0.05 \times 0.001} = 1.60 \times 10^5 \left(\frac{\mathrm{mD \cdot MPa}}{\mathrm{mPa \cdot s}} \right) \tag{8}$$

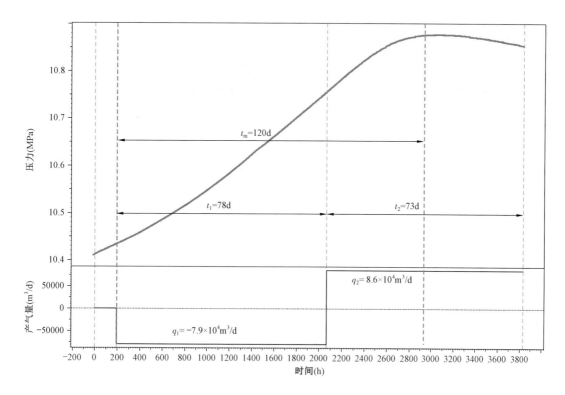

图4　GXX-2井压力响应曲线

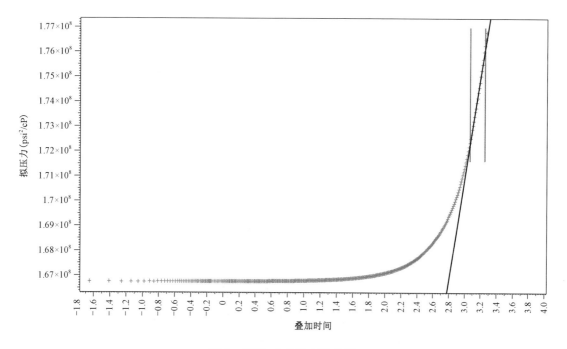

图5　GXX-2井半对数曲线

4 结论

（1）推导出的导压系数计算公式适用于气井，并适用于包括注气在内的任意两种产量序列的干扰试井，为储气库等特殊生产区块提供了干扰试井资料解释方法。

（2）对双对数曲线无法拟合，但进入径向流的气井，可通过半对数分析法回归拟合。该方法通过求取井间储层平均渗透率，间接计算得到地层导压系数，为干扰试井资料解释提供了一种新方法。

（3）建立的半对数分析法和极值法应用范围广，计算结果可靠，符合现场生产实际，具有良好的现场应用价值。

参 考 文 献

［1］刘能强. 实用现代试井解释方法［M］. 5 版. 北京：石油工业出版社，2010：288 - 294.

［2］庄惠农. 气藏动态描述和试井［M］. 3 版. 北京：石油工业出版社，2009：258 - 302.

［3］Dake L P. Fundamentals of Reservoir Engineering［M］. Hague. Netherland：Elsevier Science，1978.

［4］Lee J，Wattenbarger R A. Gas Reservoir Engineering［M］. U. S. A：Society of Petroleum Engineering，1996.

作者简介：何依林，女，硕士，工程师，现主要从事油气田开发研究。联系电话：18991985280；E - mail：heyilin_cq@ petrochina. com. cn。

复杂层状盐岩储气库造腔新工艺探讨

完颜祺琪　李　康　丁国生

（中国石油勘探开发研究院地下储库研究所）

摘　要：我国盐穴储气库均建在层状盐岩中，与国外厚层盐丘建库相比，具有盐层薄、夹层多、水不溶物含量高等特点。为提高盐穴储气库造腔效率，优化造腔工艺，扩大盐穴储气库库址选择范围，在总结分析国内外已有新型造腔工艺经验基础上，探讨比较了盐穴储气库新型造腔工艺设计方法以及优缺点。

关键词：盐穴储气库；双井；造腔

1　概述

盐穴地下储气库是利用地下较厚的盐层或盐丘，采用水溶方式形成空腔，从而形成存储空间来存储天然气的调峰设施。与其他类型的储气库相比，盐穴储气库具有注采率高、短期吞吐量大、垫层气量低并可完全回收等优点，在区域调峰领域，尤其是在缺少气藏建库目标但拥有较多地下盐矿的中国南方地区，将发挥越来越重要的作用。

我国盐穴储气库多建于层状盐岩中，与国外厚层盐丘建库相比，具有盐层薄、夹层多、不溶物含量高等特点，目前采用传统单井造腔法［图1（a）］建设。针对我国层状盐岩特殊地质条件，近10年来定向对接双井采卤工艺已在盐化企业广泛应用，已被证实更适合层状盐岩矿床开采，该技术如能应用于盐穴储气库造腔，将加快我国盐穴储气库造腔速度，提高造腔效率。另外，俄罗斯、德国和法国等国家也开展过初步的新型造腔试验与研究工作，其技术经验值得国内借鉴。

本文在总结分析国内外新型造腔工艺基础上，系统讨论了双直井、定向对接井、水平井等新型造腔工艺（图1）及其优缺点。

2　双直井造腔工艺

双直井造腔方式如图1（b）所示，荷兰 GasunieZuidwendingB. V. 储气库[1]、法国 Manosque 储油库[2]已有双直井造腔矿场实施案例。

2.1　双直井造腔工艺设计与控制

双直井造腔井组由两口直井组成，其中一口用于水溶建槽，腔体不断扩大溶通至另一口井。不同于单井造腔，双直井造腔需进行井间距设计、两井连通阶段压力控制、注气排卤井位选择。

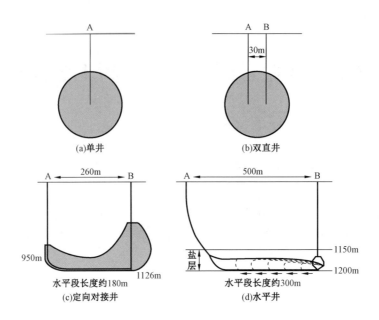

图1　盐穴储气库不同造腔工艺示意图

2.1.1　双直井造腔井位设计

双直井钻井方位设计需考虑盐层水溶偏溶现象。在荷兰双直井溶腔过程中,曾发生过单井建槽阶段时侧向偏溶严重,导致无法溶通另一口直井裸眼段的事故。盐岩在倾斜地层中常出现偏溶现象,溶蚀速率沿盐层上倾方向最快。因此,在设计井位时,应考虑可能存在的盐层偏溶现象,将非建槽井井位部署在建槽井的地层倾向上倾方向。

双直井造腔井间距设计需满足两点要求:

(1)井间距不能大于单井自然溶通半径,否则存在无法连通的风险。以我国盐穴储气库为例,单井溶腔半径常在30~40m,双直井井间距应小于40m。

(2)井间距不少于15m。造腔过程中注水、排卤管柱悬空竖立于腔体之中,受水流射流作用、夹层垮塌作用的影响,管柱存在弯曲变形风险。双直井造腔过程中,两口井均下入管柱,因此在造腔设计中,井间距不得少于15m,以保证造腔管柱与下井仪器安全。

综合考虑,推荐双直井造腔井间距为30m左右。

2.1.2　两井连通阶段压力控制

荷兰双直井造腔的现场实施过程中,从两井开始连通到完全溶通经历了35天。

为了保证两井连通之后的溶腔过程受控,在两井连通之前,应对非建槽井注入氮气阻溶剂并监测阻溶剂压力变化。

(1)当非建槽井氮气压力骤降时,两井开始连通,此时应多次、少量注入氮气阻溶剂并观察氮气压力变化;(2)开始连通阶段,注入氮气阻溶剂之后,压力随之升高但又迅速下降;(3)随着两井逐渐连通,氮气阻溶剂压力下降速率越来越慢;(4)当两井完全连通之后,两井压力也完全连通,此时注入氮气阻溶剂两井压力均升高而不再下降,可作为两井完全连通标志。

此外,在注入阻溶剂时应注意不能超过套管鞋处最大允许压力。

2.1.3　注气排卤井位选择

双直井造腔工况下，注气排卤方案中排卤管柱可从两口井中任一口下入盐腔，选择下入哪一口井时应考虑两大原则：

（1）安全性原则。如有一口井离溶腔边界较近，在此井中下入排卤管柱，可能存在腔壁垮塌砸弯、砸断排卤管柱的风险。

（2）便于卤水排出原则。在保证管柱安全前提条件下，应尽量选择残渣位置较深的井，以排出更多卤水。

2.2　双直井造腔工艺优劣势

双直井造腔相比于单井造腔有如下优势：（1）可提高造腔效率，缩短造腔周期。双直井造腔可采用一口井注水，另一口井排卤的模式，加快了注水排卤速率，从而提高造腔效率。（2）注采气阶段可提高单日注采气量。注采气阶段两口井均可以作为注采井，可有效提高单日注采气量。（3）简化了单井管柱工艺。单井造腔需采用套管、中间管、中心管3层管柱组合，工艺复杂。双直井造腔仅使用套管、中心管2层管柱，可有效降低工艺控制难度，并能降低管柱摩阻，从而降低能耗。（4）简化了修井、测腔工艺。修井时单井造腔需处理中心管、中间管组合，但双直井工况下可少处理一组管柱。另外，双直井工况下可利用一口井测腔，而不干扰另一口井造腔，从而减少修井次数。（5）可切换注水、排卤井位控制溶腔形态。当盐层偏溶严重或腔体形态偏离设计目标时，双直井造腔可考虑切换注水、排卤方向，重塑腔体形态。

相比于单井造腔，双直井造腔也存在一定的劣势。双直井造腔在卤水与阻溶剂的压力、流量控制工艺比单井复杂。比如两井连通阶段，需密切关注两井阻溶剂压力变化，以判断两井连通情况。

3　定向对接井造腔工艺

定向对接井工艺是将地面相距一定距离的两井或多井，在地下目的开采层定向对接连通的一种工艺技术。该工艺由我国地质调查局勘探技术所、湖南地矿局417队与湘衡盐矿合作，于1992年开始应用并获得成功，目前在国内盐化企业已广泛用于采卤制盐。该工艺特点为两井间有较长水平段，卤水在通过水平段时溶解盐岩促成卤水浓度不断提高，最终出卤浓度将近饱和。

3.1　定向对接井造腔工艺

3.1.1　定向对接井井组工艺

定向对接井井组由一口直井和一口斜井组成，以江西樟树盐矿为例[3]［图1（c）］，先钻一口直井井B，钻遇目的盐层后井B开始水溶建槽。在距离井B地表260m处钻一口斜井井A，与直井定向连通，斜井的斜井段、水平井段裸眼完钻。

3.1.2 定向对接井建槽工艺

在直井钻井完成之后,斜井钻井开始之前,应在直井下入造腔管柱进行水溶建槽。直井水溶建槽的目的:一是扩大斜井靶区范围,使得两井更容易对接成功;二是开辟出残渣堆积的空间,以供造腔过程的残渣有空间容纳。

3.1.3 定向对接井造腔工艺

在造腔不同阶段,应采用不同的注水、排卤方式:

(1)两井连通之后因斜井井眼较小,而直井已建槽形成一定空间,宜首先采用斜井注水、直井排卤的方式生产一段时间,以防止堵塞斜井管柱。两井连通初期发生堵塞管柱概率较高,应尽可能进行连续生产。不溶物残渣堵塞管柱时,采用切换注水、排卤方向的方法将残渣冲散。

(2)主要造腔阶段,应采取直井注水、斜井排卤的方式。此种方式下腔体主要位于直井一侧,呈不对称"U"形[图1(c)]。阻溶剂由直井注入,以保护直井顶板。

3.2 定向对接井工艺优劣势

定向对接井工艺优势:传统造腔工艺建槽期周期长,卤水浓度低,出卤浓度不达标导致卤水难以处理。定向对接井造腔方式通过在井间设置较长的水平段,使得卤水在通过水平段时浓度快速提升至300g/L以上,极大地提高了出卤浓度与造腔效率。

定向对接井工艺劣势:该工艺易出现结晶堵、套管砂堵、井底通道砂堵等问题,需采用反冲法、憋压法、水力压裂等解堵措施,利用水动力冲开阻塞部位。盐化企业的现场实践经验表明,采用定向对接井需实时监测注水、排卤流量,一旦排卤流量骤降,应立即采取措施,防止水溶通道堵死。

4 水平井造腔工艺

水平井造腔如图1(d)所示。俄罗斯和法国等已成功开展水平井造腔先导性试验。法国燃气公司1995年在地下巷道开展了水平腔研究实验,以10m³/h的流量形成了一个40m长、体积约750m³的水平腔体,腔体形态如人工隧道一般平整规则。俄罗斯某储气库在地下1000m的50m薄盐层中建成了长度300m,体积35×10⁴m³的水平盐腔。

水平井井组工艺与定向对接井井组类似,由一口水平井、一口直井组成。两者的区别主要在于造腔工艺,水平井造腔采用水平井注水,直井排卤的方法,且水平井的注水点可以通过拖动管柱实现移动。在造腔过程中通过移动注水点[图1(d)箭头所示方向],来保证溶腔沿水平方向均匀扩展。俄罗斯水平井造腔共分5个阶段,每个阶段移动注水点60m,从而实现300m长度水平腔的设计目标。

水平井造腔具有两大优点:

(1)可利用薄盐层建库,极大扩展了盐穴储气库库址选择范围。传统单井造腔工艺采用管柱纵向提升法扩展腔体,在盐层厚度不足百米的地区难以取得经济效益。而水平井造腔采用管柱横向拖动的方法扩展腔体,即使厚度不足百米的盐层也可成功造腔。我国以层状盐岩建库地质条件为主,如利用水平井方法造腔,可优选出矿层最厚、夹层最少、水不溶物含量最低的盐岩,造腔效果将优于传统单井造腔法。

(2)腔体形态规则,腔体结构稳定性高。法国水平腔先导性实验证实了水平腔腔体形态规则。而在腔体高度远小于长度的情况下,腔体安全稳定性高[4]。

5 结语

通过系统分析总结国内外新型造腔实施经验,总结了盐穴储气库双直井、定向对接井、水平井等新型造腔工艺及其优缺点。新型造腔工艺拥有造腔时间快、效率高等优点,对我国层状盐岩特殊地质条件建造地下储气库具有重要的意义。

参 考 文 献

[1] Fritz Wilke, etc. Solution Mining with Two Boreholes for Gas Storage in Zuidwending, the Netherlands[C]. SMRI Fall 2011 Technical Conference.

[2] Rémi GRUGET. Dual Bore Leaching in Manosque[C]. SMRI Spring 2013 Technical Conference.

[3] 陈军华. 定向对接连通井技术在我矿的成功应用[J]. 中国井矿盐,2015,46(6):22 - 23.

[4] Wei Xing, et al. Horizontal Natural Gas Caverns in Thin - bedded Rock Saltformations[J]. Environment - al Earth Science,2015,73:6973 - 6985.

作者简介:完颜祺琪,博士,室副主任,长期从事于地下储库设计与研究。通讯地址:(065007)河北省廊坊市万庄44号信箱;电话:010 - 69213211;E - mail:wanyanqq @ petrochina. com. cn。

地下储气库注气周期压力系统一体化仿真研究

刘佳宁　刘得军　钱步仁　段明雪　翟　颖

（中国石油大学（北京）地球物理与信息工程学院）

摘　要：目前,我国地下储气库建设研究虽取得了一定成果,但在标准化、信息化和完整性管理等领域尚存在许多不足。特别是现有的专家软件虽然应用成熟,但在一体化控制方面存在很大局限性。为改变此现状,研究以系统节点压力为突破口,综合分析地下储气库注气周期内压力系统变化特点,采用模块化设计,利用数值模拟方法,实现了储气库注气周期内压力系统一体化控制。仿真结果表明,节点压力的计算数据与实测数据相差无几,在工程误差允许范围内。该压力系统一体化仿真模型合理有效,对实现数字化储气库的智能管控,指导实际生产具有重大意义。

关键词：储气库；注气周期；压力系统；一体化；数值模拟

近年来,中国天然气消费量迅速增长,天然气储备问题备受关注,地下储气库以其自身的诸多优势成为天然气管网不可或缺的终端配套设施[1]。随着天然气地下储气库的兴建,已建储气库的优化运营成为相关领域的研究热点。

地下储气库运营是强注强采、交变载荷、多周期的注采过程,全生命周期长达 50 年以上,与气藏开发相比,其注采气速度是气藏开发的 20~30 倍[2]。然而地下储气库的优化运营也是一个综合地质、成本、能耗、环境等多目标的复杂问题。目前,我国地下储气库建设研究在地质[3],环境[4-6],安全[7]等领域已取得初步成果,较发达国家而言,我国地下储气库建设在标准化、信息化、完整性管理等领域尚存在较大不足。欧美国家对储气库的研究主要是借鉴“数字油田”技术,如在 SCADA 系统实时数据的基础上实现优化与预测。此外,国外研究重视储气库气藏模拟工作,实现全生命周期气藏模拟,为方案优化、生产优化奠定了基础。如 Norg 储气库[8]沿构造高点进行布井,地面采用了注采合一流程,大大简化了地面处理流程。

集成统一的管理模型对于储气库的运营优化具有重要意义。基于此,本文以节点压力为出发点,采用模块化设计,利用 MATLAB 进行数值模拟,建立以储层渗流为核心,井筒—地面为约束条件,集地上地下压力系统于一体的仿真模型,实现储气库地下—井筒—地面一体化运行管理设计,为实现数字化储气库智能管控打下模型基础。

1　压力系统组成概述

储气库运营过程中,系统各节点压力直接反映了生产状况,同时是系统优化与合理配产的关键参数。通常地下储气库压力系统分为地层压力系统、井筒压力系统和集输管网压力系统 3 部分。其中,地层压力系统主要指整个储气气藏的压力分布情况;井筒压力系统主要指从气井井底到气井井口的井筒部分压力分布情况;集输管网压力系统主要指不同储气库地面管网压力分布,包括节流阀、冷凝器、分离器和压缩机等的进出口压力。如图1所示,三大压力系统彼此关联且相互影响。

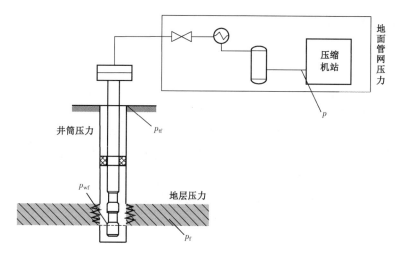

图1　储气库压力系统组成示意图

p—地面管网压力;p_{tf}—井口流动压力;p_{wf}—井底流动压力;p_r—地层压力

　　本文所研究的压力系统一体化仿真模型是根据三大压力系统进行模块化设计,然后进行模块关联,对系统各节点压力的仿真数据与实测数据比较分析,通过调整主要参数减小系统误差,提高系统的仿真精度,为实现地下储气库的数字化智能管理打下模型基础。

2　压力系统一体化模型建立

　　储气库运营周期内,三大压力系统间相互影响。研究首先对每个压力系统的压力传递机理进行分析,如地层产能分析,井筒压力分布,地面管网压力分析等。然后对影响压力系统分布的重要参数进行校验分析,最后对各压力系统的数学模型进行关联,确定压力系统一体化仿真模型。

2.1　地层压力系统模型

　　枯竭油气藏型地下储气库的优点在于其地质对象为已开发的油气田,地下构造、储层情况可以根据油气田开发过程中气井产能试井数据获得,加以分析进而得到不同气井的产能公式[8,9]。这样在已经平均地层压力的前提下就可以得到井底压力与注气流量的关系。

$$p_{wf}^2 - p_r^2 = Aq_{sc} + Bq_{sc}^2 \qquad (1)$$

式中　p_{wf}——井底流动压力,MPa;

　　　　p_r——地层压力,MPa;

　　　　A,B——产能系数;

　　　　q_{sc}——注气流量,$10^4 m^3/d$;

　　　式中 Aq_{sc} 为黏滞性导致压力损失,Bq_{sc}^2 为惯性导致的压力损失。在已知地层平均压力的情况下,井底压力与注气流量呈非线性关系,任意 q_{sc} 都对应一个 p_{wf},这一关系反映了气体从井底流向储库的动态特征。

2.2 井筒压力系统模型

井筒压力系统部分是连接集输管网压力系统与储层压力系统的枢纽。枯竭油气藏型储气库生产气井井筒压力分布规律与气藏开采时井筒压力分布规律类似,在众多计算井筒压力分布的方法中,1956 年 Cullender 和 Smith 提出的模型较为经典,至今仍为气藏工程中研究井筒压力分布的首选方法,被广泛应用于干气井井筒压力分布计算[10]。

通常气井井筒压力分布计算的实用模型是由气体流动的能量守恒方程推导而来的。天然气从井口沿油管注入井底的过程中,总能量消耗的结构中动能损耗甚小,无外力做功,这样气体稳定流动能量方程可简化为:

$$\frac{dp}{d\rho} + g dH + \frac{fu^2}{2g} dH = 0 \tag{2}$$

式中 p——压力,MPa;
ρ——气体密度,kg/m³;
g——重力加速度,m/s²;
H——井深,m;
f——Moody 摩阻系数;
u——气体流速,m/s。

式(2)是在任何温度、压力下都成立的能量守恒微分方程式,采用国际单位制(SI 单位制)表示[11]。从式(2)可推导出 Cullender 和 Smith 模型用于干气井井筒压力分布计算的公式,即:

$$\int_{p_{tf}}^{p_{wf}} \frac{\frac{ZT}{p}dp}{1 + \frac{1.324 \times 10^{-18} f (q_{sc}TZ)^2}{d^5 p^2}} = \int_0^H 0.03415\gamma_g dH \tag{3}$$

式中 p——压力,MPa;
T——气体温度,K;
Z——气体偏差系数;
f——Moody 摩阻系数;
q_{sc}——注气流量,10⁴m³/d;
d——管道内径,m;
γ_g——气体相对密度;
p_{wf}——井底流动压力,MPa;
p_{tf}——井口流动压力,MPa。

利用平均温度和平均压缩系数计算法求解式(3):

$$\int_{p_{tf}}^{p_{wf}} \frac{dp}{[p - \frac{1.324 \times 10^{-18} f (q_{sc}\overline{TZ})^2}{d^5 p^2}]} = \frac{0.03415\gamma_g H}{\overline{TZ}} \tag{4}$$

积分化简得井筒压力计算模型为:

$$p_{wf} = \sqrt{p_{tf}^2 e^{2s} + \frac{1.324 \times 10^{-18} \times f(q_{sc}\overline{TZ})^2}{d^5}(e^{2s} - 1)} \qquad (5)$$

$$s = \frac{0.03415\gamma_g H}{\overline{TZ}} \qquad (6)$$

式中　p_{wf}——井底流动压力,MPa;

　　　　p_{tf}——井口流动压力,MPa;

　　　　$\overline{T}$——动管柱内气体平均温度,K;

　　　　$\overline{Z}$——$\bar{p}$、$\overline{T}$ 条件下的气体压缩系数;

　　　　H——油管下到气层中部的深度,m;

　　　　γ_g——气体相对密度;

　　　　f——Moody 摩阻系数;

　　　　q_{sc}——注气流量,$10^4 m^3/d$;

　　　　d——管道内径,m。

2.3　集输管网压力系统模型

　　集输管网压力系统是储气库地上压力部分,主要包括集输净化、压缩机、计量等辅助设备。因为位于地上,该部分的可操作性较强,但是受地质条件、储库分布和工艺流程等条件的影响,该部分的管网分布与压力控制较为复杂。地面管网压力系统对于压力系统一体化仿真模型的研究十分重要,其直接影响天然气能否成功注入储气库并安全有效地完成生产任务。

　　集输管网压力分布计算中管道的水力计算过程相对复杂,其中管道水力摩阻系数、管道温度分布、管道高度差对管道压力计算影响比较明显。水力摩阻需要根据不同流型选择不同的计算公式。根据管道热力分布得到管道的平均温度,进而对管道压力分布进行计算。储气库集输管网压力计算时一般视高度差为零,因为储气库地面建设时已经考虑了储气库压缩机站到井口集输点的能量损失坡度起伏不会太大,压缩机站到集输井口站点距离一般在 10km 以内,压力损耗也不会太大。

　　天然气在地面水平管道中的流动特性与井筒中类似,但因水平管道中不用考虑势能变化,因此也略有差异。影响管道压力计算的关键因素是温度与压缩系数,参考文献[12]中温度计算方法,并利用文献[13]全范围高精度计算压缩系数,得管道压力计算模型:

$$p_1^2 - p_2^2 = 9.05 \times 10^{-20} \frac{\gamma_g \overline{TZ}fLq_{sc}^2}{d^5} \qquad (7)$$

式中　p_1, p_2——分别是管道两端压力,MPa;

　　　　L——管道长度,m。

　　其他参数含义与式(3)中参数相同。

　　通过式(7)在已知某段压力与注气流量的前提下,能够计算储气库地面管网另一端压力。

3 仿真模型验证与数据分析

精准的仿真模型是进行理论研究与优化设计的基础。为确保储气库压力系统一体化仿真模型的科学有效,分别对井口温度、井口压力以及系统关键节点的计算数据与实测数据进行比较分析,通过分析数据误差做出参数调整,最终确定仿真模型,为后续理论研究与实际生产指导打下基础。

3.1 温度数据误差分析

已知某储气库井场气井的相关物理参数:井深 2900m,地层温度 103℃,地层运行压力为 10MPa。在单井的注气流量分别为 $10 \times 10^4 \mathrm{m}^3/\mathrm{d}, 15 \times 10^4 \mathrm{m}^3/\mathrm{d}, 20 \times 10^4 \mathrm{m}^3/\mathrm{d}, 25 \times 10^4 \mathrm{m}^3/\mathrm{d}, 30 \times 10^4 \mathrm{m}^3/\mathrm{d}, 35 \times 10^4 \mathrm{m}^3/\mathrm{d}, 40 \times 10^4 \mathrm{m}^3/\mathrm{d}$ 和 $60 \times 10^4 \mathrm{m}^3/\mathrm{d}$ 的情况下,分析计算井口温度数据与实测井口温度数据的误差关系。

由图 2 中数据可以看出,井口温度随注气量增加的变化情况。随着注气量增加,井口温度逐渐上升,这跟天然气气体的热当量有一定关系。同时可以看出,井口温度与产气量并非是线性关系,在注气量较低时井口温度增幅较大,随着注气量增加温度的增幅会慢慢变小。对比分析计算井口温度与实测井口温度,计算误差为 0.2% ~ 2%,满足工程精度要求。

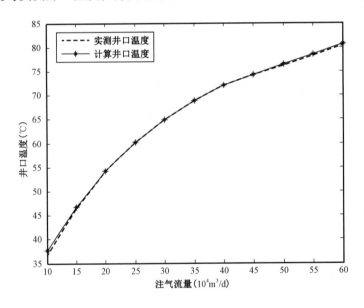

图 2 注气井温度计算数据与实测数据对比

3.2 压力数据误差分析

井筒温度分布直接影响着井筒压力分布的计算。井筒压力分布计算又是压力系统一体化模型的关键部分。下面以某气井为计算基础,分析压力变化情况。已知该气井注气周期内有关物理参数设置如下:井深 1850m,地层温度 84℃,地层产能系数 A 为 0.3161、B 为 3.8951,地层运行压力为 10MPa;单井的注气流量分别为 $8 \times 10^4 m^3/d$, $10 \times 10^4 m^3/d$, $15 \times 10^4 m^3/d$, $20 \times 10^4 m^3/d$, $25 \times 10^4 m^3/d$, $30 \times 10^4 m^3/d$, $35 \times 10^4 m^3/d$, $40 \times 10^4 m^3/d$ 和 $60 \times 10^4 m^3/d$;油管直径为 0.076m。计算数据与实测数据的对比结果如图 3 所示。

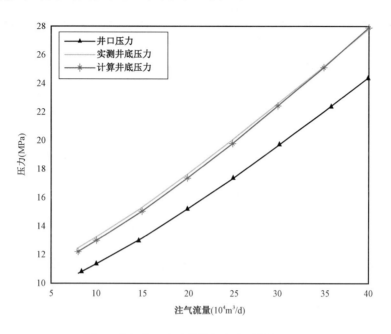

图 3　注气井压力计算数据与实测数据对比

由图 3 可知,随着注气量的增加,井口压力与井底压力均逐渐上升,并且井底压力较井口压力高;因为井底压力与周围地层压力存在着压力差,天然气将随着注气的不断进行而逐渐扩散到气藏周围,完成天然气注气过程。从图 3 中可以看出,计算得到的井底压力数据与实测井底压力数据非常接近,最大误差不超过 1.05%,井筒压力模型合理有效,能够满足现场的实际要求[14]。

3.3　压力系统一体化各节点数据分析

以某生产井为例设置相关物理参数:井深 2900m,地层温度 103℃,气体相对密度 0.6,油管直径 0.076m。在注气流量为 $20 \times 10^4 m^3/d$,分析在不同地层压力条件下各节点压力变化情况(表1)。

表 1　系统各节点压力随地层压力变化情况　　　　　　　　　　　　单位:MPa

地层压力	井底压力	井口压力	集输管道压力	压缩机出口压力
10	11.10	9.26	9.26	9.77
13	13.86	11.35	11.35	11.86
15	15.75	12.80	12.80	13.31
20	20.57	16.55	16.55	17.06
25	25.46	20.48	20.48	20.99

续表

地层压力	井底压力	井口压力	集输管道压力	压缩机出口压力
27	27.43	22.10	22.10	22.61
30	30.38	24.60	24.60	25.10

随着地层压力升高,井底压力逐渐增大,井口压力受位势能影响,数值上较井底压力偏小,但存在着动能差,天然气能够从井口注入井底[15]。在此过程中需要外部压缩机加压,从表1中数据可以看到,压缩机出口压力随着地层压力的增大而增大,集输管道的实际压力是多井井口压力的最高值向压缩机方向传递,表1中数据是以单井为研究目标,故而集输管道压力与井口压力相同。在储气库注气过程中,随着注气量的增加,注气阻力增大,需要加大压缩机功率才能在规定时间内完成配产任务。在已知地层压力与注气流量的前提下,通过三大压力系统模型可以计算得到理想的压缩机出口压力,这对压缩机输出功率的指导具有现实意义[16]。

4　总结

储气库的运营研究是一个涉及地质条件、安全压力、工作效率以及经济利益的多目标问题,科学合理的运营仿真模型是实现综合调优、安全调度的基础,是实现数字化智能控制的基石。利用数值模拟技术,综合我国地质条件,建立数字化储气库,实现储层—井筒—地面全生命周期一体化运营管理是我国储气库建设与运营的发展趋势,本文以压力系统一体化为出发点,综合分析地下储气库三大压力系统特点,通过数值模拟方法,建立压力分布计算模型,通过模块化的方式将系统细化且彼此间相互关联,实现了储气库注气周期内压力系统一体化控制。

鉴于储气库运营是一项极其复杂的工艺,本文研究从节点压力入手,综合分析储气库产能公式,井筒压力分布以及集输管网压力变化特点,构建储气库注气周期的压力系统一体化仿真模型。通过对井筒温度、压力以及系统关键节点的计算数据与实测数据的对比分析,不断校验修正,最终使得数值模拟结果符合储气库注气周期内实际变化规律。压力系统一体化仿真模型的建立对实现数字化储气库的智能管控,指导实际生产具有重大意义。

参 考 文 献

[1] 仝晓波. 天然气调峰储备在希望中行进[N]. 中国能源报,2011 – 04 – 25014.
[2] 魏欢,田静,李建中,等. 中国天然气地下储气库现状及发展趋势[J]. 国际石油经济,2015(6):57 – 62.
[3] 张强勇,段抗,等. 极端风险影响的深部层装岩穴地下储气库群运行稳定三维流变模型试验研究[J]. 岩石力学与工程学报,2012,31(9):1766 – 1775.
[4] 邢海涛. 枯竭油气藏型地下储气库项目环境影响评价应用研究[D]. 天津:天津大学,2011.
[5] 许德全,牛树伟. 对地下储气库生态环境的监测[J]. 油气储运,2003,22(4):57 – 59.
[6] 黄军荣,郑贤斌,宋素合. 地下储气库工程竣工环境保护验收调查方法初探[J]. 油气田环境保护,2007,17(2):28 – 32.
[7] 刘家涛. 盐岩地下储气库(群)运营期可靠度计算及风险评估[D]. 济南:山东大学,2011.
[8] 杨继盛,刘建仪. 采气实用计算[M]. 北京:石油工业出版社,1994:90 – 120.
[9] 李治平,邬云龙,青永固. 气藏动态分析与预测方法[M]. 北京:石油工业出版社,2002:65 – 80.
[10] Oden R D, Jennings J W. Modification of the Cullender and Smith Equationfor More Accurate Bottomhole Pressure Calculationsin GasWells[C]// Permian Basin Oil and Gas Recovery Conference. Society of Petroleum

Engineers,1988.

[11] 刘玉娟,徐春碧,焦晓军. 一种气井井筒压力的计算方法[J]. 重庆科技学院学报:自然科学版,2007,9(4):131 – 134.

[12] 朱德武,何汉平. 凝析气井井筒温度分布计算[J]. 天然气工业,1998,18(1):60 – 62.

[13] 李相方,任美鹏,胥珍珍,等. 高精度全压力全温度范围天然气偏差系数解析计算模型[J]. 石油钻采工艺,2010,32(6):57 –61.

[14] 叶庆全,冀宝发,王建新. 油气开发地质[M]. 北京:石油工业出版社,1999.

[15] 付玉,郭肖,杜志敏,等. 分子扩散对枯竭油藏型地下储气库动态的影响[J]. 西南石油大学学报:自然科学版,2007,29(3):154 – 156.

[16] Thompson M,Davison M,Rasmussen H. Natural Gas Storag Evaluation and Optimization:Areal Options Application[J]. Naval Research Logistics,2009,56(3):226 – 238.

作者简介:刘佳宁,女,硕士研究生,主要从事储气库压力系统一体化建模与优化运营研究工作。地址:(102249)北京市昌平区府学路18号中国石油大学地球物理与信息工程学院;电话:18513277706;E – mail:jianing0417@163.com。

盐穴储气库造腔效率评价方法研究

栾建建[1,2]　申瑞臣[1]　班凡生[1]

(1. 中国石油集团钻井工程技术研究院;2. 中国石油大学(北京))

摘　要:盐穴储气库造腔效率的研究对实际造腔意义重大,造腔之前,需要对设计方案优选,筛选出最优造腔方案;造腔结束后,需要对不同井的造腔效率评价,优选出适合区块的造腔方法。以造腔成本、造腔时间、造腔体积、卤水浓度达标率和腔体稳定性5个经济指标为研究对象,采用层次分析法对盐穴储气库造腔效率进行评价。实例计算结果表明,提出的造腔效率评价指标可操作性较好,应用层次分析法能对盐穴储气库造腔效率进行评价,从而选择最优造腔方案,可指导现场施工。

关键词:经济评价指标;权重;层次分析法;造腔效率

盐穴储气库造腔是一个十分复杂的过程,其主要原理是利用水溶造腔原理在地下形成一个储存天然气的空间。如何实现高效造腔是盐穴储气库建设的核心问题。目前,我国盐穴储气库建设周期较长、单井投资过高,至今仍然没有形成一个系统的评价盐穴储气库造腔效率的方法。目前,国内外对盐穴储气库造腔效率的评价方法多采用模糊语言的方式,即定性描述。纵观储气库技术评价,国内外研究集中于设计方案优化,对于造腔最关注的效率问题研究较少。本文提出了具有代表性的评价指标,通过对比常用评价方法,确定了造腔效率评价的方法,最后通过算例证明其可行性,可给决策者优选方案提供理论依据。

1　评价指标

经过对盐穴储气库造腔效率影响因素分析,发现影响因素主要包括5个方面[1,2],分别是成本、时间、腔体体积、卤水浓度、腔体稳定性。鉴于此,建立造腔成本、造腔时间、造腔体积、卤水浓度达标率、腔体形态符合率5个造腔效率评价指标。

(1)造腔时间:造腔时间指岩盐储气库造腔需要的总时间,包括实际造腔时间、测腔时间以及因故障等原因发生的停滞时间等,单位为天。

(2)造腔成本:造腔成本包括造腔过程中发生的修井费用、测腔费用、油垫费、淡水费、人工费等,单位为万元。

(3)造腔体积:造腔体积指造腔全部过程中有效腔体体积,单位为 $10^4 m^3$。

(4)卤水浓度达标率:指在整个造腔时间段内,符合现场卤水浓度指标要求的时间占整个时间段的百分比,无量纲。

(5)腔体稳定性:腔体的稳定性是通过腔体形态符合率表征的,而腔体的形态稳定性与腔体的高宽比有关,是通过腔体的高宽比来计算。腔体形态高宽比是指溶腔的高度与直径之比,田中兰等[3]通过岩石力学理论提出高宽比在 1.53~2.7 范围内腔体比较稳定。

高宽比：

$$C = \frac{H}{D} \tag{1}$$

定义腔体的形态符合率用 X 表示，有：

$$X = \begin{cases} C \div 1.53 \times 100\% & C < 1.53 \\ 100\% & 1.53 \leqslant C \leqslant 2.70 \\ C \div 2.70 \times 100\% & C > 2.70 \end{cases} \tag{2}$$

2 造腔效率评价方法优选

在盐穴储气库造腔效率评价指标建立以后，需要选择合适的评价方法，笔者调研众多国内外评价方法之后，对比目前的评价方法的优缺点发现：(1)模糊分析法，评价结果为矢量，包含信息较多，缺点是计算复杂，指标权重主观性强；(2)灰色物元分析法，计算量小，评价结果较接近实际，缺点是待评价信息要具有关联性；(3)层次分析法，其优点是操作简单且评价结果较符合实际，缺点是评价指标个数不得多于 5 个；(4)密切执法，操作简单，结果明了，缺点是标准过多，易造成相互矛盾；(5)TOPSIS 法，优点是指标无量纲，结果直观，缺点主观性强，权重确定具有随意性；(6)专家打分法，其优点是操作简单，但受主观因素影响较大。根据评价指标的数量以及特点，确定灰色物元分析法及层次分析法作为造腔效率的评价方法。

2.1 灰色物元分析法

灰色物元分析法[4]是将灰色系统理论与物元分析有机结合起来的优选方法，主要包括根据各评价指标数据建立灰色物元矩阵、确定各指标的关联度、确定各方案的综合关联度，根据综合关联度的大小选择最佳造腔方案。

(1)根据评价指标数据，建立灰色物元矩阵。

$$\boldsymbol{R}_{\otimes} = (M, u_i, \otimes_i) \quad \boldsymbol{R}_{\otimes} = \left\{ M \begin{array}{cc} u_1 & \otimes_1 \\ u_2 & \otimes_2 \\ L & L \\ u_n & \otimes_n \end{array} \right\} \quad \otimes_i \epsilon (a_i, b_i) \tag{3}$$

式中 M——系统的方案；

u_i——第 i 个因素；

$\otimes_i$——第 i 个因素的量值。

(2)根据指标所属的类型，应用白化权函数分别计算各指标灰量值。

(3)利用关联函数并确立评价指标的关联度，关联度函数公式：

$$\kappa_i = \frac{\otimes_i - \alpha_{0i}}{\alpha_{0i} - \alpha_{\pi i}} \tag{4}$$

式中　$\alpha_{0i} = 0.8, \alpha_{\pi i} = 0.7$。

（4）计算方案的综合关联度。

设各评价指标权重为 w_i，指标关联度 κ_i，则各方案的综合关联度 k_j 为：

$$k_j = \sum_{i=1}^{n} w_i \kappa_i \tag{5}$$

当 $k_j > 0$ 时，表示被评方案符合标准方案的要求；当 $k_j < -1$ 时，表示被评方案不符合标准方案的要求，且不具有转化为标准方案的条件；当 $k_j < 0$ 时，表示被评方案不符合标准方案的要求，但具有转化为标准方案的条件。选出这些关联度的最大值所对应的方案即为最优方案，即：

$$k_{\text{optionnl}} = k_{\max} \tag{6}$$

2.2　层次分析法确定评价指标权重

美国运筹学家萨蒂于 20 世纪 70 年代提出了层次分析法（简称 AHP），该方法在风险评估、优选方案方面应用十分广泛[5-9]，应用层次分析法优选方案的关键在于计算各指标自身权重以及对各方案的权重，各方案的综合关联度，达到优选造腔方案的目的。

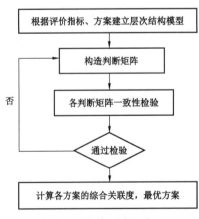

图 1　层次分析法解决
评价问题步骤框图

应用层次分析法解决评价问题包括如下几个步骤[6]（图 1）：

（1）根据评价指标以及备选方案建立层次结构模型。

层次结构模型包括最高层、中间层和最低层，其中，最高层是目的层即要解决的问题；中间层是实现目的需要考虑的因素；最低层为备选方案。层次数与问题的复杂程度直接相关，一般来说，每一层的元素不宜超过 9 个。盐穴储气库造腔效率评价的目标层即为最优方案，中间层是评价指标，最低层为备选方案。

（2）构造各层次中的所有判断矩阵（比较矩阵）。

构造合适的判断矩阵是层次分析法的关键，判断矩阵可以分为：指标判断矩阵以及指标对方案的判断矩阵。判断矩阵元素是通过比较各因素的重要性得到。

设 $C_1, C_2, \cdots, C_n$ 表示各评价目标的重要性，有：

$$C_i : C_j \Rightarrow \alpha_{i\phi}, \alpha_{i\phi} > 0, \alpha_{\phi i} = \frac{1}{\alpha_{i\phi}} \tag{7}$$

判断矩阵重要性的标度方法见表 1。

表1 判断矩阵 a_{ij} 的标度方法

标度	含义
1	表示两个因素相比,具有同样重要性
3	表示两个因素相比,一个因素比另一个因素稍微重要
5	表示两个因素相比,一个因素比另一个因素明显重要
7	表示两个因素相比,一个因素比另一个因素强烈重要
9	表示两个因素相比,一个因素比另一个因素极端重要
2,4,6,8	上述两相邻判断的中值

(1)层次单排序及一致性检验。

计算判断矩阵最大特征值 $\lambda_{\max}$ 对应的特征向量,归一化后即为权重,记为 W。其中同一层次因素对于上一层次因素重要性排序称为层次单排序。能否确认层次单排序,需要一致性检验。

① 定性一致性检验方法。

定义1:一致性指标。

$$CI = \frac{\lambda - n}{n - 1} \tag{8}$$

其中,n 和 λ 分别表示判断矩阵的阶数、最大特征值。

② 定量一致性检验。

定义2:引入随机一致性指标 RI,随机一致性指标 RI 对应值见表2。

表2 随机一致性指标 RI

N	2	3	4	5	6	7	8	9
RI	0	0.58	0.9	1.12	1.24	1.32	1.41	1.45

定义3:一致性比率。

$$CR = \frac{CI}{RI} \tag{9}$$

一般地,当一致性比率 $CR = \frac{CI}{RI} < 0.1$ 时,判断矩阵 A 通过一致性检验,反之,重新构造比较矩阵,直到通过一致性检验。

(4)计算各评价方案的综合关联度。

设备评价指标权重 $W = (w_1, w_2, \cdots, w_n)$,$k_i$ 表示指标对各方案的权重,计算各方案的综合关联度:

$$\sum_1^n w_i = 1, k_j = \sum_{i=1}^n w_i \kappa_i \tag{10}$$

其中,$j = 1,2,3,\cdots,m$。

综合关联度 κ_j 越大,方案的造腔效率越高,综合关联度最高的方案即为最优方案。

3 计算算例

3.1 灰色物元分析法评价计算算例

应用灰色物元分析法对盐穴储气库造腔效率进行评价,下面给出了A,B和C共3个造腔方案,应用层次分析法计算评价指标权重,通过灰色物元分析法对各方案进行评价,选择最优方案。本次方案评价的指标是造腔成本、造腔体积、造腔时间、卤水浓度达标率、腔体稳定性,分别用u_1,u_2,u_3,u_4和u_5表示,u_1单位天,u_2单位万元,u_3单位$10^4 m^3$,u_4和u_5单位无量纲。各方案对应的数据如表3。

表3 各方案评价指标数据

方案	u_1	u_2	u_3	u_4	u_5
A	1072	765.6	15.4	85.6	31.7
B	1044	663.1	15.5	73.2	51.2
C	1045	579.5	15.9	76.7	29

第一步,应用层次分析法,确定各评价指标的权重(表4)。

表4 层次分析法计算的权重

指标	u_1	u_2	u_3	u_4	u_5
权重	0.1223	0.514	0.258	0.0529	0.0529

第二步,根据表3中各方案指标数据,确定各评价指标的上限、下限和中限值(表5)。

表5 各评价指标的上限、下限和中限值

数值	u_1	u_2	u_3	u_4	u_5
下限 L	800	300			
中限 Z	1200	800	4	5	20
上限 H			16	100	100

第三步,根据满足度函数,求出各指标的灰量值(表6)。

表6 各评价指标的灰量值

方案	u_1	u_2	u_3	u_4	u_5
A	0.32	0.931	0.95	0.848	0.146
B	0.39	0.726	0.958	0.717	0.39
C	0.388	0.559	0.992	0.755	0.113

第四步,根据关联函数,确定各指标的关联度(表7)。

表7　各方案中各指标的关联度

方案	κ_1	κ_2	κ_3	κ_4	κ_5
A	-4.8	1.313	1.5	0.484	-6.544
B	-4.1	-0.737	1.583	-0.825	-4.105
C	-4.125	-2.41	1.917	-0.453	-6.875

第五步,根据各指标权重以及各指标的关联度,计算 A,B 和 C 各方案的综合关联度(表8),选择最优方案。

表8　各方案的综合关联度

方案	A	B	C
各方案的综合关联度	0.65	-0.31	-1.00

结果表明:A 方案为最优方案;C 方案不符合标准方案的要求,且不具备转化为标准方案的条件;B 方案不符合要求,但具备转化为标准方案的条件。

3.2　层次分析法评价造腔效率计算算例

应用层次分析法对盐穴储气库的造腔效率进行评价,下面给出了 A,B 和 C 三个造腔方案,方案评价选择造腔成本、造腔体积、造腔时间、卤水浓度达标率、腔体稳定性共 5 个评价指标,分别用 u_1,u_2,u_3,u_4 和 u_5 表示,u_1 单位为天,u_2 为单位为万元,u_3 单位为 $10^4 m^3$,u_4 和 u_5 单位无量纲。

评价步骤如下:

(1)建立层次结构模型,其中,目的层为选择最优(造腔效率最高)方案,准则层为 5 个评价指标,方案层即为 3 个备选方案(图2)。

根据提出的评价指标,计算造腔成本、造腔时间、造腔体积等指标数据,并分析指标构造判断矩阵。

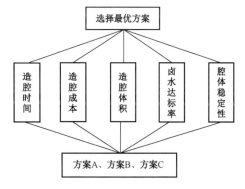

图2　层次结构模型框图

(2)根据各指标对各方案造腔效率的重要性,应用层次分析法建立比较矩阵,以确定各评价指标对各方案的权重,构造各方案的比较矩阵。

$$D_1 = \begin{bmatrix} 1 & \frac{1}{3} & \frac{1}{3} \\ 3 & 1 & 1 \\ 3 & 1 & 1 \end{bmatrix} \quad D_2 = \begin{bmatrix} 1 & \frac{1}{5} & \frac{1}{7} \\ 5 & 1 & \frac{1}{3} \\ 7 & 3 & 1 \end{bmatrix} \quad D_3 = \begin{bmatrix} 1 & 1 & 1 \\ 1 & 1 & 1 \\ 1 & 1 & 1 \end{bmatrix} \quad D_4 = \begin{bmatrix} 1 & 7 & 5 \\ \frac{1}{7} & 1 & \frac{1}{3} \\ \frac{1}{5} & 3 & 1 \end{bmatrix} \quad D_5 = \begin{bmatrix} 1 & \frac{1}{3} & 3 \\ 3 & 1 & 5 \\ \frac{1}{3} & \frac{1}{5} & 1 \end{bmatrix}$$

(3)对各比较矩阵进行一致性检验,各判断矩阵一致性比率见表9。

表 9 各比较矩阵的一致性比率

矩阵	D_1	D_2	D_3	D_4	D_5
CR	0	0.058	0	0.056	0.033

(4)计算各指标对方案的权重,结果见表 10。

表 10 各评价指标对各方案的权重

方案	κ_1	κ_2	κ_3	κ_4	κ_5
A	0.142	0.072	0.333	0.731	0.258
B	0.429	0.279	0.333	0.081	0.637
C	0.429	0.649	0.333	0.188	0.105

(5)根据各评价指标间重要性,建立指标比较矩阵 A,并计算各指标的权重。

$$A = \begin{bmatrix} 1 & 1/5 & 1/3 & 3 & 3 \\ 5 & 1 & 3 & 7 & 7 \\ 3 & 1/3 & 1 & 5 & 5 \\ 1/3 & 1/7 & 1/5 & 1 & 1 \\ 1/3 & 1/7 & 1/5 & 1 & 1 \end{bmatrix}$$

各指标的权重:$W = (0.122, 0.514, 0.258, 0.529, 0.529)^{\mathrm{T}}$。

(6)根据各指标对方案权重以及指标权重,计算各方案的综合关联度(表 11)。

表 11 各方案的综合关联度

方案	A	B	C
各方案的综合关联度	0.67	0.32	0.487

综合关联度排序为:A > C > B,所以在三个方案中,综合考虑造腔时间、造腔成本、造腔体积、卤水浓度、腔体的稳定性 5 个因素,方案 A 为最优方案,造腔效率最高。方案 C 次之,方案 B 造腔效率最差。

4 结论

(1)构建了造腔成本、造腔体积、造腔时间、卤水浓度达标率和腔体稳定性 5 个造腔效率评价指标。

(2)层次分析法确定评价指标的权重,应用灰色物元分析法对盐穴储气库造腔效率进行评价,可操作性强。

(3)根据两种评价结果优选造腔方案,既可以相互验证,同时增加评价结果的可信度。

参 考 文 献

[1] 魏东吼. 金坛盐穴地下储气库造腔过程技术研究[D]. 青岛:中国石油大学(华东),2008.

[2] 班凡生. 盐穴储气库水溶建腔优化设计研究[D]. 北京:中国科学院研究生院,2008.

[3] 田中兰,夏柏如. 盐穴储气库造腔工艺技术研究[J]. 现代地质,2008(2):291 – 293.

[4] 班凡生,高树生,单文文,等. 灰色物元分析法在岩盐储气库水溶造腔方案评选中的应用[J]. 西安石油大学学报,2007(5):2 – 3.

[5] 邓雪,李家铭,曾浩健,等. 层次分析法权重计算方法分析及其应用研究[J]. 数学的实践与认识,2012,24(7):93 – 100.

[6] 高东坡,李冬梅. 层次分析法在煤炭企业内部控制自我评价中的应用——以 A 煤炭企业为例[J]. 特区经济,2012(11):1 – 2.

[7] 彭鹏. 基于层次分析法的坝基帷幕灌浆方案评估探析[J]. 水利规划与设计. 2016(3):1 – 2.

[8] 常建娥,蒋太立. 层次分析法确定权重的研究[J]. 武汉理工大学学报,2007(1):1 – 3.

[9] 曹茂林. 层次分析法确定评价指标权重及 Excel 计算[J]. 江苏科技信息,2012(2):1 – 2.

作者简介:栾建建,在读硕士,研究方向是盐穴储气库造腔评价。地址:(102249)北京市昌平区西沙屯中石油科技园 A34 地块,煤层气与储库工程研究所;电话:010 – 80162286,18810990127;E – mail:302877049@ qq. com。

平顶山盐矿采卤老腔成腔性研究

孙春柳[1,2]　罗天宝[3]　李　康[2]　完颜祺琪[2]　垢艳侠[2]　冉丽娜[2]

(1. 中国石油大学(北京);2. 中国石油勘探开发研究院地下储库研究所;
3. 中国石油西气东输管道公司)

摘　要: 掌握采卤老腔的成腔规律能够为盐穴储气库造腔方案设计提供参考,使设计方案更加科学与合理。通过对平顶山盐矿采卤老腔的成腔性和成腔不利因素的分析,表明平顶山盐矿厚度小于6m夹层在采卤过程中能够垮塌,且成腔率较高,对盐穴储气库造腔有利;由于盐岩溶蚀受地层倾角、夹层等因素影响,导致盐岩溶蚀存在各向异性,发生偏溶;采卤工艺简陋导致造腔速度较慢,偏溶现象和造腔速度慢是储气库造腔的不利因素,因此在盐穴储气库造腔设计中要充分考虑这几项因素的影响。

关键词: 老腔;成腔条件;成腔率;不利因素;平顶山盐矿

1　概述

平顶山盐矿位于河南省平顶山市叶县南部的平原区。含盐地层为古近系核桃园组一段,含盐地层厚度293~662m,厚度较大;盐层与夹层互层(图1),盐层以盐岩、含泥盐岩为主,NaCl含量80%~99%,品位较高,夹层以泥岩、含盐泥岩和含石膏泥岩为主,可溶性很差。平顶山盐矿已有20多年开采历史,开采层位为14-17盐群,一直以采盐为主,对地下盐腔的成腔特征关注甚少,但对盐穴储气库而言,盐腔的成腔性至关重要,盐腔的形态和有效体积直接影响着盐穴储气库的稳定性、库容量和工作气量规模,最终影响储气库的使用寿命和经济效益。随着天然气消费的持续增长,对储气库的需求也不断增加,盐穴储气库以注采灵活、单井吞吐量大、垫气量小且可回收、运行损失小等优点越来越受到关注,平顶山盐矿距离西气东输二线管道较近,可作为管道的配套库址[1-3],为此开展了平顶山盐矿老腔成腔性研究,分析了老腔的成腔条件、成腔率以及存在的不利因素,为盐穴储气库的造腔方案设计提供参考依据。

2　成腔性分析

2.1　成腔条件分析

声呐检测技术是目前盐腔评价的主要手段[4]。X井和Y井老腔的声呐检测基本情况见表1。X井盐腔段地层层位为15-17盐群,发育2层泥岩夹层,厚度分别为2.6m和3.3m;Y井盐腔段地层层位为7-9盐群,发育4层泥岩夹层,厚度分别为5.9m,3.0m,2.0m和4.7m(图2)。盐腔形态立体图(图3)显示夹层位置形成了有效空间,夹层中可溶矿物成分较低,溶

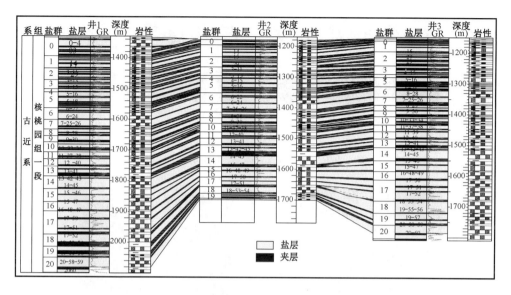

图 1 平顶山盐矿核桃园组一段含盐地层盐层、夹层分布特征

解性较差,当夹层下部盐层溶解后,夹层在卤水浸泡下可溶矿物溶解后形成蜂窝网状结构或夹层吸水膨胀(图4)[5,6],力学强度大大减弱,最终发生垮塌,充填了下部的有效空间,在夹层位置形成了新的有效空间。结果显示小于6m泥岩夹层在造腔过程中能够垮塌,形成有效空间,成腔条件较好。

表 1 老腔声呐检测基本参数数据表

井号	X 井	Y 井
最大半径(m)	47.5	102.9
最大直径(m)	59.7	103.9
盐腔层位	15 – 17 盐群	7 – 9 盐群
盐腔有效体积($10^4 m^3$)	4.07	18.85

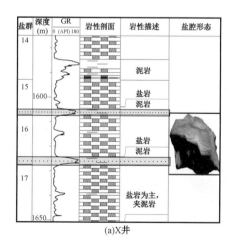
(a)X井

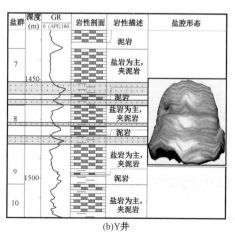
(b)Y井

图 2 老腔声呐检测盐腔段地层综合柱状图

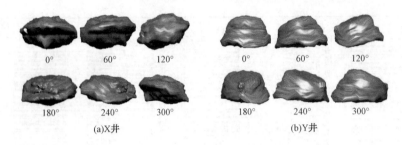

图3 盐腔形态立体图(不同角度)

图4 夹层岩心浸泡实验

1.2 成腔率分析

成腔率定义为盐腔有效体积/采盐体积×100%;盐腔有效体积可通过两种方法获取,一种是声呐检测结果,一种是通过计算获取,盐腔有效体积=盐腔总体积-不溶物原始体积×堆积系数;采盐体积通过采出卤水量和卤水浓度计算得出。

X井声呐检测盐腔有效体积为 $4.07 \times 10^4 \, m^3$,根据生产记录计算的采盐体积为 $5.47 \times 10^4 m^3$,计算成腔率为74.4%,与其他盐矿相比,低于金坛盐矿,与淮安盐矿相当,远高于云应盐矿(表2),平顶山盐矿采卤老腔的成腔率较高,说明平顶山盐矿老腔的成腔性较好。

表2 不同盐矿盐腔成腔率数据表

盐矿	成腔率(%)	备注
平顶山	74.4	X井
金坛	83.7	J2井
淮安	73.8	H1井建槽期
云应	50.7	Y1井建槽期

2 成腔不利因素分析

2.1 盐腔偏溶现象严重

声呐检测结果显示,采卤老腔偏溶现象较严重,形状极不规则(图5)。从地质因素分析,由于盐岩溶蚀各向存在异性,沿倾向向上(低处指向高处)的盐岩溶蚀速率大于走向上的盐岩溶蚀速率,沿倾向的盐岩溶蚀速率小于走向上的盐岩溶蚀速率(图6)。

含盐地层向北偏东倾斜(图7),盐岩与不溶夹层互层,盐岩沿倾向向上(水平投影为南西方向)溶蚀速率最大,盐腔形态朝南西方向展布。采卤工艺中无阻溶剂垫层,也加剧了偏溶。

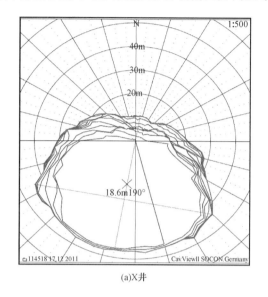
(a)X井

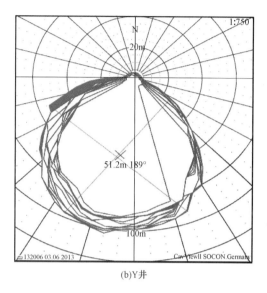
(b)Y井

图5 采卤老腔声呐检测盐腔形态俯视图

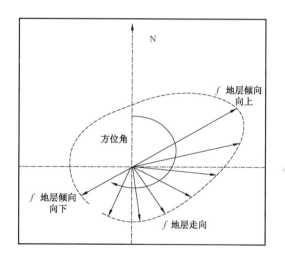

图6 盐岩溶蚀各向异性示意图

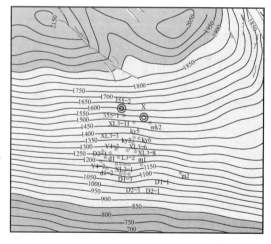

图7 平顶山盐矿14盐群顶面埋深图

2.2 造腔速度较慢

采卤老腔的造腔速度较慢,X井采卤生产3年,形成盐腔有效体积$4.07 \times 10^4 m^3$,Y井采卤生产15年,形成盐腔有效体积$18.85 \times 10^4 m^3$。在采卤过程中,由于夹层的存在,夹层基本不溶,只能依靠卤水的浸泡后吸水膨胀,发生垮塌,但夹层何时垮塌无法确定,在一定程度上影响了造腔速度。采卤工艺上采用正循环方式(从中心管注入清水或淡卤水,从中心管与技术套管之间的环空排出卤水),且排量较小($20\sim60\mathrm{m}^3/\mathrm{h}$),也导致造腔速度较慢。

3 结论

(1)平顶山盐矿采卤老腔厚度小于6m夹层在采卤过程中能够垮塌,形成有效空间,且成腔率较高,对盐穴储气库造腔有利。

(2)平顶山盐矿由于盐岩溶蚀受地层倾角、夹层等因素影响以及采卤工艺简陋,导致盐腔偏溶现象严重和造腔速度较慢,因此在盐穴储气库造腔设计中要充分考虑这几项因素的影响。

参 考 文 献

[1] 丁国生,冉丽娜,董颖. 西气东输二线平顶山盐穴储气库建设可行性[J]. 油气储运,2010,29(4):255 -258.

[2] 李文魁. 平顶山盐田现有盐穴老腔的再利用探讨[J]. 中国井矿盐,2015,46(3):20-23.

[3] 王志荣,李亚坤,张利民,等. 薄层状盐岩地下储气库工程地质条件及可行性分析[J]. 工程地质学报, 2015,23(1):148-154.

[4] 田中兰,苏义脑. 声呐检测技术在盐腔评价中的应用[J]. 中国井矿盐,2009,40(4):16-19.

[5] 施锡林,李银平,杨春和,等. 卤水浸泡对泥质夹层抗拉强度影响的试验研究[J]. 岩石力学与工程学报, 2009,28(11):2301-2308.

[6] 高红波,梁卫国,杨晓琴,等. 高温盐溶液浸泡作用下石膏岩岩石力学特性试验研究[J]. 岩石力学与工程学报,2011,30(5):935-943.

作者简介:孙春柳,女,博士,高级工程师,主要从事天然气地下储气库建库条件评价和方案设计工作。地址:(065007)河北省廊坊市44号信箱。电话:(010)69213645。E-mail: sunchunliu@ petrochina. com. cn。

复杂盐层提高造腔速率新方法与效果分析

垢艳侠[1]　完颜祺琪[1]　孟少辉[2]　孙春柳[1]　冉莉娜[1]

（1. 中国石油勘探开发研究院地下储库研究所;2 中国石油西气东输管道公司）

摘　要: 我国在建及拟建盐穴储气库造腔目的层均为复杂层状盐岩,具有单盐层薄、盐岩品位低、夹层多等特点,多采用常规井眼单井单腔造腔技术,造腔速度慢,造腔周期较长。结合我国复杂盐层建库特点,以我国 A 盐矿复杂盐层拟建储气库为例,对比分析常规井眼造腔、大井眼造腔、双井造腔模拟方案的效果。研究表明,大井眼、双井造腔方法均能大幅度提高盐穴储气库造腔速度,其中大井眼可缩短 30.6% 造腔时间,双井可缩短 32.7% 造腔时间;大井眼、双井造腔均能大幅度降低能耗,其中大井眼能降低能耗 48%,双井能降低能耗 58%。大井眼、双井造腔方法对于缩短我国层状盐岩建库周期,降低能耗,提高建库效益具有重要的意义。

关键词: 层状盐岩;盐穴储气库;大井眼;双井;造腔

我国在建及拟建盐穴储气库造腔目的层均为复杂层状盐岩,与国外盐丘建库相比,我国盐穴储气库建库盐层薄、盐岩品位低、夹层多且厚。我国目前采用的单井常规井眼造腔（$\phi177.8mm + \phi114.3mm$ 造腔管柱组合）,造腔速度慢,造腔周期较长,建造体积 $20 \times 10^4 \sim 25 \times 10^4 m^3$ 的盐腔需 $4 \sim 5$ 年,难以满足我国调峰日益增长的建库需要[1]。为了加快盐腔造腔速度,提高水溶采矿及储气库造腔速度,国内外已研发使用了多种促溶工具和工艺方法[2-14],提出扩眼、快速促溶工具等快速溶腔方法,但造腔初期（建槽期）提速效果较好,造腔后期,随着腔体体积的不断增大,提速效果不明显。为此,针对我国复杂层状盐层建库特点,以我国 A 盐矿复杂盐层拟建储气库为例,探讨采用大井眼造腔、双井造腔等方法提高复杂层状盐岩储气库造腔速度的可行性。

1　地质概况

我国 A 盐矿拟建盐穴储气库造腔盐层段平均地层厚度 260m,盐岩平均厚度 198m,平均含矿率为 79%,造腔段内夹层水不溶物平均含量为 70%,盐岩层水不溶物平均含量 13.8%,造腔段内 NaCl 平均含量为 70%（图 1 和图 2）。以此地质基础数据为依据,设计盐腔最大直径为 80m,盐腔高度 230m,估算单腔体积 $74 \times 10^4 m^3$,单腔有效体积 $37 \times 10^4 m^3$。

2　复杂盐层造腔方案模拟及效果

以我国 A 盐矿 A 井为例,考虑实际生产情况,采用造腔初期（建槽末期）卤水浓度达到饱和,造腔期外输卤水浓度达到 280g/L,造腔方式根据金坛储气库经验,正反循环结合的方式可明显提高卤水浓度、缩短造腔工期,因此采用正循环建槽、反循环造腔的循环方式[15]。针对常

规的 φ177.8mm + φ114.3mm、大井眼的 φ273.05mm + φ177.8mm 和双井的 φ177.8mm + φ114.3mm 的造腔管柱组合开展造腔模拟方案,对比分析常规井眼与大井眼及双井造腔效果。

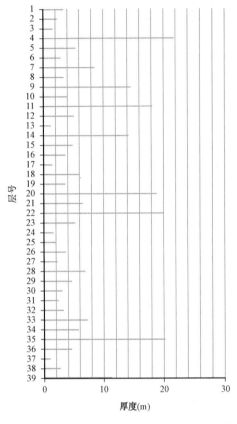

图 1　造腔段各层厚度图

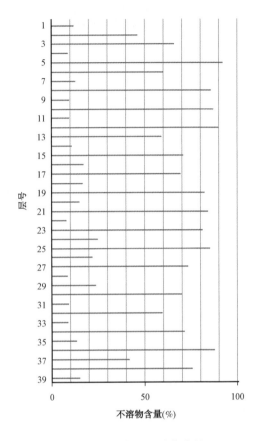

图 2　造腔段各层不溶物含量

2.1　常规井眼造腔

常规井眼水溶造腔方法是在盐层中钻一口直井,井中下入造腔内管和造腔外管,采用单井对流法水溶造腔,常规井眼造腔管柱组合为 φ177.8mm 造腔外管 + φ114.3mm 造腔内管。

常规井眼(φ177.8mm + φ114.3mm 造腔管柱组合)建槽期采用正循环造腔方式,调整一次管柱和油垫位置,排量 30 ~ 50m³/h,溶漓时间 330 天。建槽期一般不提升造腔管柱,仅提高排量,仅在造腔管柱发生堵塞时,才会提升管柱。后期造腔阶段采用反循环造腔方式,通过采取加大阻溶剂垫层与中间管的距离,增大两口距,中心管尽量靠近腔底等措施,达到扩大盐腔直径、提高卤水浓度的目的,排量 100m³/h,提升管柱 8 ~ 9 次,溶漓时间 1155 天,总溶漓时间 1485 天,形成有效体积 37.3 × 10⁴m³,最大直径为 79.5m(表 1)。不同溶蚀阶段的管柱位置、中间管位置、中心管位置、注水排量和卤水浓度等变化情况如图 3 所示,在建槽期末达到卤水外输要求,在后期造腔阶段均达到卤水外输要求。

表1 常规井眼造腔方案数据表

造腔方案	溶漓时间 （d）	盐腔有效体积 （$10^4 m^3$）	盐腔总体积 （$10^4 m^3$）	最大直径 （m）	造腔周期 （d）	管柱提升次数
常规井眼	1485	37.3	73.7	79.5	1747	9

注：造腔周期考虑停工时间占溶漓时间15%。

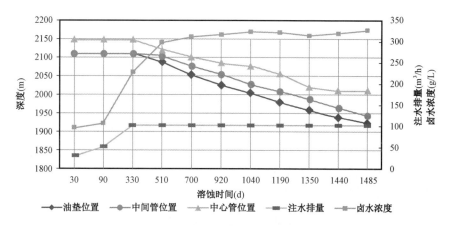

图3 A盐矿A井常规井眼造腔方案不同溶蚀阶段各参数预测图

2.2 大井眼造腔

大井眼水溶造腔方法是在盐层中钻一口直井，井中下入造腔内管和造腔外管，采用单井对流法水溶造腔，大井眼造腔管柱组合为ϕ273.05mm造腔外管 + ϕ177.8mm造腔内管，造腔管柱尺寸大于我国常规溶腔管柱（ϕ177.8mm造腔外管 + ϕ114.3mm造腔内管）。

大井眼（ϕ273.05mm + ϕ177.8mm造腔管柱组合）建槽期采用正循环造腔方式，排量30 ~ 100m^3/h，溶漓时间330天；后期造腔阶段采用反循环造腔方式，排量100 ~ 200m^3/h，提升管柱8次，溶漓时间701天，总溶漓时间1031天，形成有效体积37.3 × 10^4m，最大直径为79.5m（表2）。不同溶蚀阶段的管柱位置、中间管位置、中心管位置、注水排量、卤水浓度等变化情况如图4所示，在后期造腔阶段均达到卤水外输要求。

表2 大井眼造腔方案数据表

造腔方案	溶漓时间（d）	盐腔有效体积 （$10^4 m^3$）	盐腔总体积 （$10^4 m^3$）	最大直径 （m）	造腔周期 （d）	管柱提升次数
大井眼	1031	37.3	73.8	79.5	1213	9

注：造腔周期考虑停工时间占溶漓时间15%。

2.3 双井造腔

双井水溶造腔方法即在盐层中钻2口直井，井距15 ~ 30m，2口井连通后，各下入ϕ177.8mm造腔管柱，一口井注入清水，另一口井排出卤水。双井（ϕ177.8mm + ϕ177.8mm造腔管柱组合）建槽期采用正循环造腔方式，排量30 ~ 100m^3/h，溶漓时间300天；后期造腔阶段

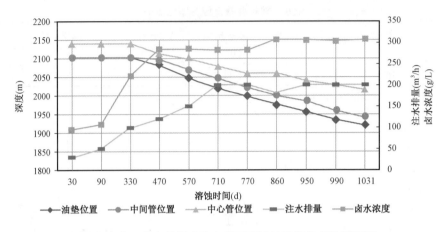

图4　盐矿A井大井眼造腔方案不同溶蚀阶段各参数预测图

采用反循环造腔方式,排量 100～200m³/h,溶漓时间 700 天,总溶漓时间 1000 天,盐腔有效体积 37.3×10⁴m³,最大直径为 80m(表3)。不同溶蚀阶段的管柱位置、中间管位置、中心管位置、注水排量、卤水浓度等变化情况如图5所示,在后期造腔阶段均达到卤水外输要求。

表3　双井造腔方案数据表

造腔方案	溶漓时间 （d）	盐腔有效体积 （10⁴m³）	盐腔总体积 （10⁴m³）	最大直径 （m）	造腔周期 （d）	管柱提升次数
双井	1000	37.3	73.7	80	1176	9

注:造腔周期考虑停工时间占溶漓时间15%。

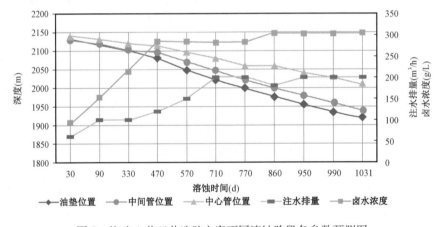

图5　盐矿A井双井造腔方案不同溶蚀阶段各参数预测图

2.4　三种造腔方案对比分析

在盐腔有效体积一致的情况下,采用常规井眼造腔最大注水排量仅为 100m³/h,整个造腔周期长达 1747 天;采用大井眼造腔,当造腔后期卤水浓度达到盐化企业要求时,最大排量为 200m³/h,整个造腔周期为 1213 天;采用双井造腔,当造腔后期卤水浓度达到盐化企业要求时,最大排量为200m³/h,整个造腔周期为1176天。与常规井眼相比,采用大井眼造腔周期缩短了534天,采用双井造腔周期缩短了571天,大井眼、双井造腔都有效缩短了造腔周期(图6)。形成有效造腔体积37.3×10⁴m³盐穴腔体,大井眼造腔比我国常规井眼造腔缩短30.6%造腔时间,双井造腔比我国常规井眼造腔缩短32.7%造腔时间。可见大井眼、双井造腔都能大幅度提高盐穴造腔速度。

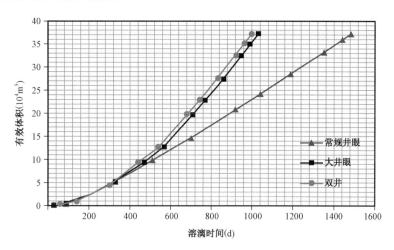

图6   腔体体积随溶蚀时间变化曲线图

由于不同井型造腔方案的井口注水最大压力不同,周期不同,单井造腔期耗电量也有所差异,大井眼比常规井眼单井节约电量为1.9×10⁴MW·h,降低常规单井造腔能耗48%,双井比常规井眼单井节约电量为2.3×10⁴MW·h,降低常规单井造腔能耗58%,大井眼单腔造腔电费可节省1448.7万元,双井单腔造腔电费可节省1774.7万元(表4)。

表4   不同造腔方案单腔造腔耗电量(仅注水)

造腔方式	注水压力 (MPa)	造腔工期 (d)	单井耗电 (MW·h)	节省电量 (MW·h)	节省电费 (万元)
常规井眼	18.8	1747	40022		
大井眼	10.1	1213	20960	19062	1448.7
双井	8.1	1176	16670	23352	1774.7

通过对A盐矿不同井型造腔方案对比分析,可以看出大井眼、双井造腔方案,既可以增大注水排量,缩短建库周期,又可以有效降低注水压力,降低能耗,节省造腔投资,均优于常规井眼造腔方案。

3   结论

通过以我国A盐矿A井为例,盐腔最大直径为80m,单腔体积74×10⁴m³,单腔有效体积37×10⁴m³。对比分析3种不同井型造腔方案,得出以下结论:

(1)大井眼、双井造腔均能大幅度提高盐穴储气库造腔速度,其中大井眼造腔比我国常规井眼造腔缩短30.6%造腔时间,双井造腔比我国常规井眼造腔缩短32.7%造腔时间。

(2)大井眼、双井造腔均能大幅度降低能耗,其中大井眼造腔能降低能耗48%,双井造腔能降低能耗58%,并且能大幅度降低造腔费用。

(3)双井造腔技术可望成为未来新建盐穴储气库的主要技术之一,可为今后复杂薄盐层建库选址提供更广阔空间。

参 考 文 献

[1] 袁光杰,申瑞臣,田中兰,等.快速造腔技术的研究及现场应用[J].石油学报,2006,27(4):139-142.

[2] Michael S B,Maurice B D. Geomechanical Analysis of Pressure Limits for Thin Bedded Salt Caverns[C]//Solution Mining Research Institute Spring Conference2002,April29 - May1,2002,Banff,Canada. Clarks Summit:SMRI,2002.

[3] Wilke F,Obermoller M,Greenhoven H V,et al. Solution Mining with Two Boreholes for Gas Storage in Zuidwending,the Netherlands[C]//Solution Mining Research Institute Spring Conference 2011,October2 - 5,2011,York,America. Clarks Summit:SMRI,2011.

[4] Brest P,Brouard B,Durup J G. Tightness Tests in Salt Cavern Wells[J]. Oil & Gas Science and Technology,2001,56(5):451-469.

[5] Patrick de Laguérie,Jean - Luc Cambon. Development of New Liquid Storage Caverns at GEOSEL MANOSQUE[C]//SMRI Spring2010. Meeting,Leipzig,October3 - 6,2010.

[6] Fritz Wilke,Miriam Oberm? ller,etal. Solution Mining with Two Boreholes for Gas Storage in Zuidwending,the Netherlands[C]//SMRI Spring2011. Meeting,York,October2 - 5,2011.

[7] 班凡生,肖立志,袁光杰,等. 地下盐穴储气库快速建槽技术及其应用[J]. 天然气工业,2012,32(9):77-79.

[8] 黄孟云,班凡生. 盐穴大井眼造腔工艺技术研究[J]. 中国井盐矿,2016,47(2):16-18.

[9] 周骏驰,黄孟云,班凡生,等. 盐穴储气库双井造腔技术现状及难点分析[J]. 重庆科技学院学报:自然科学版,2016,18(1):63-67.

[10] 田中兰,夏柏如.盐穴储气库造腔工艺技术研究[J].现代地质,2008,22(1):97-102.

[11] Laguerie P D,Cambon J L. Development of New Liquid Storage Cavernsat GEOSELMANOSQUE[C]. Solution Mining Research Institute Spring Conference 2010. Clarks Summit:Solution Mining Research Institute,2010:1-14.

[12] 班凡生,高树生. 岩盐储气库水溶建腔优化设计研究[J]. 天然气工业,2007,27(2):114-116.

[13] 班凡生. 层状盐层造腔提速技术研究及应用[J]. 中国井盐矿,2015,46(6):16-18.

[14] 万玉金. 在盐层中建设储气库的形状控制机理[J]. 天然气工业,2004,24(9):130-132.

[15] 郑雅丽,完颜祺琪,丁国生,等. 盐穴地下储气库大尺寸管柱造腔方式效果分析[J]. 油气储运,2015,34(2):158-161.

作者简介:垢艳侠,女,硕士,工程师,主要从事天然气地下储气库建库条件评价和方案设计工作。地址:(065007)河北省廊坊市44号信箱。电话:(010)69213645;Email:kouyanxia69@ petrochina. com. cn。

地下储气库断层封堵性定量评价

——以苏北盆地白驹凹陷为例

赵艳杰[1,2]　邱小松[1,2]　郑雅丽[1,2]　赖　欣[1,2]　袁晓俊[3]

(1. 中国石油勘探开发研究院地下储库研究所;2. 中国石油集团
公司油气地下储库工程重点实验室;3. 中国石油浙江油田公司)

摘　要: 地下储气库内断层封堵能力影响着储气容量大小,直接决定了地下储气库运行效果。因此,开展断层封堵性定量评价对储气库建设具有重要现实意义。通过对苏北盆地白驹凹陷三维地震工区内赤山组—泰州组主要储层段的主要断层分布、三维构造框架模型、断层带SGR值、断层带支撑气柱高度的系统研究,对其断层的封堵性有了明确的认识。研究结果表明:苏北盆地白驹凹陷主要发育两期断层,第一期断层发育于泰州—阜宁期,断层走向为近东西向,第二期断层发育于阜宁—盐城期,断层走向为北西—南东向;构造圈闭范围内识别出F1,F2,F3和F4等4条主要张性正断层,其中F1与F4为控制圈闭的断层,赤山组CS顶面埋深1260~2800m,泰州组一段TZ1顶面埋深1170~2700m;TarpTester软件估算出F1,F2,F3和F4断层带上各点SGR值范围分别为12.81%~46.20%,22.54%~40.65%,17.72%~47.39%和16.48%~41.69%,断层—构造圈闭溢出点位于F1断层面上,溢出点深度度为1388m,圈闭面积9.8km²。

关键词: 地下储气库;苏北盆地;白驹凹陷;断层封堵;SGR

天然气储存在保障国家能源安全战略储备和城市冬季天然气足量供应方面有着至关重要的作用[1-3]。天然气储存方式包括地面储罐储存、管道储存和地下储气库储存,其中地下储气库具有储气容量大、储气压力高、储气成本低、维护管理简单、不受气候影响、不影响城市规划、不污染环境等特点,是目前最主要的储存方式和手段[4,5]。

封闭性评价是储气库建设的重要前提,其主要包括储气库盖层与底板封堵评价、断层封堵性评价、致密岩石封堵性评价和气、水边界封堵性评价,其中断层封堵性评价最为复杂[6,7]。断层封堵性评价方法可以分为定性评价和定量评价,其中定性评价方法包括岩性配置分析、力学性质分析、流体性质分析、声波时差等。定量评价方法主要考虑断层泥岩涂抹,包括以Bouvier等为代表的通过已知的封堵和非封堵断层标定估算断层上砂岩泥岩并置区的黏土涂抹的可能性—黏土涂抹潜力CSP(Clay Smear Potential)法[8];以Lindsay为代表的根据大量断层的研究结果预测泥岩连续涂抹的可能性—泥岩涂抹因子(Shale Smear Factor)法[9];以Yielding为代表的根据单井泥质百分含量资料计算断裂发生时各种机理挤入断层带泥岩的比例—泥岩断层泥比SGR(Shale Gouge Ratio)法[10],其中SGR法应用效果最好[11-13]。本文拟对苏北盆地白驹凹陷赤山组—泰州组主要断层分布特征、三维构造框架模型、断层带SGR值及烃柱高度计算等开展系统研究,为储气库选址与评价提供有力依据。

1 区域地质背景

苏北盆地东台坳陷白驹凹陷为南断北超的箕状断陷,其南以吴堡低凸起、小海凸起为界,北接建湖隆起,东临裕华凸起,西至柘垛低凸起,可进一步划分为大丰次凹、施家舍断阶带、洋心次凹和草堰断阶带4个次级构造单元[14](图1)。研究区受燕山、喜马拉雅山运动等多期次构造运动的影响,经历了晚白垩世区域坳陷成盆期,沉积了浦口组(K_2p)、赤山组(K_2c),属河流沉积体系的产物;古近纪拉张断陷成盆期,沉积了泰州组(E_1t)、阜宁组(E_1f)、三垛组(E_2s),属河流—三角洲—浅湖沉积体系的产物;新近纪整体沉降坳陷成盆期,沉积了盐城组(N_2y)、东台组(Qd),属河流沉积体系的产物[15-18]。上白垩统赤山组(K_2c)和古新统泰州组(E_1t)为研究区主要储层,赤山组主要为厚层长石石英细砂岩夹棕红色砂质泥岩,偶夹薄层含细砾粗砂岩,厚度一般200~350m[19];泰州组划分为两段,下段主要为砂砾岩、块状砂岩夹泥岩,厚度一般为100~200m;上段的中下部为灰黑色泥岩夹薄层泥灰岩,顶部为棕红色泥岩夹薄层粉砂岩,厚度一般为100~240m。

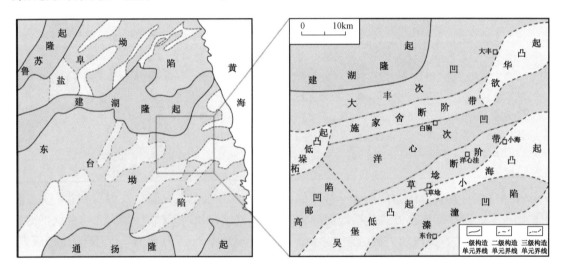

图1 苏北盆地白驹凹陷位置及构造区划图

2 断层发育特征

通过对苏北盆地白驹凹陷三维工区的精细构造解释,发现研究区断层极为发育,识别出两期断层共计60多条。第一期断层发育于拉张断陷成盆期,断层规模较大,继承性较强,其控制着泰州组、阜宁组的沉积和构造演化,形成了洼隆相间的构造格局。该期断层主要为近东西向正断层,断层延伸长度1000~7500m,绝大多数延伸长度2000~5000m,断距一般80~150m。第二期断层发育于阜宁—盐城期,断层规模较小,其使得三级构造复杂化,形成多个独立的断鼻和断块构造。该期断层主要为近北西—南东向、北东—南西向正断层,断层延伸长度1000~5000m,绝大多数延伸长度为2000~4000m,断距一般50~100m。两期断层在剖面上的组合形式多样,主要为"Y"字形、阶梯状或者平行排列,多个断层面相交,部分为复杂的树枝状或花状断层。浅层以"Y"字形为主,深层以平行排列为主,且浅层的多条断层至深层汇成一条断层。在泰一段顶界落实了断层—构造圈闭,圈闭内断开泰一段及赤山组的主要断层有 4 条,其中 F1 和 F2 为第一期近东西向张性正断层,F3 和 F4 为第二期近北西—南东向张性正断层。当 F1,F2,F3 和 F4 四条断层封闭性足够好时,圈闭构造高点埋深 1170m,构造溢出点埋深为1460m,圈闭面积为 13.4km²,构造幅度 290m(图 2)。

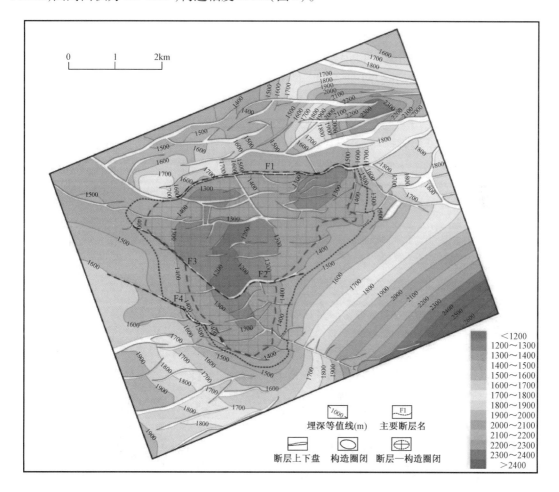

图 2 苏北盆地白驹凹陷泰一段顶面断层及圈闭展布图

3 断层封堵性定量评价

苏北盆地白驹凹陷主要发育断层—构造圈闭,其断层对圈闭封堵能力的研究至关重要。笔者根据研究区地震、钻井、测井、压力等资料分析,认为采用 SGR 法断层封堵性定量分析较适合。笔者首先通过地震资料构建了研究区精细三维构造框架模型,然后以单井资料为基础计算断层带上 SGR 值,最后通过 SGR 值与压力差(AFPD)间关系式及气柱高度计算公式计算断层带上各点支撑最大烃柱高度。

3.1 三维构造框架模型

苏北盆地白驹凹陷三维地震工区内识别出 60 多条断层,在泰一段顶界落实了 13.4km² 的构造圈闭。圈闭内断开泰一段主要断层有 4 条,分别命名为 F1,F2,F3 和 F4 断层,其中 F1 和 F2 为第一期近东西走向的张性正断层,F3 和 F4 为第二期北西—南东走向的张性正断层。F1 断层为东西走向张性正断层,断面北倾,断层延伸长度 4.5km,断距 80 ~ 800m,断开基底—阜宁组;F2 断层为东西走向张性正断层,断面南倾,断层延伸长度 2.2km,断距 20 ~ 60m,断开基底—泰州组;F3 断层为北西—南东走向张性正断层,断面西南倾,断层延伸长度 4.3km,断距 60 ~ 100m,断开基底—泰州组;F4 断层为北西—南东走向张性正断层,断面西南倾,断层延伸长度 5.3km,断距 40 ~ 80m,断开基底—盐城组。

通过单井合成地震记录标定赤山组顶界面 CS、泰州组一段顶界面 TZ1、泰州组二段顶界面 TZ2 等 3 个地震层位并进行全区追踪,并最终建立了工区三维构造框架模型[图 3(a)]。研究区构造高部位于 F2 与 F3 之间,向四周埋深逐渐变大,F1 和 F4 断层分别为断层—构造圈闭北部和西南边界,东南边界为构造边界。赤山组顶界面 CS 埋深 1260 ~ 2800m[图 3(b)],泰州组一段顶界面 TZ1 埋深 1170 ~ 2700m[图 3(c)],泰州组二段顶界面 TZ2 埋深 1000 ~ 2500m[图 3(d)]。

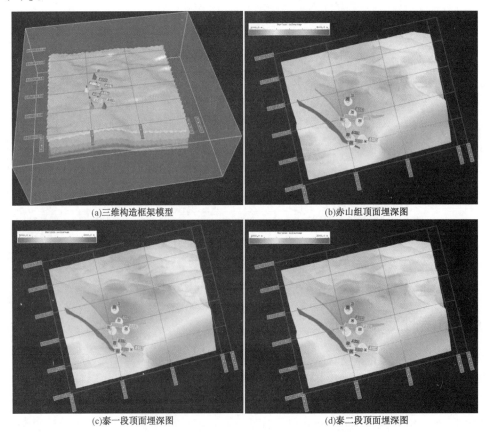

(a)三维构造框架模型 (b)赤山组顶面埋深图

(c)泰一段顶面埋深图 (d)泰二段顶面埋深图

图 3　苏北盆地白驹凹陷赤山组—泰州组三维构造框架模型图

3.2 断层带 SGR 值及气柱高度估算

一般断层具备一定的封堵能力,则断层两侧存在着压力差(Δp),当压力差大于断层带上最大孔喉所对应的毛细管排替压力时,天然气将通过断层带发生泄漏。断层带内岩石的孔喉半径越小,毛细管排替压力越高,支撑气柱高度越大[20]。因此,笔者首先通过 SGR 计算原理,计算断层带上各点 SGR 值,并寻找出断层带上 SGR 值与压力差(Δp)关系,计算出不同 SGR 值所对应的压力差(AFPD),通过压力差(AFPD)定量估算支撑气柱高度。

SGR(Shale Gouge Ratio)为断层泥岩质量分数,其主要预测由断裂活动过程导致的进入断层带的泥质含量(图4)。以钻井资料的断层面 SGR 标定值为基础,结合断层和层位解释结果构建的框架模型,最终预测断层面上每一点的泥质含量,计算公式为:

$$SGR = \frac{\sum (V_{sh} \times \Delta Z)}{L} \times 100\%$$

式中 V_{sh}——地层的泥质含量,%;

ΔZ——地层的厚度,m;

L——断层的断距,m。

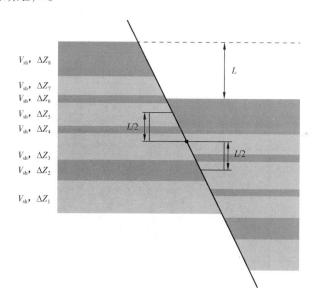

图4 SGR 计算模型图

Yielding 通过对北海、挪威、墨西哥、越南、泰国的油藏研究,发现断层面上同一位置上升盘与下降盘所测得的原地压力值的压力差 Δp 与断层面上 SGR 值有一定的相关性[21](图5),即随着 SGR 值增加,Δp 明显增加。建立 SGR 值与 Δp 关系的封堵包络线方程为:

$$\Delta p = 10\left(\frac{SGR}{a} - c\right)$$

式中 Δp——断层两侧的压力差,MPa;

      a, c——常数,无量纲。

注:埋深小于3000m时,$c = 1.5$;埋深3000~3500m时,$c = 1.25$;埋深大于3500m时,$c = 1$。

研究表明,断层带支撑气柱高度与门限压力(断层侧向封堵时其等于断层两侧的压力差)、天然气密度、地层水密度、重力加速度等4项指标密切相关,其关系式为:

$$H = \frac{p_c}{g(\rho_w - \rho_g)}$$

式中 H——气柱高度,m;

      p_c——门限压力,Pa;

      ρ_w——孔隙水密度,kg/m³;

      ρ_g——天然气密度,kg/m³;

      g——重力加速度,m/s²,一般取9.81m/s²。

笔者以三维构建框架模型及靠近断层的单井泥质含量数据为基础,以断层带 SGR 值、断层带可支撑气柱高度计算原理为依据,运用 TrapTester 软件分别估算了 F1,F2,F3 和 F4 断层面各点 SGR 值及支撑气柱高度。

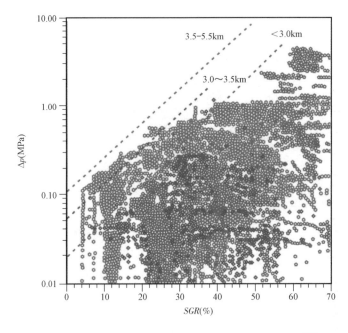

图5　泥岩断层泥比(SGR)与过断层压差(Δp)标定图[20]

根据 F1 上盘两口井泥质百分含量曲线计算断层面上 SGR 值及支撑气柱高度,计算出 SGR 值范围为12.81%~46.20%,可支撑气柱高度为24.03~414.36m;根据 F2 上盘两口井和下盘四口井泥质百分含量曲线计算断层面上 SGR 值及支撑气柱高度,计算出 SGR 值范围为22.54%~40.65%,可支撑气柱高度为55.09~258.12m;根据 F3 上盘2口井和下盘3口井泥质含量曲线计算断层面上 SGR 值及支撑气柱高度,计算出 SGR 值范围为17.72%~47.39%,

可支撑气柱高度为 36.52 ～ 458.62m；根据 F4 上盘 8 口井泥质百分含量曲线计算断层面上 *SGR* 值及支撑气柱高度，计算出 *SGR* 值范围为 16.48% ～ 41.69%，可支撑气柱高度为 32.86 ～ 282.06m(图6)。

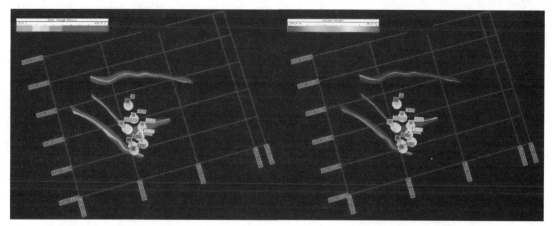

(a)断层带SGR值分布图　　　　　　　　　　　(b)断层带支撑气柱高度分布图

图6　苏北盆地白驹凹陷赤山组—泰州组主要断层带 *SGR* 值及支撑气柱高度分布图

　　断层所控制的构造圈闭溢出点可能是构造溢出点或者断层带溢出点，我们需要比较构造溢出点与断层带上溢出点埋深大小。断层带上溢出点不一定为断层带上各点支撑气柱高度最小时的深度，而是断层带上各点埋深与可以支撑气柱高度之和的最小深度。通过 Trap Tester 软件 Trap Analyst 模块分析断层带上溢出点位于 F1 断层上，该溢出点深度为 1388m，圈闭面积为 9.8km^2。

4　结论

　　(1)苏北盆地白驹凹陷主要发育两期断层，第一期断层发育于泰州—阜宁期，断层走向为近东西向，第二期断层发育于阜宁—盐城期，断层走向为北西—南东向。

　　(2)通过三维地震资料构建三维构造框架模型，结果表明构造圈闭范围内发育 F1，F2，F3 和 F4 等 4 条张性正断层，其中 F1 与 F4 为控制圈闭的断层，赤山组 CS 顶界面埋深 1260 ～ 2800m，泰州组一段 TZ1 顶面埋深 1170 ～ 2700m。

　　(3)运用 TarpTester 软件估算出 F1，F2，F3 和 F4 断层带上各点 *SGR* 及支撑气柱高度，估算出 *SGR* 值范围分别为 12.81% ～ 46.2%，22.54% ～ 40.65%，17.72% ～ 47.39% 和 16.48% ～ 41.69%，可支撑气柱高度分别为 24.03 ～ 414.36m，55.09 ～ 258.12m，36.52 ～ 458.62m 和 32.86 ～ 282.06m，断层—构造圈闭溢出点位于 F1 断层面上，溢出点深度为 1388m，圈闭面积 9.8km^2。

参 考 文 献

[1] 丁国生. 中国地下储气库的需求与挑战[J]. 天然气工业,2011,31(12):90 – 93.

[2] 王皆明,姜凤光,等. 地下储气库注采动态预测模型[J]. 天然气工业,2009,29(2):108 – 110.

［3］高发连．地下储气库建设的发展趋势［J］．油气储运，2005，24（6）：15－18．

［4］苏欣，赵宏涛，袁宗明，等．基于模糊综合评判法的地下储气库方案优选［J］．石油学报，2006，27（2）：125－128．

［5］吴忠鹤，贺宇．地下储气库的功能和作用［J］．天然气与石油，2004，22（2）：1－4．

［6］杨毅，李长俊，张红兵，等．模糊综合评判法优选地下储气库方案设计研究［J］．天然气工业，2005，25（8）：112－114．

［7］陈凤喜，闫志强，伍勇，等．岩性气藏型储气库封堵性评价技术研究—以长庆靖边气田 SH224 储气库为例［J］．非常规天然气，2015，2（3）：58－64．

［8］Bouvier J D，Kaars－Sijpesteijn C H，Kluesner D F，et al. Three Dimension Seismicinterpretation and Fault Sealing Investigations［J］．AAPG Bulletin，1989，73：1397－1414．

［9］Lindsay N G，Murphy F C，et al. Outcrop Studies of Shale Smear on Fault Surfaces［J］．International Association of Sedimentologists Special Publications，1993，113－123．

［10］Yielding G，Freeman B，NeedhamT. Quantitative Faultseal Prediction［J］．AAPG Bulletin，1997，81：897－917．

［11］管文胜，查明，张超，等．利用改进的 SGR 方法定量评价断层圈闭封堵性—以塔北隆起英买 34 井区为例［J］．新疆石油地质，2014，36（2）：218－221．

［12］李健．断层封堵性分析及 SGR 方法在东海勘探区应用［J］．上海国土资源，2014，35（3）：95－99．

［13］肖毓祥，龚幸林，贺向阳．SGR 断层封堵性分析及断层圈闭烃柱高度估算——以中国东部 G 断块为例［J］．海相油气地质，2005，10（4）：51－58．

［14］魏祥峰，张廷山梁兴，等．白驹凹陷泰州组层序地层及沉积特征［J］．中国地质，2012，39（42）：400－413．

［15］魏祥峰，张廷山，黄静，等．苏北盆地白驹凹陷古近系层序地层特征及充填演化模式［J］．地球学报，2011，32（4）：427－437．

［16］郝军，苏雪波，鲁改欣，等．苏北盆地白驹凹陷洋心次凹泰一段孔隙演化特征分析［J］．中国地质，2011，38（4）：1094－1101．

［17］魏祥峰，张廷山，魏祥华，等．苏北盆地白驹凹陷古近系层序地层及生储盖组合分析［J］．天然气地球科学，2011，22（4）：674－683．

［18］陶丽，张廷山，戴传瑞，等．苏北盆地白驹凹陷泰州组一段沉积物源分析［J］．中国地质，2010，37（2）：414－420．

［19］陈清华，庞飞，渠冬芳．苏北盆地白垩系赤山组沉积于储层特征及研究意义［J］．海洋地质与第四纪地质，2008，28（6）：95－100．

［20］Peter B，Graham Y，Helen J. Using Calibrated Shale Gouge Ratio to Estimate Hydrocarbon Column Heights［J］．AAPG Bulletin，2003，87：397－413．

［21］Yielding G. Shale Gouge Ratio Calibration by Geohistory//Koestler A G，Hunsdale R. Hydrocarbon Seal Quantification［J］．Norwegian Petroleum Society Special Publications，2002，（11）：1－15．

作者简介：赵艳杰，女，硕士，高级工程师，主要从事储气库选址与地质评价工作。地址：（065007）河北省廊坊市万庄 44 号信箱；电话：010－69213656；E－mail：zhaoyj10 @ petrochina. com. cn。

界面强度对盐穴储气库稳定性影响的数值模拟研究

武志德[1,2]　完颜祺琪[1,2]　李正杰[1,2,3]　王　粟[1,2,3]

（1. 中国石油勘探开发研究院地下储库研究所;2. 中国石油天然气集团公司油气地下储库工程重点实验室;3. 山东大学岩土与结构工程研究中心）

摘　要:目前,我国盐穴储气库主要在层状盐岩中建库,在层状盐岩中盐岩与夹层界面的强度特性在盐穴储气库设计过程中需重点考虑。研究基于国内某层状盐穴储气库地质条件,对不同盐岩与泥岩夹层界面的力学强度下,界面力学特性对溶腔稳定性的影响进行了数值模拟研究,认为界面强度和腔体压力对岩盐溶腔稳定性均有明显的影响。

关键词:层状盐岩;夹层;界面强度;数值模拟;变形

1　概述

我国盐穴储气库主要建在层状盐岩中,建库地层中存在着大量的泥岩、钙芒硝和石膏层等岩层夹层,岩层之间界面强度对储气库的影响是众多学者的研究重点[1,2]。

层状岩体是地质构造运动形成的一种天然材料,其变形特性和变形参数也明显不同于单一岩体。对于层状岩体来说,在外力作用下,不同岩性的岩体在变形上会相互影响,以及受到层间界面强度的影响,有可能产生的变形不协调、不匹配影响着层状岩体的力学性质[3]。针对层状岩石力学特性的研究,国内外学者从理论、实验及数值模拟角度进行了大量的研究与探讨。张顶立等[4]将含夹层岩体视为一个完整的力学系统,建立了含夹层岩体组合系统力学模型,揭示了含夹层岩体的破坏及失稳机理。张玉军等[5]根据层状岩体在平行和垂直层面的方向上具有不同的强度特性,开发了一个可以处理层状岩体强度异向性的弹塑性的平面有限元程序,并进行了计算,获得了一些有益的结果。在层状盐岩力学的研究方面,针对湖北云应盐矿含众多夹层的互层盐岩体,杨春和和李银平[6]对湖北云应盐矿的层状盐岩,建立了基于Cosserat介质扩展本构模型,其中包括二维、三维弹性本构模型,并在实验研究的基础上,对层状盐岩的破损特征进行了理论分析和数值模拟验证。王安明[7]针对层状盐岩中变形不协调的现象,建立了层状盐岩体各向异性的蠕变增量型的本构方程,通过数值模拟方法对实验过程中岩体的变形现象进行了分析,并基于建立的本构方程进行了溶腔的稳定性研究。刘江等[8]在层状盐岩基本力学特性实验的基础上,进行了层状盐岩的界面抗剪强度试验和扫描电镜试验,结果显示湖北云应层状盐岩界面不是一个弱面等。本文在基于以往对层状盐岩力学研究的基础上,利用数值模拟软件对国内某盐穴储气库盐岩与夹层的力学特性对储气库稳定性的影响进行了探讨。

2 储气库溶腔数值建模

国内某盐穴储库建库层位位于地下 1000m 处(图 1),根据该区的工程地质条件,采用 FLAC3D 软件建立数值模型,图 2 为建立的地质模型剖面,剖面纵向上包括盐岩层及泥岩,盐岩层上下各取 300m 厚的泥岩层,含盐地层中包含 2.5m 和 3m 厚的两个泥岩夹层,剖面厚度共计 803.75m,底面为 800m×800m,水平面为 XY 坐标系平面,竖直向为坐标系 Z 轴方向,储气库中心点设于盐岩层正中心(400,401.75,400),拟建储库为椭球形,长轴半径 70m,短轴半径 30m,上覆岩层的重量简化为立方体模型的上表面的荷载,根据地层实际厚度及地层平均密度计算的等效荷载为 16MPa,立方体下表面用 Y 向简支约束,四纵表面受垂直于表面的法向简支约束,单元类型采用四面体单元。

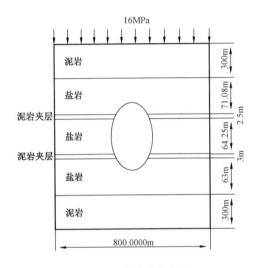

图 1 地质剖面示意图

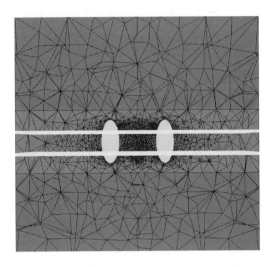

图 2 数值模型网格剖分图

3 计算参数的选取

3.1 岩石力学参数

参考该储气库已有的盐岩、泥岩以及泥岩夹层的岩石力学实验结果和参考部分国外盐岩储气库的资料,盐岩、泥岩、盐岩夹层采用摩尔—库伦弹塑性本构模型,其计算参数见表 1。

表 1 岩石计算力学参数

地层	弹性模量 (GPa)	泊松比	黏聚力 (MPa)	摩擦角 (°)	抗拉强度 (MPa)
泥岩	10	0.27	1.0	35	1
盐岩	18	0.3	1.0	45	1
泥岩夹层	4	0.3	0.5	30	0.5

3.2 界面力学参数

在 FLAC3D 中接触面参数包括黏结力、膨胀角、内摩擦角、法向刚度、切向刚度和抗拉强度,法向刚度与剪切刚度的设定根据 FLAC 手册公式(1)计算,可以取周围"最硬"区域的等效刚度的 10 倍,即:

$$k_n = k_s = 10\max\left[\frac{(K + \frac{4}{3}G)}{\Delta z_{\min}}\right]$$

式中 K——体积模量;

   G——剪切模量;

   $\Delta z_{\min}$——接触面法向方向上连接区域上的最小尺寸。

界面的具体参数如下:黏聚力以及抗拉强度以盐岩的力学参数为基础,分别为 0.1 倍、0.3 倍、0.5 倍、0.7 倍、1 倍和 2 倍的盐岩强度,具体界面参数见表 2。

表 2   界面强度参数表

界面力学参数	法向刚度 (GPa)	剪切刚度 (GPa)	黏聚力 (MPa)	内摩擦角 (°)	抗拉强度 (MPa)
0.1 倍	23	23	0.1	45	0.1
0.3 倍	23	23	0.3	45	0.3
0.5 倍	23	23	0.5	45	0.5
0.7 倍	23	23	0.7	45	0.7
1 倍	23	23	1	45	1
2 倍	23	23	2	45	2

4 计算结果

4.1 变形场分析

图 3 为不同界面强度条件下溶腔的变形图。从图 3 上看,随着界面强度的降低,界面对溶腔整体的影响逐渐加大。当界面强度为 0.5 倍盐岩强度时,受界面强度的影响范围逐渐加大,开始在溶腔周围产生剪切滑移;当界面强度为 0.3 倍盐岩强度时,首先在最顶层的夹层附近开始产生沿着界面的滑移,并带动下部的界面层发生变形;当界面强度降低到 0.1 倍盐岩强度时,已经发生沿着界面的整体滑动变形,界面整体失效,界面已经起不到协调变形的作用,同时带动了整体溶腔的巨大变形。从变形量来看,当界面强度为 0.1 倍盐岩强度时,盐腔的变形在12cm,随着界面强度的增大,变形逐渐减少,当界面强度高于 0.5 倍盐岩强度时,变形变化很少。

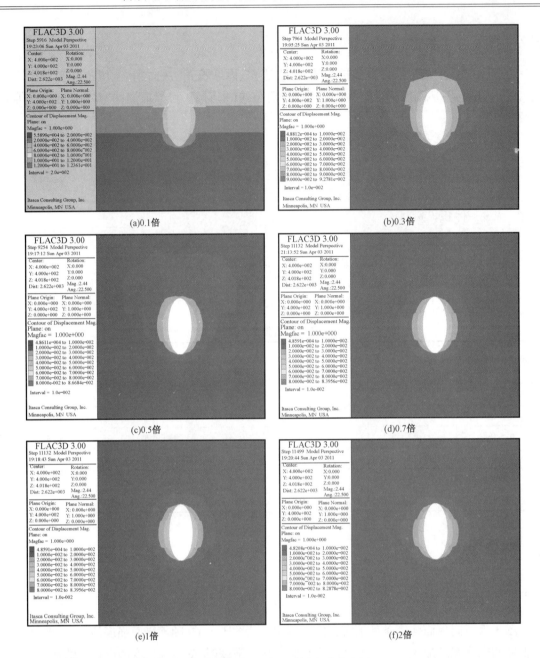

图3　不同界面强度下腔周变形分布图

4.2　应力场分析

从图4中可以看出,当界面的强度在盐岩与泥岩夹层之间时,在界面附近往往表现出压应力集中,而当界面强度或高于或者低于盐岩与泥岩夹层的强度时,在界面附近出现了拉应力集中。这表明在溶腔整体变形时,当界面强度高于岩体强度时,由于界面黏结力以及抗拉强度高,导致岩体的变形在界面附近出现阻隔无法传递,在拉应力低于抗拉强度时,出现应力集中;

当界面强度在盐岩与泥岩夹层强度范围内时,界面随着岩体整体移动,并且随着强度的降低压应力集中程度明显增大;当界面强度降低到小于泥岩夹层强度时,界面强度较低开始逐渐出现拉破坏,这时拉应力集中最为明显,随着强度的进一步降低,界面出现拉破坏,应力出现释放。通过以上的分析,推断认为界面主要起到传递和协调两种不同岩体之间变形的作用,当界面强度高时,由于在界面附近出现局部应力集中,当变形通过界面由泥岩向盐岩中扩展时,容易引起盐岩的脆性断裂,起不到调解应力的作用;当界面强度低时,容易造成界面在较低应力下发生脱黏,滑移、难以传递有效变形。

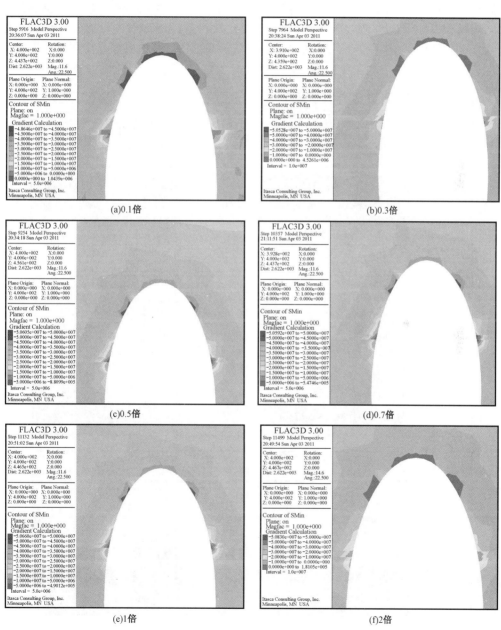

图4 不同界面强度下腔周最小主应力分布图

4.3　腔体压力对腔体变形的影响

　　一般认为,腔体在内压力作用下,变形会变小,但层状岩体界面两侧腔体在地应力以及腔体内压力双重作用下,由于两者的抗变形能力不同,有可能发生变形的更加不协调。图5为在溶腔内压为3~15MPa下腔周变形图。从图5中可看出,随着腔体内压力增大,界面对腔体变形的影响范围逐渐增大,当腔体变形在3MPa条件下,变形范围较小,且变形比较协调,界面对变形的影响不大,当压力大于5MPa时,界面效应逐渐体现出来,变形圈出现台阶,但压力大于13MPa时,界面效应体现得非常明显,虽然变形量很小,但变形不协调更严重,且变形范围变得更大。从图5中可看到,虽然变形范围没变化,对比发现,到3MPa时,只在最上部的界面出现明显的分界,夹层与盐岩的变形比较协调,但随着压力的增大,其他界面作用逐渐体现出来,当内压为15MPa时,夹层与盐岩变形不协调变得非常明显,且不协调的范围逐渐加大。

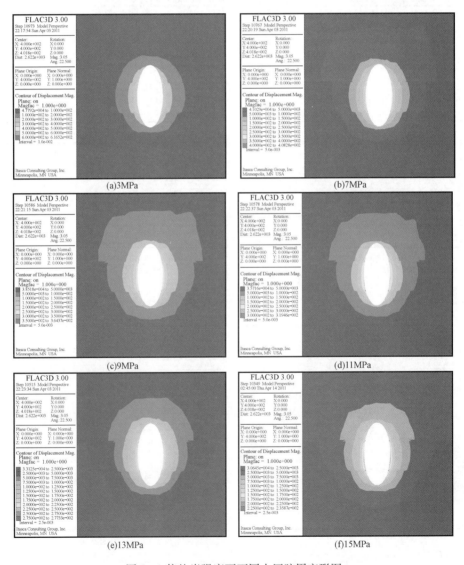

图5　1倍盐岩强度下不同内压腔周变形图

4.4 界面强度对腔体之间变形的影响

从图6可以看出,随着界面强度的升高,溶腔的变形越来越小,与单腔体的模拟结果一致,界面强度在盐岩和泥岩夹层强度范围内时,变形量基本不发生变化,当界面强度超过岩体强度时,变形有微小的降低。从变形范围看,当界面强度为0.1倍的盐岩强度时,两溶腔之间的岩体的变形不协调非常明显,变形范围非常大,出现了变形连通区,随着界面强度的升高,溶腔之间相互作用减弱,除了在单个腔体附近变形有微小的不协调现象外,双腔之间变形不协调逐渐表现的不明显,界面对溶腔的影响越来越低,当界面强度高于岩体强度时,变形基本与单腔体的变形一致。

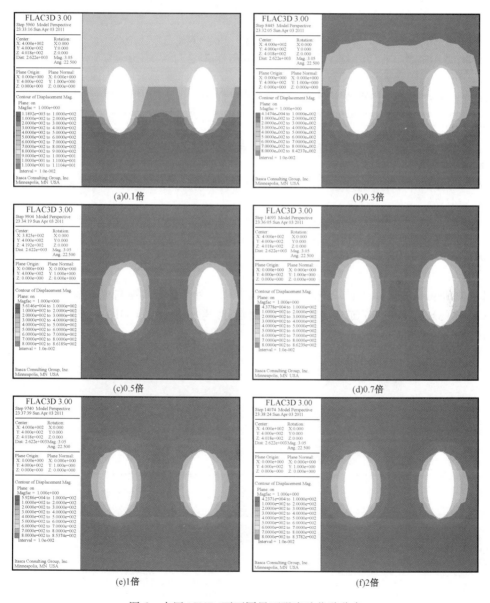

图6 内压10MPa下不同界面强度腔位移分布

5 结论

针对不同界面强度对溶腔的稳定性的影响进行了讨论,分析了界面强度对盐岩溶腔稳定性的影响,发现当界面强度在 0.1 倍的盐岩强度时,双腔之间在夹层上会出现塑性区连通的情况,变形不协调体现得非常明显;当界面强度逐渐增大时,变形不协调逐渐降低,当界面强度高于岩体强度时,对溶腔稳定性不会产生大的影响;随着腔体中压力的升高,在腔体附近的变形不协调体现得更加明显,建议在储气库溶腔设计过程中,需考虑对盐岩与夹层的界面强度重点研究。

参 考 文 献

[1] 杨春和,李银平,陈锋,等. 层状盐岩理论与工程[M]. 北京:科学出版社,2009.
[2] 杨春和,梁卫国,魏东吼. 中国盐岩能源地下储存可行性研究[J]. 岩石力学与工程学报,2005,24(24):4409-4417.
[3] 武志德. 考虑渗流及时间效应的层状盐岩溶腔稳定分析[D]. 北京:中国矿业大学(北京),2011.
[4] 张顶立,王悦汉,曲元智. 夹层对层状岩体稳定性的影响分析[J]. 岩石力学与工程学报,2000,19(2):140-144.
[5] 张玉军,唐仪兴. 考虑层状岩体强度异向性的地下洞室平面有限元分析[J],岩土工程学报1999,21(3):307-310.
[6] 杨春和,李银平. 互层盐岩体的 Cosserat 介质扩展本构模型[J]. 岩石力学与工程学报,2005,24(23):4336-4232.
[7] 王安明. 层状岩体变形机理及非线性蠕变本构模型[D]. 武汉:中国科学院武汉岩土力学研究所,2008.
[8] 刘江,杨春和,吴文,等. 盐岩短期强度和变形特性试验研究[J]. 岩石力学与工程学报,2006,25(增1):3104-3109.

作者简介:武志德,博士,工程师,现主要从事盐岩力学特性实验研究及储气库稳定性评价研究工作。地址:(065007) 河北省廊坊市广阳区 44 号信箱;电话:010-69213431;E-mail:wuzhide69@petrochina.com.cn。

气顶油藏型地下储气库多周期盘库方法

赵　凯[1,2]　胡光皓[3]　李　春[1,2]　胥洪成[1,2]

（1. 中国石油勘探开发研究院地下储库研究所；
2. 中国石油集团公司油气地下储库重点实验室；3. 华油天然气股份有限公司）

摘　要： 气顶油藏型储气库在生成次生气顶的过程中，地层中的剩余油与注入干气发生混相，现有气藏工程方法预测的注入气吸附损耗和盘库技术指标误差较大。针对气顶油藏型地下储气库地层剩余油与干气的吸附扩散作用，对储气库库存量、库容量、工作气量和垫气量等技术指标进行全过程动态跟踪，初步建立了气顶油藏型地下储气库多周期运行盘库计算的数学模型，引入动用库存量和动用剩余油概念，利用注采气过程中地下动用含气孔隙体积的动态平衡，求解动用库存量及动用剩余油量，分析评价各盘库参数的变化规律及气库运行效果。为了检验盘库计算数学模型的适应性，利用盘库计算数学模型对某气顶油藏型储气库盘库技术指标进行了计算，其计算结果和实际运行情况基本一致，说明气顶油藏型储气库盘库计算数学模型科学、合理。

关键词： 地下储气库；气顶油藏；盘库；动用剩余油；动用库存量

由于气顶油藏型地下储气库在多周期运行过程中地层剩余油与注入干气存在复杂的相平衡过程，已建立的气藏型地下储气库盘库方法无法评价动用剩余油量对气库运行的影响，预测的盘库技术指标与实际存在偏差[1,2]；同时受运行周期尚短、运行管理经验缺乏以及气顶油藏型储气库盘库技术复杂性的共同影响，目前没有形成相对成熟的多周期运行盘库方法和流程，因此需要有针对性地开展研究。

1　气顶油藏型储气库运行机理分析

储气库在多周期运行过程中，注入干气与地层剩余油在注气驱替前缘发生溶解扩散作用，造成注入气发生二次饱和损耗；在采气过程中，随地层压力的降低，溶解气逐渐从剩余油中脱出而形成自由气，这部分气体对气顶压力起到了一定的保持作用[3-6]。目前，已建立的气藏型储气库盘库方法尚未考虑剩余油在气库注采过程中的溶解扩散作用，预测的盘库指标偏大。

针对气顶油藏型储气库多周期运行过程中的特殊性和复杂性，在盘库过程中既要考虑参与相平衡过程的剩余油量，还要考虑动用剩余油二次饱和溶解气量[7,8]。通过简化注采气过程中库存量变化和油气相平衡过程，提出了动用剩余油和可动用库存量的概念（图 1），前者表

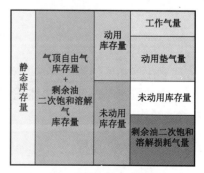

图 1　气顶油藏型储气库
多周期运行简化模型图

示与注入干气接触混相的那部分地层剩余油,后者综合反映了气顶自由气的动用程度和动用剩余油二次溶解饱和气量对气顶压力的保持作用,在此基础上,建立了气顶油藏型地下储气库多周期运行盘库计算的数学模型。

2 盘库数学模型建立

2.1 可动用库存量数学模型

考虑一个有气顶、没有边底水作用的封闭性饱和油藏改建的储气库,注采气方式均为顶部气井连续生产,忽略岩石和束缚水弹性膨胀作用,假设注气和采气过程动用剩余油量和动用库存量一致,则根据动用剩余油量和动用库存量在地层条件下的体积保持不变的原则,建立库存量数学模型:第 i 个运行周期注气前,气库库存量由气顶自由气库存量 $G_{m(i)}$ 及地层油库存量 $N_{m(i)}$ 组成。

$$G_{r(i)} = G_{m(i)}B_{g(i)} + N_{m(i)}B_{o(i)} \tag{1}$$

在注气过程中,在注气驱替前缘部分,注入干气与地层剩余油发生溶解扩散作用,随地层压力增加,剩余油二次溶解饱和注入干气,造成注入气损耗;故气库库存量由注气前库存量及阶段注气量组成,同时扣除新增溶解损耗气量。

$$G_{r(i+1)} = G_{m(i)}B_{g(i+1)} + N_{m(i)}B_{o(i+1)} + G_{in(i)}B_{g(i+1)} - N_{m(i)}\left[R_{s(i+1)} - R_{s(i)}\right]B_{g(i+1)} \tag{2}$$

在采气过程中,随地层压力降低,溶解气逐渐从剩余油中脱出而形成自由气,采气末气库库存量由3部分组成:剩余气顶气库存量、剩余油库存量及油层脱气形成的自由气。

$$G_{r(i+2)} = \left[G_{m(i)} - G_{p(i+2)}\right]B_{g(i+2)} + \left[N_{m(i)} - N_{p(i+2)}\right]B_{o(i+2)} + \\ \left[N_{m(i)}\left(R_{s(i+1)} - R_{s(i+2)}\right) - \sum_{i+1}^{i+2}N_{p(i)}R_{s(i+2)}\right]B_{g(i+2)} \tag{3}$$

根据注采气过程中地下孔隙体积守恒原理,注采气过程中,气库库存量存在如下关系:

$$G_{r(i)} = G_{r(i+1)} \tag{4}$$

$$G_{r(i+2)} = G_{r(i+1)} + W_pB_w \tag{5}$$

联立注气和采气阶段数学模型可分别求得动用剩余油量 $N_{m(i)}$ 和动用库存量 $G_{m(i)}$。当缺乏高压物性资料时,采用摩尔体积加权得到混合流体密度,根据经验公式计算油气相体积系数,然后迭代求解。

2.2 盘库技术流程

针对气顶油藏型储气库运行特点,利用气藏原始条件基础参数、开采动态参数、储气库设计参数及多周期注采运行动态参数,建立了盘库技术流程(图2)。

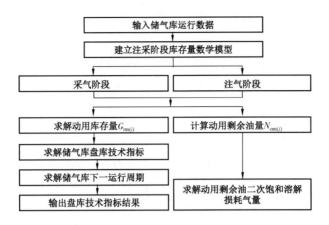

图 2　气顶油藏型储气库盘库技术流程图

2.3　盘库技术指标数学模型

（1）地下动用含气孔隙体积。

联立求解求得动用库存量后反算到储气库地层条件下，得到地下动用含气孔隙体积，数学表达式为：

$$V_{m(i)} = \frac{Z_{(i)} T_{(i-1)} p_{sc}}{p_{(i-1)} T_{sc}} G_{m(i)} \tag{6}$$

（2）动用库容量。

当储气库运行到上限压力时，库内动用的天然气在地面标准条件下的体积，数学表达式为：

$$G_{rmmax(i)} = \frac{p_{max} Z_{(i)} T_{sc}}{Z_{max} T_{(i)} p_{sc}} V_{m(i)} \tag{7}$$

（3）动用垫气量。

当储气库运行到下限压力时，库内动用的天然气在地面标准条件下的体积，数学表达式为：

$$G_{rmmin(i)} = \frac{p_{min} Z_{(i)} T_{sc}}{Z_{min} T_{(i)} p_{sc}} V_{m(i)} \tag{8}$$

（4）工作气量。

当储气库从上限压力运行到下限压力时采出的天然气量，即储气库动用库容量与动用垫气量之差，数学表达式为：

$$G_{rwork(i)} = G_{rmmax(i)} - G_{rmmin(i)} \tag{9}$$

（5）总垫气量。

当储气库运行压力降低到下限压力时，库内天然气在地面标准条件下的体积，即为未动用库存量与动用垫气量之和，数学表达式为：

$$G_{\text{rmin}(i)} = G_{\text{r}(i)} - G_{\text{rm}(i)} + G_{\text{rmmin}(i)} \tag{10}$$

（6）总库容量。

当储气库在设计压力区间运行时，库内天然气在地面标准条件下的体积，即为工作气量与总垫气量之和，数学表达式为：

$$G_{\text{rmax}(i)} = G_{\text{rwork}(i)} + G_{\text{rmin}(i)} \tag{11}$$

（7）动用剩余油二次饱和气量。

动用剩余油二次饱和气量为动用剩余油在下限压力时二次饱和溶解气量，数学表达式为：

$$G_{\text{rws}(i)} = \frac{Z_{(i)} T_{(i-1)} p_{\text{sc}}}{p_{(i-1)} T_{\text{sc}}} N_{\text{m}(i)} R_{\text{s}} B_{\text{gi}} \tag{12}$$

3 应用实例

3.1 盘库计算基础数据

国内某气顶油藏型地下储气库设计运行压力 $11 \sim 20.6\text{MPa}$，天然气剩余地质储量 $1.46 \times 10^8 \text{m}^3$，原油剩余地质储量 $226 \times 10^4 \text{m}^3$。

储气库自投产运行以来，已经历了 5 个完整的注采周期，累计注气 $9.21 \times 10^8 \text{m}^3$，累计采气 $2.56 \times 10^8 \text{m}^3$，运行动态数据见表 1。

表 1　多周期运行基础数据表

运行周期	注入	采出			注末压力（MPa）	采末压力（MPa）
	气（10^8m^3）	气（10^8m^3）	油（10^4m^3）	水（10^4m^3）		
2010—2011 周期	1.12	0.15	0.03	0.02	13.68	10.3
2011—2012 周期	3.07	1.29	0.52	0.31	19.98	13.6
2012—2013 周期	1.66	1.12	0.64	0.34	19.02	14.2
2013—2014 周期	1.70	1.21	0.33	0.27	20.11	14.80
2014—2015 周期	1.66	1.19	0.23	1.86	20.40	16.75

3.2 盘库计算结果

根据本文建立的气顶油藏型储气库盘库数学模型和盘库技术流程，利用储气库多周期运行注采动态系列数据和参数经验公式，计算国内某气顶油藏型储气库多周期盘库技术指标，见表2。

表 2　多周期运行盘库指标数据表

运行指标	2010—2011 周期	2011—2012 周期	2012—2013 周期	2013—2014 周期	2014—2015 周期
动用库存量（10^8m^3）	1.01	3.75	4.12	4.78	5.18
动用含气孔隙体积（10^4m^3）	77.6	186.7	217.8	240.5	253

续表

运行指标	2010—2011 周期	2011—2012 周期	2012—2013 周期	2013—2014 周期	2014—2015 周期
总库容量($10^8 m^3$)	3.13	5.55	6.19	6.57	6,95
总垫气量($10^8 m^3$)	2.44	4.21	4.60	4.79	5.07
工作气量($10^8 m^3$)	0.53	1.34	1.59	1.78	1.89
动用剩余油量($10^4 m^3$)	26.6	41.9	83.6	101.7	120.0
动用剩余油二次饱和气量($10^8 m^3$)	0.14	0.23	0.42	0.50	0.60

　　根据气库多周期盘库计算指标,预测气库 2012 冬季采气能力 $1.18 \times 10^8 m^3$,实际采气量为 $1.12 \times 10^8 m^3$,2013 年注气能力为 $1.80 \times 10^8 m^3$,实际注气量 $1.70 \times 10^8 m^3$,储气库多周期盘库技术指标符合率较高,2012~2013 周期注采气能力预测结果与实际运行基本一致,表明模型的适应性良好。

3.3 盘库计算结果分析

　　(1)该储气库是由枯竭气顶油藏改建而成,建库初期以填补地层亏空为主,动用含气孔隙体积总体呈现快速上升趋势(图3),但随着注采周期增加,增速减缓,油藏建库周期一般为3~5年。

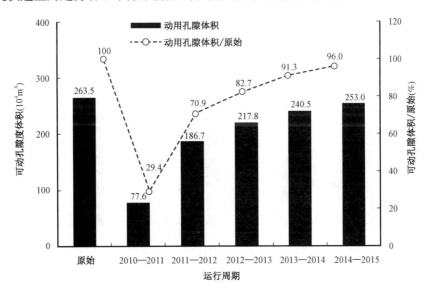

图3　储气库多周期运行动用含气孔隙体积变化图

　　(2)由于动用含气孔隙体积上升,储气库总体运行效率得以提高,总库容量、工作气量及总垫气量都逐步提高(图4),目前工作气量比第二周期上升约41%。

　　(3)储气库盘库技术指标影响因素复杂,库存量构成以气顶自由气为主,多周期运行过程中存在剩余油溶解损耗,但随着注采周期增加,受油气接触界面有限及扩散速度缓慢影响,地层中仅部分剩余油参与接触溶解过程,新增溶解损耗保持在较低水平(图5),对储气库运行影响不大,目前溶解损耗率为6%。

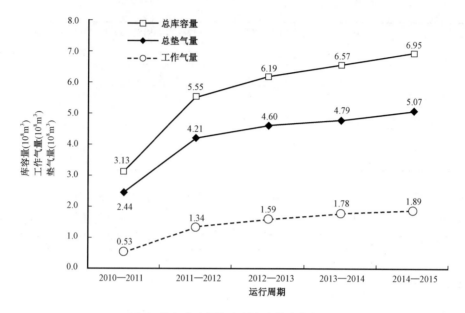

图 4　储气库多周期主要盘库技术指标图

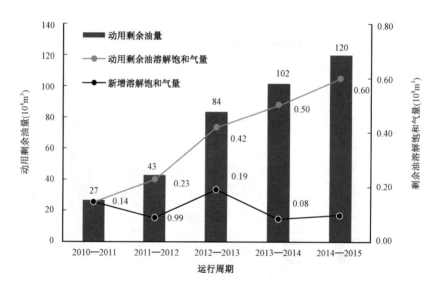

图 5　储气库多周期动用剩余油变化

4　结论

（1）针对气顶油藏型地下储气库库内剩余地层油与注入干气复杂的相平衡过程,提出了动用库存量和动用剩余油的概念,建立了气顶油藏型地下储气库多周期运行盘库计算的数学模型。并通过国内某气顶油藏型储气库 3 个周期实例计算验证了该盘库计算数学模型的正确性。

（2）油藏建库周期一般为 3~5 年,各盘库技术指标总体呈现上升趋势,后期逐渐减缓,目前动用孔隙体积基本达到原始孔隙体积。

（3）随注采周期增加和气顶注气驱替范围扩大，与注入干气接触混相的动用剩余油及二次饱和气量增加，但受油气接触界面及扩散速度缓慢影响，动用剩余油进一步提高的幅度较小，剩余油二次饱和气量对气库运行影响不大。

符 号 说 明

$N_{m(i)}$—某周期动用剩余油量，$10^4 m^3$；$G_{m(i)}$—某周期动用库存量，$10^8 m^3$；$B_{g(i)}$—某周期的天然气体积系数，无量纲；$G_{in(i)}$—某周期注气量，$10^8 m^3$；$G_{r(i)}$—某周期末库存量，$10^8 m^3$；$G_{rm(i)}$—某周期动用库存量，$10^8 m^3$；$G_{rmmax(i)}$—某周期动用库容量，$10^8 m^3$；$G_{rmmin(i)}$—某周期动用垫气量，$10^8 m^3$；$G_{rwork(i)}$—某周期工作气量，$10^8 m^3$；$G_{rmin(i)}$—某周期总垫气量，$10^8 m^3$；$G_{rmax(i)}$—某周期总库容量，$10^8 m^3$；$G_{rws(i)}$—某周期动用剩余油二次饱和溶解气量，$10^8 m^3$；$p_{(i)}$—某周期末地层压力，MPa；$T_{(i)}$—某周期末地层温度，℃；$Z_{(i)}$—某周期天然气偏差系数；p_{sc}—标准状况下的压力，MPa；T_{sc}—标准状况下的温度，℃；i—注采周期数。

参 考 文 献

[1] Charle R S,Tracy G W,RLance Farrar. 实用油藏工程方法[M]. 岳清山,柏松章,译. 北京:石油工业出版社,1995.
[2] 王皆明,姜凤光.砂岩气顶油藏改建储气库库容计算方法[J]. 天然气工业,2007,27(11):97 - 99.
[3] 王皆明,郭平,姜凤光.含水层储气库气驱多相渗流机理物理模拟研究[J]. 天然气地球科学,2006,17(4):597 - 599.
[4] Mayfield J F. Inventory Verification of Gas Storage Field[R]. SPE 9391,1980.
[5] Mcvay D A,Spivey J P. Optimizing Gas - Storage Reservoir Performance[R]. SPE 71867,1994.
[6] 王起京,张余,刘旭. 大张坨地下储气库地质动态及运行效果分析[J]. 天然气工业,2003,23(2):89 - 92.
[7] 胥洪成,王皆明,李春. 水淹枯竭气藏型地下储气库盘库方法研究[J]. 天然气工业,2010,30(8):79 - 82.
[8] 王皆明,胡旭健. 凝析气藏型地下储气库多周期运行盘库方法[J]. 天然气工业,2009,29(9):100 - 102.

作者简介:赵凯,工程师,硕士;从事储气库运行优化方面的工作;通讯地址:(065007)河北省廊坊市44号信箱;电话010 - 69213684;E - mail:zhaokai2012@ petrochina. com. cn。

附录　首届地下储库科技创新与智能发展国际会议组织机构

主 办 单 位：中国石油和化工自动化应用协会
　　　　　　中国石油勘探开发研究院廊坊分院
协 办 单 位：中国石油集团钻井工程技术研究院
　　　　　　中石油北京天然气管道有限公司
支 持 单 位：中国石油化工股份有限公司储气库项目部
　　　　　　中国石油西气东输管道公司
　　　　　　中国石油集团石油管工程技术研究院
　　　　　　中国石油管道局天津设计院
　　　　　　中国石油勘探开发研究院采油所
　　　　　　四川大学
　　　　　　东北石油大学
承 办 单 位：中国石油大学(北京)
　　　　　　北京石油学会
　　　　　　北京中能国科信息技术中心
　　　　　　中际油化(北京)信息中心

组委会主席：中国石油和化工自动化应用协会会长　陈明海
　　　　　　中国石油勘探开发研究院廊坊分院院长　邹才能
执 行 主 席：廊坊分院常务副院长　魏国齐
会议秘书长：中国石油和化工自动化应用协会秘书长　邱华云
　　　　　　廊坊分院储库中心主任　郑得文
组委会成员：陈建军　熊　波　夏永江　丁国生　申瑞臣　王起京
　　　　　　付太森　杨海军　迟国敬　罗金恒　董邵华　刘科慧
秘书组成员：卞亚南　张刚雄　胥洪成　完颜祺琪